Mastercam 2022 中文版数控加工自学速成

刘红宁 孙立明 编著

人民邮电出版社
北京

图书在版编目（CIP）数据

Mastercam 2022中文版数控加工自学速成 / 刘红宁，孙立明编著. -- 北京 : 人民邮电出版社, 2022.9
ISBN 978-7-115-59313-9

Ⅰ. ①M… Ⅱ. ①刘… ②孙… Ⅲ. ①数控机床－加工－计算机辅助设计－应用软件 Ⅳ. ①TG659.022

中国版本图书馆CIP数据核字(2022)第085311号

内 容 提 要

本书结合具体实例，由浅入深、从易到难地讲述了 Mastercam 2022 中文版数控加工知识的精髓。本书分为 11 章，讲解了 Mastercam 2022 数控加工基础、传统 2D 加工、传统曲面粗加工、传统曲面精加工、高速 2D 加工、高速曲面粗加工、高速曲面精加工、线架加工、多轴加工、车削加工、线切割加工的相关知识。

本书配套电子资源包含全书实例源文件及同步教学视频文件，供读者学习参考。

本书可作为各级学校和培训机构相关专业学员的教学和自学辅导书，也可以作为数控加工相关人员的参考书。

◆ 编　　著　刘红宁　孙立明
责任编辑　李　强
责任印制　马振武
◆ 人民邮电出版社出版发行　　北京市丰台区成寿寺路 11 号
邮编　100164　　电子邮件　315@ptpress.com.cn
网址　https://www.ptpress.com.cn
北京九州迅驰传媒文化有限公司印刷
◆ 开本：787×1092　1/16
印张：19.75　　2022 年 9 月第 1 版
字数：505 千字　　2024 年 12 月北京第 9 次印刷

定价：89.90 元

读者服务热线：(010)53913866　印装质量热线：(010)81055316
反盗版热线：(010)81055315
广告经营许可证：京东市监广登字 20170147 号

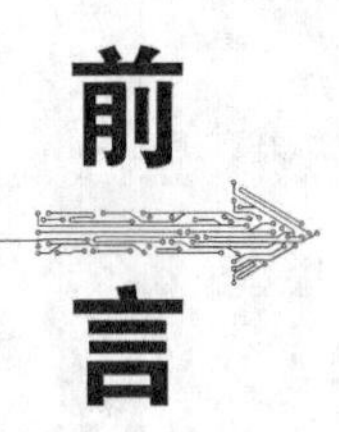

Preface

前言

制造是推动人类历史发展和文明进程的主要动力，它不仅是经济发展和社会进步的物质基础，也是创造人类精神文明的重要手段，在国民经济中起着重要的作用。为了在最短的时间内、用最低的成本生产出最高质量的产品，人们除了从理论上研究制造的内在机理，也渴望能在计算机上用一种更加有效、直观的手段显示产品设计和制造过程，这便是CAD/CAM的萌芽。

Mastercam 2022是美国CNC Software公司开发的CAD/CAM系统，是一款经济高效的全方位软件系统。由于其界面采用微软风格，加上操作灵活、易学易会、实用性强、在自动生成数控代码方面有独到的特色等优点，被广泛应用于机械制造业，尤其是在模具制造业，Mastercam深受用户的喜爱，在世界上拥有众多的忠实用户，被广泛应用于机械、电子、航空等领域。

一、本书特色

本书具有以下4大特色。

- 针对性强

本书编著者根据自己多年计算机辅助制造领域的工作经验和教学经验，针对初级用户学习Mastercam的难点和疑点，由浅入深、全面细致地讲解了Mastercam在数控加工应用领域的各种功能和使用方法。

- 实例专业

本书中的很多实例来自数控加工项目，经过编著者精心提炼和改编后，不仅保证读者能够学好知识点，更重要的是能够帮助读者掌握实际的操作技能。

- 知行合一

本书从全面提升读者Mastercam数控加工操作能力的角度出发，结合大量的案例来讲解如何利用Mastercam进行数控加工，真正让读者掌握使用计算机辅助设计软件的方法并能够独立地完成各种数控加工。

- 内容全面

本书在有限的篇幅内，讲解了Mastercam的常用功能，内容全面。“秀才不出屋，能知天下事”，读者通过学习本书，可以较为全面地掌握Mastercam相关知识。本书不仅有透彻的讲解，还有丰富的实例，这些实例的演练能够帮助读者找到一条学习Mastercam的捷径。

二、电子资源使用说明

本书除传统的书面讲解外，还随书配送了电子资源。电子资源包含全书实例源文件，以及实例同步教学视频文件，供读者学习参考。

读者可以通过微信“扫一扫”功能扫描下页云课二维码观看同步教学视频，扫描下页公众号二维码，输入关键词“59313”，下载实例源文件。

云课

公众号

三、本书服务

1. 安装软件的获取

读者按照本书上的实例进行操作练习，以及使用 Mastercam 2022 进行数控加工练习时，需要事先在计算机上安装相应的软件。读者可访问 CNC Software 公司官方网站下载试用版，或到当地经销商处购买正版软件。

2. 关于本书的技术问题的提问

读者遇到有关本书的技术问题，可以加入 QQ 群 761564587 直接留言，我们会尽快回复。

四、本书编写人员

本书主要由石家庄学院的刘红宁老师以及陆军工程大学石家庄校区的孙立明老师编写，其中刘红宁编写了第 1～7 章，孙立明编写了第 8～11 章。万金环为本书的出版提供了大量的帮助，在此一并表示感谢。

由于时间仓促，加上编著者水平有限，书中不足之处在所难免，望广大读者发送邮件到 2243765248@qq.com 批评指正，编著者将不胜感激。

编著者

2021 年 12 月

Contents

目录

第 1 章

Mastercam 2022 数控加工基础

数控编程是从零件设计到获得正确的数控加工程序的全过程，其最主要的任务是计算加工走刀中的刀位点，即获得刀具运动的路径。对于多轴加工，其还要给出刀轴的矢量。

数控编程中的关键技术包括零件建模、设置加工参数、刀具路径仿真和后处理技术。本书重点介绍设置加工参数、刀具路径仿真和后处理技术这 3 个部分的内容。

知识点

- Mastercam 2022 基础
- 数控加工的流程
- 设置数控加工通用参数
- 设置数控 3D 加工参数
- 刀具路径的编辑

案例效果

1.1 Mastercam 2022 基础

Mastercam 2022 是一款高效、专业的实用型 CAD/CAM 设计辅助工具，为用户提供了解决方案，能够满足用户的实际需求。轻松设计即可做出各种复杂的曲线、曲面零件、刀具路径等。

1.1.1 初识 Mastercam 2022 界面

认识界面是掌握软件操作的第一步，只有熟悉界面，才能熟练地掌握软件的操作。

启动 Mastercam 2022 软件后，弹出图 1-1 所示的软件界面。软件界面中包括快速访问工具栏、标题栏、选项卡、操作面板、选择工具栏、刀路操作管理器、操作管理器选项卡、绘图区、快速选择栏、状态栏。

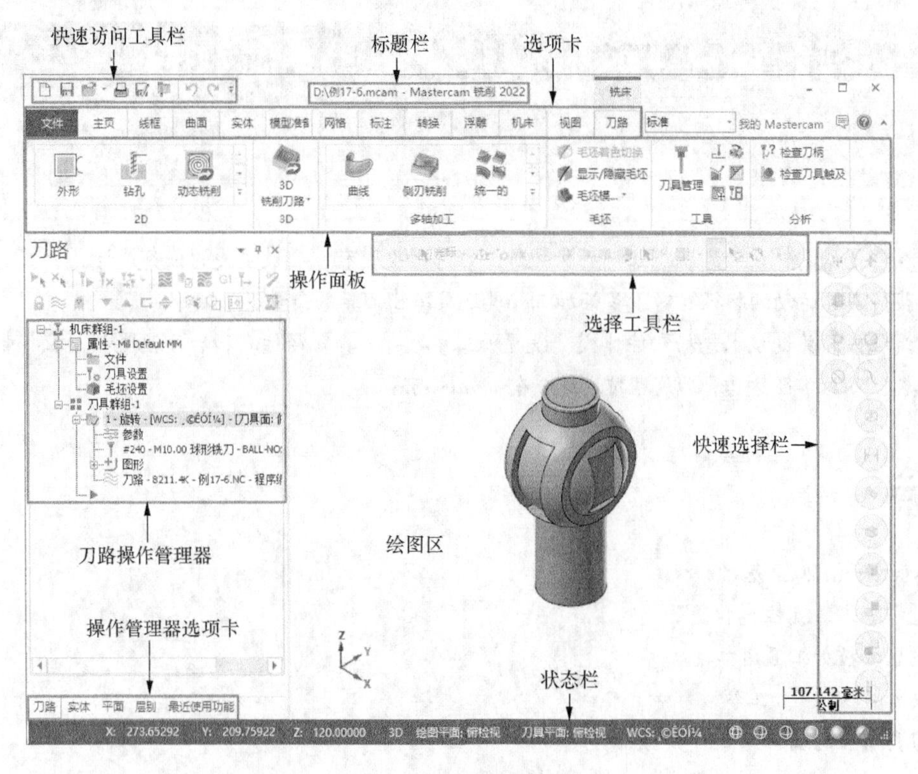

图 1-1 软件界面

小技巧介绍如下。

刀路：<Alt>+<O>组合键可以打开或关闭“刀路”选项卡。

实体：<Alt>+<I>组合键可以打开或关闭“实体”选项卡。

平面：<Alt>+<L>组合键可以打开或关闭“平面”选项卡。

层别：<Alt>+<Z>组合键可以打开或关闭“层别”选项卡。

1.1.2 导入文件和导出文件

导入文件和导出文件主要是将不同格式的文件进行相互转换。导入文件是将其他格式的文件转换为 MCX 格式的文件，导出文件是将 MCX 格式的文件转换为其他格式的文件。Mastercam 2022 支持图 1-2 所示的各类文件的导入与导出。

单击菜单栏中的“文件”→“转换”→“导入文件夹”按钮，弹出“导入文件夹”对话框，如图 1-3 所示。在“导入文件夹”对话框中可设置要导入文件的类型、导入文件夹及导出文件夹。

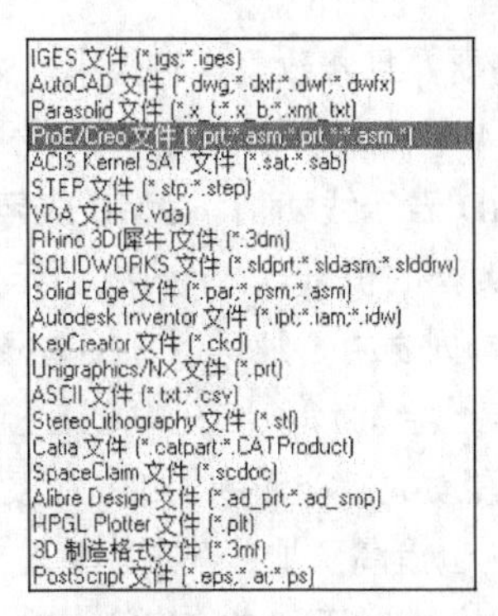

图 1-2　导入/导出文件类型

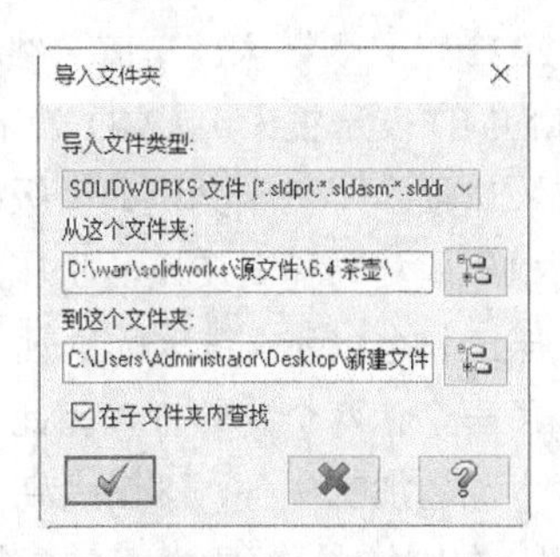

图 1-3　“导入文件夹”对话框

下面以鼓风机壳为例来介绍导入文件的操作过程，该文件是一个 ProE 文件。

（1）将要导入的文件放入一个文件夹中。否则，无法导入文件。

（2）打开“导入文件夹”对话框并设置要导入的文件类型，这里选择“ProE/Creo 文件（*.prt;*.asm;*.prt.*;*.asm.*）”，如图 1-2 所示，弹出“导入文件夹”对话框。

（3）单击“从这个文件夹:”选项栏后面的“浏览”按钮，弹出“浏览文件夹”对话框，选择要导入文件的所在文件夹，单击“确定”按钮，如图 1-4 所示。

（4）返回“导入文件夹”对话框，单击“到这个文件夹”后面的“浏览”按钮，弹出“浏览文件夹”对话框，选择要放置文件的文件夹，这里可以选择和第（3）步中相同的文件夹，也可以选择和第（3）步中不同的文件夹。单击“确定”按钮，文件转换完成。

（5）打开转换后的文件，另存并重新命名。

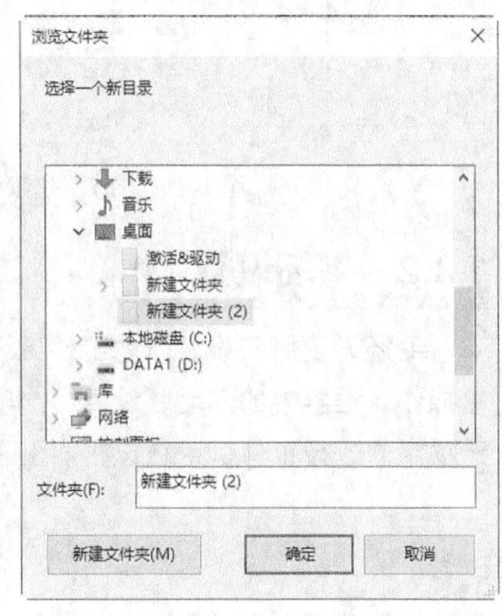

图 1-4　“浏览文件夹”对话框

1.2　数控加工的流程

使用 Mastercam 2022 进行数控加工的一般流程：设计产品造型；选择合适的加工模块；设置参数；计算刀具轨迹；模拟仿真（生成 NCI 文件）；后处理（生成 NC 文件），如图 1-5 所示。

1.3　设置数控加工通用参数

在使用 Mastercam 2022 进行模拟加工时，需对各参数进行设置，本节主要介绍加工设备的选择、毛坯设置、刀具设置及材料的设备与管理。

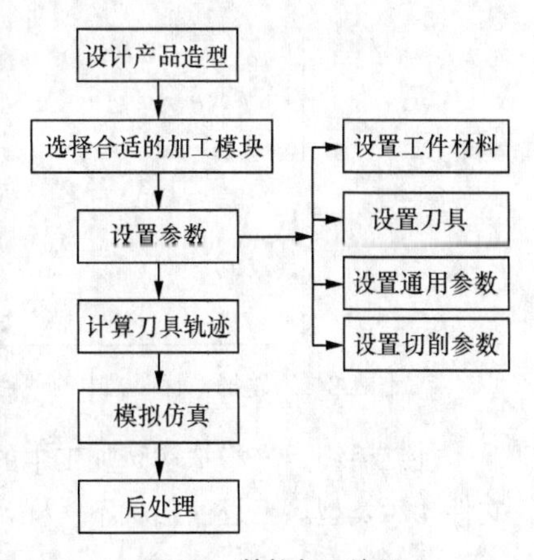

图 1-5　数控加工流程

1.3.1　加工设备的选择

在 Mastercam 2022 中，不同的加工设备对应不同的加工方式和后处理文件，因此在编制刀路前需要选择正确的加工设备（加工模块），这样生成的程序才能满足机床加工的需要，且修改量相对较小。

Mastercam 2022 定义了铣床、车床、线切割和木雕 4 个机床模块，且不同的机床类型用不同的扩展名表示，即.MMD 表示铣床、.LMD 表示车床、.WMD 表示线切割、.RMD 表示木雕。用户可以方便地从“机床”选项卡“机床类型”面板中选择不同类型的机床，如图 1-6 所示。

对于具体的机床，如果需要使用的机床定义在子菜单列表中，则可以直接选择，其中立式铣床的主轴垂直于机床工作台，卧式铣床的主轴平行于机床工作台。4 轴、5 轴联动数控铣床比 3 轴联动数控铣床分别多了一个和两个旋转轴，因此 4 轴、5 轴联动数控铣床的加工范围更加广泛，一次装夹就可以完成多个面的加工任务，不仅提高了加工效率，也提高了加工精度。单击“机床列表管理”子菜单项，然后从弹出的对话框中选择需要的机床定义文件。对于初学者来说，选择默认铣床即可。

在 Mastercam 2022 中，机床定义是刀路操作管理器中机床群组参数的一部分。当选择一种机床类型时，一个新的机床群组和刀具群组就会被创建，相应的刀具菜单也随之改变，如图 1-7 所示。

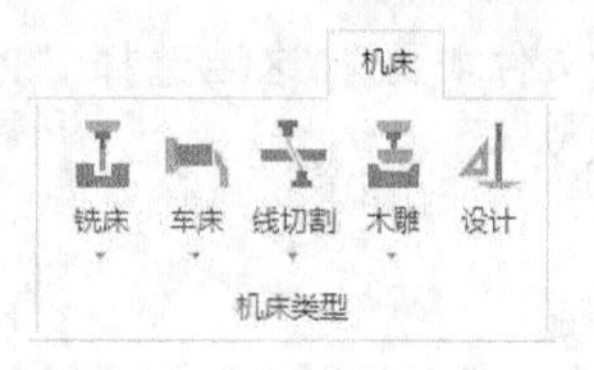

图 1-6 “机床”选项卡

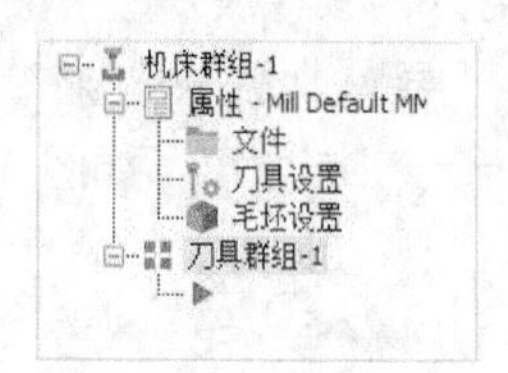

图 1-7 刀路操作管理器

1.3.2 毛坯设置

毛坯设置用来设置当前工件毛坯的参数，包括形状、尺寸和毛坯原点等。单击图 1-8 所示的刀路操作管理器中的“毛坯设置”选项，打开图 1-9 所示的“机床群组属性”对话框，在“毛坯设置”选项卡中进行工件的毛坯设置。

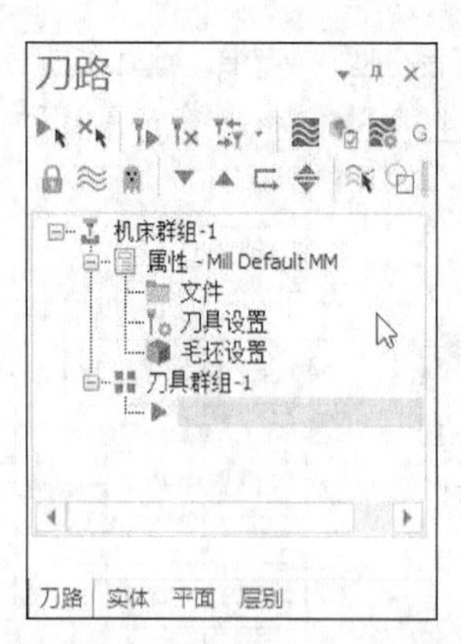

图 1-8 刀路操作管理器中的“毛坯设置”

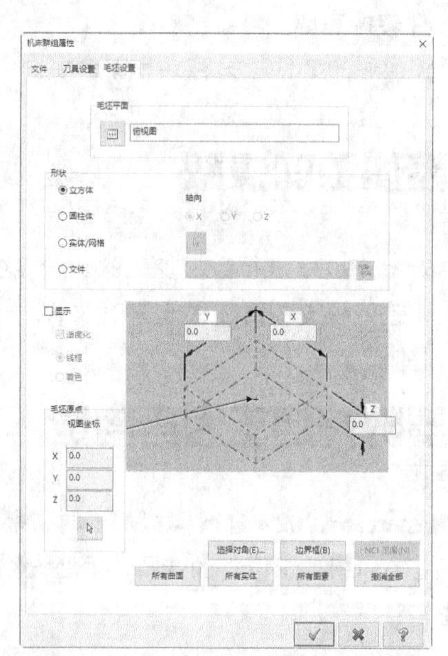

图 1-9 “机床群组属性”对话框

加工毛坯用来模拟实际加工中的加工材料。工件按形状可以分为立方体、圆柱体、实体/网格和文件 4 种类型。毛坯的形状不一样，创建的方式也就不一样，下面介绍工件的创建方式。

1. 设置工件的形状

（1）立方体

可以在立方体参数文本框中输入立方体的 X、Y、Z 值及原点参数来设置立方体工件。

（2）圆柱体

可以在圆柱体参数文本框中输入圆柱体的高度、直径及原点参数来设置圆柱体工件。可设定圆柱的“轴向”为“X”“Y”或“Z”。

（3）实体/网格

在很多加工过程中，所用加工材料的形状并不是非常规则的，往往不能采用立方体或圆柱体作为工件，此时可以采用事先做好的实体作为工件。另外，当有些加工所用的材料是铸件时，可以直接将实体做成铸件的形状。在“形状”选项组中单击“实体/网格”复选框右侧的“选择”按钮，在绘图区选择所需的实体。

（4）文件

文件在加工过程中应用较多。在加工过程中可以将上一步的加工结果保存为 STL 文件，再将此 STL 文件作为下一次加工的工件文件。另外，当某些工件只做精加工时，它在实体模拟时可以不进行粗加工，直接采用 STL 文件加工即可。可以在“形状”选项组的“文件”下拉列表中选择所需的 STL 文件，也可以单击“文件”按钮，选择文件。

2. 设置毛坯的尺寸

毛坯的尺寸是根据所创建的零件来确定的，系统提供了 7 种确定毛坯尺寸的方式。

（1）输入值：在“X”“Y”“Z”文本框中直接输入数值，来确定毛坯的尺寸。该方式适用于毛坯形状为立方体和圆柱体的情况。

（2）选择对角 选择对角(E)... ：在绘图区选取零件对角线上的两个点，系统会重新计算毛坯的原点及尺寸。该方式适用于毛坯形状为立方体的情况。

（3）边界框 边界框(B) ：根据图形边界确定毛坯尺寸，并自动改变 X 轴、Y 轴和原点坐标的值。该方式适用于毛坯形状为立方体和圆柱体的情况。

采用边界框的方式设置工件是 Mastercam 2022 中最常用的方式，在立方体工件和圆柱体工件设置方式中都有边界框设置方式。设置边界框的方法有两种。

一种是通过上述刀路操作管理器→“毛坯设置”调取命令。

另一种是直接在选项卡中调取命令。单击“线框”选项卡“形状”面板中的“边界框”按钮。

技巧荟萃

使用“毛坯设置”选项便于实体模拟时对工件进行观察，以检查刀路是否存在错误。一般利用边界框设置毛坯工件最为方便。

（4）NCI 范围 NCI 范围(N) ：根据生产的刀具路径来确定毛坯的尺寸，并自动改变 X、Y 轴和原点的坐标。该方式只有在选择的毛坯形状是立方体且已经生成刀路的情况下才能被激活。

（5）所有曲面 所有曲面 ：自动选择所有曲面，并以所有曲面的最大外边界形成立方体工件。该方式适用于毛坯形状为立方体和圆柱体的情况。

（6）所有实体 所有实体 ：选择所有实体，并以所有实体的最大外边界形成立方体工件。该方式适用于毛坯形状为立方体和圆柱体的情况。

（7）所有图素 所有图素 ：选择所有图素，并以所有图素的最大外边界形成立方体工件。

3. 设置毛坯原点

设置毛坯原点的目的是便于工件的定位加工，系统提供了 3 种确定毛坯原点的方法。

（1）默认原点：以系统默认的原点为毛坯原点。

（2）输入值：在“X”“Y”“Z”文本框中直接输入工作原点的坐标值。

（3）“选取”按钮：单击“选取”按钮，在绘图区选取一点作为工作原点。

4. 显示毛坯

“显示”复选框用于设置是否在绘图区显示毛坯。若勾选该复选框，则可将毛坯显示在绘图窗口中。

（1）适度化：毛坯以适合屏幕的大小显示在绘图窗口中。

（2）线框：毛坯以线框形式显示在绘图窗口中。

（3）着色：毛坯以实体形式显示在绘图窗口中。

1.3.3 刀具设置

刀具的选择是机械加工中的关键环节之一，在设置每一种加工方法时，首要的工作就是为此次加工选择一把合适的刀具。合理地选择刀具不仅需要有专业的知识，还要有丰富的经验，而刀具的选择是否合理将直接影响机械加工的成败和效率。

1. 从刀库选择刀具

Mastercam 2022 提供的刀路操作管理器可以选择和管理机械加工中所有使用的刀具和刀具库中的刀具，用户既可以根据需要选择相应的刀具类型，也可以将机械加工中使用的刀具保存到刀库中。

单击“刀路”选项卡“工具”面板中的“刀具管理”按钮，弹出“刀具管理”对话框，如图 1-10 所示。

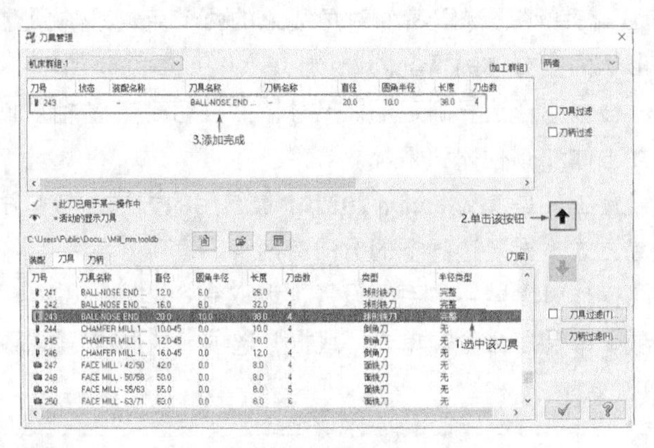

图 1-10 “刀具管理”对话框

“刀具管理”对话框中各选项的含义如下。

（1）机床群组刀具列表

机床群组下拉列表会列出当前刀路所使用的机床。选择任意一种机床，零件“刀具”列表会列出该机床在当前加工中的所有刀具。用户只需要在刀库中选中某一把刀具，然后单击“将选择的刀库刀具复制到机床群组”按钮，即可将刀具从刀库调到机床群组中。如果选中“刀具过滤”复选项，则系统只显示“状态”标识为“✓”的使用中的零件刀具。

（2）刀库刀具列表

刀库下拉列表中列出所有刀具。选择任意一个刀库，“刀具”列表中会显示该刀具库中所有的刀具。单击按钮也可以将机床群组刀具列表中选中的刀具复制到当前使用的刀库中。

（3）刀具过滤

为了快速选择刀具，可以按照刀具的类型、材料或尺寸等条件过滤刀具。在“刀具管理”对话框中，还可以通过“刀具过滤”按钮对过滤规则进行设置，如图 1-11 所示。

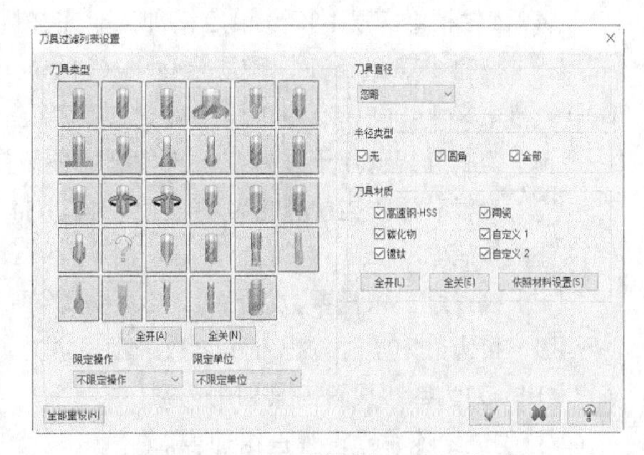

图 1-11 “刀具过滤列表设置”对话框

“刀具过滤列表设置”对话框中各选项的含义如下。

（1）刀具类型：“刀具类型”选项栏提供了 29 种形状的刀具，用户可以将鼠标光标移到刀具按钮上，观察刀具的名称，用户可以设置“限定操作”（包括不限定操作、已使用于操作和未使用于操作 3 种选项）和“限定单位”（包括不限定单位、英制和公制 3 种选项）快速选择需要的刀具。

（2）刀具直径：用户可以通过设置刀具直径来限制“刀具管理”中显示某种类型的刀具，Mastercam 2022 中，刀具直径有 5 种情形，分别为忽略、等于、小于、大于、两者之间。对于后 4 种情形，其限定值由文本框决定。

（3）半径类型：Mastercam 2022 中，刀具的半径类型分为 3 种，分别为无、圆角、全部。

（4）刀具材质：刀具材质根据刀具材料限制“刀具管理”中刀具的显示，用户可以选择高速钢-HSS、碳化物、镀钛、陶瓷、自定义 1、自定义 2 中的一个或多个。

2. 编辑刀具

双击“刀具管理”对话框中的任意一个刀具，系统将弹出图 1-12 所示的“编辑刀具”对话框。利用该对话框，用户可以设置选定刀具的具体参数。设置参数后单击“完成”按钮，即可完成编辑刀具操作。

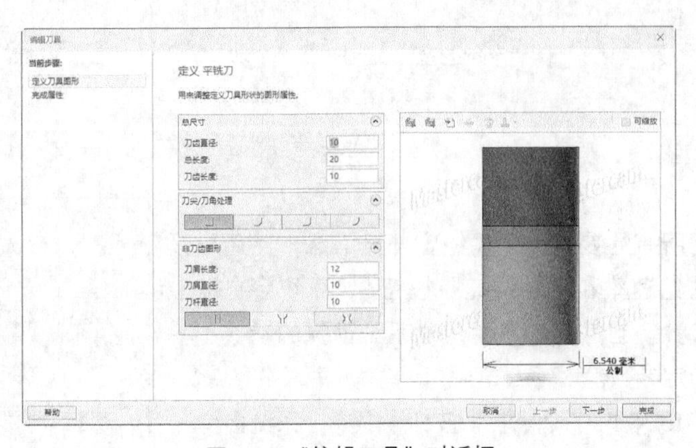

图 1-12 “编辑刀具”对话框

刀具参数设置完成后，单击“下一步”按钮，弹出如图 1-13 所示的对话框。利用该对话框中的内容可以设置刀具在加工时的相关参数，其主要选项的含义如下。

（1）XY 轴粗切步进量（%）：设定粗加工时在 *XY* 轴方向的步距进给量，按照刀具直径的百分比设置该参数。

（2）XY 轴精修步进量（%）：设定精加工时在 *XY* 轴方向的步距进给量，按照刀具直径的百分比设置该参数。

（3）Z 轴粗切深度（%）：设定粗加工时在 Z 轴方向的深度，按照刀具直径的百分比设置该参数。

（4）Z 轴精修深度（%）：设定精加工时在 Z 轴方向的深度，按照刀具直径的百分比设置该参数。

（5）材料：有 Carbide（硬质合金）、Ceramic（陶瓷）、HSS（高速钢）、Ti Coated（镀钛）、User Def1（自定义 1）和 User Def1（自定义 2）6 个选项。

（6）刀长补正：用于设置在机床控制器进行补偿时的刀具长度补偿号码。

（7）半径补正：当机床控制器使用 G41、G42 指令进行刀具补偿时，设置在数控机床中的刀具半径补偿号码。

（8）线速度：依据参数的预设，系统建议平面切削速度。

（9）每齿进刀量：依据系统参数来预设进刀量。

（10）刀齿数：设置刀具切削刃数。

（11）进给速率：设置进给速度。

（12）下刀速率：设置进刀速度。

（13）提刀速率：设置退刀速度。

（14）主轴转速：设定主轴转速。

（15）主轴方向：设定主轴旋转方向，包括顺时针和逆时针两种。

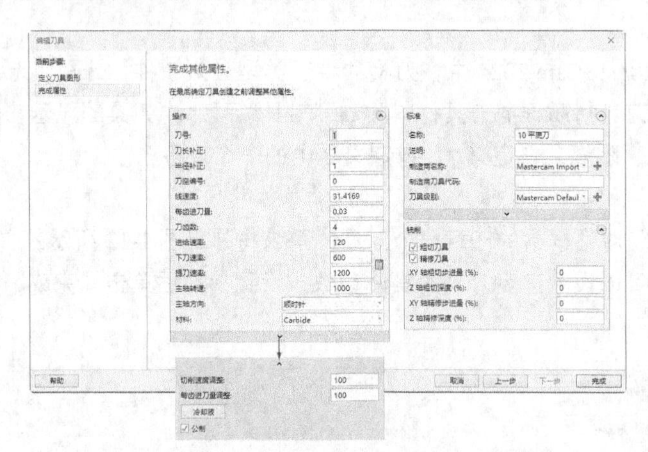

图 1-13 “编辑刀具”对话框

用户不需要指定所有的参数，只需给定部分信息，然后单击“点击重新计算进给速率和主轴转速”按钮，系统会自动计算出合适的其他参数。当然，如果用户对系统计算的参数不满意，则可以自行指定参数。

另外，单击图 1-13 中的“冷却液”按钮 冷却液 ，系统会弹出“冷却液”对话框，如图 1-14 所示。利用该对话框可以设置加工时的冷却方式，包括柱状喷射切削液（Flood）、雾状喷射切削液（Mist）、从刀具喷出切削液（Thru-tool）3 种标准冷却方式。

“冷却液”对话框中主要参数的含义如表 1-1 所示。

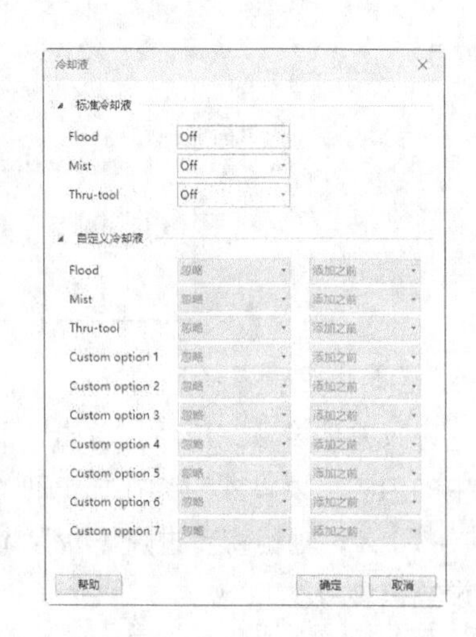

图 1-14 “冷却液”对话框

表 1-1 “冷却液”对话框中主要参数的含义

选项	含义
Flood	表示采用水冷或冷却液的方式进行冷却
Mist	表示采用雾冷的方式进行冷却
Thru-tool	表示采用带中心孔的刀具，通过中心孔的冷却液进行冷却
Off	表示关闭此选项
On	表示打开此选项

3. 创建新刀具

如果刀库中没有用户所需的刀具，则可以直接创建新刀具。在“刀具管理”对话框刀具列表框的空白处单击鼠标右键，在弹出的快捷菜单中选择“创建刀具”命令，系统弹出图 1-15 所示的“定义刀具”对话框，“选择刀具类型”选项卡中的选项用来定义用户所需的刀具类型。

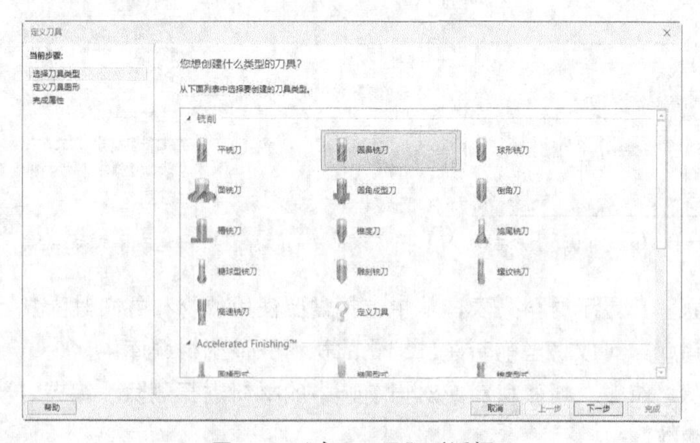

图 1-15 “定义刀具”对话框

在“选择刀具类型”选项卡中选择一种刀具，如“圆鼻铣刀”，单击“下一步”按钮 下一步 ，系统将对话框切换到“定义刀具图形”选项卡，如图 1-16 所示，该选项卡用来设置圆鼻铣刀的参数。

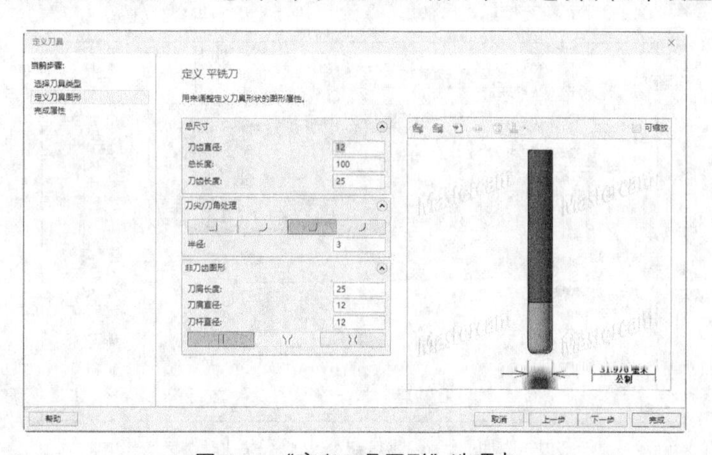

图 1-16 “定义刀具图形”选项卡

当设置完圆鼻铣刀的相关参数后，单击“下一步”按钮 下一步 ，弹出“完成属性”选项卡，其参数设置与图 1-15 中的相同，这里不再赘述。

1.3.4　材料的设置与管理

在模拟加工时，材料的选择会直接影响主轴转速、进给速度等加工参数。在 Mastercam 2022 中，用户既可以直接选择需要使用的材料，也可以根据需要自行设置材料。

1. 选择材料

单击“机床”→“机床设置”→“材料”按钮，系统弹出“材料列表”对话框，如图 1-17 所示。通过设置该对话框中的“原始”下拉列表和“显示选项”可以显示材料列表，也可以通过在对话框的任意位置处单击鼠标右键，弹出图 1-18 所示的快捷菜单来实现材料列表的显示。

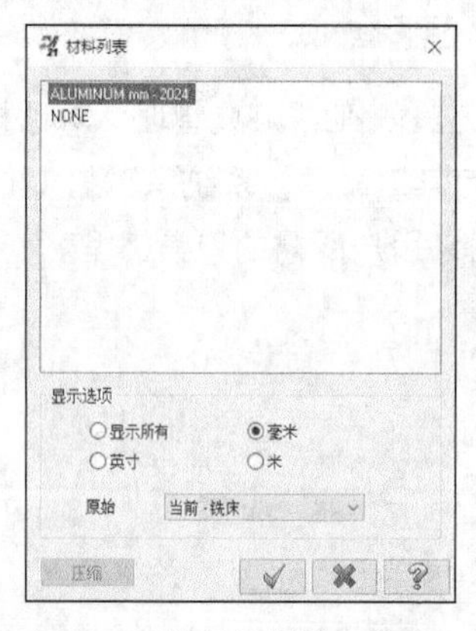

图 1-17　“材料列表”对话框

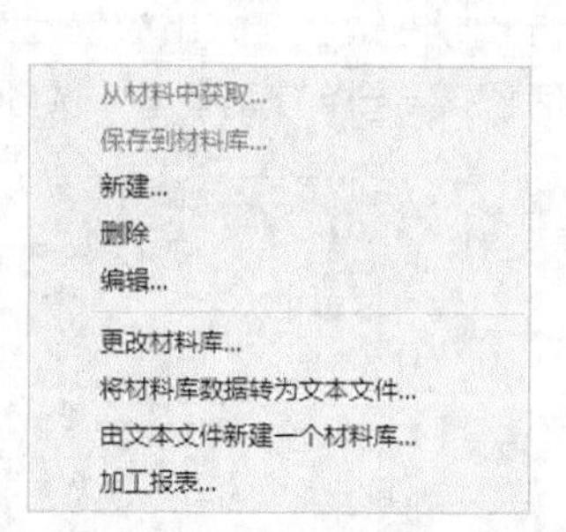

图 1-18　“材料列表”对话框的右键快捷菜单

（1）从材料中获取：显示材料列表，从中选择需要使用的材料并将其添加到当前材料列表中。

（2）保存到材料库：可以将当前新建、编辑的材料保存到材料库中。

（3）新建、删除、编辑：新建材料或对当前选中的材料进行删除、编辑。

2. 设置材料参数

在材料列表中，鼠标光标双击任意一种材料，都会弹出图 1-19 所示的“材料定义”对话框，用于修改材料参数。但是，当用户需要自行设置材料参数时，可以在图 1-18 所示的快捷菜单中选择“新建”命令。

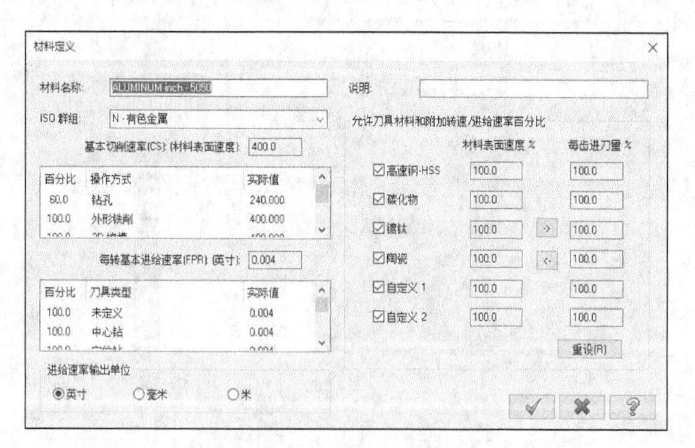

图 1-19　“材料定义”对话框

1.3.5　NC 仿真及后处理

当生成刀路后，需要进行刀路模拟和加工模拟，以便验证刀路的正确性。Mastercam 2022 提供了非常简便的操作管理方式——操作管理器，通过操作管理器，用户既可以完成刀路模拟和加工模拟，也可以编辑和修改刀路，以及生成 CNC 可识别的 NC 代码。

1. 刀路操作管理器按钮功能

利用刀路操作管理器的按钮可以非常方便地对生成的刀路进行编辑、验证、模拟，以及加工模拟和后处理等操作，如图 1-20 所示。

（1）刀路的选择、验证与移动

单击刀路操作管理器中的“选择全部操作”按钮，系统会选中模型中所有正确的刀路，被选中的操作以标识。如果要取消已经被选中的刀路，则可以单击“选择全部失效操作”按钮，未被选中的操作以标识。

当用户对一个操作的相应参数进行修改以后，必须单击“重建全部已选择的操作”按钮，验证其有效性（验证前必须保证该路径被选中）。单击“重建全部已失效的操作”按钮，可以验证未被选中的操作。

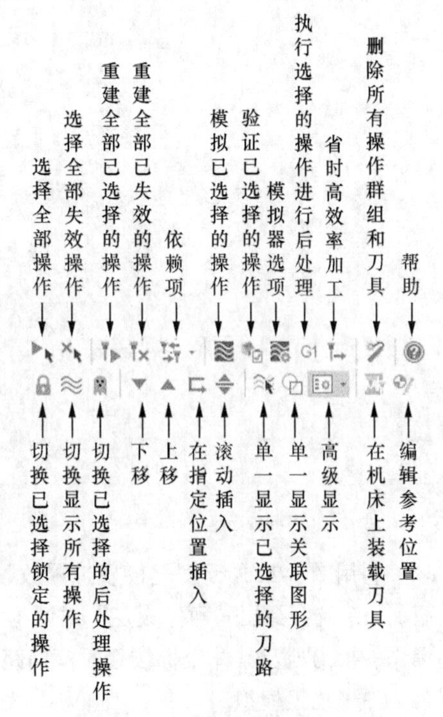

图 1-20 刀路操作管理器的按钮

Mastercam 2022 还提供了刀路移动功能，主要包括以下 4 种方法。

①（下移）：它将待生成的刀路（用▶标识）移动到目前位置的下一个刀路之后。

②（上移）：和下移操作相反，它将待生成的刀路移动到目前位置的上一个刀路之前。

③（在指定位置插入）：它将待生成的刀路移动到指定的刀路之后。

④（滚动插入）：它将待生成的刀路以滚动的方式插入指定位置。

（2）刀路模拟

刀路模拟对于数控加工来说是一个非常有用的工具，它可以在机床实际加工之前检验刀路，提前发现问题。

单击刀路操作管理器中的“模拟已选择的操作”按钮，系统弹出“路径模拟”对话框，如图 1-21 所示，以及“路径模拟播放”工具条，如图 1-22 所示。

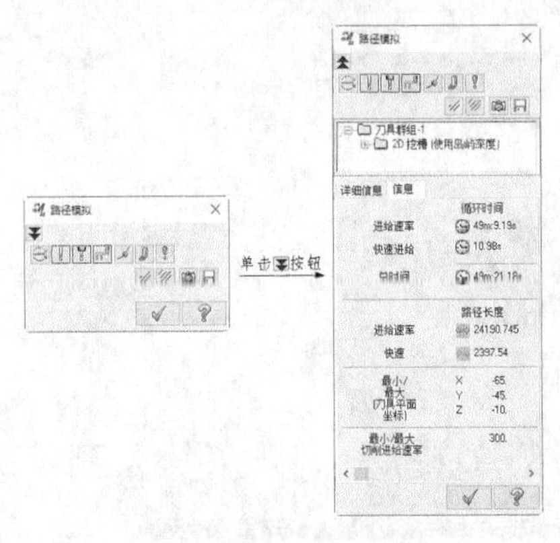

图 1-21 “路径模拟”对话框

图 1-22 “路径模拟播放”工具条

“路径模拟”对话框中各选项的含义如下。

① ▣：用各种颜色标识刀路，便于用户更加直观地观察刀路。

② ▣：在刀路模拟过程中显示刀具，以便检验在加工过程中刀具是否与工件发生碰撞干涉。

③ ▣：在刀路模拟过程中显示夹头，以便检验在加工过程中刀具及刀具的夹头是否与工件发生碰撞干涉。该选项只有在▣被选中时才能进行设置。

④ ▣：显示在加工过程中的快速进给路径。

⑤ ▣：显示刀路的节点。

⑥ ▣：快速校验刀路。

⑦ ▣：单击此按钮，系统弹出“刀路模拟选项”对话框，如图 1-23 所示。利用该对话框可以对刀路模拟过程中的一些参数进行设置，如设置刀路显示、步进模式。

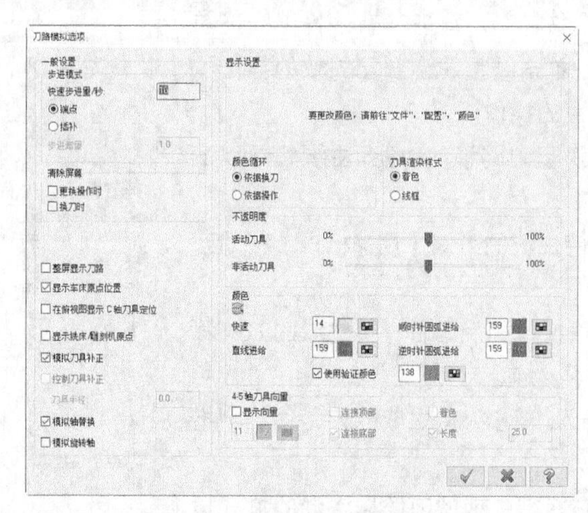

图 1-23 “刀路模拟选项”对话框

利用图 1-22 所示“路径模拟播放”工具条可以对模拟过程进行控制。单击“设置停止条件”按钮▣，系统会弹出“暂停设定”对话框，如图 1-24 所示。利用该对话框可以设置在某步加工、某步操作、换刀处及具体坐标位置暂停刀路模拟。

（3）加工模拟

单击刀路操作管理器中的“验证已选择的操作”按钮▣，系统会弹出“Mastercam 模拟”对话框，如图 1-25 所示。利用该对话框可以在绘图区观察加工过程和加工结果。

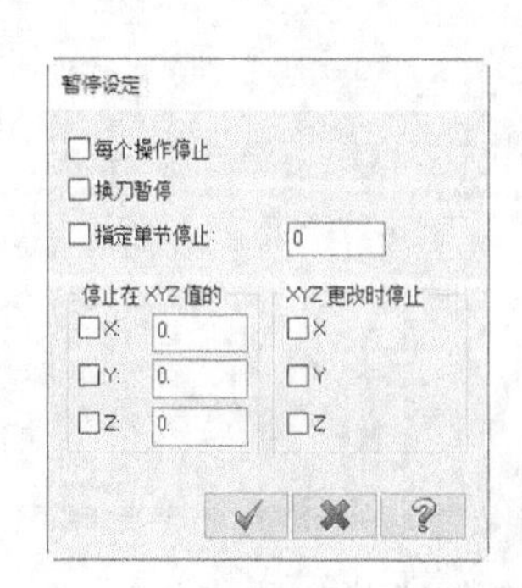

图 1-24 “暂停设定”对话框

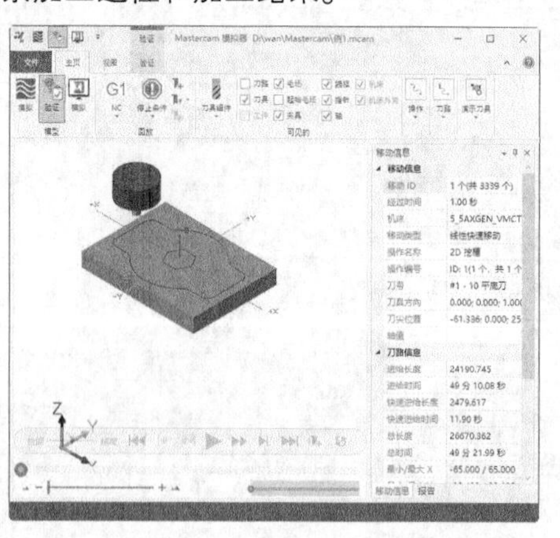

图 1-25 “Mastercam 模拟”对话框

（4）后处理

刀路生成并检验无误后，即可进行后处理操作。后处理就是将刀路文件翻译成数控加工程序。单击刀路操作管理器中的“执行选择的操作进行后处理”按钮G1，弹出“后处理程序”对话框，如图 1-26 所示。

不同的数控系统所使用的加工程序的格式是不同的，用户应根据机床数控系统的类型选择相应的后处理器，系统默认的后处理器为日本 FANUC 数控系统控制器（MPFAN.PST）。若要使用其他的后处理器，则可以单击“选择后处理”按钮，然后在弹出的对话框中选择与用户数控系统相对应的后处理器。

NCI 文件是一种过渡性文件，即刀路文件，而 NC 文件则是传递给机床的数控 G 代码程序文件，因此输出 NC 文件是非常有用的。

① 若选择“覆盖”单选框，则系统自动对原来的 NCI 文件或 NC 文件进行更新。

② 若选择“询问”单选框，则系统在更新 NCI 文件或 NC 文件前提示用户。

③ 若选择“编辑”复选框，则系统在生成 NCI 文件或 NC 文件后自动打开文件编辑器，用户可以查看或编辑 NCI 文件或 NC 文件。

④ 若选择“传输到机床”复选框，则系统在生成并存储 NC 文件的同时将 NC 文件通过串口或网络传输至机床设备的数控系统中。单击“传输”按钮 传输(M) ，弹出图 1-27 所示的“传输”对话框，用户可以利用该对话框对 NC 文件的通信参数进行设置。

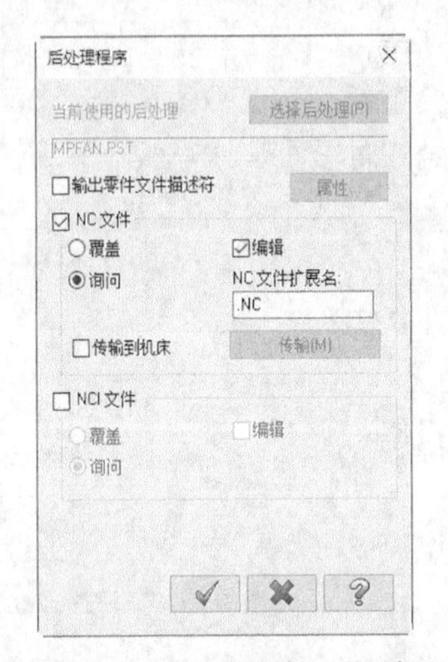

图 1-26 “后处理程序”对话框

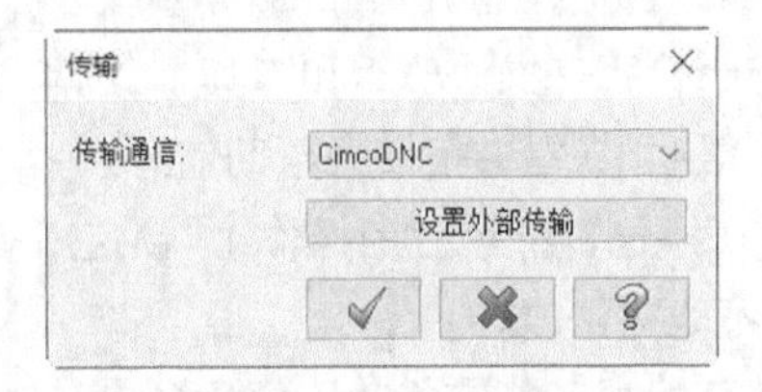

图 1-27 “传输”对话框

（5）快速进给

在输入加工参数时，同一步刀路一般采用同一种加工速度，而在具体加工过程中，同一步刀路的轨迹有时是直线、有时是圆弧或曲线，有时还是空行程，因此采用同一种加工速度会浪费很多的加工时间。用户可以通过“快速进给”命令来调节加工速度。例如，在进行直线加工和空行程时加速，而在圆弧加工时减速等，可以提高加工速度，优化加工程序。

单击刀路操作管理器中的“省时高效率加工”按钮，系统弹出“省时高效率加工”对话框，如图 1-28 所示。该对话框包括两个选项卡，利用这两个选项卡可以优化参数。

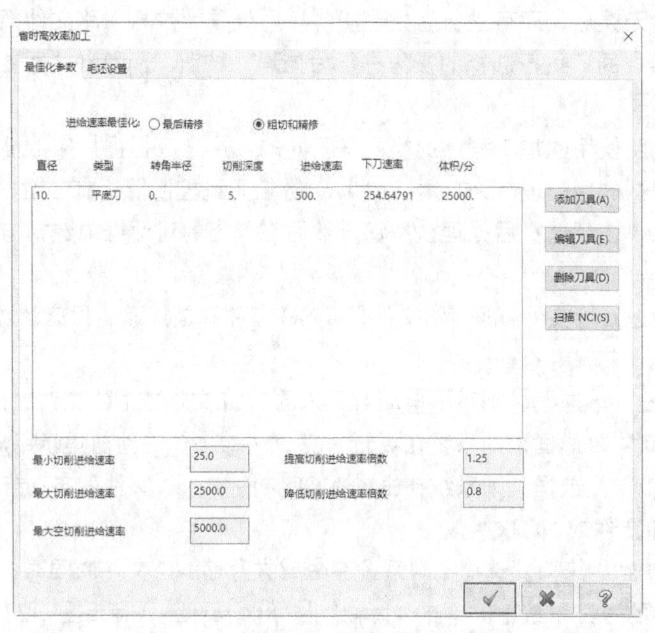

图 1-28 “省时高效率加工”对话框

参数设置完成后，单击“省时高效率加工”对话框中的“确定”按钮，弹出“省时高效加工”对话框，如图 1-29 所示，单击对话框中的“步进”按钮或“运行”按钮，系统会重新计算轨迹参数，并将优化后的效果进行汇报，注意快速进给只对 G0 ~ G03 的功能代码段有效。

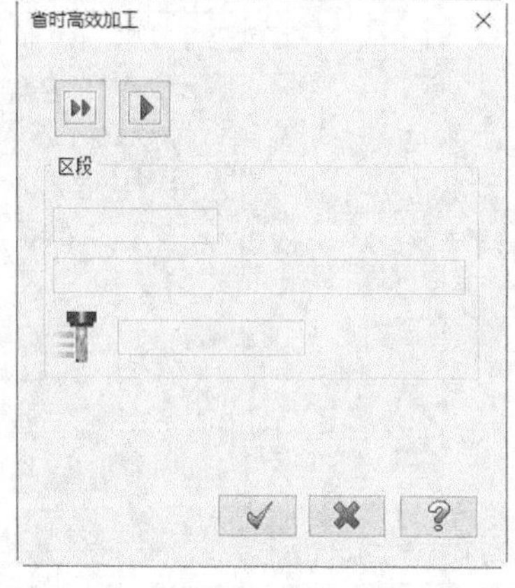

图 1-29 “省时高效加工”对话框

（6）其他功能按钮

除了上述的功能按钮，刀路操作管理器还提供了很多非常实用的功能按钮，部分按钮介绍如下。

① （删除所有操作群组和刀具）：删除所有选中的操作。

② （帮助）：提供相关的帮助信息。

③ （切换已选择锁定的操作）：锁定所有选中的操作，被锁定的操作不能被修改。

④ （切换显示所有操作）：隐藏或显示所有选中的刀路。

⑤ （切换已选择的后处理操作）：关闭所有选中的操作，不生成后处理程序，当选中的操作被关闭后，如果再次单击该按钮，则恢复所有关闭操作。

⑥ （单一显示已选择的刀路）：只显示被选中的刀路。

⑦ （单一显示关联图形）：只显示被选中的操作的关联图形。

2. 刀路操作管理器树状图功能

刀路操作管理器树状图如图 1-30 所示。该图显示了机床群组及刀路的树状关系，单击其中的任意一个选项都会打开相应的对话框，方便用户进行各种操作。

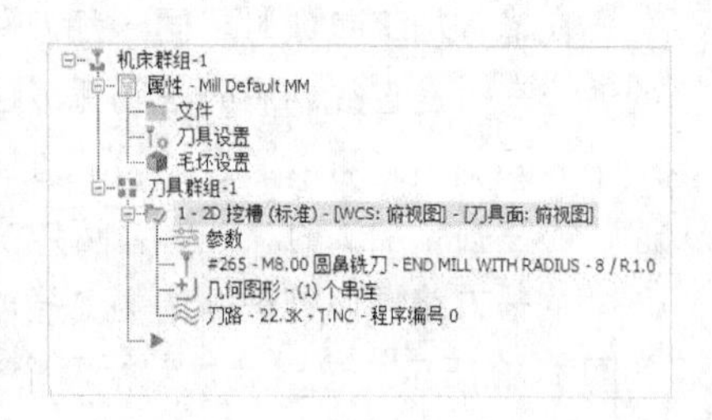

图 1-30 刀路操作管理器树状图

在刀路操作管理器的空白区域或每个选项上单击鼠标右键，系统会弹出相应的快捷菜单，如图 1-31 所示。该菜单包含了许多 CAM 功能，利用它可以方便快捷地完成刀路编辑、后处理等一系列操作。

（1）铣床刀路子菜单

选择快捷菜单中的“铣床刀路”选项，弹出图 1-32 所示的铣床刀路子菜单，该菜单包含了主菜单“刀路”中的主要内容，通过它可以完成铣削加工的各种刀路的创建。

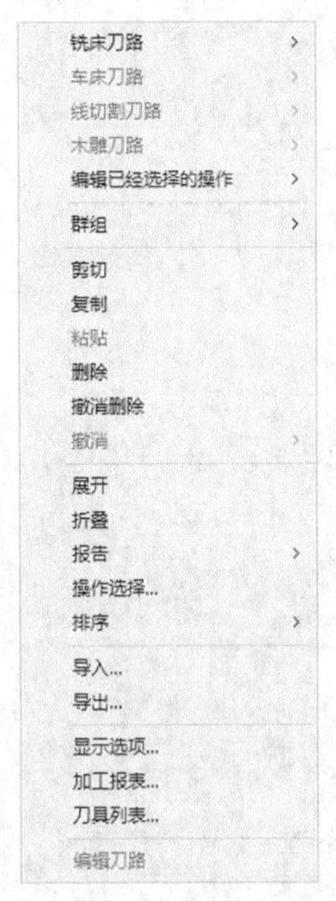

图 1-31　快捷菜单

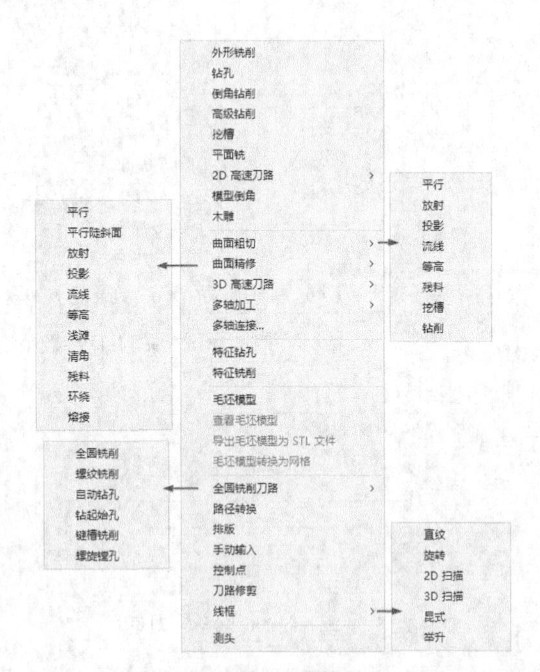

图 1-32　铣床刀路子菜单

如果选择其他功能模块，则该类型的刀路选项将被激活，例如选择“线切割”模块，则“线切割刀路”选项被激活。

（2）编辑选项操作

在图 1-31 所示的快捷菜单中选择“编辑已经选择的操作”选项，弹出图 1-33 所示的子菜单，用户可以利用它完成各选项的编辑工作。

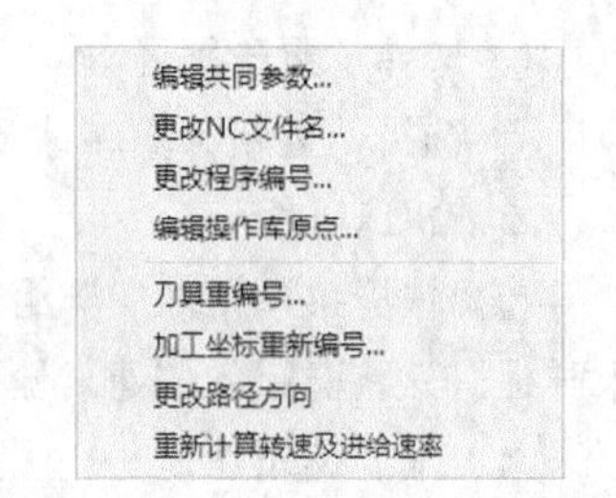

图 1-33　编辑已经选择的操作子菜单

① 选择“编辑共同参数”选项，弹出图 1-34 所示的“编辑共同参数（铣床/木雕）”对话框，该对话框默认各选项都不能进行编辑，用户可以单击“启用全部设置”按钮 ✳，激活所有选项。由于该对话框各参数的含义大部分已经介绍过，这里不再赘述，读者可以结合相关内容自行学习。

② 选择“更改 NC 文件名”选项，弹出“输入新 NC 名称”对话框，如图 1-35 所示，用户可以在文本框中输入新的 NC 名称。

③ 选择“更改程序编号”选项，弹出“新程序编号”对话框，如图 1-36 所示，用户可以利用它更改程序的编号。

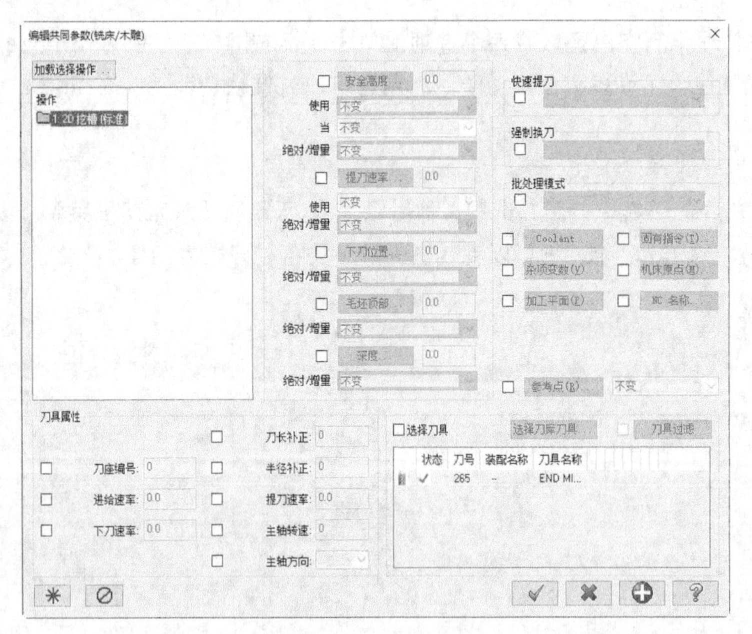

图 1-34 “编辑共同参数（铣床/木雕）”对话框

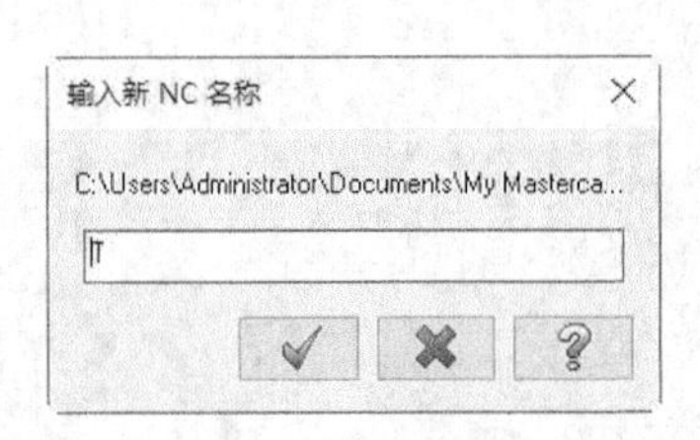

图 1-35 “输入新 NC 名称”对话框

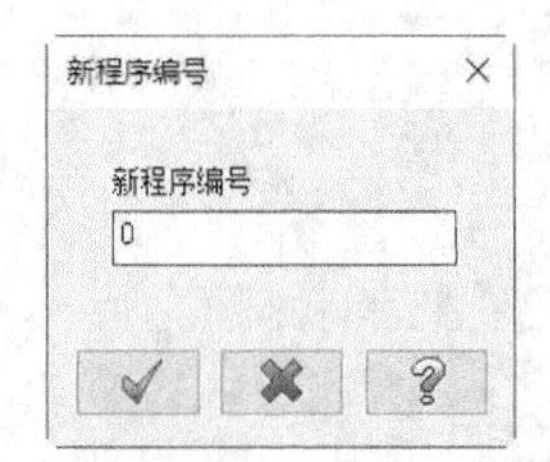

图 1-36 “新程序编号”对话框

④ 选择“刀具重编号”选项，系统会弹出“刀具重新编号”对话框，用户可以对刀具重新编号，如图 1-37 所示。

⑤ 选择“加工坐标重新编号”选项，系统会弹出“加工坐标系重新编号”对话框，用户可以对加工坐标系进行重排，如图 1-38 所示。

⑥ 选择“更改路径方向”选项，系统会将刀路的头尾调换。

⑦ 选择“重新计算转速及进给速率”选项，系统会重新计算转速和进给速度。

（3）机床群组

选择快捷菜单中的“群组”选项，弹出图 1-39 所示的新建机床群组子菜单，通过它可以完成机床群组、刀路群组的创建、删除等操作。

（4）常规编辑功能

快捷菜单还提供了一些常规的编辑功能，如剪切、复制、粘贴、删除、撤销删除等。

展开和折叠功能可以快速地展开或折叠树状图，利用它可以更加方便地观察刀路操作的结构层次。

（5）操作选择

选择快捷菜单中的“操作选择”选项，系统会弹出图 1-40 所示的“操作选择”对话框。通过该对话框，用户可以设置刀路的相关参数，系统会自动选中符合要求的所有刀路。用户既可以通过下拉列表进行选择，也可以单击“选择”按钮，手动进行选择。

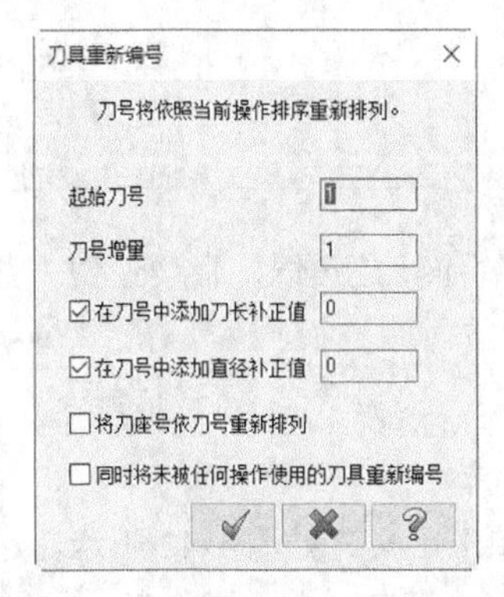

图 1-37 “刀具重新编号”对话框

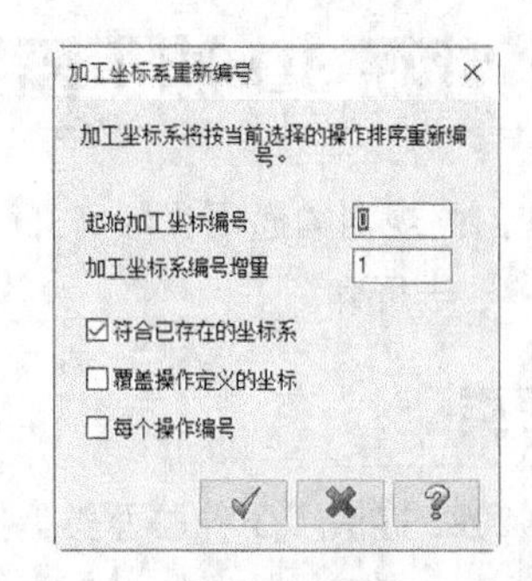

图 1-38 “加工坐标系重新编号”对话框

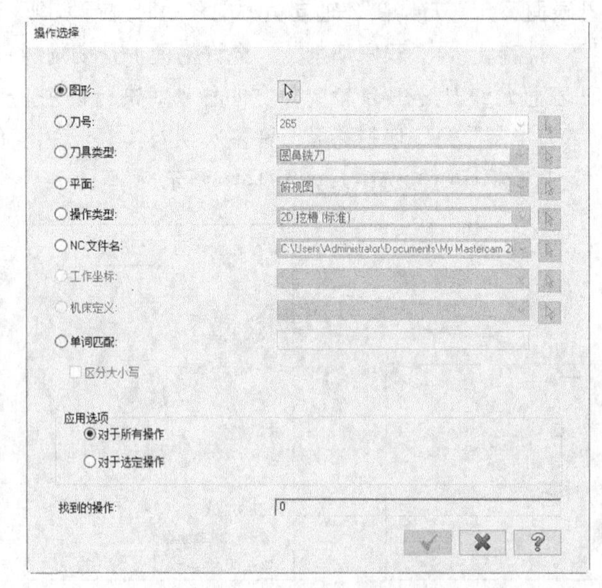

新建机床群组 >
新建刀路群组
重新名称
删除
删除不含操作的群组

图 1-39 新建机床群组子菜单

图 1-40 “操作选择”对话框

（6）显示选项

选择快捷菜单中的“显示选项”选项，系统会弹出“显示选项”对话框，如图 1-41 所示，利用该对话框可以对树状图的显示方式进行设置。

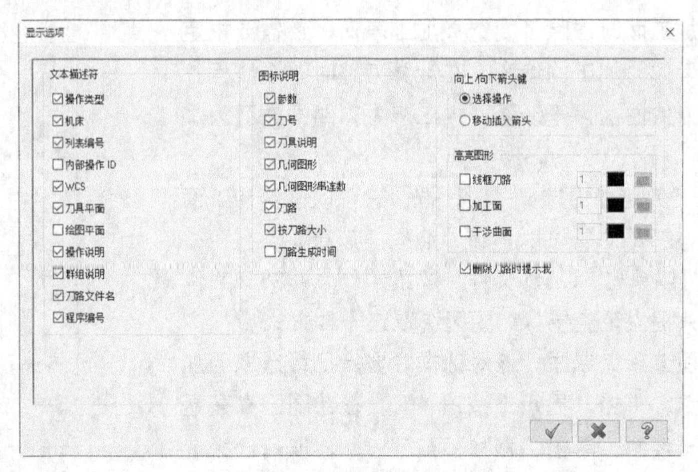

图 1-41 “显示选项”对话框

1.4 设置数控 3D 加工参数

区别于 2D 刀路规划的通用参数，3D 加工针对不同的曲面或实体，需要设置一些特定的参数，本节将对这些参数进行介绍。

1.4.1 曲面类型

Mastercam 2022 提供了 3 种曲面类型描述：凸、凹和未定义，如图 1-42 所示。这里所说的工件形状其实并不一定是指工件实际的凸凹形状，其作用是自动调整一些加工参数。

（1）凸表面不允许刀具在 Z 轴向负方向移动时进行切削。选择该选项时，默认“切削方向”为“单向”，“下刀控制”为“双侧切削”，“允许沿面上升切削（+Z）”复选框被选中，如图 1-43 所示。

（2）凹表面允许刀具在 Z 轴向负方向移动时进行切削。选择该选项时，默认“切削方向”为“双向”，“下刀控制”为“切削路径允许多次切入”，“允许沿面下降切削（–Z）”和“允许沿面上升切削（+Z）”复选框同时被选中，如图 1-44 所示。

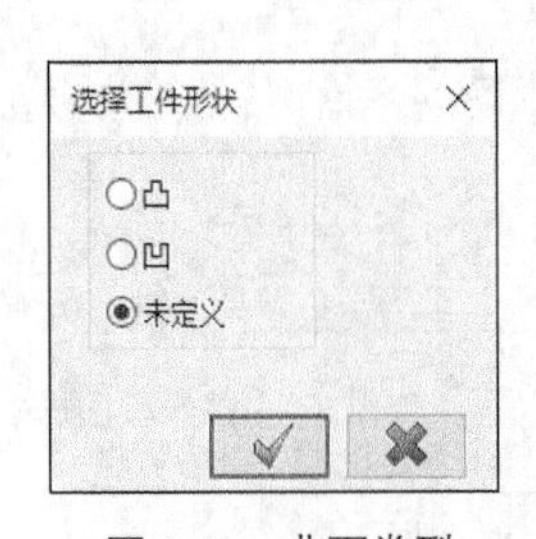

图 1-42 曲面类型

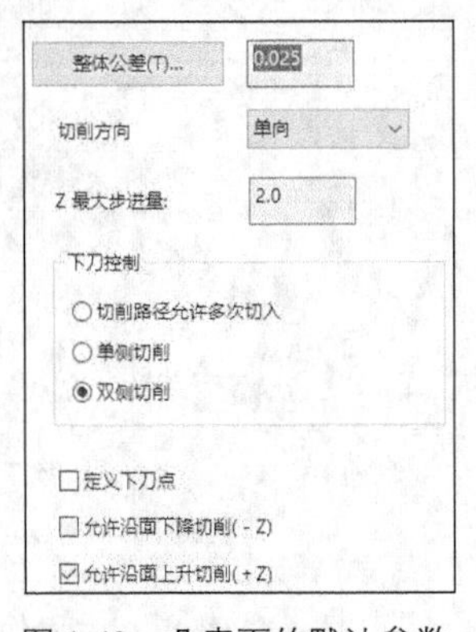

图 1-43 凸表面的默认参数

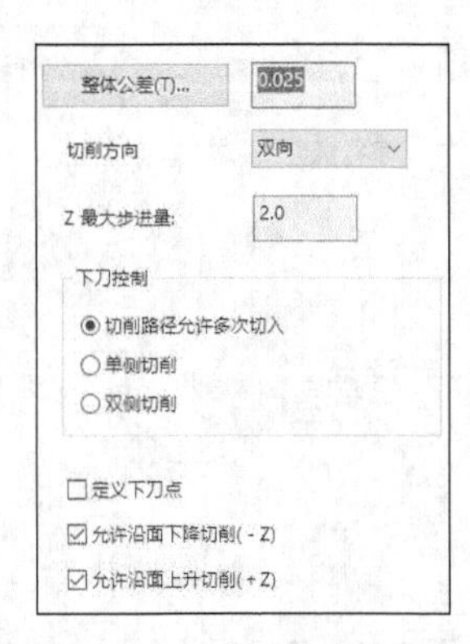

图 1-44 凹表面的默认参数

（3）若选择未定义，则采用默认参数，一般为上一次加工时设置的参数。

1.4.2 加工面的选择

在指定曲面的加工面时，除了要选择加工表面，还需要指定一些相关的图形要素作为加工的参考。在计算刀路时，系统保护不被过切而用来挡刀的曲面为干涉面；加工产生刀路的曲面为加工面。

图 1-45 所示为“刀路曲面选择”对话框，它可以设置加工面和干涉面等。其中，加工面既可以单击“选择”按钮，在绘图区直接选取，也可以单击“CAD 文件”按钮，从 STL 文件中读取，而干涉面只提供了直接从绘图区选取这一种方式。

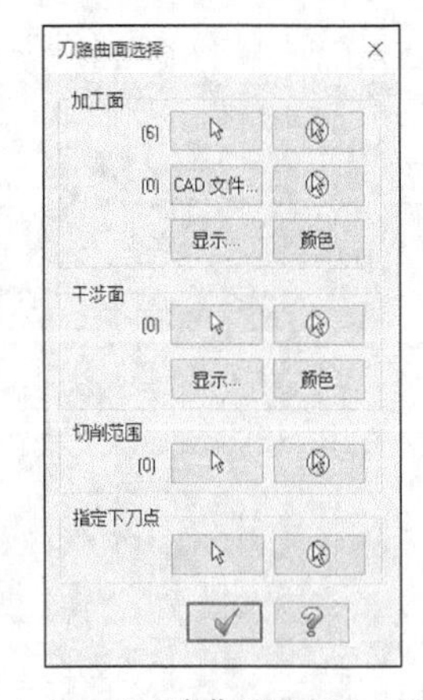

图 1-45 “刀路曲面选择”对话框

加工面或干涉面选择完成后，该对话框会显示已经选取的加工面或干涉面的数量，单击“显示”按钮，在绘图区高亮显示选取的加工面或干涉面，单击“移除”按钮，取消已经选择的加工面或干涉面（该对话框还可以对切削加工的范围和下刀点进行设置）。

1.4.3 设置加工参数

“曲面精修平行”对话框中的第二个选项卡为“曲面参数”，如图 1-46 所示。该选项卡中的内容一部分是通用设置的加工参数，这些参数可以参考 1.3 节相关内容。另一部分是 3D 加工特有的内容，下面将对这些参数进行介绍。

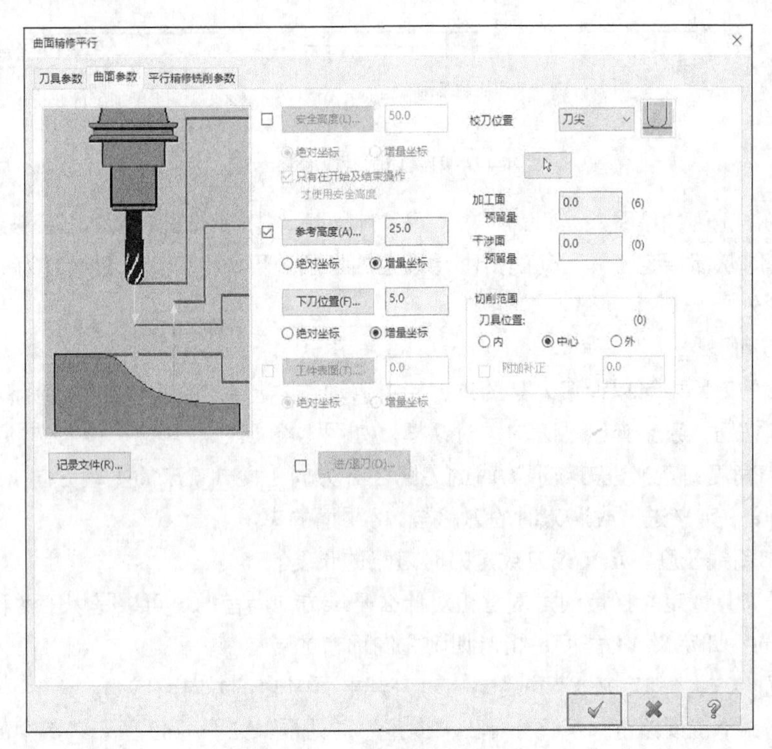

图 1-46 “曲面参数”选项卡

1. 加工面/干涉面的预留量

在加工曲面或实体时，为了提高曲面的表面质量，往往还需要精加工，因此粗加工曲面时必须预留一定的加工量。同样，为了保证加工区域与干涉区域有一定的距离，避免干涉面被破坏，在粗加工干涉面时也必须预留一定的距离。

在定义加工面或干涉面的预留量之前，必须预先定义加工面或干涉面。如果还没有定义，则需要单击“曲面参数”选项卡中的“选择”按钮，此时系统会弹出图 1-45 所示的“刀路曲面选择”对话框，用户可以利用该对话框对加工面或干涉面进行选择或修改。

2. 刀具切削范围

在加工曲面时，用户可以设置切削范围来限制加工的范围，这样，安排的刀路则不会超过指定的加工区域。这个范围可以设置在与曲面对应的不同构图深度的视图上，但必须保证该图形是封闭的。

在 Mastercam 2022 中，刀具位置有 3 种情况。

（1）内：刀具中心在切削范围内。利用这种方法意味着刀具运动的范围决不会超出切削范围，如图 1-47（a）所示。

（2）中心：刀具中心在切削范围上。利用这种方法意味着刀具运动的范围会超出切削范围半个刀具半径的距离，如图 1-47（b）所示。

（3）外：刀具中心在切削范围外。利用这种方法意味着刀具运动的范围会超出切削范围一个刀具直径的距离，如图 1-47（c）所示。

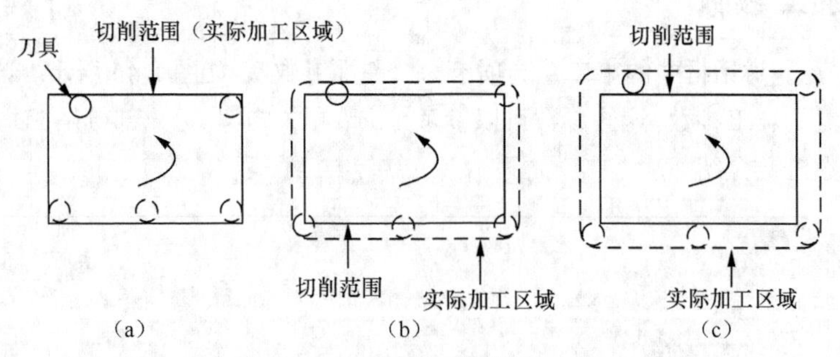

图 1-47　刀具切削范围补偿示意

当刀具与切削范围的位置关系设为“内”或“外”时，“附加补正”文本框会被激活，用户可以输入一个补偿量，从而指定刀具运动的范围比设定的切削边界小（刀具位置设置为“内”）或大（刀具位置设置为“外”）一个补偿量。

3. 进/退刀向量

在曲面加工的刀路中可以设置刀具的进刀和退刀动作。选中“曲面参数”选项卡中的“进/退刀”复选框并单击其按钮，系统弹出“方向”对话框，如图 1-48 所示。对话框中各选项的含义如下。

（1）进/提刀角度：定义进刀或退刀时的刀路在 *Z* 方向（立式铣床的主轴方向）的角度。

（2）XY 角度：定义进刀或退刀时的刀路与 *XY* 平面的夹角。

（3）进/退刀引线长度：定义进刀或退刀时刀路的长度。

（4）相对于刀具：定义指定的角度是相对什么基准方向而言的，可以是以下两种情况。

① 切削方向：即定义 *XY* 角度是相对切削方向而言的。

② 刀具平面 X 轴：即定义 *XY* 角度是相对刀具平面 *X* 轴正方向而言的。

（5）向量(V)...：单击该按钮，系统会弹出“向量”对话框，如图 1-49 所示，其中的“X 方向”“Y 方向”“Z 方向”分别用于设置刀路向量的 3 个分量。

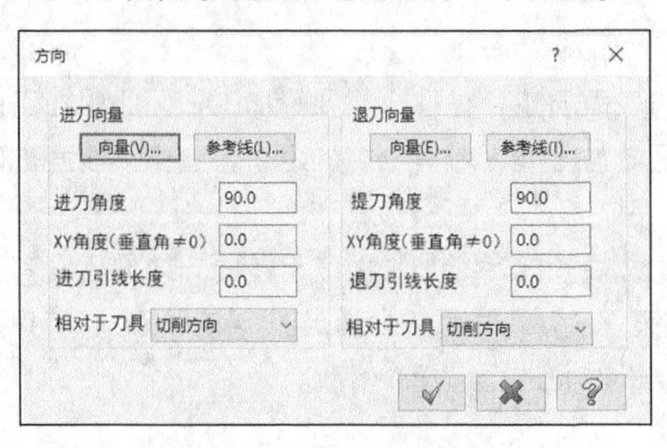

图 1-48　“方向”对话框

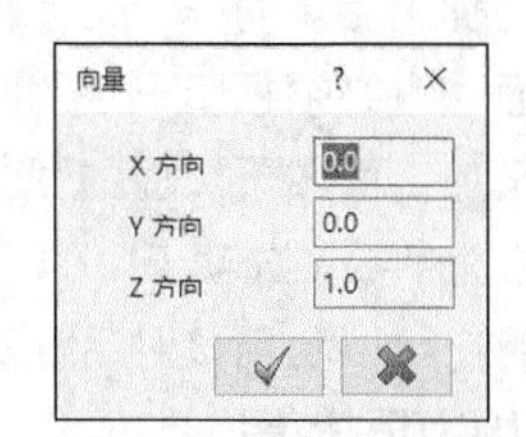

图 1-49　“向量”对话框

（6）参考线(L)...：单击该按钮，在绘图区中选择一条已经存在的直线作为定义进刀和退刀的刀路方向。

4. 记录文件

由于曲面刀路的规划和设计有时会耗时较长，为了可以快速刷新刀路，需在生成曲面加工刀路时，设置一个记录该曲面加工刀路的文件，这个文件就是记录文件。

在“曲面参数”选项卡中单击“记录文件”按钮记录文件(R)...，系统会弹出“打开”对话框，在该对话框中可以设置该记录文件的名称和保存位置。

1.5 刀具路径的编辑

刀具路径的编辑就是对已经生成的刀具路径进行编辑，在不改变原造型的基础上改变刀具路径的形态特征，使其生成新的刀具路径。

1.5.1 刀具路径的修剪

刀具路径的修剪用于对已经完成的刀具路径进行修剪。修剪时边界可以是任何形状和尺寸。

单击“刀路”选项卡“工具”面板中的“刀路修剪”按钮，系统会弹出“线框串连”对话框，如图 1-50 所示。拾取修剪串连，指定保留部分，弹出“修剪刀路”对话框，如图 1-51 所示。

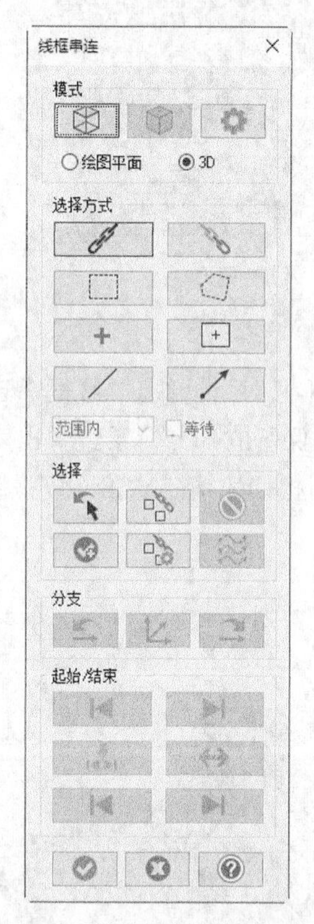

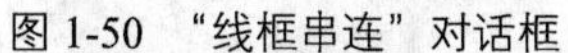

图 1-50 “线框串连”对话框

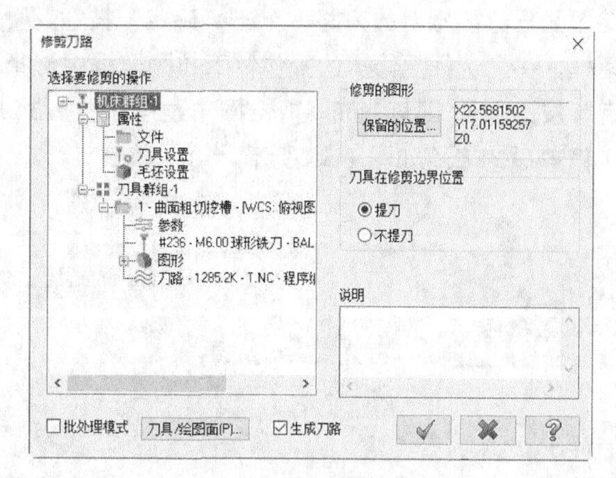

图 1-51 “修剪刀路”对话框

“修剪刀路”对话框中部分选项的介绍如下。

（1）选择要修剪的操作：该列表框中列出了所有已创建的操作，在选择其中一项或多项要进行修剪的操作。

（2）保留的位置：返回到图形窗口并选择一个点。系统会在选择点所在的修剪边界的同一侧保留刀具路径，其后的框中会显示选择的点的坐标。

（3）提刀：在刀具路径的每个交点处将刀具提升到当前的深度。

（4）不提刀：强制刀具在刀具路径的每个交点处保持向下。此选项可能会导致使用修剪功能时刀具穿过某些修剪边界。

1.5.2 实操——椭圆槽刀路修剪

椭圆槽刀路修剪操作步骤如下。

1. 打开文件

单击快速访问工具栏中的“打开”按钮，在弹出的“打开”对话框中选择“源文件/原始文件/第 1 章/椭圆槽刀路修剪”文件。打开文件，如图 1-52 所示。

2. 创建修剪边界

（1）单击“视图”选项卡“屏幕视图”面板中的“俯视图”按钮，将当前视图设置为俯视图。

（2）单击“线框”选项卡“形状”面板中的“矩形”按钮□，任意绘制一个矩形，如图 1-53 所示。该矩形将作为修剪刀路的边界。

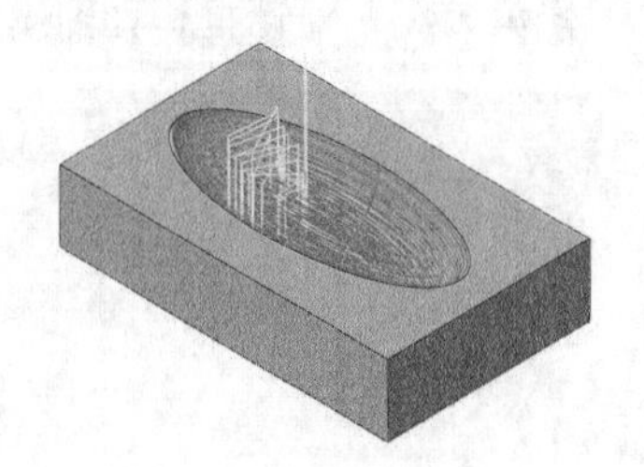

图 1-52 “修剪”文件

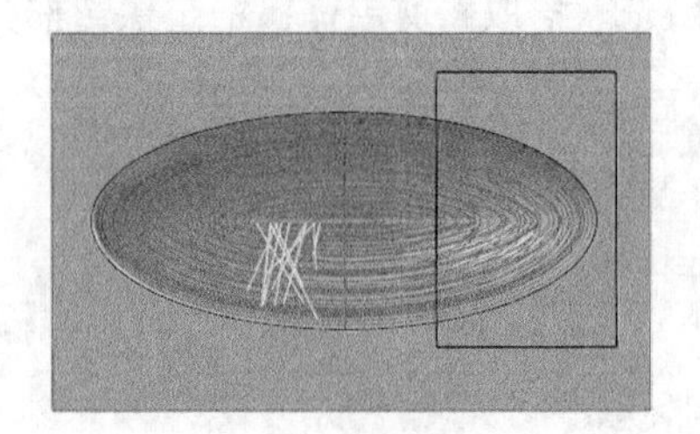

图 1-53 绘制矩形

3. 修剪刀路

（1）单击“刀路”选项卡“工具”面板中的“修剪刀路”按钮，系统弹出“线框串连”对话框，在绘图区框选要修剪的刀路，单击“确定”按钮，选择要保留的部分，系统弹出“修剪刀路”对话框，在“选择要修剪的操作”下拉列表框中选择“1-曲面相切挖槽-[WCS：俯视图]”，单击“确定”按钮，即可完成修剪，操作过程如图 1-54 所示。

（2）修剪后的刀路如图 1-55 所示。

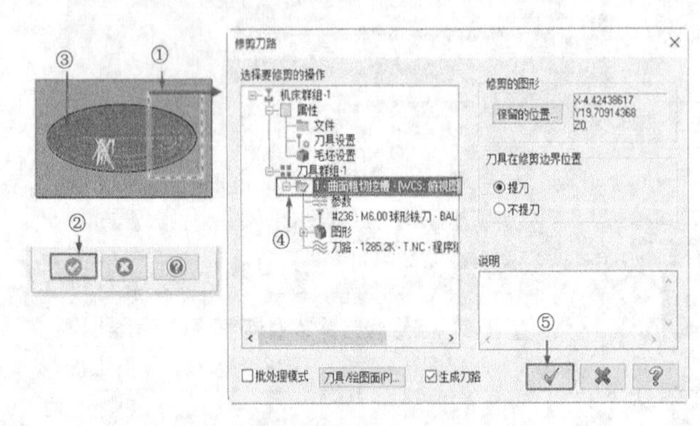

图 1-54 修剪刀路过程

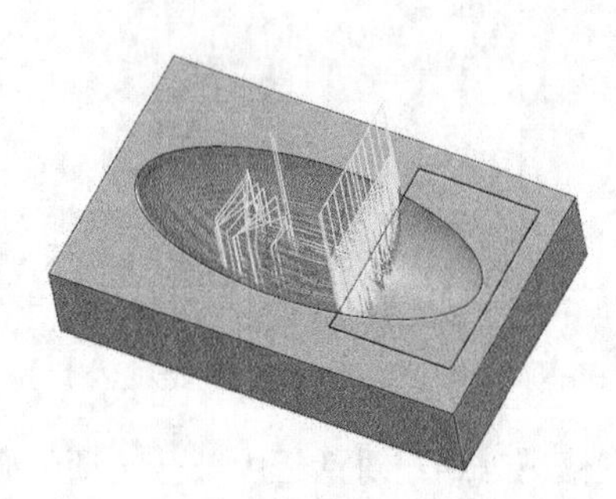

图 1-55 修剪后的刀路

1.5.3 刀具路径的转换

刀具路径的转换是指将一个现有的刀具路径进行平移、旋转或镜像，生成新的刀具路径。

单击“刀路”选项卡“工具”面板中的“刀路转换”按钮，系统会弹出“转换操作参数”对话框，如图 1-56 所示，“转换操作参数”对话框各选项介绍如下。

1. “刀路转换类型与方式”选项卡

（1）类型：转换类型包括平移、旋转、镜像 3 种。

（2）原始操作：在列表框中选择要转换的刀具群组，只能选择活动机床群组中的刀具。

（3）创建新操作及图形：将原始操作中的几何图形复制到每个变换位置，并将原始操作中的参数应用到每个新刀具路径。此方法能够创建多个具有相同几何形状和参数的新独立操作，而不是单个变换操作。

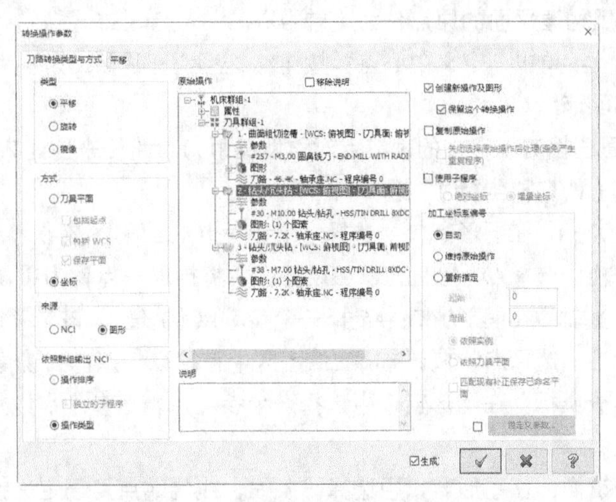

图 1-56 “转换操作参数”对话框

（4）保留这个转换操作：除了保留新操作和几何体，还保留转换操作。允许通过重新生成转换操作来快速重新生成所有结果操作。仅在启用“创建新操作及图形”时该选项可用。

（5）复制原始操作：在源操作的正上方创建一个重复的操作。

（6）关闭选择原始操作后处理（避免产生重复程序）：通过禁用源操作的后处理程序来防止源操作被生成两次。仅在启用“复制原始操作”时可用。

2. “平移”选项卡

“平移”选项卡用于设置如何在一个或多个新位置运行操作。可用的选项取决于选择的平移方式。

（1）直角坐标：在直角坐标系中，使用常规 *X* 偏移和 *Y* 偏移创建刀具路径的一个或多个副本。在“实例”组中，输入每个方向的副本数并定义如何以指定的间距分布副本。可以通过在“偏移模型原点（世界坐标）”组中输入世界坐标来定位生成的变换操作。

（2）两点间：将选定刀具路径从一个参考点复制到另一个参考点。在“从点”和“到点”输入框中输入源点和目标点的坐标。通过在“实例”组中输入值来创建刀具路径的多个副本。

（3）极坐标：使用极坐标增量在径向方向上平移选定的刀具路径。可以通过在“偏移模型原点（世界坐标）”组中输入世界坐标来定位生成的变换操作。

（4）两视图之间：将选定的操作转换到一个新平面，而无须制作多个副本。使用“从平面”和“到平面”选项来指定源平面和目标平面。如果不选择“从视图”，则 Mastercam 2022 将使用源操作的工具平面。Mastercam 2022 根据所选平面（源平面和目标平面）之间的关系转换所有操作。例如，如果目标平面从源平面绕 *Y* 轴顺时针旋转 90º，则 Mastercam 2022 将绕 *Y* 轴旋转平移 90º，而不管操作是在哪个实际平面中创建的或平移得到的。可以通过在“偏移模型原点（世界坐标）”组中输入世界坐标来定位生成的变换操作。

3. “旋转”选项卡

“旋转”选项卡设置刀具路径变换的旋转选项。当在“刀路转换类型与方式”选项卡中选择“旋转”时，此选项卡可用。

（1）次：要创建的刀具路径的副本数。

（2）角度之间/完成扫描：选择测量刀具路径副本之间间距的方式。可以选择设置每个副本之间的角度，或从第一个副本到最后一个副本的总扫描。例如，如果要创建 4 个副本并且总扫描为 240°，则刀具路径副本将间隔 60°。

（3）原点：使用构建平面的原点作为旋转中心。

（4）定义中心点：单击“定义中心点”按钮，返回图形窗口界面，选择用作旋转中心的点。

4. “镜像”选项卡

“镜像”选项卡通过相对于定义的轴或点对称地反射刀具路径来创建刀具路径的镜像。

5. “镜像方式（WCS 坐标）”组

（1）镜像转向到 X 轴：在图形窗口中选择一个参考点（*X* 值），该参考点用于定义镜像所选操作的垂直轴。单击“X 轴：选择点”按钮，在绘图区中将拾取一点作为镜像轴通过的点。

（2）镜像转向到 Y 轴：在图形窗口中选择一个参考点（*Y* 值），该参考点用于定义镜像所选操作的水平轴。单击“Y 轴：选择点”按钮，在绘图区中将拾取一点作为镜像轴通过的点。

（3）镜像转向到极坐标：在图形窗口中选择一个参考点，该参考点以指定的角度定义用于镜像选定操作的角轴。

（4）对任意直线镜像：在图形窗口中选择一条线，线的端点用于定义镜像选定操作的轴。

（5）任意两点镜像：在图形窗口中选择两个点，这些点用于定义镜像选定操作的轴。

（6）镜像视图：在与源操作的刀具平面不同的平面上镜像转换的刀具路径。

6. “镜像点（WCS 坐标）”组

（1）X-Y-Z（从点）：设置原始刀具路径的参考点坐标。单击“选择”按钮，可以从图形窗口中选择一个点。

（2）X-Y-Z（到点）：设置目标刀具路径的参考点坐标。单击“选择”按钮，可以从图形窗口中选择一个点。

7. “切削方向”组

（1）相反排序：选择此选项后，Mastercam 2022 将镜像转换刀具路径的起点与源刀具路径保持相同。但是，它会颠倒镜像转换刀具路径的几何实体的顺序，包括链方向、点顺序，以及曲面刀具路径的选择顺序。这也会反转镜像转换操作中的切割方向和刀具补偿设置。如果选择反向顺序，则 Mastercam 2022 将选择“保留起始点”选项。

取消选择此选项可将源刀具路径中相同的切削方向和刀具补偿设置应用于镜像转换操作。可以选择保持相同的起点，或保持与源刀具路径相同的镜像及转换刀具路径的起始实体。

（2）保留起始点：当希望镜像转换操作使用与源操作相同的起点时，请选择此选项。但是，切削方向可能会有所不同，具体取决于是否也选择了反转顺序。如果选择“相反排序”，则 Mastercam 2022 将选择“保留起始点”选项。

（3）保留起始图素：仅当取消选择“相反排序”时可用。当希望镜像变换操作在链接几何体中使用与源操作相同的实体和相同的切削方向时，请选择此选项。

1.5.4 实操——轴承座刀具路径的转换

轴承座刀具路径的转换操作步骤如下。

1. 打开文件

单击快速访问工具栏中的“打开”按钮，在弹出的“打开”对话框中选择“源文件/原始文件/第 1 章/轴承座”文件，如图 1-57 所示。

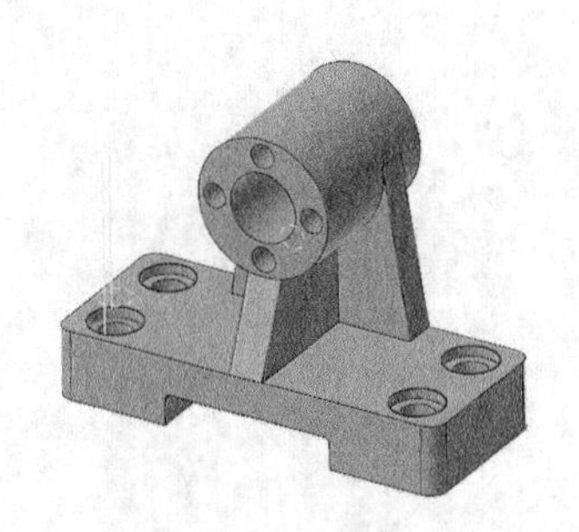

图 1-57　轴承座

2. 平移刀路

（1）单击“刀路”选项卡“工具”面板中的“刀路转换”按钮，系统会弹出“转换操作参数”对话框，“类型”选择“平移”，后续操作过程①～⑥如图 1-58 和图 1-59 所示。

（2）单击“确定”按钮，平移结果如图 1-60 所示。此时，刀路操作管理器中显示的刀具路径如图 1-61 所示。

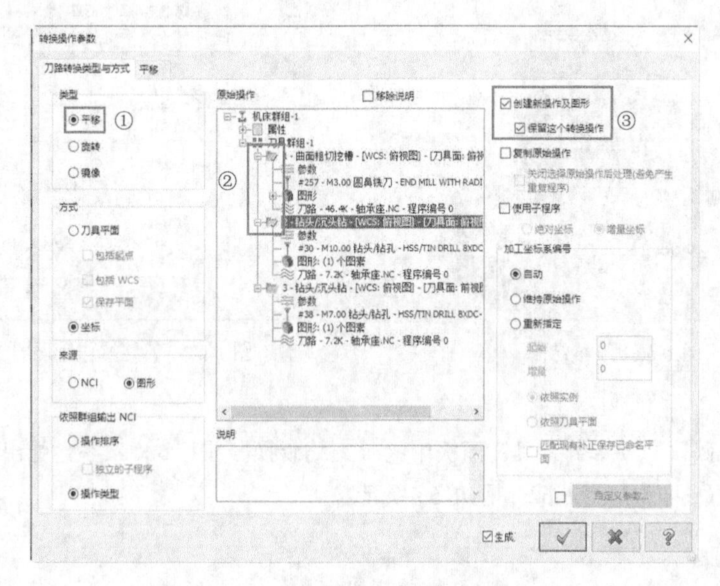

图 1-58　“转换操作参数”对话框 1

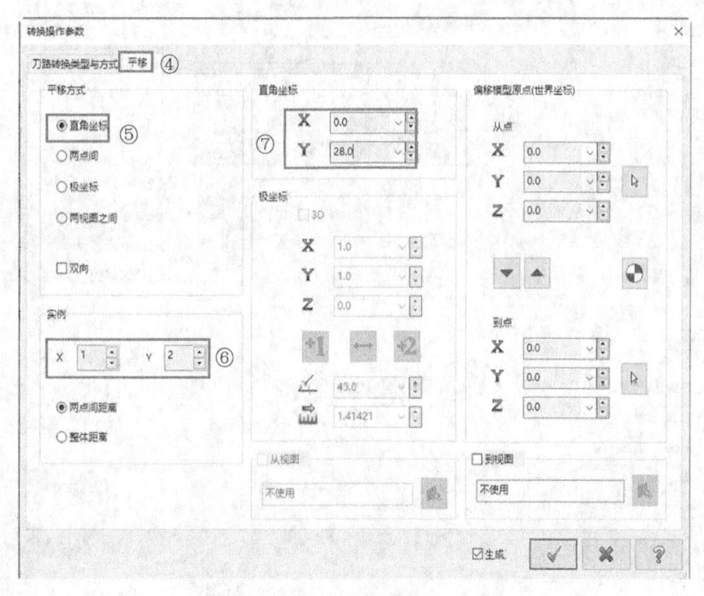

图 1-59　“平移”选项卡

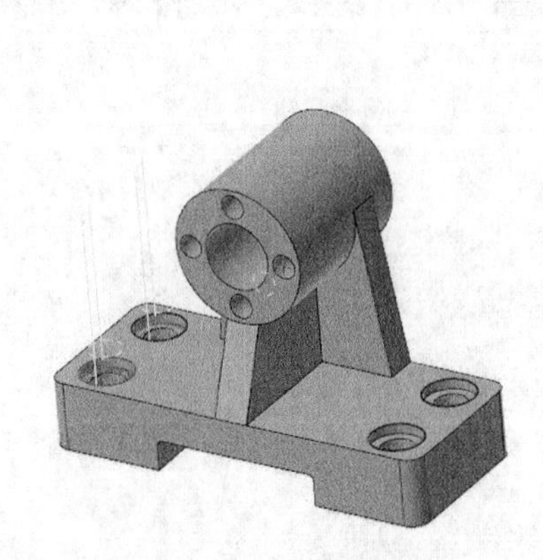

图 1-60　平移结果

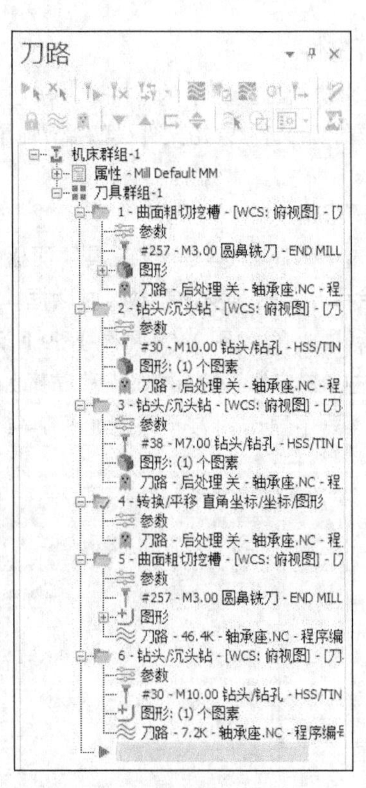

图 1-61　刀路操作管理器 1

3. 镜像刀路

（1）单击“刀路”选项卡“工具”面板中的“刀路转换”按钮，系统会弹出“转换操作参数”对话框，操作过程①～⑧如图 1-62 和图 1-63 所示。

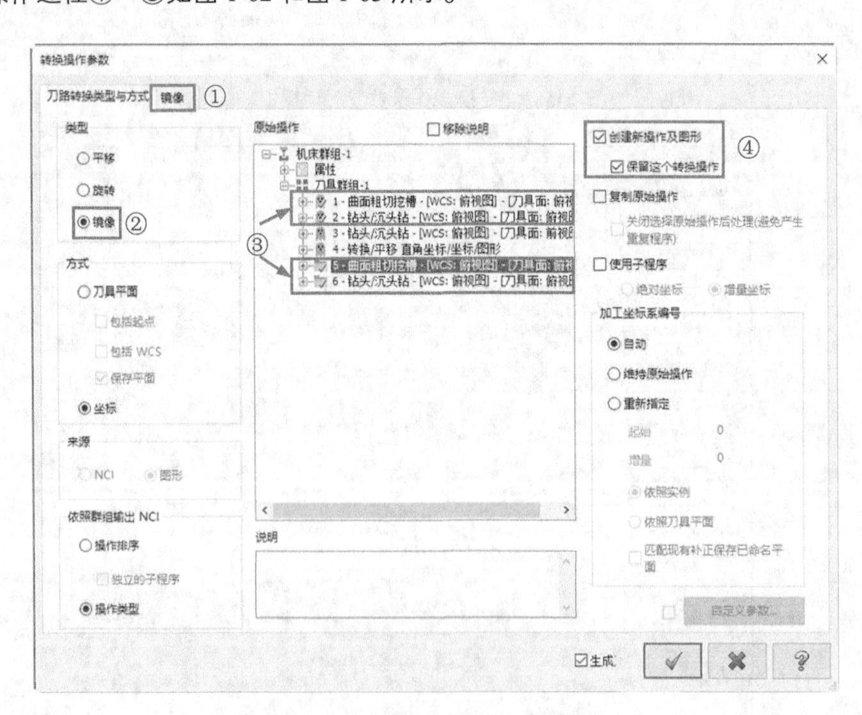

图 1-62　“转换操作参数”对话框 2

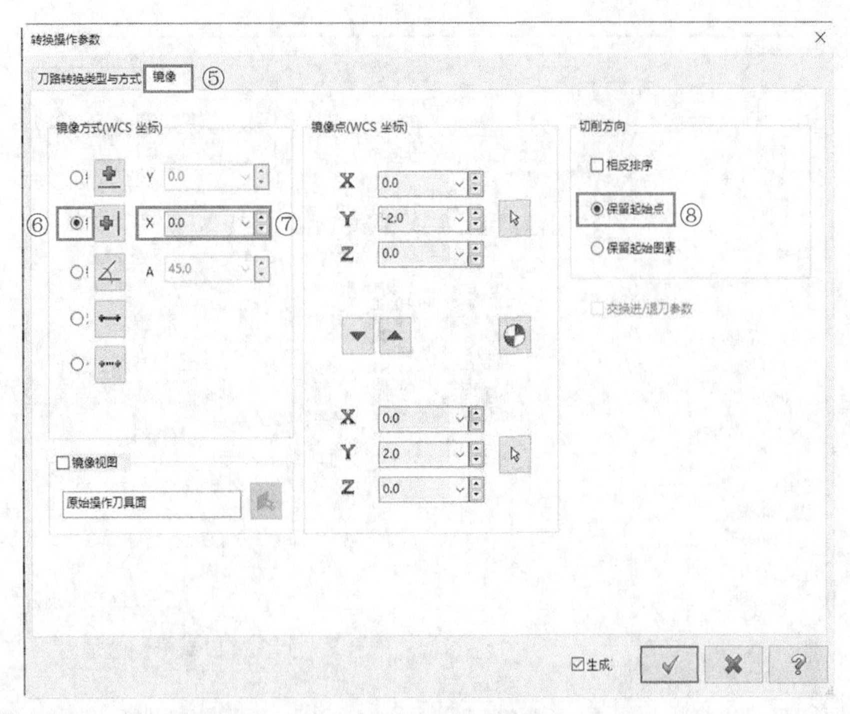

图 1-63 “镜像”选项卡

（2）单击对话框中的“确定”按钮，刀路镜像完成，镜像结果如图 1-64 所示。此时，刀路操作管理器中显示的刀具路径如图 1-65 所示。

图 1-64 镜像结果

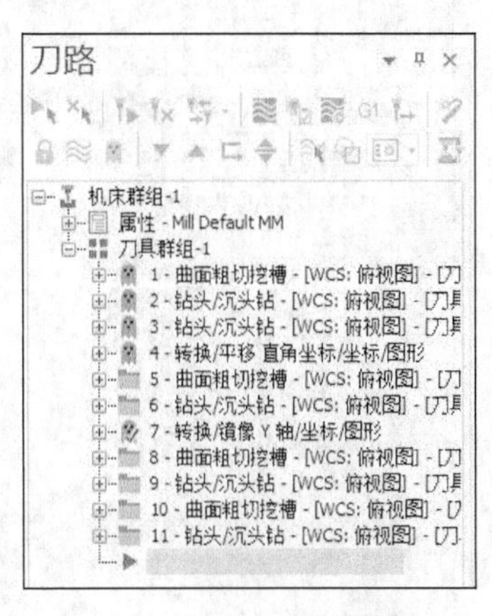

图 1-65 刀路操作管理器 2

4．旋转刀路

（1）单击“刀路”选项卡“工具”面板中的“刀路转换”按钮，系统弹出“转换操作参数”对话框，后续操作过程如图 1-66 和图 1-67 所示。

（2）单击对话框中的“确定”按钮，刀路旋转完成，旋转结果如图 1-68 所示。此时，刀路操作管理器中显示的刀具路径如图 1-69 所示。

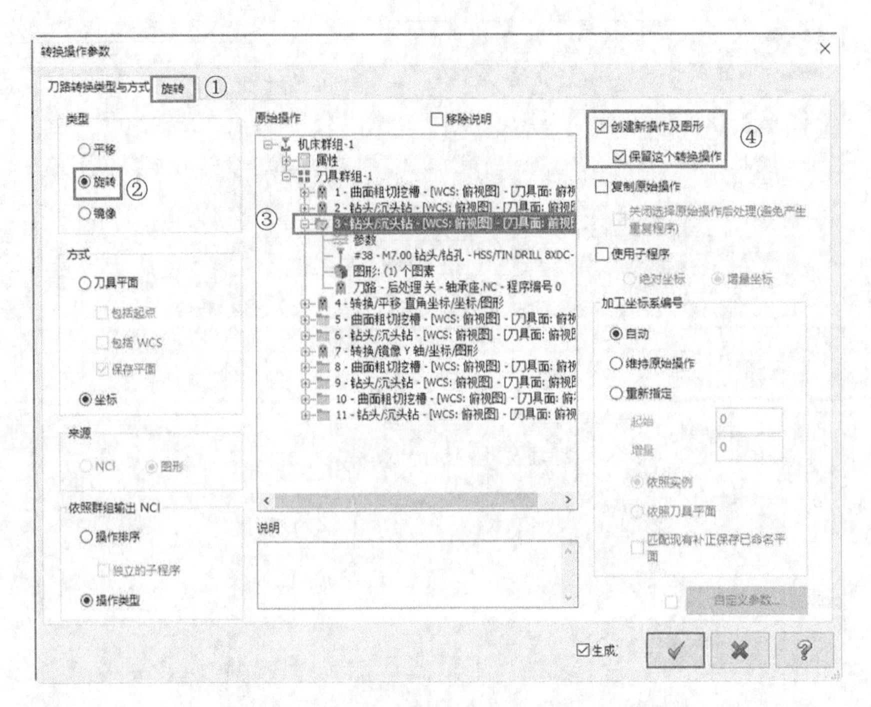

图 1-66 “转换操作参数”对话框 3

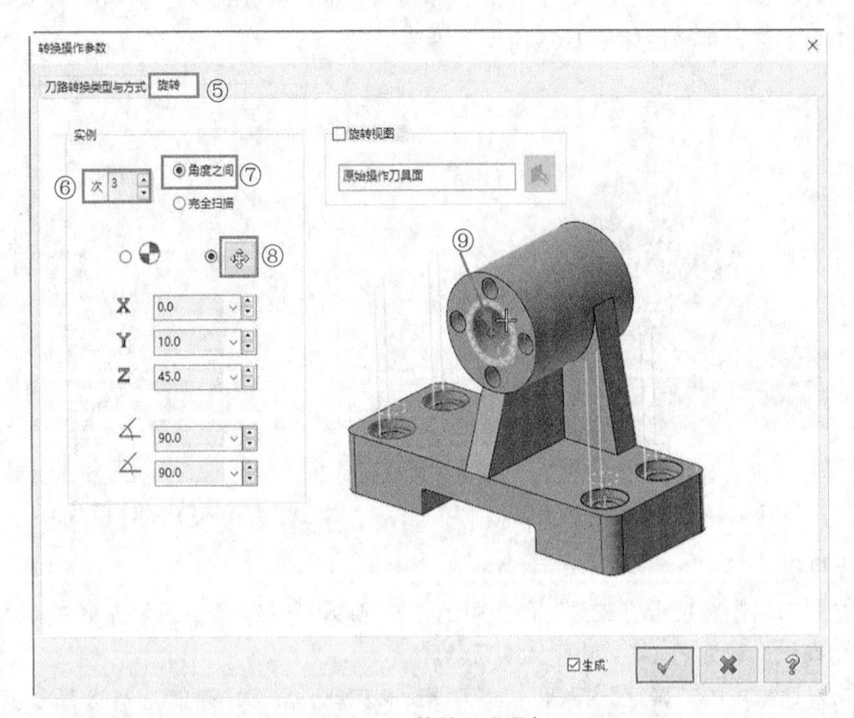

图 1-67 “旋转”选项卡

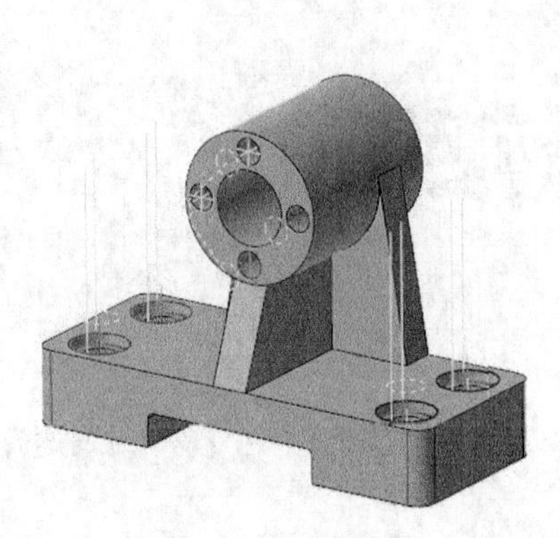

图 1-68 旋转结果

图 1-69 刀路操作管理器 3

第 2 章

传统 2D 加工

2D 加工是指进行平面类工件的铣削加工。2D 加工可以只绘制 2D 图形，也可以通过创建的实体进行加工，其具体的形状和尺寸根据加工参数来进行设定。

本章主要讲解传统铣削加工策略，包括平面铣削、外形铣削、挖槽加工、钻孔加工、全圆铣削、螺纹铣削、键槽铣削等。

知识点

- 平面铣削、外形铣削、挖槽加工
- 钻孔加工、全圆铣削、螺纹铣削
- 键槽铣削、螺旋镗孔
- 自动钻孔、木雕加工
- 熔接加工

案例效果

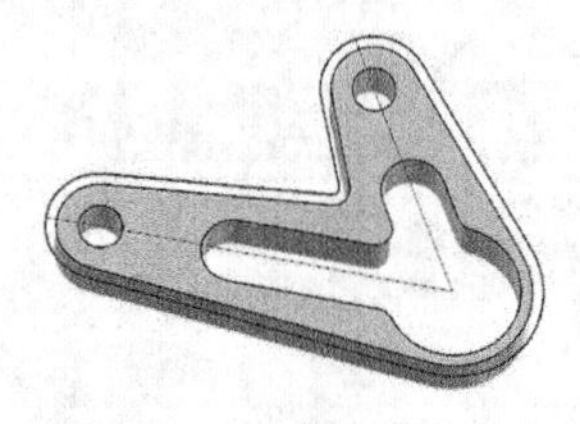

2.1 平面铣削

零件材料绝大多数为毛坯，故顶面不是很平整，因此加工的第一步要将顶面铣平，从而降低工件表面的粗糙度，提高工件的平面度、平行度。

平面铣削为快速修整工件表面的一种加工策略，为将来的操作创建一个平整的面。当要加工的工件面积大时，使用该指令可以节省加工时间，但要注意刀具偏移量必须大于刀具直径的 50%，这样，加工后才不会在工件边缘留下残料。

2.1.1 平面铣削参数介绍

单击“刀路”选项卡“2D”面板“2D 铣削”选项组中的“面铣”按钮，系统会弹出“线框串连”对话框，同时提示“选择面铣串连 1”，选取串连后，单击“线框串连”对话框中的“确定”按钮，系统弹出“2D 刀路–平面铣削”对话框。

1. “共同参数”选项卡

单击“2D 刀路–平面铣削”对话框中“共同参数”选项卡，该选项卡中有所有铣削加工共同的参数，如图 2-1 所示。这里我们将详细地介绍各个选项的意义，后面不再进行介绍。

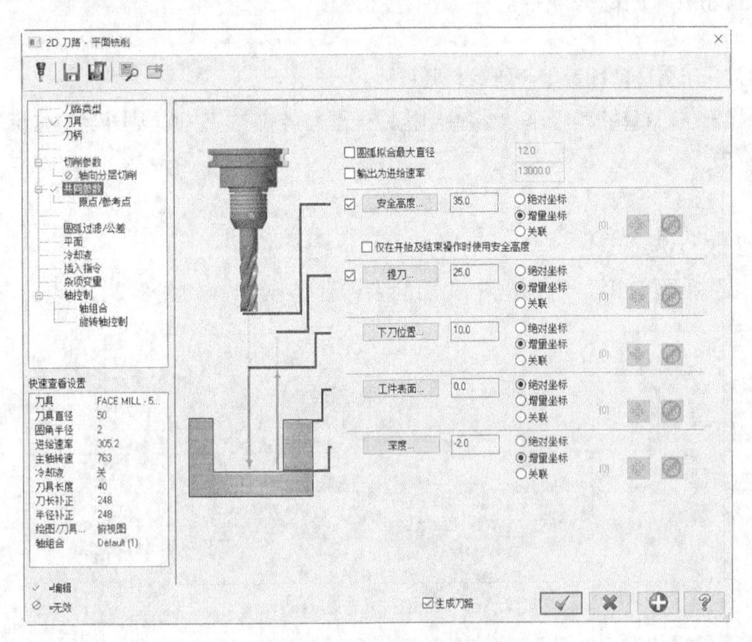

图 2-1 “共同参数”选项卡

（1）安全高度：设置刀具移入和移出零件时的高度。选中该复选框以激活“安全高度”。用户可以选择几何图形上的一个点或输入一个值，如果未选中，则“提刀”值将用作“安全高度”值。

（2）仅在开始及结束操作时使用安全高度：仅在刀具路径的起点和终点快速到达间隙平面。

（3）提刀：设置刀具在下一次切削之前向上移动的高度。选中该复选框以激活“提刀”功能，单击“提刀”按钮并选择几何图形上的一个点或输入一个值。该点应设置在进给平面上方。

（4）下刀位置：设置刀具在更改切削速率进入零件前快速移动到的下刀处的高度。如果用户没有同时输入“安全高度”和“提刀”高度，则刀具也会在操作时移动到该高度。选中复选框以激活“下刀位置”平面，用户可以选择几何图形上的一个点或输入一个值。

（5）工件表面：设置材料在 Z 轴上的高度。许多其他刀具路径参数是在增量模式下从该位置测量的，例如“安全高度”“提刀”和“下刀位置”平面。选中该复选框以激活“工件表面”平面，用户可以选择几何图形上的一个点或输入一个值。

（6）深度：确定刀具进入毛坯的最终加工深度和最低深度。默认深度是选定的第一个链的深度。选中该复选框以激活“深度”平面，用户可以选择几何图形上的一个点或输入一个值。

（7）绝对坐标：绝对值始终从原点坐标（0,0,0）处开始测量。如果用户要平移与刀具路径关联的几何图形，并且设置刀具路径深度为绝对值，则无论几何图形位于何处，刀具都将尝试切削到相同的绝对深度值。

（8）增量坐标：增量值与其他参数或链接几何体相关。

① 大多数铣削和雕刻刀具路径的深度和工件表面参数与链接几何体的位置相关。“安全高度”“提刀”和“下刀位置”都是相对于“工件表面”确定的。

② 多轴刀具路径的所有间隙、退刀和进给平面值都与当前刀具位置的增量距离相关。

③ 3D 高速刀具路径的增量间隙距离是相对于相邻进给率移动计算的。请注意，此选项不会导致在 NC 代码中输出增量坐标，需使用控制定义管理器来确定。

（9）关联：关联值是相对于特征上的选定点进行测量的。使用“选择点”选择将要测量的关联值的点，使用“删除点”删除关联点。

> **注意** ① **并非所有选项都可用于所有刀具路径。**
>
> ② **如果在刀具轴控制页面上将输出格式设置为 4 轴或 5 轴，则“绝对坐标”和“关联”计算不可用。**

2. “切削参数”选项卡

单击“2D 刀路-平面铣削”对话框中“切削参数”选项卡，如图 2-2 所示。

（1）切削方式

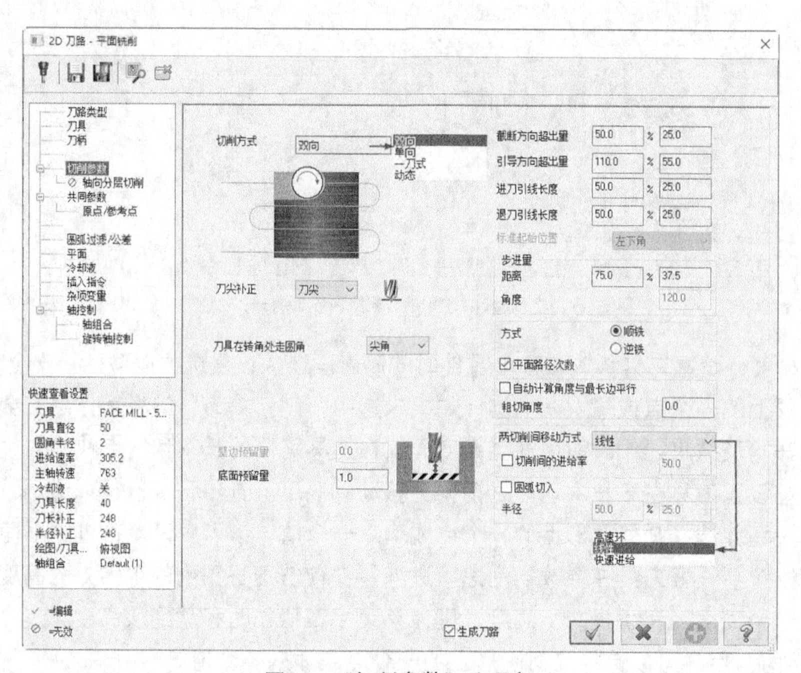

图 2-2 “切削参数”选项卡

在平面铣削加工时，可以根据需要选取不同的切削方式，在 Mastercam 2022 中，可以通过“切削方式”下拉列表选择不同的切削方法，具体如下。

① 双向：刀具在加工中可以往复走刀，来回均切削。

② 单向：刀具沿着一个方向走刀，进时切削，回时走空程。当选择“顺铣”时，切削加工中刀具旋转方向与刀具移动的方向相反；当选择“逆铣”时，切削加工中刀具旋转方向与刀具移动的方向相同。

③ 一刀式：仅进行一次切削，刀具路径的位置为几何模型的中心位置，用这种方式，刀具的直

径必须大于工件表面的宽度。

④ 动态：刀具在加工中可以沿自定义路径自由走刀。

（2）刀具移动方式

当切削方式设置为“双向”时，可以设置刀具在两次切削间的过渡方式，在“两切削间移动方式”下拉列表中，系统提供了 3 种刀具的移动方式，具体如下。

① 高速环：选择该选项时，刀具以圆弧的方式移动到下一个切削的起点。

② 线性：选择该选项时，刀具以直线的方式移动到下一个切削的起点。

③ 快速进给：选择该选项时，刀具以直线的方式快速移动到下一次切削的起点。

同时，如果勾选“切削间的进给率”复选框，则可以在其后面的文本框中设定两次切削间的位移进给率。

（3）粗切角度

粗切角度是指刀具前进方向与 X 轴方向的夹角，它决定了刀具是平行于工件的某边切削还是倾斜一定角度切削，为了改善平面加工的表面质量，通常编制两个加工角度互为 90°的刀具路径。

在 Mastercam 2022 中，粗切角度有自动计算和手工输入两种设置方法，默认方法为手工输入，而使用自动计算的方法时，手工输入的角度将不起作用。

（4）开始和结束间隙

平面铣削开始和结束间隙设置包括 4 项内容，分别为“截断方向超出量”“引导方向超出量”“进刀引线长度”“退刀引线长度”，各选项的含义如图 2-3 所示。为了兼顾工件表面质量和加工效率，进刀延伸长度和退刀延伸长度一般不宜太大。

其他参数的含义可以参考外形铣削、挖槽加工的内容。这里不再一一叙述。

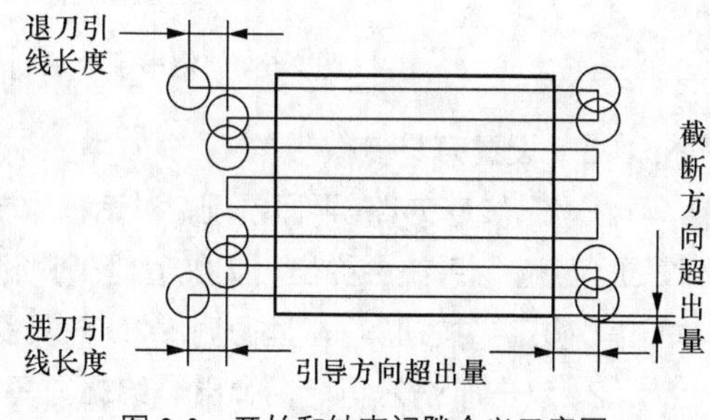

图 2-3 开始和结束间隙含义示意图

2.1.2 实操——拨叉平面铣削

本例我们来介绍拨叉平面铣削，首先打开绘制好的二维图形，设置机床类型为“铣床”，然后选择“面铣”命令，设置刀具及加工参数，生成刀具路径，最后进行模拟仿真加工及后处理操作，生成 NC 代码，操作步骤如下。

1. 打开文件

单击快速访问工具栏中的“打开”按钮，在弹出的“打开”对话框中选择“源文件/原始文件/第 2 章/拨叉”文件，如图 2-4 所示。

2. 设置机床

单击“机床”选项卡“机床类型”面板中的“铣床”按钮，选择“默认”选项，在刀路操作管理器中生成机床群组属性文件，同时弹出“刀路”选项卡。

3. 创建平面铣削加工刀具路径

（1）创建边界框

单击“转换”选项卡“补正”面板中的“串连补正”按钮，弹出“线框串连”对话框，根据系统提示选取绘图区中的图素，如图 2-5 所示。单击“线框串连”对话框中的“确定”按钮，设置补正方向向外，单击“确定”按钮，结果如图 2-6 所示。

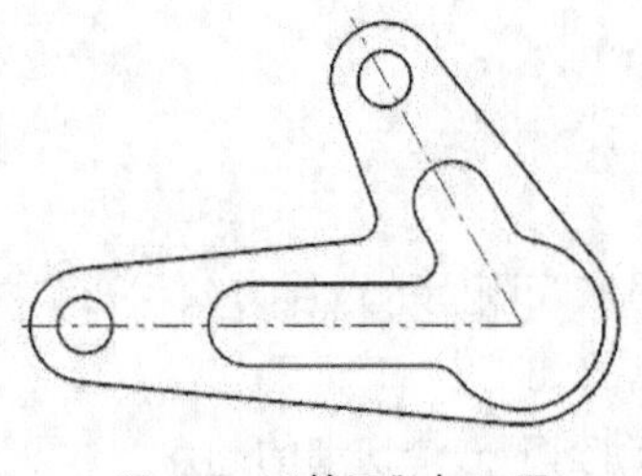

图 2-4 “拨叉”加工图

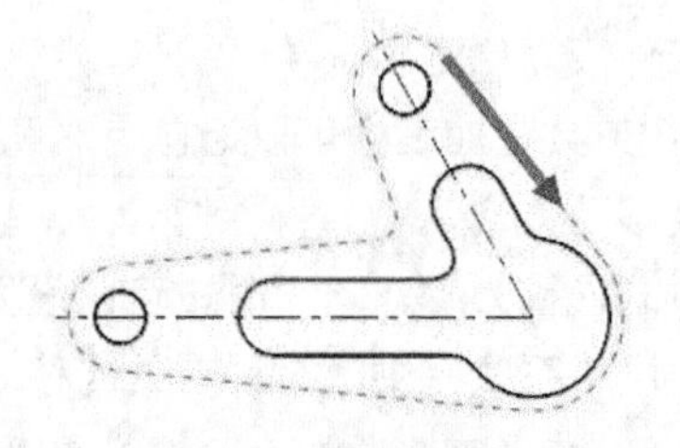

图 2-5 选取图素

（2）选取加工边界

单击“刀路”选项卡“2D”面板“2D 铣削”组中的“面铣”按钮，系统会弹出“线框串连”对话框，同时提示“选择面铣串连 1”，选取图 2-7 所示的边界框，单击“确定”按钮。

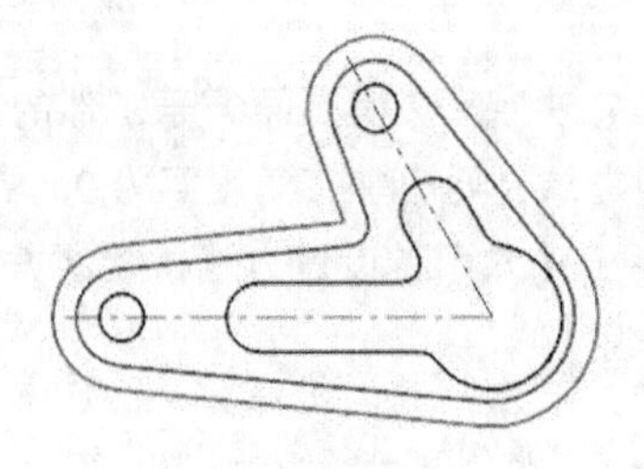

图 2-6 创建串连补正

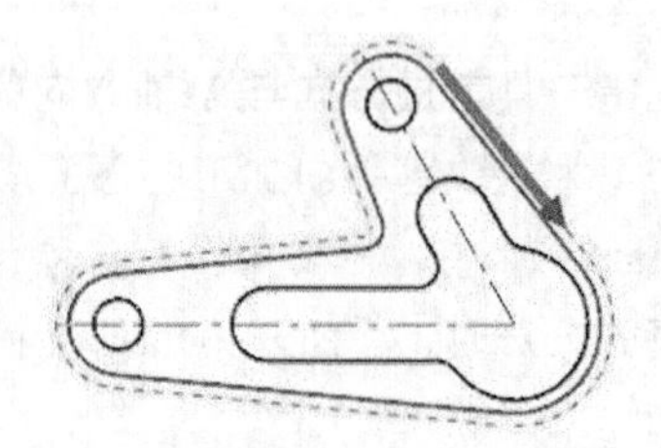

图 2-7 选取加工边界

（3）设置刀具参数

① 在“2D 刀路-平面铣削”对话框中单击“刀具”选项卡，在该选项卡中单击“选择刀库刀具”按钮，系统会弹出“刀具管理”对话框，选取直径为“50”的面铣刀（FACE MILL-50/58），单击“确定”按钮，返回到“2D 刀具路径-平面铣削”对话框。

② 双击面铣刀图标，弹出“编辑刀具”对话框，修改“角落类型”为“圆鼻刀”。单击“下一步”按钮，设置“XY 轴粗切步进量（%）”为 75%，“Z 轴粗切深度（%）”为 75%，“XY 轴精修步进量（%）”为 40%，“Z 轴精修深度（%）”为 40%，刀具参数设置步骤①～④如图 2-8、图 2-9 所示。单击“完成”按钮，返回“2D 刀路-平面铣削”对话框。

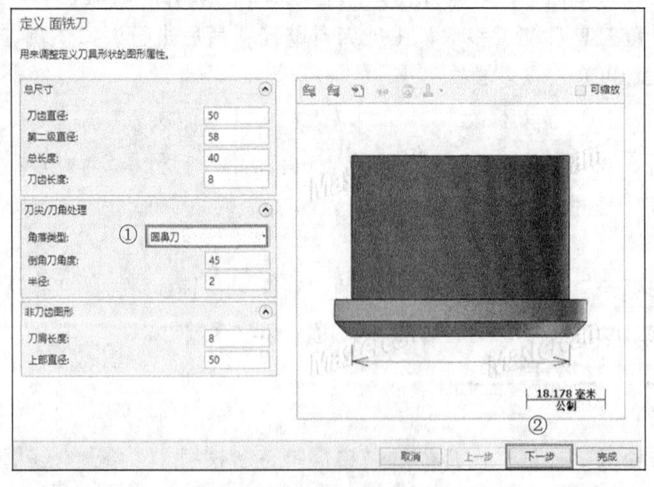

图 2-8 “编辑刀具”对话框

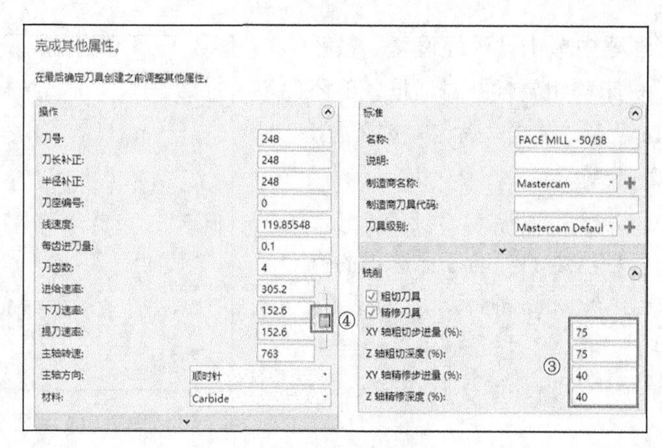

图 2-9　设置步进量

（4）设置加工参数

① 单击“共同参数”选项卡，设置“安全高度”为 35，勾选“增量坐标”；设置“提刀”为 25，勾选“增量坐标”；设置“下刀位置”为 10，勾选“增量坐标”；设置“工件表面”为 0，勾选“绝对坐标”；设置“深度”为–2，勾选“增量坐标”；参数如图 2-10 所示。

② 单击“确定”按钮 ✓，生成刀具路径，如图 2-11 所示。

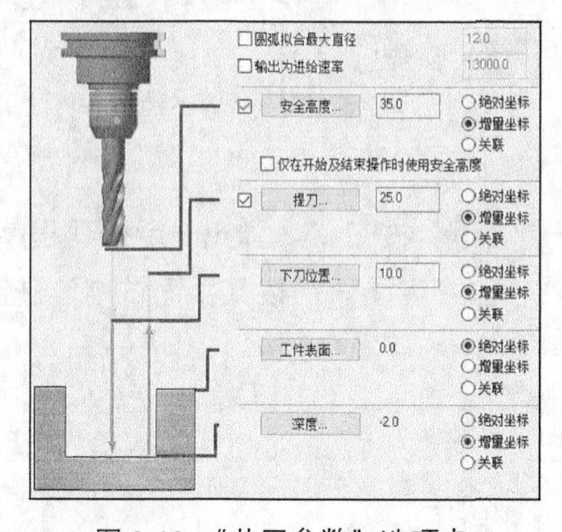

图 2-10　“共同参数”选项卡

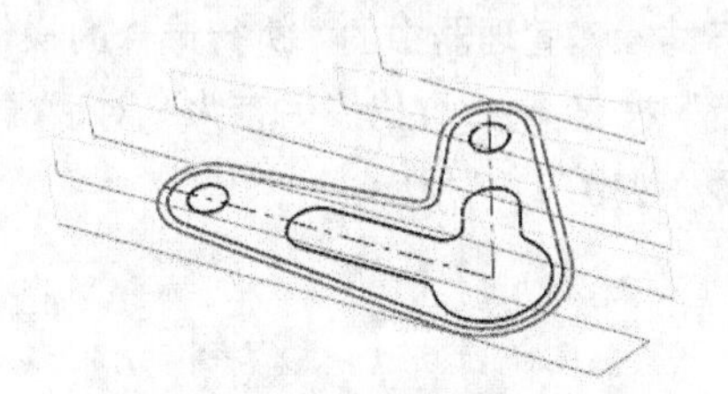

图 2-11　平面铣削刀具路径

4. 模拟仿真加工

参数设置完成后，我们可以通过模拟平面铣削过程，来观察刀路是否正确。

（1）设置毛坯

① 单击“实体”选项卡“创建”面板中的“拉伸”按钮，系统弹出“线框串连”对话框，在绘图区中拾取图 2-12 所示的串连，单击“确定”按钮。设置拉伸方向向下，拉伸距离为 25，单击“确定”按钮，结果如图 2-13 所示。

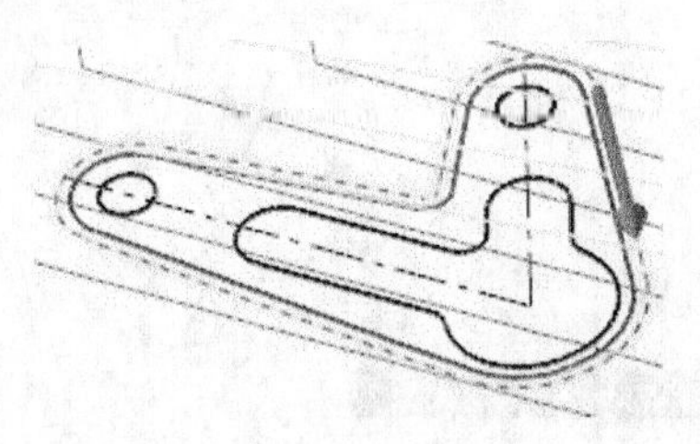

图 2-12　拾取串连

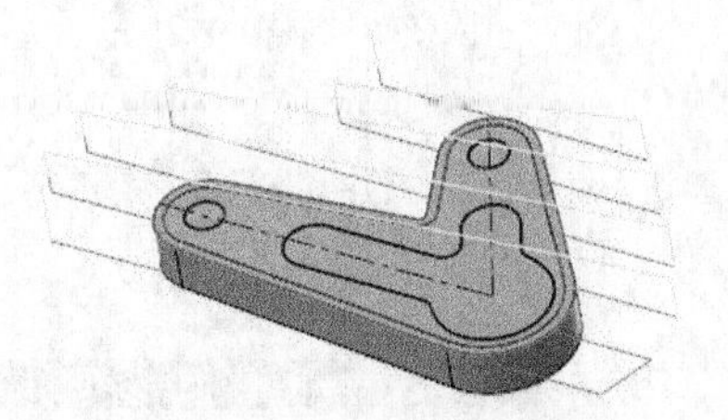

图 2-13　创建拉伸实体

② 在刀路操作管理器中单击“毛坯设置”按钮 毛坯设置，系统弹出“机床群组属性”对话框，毛坯设置操作步骤如图 2-14 所示。单击“确定”按钮，毛坯创建完成，如图 2-15 所示。

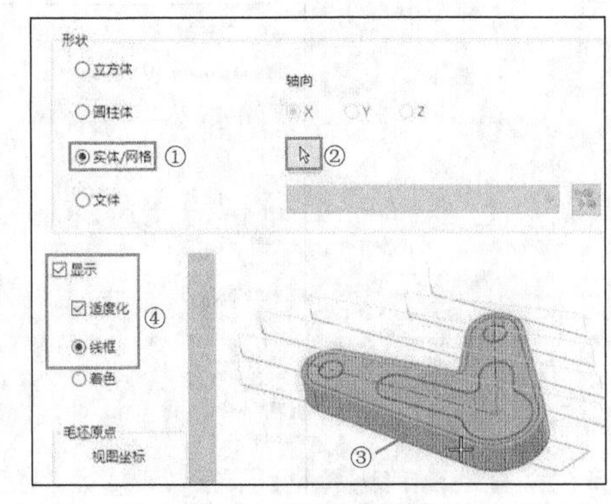

图 2-14　毛坯设置操作步骤

（2）仿真加工

① 单击刀路操作管理器中的“验证已选择的操作”按钮，系统会弹出“Mastercam 模拟”对话框。

② 单击对话框中的“播放”按钮▶，系统会进行切削模拟仿真。仿真加工结果如图 2-16 所示。

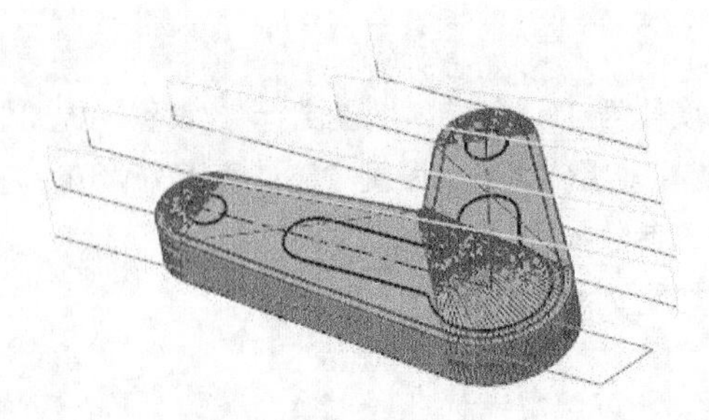

图 2-15　毛坯

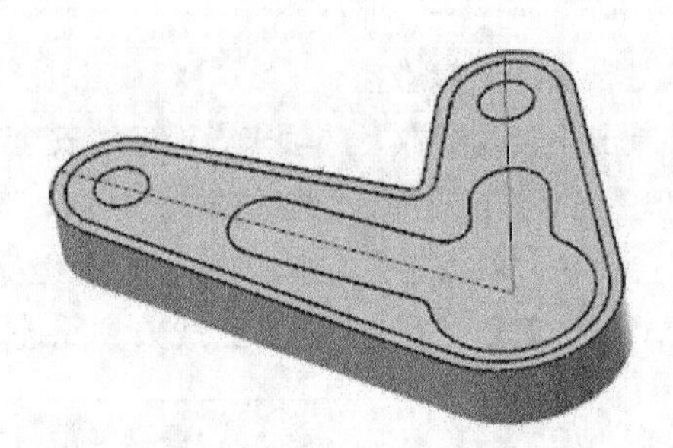

图 2-16　仿真加工结果

（3）NC 代码

单击刀路操作管理器中的“执行选择的操作进行后处理”按钮 G1，弹出“后处理程序”对话框，单击“确定”按钮，弹出“另存为”对话框，输入名称“实操——拨叉平面铣削”进行保存，弹出程序界面，如图 2-17 所示。

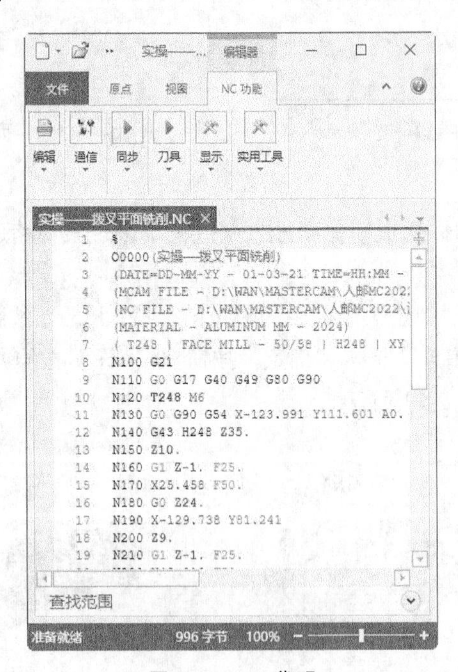

图 2-17　NC 代码

2.2 外形铣削

外形铣削主要沿着所定义的形状进行轮廓加工，主要用于铣削轮廓边界、倒直角、清除边界残料等。其操作简单实用，在数控铣削加工中应用非常广泛，所使用的刀具通常有平铣刀、圆角刀、斜度刀等。

2.2.1 外形铣削参数介绍

单击“刀路”选项卡“2D”面板中的“外形”按钮，系统弹出“线框串连”对话框，根据系统提示选取加工边界。加工边界选取完成后，单击“线框串连”对话框中的“确定”按钮，系统弹出“2D 刀路-外形铣削”对话框，如图 2-18 所示。

1. “切削参数”选项卡

单击“2D 刀路-外形铣削”对话框中的“切削参数”选项卡，如图 2-18 所示。

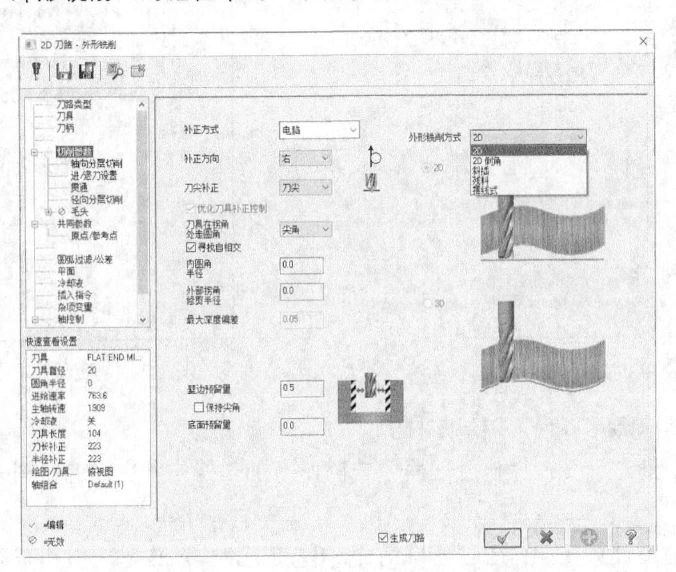

图 2-18 “2D 刀路-外形铣削”对话框

外形铣削方式介绍如下。

外形铣削方式包括 2D、2D 倒角、斜插、残料、摆线式 5 种类型，主要类型的具体含义如下。

① 2D 倒角：工件上的锐利边界经常需要倒角，利用倒角加工可以完成工件边界倒角工作。倒角加工必须使用倒角刀，倒角的角度由倒角刀的角度决定，倒角的宽度则通过倒角对话框确定。

设置“外形铣削方式”为“2D 倒角”，对话框如图 2-19 所示，在对话框中“倒角宽度”和“底部偏移”文本框可以设置倒角的宽度和刀尖伸出的长度。

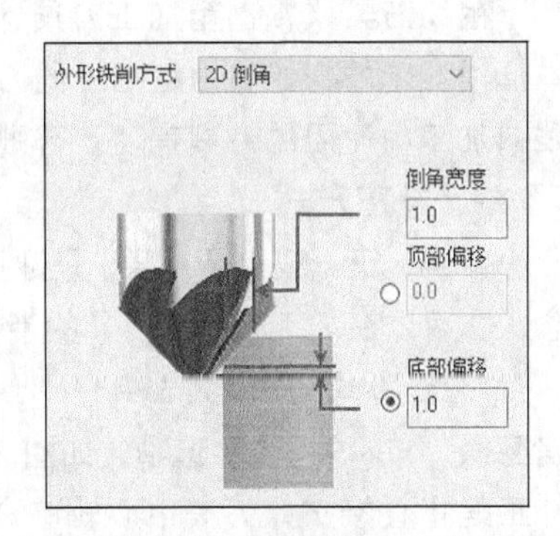

图 2-19 “2D 倒角”方式

② 斜插：斜插加工是指刀具在 *XY* 方向走刀时，*Z* 轴方向也按照一定的方式进行进给，从而加工出一段斜坡面。

设置“外形铣削方式”为“斜插”，对话框如图 2-20 所示。

斜插方式有角度、深度和垂直进刀。角度方式是指刀具沿设定的倾斜角度加工到最终深度，若选择该选项，则“斜插角度”文本框被激活，可以在该文本框中输入倾斜的角度值。深度方式是指刀具在 *XY* 平面移动的同时，进刀深度逐渐增加，但刀具铣削深度始终保持设定的深度值，达到最终深度后刀具不再下刀，而沿着轮廓铣削一周加工出轮廓外形。垂直进刀方式是指刀具先下到设定的铣削深度，再在 *XY* 平面内移动进行切削。若选择后两种斜插方式，则“斜插深度”文本框被激活，可以在该文本框中指定每一层铣削的总进刀深度。

③ 残料：为了提高加工速度，当铣削加工的铣削量较大时，可以先在开始加工时采用大尺寸刀具和大进给刀量，再采用残料加工来得到最终的加工形状。残料可以是以前加工中预留的部分，也可以是以前加工中由于采用大直径的刀具在转角处不能被铣削的部分。

设置“外形铣削方式”为“残料”，对话框如图 2-21 所示。

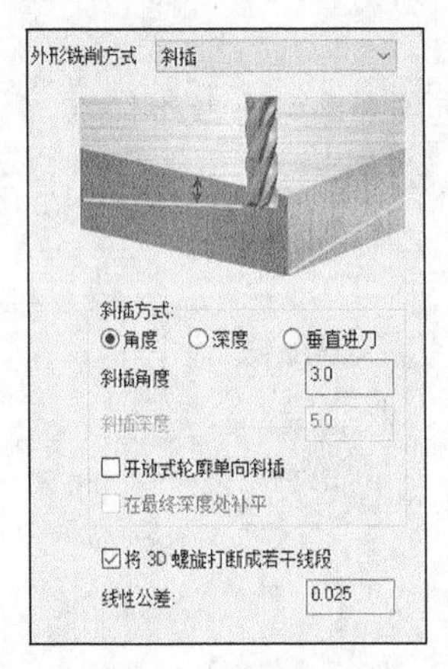

图 2-20 “斜插”方式

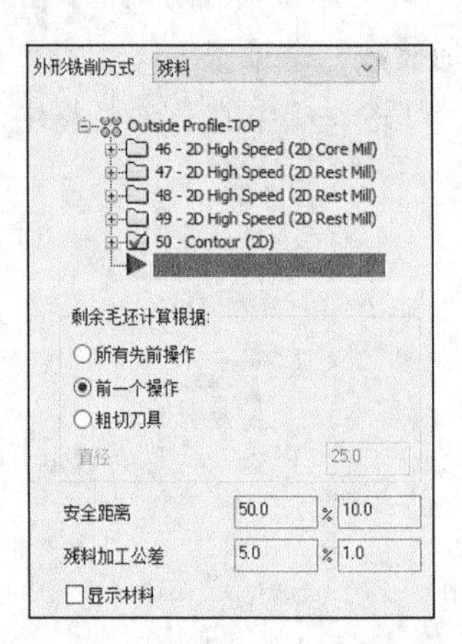

图 2-21 “残料”方式

剩余材料的计算来源可以分为以下 3 种。

所有先前操作：通过计算在操作管理器中先前所有加工操作所去除的材料来确定残料加工中的残余材料。

前一个操作：通过计算在操作管理器中前面一种加工操作所去除的材料来确定残料加工中的残余材料。

粗切刀具：根据粗加工刀具计算残料加工中的残余材料。输入的值为粗加工的刀具直径（文本框内显示的初始值为粗加工的刀具直径），该直径要大于残料加工中使用的刀具直径，否则残料加工无效。

2. 补正方式

刀具补正（或刀具补偿）是数控加工中的一个重要的概念，它可以在加工时补偿刀具的半径值，以免发生过切。

“补正方式”下拉列表中有“电脑”“控制器”“磨损”“反向磨损”和“关”5 种选项，如图 2-22 所示。其中，“电脑”补正是指直接按照刀具中心轨迹进行编程，此时无须进行左、右补偿，程序中无刀具补偿指令 G41、G42。“控制器”补正是指按照零件轨迹进行编程，在需要的位置加入刀具补偿指定及补偿号码，机床执行该程序时，根据补偿指令自行

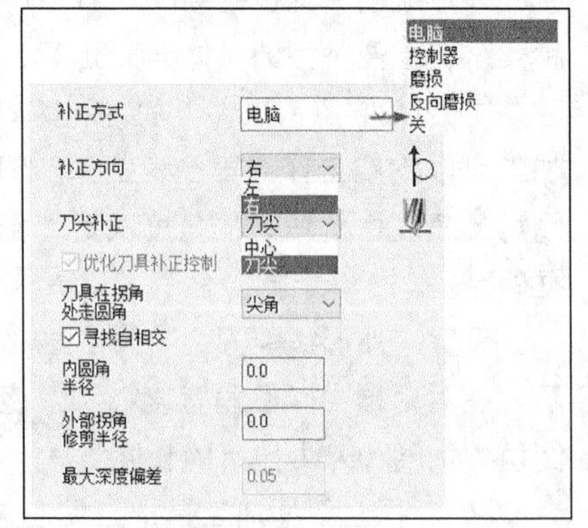

图 2-22 补正方式

计算刀具中心轨迹线。

“补正方向”下拉列表中有“左”“右”2 种选项，它用于设置刀具半径补偿的方向，如图 2-23 所示。

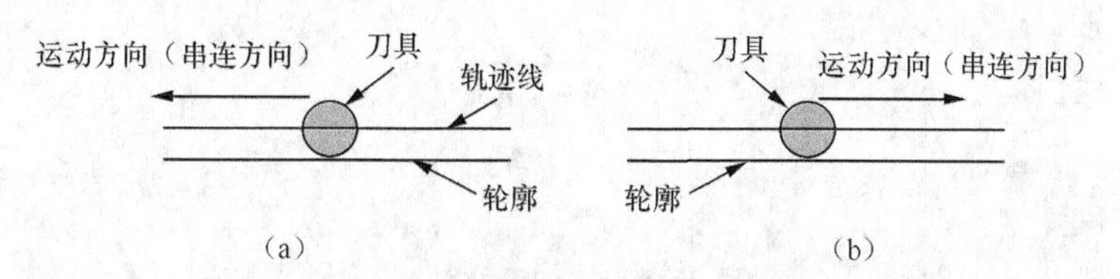

图 2-23　刀具半径补偿方向示意

“刀尖补正”下拉列表中有“中心”和“刀尖”2 种选项，它用于设定刀具长度补偿时的相对位置。对于圆鼻刀或端铣刀，2 种补偿位置没有什么区别，但球头刀则需要注意 2 种补偿位置的不同，如图 2-24 所示。

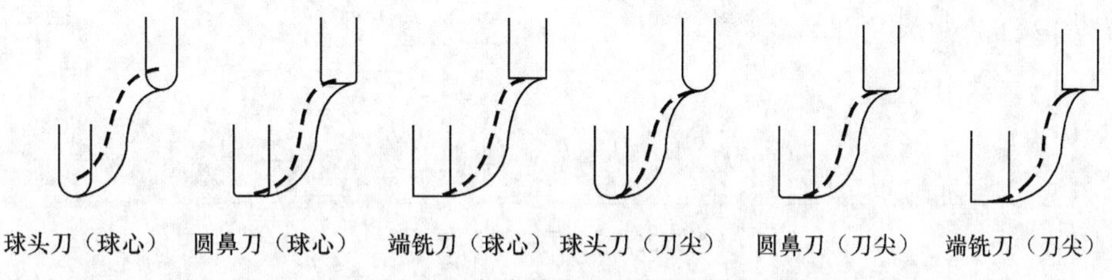

图 2-24　长度补偿相对位置示意

3. 预留量

为了兼顾加工精度和加工效率，一般把加工分为粗加工、精加工，以及半精加工。在精加工或半精加工时，必须为半精加工或精加工留出加工预留量。预留量包括 *XY* 平面内的预留量和 *Z* 方向的预留量，其值可以分别在“壁边预留量”和“底面预留量”文本框中指定，其值的大小一般根据加工精度和机床精度而定。

4. 转角过渡处理

刀具路径在转角处，机床的运动方向会发生突变，切削力也会发生很大的变化，并对刀具不利，因此要求在转角处进行圆弧过渡。

在 Mastercam 2022 中，转角处圆弧过渡方式可以通过“刀具在转角处走圆角”下拉列表设置，它共有 3 种方式，具体如下。

（1）无：系统在转角处不进行过渡处理，即不采用弧形刀具路径。

（2）尖角：系统只在尖角处（两条线的夹角小于 135°）时采用弧形刀具路径。

（3）全部：系统在所有转角处都进行过渡处理。

5. “共同参数”选项卡

Mastercam 2022 铣削的各加工方式中，都会存在高度参数的设置问题。单击“2D 刀路-外形铣削”对话框中的“共同参数”选项卡，共同参数设置包括“安全高度”“提刀”“下刀位置”“毛坯顶部”和“深度”，如图 2-25 所示。

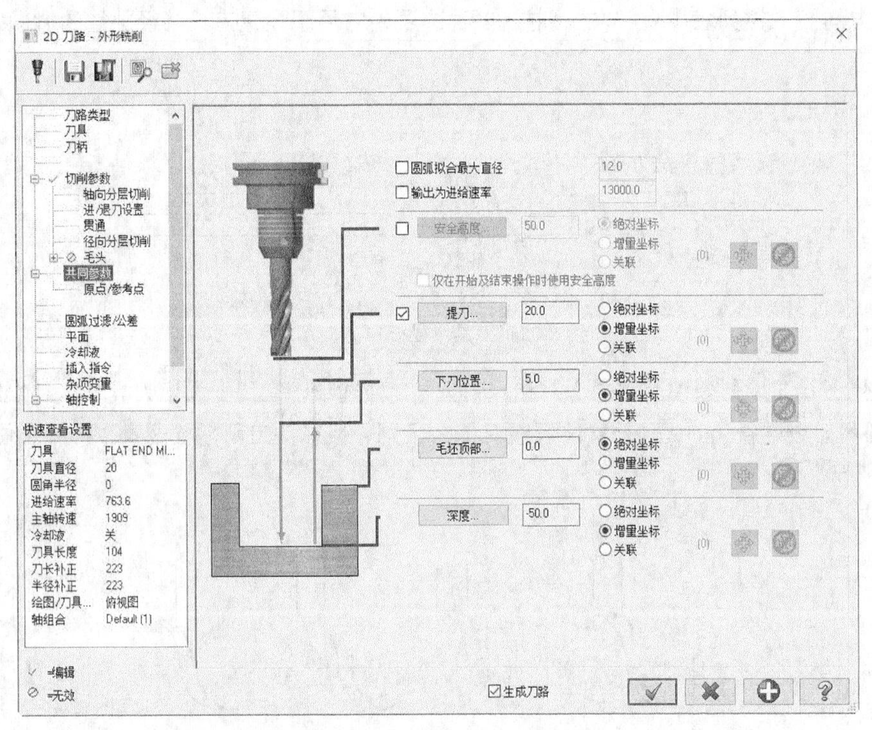

图 2-25 “共同参数”选项卡

（1）安全高度：安全高度是指刀具可以随意运动而不会发生碰撞的最低高度，这个高度一般设置得较高。加工时如果每次提刀至安全高度，则会浪费加工时间，因此，可以仅在开始和结束时使用安全高度选项。

（2）提刀：提刀即退刀高度，它是指开始下一个刀具路径之前刀具回退的位置。退刀高度设置一般注意两点，一是保证提刀安全，不会发生碰撞；二是为了缩短加工时间。在保证安全的前提下退刀高度不要设置得太高，因此，退刀高度的设置应低于安全高度并高于进给下刀位置。

（3）下刀位置：进给下刀位置是指刀具从安全高度或退刀高度下刀铣削工件时，下刀速度由 G00 速度变为进给速度的平面高度。加工时为了使刀具安全切入工件，需设置一个进给高度来保证刀具安全切入工件，但为了提高加工效率，进给高度无须设置太高。

（4）毛坯顶部：工件表面是指毛坯顶面在坐标系 Z 轴的坐标值。

（5）深度：加工深度是指最终的加工深度值。

值得注意的是，每个高度值均可以用绝对坐标或增量坐标进行输入，绝对坐标是相对工件坐标系而定的，而增量坐标则是相对工件表面的高度来设置的。

6. “径向分层切削”选项卡

如果要切除的材料较厚，则刀具在直径方向切入量将较多，可能超过刀具的许可切削深度，这时宜将材料分几层依次切除。

单击“2D 刀路-外形铣削”对话框中的“径向分层切削”选项卡，如图 2-26 所示。对话框中各选项的含义如下。

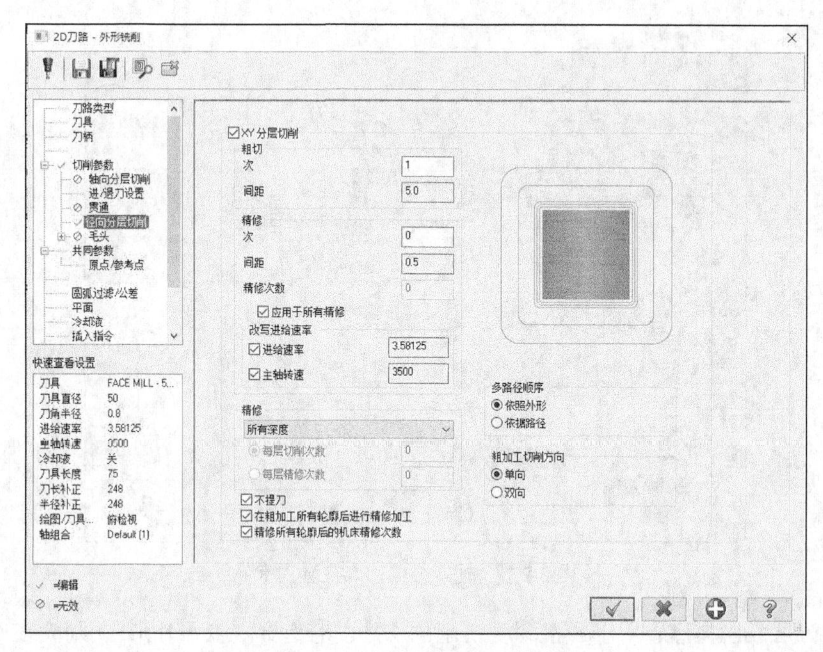

图 2-26 “径向分层切削”选项卡

（1）粗切：用于设置粗加工的参数，其中，“次”文本框用于设定粗加工的次数，“间距”文本框用于设置粗加工的间距。

（2）精修：用于设置精加工的参数，其中，“次”文本框用于设定精加工的次数，“间距”文本框用于设置精加工的间距。

（3）精修：用于设置是最后深度进行精加工，还是每层深度进行精加工。若选择“最终深度”，则在最后深度进行精加工，若选择“所有深度”，则每层深度都进行精加工，若选择“依照粗车轴向分层切削定义”，则根据粗车参数定义精加工。

（4）不提刀：设置刀具在一次切削后是否回到下刀位置。若选中，则在每层切削完成后不退刀，直接进入下一层切削，否则，刀具在切削每层后退回到下刀位置，然后在移动到下一个切削深度进行加工。

7. “轴向分层切削”选项卡

如果要切除的材料较深，则刀具在轴向参加切削的长度会过长，为了避免刀具吃不消，应将材料分几次切除。

单击“2D 刀路-外形铣削”对话框中的“轴向分层切削”选项卡，如图 2-27 所示。利用该对话框可以完成轮廓加工中分层轴向铣削深度的设定。

选项卡各选项的含义如下。

（1）最大粗切步进量：该值用于设定去除材料在 Z 轴方向的最大铣削深度。

（2）精修次数：该值用于设定精加工的次数。

（3）精修量：设定每次精加工时，去除材料在 Z 轴方向的深度。

（4）不提刀：设置刀具在一次切削后，是否回到下刀位置。若选中，则在每层切削完成后不退刀，直接进入下一层切削，否则，刀具在切削每层后退回到下刀位置，然后在移动到下一个切削深度进行加工。

（5）使用子程序：若选择该选项，则在 NCI 文件中生成子程序。

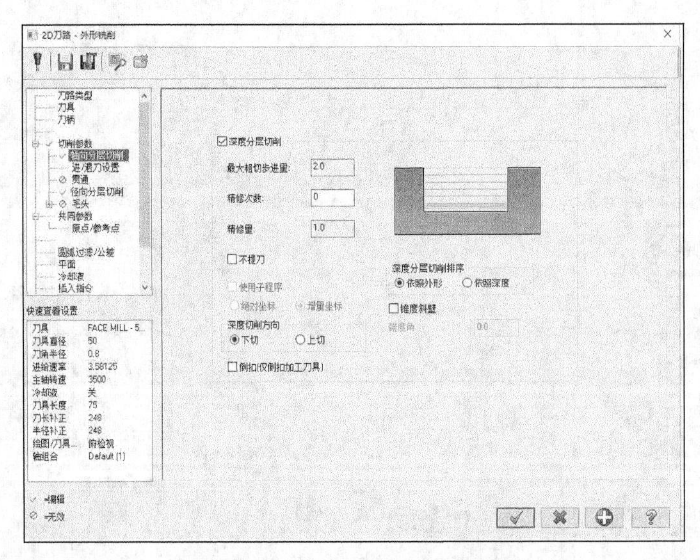

图 2-27 “轴向分层切削”选项卡

（6）深度分层切削排序：用于设置深度铣削的次序。若选择“依照外形”，则先在一个外形边界铣削设定的深度，再进行下一个外形边界铣削；若选择“依照深度”，则先在一个深度上铣削所有的外形边界，再进行下一个深度的铣削。

（7）锥度斜壁：若选择该选项，则“锥底角”文本框被激活，铣削加工从工件表面按照“锥底角”文本框中的设定值切削到最后的深度。

8. “贯通”选项卡

“贯通”用来设置指定刀具完全穿透工件后的伸出长度，这有利于清除加工的余量。系统会自动在进给深度上加入贯穿距离。

单击“2D 刀路-外形铣削”对话框中的“贯通”选项卡，如图 2-28 所示。利用该对话框可以设置贯通距离。

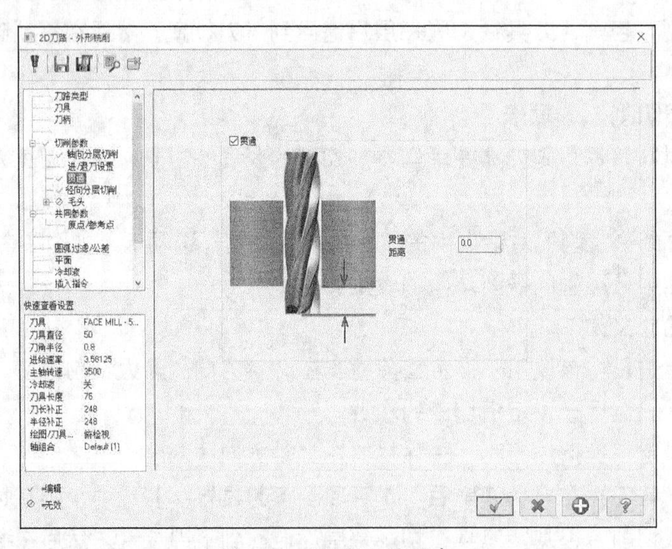

图 2-28 “贯通”选项卡

9. “进/退刀设置”选项卡

刀具在进刀或退刀时，由于切削力的突然变化，工件将会产生因刀具振动而留下的刀迹。因此，在进刀和退刀时，Mastercam 2022 可以自动添加一段直线或圆弧刀轨，用于使刀具在进/退刀时光滑过渡，从而消除振动带来的影响，提高加工质量，如图 2-29 所示。

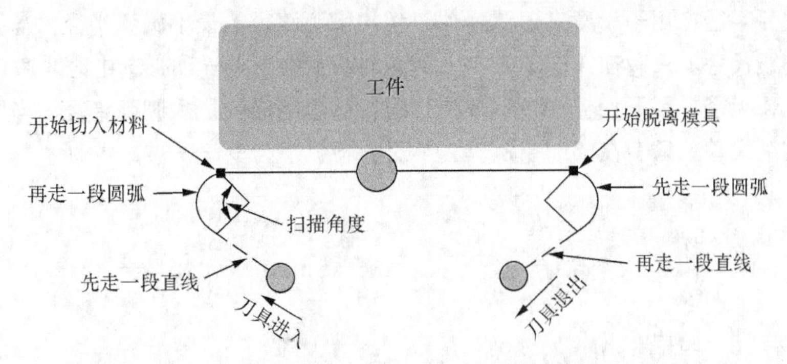

图 2-29　进/退刀方式参数含义示意图

单击“2D 刀路-外形铣削”对话框中的“进/退刀设置”选项卡，如图 2-30 所示。

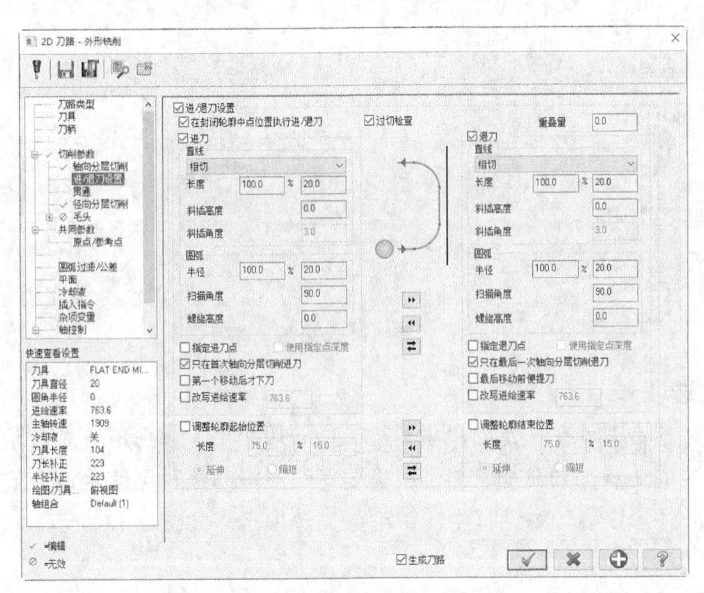

图 2-30　“进/退刀设置”选项卡

10. “圆弧过滤/公差”选项卡

过滤设置通过删除共线的点和不必要的刀具移动来优化刀具路径，从而简化 NCI 文件。

单击“2D 刀路-外形铣削”对话框中的“圆弧过滤/公差”选项卡，如图 2-31 所示，选项卡主要选项的含义如下。

（1）切削公差：设置过滤时的公差值，当刀具路径中的某点与直线或圆弧的距离不大于该值时，系统将自动删除到该点的移动。

（2）线/圆弧过滤设置：设置每次过滤时可删除点的最大数量，数值越大，过滤速度越快，但优化效果越差，建议该值小于 100。

（3）创建 XY 平面的圆弧：若选择该选项，则后置处理器配置适用于处理 *XY* 平面上的圆弧，通常在 NC 代码中指定为 G17。

（4）创建 XZ 平面的圆弧：若选择该选项，则后置处理器配置适用于处理 *XZ* 平面上的圆弧，通常在 NC 代码中指定为 G18。

（5）创建 YZ 平面的圆弧：若选择该选项，则后置处理器配置适用于处理 *YZ* 平面上的圆弧，通常在 NC 代码中指定为 G19。

（6）最小圆弧半径：用于设置在过滤操作过程中圆弧路径的最小圆弧半径，当圆弧半径小于该输入值时，用直线代替。只有在 *XY*、*XZ*、*YZ* 平面的圆弧中至少一项被选中时才激活。

（7）最大圆弧半径：用于设置在过滤操作过程中圆弧路径的最大圆弧半径，当圆弧半径大于该输入值时，用直线代替。只有在 *XY*、*XZ*、*YZ* 平面的圆弧中至少一项被选中时才激活。

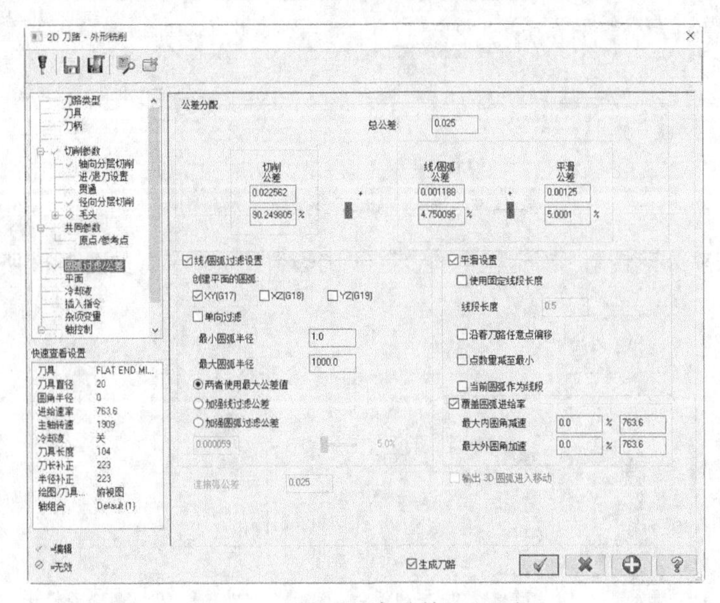

图 2-31 “圆弧过滤/公差”选项卡

11. “毛头”选项卡

在加工时，可以指定刀具在一定阶段脱离加工面一段距离，以形成一个台阶，即跳跃切削。有时这是一项非常重要的功能，如在加工路径中需要跨过一段凸台时可使用该选项。

单击“2D 刀路-外形铣削”对话框中的“毛头”选项卡，如图 2-32 所示。

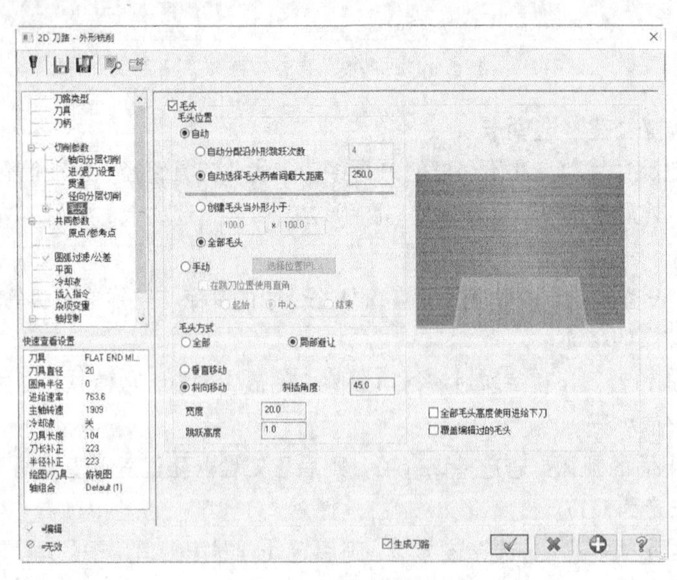

图 2-32 “毛头”选项卡

2.2.2 实操——拨叉外形铣削

本例我们在平面铣削的基础上来介绍拨叉的外形铣削加工，首先打开 2.1 节创建的平面铣削加工文件，然后启动“外形”命令，拾取加工串连，设置刀具及加工参数，生成刀具路径，最后进行模拟仿真加工及后处理操作，生成 NC 代码。

拨叉外形铣削操作步骤如下。

1. 承接平面铣削加工结果

2. 图形整理

（1）隐藏刀具路径和毛坯

① 在刀路操作管理器中选中“平面铣刀路”，单击“切换显示已选择的刀路操作”按钮≋，隐藏平面铣削刀具路径。

② 在刀路操作管理器中单击“毛坯设置”按钮 毛坯设置，系统弹出“机床群组属性”对话框，取消“显示”复选框的勾选。

（2）隐藏实体

① 单击刀路操作管理器底部的“层别”按钮 层别，打开层别管理器，新建图层 2。

② 在绘图区中拾取毛坯实体，单击“主页”选项卡“属性”面板中的“设置全部”按钮，弹出“属性”对话框，单击“选择”按钮 选择(S)...，弹出“选择层别”对话框，选中图层 2，单击“确定”按钮，返回“属性”对话框，单击“确定”按钮，将毛坯实体移动到图层 2。

③ 单击层别管理器中图层 1 的“号码”框，将当前层设置为图层 1。再单击图层 2 的“高亮”框，关闭图层 2。这样就能够将毛坯实体隐藏。

3. 创建外形铣削刀具路径

（1）选取加工边界

单击“刀路”选项卡“2D”面板中的“外形”按钮，系统弹出“线框串连”对话框，根据系统提示选取加工边界，如图 2-33 所示。加工边界选取完后，单击“线框串连”对话框中的“确定”按钮。

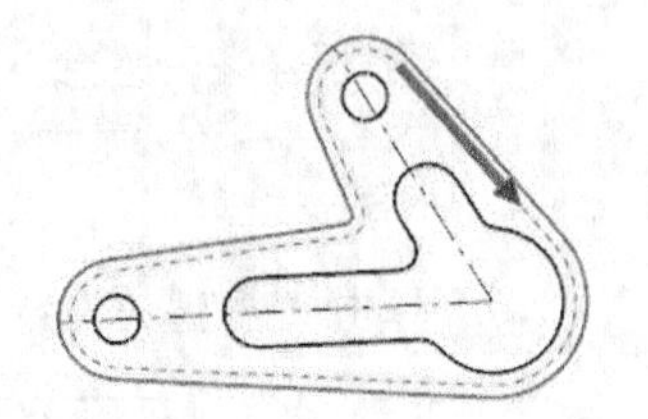

图 2-33 选取加工边界

（2）设置刀具

① 系统弹出“2D 刀路-外形铣削”对话框，单击“刀具”选项卡，在“刀具”选项卡中单击“选择刀库刀具”按钮 选择刀库刀具...，系统弹出“选择刀具”对话框，选择直径为 10 的平铣刀（FLAT END MILL），单击“确定”按钮，返回“2D 刀路-外形铣削”对话框。

② 双击平铣刀图标，弹出“编辑刀具”对话框，修改“刀齿长度”为 30。单击“下一步”按钮 下一步，设置“XY 轴粗切步进量”为 75%，“Z 轴粗切深度”为 75%，“XY 轴精修步进量”为 30%，“Z 轴精修深度”为 30%，单击“点击重新计算进给率和主轴转速”按钮。

③ 单击“完成”按钮 完成，系统返回“2D 刀路-外形铣削”对话框。

（3）设置加工参数

① 单击“共同参数”选项卡，设置“安全高度”为 35，勾选“增量坐标”；“提刀”为 25，勾选“增量坐标”；“下刀位置”为 10，勾选“增量坐标”；“工件表面”为 0，绝对坐标；“深度”为–25，勾选“增量坐标”。

② 单击“切削参数”选项卡，参数设置如图 2-34 所示。

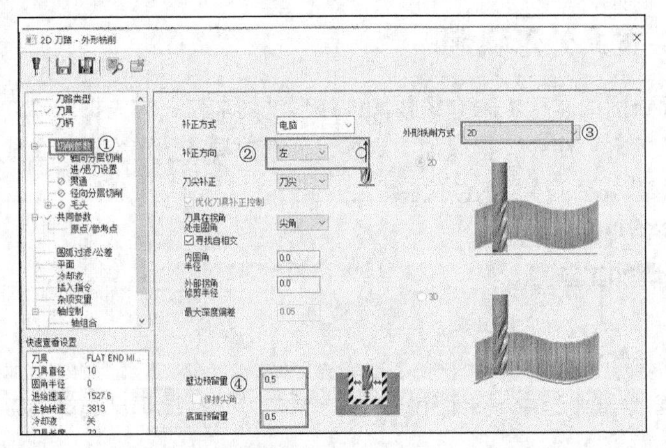

图 2-34 “切削参数”选项卡的参数设置

③ 单击“轴向分层切削”选项卡，参数设置如图 2-35 所示。

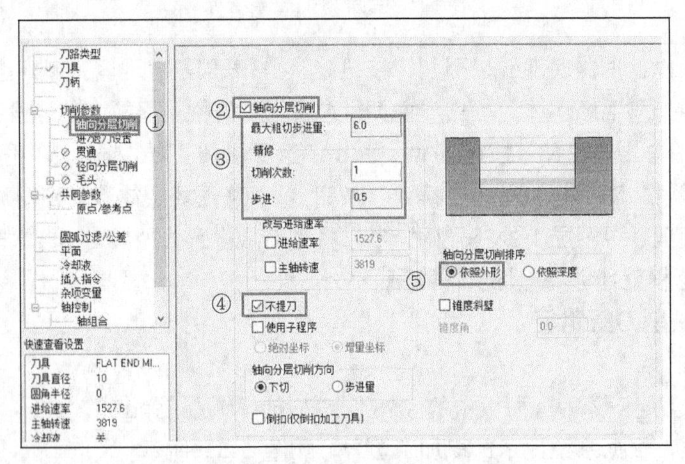

图 2-35 “轴向分层切削”选项卡的参数设置

④ 单击“进/退刀设置”选项卡，参数设置如图 2-36 所示。

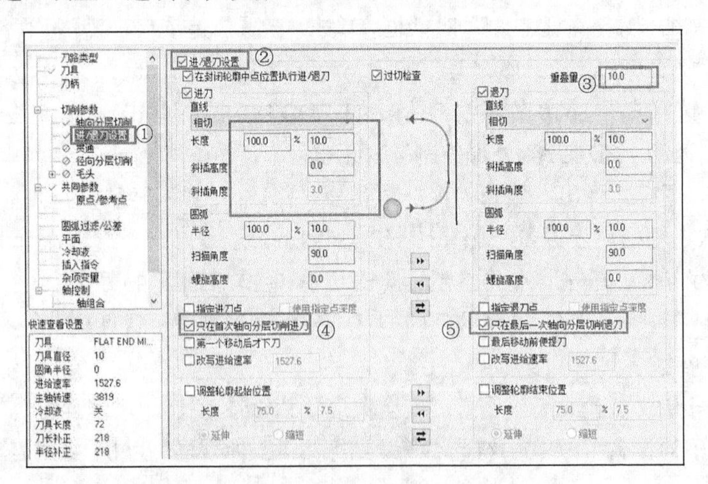

图 2-36 “进/退刀设置”选项卡的参数设置

⑤ 单击“贯通”选项卡，参数设置如图 2-37 所示。

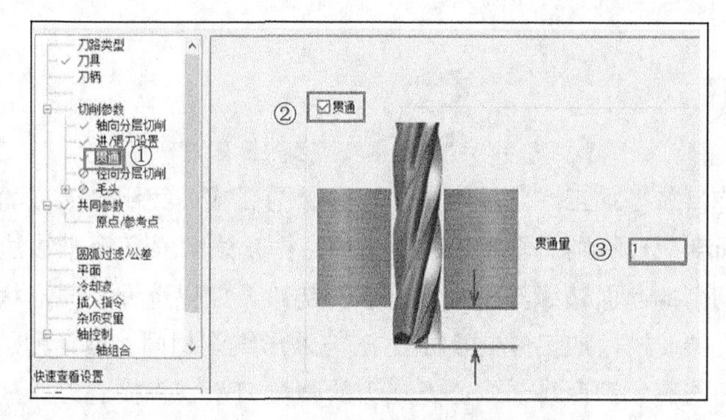

图 2-37 “贯通”选项卡的参数设置

⑥ 单击“径向分层切削”选项卡，参数设置如图 2-38 所示。

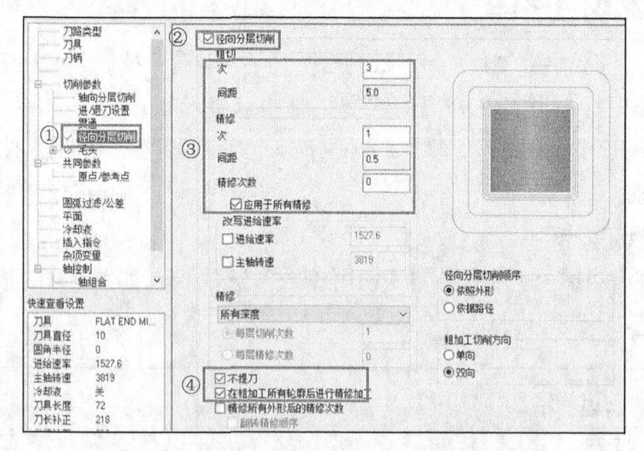

图 2-38 “径向分层切削”选项卡的参数设置

⑦ 单击“确定”按钮，生成刀具路径，如图 2-39 所示。

4. 模拟仿真加工

为了验证外形铣削参数设置的正确性，可以通过 NC 仿真模拟外形铣削过程，来观察工件外形是否出现切削不足或过切现象。外形铣削是在平面铣削的基础上进行的，所以不用重新设置毛坯。

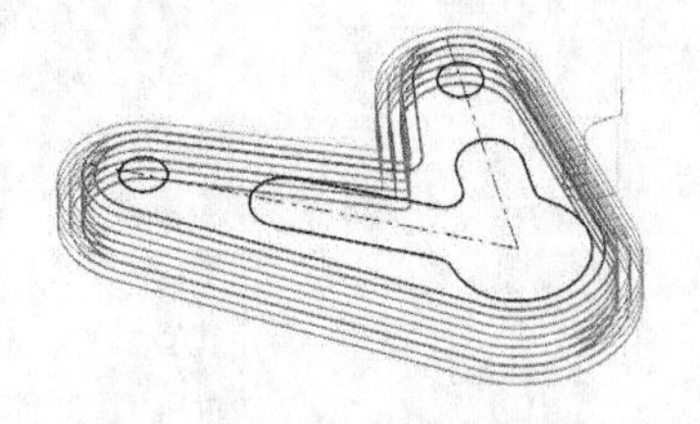

图 2-39 生成的刀具路径

（1）仿真加工

① 单击刀路操作管理器中的“选择全部操作”按钮，将已创建的铣削操作全部选中。

② 单击刀路操作管理器中的“验证已选择的操作”按钮，在弹出的“Mastercam 模拟”对话框，单击“播放”按钮，进行仿真加工，其结果如图 2-40 所示。

（2）NC 代码

① 单击刀路操作管理器中的“选择全部操作”按钮，将已创建的铣削操作全部选中。

② 单击刀路操作管理器中的“执行选择的操作进行后处理”按钮，弹出“后处理程序”对话框，单击“确定”按钮，弹出“另存为”对话框，输入文件名称“拨叉外形”，单击“保存”按钮，在编辑器中打开生成的 NC 代码，详见本书的电子资源。

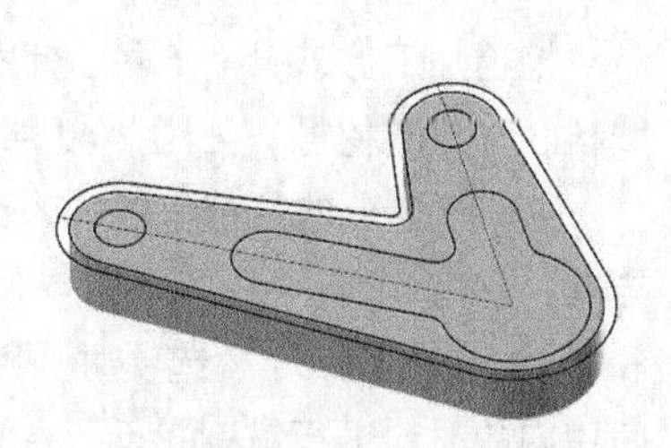

图 2-40 仿真加工结果

2.3 挖槽加工

挖槽加工一般又称口袋型加工，它是由点、直线、圆弧或曲线组合而成的封闭区域，其特征为上下形状均为平面，而剖面形状则有垂直边、推拔边、垂直边含 *R* 角及推拔边含 *R* 角等 4 种。在加工时，一般选择与要切削的断面边缘具有相同外形的铣刀，如果选择不同形状的刀具，则可能会产生过切或切削不足的现象。挖槽加工进/退刀的方法与外形铣削相同，但挖槽加工中，一般圆鼻刀刀刃中心可以分为无切刃与有切刃两种，中心无切刃的圆鼻刀不宜直接进刀，需先行在工件上钻小孔或以螺旋方式进刀；中心有切刃的圆鼻刀，对于较硬的材料仍不宜直接垂直铣入工件。

2.3.1 挖槽加工参数介绍

在主菜单中单击“刀路”→“2D”→“2D 铣削”→“挖槽”按钮或在刀路操作管理器的树状结构图空白区域中单击鼠标右键，在弹出的快捷菜单中选择“铣床刀路”→“挖槽”选项，然后在绘图区采用串连方式对几何模型串连，单击“线框串连”对话框中的“确定”按钮，系统弹出“2D 刀路-2D 挖槽”对话框。

1. “切削参数”选项卡

单击“2D 刀路-2D 挖槽”对话框中的“切削参数”选项卡，如图 2-41 所示。同外形铣削相同，这里只对特定参数的选项卡进行讨论。

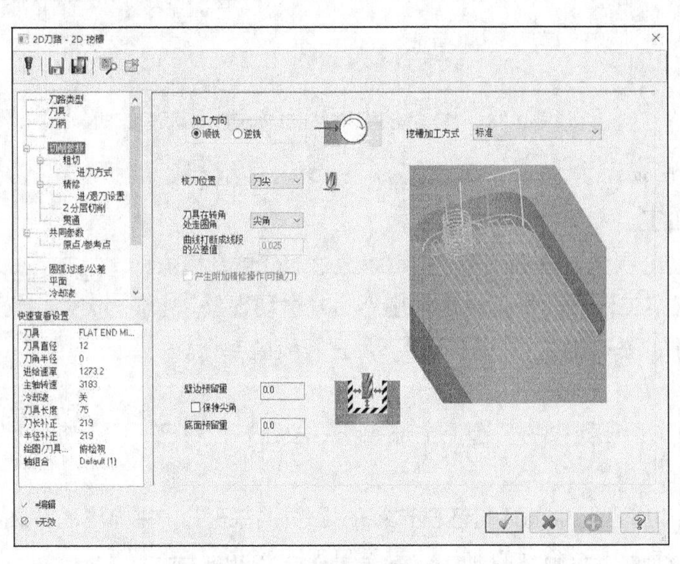

图 2-41 “2D 刀路-2D 挖槽”对话框

挖槽加工方式共有 5 种，分别为标准、平面铣、使用岛屿深度、残料、开放式挖槽，如图 2-42 所示。

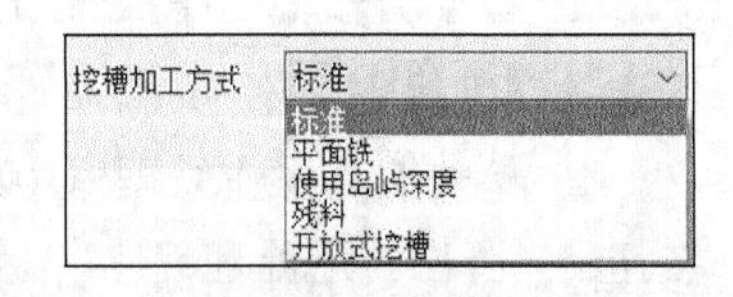

图 2-42 挖槽加工方式

（1）当选取的所有串连均为封闭串连时，可以选择前 4 种加工方式。

① 选择“标准”选项时，系统采用标准的挖槽方式，即仅对凹槽内的材料进行铣削，而不会对边界外或岛屿的材料进行铣削。

② 选择“平面铣”选项时，其相当于平面铣削模块（Face）的功能，在加工过程中只保证加工

出选择的表面，而不考虑是否会对边界外或岛屿的材料进行铣削。

③ 选择“使用岛屿深度”选项时，不会对边界外进行铣削，但可以将岛屿铣削至设置的深度。

④ 选择“残料”选项时，进行残料挖槽加工，其设置方法与残料外形铣削加工中参数设置相同。

（2）当选取的串连中包含未封闭串连时，只能选择开放式挖槽加工方式。此时，系统将未封闭的串连先进行封闭处理，再对封闭后的区域进行挖槽加工。

（3）当选择“平面铣”或“使用岛屿深度”加工方式时，“2D 刀路-2D 挖槽”对话框如图 2-43 所示，该对话框中各选项的含义如下。

① 重叠量：用于设置以刀具直径为基数计算刀具超出的比例，它与超出比例的大小有关，值等于超出比例乘以刀具直径。例如，刀具直径为 4mm，设置超出比例为 50%，则重叠量为 2mm。

② 进刀引线长度：用于设置下刀点到有效切削点的距离。

③ 退刀引线长度：用于设置退刀点到有效切削点的距离。

④ 岛屿上方预留量：用于设置岛屿的最终加工深度，该值一般要高于凹槽的铣削深度。只有挖槽加工形式为使用岛屿深度时，该选项才被激活。

（4）当选择“开放式挖槽”加工方式时，如图 2-44 所示。若选中“使用开放轮廓切削方式”复选框，则采用开放轮廓加工的走刀方式，否则采用“粗加工/精加工”选项卡中的走刀方式。

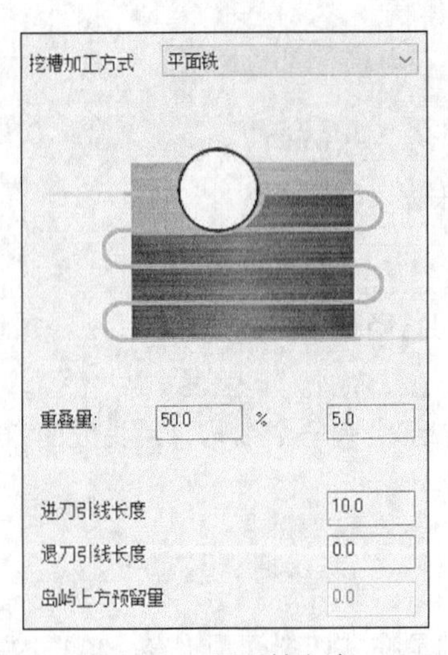

图 2-43　平面铣方式

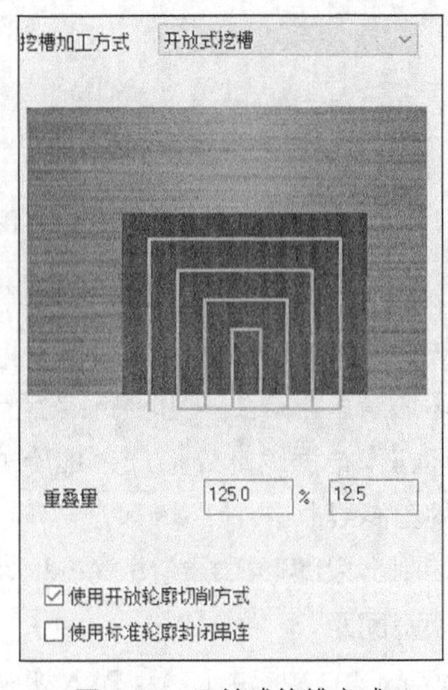

图 2-44　开放式挖槽方式

对于其他选项，其含义和外形铣削参数相关内容相同，读者可以结合外形铣削加工参数自行领会。

2. “粗切”选项卡

挖槽加工中的加工余量一般都比较大，为此，可以通过设置粗切的参数来提高加工精度。单击“2D 刀路-2D 挖槽”对话框中的“粗切”选项卡，如图 2-45 所示。

（1）切削方式

选中“粗切”选项卡中的“粗切”复选框，则可以进行粗切削方式设置。Mastercam 2022 提供了 8 种粗切削的走刀方式：“双向”“等距环切”“平行环切”“平行环切清角”“渐变环切”“高速切削”“单向”“螺旋切削”。这 8 种方式又可以分为直线切削和螺旋切削两大类。

① 直线切削包括双向切削和单向切削。

双向切削产生一组平行切削路径并来回切削，其切削路径的方向取决于切削路径的角度。

单向切削所产生的刀路与双向切削基本相同，不同的是单向切削按同一个方向进行切削。

② 螺旋切削以挖槽中心或特定挖槽起点开始进刀，并沿着挖槽壁螺旋切削。螺旋切削有如下 5 种方式。

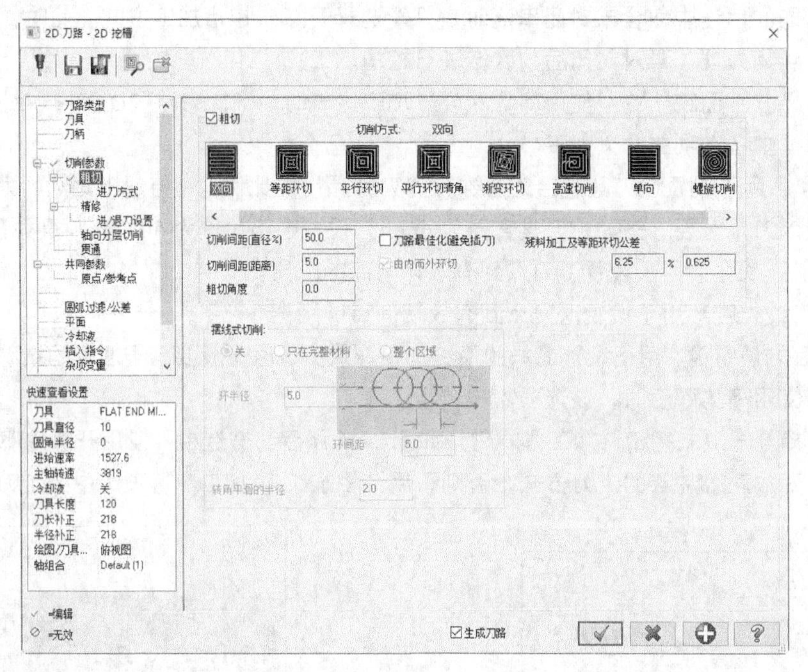

图 2-45 “粗切”选项卡

等距环切：产生一组螺旋式间距相等的切削路径。

平行环切：产生一组平行螺旋式切削路径，与等距环切路径基本相同。

平行环切清角：产生一组平行螺旋且清角的切削路径。

渐变环切：根据轮廓外形产生螺旋式切削路径，此方式至少有一个岛屿，且生成的刀路比其他模式生成的刀路要长。

螺旋切削：以圆形、螺旋方式产生切削路径。

（2）切削间距

Mastercam 2022 提供了两种输入切削间距的方法。一种是在“切削间距（直径%）”文本框中指定刀具直径的百分比来间接指定切削间距，此时切削间距为百分比乘以刀具直径；另一种是在“切削间距（距离）”文本框直接输入切削间距数值。值得注意的是，该参数和切削间距（直径%）是关联的，更改其中一个，另一个也随之改变。

3. “进刀方式”选项卡

单击“2D 刀路–2D 挖槽”对话框中的“进刀方式”选项卡，在挖槽粗加工路径中，进刀方式分为如下 3 种。

关：刀具从零件上方垂直进刀。

斜插：刀具以斜线方式向工件进刀。

螺旋：刀具以螺旋下降的方式向工件进刀。

单击选中“进刀方式”选项卡，选中“螺旋”单选按钮或“斜插”单选按钮，如图 2-46 和图 2-47 所示。这两个选项卡中的内容基本相同，下面对主要的选项进行介绍。

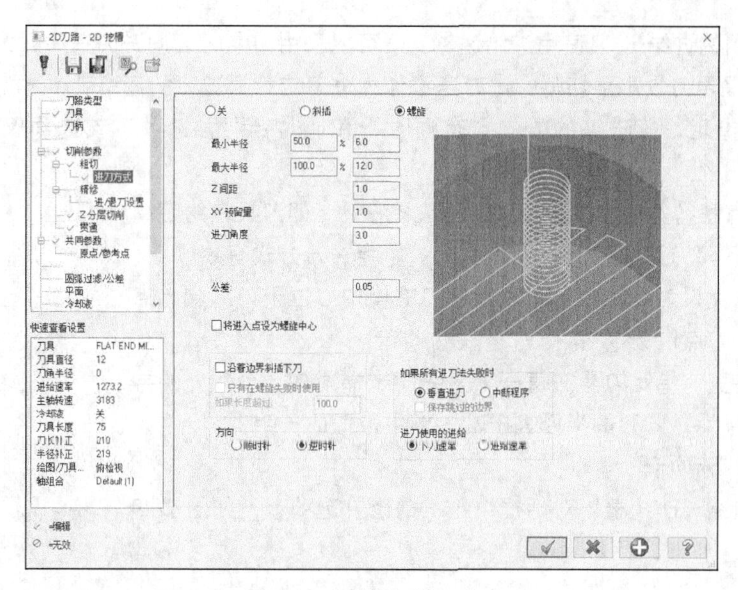

图 2-46 “螺旋”进刀方式

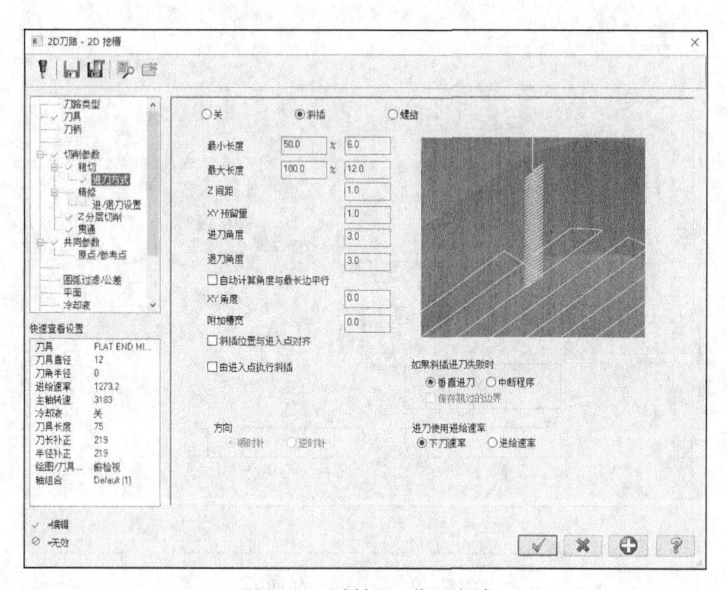

图 2-47 “斜插”进刀方式

（1）最小半径/长度：指定进刀螺旋的最小半径或斜线刀路的最小长度。可以输入与刀具直径的百分比或直接输入半径值。

（2）最大半径/长度：指定进刀螺旋的最大半径或斜线刀路的最大长度。可以输入与刀具直径的百分比或直接输入半径值。

（3）Z 间距：指定开始螺旋或斜插进刀时距工件表面的高度。

（4）XY 预留量：指定螺旋槽或斜线槽与凹槽在 X 向和 Y 向的安全距离。

（5）进刀角度：对于螺旋下刀，只有进刀角度，该值为螺旋线与 XY 平面的夹角，角度越小，螺旋的圈数越多，一般设置在 5° ~ 20°。对于斜插进刀，该值为刀具切入或切出角度，通常选择 30°，如图 2-48 所示。

（6）如果所有进刀法失败时/如果斜插进刀失败时：设置螺旋或斜插进刀失败时的处理方式，方式既可以为“垂直进刀”也可以为“中断程序”。

（7）进刀使用的进给/进刀使用进给速率：既可以采用刀具的 Z 向进刀速率作为进刀或斜插进刀的速率，也可以采用刀具水平切削的进刀速率作为进刀或斜插进刀的速率。

（8）方向：指定螺旋进刀的方向，有顺时针和逆时针两种选项，该选项仅对螺旋进刀方式有效。

（9）由进入点执行斜插：设定刀具沿着边界移动，即刀具在给定高度沿着边界逐渐下降刀路的起点，该选项仅对螺旋进刀方式有效。

（10）将进入点设为螺旋中心：表示进刀螺旋中心位于刀路起始点（下刀点）处，下刀点位于挖槽中心。

（11）附加槽宽：指定刀具在每一个斜线的末端附加一个额外的导圆弧，为使刀路平滑，圆弧的半径等于输入框中数值的一半。

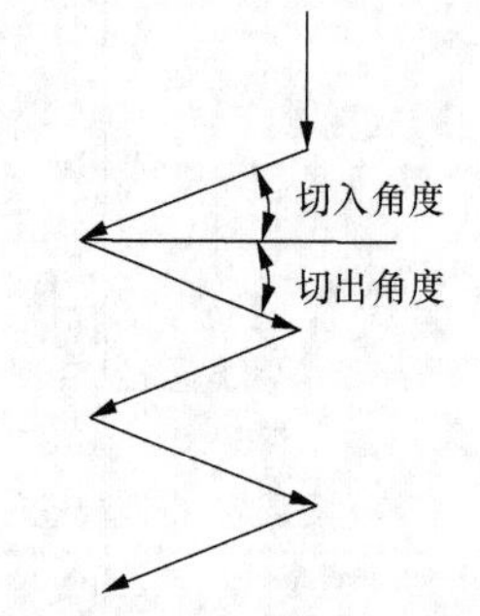

图 2-48　切入、切出角度示意

4. “精修”选项卡

单击“2D 刀路-2D 挖槽”对话框中的“精修”选项卡，如图 2-49 所示。

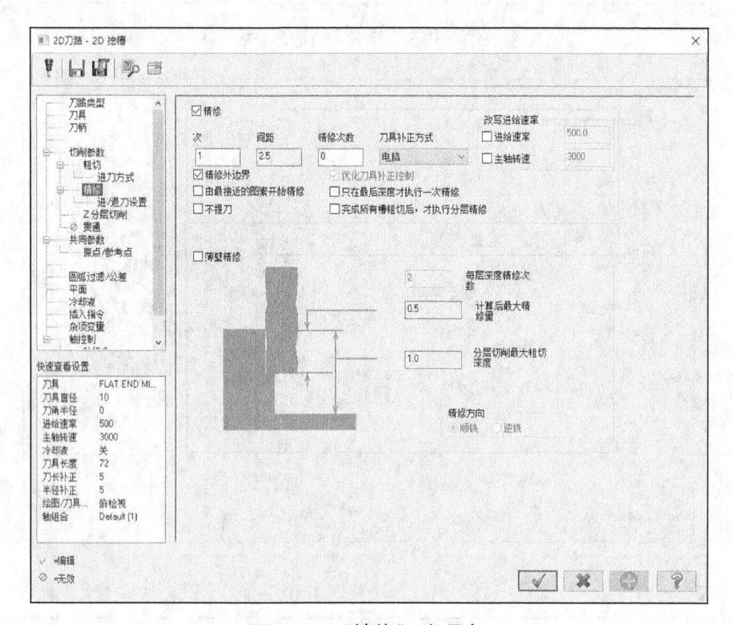

图 2-49　“精修”选项卡

“改写进给速率”选项用于重新设置精加工进给速度，它有如下两种方式。

① 进给速率：该输入框可输入一个与粗切削阶段不同的精切削进给速率。精切削阶段去除的材料通常较少，所以需要增加进给速率以提高加工效率。

② 主轴转速：该输入框可输入一个与粗切削阶段不同的精切削主轴转速。

“精修”选项卡中还可以完成其他参数的设定，如精加工次数、进/退刀方式、切削补偿等。

2.3.2　实操——拨叉挖槽加工

本例我们将在平面铣削和外形铣削的基础上创建挖槽加工，首先要将已创建的刀具路径进行隐藏，以方便拾取加工串连，然后启动“挖槽”命令，根据提示拾取挖槽边界，设置刀具和加工参数，生成刀具路径，最后进行模拟仿真加工及后处理操作，生成 NC 代码。

拨叉挖槽加工操作步骤如下。

1. 承接外形铣削加工结果

2. 整理图形

（1）单击刀路操作管理器中的“选择全部操作”按钮，将已创建的铣削操作全部选中。

（2）单击刀路操作管理器中的“切换显示已选择的刀路操作”按钮≋，隐藏刀具路径。

3. 创建挖槽加工刀具路径

（1）选取加工边界

单击“刀路”选项卡“2D”面板“2D 铣削”组中的“挖槽”按钮，系统弹出“线框串连”对话框，选取图 2-50 所示的内孔边界，单击“确定”按钮。

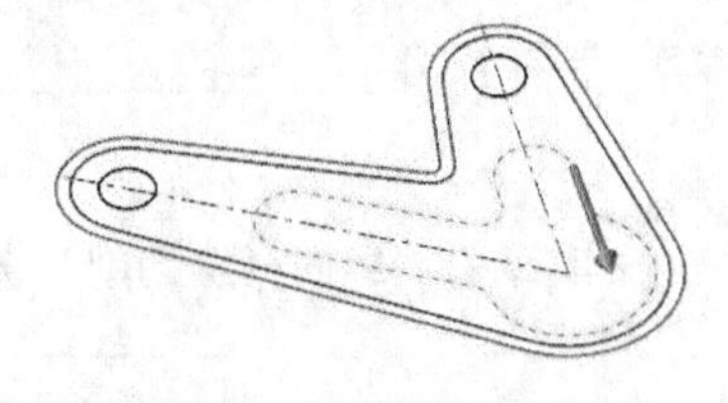

图 2-50　选取内孔边界

（2）设置刀具

① 系统弹出“2D 刀路-2D 挖槽”对话框，单击“刀具”选项卡，再单击“选择刀库刀具”按钮，系统弹出“选择刀具”对话框，选取直径为 6 的平铣刀（FLAT END MILL）。单击“确定”按钮，返回“2D 刀路-2D 挖槽”对话框。

② 双击平铣刀图标，弹出“编辑刀具”对话框，修改“刀齿长度”为 30。单击“下一步”按钮，设置“XY 轴粗切步进量”为 75%，“Z 轴粗切深度”为 75%，“XY 轴精修步进量”为 30%，“*Z* 轴精修深度”为 30%，单击“点击重新计算进给率和主轴转速”按钮，单击“完成”按钮，系统返回“2D 刀路-2D 挖槽”对话框。

（3）设置加工参数

① 单击“共同参数”选项卡，设置“安全高度”为 35，勾选“增量坐标”；“提刀”为 25，勾选“增量坐标”；“下刀位置”为 10，勾选“增量坐标”；“工件表面”为 0，勾选“绝对坐标”；“深度”为–25，勾选“增量坐标”。

② 单击“切削参数”选项卡，加工参数设置过程如图 2-51 所示。

③ 单击“粗切”选项卡，加工参数设置过程如图 2-52 所示。

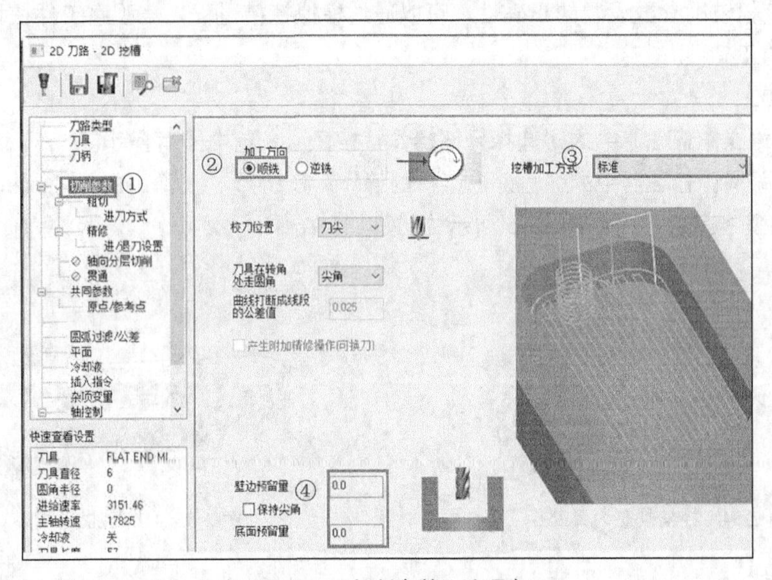

图 2-51　“切削参数”选项卡

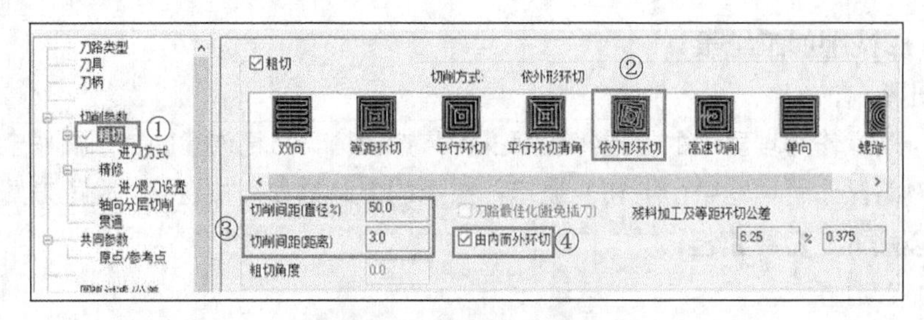

图 2-52 “粗切”选项卡

④ 单击“轴向分层切削”选项卡，加工参数设置过程如图 2-53 所示。

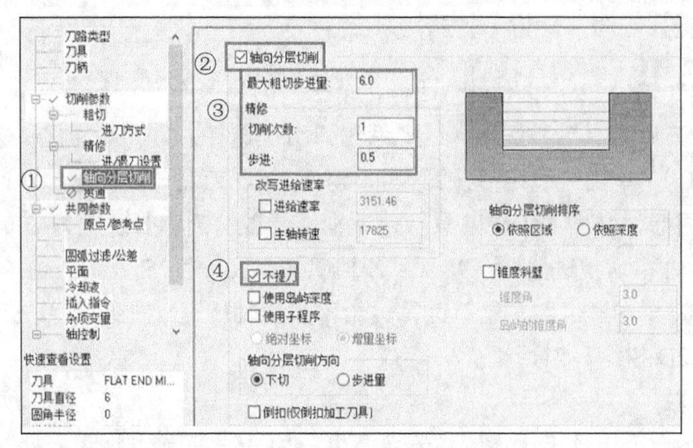

图 2-53 “轴向分层切削”选项卡

⑤ 单击“贯通”选项卡，设置“贯通量”为 1。

⑥ 单击“确定”按钮，生成挖槽加工刀具路径，如图 2-54 所示。

4．模拟仿真加工

为了验证挖槽铣削参数设置的正确性，可以通过模拟挖槽过程，来观察工件在切削过程中的进刀方式和路径的正确性。

（1）仿真加工

① 单击刀路操作管理器中的“选择全部操作”按钮，选中所有操作。

② 单击刀路操作管理器中的“验证已选择的操作”按钮，在弹出的“Mastercam 模拟”对话框中单击“播放”按钮，得到图 2-55 所示的仿真加工结果。

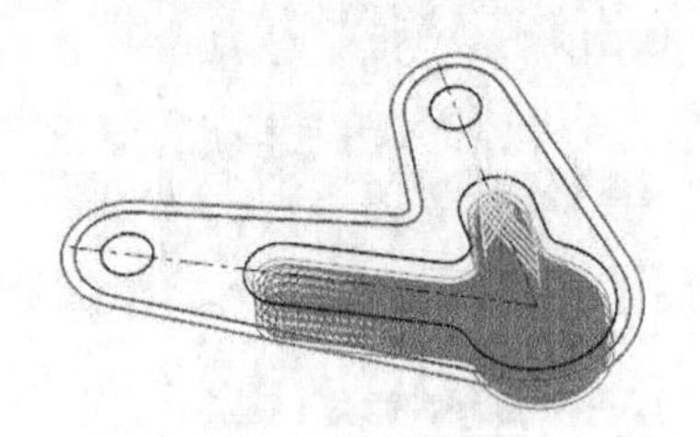

图 2-54 挖槽加工刀具路径

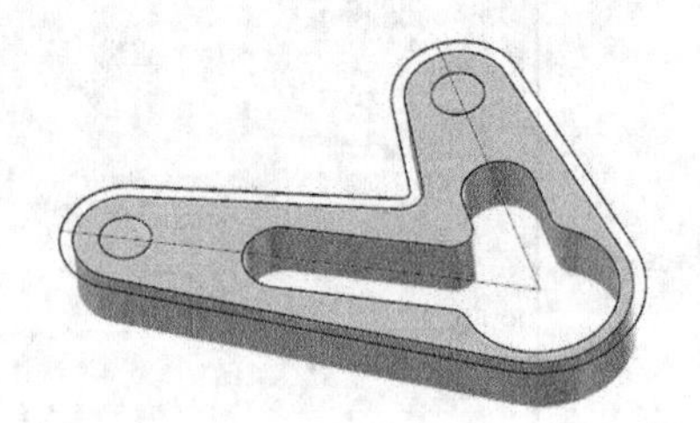

图 2-55 仿真加工结果

（2）NC 代码

单击刀路操作管理器中的“执行选择的操作进行后处理”按钮G1，弹出“后处理程序”对话框，单击“确定”按钮，弹出“另存为”对话框，输入文件名称“实操——拨叉挖槽加工”，单击“保存”按钮，在编辑器中打开生成的 NC 代码，详见本书的电子资源。

2.4 钻孔加工

孔加工是机械加工中使用较多的一个工序，孔加工的方法也很多，包括钻孔、镗孔、攻螺纹、铰孔等。Mastercam 2022 提供了丰富的钻孔方法，而且可以自动输出对应的钻孔固定循环，本节主要介绍钻孔加工内容。

2.4.1 钻孔加工参数介绍

单击“刀路”→“2D”→“2D 铣削”→“钻孔”按钮，或在刀路操作管理器的树状结构图空白区域中单击鼠标右键，在弹出的快捷菜单中选择“铣床刀路”→“钻孔”选项，弹出“刀路孔定义”对话框，如图 2-56 所示。在绘图区手动选取钻孔位置（注意：在绘图区拾取钻孔位置时，一定要捕捉圆心位置），然后单击“刀路孔定义”对话框中的“确定”按钮，系统弹出“2D 刀路-钻孔/全圆铣削深孔钻-无啄孔”对话框。

1. “刀具”选项卡

单击“2D 刀路-钻孔/全圆铣削深孔钻-无啄孔”对话框中的“刀具”选项卡，如图 2-57 所示。

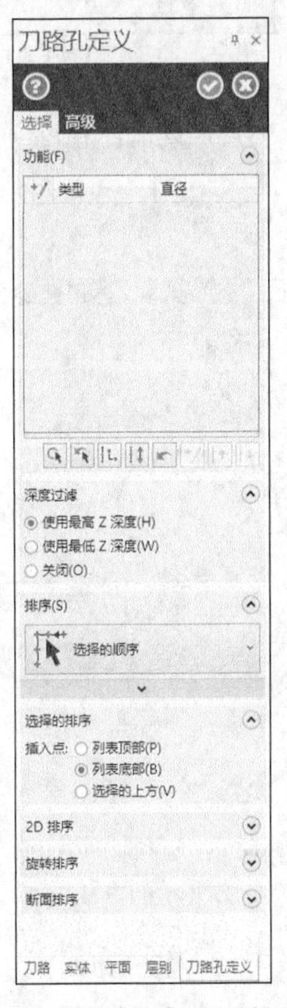

图 2-56 “刀路孔定义”对话框

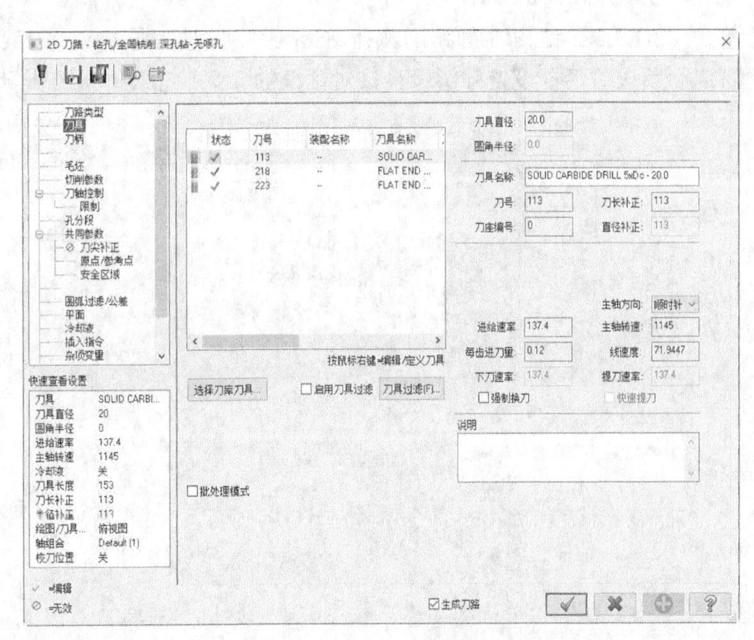

图 2-57 “刀具”选项卡

2. “切削参数”选项卡

单击“2D 刀路-钻孔/全圆铣削深孔钻-无啄孔”对话框中的“切削参数”选项卡。

Mastercam 2022 提供了 20 种钻孔方式，其中 7 种为标准形式，另外 13 种为自定义形式，如图 2-58 所示，标准形式介绍如下。

（1）钻头/沉头钻：钻头从起始高度快速下降至提刀，并以设定的进给量钻孔，到达孔底后，暂停一定时间后返回。钻头/沉头钻常用于孔深度小于 3 倍刀具直径的浅孔。

从“循环方式”下列列表中选择“钻头/沉头钻”选项后，“暂留时间”文本框被激活，它用于指定暂停时间，默认为 0，即没有暂停时间。

（2）深孔啄钻（G83）：钻头从起始高度快速下降至提刀，并以设定的进给量钻孔，钻到第一次步距后，快速退刀至起始高度以达到排屑的目的，然后再次快速下刀至前一次步距上部的一个步进间隙处，再按照给定的进给量钻孔至下一次步距，如此反复，直到钻至要求深度。深孔啄钻一般用于孔深大于 3 倍刀具直径的深孔。

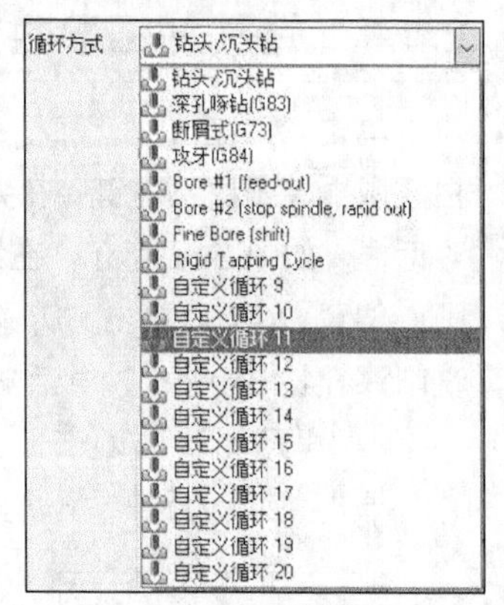

图 2-58　钻孔方式列表

（3）断屑式（G73）：和深孔啄钻类似，断屑式也需要多次钻头回缩以达到排屑的目的，只是回缩的距离较短，它适用于孔深大于 3 倍刀具直径的孔。

（4）攻牙（G84）：可以设置左旋和右旋螺纹，左旋和右旋主要取决于选择的刀具和主轴旋向。

（5）Bore#1（feed-out）（镗孔#1-进给退刀）：按照进给速率进行镗孔和退刀，该方法可以获得表面较光滑的直孔。

（6）Bore#2（stop spindle,rapid out）（镗孔#2-主轴停止-快速退刀）：按照进给速率进行镗孔，至孔底主轴时停止旋转，刀具快速退回。

（7）Fine Bore（shift）（其他#1）：镗孔至孔底时，主轴停止旋转，将刀具旋转一个角度（即让刀，它可以避免刀尖与孔壁接触）后再退刀。

3. “刀尖补正”选项卡

单击“2D 刀路-钻孔/全圆铣削深孔钻-无啄孔”对话框中的“刀尖补正”选项卡，如图 2-59 所示。可以利用该对话框设置补偿量，该对话框的含义比较简单，在此不再介绍。

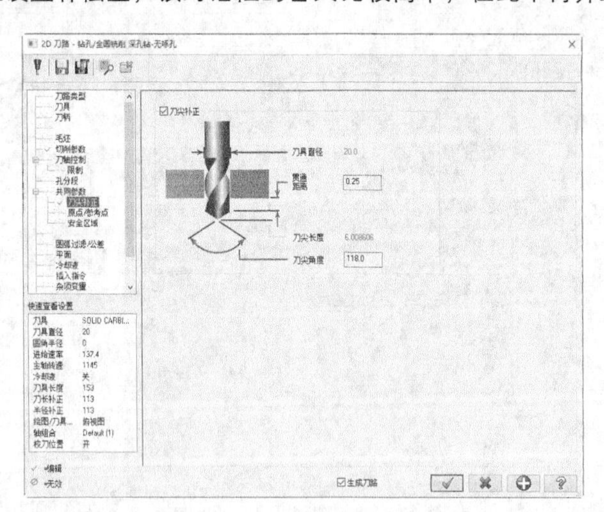

图 2-59　“刀尖补正”选项卡

2.4.2　实操——拨叉钻孔加工

本例我们将在平面铣削、外形铣削和挖槽加工的基础上介绍钻孔加工：首先将已创建的平面铣削、外形铣削和挖槽加工的刀具路径进行隐藏；然后启动“钻孔”命令，根据系统提示拾取要进行钻孔的圆，设置钻头参数和加工参数，生成刀具路径；最后进行模拟仿真加工及后处理操作，生成NC 代码。

拨叉钻孔加工操作步骤如下。

1. 选取加工边界

（1）承接挖槽加工结果。单击刀路操作管理器中的“选择全部操作”按钮，将已创建的铣削刀具路径全部选中。

（2）单击刀路操作管理器中的“切换显示已选择的刀路操作”按钮≈，隐藏刀具路径。

2. 创建钻孔刀具路径

（1）选取加工边界

① 单击“刀路”选项卡“2D”面板“2D 铣削”组中的“钻孔”按钮，弹出“刀路孔定义”对话框。

② 单击“选择”工具栏的“选择设置”按钮，如图 2-60 所示。弹出“选择”对话框，单击“全关”按钮 全关 ，然后在“自动抓点”列表中勾选“圆心”复选框，如图 2-61 所示。单击“确定”按钮，弹出“系统配置”对话框，单击“否”按钮 否(N) 。

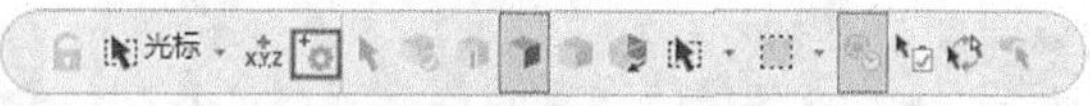

图 2-60 “选择”工具栏

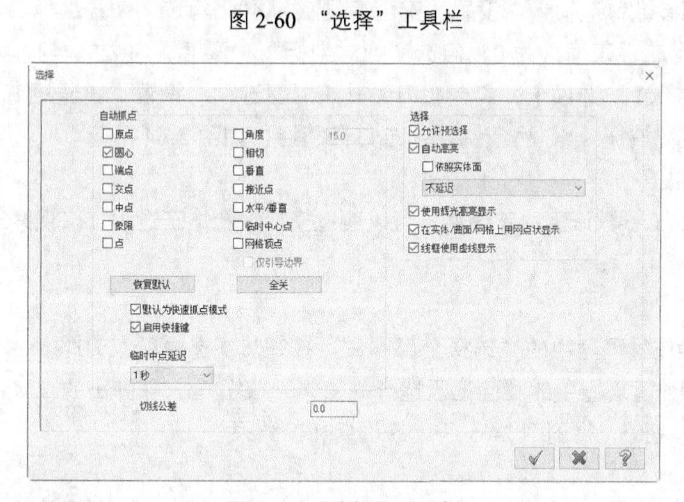

图 2-61 “选择”对话框

③ 选择图 2-62 所示的 2 个圆作为钻孔边界，单击“确定”按钮。

（2）设置刀具参数

① 系统弹出“2D 刀具路径-钻孔/全圆铣削深孔钻-无啄孔”对话框，单击“刀具”选项卡，再单击“选择刀库刀具”按钮 选择刀库刀具 ，选取直径为 20 的钻头（SOLID CARBIDE DRILL 5×Dc-20），单击“确定”按钮，返回“2D 刀具路径-钻孔/全圆铣削深孔钻-无啄孔”对话框。

② 双击钻头图标，设置钻头“刀尖角度”为 118，其他参数采用默认值。单击“下一步”按钮 下一步 ，参数设

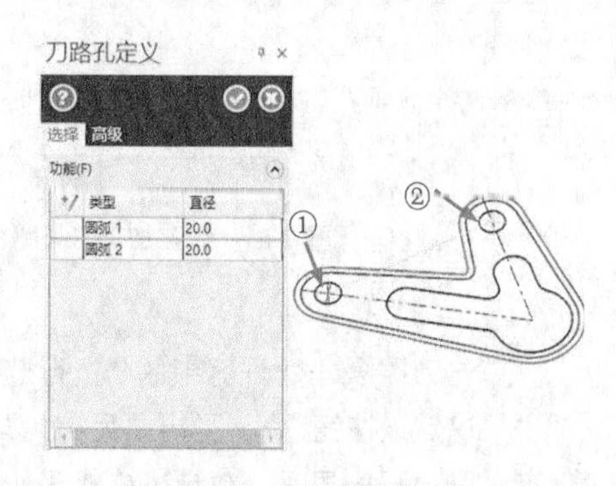

图 2-62 选取的钻孔边界

置如图 2-63 所示。单击“完成”按钮 完成 ，返回“2D 刀具路径-钻孔/全圆铣削深孔钻-无啄孔”对话框。

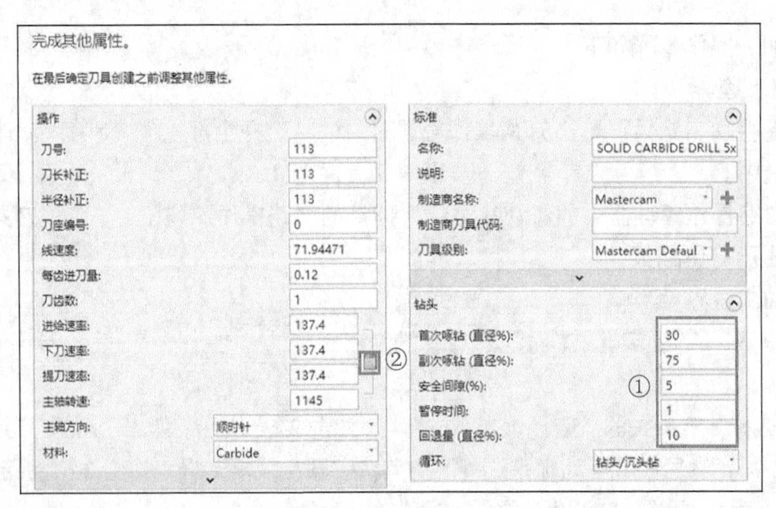

图 2-63　设置刀具参数

（3）创建钻孔加工刀具路径

① 单击“共同参数”选项卡，设置“安全高度”为 40，勾选“增量坐标”；“参考高度”为 10，勾选“增量坐标”；“工件表面”为 0，勾选“绝对坐标”；“深度”为–25，勾选“增量坐标”。

② 单击“刀尖补正”选项卡，勾选“刀尖补正”复选框，设置“贯通距离”为 2。

③ 单击“确定”按钮 ✓，生成钻孔加工刀具路径，如图 2-64 所示。

3. 模拟仿真加工

为了验证钻孔加工参数设置的正确性，可以通过模拟钻孔加工过程，来观察工件在钻孔过程中走刀路径的正确性。

（1）仿真加工

① 单击刀路操作管理器中的“选择全部操作”按钮，选中所有刀路。

② 单击刀路操作管理器中的“验证已选择的操作”按钮，在弹出的“Mastercam 模拟”对话框中单击“播放”按钮，得到图 2-65 所示的仿真加工结果。

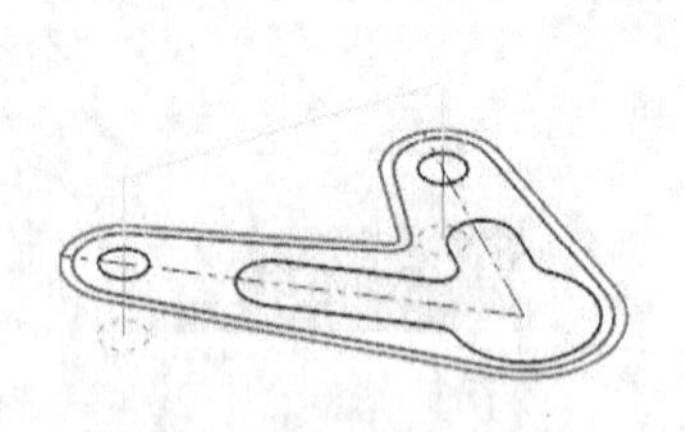

图 2-64　钻孔加工刀具路径

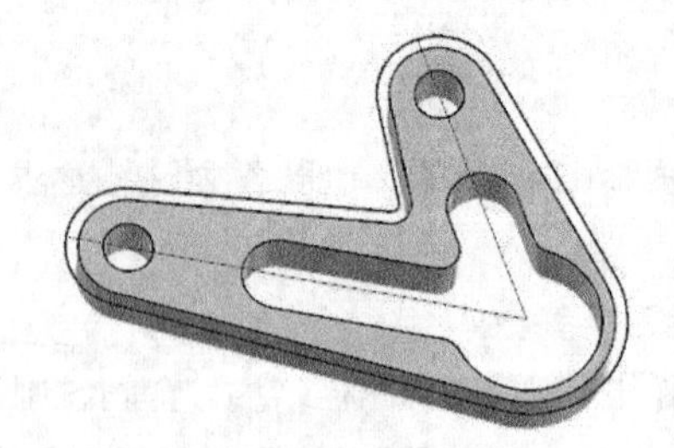

图 2-65　仿真加工结果

（2）NC 代码

单击刀路操作管理器中的“执行选择的操作进行后处理”按钮 G1，弹出“后处理程序”对话框。单击“确定”按钮 ✓，弹出“另存为”对话框，输入文件名称“实操——拨叉钻孔加工”后，进行保存，弹出程序界面，生成 NC 代码，详见本书的电子资源。

2.5 全圆铣削

全圆铣削是指刀具路径从圆心移动到轮廓，然后绕圆轮廓移动进行的铣削加工。该策略一般用于扩孔（用铣刀扩孔，而不是用扩孔钻头扩孔）。

2.5.1 全圆铣削参数介绍

单击“机床”选项卡“机床类型”面板中的“铣床”按钮，选择默认选项，在刀路操作管理器中生成机床群组属性文件，同时弹出“刀路”选项卡。在“2D”面板“孔加工”组中单击“全圆铣削”按钮，系统弹出“刀路孔定义”对话框，然后在绘图区选择需要加工的圆、圆弧或点，单击“确定”按钮，系统弹出“2D 刀路-全圆铣削”对话框。

单击“2D 刀路-全圆铣削”对话框中的“切削参数”选项卡，如图 2-66 所示。

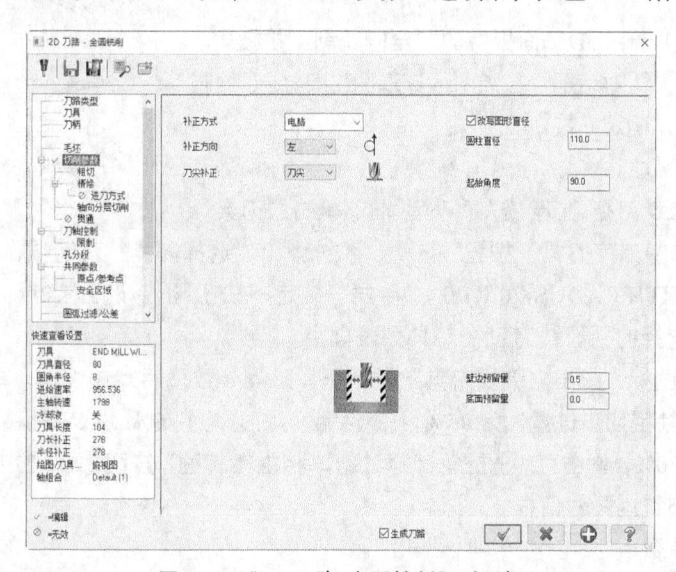

图 2-66 “2D 刀路-全圆铣削”对话框

对话框中的部分参数说明如下。

（1）圆柱直径：如果在绘图区选择的图素是点时，则该项用于设置全圆铣削刀具路径的直径；如果在绘图区中选择的图素是圆或圆弧，则选择的圆或圆弧直径作为全圆铣削刀具路径的直径。

（2）起始角度：用于设置全圆铣削刀具路径的起始角度。

2.5.2 实操——砚台全圆铣削加工

本例讲解砚台的全圆铣削加工，砚台平面如图 2-67 所示。我们在已经进行平面铣削、外形铣削和挖槽加工的砚台上进行全圆铣削加工，所以要先将已创建的刀路隐藏，然后启动全圆铣削命令，设置参数，最后选中所有刀路进行模拟仿真加工，生成 NC 代码。

砚台全圆铣削加工操作步骤如下。

1. 打开文件

单击快速访问工具栏中的“打开”按钮，在弹出的“打开”对话框中选择“源文件/原始文件/第 2 章/砚台”文件，如图 2-68 所示。

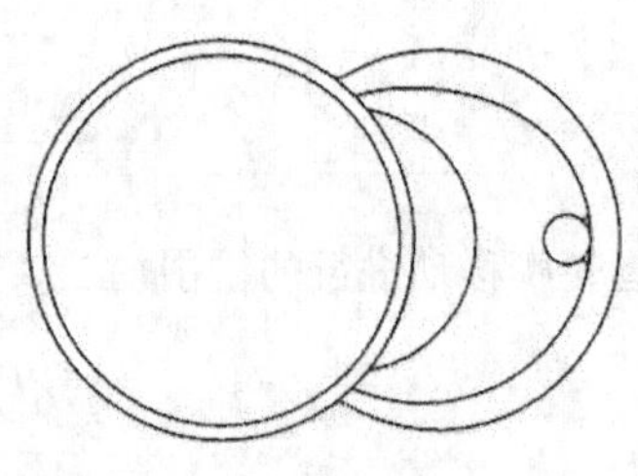

图 2-67　砚台平面

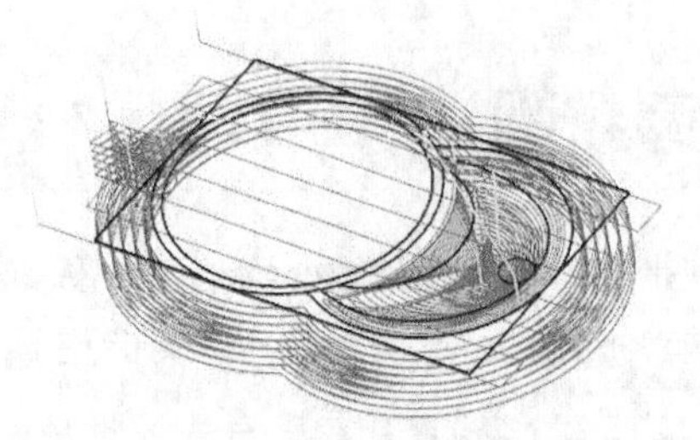

图 2-68　砚台

2. 整理图形

① 单击刀路操作管理器中的“选择全部操作”按钮，将已创建的铣削刀具路径全部选中。

② 单击“切换显示已选择的刀路操作”按钮≋，隐藏平面铣削刀具路径。

3. 创建全圆铣削刀具路径

（1）选取加工边界

单击“刀路”选项卡“2D”面板中的“全圆铣削”按钮，系统弹出“刀路孔定义”对话框，在绘图区选取图 2-69 所示的圆作为加工边界，单击“确定”按钮。

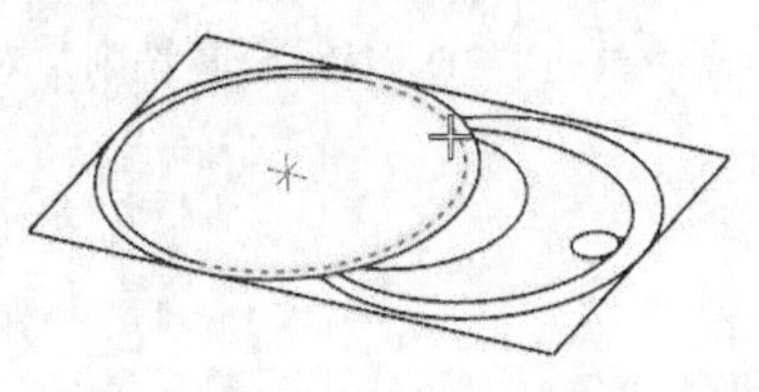

图 2-69　选取加工边界

（2）设置刀具参数

① 系统弹出“2D 刀路-全圆铣削”对话框，单击“刀具”选项卡，再单击“选择刀库刀具”按钮，系统弹出“选择刀具”对话框，选取直径为 20 的圆鼻刀（END MILL WITH RADUS-20/R1.0），单击“确定”按钮，返回“2D 刀具路径-全圆铣削”对话框，可以看到选择的平面铣刀已在刀具列表框中。

② 双击圆鼻刀图标，弹出“编辑刀具”对话框，刀具参数采用默认设置。单击“下一步”按钮，设置“XY 轴粗切步进量”为 75%，“Z 轴粗切深度”为 75%，“XY 轴精修步进量”为 30%，“Z 轴精修深度”为 30%，单击“点击重新计算进给率和主轴转速”按钮，单击“完成”按钮，返回“2D 刀路-全圆铣削”对话框。

（3）设置加工参数

① 单击“共同参数”选项卡，设置“安全高度”为 35，勾选“增量坐标”；“提刀”为 10，勾选“增量坐标”；“下刀位置”为 5，勾选“增量坐标”；“工件表面”为 0，勾选“绝对坐标”；“深度”为-6，勾选“增量坐标”。

② 单击“切削参数”选项卡，参数设置如图 2-70 所示。

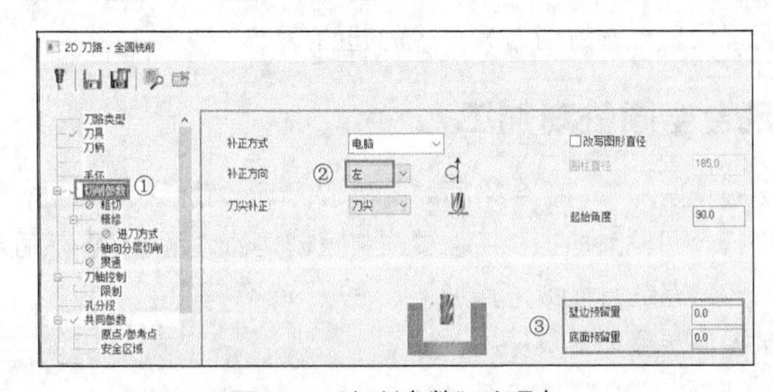

图 2-70　“切削参数”选项卡

③ 单击“粗切”选项卡，参数设置如图 2-71 所示。

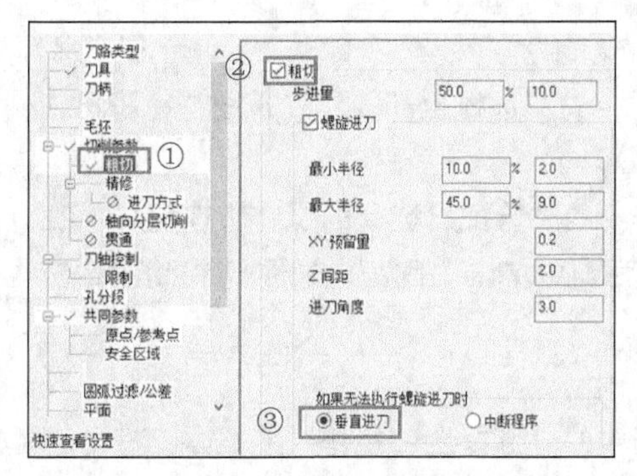

图 2-71 “粗切”选项卡

④ 单击“精修”选项卡，参数设置如图 2-72 所示。

⑤ 单击“轴向分层切削”选项卡，参数设置如图 2-73 所示。

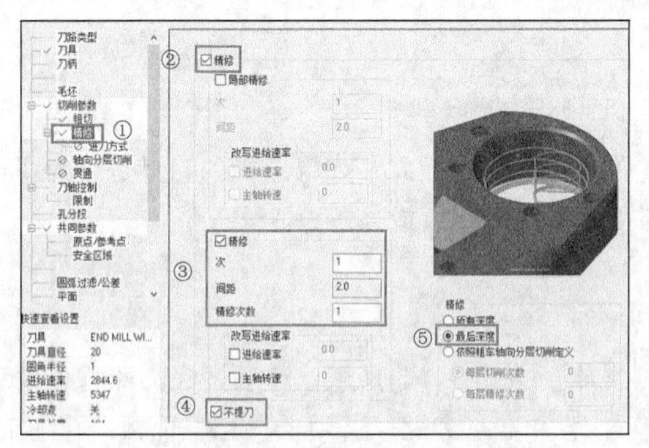

图 2-72 “精修”选项卡

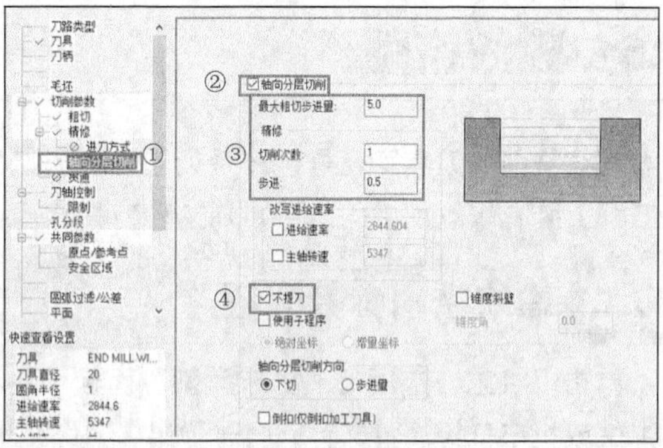

图 2-73 “轴向分层切削”选项卡

⑥ 单击“确定”按钮，生成全圆铣削刀具路径，如图 2-74 所示。

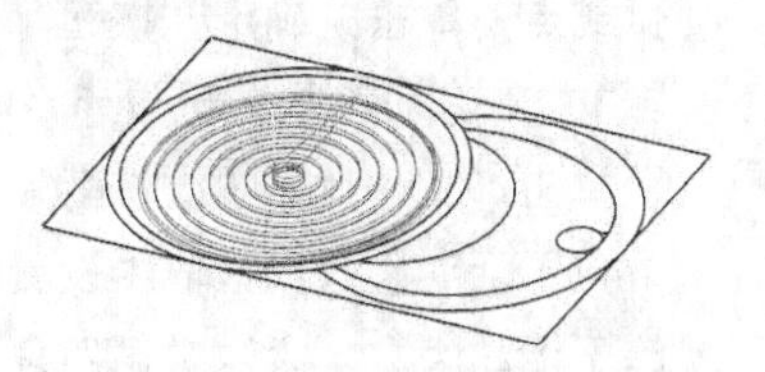

图 2-74 全圆铣削刀具路径

4. 模拟仿真加工

为了验证全圆铣削参数设置的正确性，可以通过 NC 仿真模拟全圆铣削过程，来观察工件是否有切削不足或过切现象。

（1）设置毛坯

① 在刀路操作管理器中单击“毛坯设置”按钮 毛坯设置，系统弹出“机床群组属性”对话框，进行毛坯设置。在“毛坯设置”选项卡的“形状”选项组中选择“立方体”，单击“选择对角”按钮 选择对角(E)...，在绘图区中拾取图 2-75 所示的两个对角点。

② 设置毛坯 Z 值为 35，勾选“显示”复选框，单击“确定”按钮，毛坯创建完成，如图 2-76 所示。

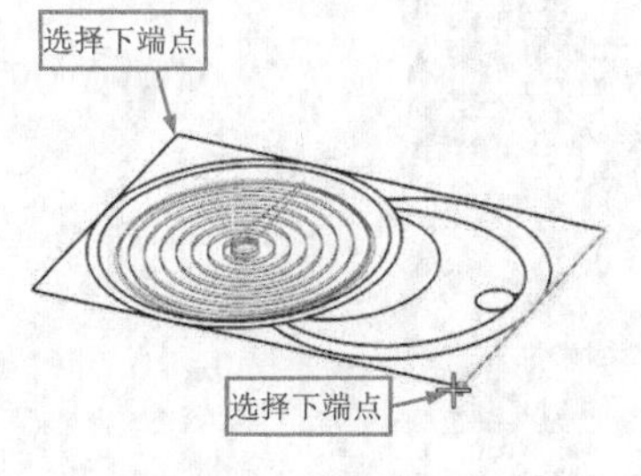

图 2-75 拾取对角点

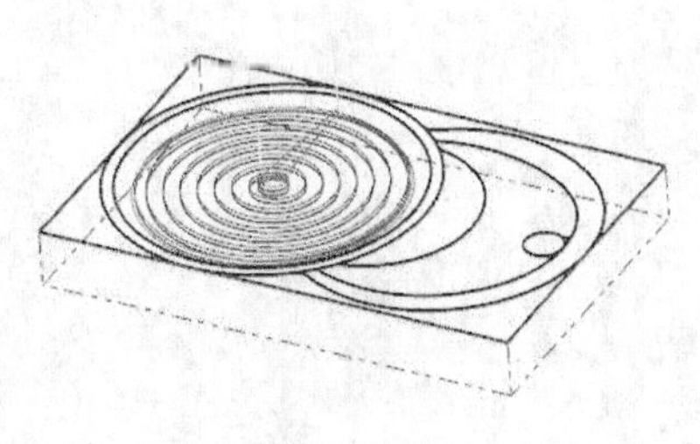

图 2-76 毛坯

（2）仿真加工

① 单击刀路操作管理器中的“选择全部操作”按钮，将已创建的铣削操作全部选中。

② 单击刀路操作管理器中的“验证已选择的操作”按钮，在弹出的“Mastercam 模拟”对话框中单击“播放”按钮，得到图 2-77 所示的仿真加工结果。

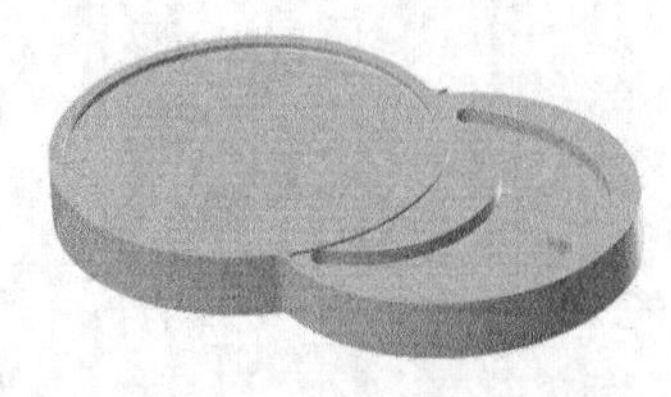

图 2-77　仿真加工结果

（3）NC 代码

① 单击刀路操作管理器中的“选择全部操作”按钮，将已创建的铣削操作全部选中。

② 单击刀路操作管理器中的“执行选择的操作进行后处理”按钮，弹出“后处理程序”对话框。单击“确定”按钮，弹出“另存为”对话框，输入文件名称“实操——砚台全圆铣削加工”，单击“保存”按钮，在编辑器中打开生成的 NC 代码，NC 代码见本书的电子文件。

2.6　螺纹铣削

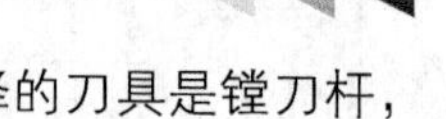

螺纹铣削的刀具路径是由一系列的螺旋形刀具路径组成的，因此，如果选择的刀具是镗刀杆，且刀杆上装有螺纹加工的刀头，则这种刀具路径可用于加工内螺纹或外螺纹。

2.6.1　螺纹铣削参数介绍

单击“机床”选项卡“机床类型”面板中的“铣床”按钮，选择默认选项，在刀路操作管理器中生成机床群组属性文件，同时弹出“刀路”选项卡。单击“刀路”选项卡“2D”面板“孔加工”组中的“螺纹铣削”按钮，系统弹出“刀路孔定义”对话框，然后在绘图区选择需要加工的圆、圆弧或点，单击“确定”按钮，系统弹出“2D 刀路-螺纹铣削”对话框。

1．“切削参数”选项卡

单击“2D 刀路-螺纹铣削”对话框中的“切削参数”选项卡，如图 2-78 所示。

（1）活动齿数：该值由设置刀具的“刀齿长度”和“螺距”来确定。“刀齿长度”除以“螺距”就等于活动齿数，余数遵循四舍五入的原则。

（2）预留量（过切量）：用于设置允许的过切值。

（3）改写图形直径：勾选该复选框可以修改螺纹的直径尺寸。

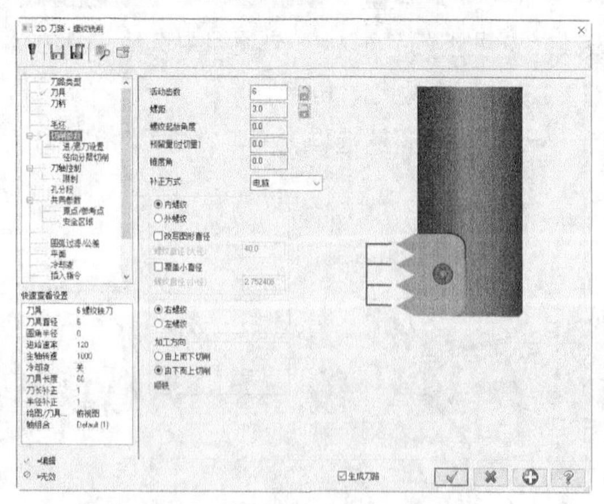

图 2-78　“切削参数”选项卡

2. “进/退刀设置”选项卡

单击“2D 刀路–螺纹铣削”对话框中的“进/退刀设置”选项卡，如图 2-79 所示。

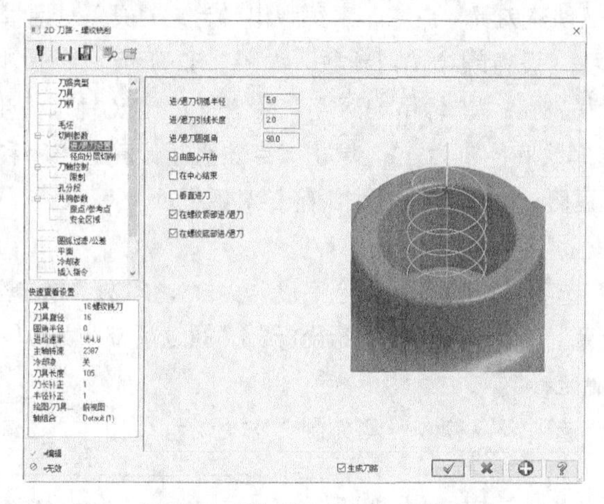

图 2-79 “进/退刀设置”选项卡

“进/退刀引线长度”：该项用于设置进/退刀时的引线的长度。只有当取消勾选“在中心结束”复选框时该项才被激活。

2.6.2 实操——手轮螺纹孔加工

本例通过手轮上螺纹孔的加工来讲解螺纹铣削命令的使用。螺纹孔尺寸为 M48×5，深度为 40。首先打开创建好的手轮，设置机床类型为“铣床”；然后启动“螺纹铣削”命令，根据系统提示拾取要进行螺纹加工的圆心，进行刀具及加工参数设置，生成刀具路径；最后设置毛坯，进行模拟仿真加工及后处理操作，生成 NC 代码。

手轮螺纹孔加工操作步骤如下。

1. 打开文件

单击快速访问工具栏中的“打开”按钮，在弹出的“打开”对话框中选择“源文件/原始文件/第 2 章/手轮”文件，如图 2-80 所示。

2. 设置机床

单击“机床”选项卡“机床类型”面板中的“铣床”按钮，选择“默认”选项，在刀路操作管理器中生成机床群组属性文件，同时弹出“刀路”选项卡。

3. 创建螺纹铣削刀具路径

（1）选取加工边界

单击“刀路”选项卡“2D”面板中的“螺纹铣削”按钮，系统弹出“刀路孔定义”对话框，然后在绘图区拾取图 2-81 所示圆的圆心，单击“确定”按钮。

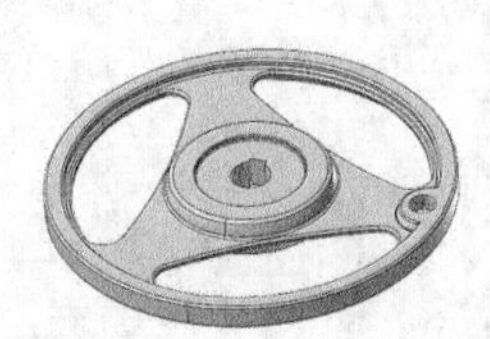

图 2-80 手轮

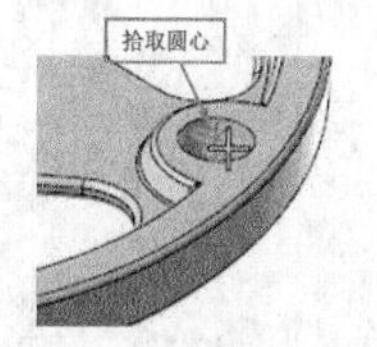

图 2-81 拾取圆心点

（2）设置刀具

系统弹出“2D 刀路-螺纹铣削”对话框，单击“刀具”选项卡，在“刀具”列表中单击鼠标右键，弹出快捷菜单，选择“创建刀具”命令，系统弹出“定义刀具”对话框，本例选取“螺纹铣刀”，单击“下一步”按钮，设置螺纹铣刀参数，如图 2-82 所示。单击“下一步”按钮，设置“XY 轴粗切步进量”为 75%，“Z 轴粗切深度”为 75%；“XY 轴精修步进量”为 30%，“Z 轴精修深度”为 30%；设置“螺纹底径”为 43。单击“点击重新计算进给率和主轴转速”按钮，再单击“完成”按钮，返回“2D 刀路-螺纹铣削”对话框。

（3）设置加工参数

① 单击“共同参数”选项卡，设置“安全高度”为 35，勾选“增量坐标”；“提刀”为 10，勾选“增量坐标”；“下刀位置”为 5，勾选“增量坐标”；“螺纹顶部”为 0，勾选“绝对坐标”；“螺纹深度”为–40，勾选“增量坐标”。

② 单击“切削参数”选项卡，参数设置如图 2-83 所示。

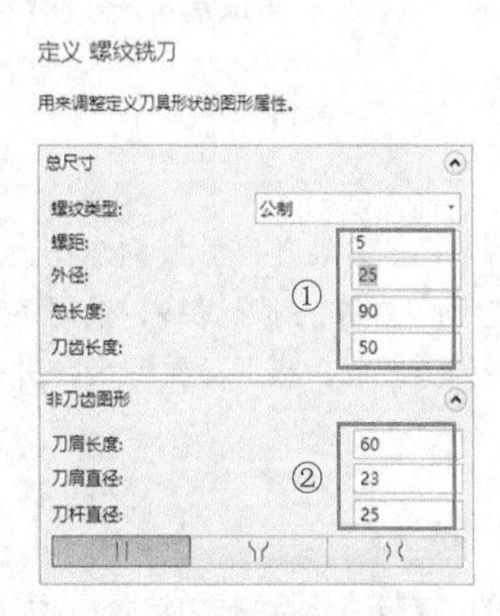

图 2-82 设置螺纹铣刀参数

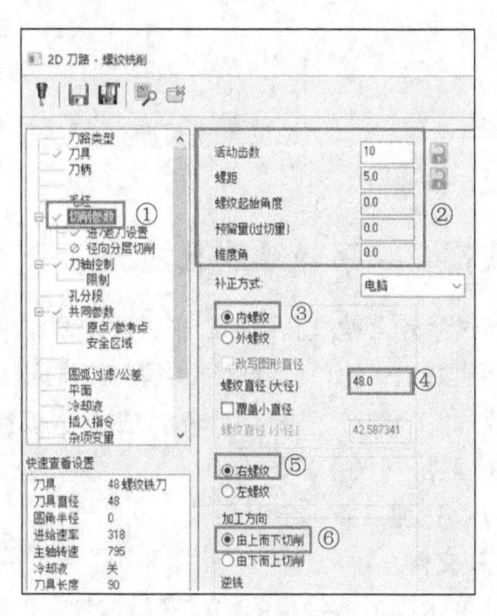

图 2-83 “切削参数”选项卡

③ 单击“进/退刀设置”选项卡，参数设置如图 2-84 所示。

④ 单击“径向分层切削”选项卡，参数设置如图 2-85 所示。

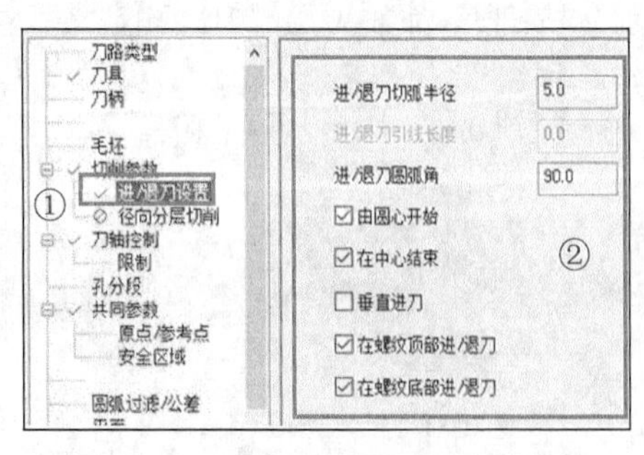

图 2-84 “进/退刀设置”选项卡

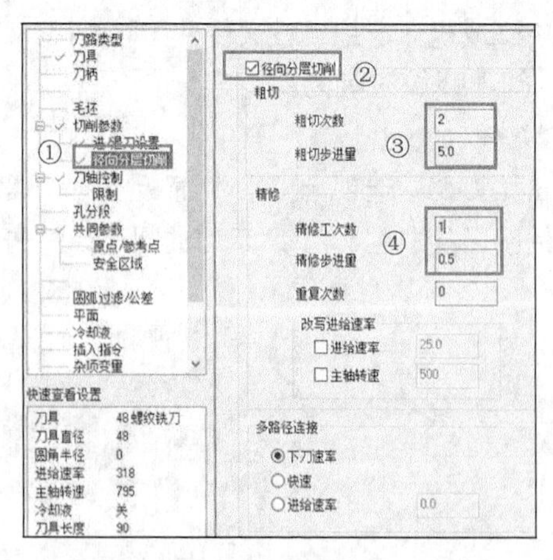

图 2-85 “径向分层切削”选项卡

⑤ 单击“确定”按钮，生成刀具路径，如图 2-86 所示。隐藏实体后的刀路如图 2-87 所示。

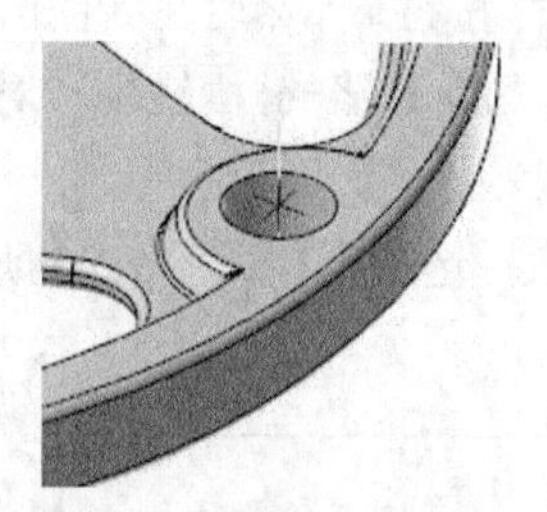

图 2-86　生成的刀具路径

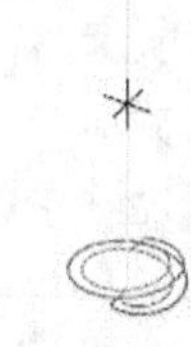

图 2-87　隐藏实体后的刀路

4. 仿真编程

为了验证螺纹铣削参数设置的正确性，可以通过 NC 仿真模拟外形铣削过程，来观察工件螺纹是否有切削不足或过切现象。

5. 设置毛坯

在刀路操作管理器中单击“毛坯设置”按钮 毛坯设置，系统弹出“机床群组属性”对话框，选择形状为“实体/网格”，单击其后的“选择”按钮，在绘图区拾取实体，勾选“显示”复选框，单击“确定”按钮，创建的毛坯如图 2-88 所示。

6. 仿真加工

单击刀路操作管理器中的“验证已选择的操作”按钮，在弹出的“Mastercam 模拟”对话框中单击“播放”按钮，得到图 2-89 所示的仿真加工结果。

图 2-88　创建的毛坯

图 2-89　仿真加工结果

7. NC 代码

（1）单击刀路操作管理器中的“选择全部操作”按钮，将上面创建的 3 个外形铣削操作全部选中。

（2）单击刀路操作管理器中的“执行选择的操作进行后处理”按钮G1，弹出“后处理程序”对话框。单击“确定”按钮，弹出“另存为”对话框，输入文件名称“实操——手轮螺纹孔加工”，单击“保存”按钮保存(S)，在编辑器中打开生成的 NC 代码，NC 代码见本书的电子资源。

2.7 键槽铣削

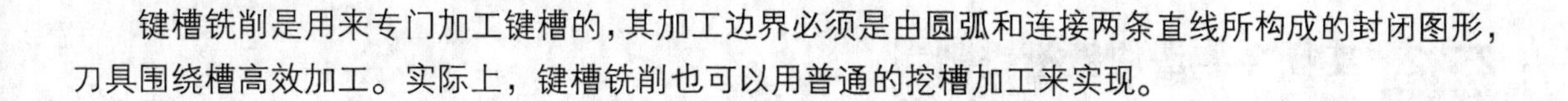

键槽铣削是用来专门加工键槽的，其加工边界必须是由圆弧和连接两条直线所构成的封闭图形，刀具围绕槽高效加工。实际上，键槽铣削也可以用普通的挖槽加工来实现。

2.7.1 键槽铣削参数介绍

单击“刀路”选项卡“2D”面板中的“键槽铣削”按钮，然后在绘图区串连几何模型，单击“线框串连”对话框中的“确定”按钮，系统弹出“2D 刀路-键槽铣削”对话框。

1. “切削参数”选项卡

单击“2D 刀路-键槽铣削”对话框中的“切削参数”选项卡，如图 2-90 所示。该选项卡可为键槽铣刀路径输入切削参数和补正选项。

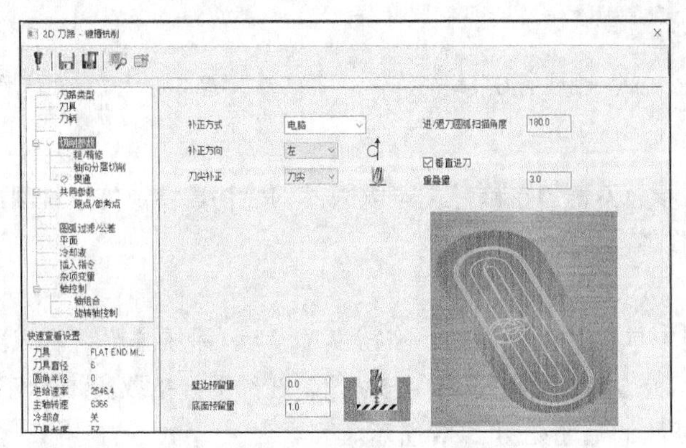

图 2-90 “切削参数”选项卡

（1）进/退刀圆弧扫描角度：设置进刀和退刀圆弧的夹角。如果进/退刀圆弧扫描角度小于 180°，则 Mastercam 应用进/退刀引线。

（2）垂直进刀：勾选此复选框，则创建的进刀路径垂直于第一次刀具移动的刀具路径。在切割多个孔以避免意外运动时，此选项特别有用。

（3）重叠量：设置刀具在退出加工之前经过刀具路径末端的距离，即退刀位置与进刀位置的重叠量。

2. “粗/精修”选项卡

单击“2D 刀路-键槽铣削”对话框中的“切削参数”选项卡，该选项卡用于设置键槽铣削的粗、精加工相关参数，以及进刀方式和角度，如图 2-91 所示。

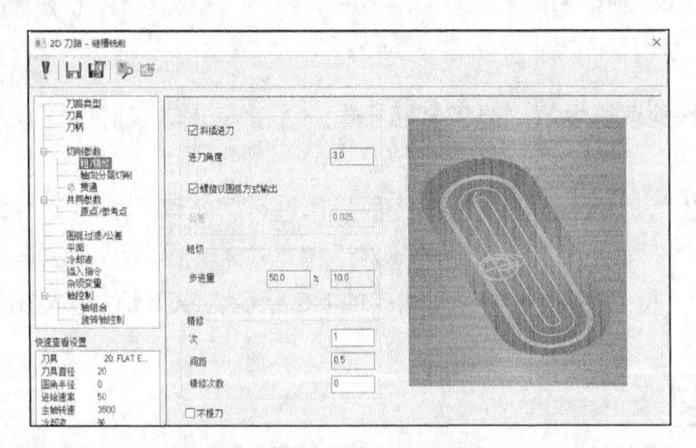

图 2-91 “粗/精修”选项卡

2.7.2 实操——滑块键槽铣削

本例通过滑块键槽的铣削加工来介绍键槽铣削命令的使用。首先打开源文件，将已经创建好的刀具路径进行隐藏，然后启动“键槽铣削”命令，拾取键槽线框作为加工串连，设置键槽铣刀和加工参数，最后进行模拟仿真加工及后处理操作，生成 NC 代码。

滑块键槽铣削操作步骤如下。

1. 打开文件

单击快速访问工具栏中的“打开”按钮，在弹出的“打开”对话框中选择“源文件/原始文件/第 2 章/滑块键槽”文件，如图 2-92 所示。

2. 创建键槽铣削刀具路径

（1）选取加工边界

① 单击刀路操作管理器中的“选择全部操作”按钮，将已创建的铣削刀具路径全部选中。单击“切换显示已选择的刀路操作”按钮≋，隐藏平面铣削刀具路径。

② 单击“刀路”选项卡“2D”面板中的“键槽铣削”按钮，系统弹出“线框串连”对话框，根据系统提示选取加工边界，如图 2-93 所示。单击“确定”按钮。

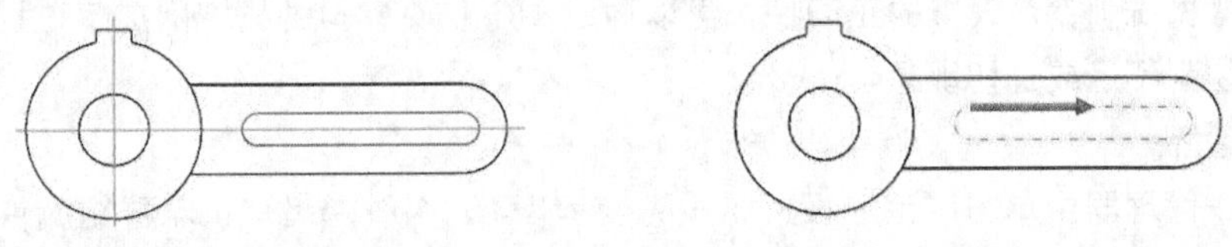

图 2-92　“滑块”加工图　　　　图 2-93　选取加工边界

（2）设置刀具参数

系统弹出“2D 刀路-键槽铣削”对话框，单击“刀具”选项卡，在下拉列表中选取直径为 6 的平铣刀，单击“确定”按钮，返回“2D 刀路-键槽铣削”对话框。

（3）键槽铣削加工参数设置

① 单击“共同参数”选项卡，设置“安全高度”为 35，勾选“增量坐标”；“提刀”为 10，勾选“增量坐标”；“下刀位置”为 5，勾选“增量坐标”；“工件表面”为 0，勾选“绝对坐标”；“深度”为−20，勾选“增量坐标”。

② 单击“切削参数”选项卡，参数设置过程如图 2-94 所示。

③ 单击“粗/精修”选项卡，参数设置过程如图 2-95 所示。

④ 单击“贯通”选项卡，勾选“贯通”复选框，贯通量设置为 1。

⑤ 单击“确定”按钮，生成刀具路径，如图 2-96 所示。

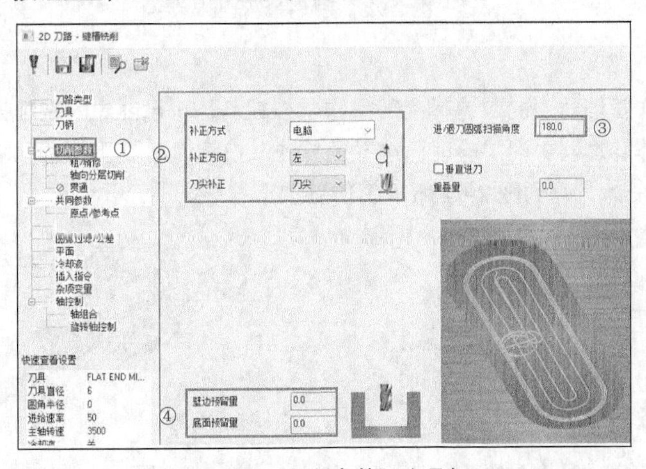

图 2-94　“切削参数”选项卡

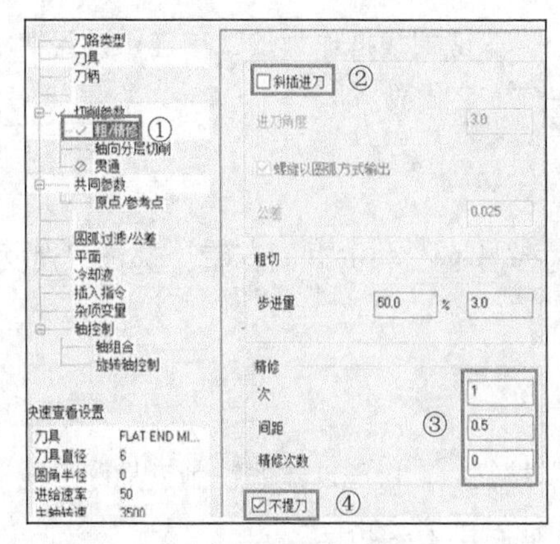

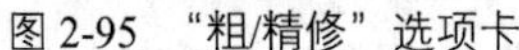

图 2-95 “粗/精修”选项卡

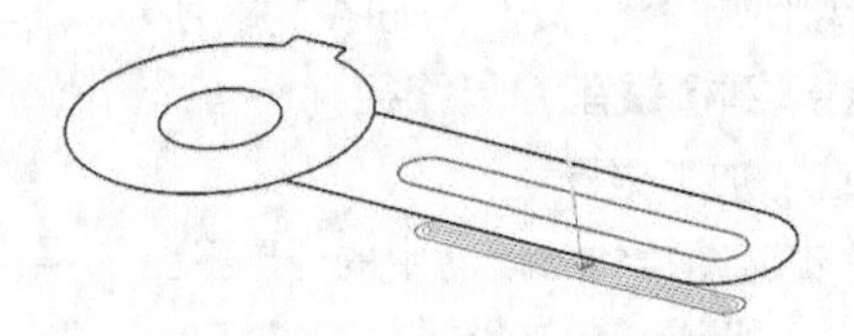

图 2-96 生成的刀具路径

3. 模拟仿真加工

为了验证键槽铣削参数设置的正确性，可以通过 NC 仿真模拟键槽铣削加工过程，来观察加工过程中是否有切削不足或过切现象。

（1）设置毛坯

在刀路操作管理器中单击“毛坯设置”按钮 毛坯设置，系统弹出“机床群组属性”对话框，毛坯参数设置如图 2-97 所示。单击“确定”按钮，毛坯创建完成，如图 2-98 所示。

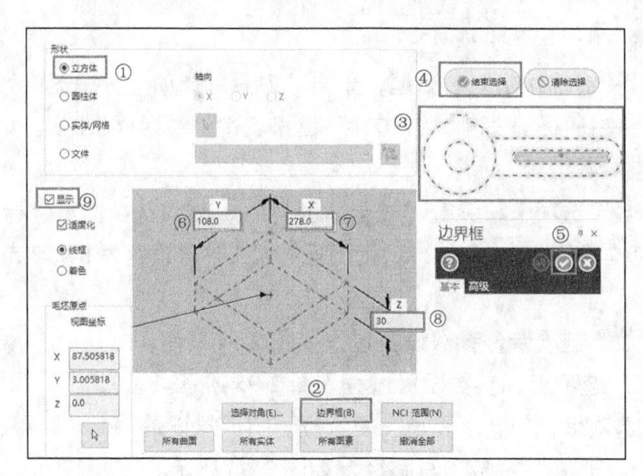

图 2-97 毛坯参数设置

（2）仿真加工

① 单击刀路操作管理器中的“选择全部操作”按钮，将已创建的铣削操作全部选中。

② 单击刀路操作管理器中的“验证已选择的操作”按钮，在弹出的“Mastercam 模拟”对话框中单击“播放”按钮，得到图 2-99 所示的仿真加工结果。

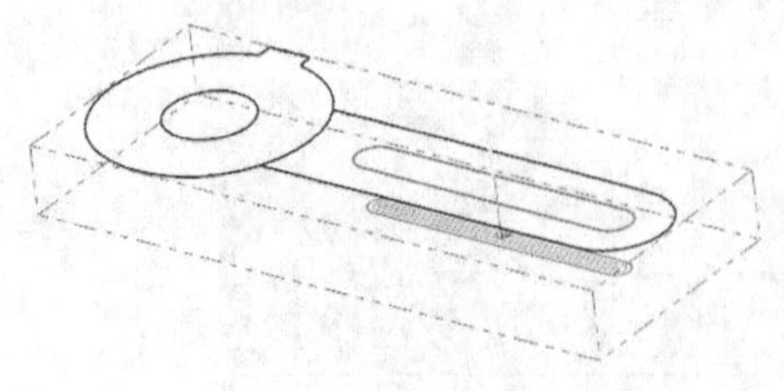

图 2-98 创建的毛坯

图 2-99 仿真加工结果

（3）NC 代码

单击刀路操作管理器中的“执行选择的操作进行后处理”按钮G1，弹出“后处理程序”对话框。单击“确定”按钮，弹出“另存为”对话框，输入文件名称“实操——滑块键槽铣削”，单击“保存”按钮保存(S)，在编辑器中打开生成的 NC 代码，NC 代码见本书的电子资源。

2.8 螺旋镗孔

若用钻头钻孔，则钻头多大，孔就多大。如果要加工比刀具路径大的孔，除了用挖槽加工或全圆铣削，还可以用螺旋镗孔的方式实现。螺旋镗孔是指整个刀杆除了自身旋转，还可以绕某旋转轴旋转。螺旋镗孔的动作和螺纹铣削有点类似，但螺旋镗孔的下刀量要比螺纹铣削小得多。

2.8.1 螺旋镗孔参数介绍

单击“刀路”选项卡“2D”面板“孔加工”组中的“螺旋镗孔”按钮，系统弹出“刀路孔定义”对话框，然后在绘图区选择需要加工的圆、圆弧或点，并单击“确定”按钮后，系统弹出“2D 刀路-螺旋镗孔”对话框。

单击“2D 高速刀路-螺旋镗孔”对话框中的“粗/精修”选项卡，该选项卡用于设置螺旋钻孔加工的粗、精加工相关参数，如图 2-100 所示。

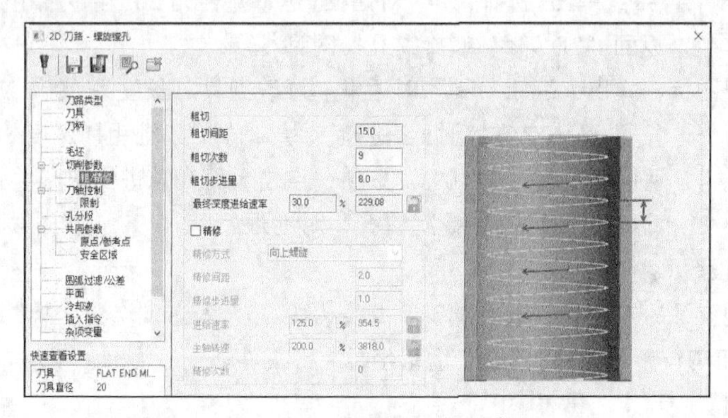

图 2-100 “粗/精修”选项卡

“粗切步进量”：用于设置螺旋镗孔的径向步进量。

2.8.2 实操——鼓风机镗孔加工

本例通过鼓风机的镗孔加工来介绍螺旋镗孔命令的使用。鼓风机外壳一般为铸件，我们可以在铸造的毛坯上进行加工。

首先打开源文件；然后启动“螺旋镗孔”命令，拾取圆心点，设置刀具和加工参数，生成刀具路径；最后设置毛坯，进行模拟仿真加工及后处理操作，生成 NC 代码。

鼓风机镗孔加工操作步骤如下。

1. 打开文件

单击快速访问工具栏中的“打开”按钮，在弹出的“打开”对话框中选择“源文件/原始文件/第 2 章/鼓风机”文件，如图 2-101 所示。

2. 设置机床

单击“机床”选项卡“机床类型”面板中的“铣床”按钮，选择“默认”选项，在刀路操作管理器中生成机床群组属性文件，同时弹出“刀路”选项卡。

3. 创建螺旋镗孔刀具路径

（1）选取加工边界

单击“刀路”选项卡“2D”面板中的“螺旋镗孔”按钮，系统弹出“刀路孔定义”对话框，在绘图区拾取要进行加工的孔的圆心，如图 2-102 所示。单击“确定”按钮，系统弹出“2D 刀路-螺旋镗孔”对话框。

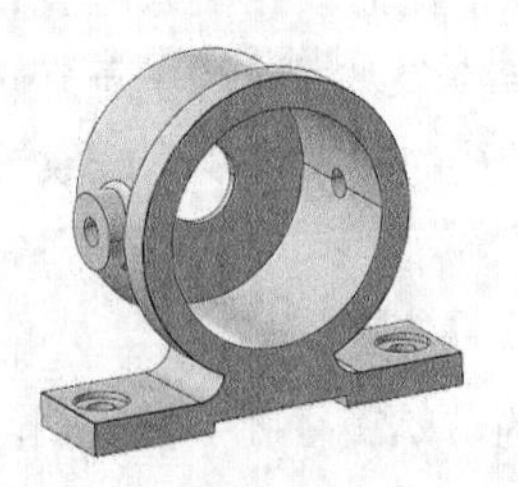

图 2-101　鼓风机

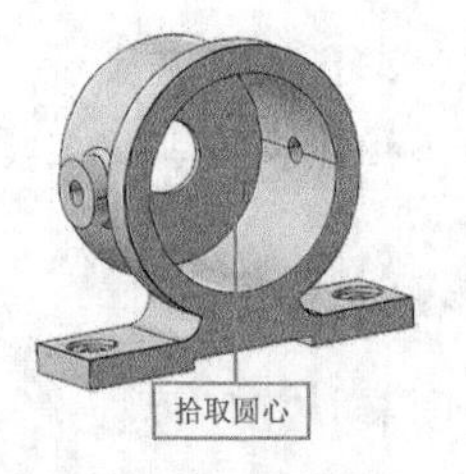

图 2-102　拾取圆心

（2）设置刀具参数

① 系统弹出“2D 刀路-螺旋镗孔”对话框，单击“刀具”选项卡，在“刀具”选项卡中单击“选择刀库刀具”按钮，系统弹出“选择刀具”对话框，选取直径为 20 的平铣刀（FLAT END MILL），单击“确定”按钮，返回“2D 刀路-螺旋镗孔”对话框。

② 双击平铣刀图标，弹出“编辑刀具”对话框。修改刀具总长度为 200，刀齿长度为 180。单击“下一步”按钮，设置“XY 轴粗切步进量”为 75%，“Z 轴粗切深度”为 75%，“XY 轴精修步进量”为 30%，“Z 轴精修深度”为 30%，单击“点击重新计算进给率和主轴转速”按钮，单击“完成”按钮，返回“2D 刀路-螺旋镗孔”对话框。

（3）加工参数设置

① 单击“共同参数”选项卡，设置“安全高度”为 35，勾选“增量坐标”；“提刀”为 10，勾选“增量坐标”；“下刀位置”为 5，勾选“增量坐标”；“工件表面”为 0，勾选“增量坐标”；“深度”为–170，勾选“增量坐标”。

② 单击“切削参数”选项卡，参数设置过程如图 2-103 所示。

③ 单击“粗/精修”选项卡，参数设置过程如图 2-104 所示。

④ 单击“确定”按钮，生成螺旋镗孔刀具路径，如图 2-105 所示。

4. 模拟仿真加工

为了验证螺旋镗孔参数设置的正确性，可以通过 NC 仿真模拟螺旋镗孔加工过程，来观察加工过程中是否有切削不足或过切现象。

5. 设置毛坯

在刀路操作管理器中单击“毛坯设置”按钮，系统弹出“机床群组属性”对话框，选择形状为“实体/网格”，单击其后的“选择”按钮，在绘图区拾取实体，勾选“显示”复选框，单击“确定”按钮，毛坯创建完成，如图 2-106 所示。

6. 仿真加工

单击刀路操作管理器中的“验证已选择的操作”按钮，在弹出的“Mastercam 模拟”对话框中单击“播放”按钮，得到图 2-107 所示的仿真加工结果。

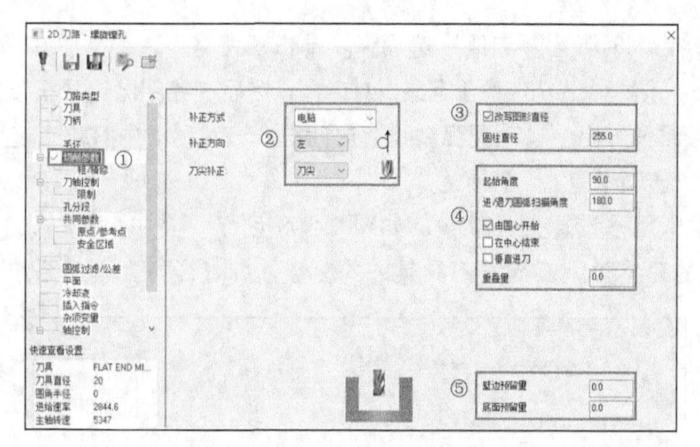

图 2-103 “切削参数”选项卡

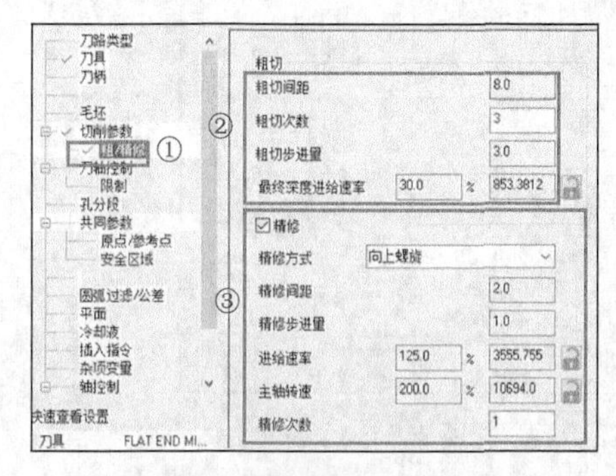

图 2-104 “粗/精修”选项卡

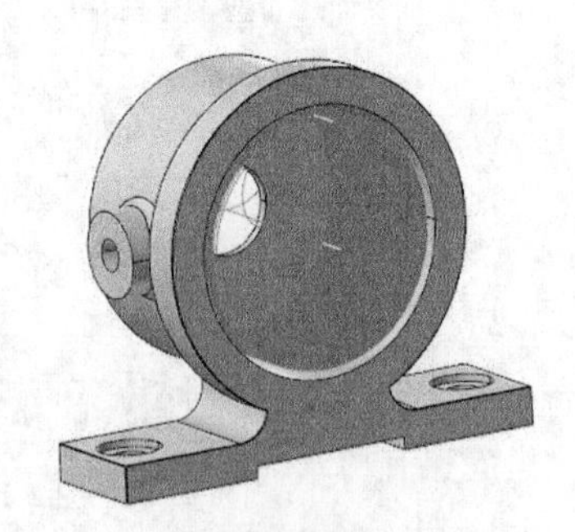

图 2-105 螺旋镗孔刀具路径

图 2-106 创建的毛坯

图 2-107 仿真加工结果

7. NC 代码

单击刀路操作管理器中的“执行选择的操作进行后处理”按钮，弹出“后处理程序”对话框。单击“确定”按钮，弹出“另存为”对话框，输入文件名称“实操——鼓风机镗孔加工”，单击“保存”按钮，在编辑器中打开生成的 NC 代码，NC 代码见本书的电子资源。

2.9 自动钻孔

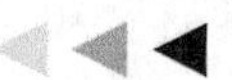

自动钻孔是指在指定好相应的孔加工后，由系统自动选择相应的刀具和加工参数，自动生成刀具路径，当然也可以根据需要自行设置。

2.9.1 自动钻孔参数介绍

单击“机床”选项卡“机床类型”面板中的“铣床”按钮，选择默认选项，在刀路操作管理器中生成机床群组属性文件，同时弹出“刀路”选项卡。单击“刀路”选项卡“2D”面板“孔加工”组中的“自动钻孔”按钮，系统弹出“刀路孔定义”对话框，然后在绘图区选择需要加工的圆、圆弧或点，单击“确定”按钮，系统弹出“自动圆弧钻孔”对话框。该对话框中有 4 个选项卡，具体如下。

1. “刀具参数”选项卡

“刀具参数”选项卡用于设置刀具参数，如图 2-108 所示。其中，“精修刀具类型”下拉列表能够设置本次加工使用的刀具类型，而其刀具具体的参数，如直径等，则由系统自动生成。

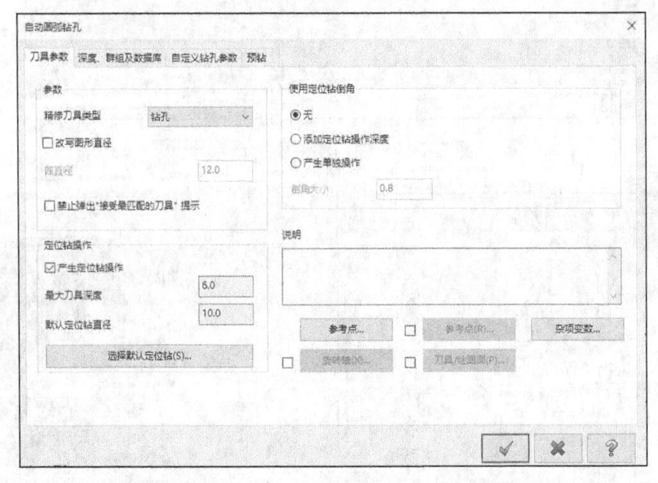

图 2-108　“刀具参数”选项卡

2. “深度、群组及数据库”选项卡

“深度、群组及数据库”选项卡用于设置钻孔深度、机床组及刀库，如图 2-109 所示。

3. “自定义钻孔参数”选项卡

“自定义钻孔参数”选项卡用于设置自定义的钻孔参数，如图 2-110 所示，初学者一般都不用定义该参数。

4. “预钻”选项卡

“预钻”选项卡用于设置预钻操作及预钻刀具直径增加量等，如图 2-111 所示。预钻操作是指当孔较大而且精度要求较高时，在钻孔之前要先钻出一个小些的孔，再用钻的方法将这个孔扩大到需要的直径，这些在正式钻孔前钻出来的小孔就是预钻孔。

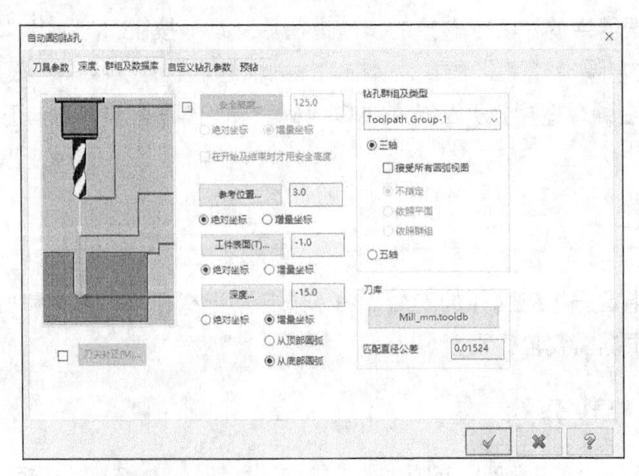

图 2-109　“深度、分组及数据库”选项卡

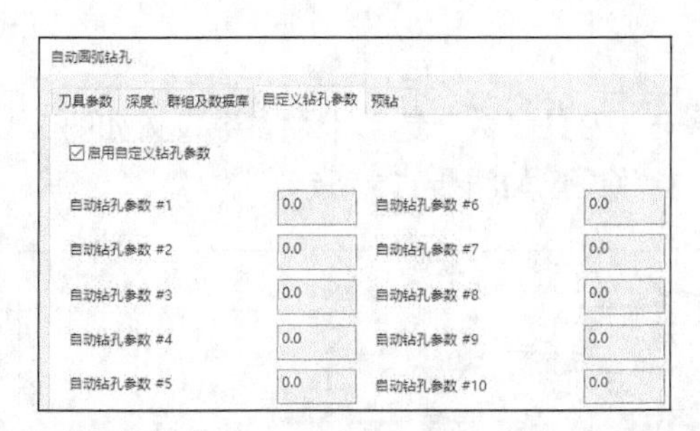

图 2-110 “自定义钻孔参数”选项卡

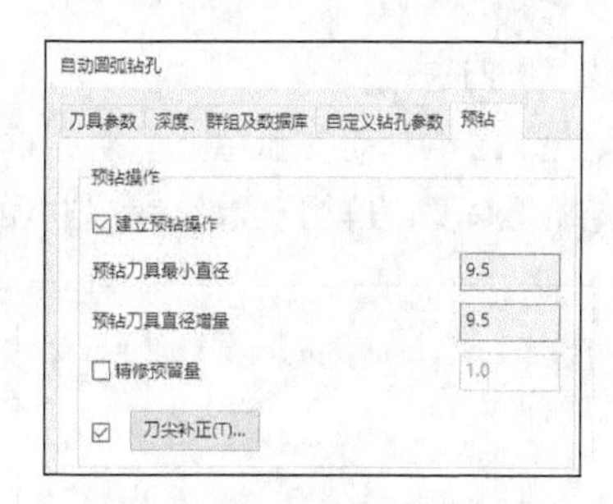

图 2-111 “预钻”选项卡

“预钻”选项卡各选项的含义如下。

（1）“预钻刀具最小直径”：用于设置预钻刀具的最小直径。

（2）“预钻刀具直径增量”：当预钻的次数大于两次时，设置两次预钻直径孔的直径差。

（3）“精修的预留量”：用于设置为精加工预留的单边余量。

（4）“刀尖补正”：用于设置刀尖补偿，具体含义可以参考前面内容。

2.9.2 实操——卡座的自动钻孔加工

本例通过卡座孔的加工来介绍自动钻孔命令的使用。首先打开源文件，将已创建的刀具路径进行隐藏；然后启动“自动钻孔”命令，拾取要进行加工的孔边界，设置刀具和加工参数，生成刀具路径；最后进行模拟仿真加工及后处理操作，生成 NC 代码。在这里要注意，自动钻孔加工生成的刀路不止 1 条，根据设置的参数不同，生成的刀具路径应该在 3 条以上。

卡座的自动钻孔加工操作步骤如下。

1. 打开文件

单击快速访问工具栏中的“打开”按钮，在弹出的“打开”对话框中选择“源文件/原始文件/第 2 章/卡座”文件，如图 2-112 所示。

2. 图形整理

（1）单击刀路操作管理器中的“选择全部操作”按钮，将已创建的铣削操作全部选中。

（2）单击刀路操作管理器中的“切换显示已选择的刀路操作”按钮≋，隐藏刀具路径。

3. 创建自动钻孔加工刀具路径

（1）选取加工边界

① 单击“刀路”选项卡“2D”面板中的“自动钻孔”按钮，弹出“刀路孔定义”对话框。

② 单击“选择”工具栏的“选择设置”按钮，弹出“选择”对话框，单击“全关”按钮 全关，然后在“自动抓点”列表中勾选“圆心”复选框，单击“确定”按钮。弹出“系统配置”对话框，单击“否”按钮 否(N)。

③ 拾取图 2-113 所示的 5 个圆作为加工边界，并单击“确定”按钮。

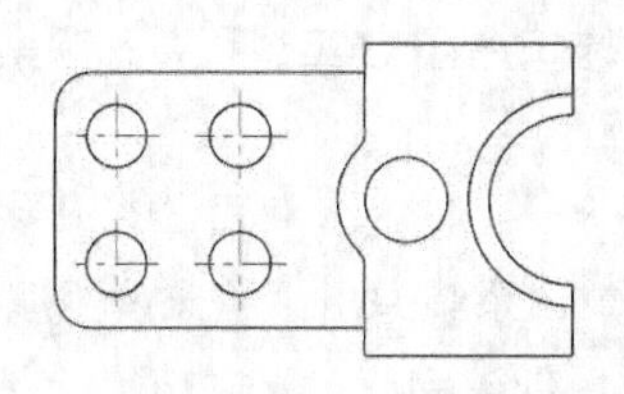

图 2-112 卡座

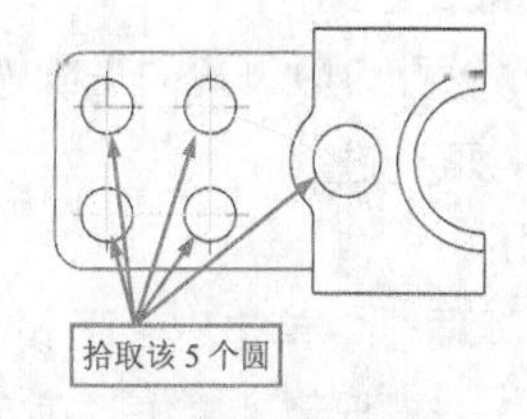

图 2-113 选取加工边界

（2）设置加工参数

① 系统弹出“自动圆弧钻孔”对话框，单击“刀具参数”选项卡，参数设置如图 2-114 所示。

② 单击“深度、群组及数据库”选项卡，参数设置如图 2-115 所示。

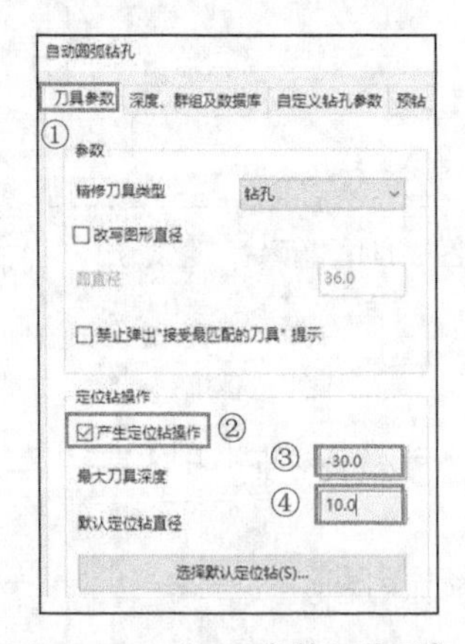

图 2-114 “刀具参数”选项卡

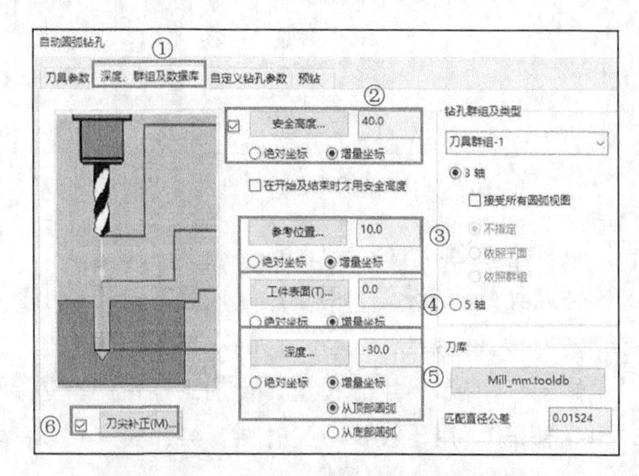

图 2-115 “深度、群组及数据库”选项卡

③ 单击“预钻”选项卡，参数设置如图 2-116 所示。

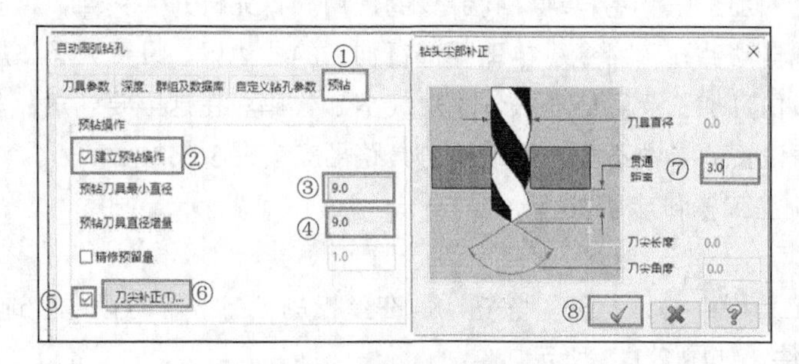

图 2-116 “预钻”选项卡

④ 单击“确定”按钮，生成自动钻孔刀具路径，如图 2-117 所示。

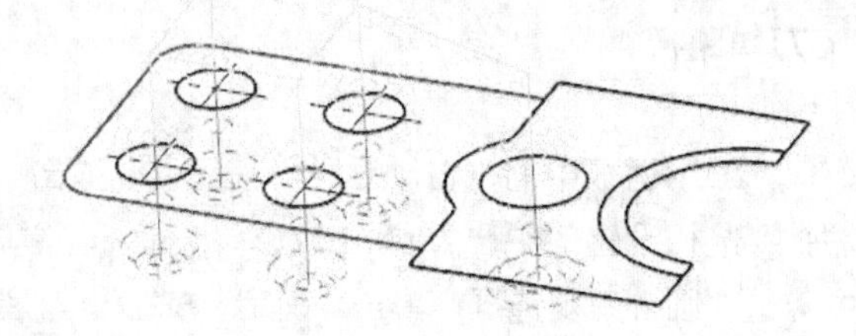

图 2-117 自动钻孔刀具路径

4. 模拟仿真加工

为了验证自动钻孔参数设置的正确性，可以通过模拟自动钻孔加工过程，来观察工件在自动钻孔过程中走刀路径的正确性。

5. 设置毛坯

在刀路操作管理器中单击“毛坯设置”按钮 毛坯设置，系统弹出“机床群组属性”对话框，毛坯参数设置如图 2-118 所示。单击“确定”按钮，毛坯创建完成。

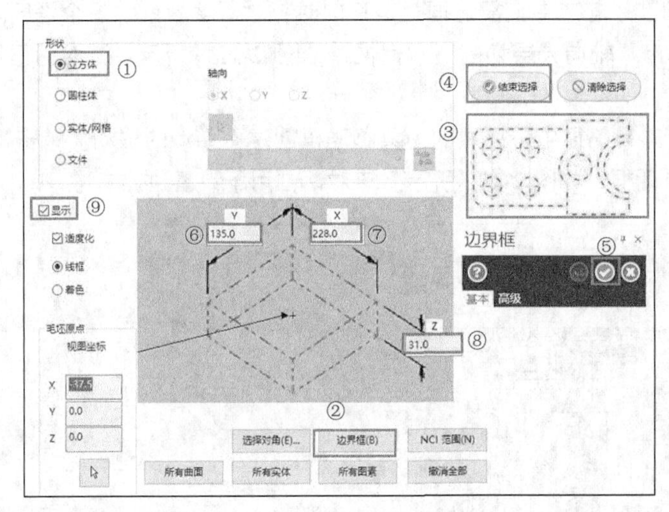

图 2-118　设置毛坯参数

6. 仿真加工

（1）单击刀路操作管理器中的“选择全部操作”按钮，选中所有操作。

（2）单击刀路操作管理器中的“验证已选择的操作”按钮，在弹出的“Mastercam 模拟”对话框中单击“播放”按钮，得到图 2-119 所示的仿真加工结果。

7. NC 代码

单击刀路操作管理器中的“执行选择的操作进行后处理”按钮，弹出“后处理程序”对话框。单击“确定”按钮，弹出“另存为”对话框，输入文件名称“实操——卡座的自动钻孔加工”，保存文件，弹出程序界面，NC 代码见本书的电子资源。

图 2-119　仿真加工结果

2.10　木雕加工

木雕加工是铣削加工的一个特例。雕刻平面上的各种图案和文字，可利用 2D 铣削加工，本节将以示例的形式介绍 Mastercam 2022 软件提供的这种功能。

木雕加工对文字类型、刀具、刀具参数设置的要求比较高，如果设计的文字类型使得文字间的图素间距太小，则铣刀可能无法加工如此纤细的笔画；如果刀具参数设计得不合理，则可能雕刻得太浅，显示不出雕刻的美观。

2.10.1　木雕加工参数介绍

单击“刀路”选项卡“2D”面板中的“面铣”按钮，系统弹出“线框串连”对话框，同时提示“选择面铣串连 1”，选取串连后，单击“线框串连”对话框中的“确定”按钮。系统弹出“木雕”对话框。

1. “木雕参数”选项卡

单击“木雕”对话框中“木雕参数”选项卡，如图 2-120 所示，部分参数介绍如下。

（1）XY 预留量：在 X 轴和 Y 轴上留出预留量以对模具进行精加工，同时允许 Mastercam 2022 显示正确的刀具直径。

（2）轴向分层切削：若选中该复选框，则切削时将总深度划分为多个深度。单击“轴向分层切削”按钮，弹出“轴向分层切削”对话框，如图 2-121 所示。该对话框用于设置轴向分层切削参数。

（3）过滤：消除刀具路径中不必要的刀具移动以创建更平滑的移动。单击“过滤”按钮，弹出“过滤设置”对话框，如图 2-122 所示。该对话框用于设置过滤参数。

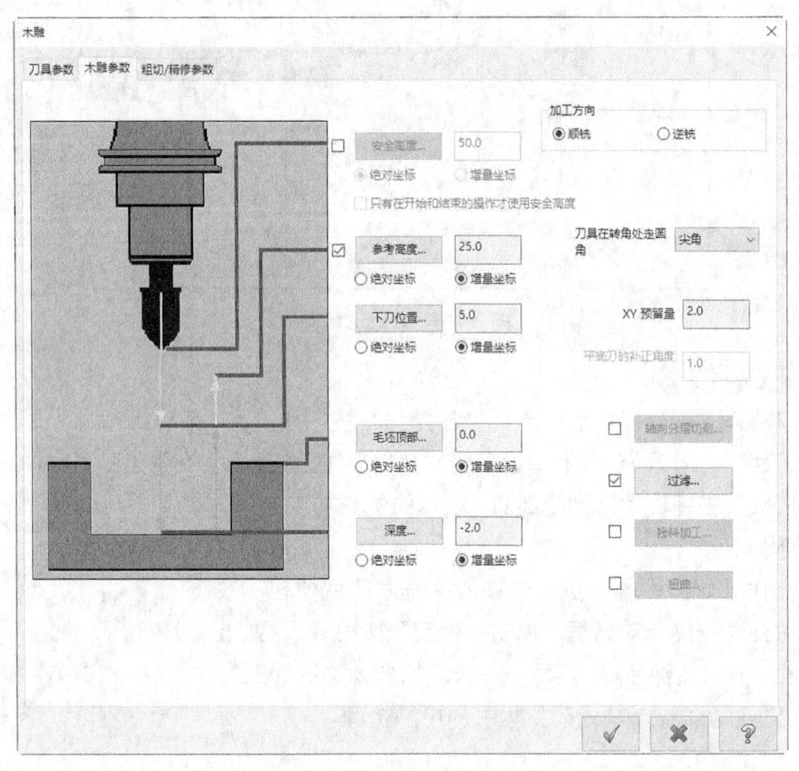

图 2-120 “木雕参数”选项卡

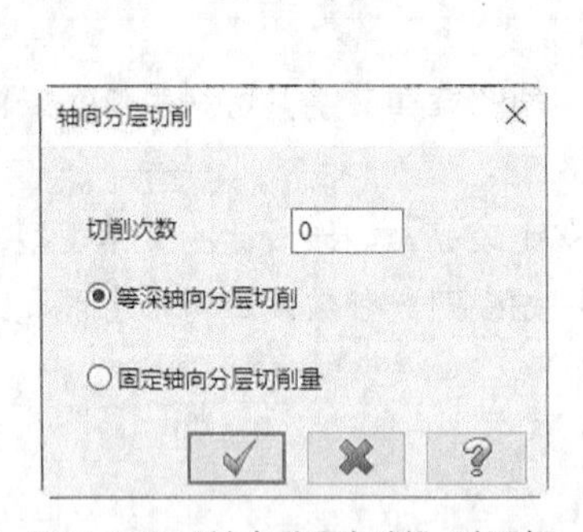

图 2-121 “轴向分层切削”对话框

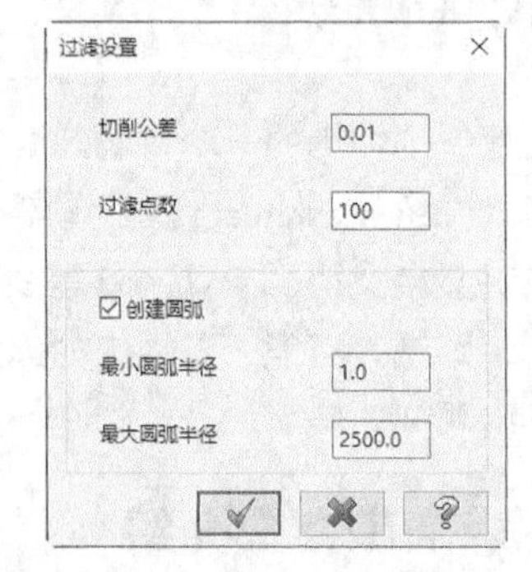

图 2-122 “过滤设置”对话框

（4）残料加工：选中该复选框，单击“残料加工”按钮，弹出“木雕残料加工设置”对话框，如图 2-123 所示。使用该对话框选择残料加工方法。使用较小的刀具去除粗加工刀具无法去除的材料，然后进行精加工。Mastercam 2022 可以计算要从先前操作或粗加工刀具尺寸中去除的材料。

（5）扭曲：选中该复选框，单击“扭曲”按钮，弹出“缠绕刀路”对话框，如图 2-124 所示。该对话框用于设置包裹曲面或两条曲线之间的刀具路径的参数。

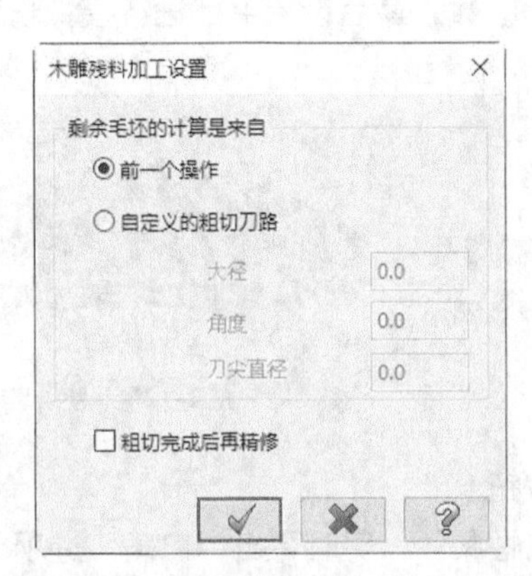

图 2-123 “木雕残料加工设置”对话框

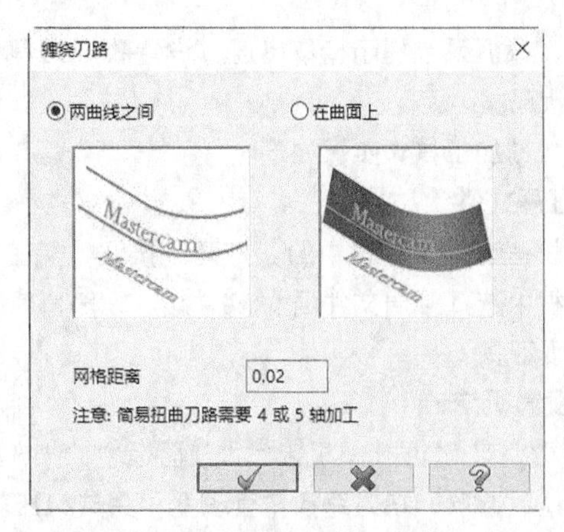

图 2-124 “缠绕刀路”对话框

2. “粗切/精修参数”选项卡

单击“木雕”对话框中“粗切/精修参数”选项卡，如图 2-125 所示。

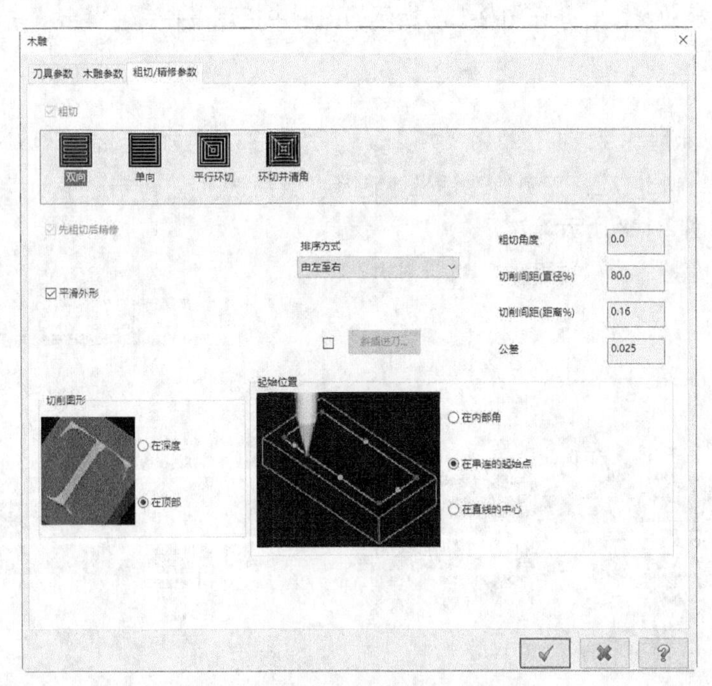

图 2-125 “粗切/精修参数”选项卡

（1）粗切：勾选该复选框，激活默认值，选择加工方法。加工方法包括“双向”“单向”“平行环切”和“环切并清角”。

（2）在深度：将几何体投影到刀具路径深度。将几何体投影到“雕刻参数”选项卡中指定的刀具路径深度的 Z 值，刀具路径可能会超出几何的边界。

（3）在顶部：将几何体投影到毛坯顶部。在“雕刻参数”选项卡中指定的坯料顶部的 Z 值处投影几何图形。刀具路径可能无法达到最终深度，因为这样做会使刀具路径超出几何边界。

2.10.2 实操——匾额雕刻加工

本例我们来讲解木雕加工，首先打开源文件，设置机床类型为“铣床”（默认），然后启动“木雕”命令，根据系统提示拾取串连，设置雕刻刀具和加工参数，最后设置毛坯进行模拟仿真加工，生成 NC 代码。

匾额雕刻加工操作步骤如下。

1. 打开文件

单击快速访问工具栏中的“打开”按钮，在弹出的“打开”对话框中选择“源文件/原始文件/第 2 章/匾额”文件，如图 2-126 所示。

图 2-126 匾额

2. 设置机床

单击“机床”选项卡“机床类型”面板中的“铣床”按钮，选择“默认”选项，在刀路操作管理器中生成机床群组属性文件，同时弹出“刀路”选项卡。

3. 创建木雕加工刀具路径

（1）设置加工边界

单击“刀路”选项卡“2D”面板中的“木雕”按钮，系统弹出“线框串连”对话框，在对话框内选择“窗口”按钮，并在图 2-127 所示的图形中指定搜寻点，单击“线框串连”对话框中的“确定”按钮。

（2）设置刀具

① 系统弹出“木雕”对话框，单击“刀具参数”选项卡，在刀具列表框中单击鼠标右键，选择“创建刀具”命令，弹出“定义刀具”对话框，选择“雕刻铣刀”，单击“下一步”按钮，设置雕刻铣刀参数如图 2-128 所示。

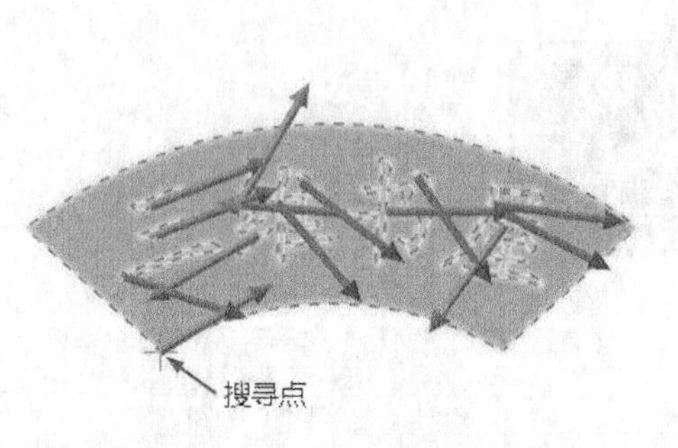

图 2-127 选取雕刻字样

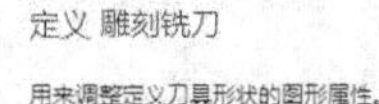

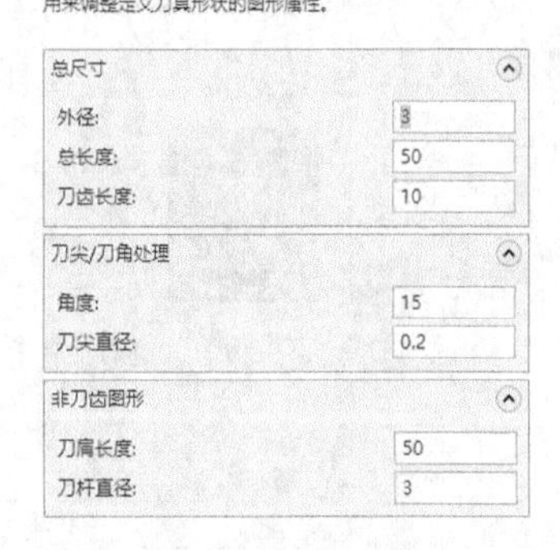

图 2-128 设置雕刻铣刀参数

② 单击“下一步”按钮，设置“XY 轴粗切步进量”为 75%，“Z 轴粗切深度”为 75%，“XY 轴精修步进量”为 30%，“Z 轴精修深度”为 30%，单击“点击重新计算进给率和主轴转速”按钮，单击“完成”按钮，返回“木雕”对话框。

（3）设置加工参数

① 单击“木雕参数”选项卡，设置“安全高度”为 35，勾选“增量坐标”；“参考高度”为 25，勾选“增量坐标”；“下刀位置”为 5，勾选“增量坐标”；“工件表面”为 0，勾选“增量坐标”；“深度”为–2，勾选“增量坐标”。

② 单击“粗切/精修参数”选项卡，参数设置如图 2-129 所示。

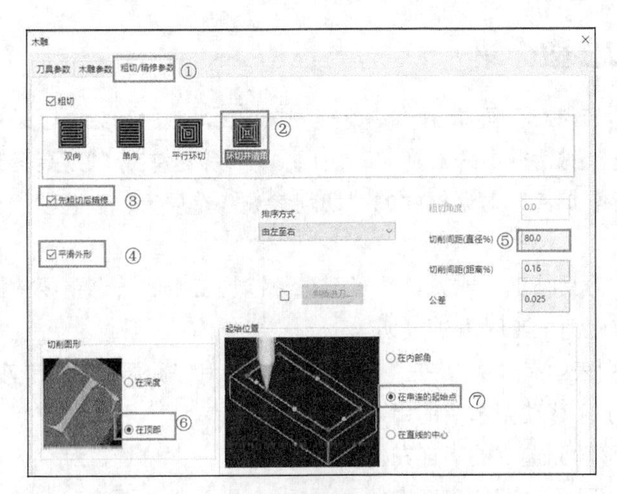

图 2-129 “粗切/精修参数”选项卡

（4）单击“确定”按钮，生成木雕加工刀具路径，如图 2-130 所示。

图 2-130 木雕加工刀具路径

4. 模拟仿真加工

为了验证木雕参数设置的正确性，可以通过 NC 仿真模拟文字雕刻加工过程，来观察文字雕刻加工过程中是否有切削不足或过切现象。

5. 设置毛坯

在刀路操作管理器中单击“毛坯设置”按钮 毛坯设置，系统弹出“机床群组属性”对话框，在“形状”组中选择“实体/网格”项，单击其后的“选择”按钮，在绘图区拾取实体，勾选“显示”复选框，单击“确定”按钮，创建的毛坯如图 2-131 所示。

6. 仿真加工

单击刀路操作管理器中的“验证已选择的操作”按钮，在弹出的“Mastercam 模拟”对话框中单击“播放”按钮，得到图 2-132 所示的仿真加工结果。

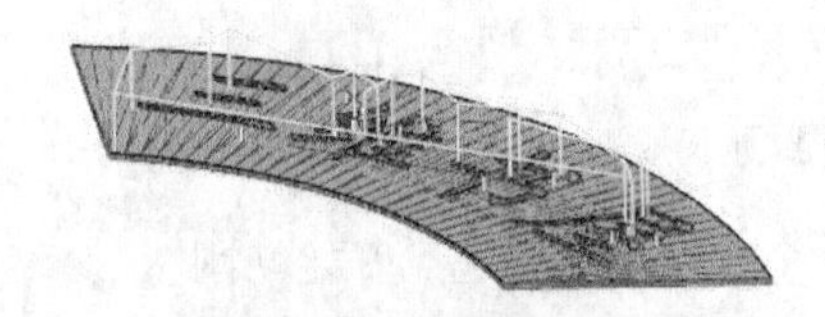

图 2-131 创建的毛坯

图 2-132 仿真加工结果

7. NC 代码

单击刀路操作管理器中的“执行选择的操作进行后处理”按钮G1，弹出“后处理程序”对话框。单击“确定”按钮，弹出“另存为”对话框，输入文件名称“实操——匾额雕刻加工”，单击“保存”按钮 保存(S)，在编辑器中打开生成的 NC 代码，NC 代码见本书的电子资源。

2.11 熔接加工

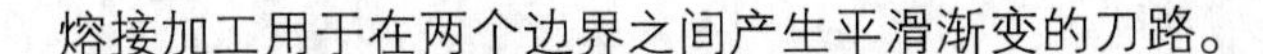

熔接加工用于在两个边界之间产生平滑渐变的刀路。

2.11.1 熔接加工参数介绍

单击“刀路”选项卡“2D”面板中的“熔接”按钮，然后在绘图区采用串连方式对几何模型串连，单击“线框串连”对话框中的“确定”按钮，系统弹出“2D 高速刀路-熔接”对话框。

单击“2D 高速刀路-熔接”对话框中的“切削参数”选项卡，该选项卡可为熔接加工路径输入切削参数和补偿选项。

（1）“补正方向”：刀具补正（或刀具补偿）是数控加工中的一个重要的概念，它的功能是在加工时补偿刀具的半径值以免加工时发生过切。

“补正方向”下拉列表中有“关”“左”“右”“内部”和“外部”5 种选项，如图 2-133 所示。

① 关：允许刀具中心移动到选定的串连。

② 左：允许刀具移动到选定的串连左侧。

③ 右：允许刀具移动到选定的串连右侧。

④ 内部：允许刀具在选定的串连之间切削。

⑤ 外部：允许刀具移动到选定的串连外部。

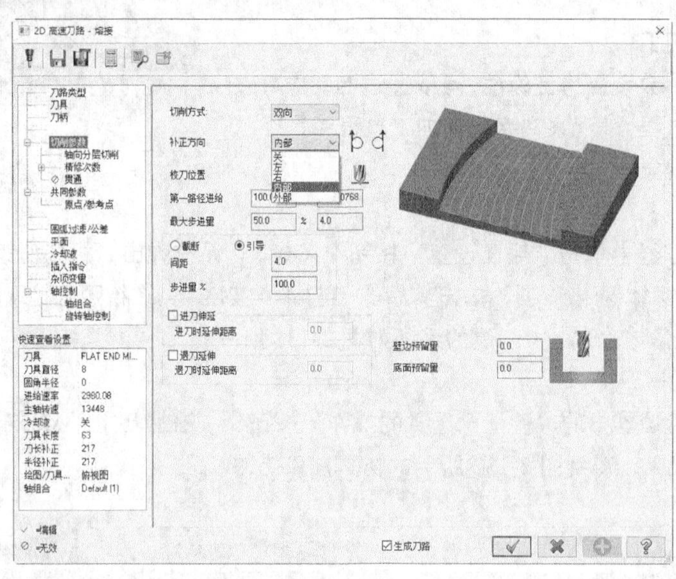

图 2-133 “补正方向”下拉列表

（2）“截断”：从一个串连切削到另一个串连，从第一个选定串连的起点开始切削。

（3）“引导”：沿串连方向切削。

2.11.2 实操——连杆减重槽加工

本例我们通过连杆减重槽的加工来介绍 2D 熔接命令的使用。首先打开创建好的连杆实体文件，然后在连杆上绘制熔接曲线，最后启动熔接命令，设置参数生成刀具路径并进行模拟仿真加工，生成 NC 代码。

连杆减重槽加工操作步骤如下。

1. 打开文件

单击快速访问工具栏中的“打开”按钮，在弹出的“打开”对话框中选择“源文件/原始文件/第 2 章/连杆”文件，如图 2-134 所示。

2. 绘制熔接边界曲线

（1）单击“视图”选项卡“屏幕视图”面板中的“俯视图”按钮，将当前视图设置为俯视图。

（2）单击“主页”选项卡“规划”面板中的“选择 Z 深度”按钮，在绘图区拾取图 2-135 所示的曲线，确定构图面的深度。

图 2-134　连杆

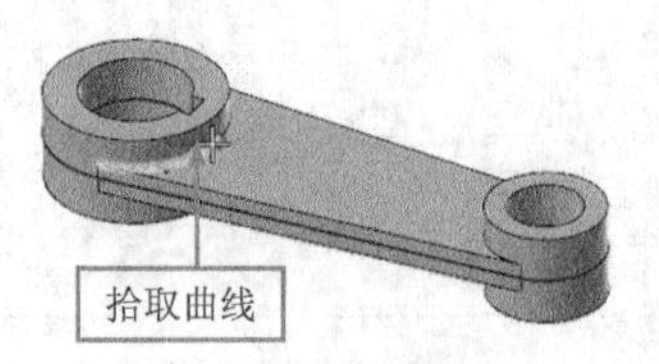

图 2-135　拾取曲线

（3）单击“线框”选项卡“绘线”面板中的“连续线”按钮，绘制两条直线，如图 2-136 所示。

3. 设置机床

单击“机床”选项卡“机床类型”面板中的“铣床”按钮，选择“默认”选项，在刀路操作管理器中生成机床群组属性文件，同时弹出“刀路”选项卡。

4. 创建熔接加工刀具路径

（1）选取加工边界

单击“刀路”选项卡“2D”面板中的“熔接”按钮，系统弹出“线框串连”对话框，在对话框内选择“串连”按钮，拾取图 2-137 所示的串连，单击“线框串连”对话框中的“确定”按钮。

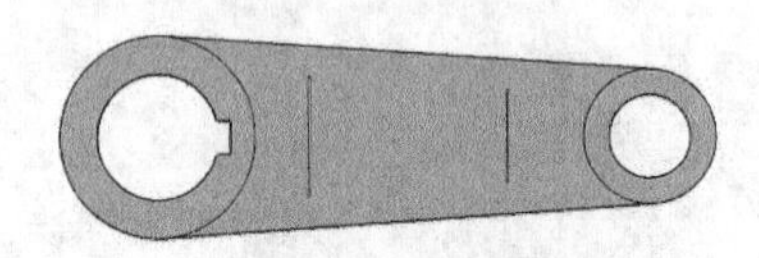

图 2-136　绘制直线

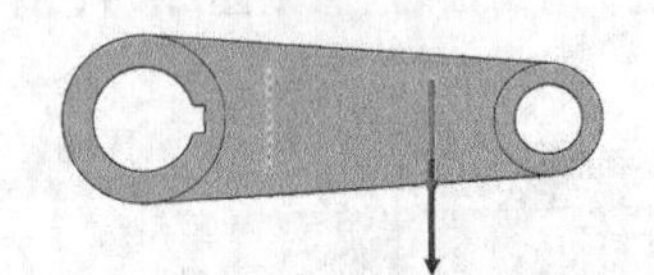

图 2-137　拾取串连

（2）设置刀具参数

系统弹出“2D 高速刀路-熔接”对话框，单击该对话框中的“刀具”选项卡，在“刀具”选项卡中单击“选择刀库刀具”按钮，系统弹出“选择刀具”对话框，选取直径为 8 的平铣刀（FLAT END MILL），单击“确定”按钮，返回“2D 高速刀路-熔接”对话框。

（3）熔接加工参数设置

① 单击“共同参数”选项卡，设置“安全高度”为 20，勾选“绝对坐标”；“提刀”为 15，勾选“绝对坐标”；“下刀位置”为 10，勾选“绝对坐标”；“工件表面”为 6，勾选“绝对坐标”；“深度”为 3，勾选“绝对坐标”。

② 单击“切削参数”选项卡，参数设置如图 2-138 所示。

③ 单击“轴向分层切削”选项卡，设置“最大粗切步进量”为 3，精修“切削次数”为 1，“步进”为 0.5。

④ 单击“精修次数”选项卡，设置“精修次数”为 1，“间距”为 0.5，勾选“只在最后深度才执行一次精修”复选框。

⑤ 单击“确定”按钮，生成刀具路径，如图 2-139 所示。

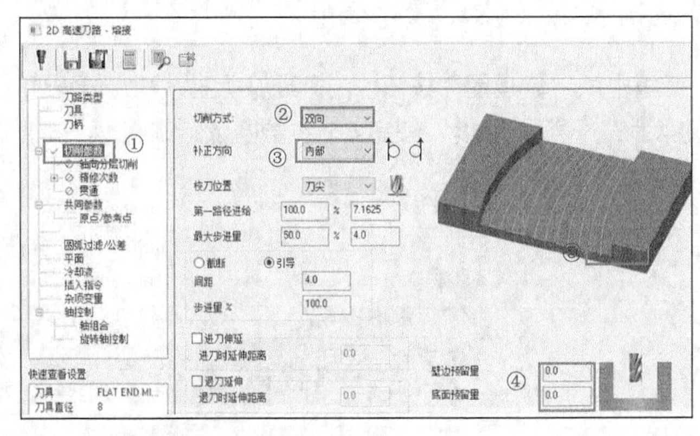

图 2-138 “切削参数”选项卡

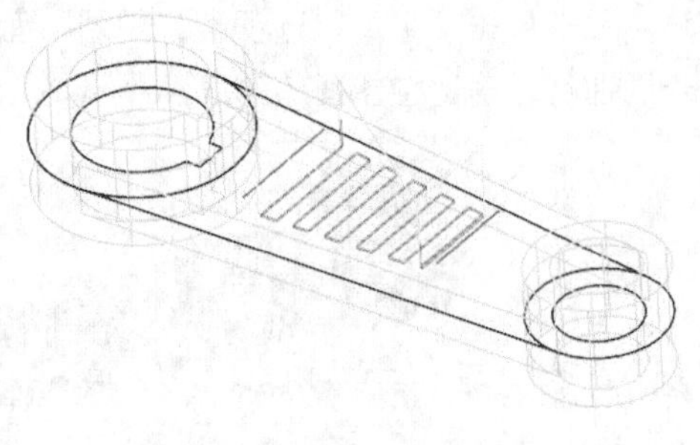

图 2-139 熔接加工刀具路径

5. 模拟仿真加工

为了验证熔接加工参数设置的正确性，可以通过 NC 仿真模拟熔接加工过程，来观察加工过程中是否有切削不足或过切现象。

（1）设置毛坯

在刀路操作管理器中单击“毛坯设置”按钮 毛坯设置，系统弹出“机床群组属性”对话框，在“形状”组中选择“实体/网格”项，单击其后的“选择”按钮，在绘图区拾取实体，勾选“显示”复选框，单击“确定”按钮，毛坯创建完成，如图 2-140 所示。

（2）仿真加工

单击刀路操作管理器中的“验证已选择的操作”按钮，在弹出的“Mastercam 模拟”对话框中单击“播放”按钮，得到图 2-141 所示的仿真加工结果。

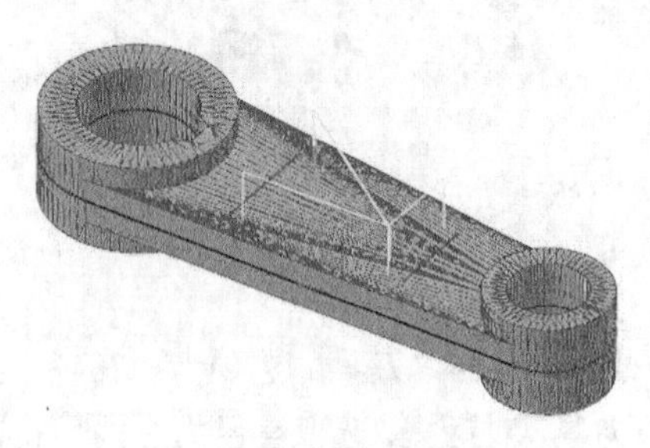

图 2-140 创建的毛坯

图 2-141 仿真加工结果

（3）NC 代码

单击刀路操作管理器中的“执行选择的操作进行后处理”按钮G1，弹出“后处理程序”对话框。单击“确定”按钮，弹出“另存为”对话框，输入文件名称“实例——连杆减重槽加工”，单击“保存”按钮 保存(S)，在编辑器中打开生成的 NC 代码，详见本书的电子资源。

2.12 综合实例——连接座加工

本节我们对图 2-142 所示的连接座进行加工。其中使用的 2D 加工的方法有：平面铣削、外形铣削、挖槽、全圆铣削、自动钻孔。通过本实

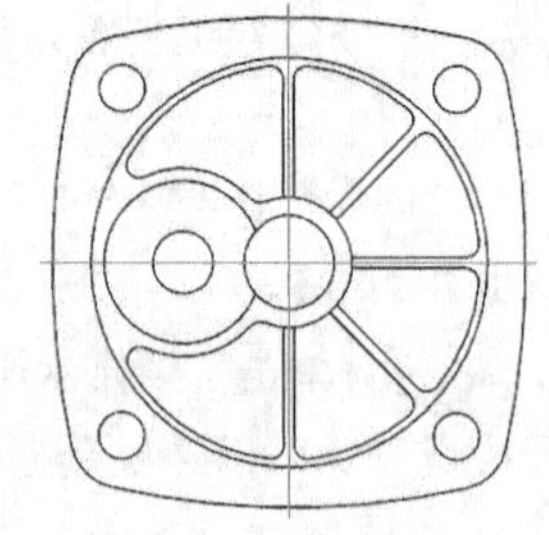

图 2-142 连接座

例，希望读者对 Mastercam 2D 加工有进一步的认识。

2.12.1 工艺分析

为了保证加工精度，选择零件毛坯为铸件实体，根据模型情况，加工工艺如下。

（1）平面铣削：利用“面铣”命令，对模型的上端面铣平。设置“加工余量”为 1，采用直径为 42 的面铣刀。

（2）外形铣削：利用“外形”命令，对模型的外轮廓进行铣削，设置“加工深度”为毛坯的高度，即–35（增量坐标，下同）。采用直径为 12 的平铣刀。

（3）挖槽：利用“挖槽”命令，对外轮廓和大圆之间的部分进行岛屿挖槽加工，设置深度为–20。采用直径为 12 的平铣刀。

（4）外形铣削：利用“外形”命令，对两个圆台进行铣削，设置“加工深度”为–10。采用直径为 16 的圆鼻刀。

（5）外形铣削：利用“外形”命令，对大圆台进行铣削，设置“加工深度”为–4。采用直径为 16 的圆鼻刀。

（6）挖槽：利用“挖槽”命令，对两个凹槽进行加工，设置“挖槽深度”为–22。采用直径为 10 的平铣刀。

（7）全圆铣削：利用“全圆铣削”命令，对大圆台的凹槽进行铣削，设置“挖槽深度”为–5。采用直径为 16 的圆鼻刀。

（8）全圆铣削：利用“全圆铣削”命令，对小圆台上的孔进行加工，设置“加工深度”为–35。采用直径为 16 的圆鼻刀。因为该孔上的平面不为同一高度，所以不能进行自动钻孔加工。

（9）自动钻孔：利用“自动钻孔”命令，对 4 角圆孔和大圆台上的孔进行加工，“加工深度”为–35。采用直径为 10 的定位钻进行定位加工，采用直径为 12 的钻头进行预钻，采用直径为 18 和 24 的钻头进行钻孔加工。

2.12.2 加工前的准备

1. 打开文件

单击快速访问工具栏中的“打开”按钮，在弹出的“打开”对话框中选择“源文件/原始文件/第 2 章/连接座”文件，如图 2-142 所示。

2. 选择机床

单击“机床”选项卡“机床类型”面板中的“铣床”按钮，选择“默认”选项即可。

3. 工件设置

单击“毛坯设置”选项卡，系统弹出“机床群组属性”对话框。在“形状”组中选择“立方体”项，单击“边界框”按钮边界框(B)，在绘图区拾取所有图素，修改毛坯尺寸为“190,190,35”勾选“显示”复选框，单击“确定”按钮，绘图区中显示刚设置的毛坯，如图 2-143 所示。（为了方便操作，可以先隐藏毛坯。）

2.12.3 创建刀具路径及 NC 仿真

刀具路径创建步骤如下。

1. 平面铣削加工

（1）单击“刀路”选项卡“2D”面板中的“面铣”按钮，系统弹出“线框串连”对话框，在绘图区拾取平面铣削串连，如图 2-144 所示。然后单击“确定”按钮，弹出“2D 刀路–平面铣削”对话框。

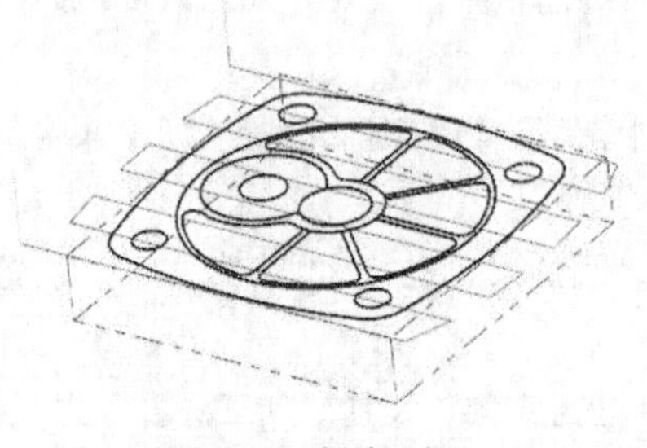

图 2-143　创建毛坯

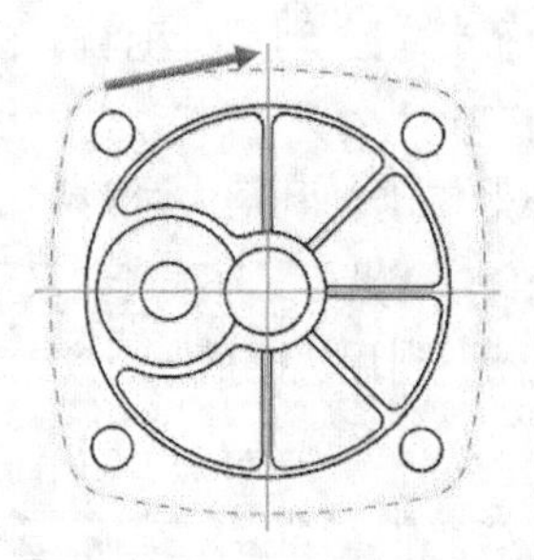

图 2-144　拾取平面铣削串连

（2）单击“刀具”选项卡，进行刀具参数设置。单击“选择刀库刀具”按钮，选择直径为 42 的面铣刀。

（3）双击面铣刀图标，弹出“编辑刀具”对话框，参数采用默认设置，单击“下一步”按钮，设置“XY 轴粗切步进量”为 75%，“Z 轴粗切深度”为 75%，“XY 轴精修步进量”为 30%，“Z 轴精修深度”为 30%，单击“点击重新计算进给率和主轴转速”按钮。单击“完成”按钮，返回“2D 刀路–平面铣削”对话框。

（4）单击“共同参数”选项卡，设置“安全高度”为 35，勾选“增量坐标”；“提刀”为 25，勾选“增量坐标”；“下刀位置”为 10，勾选“增量坐标”；“工件表面”为 0，勾选“绝对坐标”；“深度”为–1，勾选“增量坐标”。

（5）单击“切削参数”选项卡，参数设置如图 2-145 所示。

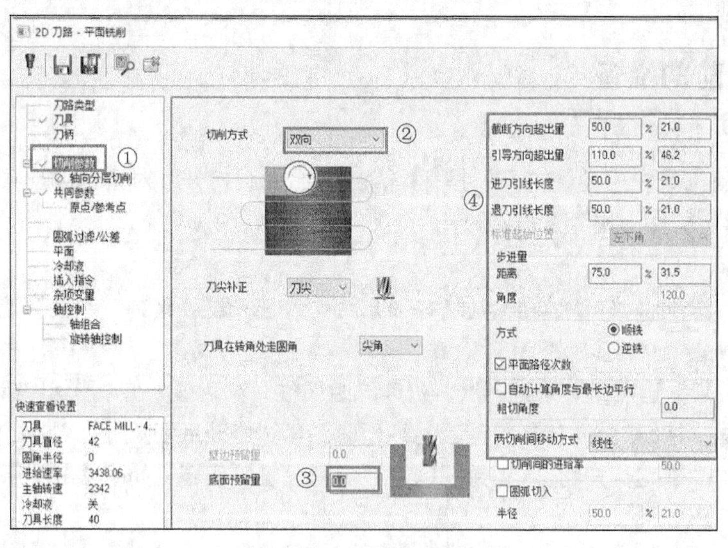

图 2-145　设置加工参数

（6）单击对话框中的“确定”按钮，生成平面铣削刀具路径，如图 2-146 所示。

（7）单击刀路操作管理器中的“验证已选择的平面铣削操作”按钮，在弹出的“Mastercam 模拟”对话框中单击“播放”按钮，得到图 2-147 所示的平面铣削仿真加工结果。

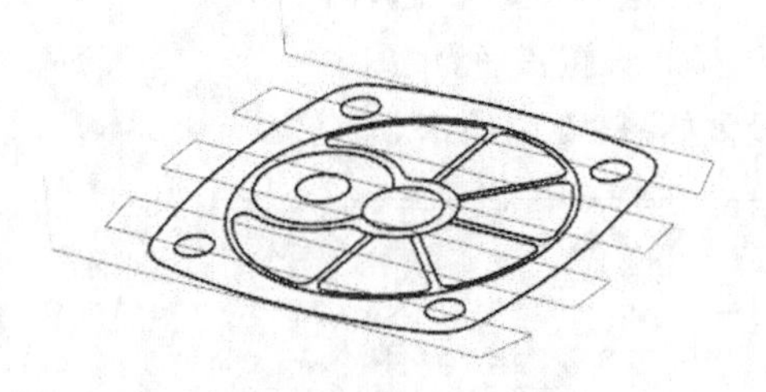

图 2-146　平面铣削刀具路径

图 2-147　平面铣削仿真加工结果

2. 外形铣削加工 1

（1）为了方便操作，单击刀路操作管理器中的“切换显示已选择的刀路操作”按钮≋，可以将生成的刀具路径隐藏（后续各步均有类似操作，不再赘述）。

（2）单击“刀路”选项卡“2D”面板中的“外形”按钮，系统弹出“线框串连”对话框，根据系统提示选取加工边界，如图 2-148 所示。选取完加工边界后，单击“线框串连”对话框中的“确定”按钮。

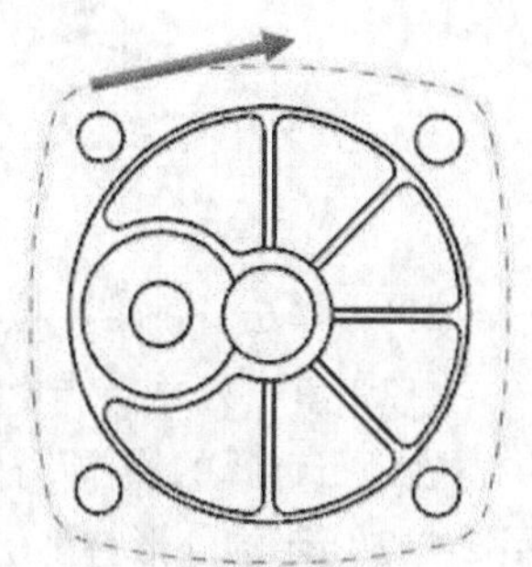

图 2-148　选取加工边界 1

（3）系统弹出“2D 刀路-外形铣削”对话框，单击“刀具”选项卡，在“刀具”选项卡中单击“选择刀库刀具”按钮，系统弹出“选择刀具”对话框，选择直径为 12 的平铣刀（FLAT END MILL），单击“确定”按钮，返回“2D 刀路-外形铣削”对话框，可见到选择的平铣刀已进入对话框中。

（4）双击平铣刀图标，弹出“编辑刀具”对话框，修改“刀齿长度”为 40，其他参数采用默认。单击“下一步”按钮，设置“XY 轴粗切步进量”为 75%，“Z 轴粗切深度”为 75%，“XY 轴精修步进量”为 30%，“Z 轴精修深度”为 30%，单击“点击重新计算进给率和主轴转速”按钮。单击“完成”按钮，系统返回“2D 刀路-外形铣削”对话框。

（5）单击“共同参数”选项卡，设置“安全高度”为 35，“提刀”为 25，勾选“增量坐标”；“下刀位置”为 10，勾选“增量坐标”；“工件表面”为 0，勾选“绝对坐标”；“深度”为–35，勾选“增量坐标”。

（6）单击“切削参数”选项卡，修改“壁边预留量”和“底面预留量”均为 0，其他参数采用默认。

（7）单击“轴向分层切削”选项卡，参数设置如图 2-149 所示。

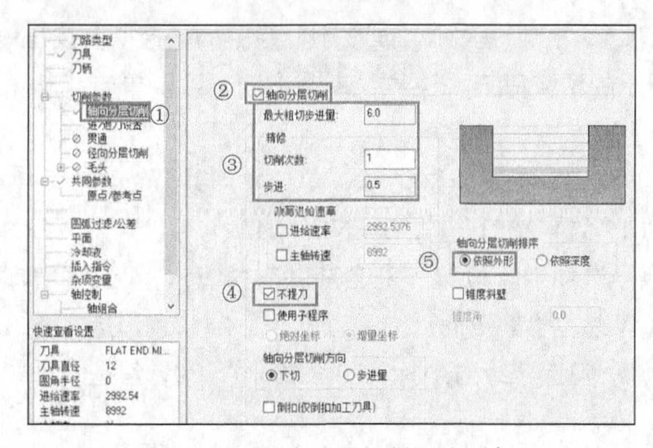

图 2-149　“轴向分层切削”选项卡 1

（8）单击“进/退刀设置”选项卡，取消勾选“进/退刀设置”复选框。

（9）单击“贯通”选项卡，勾选“贯通”复选框，设置贯通量为 1。

（10）单击“径向分层切削”选项卡，参数设置如图 2-150 所示。

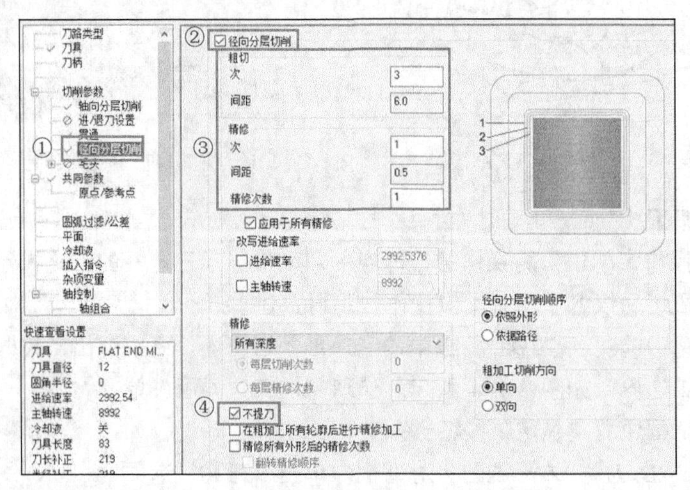

图 2-150 “径向分层切削”选项卡 1

（11）单击“确定”按钮，生成外形铣削刀具路径，如图 2-151 所示。

（12）单击刀路操作管理器中的“选择全部操作”按钮，选中所有刀路，单击刀路操作管理器中“验证已选择的操作”按钮，在弹出的“Mastercam 模拟”对话框中单击“播放”按钮，得到图 2-152 所示的外形铣削仿真加工结果。

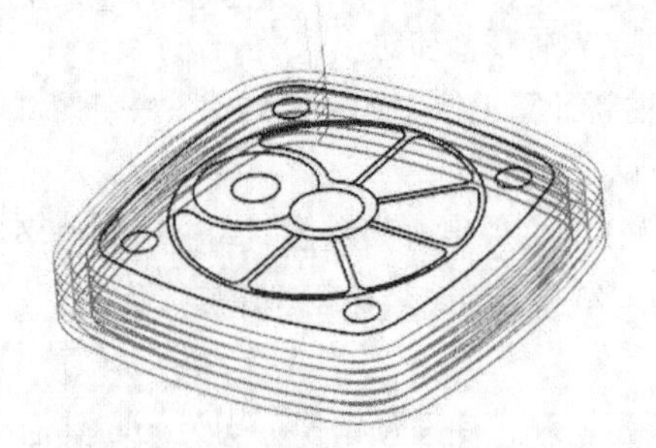

图 2-151 外形铣削刀具路径 1

图 2-152 外形铣削仿真加工结果 1

3. 岛屿挖槽

（1）单击“刀路”选项卡“2D”面板“2D 铣削”组中的“挖槽”按钮，系统弹出“线框串连”对话框，拾取图 2-153 所示的两条串连，注意：串连方向一致。单击“确定”按钮。

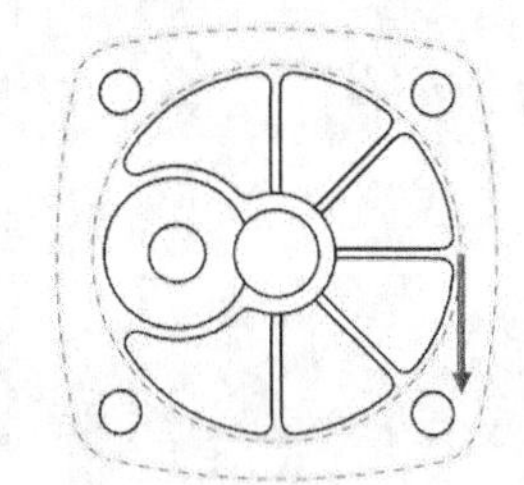

图 2-153 拾取挖槽串连 1

（2）系统弹出“2D 刀路-2D 挖槽”对话框，单击“刀具”选项卡，在下拉列表中选取直径为 12 的平铣刀（FLAT END MILL）。

（3）单击“共同参数”选项卡，设置“安全高度”为 35，勾选“增量坐标”；“提刀”为 25，勾选“增量坐标”；“下刀位置”为 10，勾选“增量坐标”；“工件表面”为 0，勾选“绝对坐标”；“深度”为–20，勾选“增量坐标”。

（4）单击“切削参数”选项卡，加工参数设置过程如图 2-154 所示。

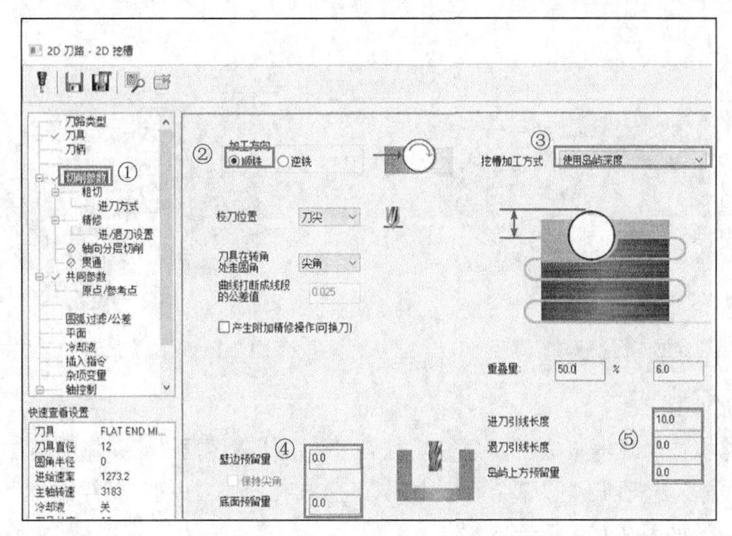

图 2-154 “切削参数”选项卡

（5）单击“粗切”选项卡，加工参数设置过程如图 2-155 所示。

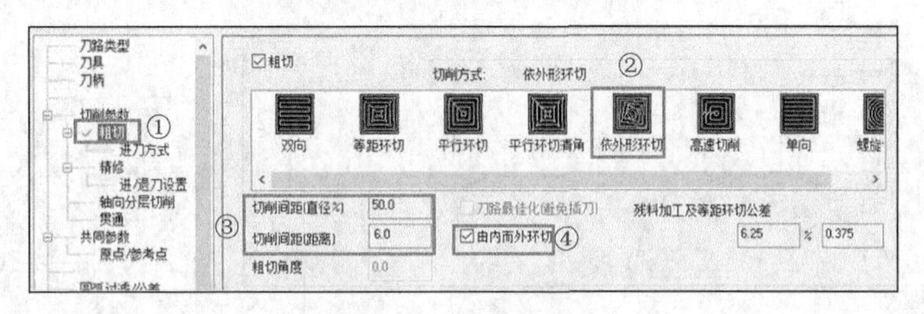

图 2-155 “粗切”选项卡

（6）单击“轴向分层切削”选项卡，加工参数设置过程如图 2-156 所示。

（7）单击“贯通”选项卡，设置“贯通量”为 1。

（8）单击“确定”按钮，生成刀具路径，如图 2-157 所示。

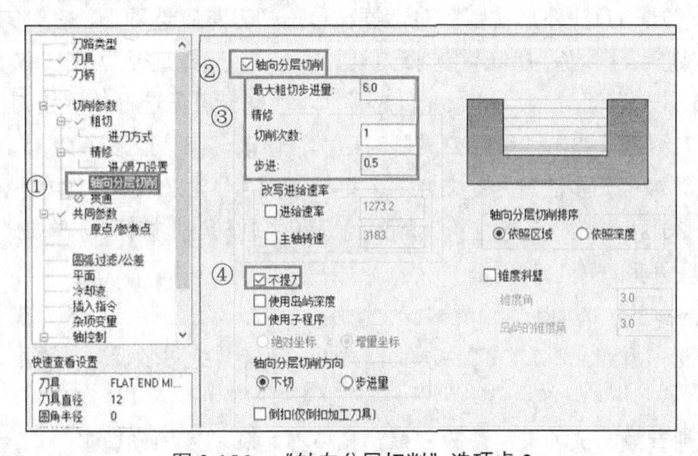

图 2-156 “轴向分层切削”选项卡 2

（9）单击刀路操作管理器中的“选择全部操作”按钮，选中刀路操作管理器中的所有刀路，单击刀路操作管理器中的“验证已选择的操作”按钮，在弹出的“Mastercam 模拟”对话框中单击“播放”按钮，得到图 2-158 所示的挖槽仿真加工结果。

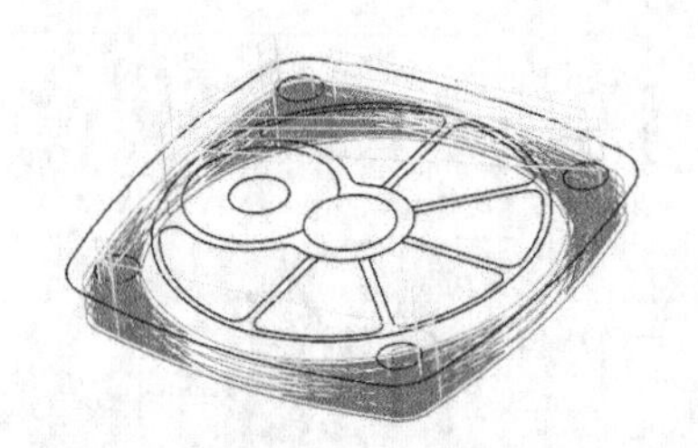

图 2-157　挖槽刀具路径 1

图 2-158　挖槽仿真加工结果 1

4．外形铣削加工 2

（1）单击刀路操作管理器下方的“层别”按钮 层别，新建图层 2，并将图层 2 设置为当前层。

（2）单击“线框”选项卡“圆弧”面板中的“已知点画圆”按钮⊙，绘制半径为 36 的圆，并将点 1 和点 2 处打断，如图 2-159 所示。

（3）单击“刀路”选项卡“2D”面板中的“外形”按钮，系统弹出“线框串连”对话框，根据系统提示拾取外形铣削串连，如图 2-160 所示。选取完加工边界后，单击“线框串连”对话框中的“确定”按钮。

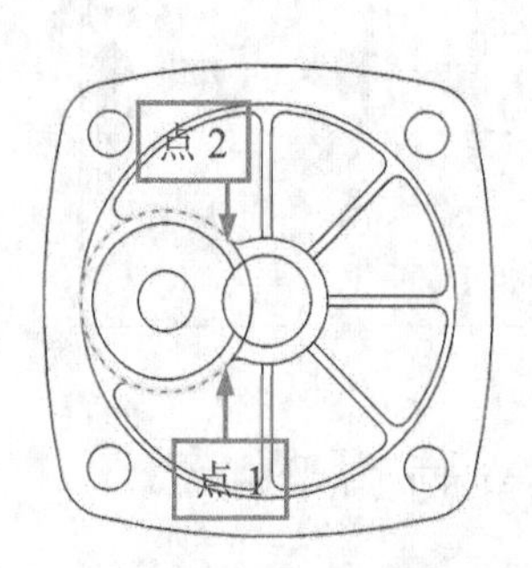

图 2-159　绘制圆

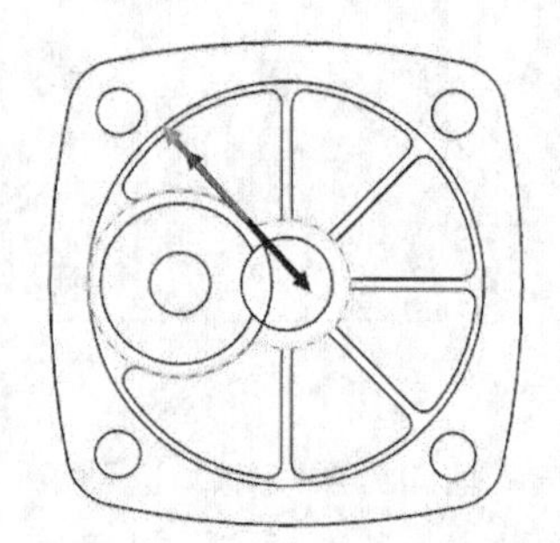

图 2-160　拾取外形铣削串连

（4）系统弹出“2D 刀路-外形铣削”对话框，单击“刀具”选项卡，在“刀具”选项卡中单击“选择刀库刀具”按钮 选择刀库刀具，系统弹出“选择刀具”对话框，选择直径为 16 的圆鼻刀（END MILL），单击“确定”按钮，返回“2D 刀路-外形铣削”对话框，可见选择的平铣刀已进入对话框中。

（5）双击圆鼻刀图标，弹出“编辑刀具”对话框，修改“刀齿长度”为 45。单击“下一步”按钮 下一步，设置“XY 轴粗切步进量”为 75%，“Z 轴粗切深度”为 75%，“XY 轴精修步进量”为 30%，“Z 轴精修深度”为 30%，单击“点击重新计算进给率和主轴转速”按钮。单击“完成”按钮 完成，系统返回“2D 刀路-外形铣削”对话框。

（6）单击“共同参数”选项卡，设置“安全高度”为 35，“提刀”为 25，勾选“增量坐标”；“下刀位置”为 10，勾选“增量坐标”；“工件表面”为 0，勾选“绝对坐标”；“深度”为-10，勾选“增量坐标”。

（7）单击“切削参数”选项卡，修改“壁边预留量”和“底面预留量”均为 0，其他参数采用默认。

（8）单击“轴向分层切削”选项卡，设置“最大粗切步进量”为 6，精修“切削次数”为 1，“步进”为 0.5，勾选“不提刀”复选框。

（9）单击“径向分层切削”选项卡，参数设置如图 2-161 所示。

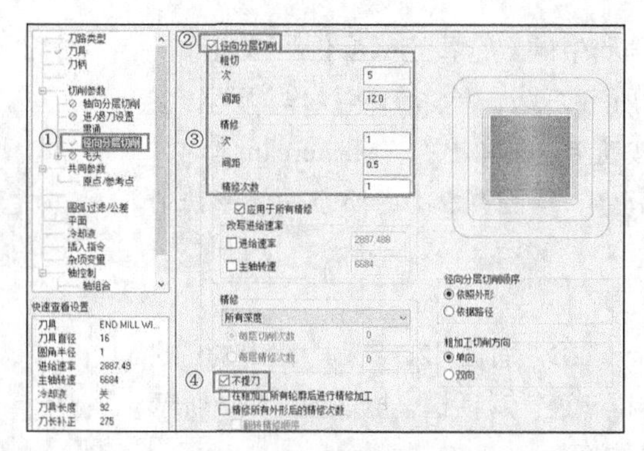

图 2-161 “径向分层切削”选项卡 2

（10）单击“确定”按钮，生成外形铣削刀具路径，如图 2-162 所示。

（11）单击刀路操作管理器中的“选择全部操作”按钮，选中刀路操作管理器中的所有刀路，单击刀路操作管理器中的“验证已选择的操作”按钮，在弹出的“Mastercam 模拟”对话框中单击“播放”按钮，得到图 2-163 所示的外形铣削仿真加工结果。

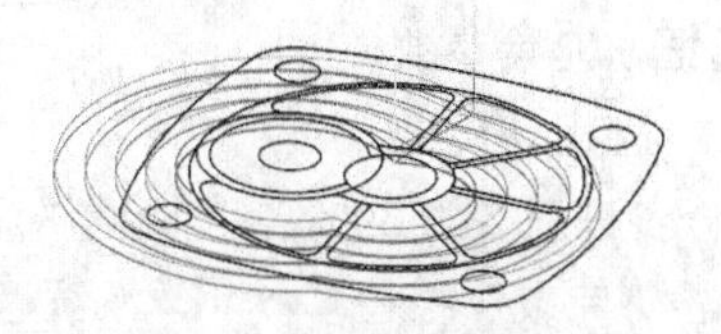

图 2-162 外形铣削刀具路径 2

图 2-163 外形铣削仿真加工结果 2

5. 外形铣削加工 3

（1）单击“刀路”选项卡“2D”面板中的“外形”按钮，系统弹出“线框串连”对话框，根据系统提示选取加工边界，如图 2-164 所示。选取完加工边界后，单击“线框串连”对话框中的“确定”按钮。系统弹出“2D 刀路-外形铣削”对话框，单击“刀具”选项卡，在列表框中选择直径为 16 的圆鼻刀（END MILL）。

（2）系统弹出“2D 刀路-外形铣削”对话框，单击“刀具”选项卡，在列表框中选择直径 16 的圆鼻刀（END MILL）。

（3）单击“共同参数”选项卡，设置“安全高度”为 35，“提刀”为 25，勾选“增量坐标”；“下刀位置”为 10，勾选“增量坐标”；“工件表面”为 0，勾选“绝对坐标”；“深度”为–4，勾选“增量坐标”。

（4）单击“切削参数”选项卡，修改“壁边预留量”和“底面预留量”均为 0，“补正方向”设置为“左”，其他参数采用默认。

（5）单击“径向分层切削”选项卡，设置“补正方向”为“左”，“粗切次数”为 3，“间距”为 12，精修“次数”为 1，“间距”为 0.5，勾选“不提刀”复选框。

（6）单击“确定”按钮，生成外形铣削刀具路径，如图 2-165 所示。

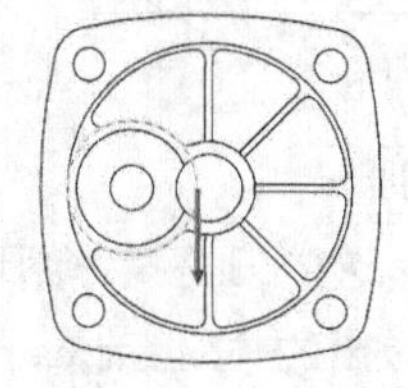

图 2-164 选取加工边界 2

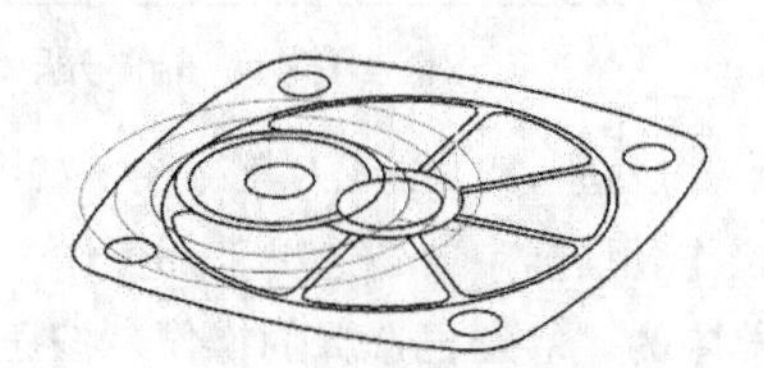

图 2-165 外形铣削刀具路径 3

（7）单击刀路操作管理器中的“选择全部操作”按钮，选中刀路操作管理器中的所有刀路，单击刀路操作管理器中的“验证已选择的操作”按钮，在弹出的“Mastercam 模拟”对话框中单击“播放”按钮，得到图 2-166 所示的外形铣削仿真加工结果。

图 2-166　外形铣削仿真加工结果 3

6. 挖槽加工

（1）单击“刀路”选项卡“2D”面板“2D 铣削”组中的“挖槽”按钮，系统弹出“线框串连”对话框，拾取图 2-167 所示的 6 条串连，单击“确定”按钮。

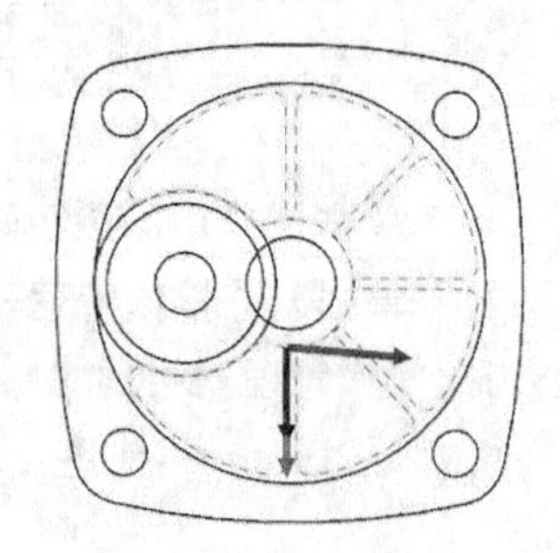

图 2-167　拾取挖槽串连 2

（2）系统弹出“2D 刀路-2D 挖槽”对话框，单击“刀具”选项卡，在“刀具”选项卡中单击“选择刀库刀具”按钮，系统弹出“选择刀具”对话框，选择直径为 10 的平铣刀（FLAT END MILL），单击“确定”按钮，返回“2D 刀路-外形铣削”对话框。

（3）双击平铣刀图标，弹出“编辑刀具”对话框，刀具参数采用默认。单击“下一步”按钮，设置“XY 轴粗切步进量”为 75%，“Z 轴粗切深度”为 75%，“XY 轴精修步进量”为 30%，“Z 轴精修深度”为 30%，单击“点击重新计算进给率和主轴转速”按钮。单击“完成”按钮，系统返回“2D 刀路-外形铣削”对话框。

（4）单击“共同参数”选项卡，设置“安全高度”为 35，勾选“增量坐标”；“提刀”为 25，勾选“增量坐标”；“下刀位置”为 10，勾选“增量坐标”；“工件表面”为 0，勾选“绝对坐标”；“深度”为–22，勾选“增量坐标”。

（5）单击“切削参数”选项卡，“挖槽加工方式”选择“标准”，修改“壁边预留量”和“底面预留量”均为 0。

（6）单击“粗切”选项卡，选择“切削方式”为“依外形环切”，其他参数采用默认。

（7）单击“轴向分层切削”选项卡，加工参数设置过程如图 2-168 所示。

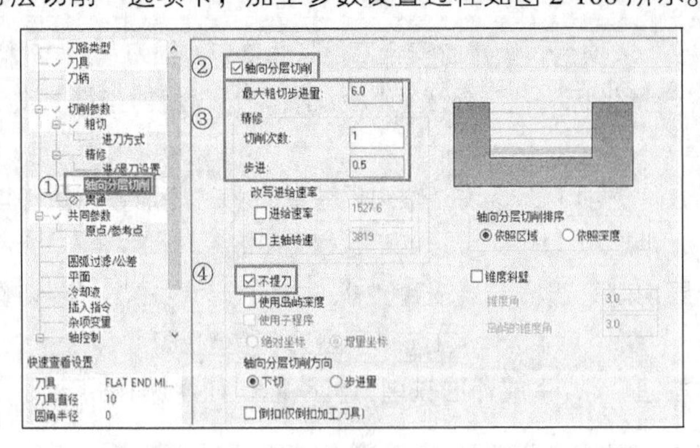

图 2-168　“轴向分层切削”选项卡 3

（8）单击“确定”按钮，生成刀具路径，如图 2-169 所示。

（9）单击刀路操作管理器中的“选择全部操作”按钮，选中刀路操作管理器中的所有刀路，单击刀路操作管理器中的“验证已选择的操作”按钮，在弹出的“Mastercam 模拟”对话框中单击“播放”按钮，得到图 2-170 所示的仿真加工结果。

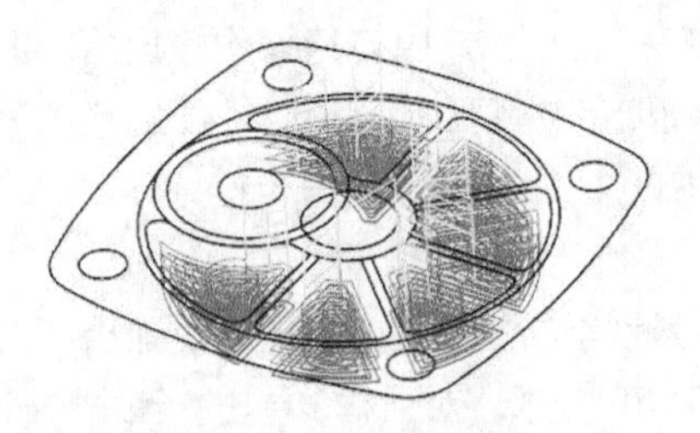

图 2-169　挖槽刀具路径 2

图 2-170　挖槽仿真加工结果 2

7. 全圆铣削加工 1

（1）单击管理器下方的“层别”按钮 层别 ，关闭图层 2。新建图层 3，并将图层 3 设置为当前层。

（2）单击“线框”选项卡“圆弧”面板中的“两点画弧”按钮，绘制半径为 31 的圆弧，如图 2-171 所示。

（3）单击“刀路”选项卡“2D”面板中的“全圆铣削”按钮，首先系统弹出“刀路孔定义”对话框，单击“选择”工具栏的“选择设置”按钮，弹出“选择”对话框，单击“全关”按钮 全关 ；然后在“自动抓点”列表中勾选“圆心”复选框，单击“确定”按钮，弹出“系统配置”对话框，单击“否”按钮 否(N) ；最后在绘图区中拾取图 2-172 所示的圆的圆心，单击“确定”按钮。

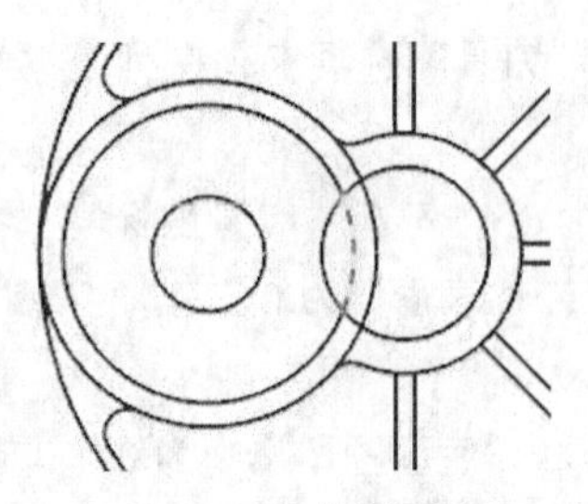

图 2-171　绘制圆弧

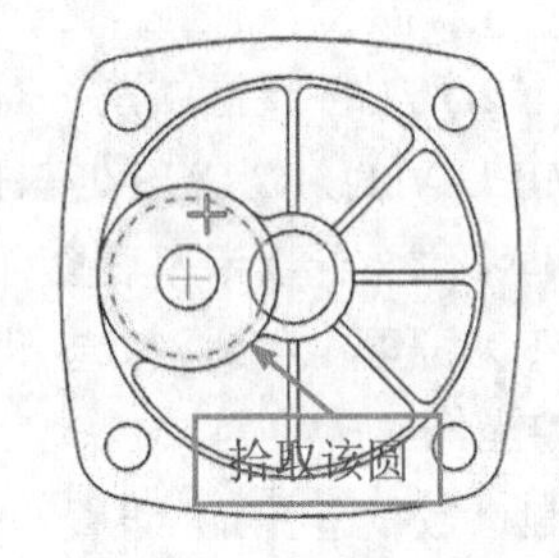

图 2-172　拾取圆心点 1

（4）系统弹出“2D 刀路–全圆铣削”对话框。单击“刀具”选项卡，在列表框中选取直径为 16 的圆鼻刀（END MILL WITH RADUS-20/R1.0）。

（5）单击“共同参数”选项卡，设置“安全高度”为 35，勾选“增量坐标”；“提刀”为 10，勾选“增量坐标”；“下刀位置”为 5，勾选“增量坐标”；“工件表面”为 0，勾选“绝对坐标”；“深度”为–5，勾选“增量坐标”。

（6）单击“切削参数”选项卡，设置“壁边预留量”和“底面预留量”为 0，其他参数采用默认。

（7）单击“粗切”选项卡，参数设置如图 2-173 所示。

（8）单击“确定”按钮，生成全圆铣削刀具路径，如图 2-174 所示。

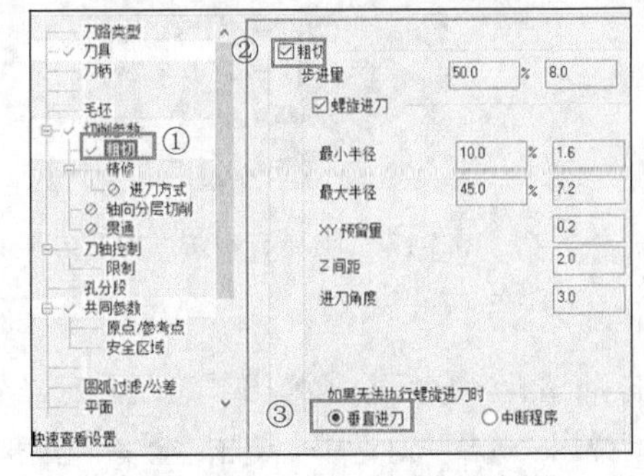

图 2-173　“粗切”选项卡

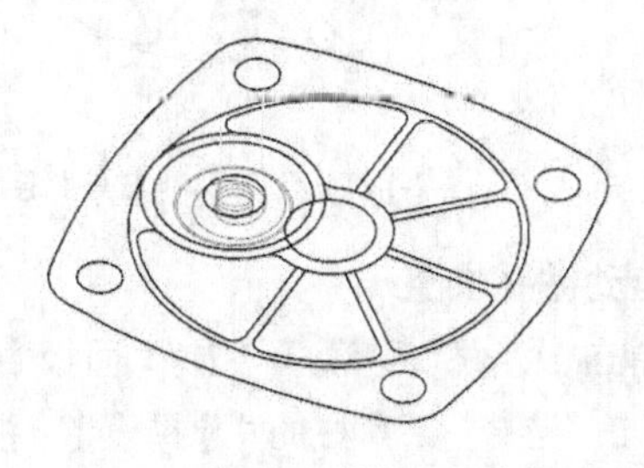

图 2-174　全圆铣削刀具路径 1

（9）单击刀路操作管理器中的“选择全部操作”按钮，选中刀路操作管理器中的所有刀路，单击刀路操作管理器中的“验证已选择的操作”按钮，在弹出的“Mastercam 模拟”对话框中单击“播放”按钮，得到图 2-175 所示的全圆铣削仿真加工结果。

8. 全圆铣削加工 2

（1）单击“刀路”选项卡“2D”面板中的“全圆铣削”按钮，首先系统弹出“刀路孔定义”对话框，单击“选择”工具栏的“选择设置”按钮，弹出“选择”对话框，单击“全关”按钮 全关 ；然后在“自动抓点”列表中勾选“圆心”复选框，单击“确定”按钮。弹出“系统配置”对话框，单击“否”按钮 否(N) ；最后在绘图区拾取图 2-176 所示的圆的圆心，单击“确定”按钮。

图 2-175 全圆铣削仿真加工结果 1

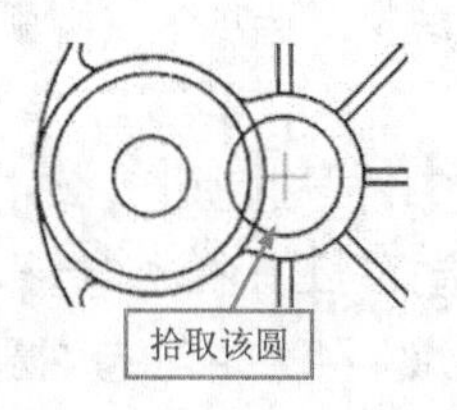

图 2-176 拾取圆心点 2

（2）系统弹出“2D 刀路-全圆铣削”对话框。单击“刀具”选项卡，在列表框中选取直径为 16 的圆鼻刀（END MILL WITH RADUS-20/R1.0）。

（3）单击“共同参数”选项卡，设置“安全高度”为 35，勾选“增量坐标”；“提刀”为 10，勾选“增量坐标”；“下刀位置”为 5，勾选“增量坐标”；“工件表面”为 0，勾选“绝对坐标”；“深度”为–35，勾选“增量坐标”。

（4）单击“切削参数”选项卡，设置“壁边预留量”和“底面预留量”为 0，其他参数采用默认。

（5）单击“粗切”选项卡，勾选“粗切”复选框，其他参数采用默认。

（6）单击“贯通”选项卡，设置“贯通量”为 1。

（7）单击“确定”按钮，生成全圆铣削刀具路径，如图 2-177 所示。

（8）单击刀路操作管理器中的“选择全部操作”按钮，选中刀路操作管理器中的所有刀路，单击刀路操作管理器中的“验证已选择的操作”按钮，在弹出的“Mastercam 模拟”对话框中单击“播放”按钮，得到图 2-178 所示的全圆铣削仿真加工结果。

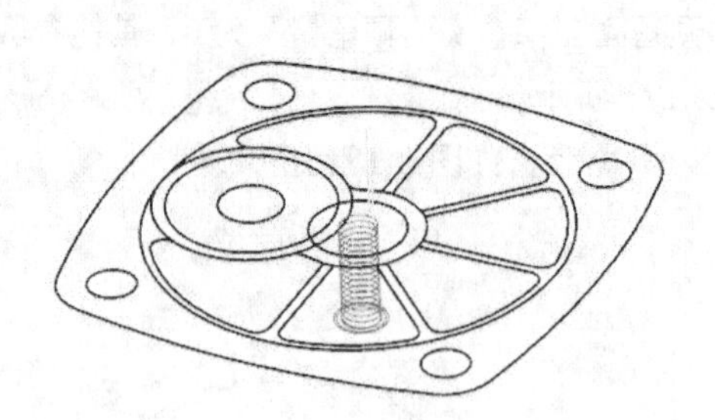

图 2-177 全圆铣削刀具路径 2

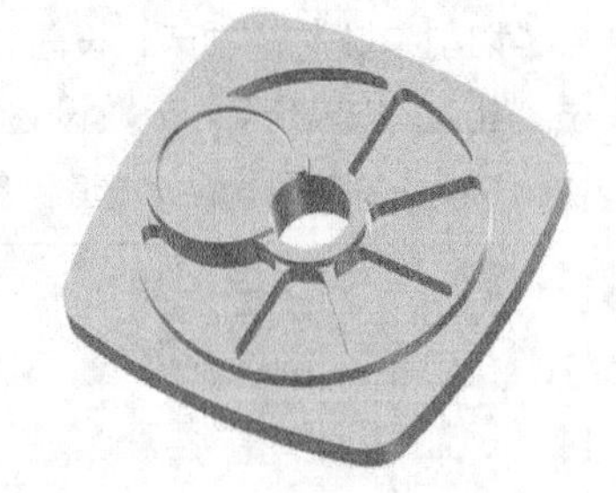

图 2-178 全圆铣削仿真加工结果 2

9. 自动钻孔加工

（1）单击“刀路”选项卡“2D”面板中的“自动钻孔”按钮，弹出“刀路孔定义”对话框。

（2）单击“选择”工具栏的“选择设置”按钮，弹出“选择”对话框，单击“全关”按钮 全关 ，然后在“自动抓点”列表中勾选“圆心”复选框，单击“确定”按钮，弹出“系统配置”对话框，单击“否”按钮 否(N) 。

（3）拾择图 2-179 所示的 5 个圆心点，并单击对话框中的“确定”按钮。

（4）系统弹出“自动圆弧钻孔”对话框，单击“刀具参数”选项卡，设置“最大刀具深度”为–35，“默认定位钻直径”为 10。

（5）单击“深度、群组及数据库”选项卡，设置“安全高度”为 35，勾选“增量坐标”；“参考位置”为 10，勾选“增量坐标”；“工件表面”为 0，勾选“绝对坐标”；“深度”为–35，勾选“增量坐标”，选中“从顶部圆弧”单选按钮，勾选“刀尖补正”复选框。

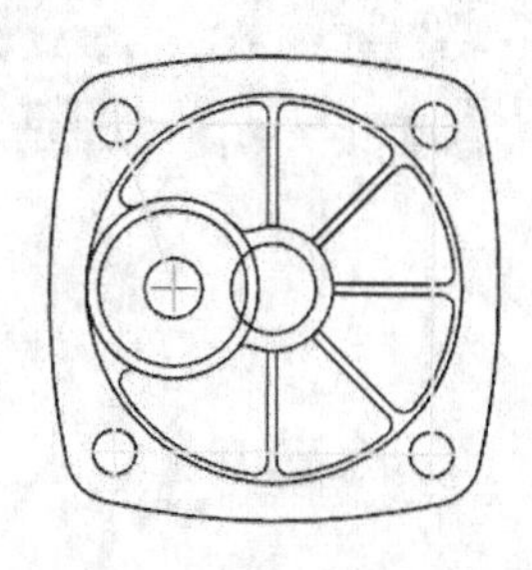

图 2-179　拾取圆心点 3

（6）单击“预钻”选项卡，参数设置如图 2-180 所示。

（7）单击“确定”按钮，生成自动钻孔刀具路径，如图 2-181 所示。

（8）单击刀路操作管理器中的“选择全部操作”按钮，选中刀路操作管理器中的所有刀路，单击刀路操作管理器中的“验证已选择的操作”按钮，在弹出的“Mastercam 模拟”对话框中单击“播放”按钮，得到图 2-182 所示的自动钻孔仿真加工结果。

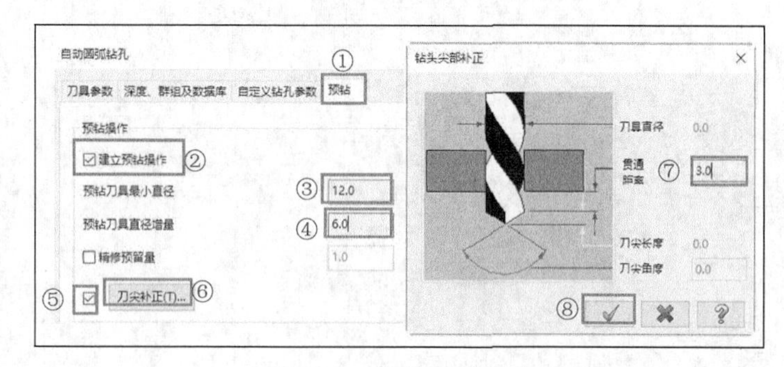

图 2-180　“预钻”选项卡

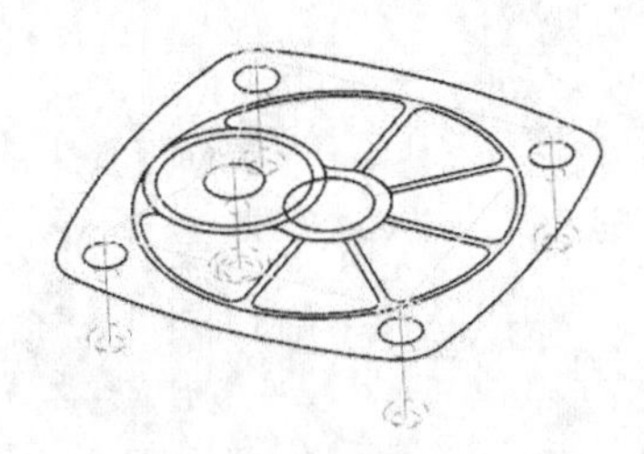

图 2-181　自动钻孔刀具路径

图 2-182　自动钻孔仿真加工结果 3

2.12.4　后处理程序

（1）单击刀路操作管理器中的“选择全部操作”按钮，将已创建的铣削操作全部选中。

（2）单击刀路操作管理器中的“执行选择的操作进行后处理”按钮G1，弹出“后处理程序”对话框。单击“确定”按钮，弹出“另存为”对话框，输入文件名称“综合实例——连接座加工”，单击“保存”按钮 保存(S) ，在编辑器中打开生成的 NC 代码，详见本书的电子资源。

第3章

传统曲面粗加工

曲面粗加工用于快速地去除大量毛坯余量，为曲面精加工做准备。本章介绍8种传统曲面粗加工策略。

知识点

- 平行粗加工
- 挖槽粗加工
- 放射粗加工
- 流线粗加工
- 等高外形粗加工
- 投影粗加工
- 钻削粗加工
- 粗切残料加工

案例效果

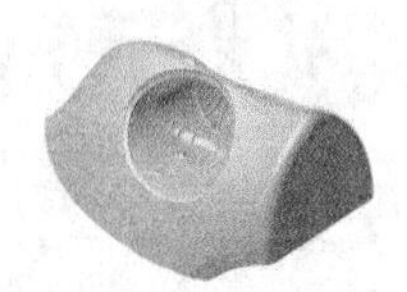

3.1 平行粗加工

平行粗加工即利用相互平行的刀路对曲面逐层进行加工，对平坦曲面的铣削加工效果比较好，凹凸程度比较小的曲面也可以采用平行粗加工的方式来进行铣削加工。

平行粗加工是一种通用、简单、有效的加工策略，适用于各种形态的曲面加工，其特点是刀具沿着指定的进给方向进行切削，生成的刀具路径相互平行。

3.1.1 平行粗加工参数介绍

单击“机床”选项卡“机床类型”面板中的“铣床”按钮，选择默认选项，在刀路操作管理器中生成机床群组属性文件，同时弹出“刀路”选项卡。单击“刀路”选项卡“3D”面板“粗切”组中的“平行”按钮，系统会依次弹出“选取工件形状”和“刀路曲面选择”对话框，根据需要设定相应的参数和选择相应的图素后，单击“确定”按钮，此时系统会弹出“曲面粗切平行”对话框，如图 3-1 所示。该对话框有 3 个选项卡，其中“刀具参数”和“曲面参数”选项卡已经在前面叙述过，这里将详细介绍“粗切平行铣削参数”选项卡中的内容，选项卡中的各选项含义如下。

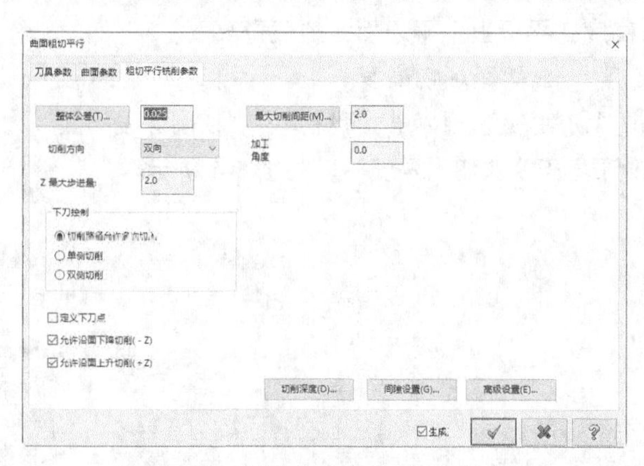

图 3-1 “曲面粗切平行”对话框

（1）整体公差：“整体公差”按钮后的编辑框可以设定刀具路径的精度公差。公差值越小，加工后的曲面就越接近真实曲面，当然加工时间也就越长。在粗加工阶段，可以设定较大的公差值以提高加工效率。

（2）切削方向：在“切削方式”下拉菜单中，有“双向”和“单向”2 种方式可选。其中，“双向”是指刀具在完成一行切削后随即转向下一行进行切削；“单向”是指加工时刀具仅沿一个方向进给，完成一行后，需要抬刀返回起始点后再进行下一行的加工。

双向切削有利于缩短加工时间、提高加工效率，而单向切削则可以保证一直顺铣或逆铣加工，进而可以获得良好的加工质量。

（3）Z 最大步进量：该选项定义在 Z 方向上最大的切削厚度。

（4）下刀控制：下刀方式决定了刀具在下刀和退刀时在 Z 方向的运动方式，包含如下 3 种方式。

① 切削路径允许多次切入：加工过程中，可顺着工件曲面的起伏连续进刀或退刀，如图 3-2（a）所示，其中，上图为刀具路径轨迹图，下图为成形效果图。

② 单侧切削：沿工件的一边进刀或退刀，如图 3-2（b）所示，其中，上图为刀具路径轨迹图，下图为成形效果图。

③ 双侧切削：沿工件的二个外边向内进刀或退刀，如图 3-2（c）所示，其中，上图为刀具路径轨迹图，下图为成形效果图。

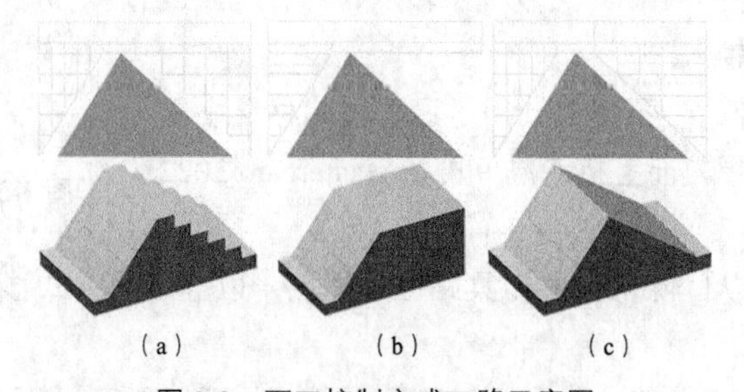

图 3-2 下刀控制方式刀路示意图

（5）最大切削间距：最大切削间距可以设定同一层相邻两条刀具路径之间的最大距离，亦即 *XY* 方向上两条刀具路径之间的最大距离。用户可以直接在“最大切削间距”文本框中输入指定值，如果要对切削间距进行更详细的设置，则可以单击“最大切削间距”按钮，系统弹出“最大切削间距”对话框，如图 3-3 所示，其选项参数如下。

① 最大步进量：与最大跨距参数相同。

② 平板上近似扇形高度在平板上：平坦面上的残脊高度。

③ 近似扇形高度 45 度：45°等距环切高度。

（6）切削深度：单击“切削深度”按钮，系统弹出“切削深度设置”对话框。利用该对话框可以控制曲面粗加工的切削深度及首次切削深度等，如图 3-4 所示。

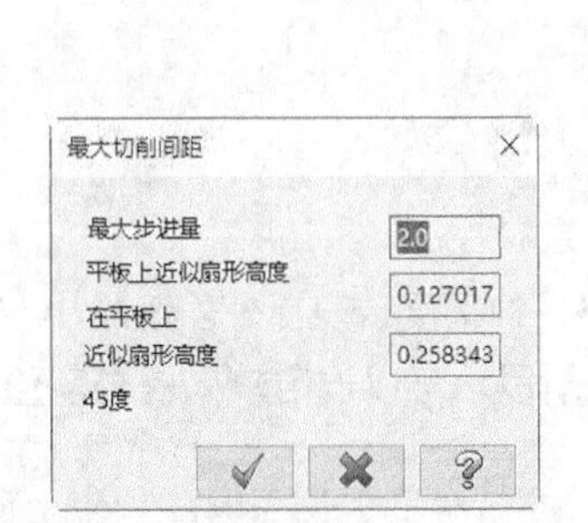

图 3-3 “最大切削间距”对话框

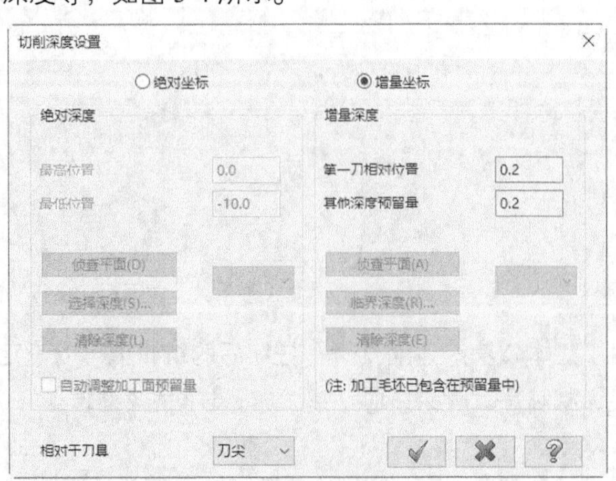

图 3-4 “切削深度设置”对话框

如果选择绝对坐标，则用户需要输入最高点和最低点的位置，或者利用光标直接在图形上进行选择。如果选择增量坐标，则用户需要输入顶部预留量和切削边界的距离，同时输入其他部分的切削预留量。

（7）间隙设置：间隙是指曲面上有缺口或断开的位置，它一般由 3 个方面造成：一是相邻曲面间没有直接相连；二是曲面修剪；三是删除过切区。

单击“间隙设置”按钮，系统弹出“刀路间隙设置”对话框，如图 3-5 所示。利用该对话框可以设置不同间隙时的刀具运动方式，下面对该对话框中部分选项的含义进行说明。

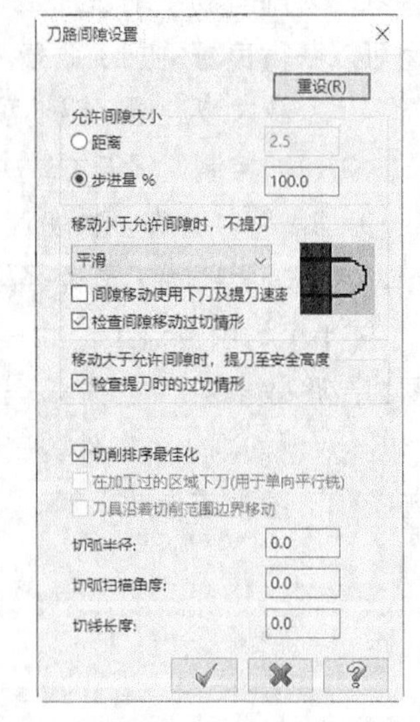

图 3-5 “刀路间隙设置”对话框

① 允许间隙大小：用来设置系统容许的间隙，可以由两种方法来设置，其一是直接在“距离”文本框中输入，其二是通过输入步进量的百分比间接输入。

② 移动小于允许间隙时，不提刀：用于设置当偏移量小于允许间隙时，可以不进行提刀而直接跨越间隙，Mastercam 2022 提供了 4 种跨越方式。

不提刀：它是将刀具从间隙一边的刀具路径的终点，以直线的方式移动到间隙另一边刀具路径的起点。

打断：将移动距离分成向 *Z* 方向和向 *XY* 平面移动的两段距离，即刀具从间隙一边的刀具路

径的终点在 Z 方向上升或下降到间隙另一边的刀具路径的起点，然后再从 XY 平面内移动到所处的位置。

平滑：它是指刀具路径以平滑的方式越过间隙，该选项常用于高速加工。

沿着曲面：它是指刀具根据曲面的外形变化趋势，在间隙两侧的刀具路径间移动。

③ 移动大于允许间隙时，提刀至安全高度：若选中该复选框，则当移动量大于允许间隙时，系统会自动提刀，且检查返回时是否过切。

④ 切削排序最佳化：当选中该复选框时，刀具路径将会被分成若干区域，在完成一个区域的加工后，才对另一个区域进行加工。

为了避免刀具切入边界太突然，还可以采用与曲面相切圆弧或直线设置刀具进刀/退刀动作。设置为圆弧时，圆弧的半径和扫描角度可分别由“切弧半径”“切弧扫描角度”文本框指定；设置为直线时，直线的长度可由“切线长度”文本框指定。

（8）高级设置：设置刀具在曲面边界的运动方式。单击“高级设置”按钮，系统弹出“高级设置”对话框，如图 3-6 所示。该对话框中部分选项的含义如下。

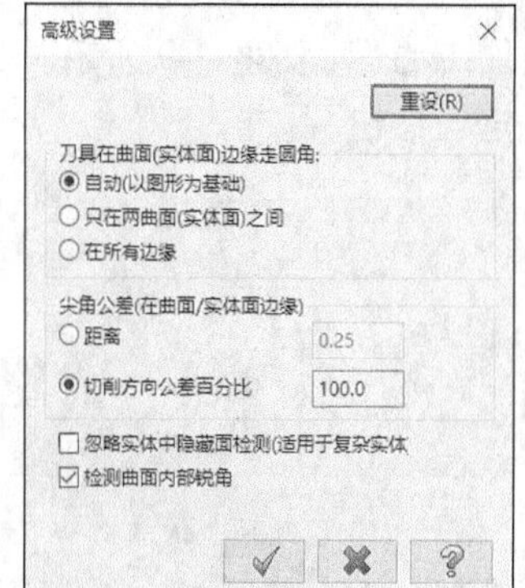

图 3-6 “高级设置”对话框

① 刀具在曲面（实体面）边缘走圆角：用于设置曲面或实体面的边缘是否走圆角，它有如下 3 个选项。

自动（以图形为基础）：系统根据刀具边界及几何图素自动决定是否在曲面或实体面边缘走圆角。

只在两曲面（实体面）之间：在曲面或实体面相交处走圆角。

在所有边缘：在所有边缘都走圆角。

② 尖角公差（在曲面/实体面边缘）：用于设置刀具在走圆弧时移动量的误差，值越大，生成的锐角越平缓。系统提供了如下 2 种设置方法。

距离：它将圆角分割成很多小直线，直线长度为设定值，因此，距离越短，生成直线的数量越多，反之，生成直线的数量越少。

切削方向公差百分比：用切削误差的百分比来表示直线长度。

（9）其他参数设定如下。

① 加工角度：指定刀具路径与 X 轴的夹角，该角度定向使用逆时针方向。

② 定义下刀点：此选项要求输入一个下刀点。注意，下刀点要选在一个封闭的角上，且要相对于加工方向。

③ 允许沿面下降切削（–Z）/允许沿面上升切削（+Z）：用于指定刀具是在下降时进行切削，还是上升时进行切削。

技巧荟萃

一般在加工时将粗加工和精加工的刀路相互错开，这样铣削的效果更好。

3.1.2 实操——倒车镜粗加工

本例我们通过倒车镜的加工来介绍粗加工中的平行命令，首先打开源文件，启动“平行”命令，根据系统提示拾取要加工的曲面，设置刀具和加工参数，生成刀具路径；然后切换刀具平面，再次启动“平行”命令，拾取曲面设置参数；最后设置毛坯，进行模拟仿真加工，生成 NC 代码。

倒车镜粗加工操作过程步骤如下。

1. 打开文件

单击“快速访问”工具栏中的“打开”按钮，在弹出的“打开”对话框中选择“源文件/原始文件/第 3 章/倒车镜”文件，单击“打开”按钮，完成文件的调取，加工零件如图 3-7 所示。

2. 设置机床

单击“机床”选项卡“机床类型”面板中的“铣床”按钮，选择“默认”选项，在刀路操作管理器中生成机床群组属性文件，同时弹出“刀路”选项卡。

3. 创建平行粗加工刀具路径 1

（1）选择加工曲面

单击“刀路”选项卡“3D”面板“粗切”组中的“平行”按钮，系统弹出“选择工件形状”对话框。选择工件形状为“未定义”，如图 3-8 所示。单击“确定”按钮，根据系统提示选择加工曲面，如图 3-9 所示。单击“结束选择”按钮，弹出“刀路曲面选择”对话框，单击“确定”按钮。

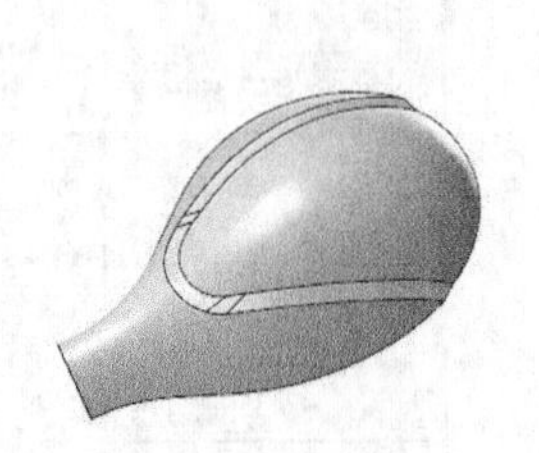

图 3-7　倒车镜

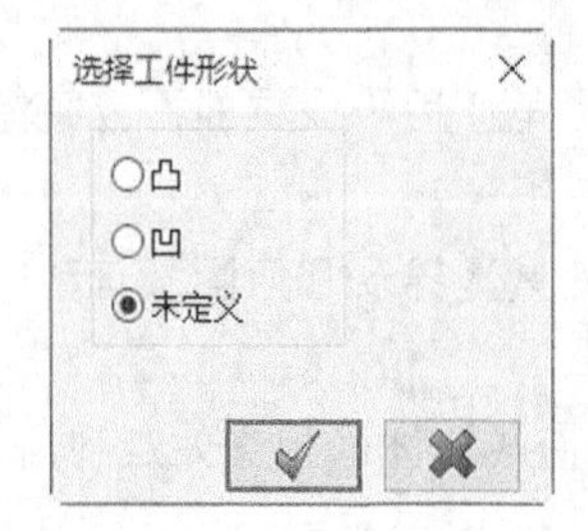

图 3-8　“选择工件形状”对话框

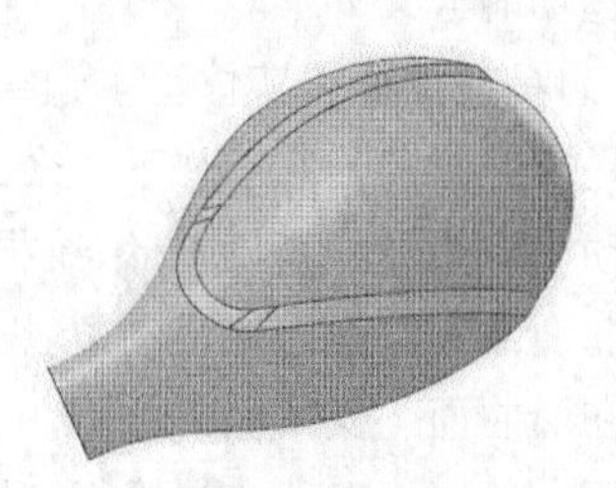

图 3-9　选择加工曲面

（2）设置刀具

① 系统弹出“曲面粗切平行”对话框，在“刀具”选项卡中单击“选择刀库刀具”按钮，系统弹出“选择刀具”对话框，选取直径为 10 的球形铣刀（BALL-NOSE END MILL）。单击“确定”按钮，返回“曲面粗切平行”对话框。

② 双击球形铣刀图标，弹出“编辑刀具”对话框。刀具总长度设置为 120，其他参数采用默认值。单击“下一步”按钮，设置“XY 轴粗切步进量”为 75%，“Z 轴粗切深度”为 75%，“XY 轴精修步进量”为 30%，“Z 轴精修深度”为 30%，单击“点击重新计算进给率和主轴转速”按钮，重新生成切削参数。单击“完成”按钮，系统返回“曲面粗切平行”对话框。

（3）设置加工参数

① 单击“曲面参数”选项卡，参数设置如图 3-10 所示。

② 单击“粗切平行铣削参数”选项卡，参数设置如图 3-11 所示。

③ 单击“确定”按钮，系统根据所设置的参数生成平行粗加工刀具路径，如图 3-12 所示。

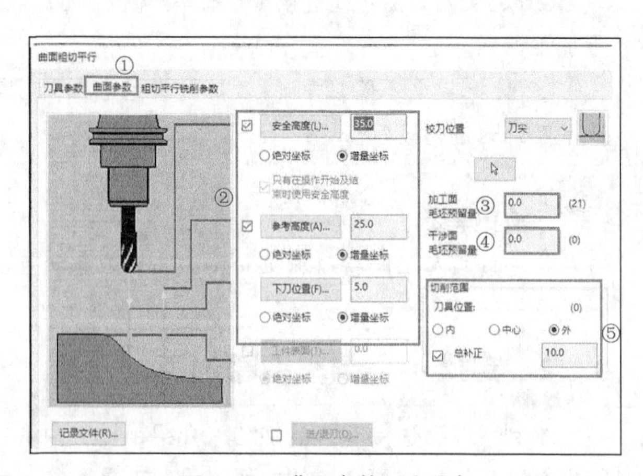

图 3-10　“曲面参数”选项卡

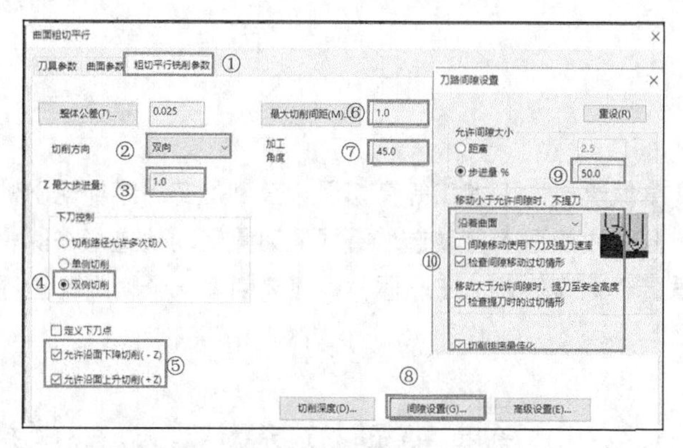

图 3-11 “粗切平行铣削参数”选项卡

图 3-12 平行粗加工刀具路径 1

4．创建平行粗加工刀具路径 2

（1）单击“视图”选项卡“屏幕视图”面板中的“仰视图”按钮，将当前视图设置为仰视图。

（2）单击“刀路”选项卡“3D”面板“粗切”组中的“平行”按钮，系统弹出“选择工件形状”对话框，拾取图 3-13 所示的内曲面。操作步骤参照上述步骤 3，修改“粗切平行铣削参数”选项卡中的加工角度为 0°，设置“下刀控制”为“切削路径允许多次切入”，其他参数不变，生成的平行粗加工刀具路径如图 3-14 所示。

图 3-13 拾取内曲面

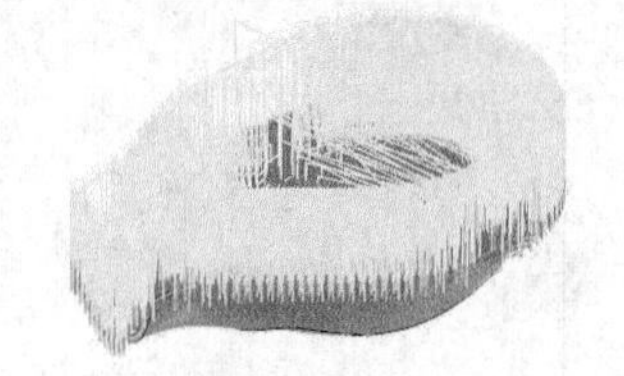

图 3-14 平行粗加工刀具路径 2

5．模拟仿真加工

为了验证平行粗加工参数设置的正确性，可以通过模拟平行粗加工过程，来观察工件在切削过程中的下刀方式和路径的正确性。

（1）设置毛坯

在刀路操作管理器中单击“毛坯设置”按钮 毛坯设置，系统弹出“机床群组属性”对话框，在“毛坯设置”选项卡的“形状”选项组中选择工件形状为“立方体”，单击“所有图素”按钮 所有图素，再单击“确定”按钮，生成的毛坯如图 3-15 所示。

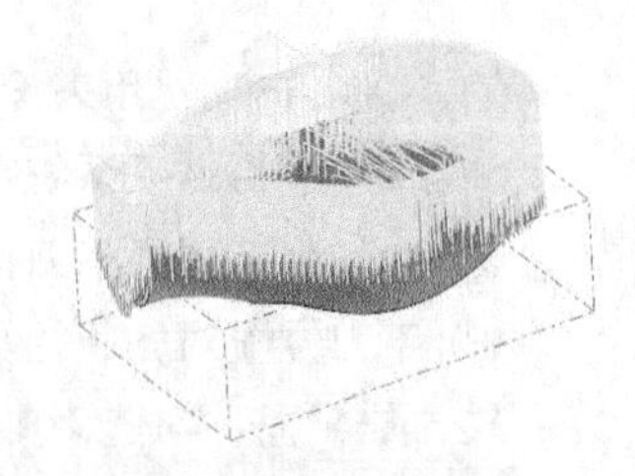

图 3-15 生成的毛坯

（2）模拟仿真加工

单击刀路操作管理器中的“验证已选择的操作”按钮，在弹出的“验证”对话框中单击“播放”按钮，系统开始进行模拟，模拟仿真加工结果如图 3-16 所示。

（3）NC 代码

模拟检查无误后，在刀路操作管理器中单击“执行选择的操作进行后处理”按钮 G1，系统弹出“后处理程序”对话框，单击“确定”按钮，弹出“另存为”对话框，输入文件名称“实操——倒车镜粗加工”，单击“保存”按钮 保存(S)，在编辑器中打开生成的 NC 代码，详见本书的电子资源。

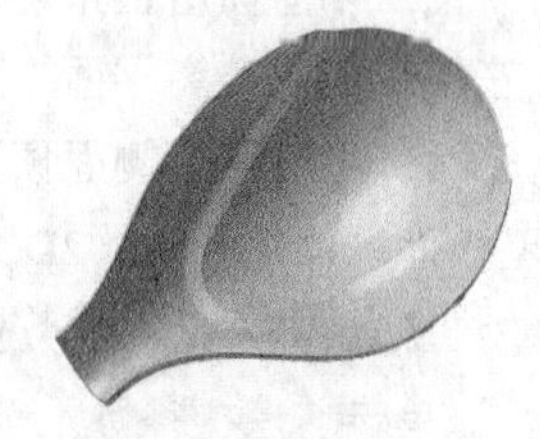

图 3-16 仿真加工结果

3.2 挖槽粗加工

挖槽粗加工是指按照用户指定的高度值逐层向下加工等高切面，直到加工出零件轮廓的一种加工方式。该命令可以根据曲面的形态（凸面或凹面）自动选取不同的刀具运动轨迹来去除材料，它主要用来对凹槽曲面进行加工，加工质量不太高。若加工凸面，则需要创建一个切削的边界。

3.2.1 挖槽粗加工参数介绍

单击“机床”选项卡“机床类型”面板中的“铣床”按钮，选择默认选项，在刀路操作管理器中生成机床群组属性文件，同时弹出“刀路”选项卡。单击“刀路”选项卡“3D”面板“粗切”组中的“挖槽”按钮，选取加工曲面之后，系统会弹出“刀路曲面选择”对话框，根据需要设定相应的参数和选择相应的图素后，单击“确定”按钮，此时系统会弹出“曲面粗切挖槽”对话框。

1. “粗切参数”选项卡

单击“曲面粗切挖槽”对话框中的“粗切参数”选项卡，如图 3-17 所示。

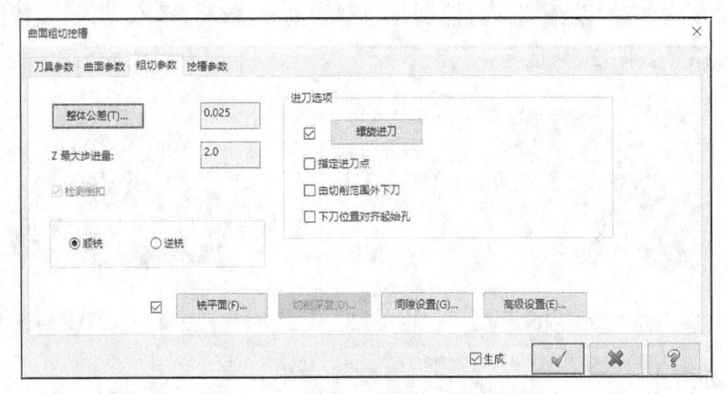

图 3-17 “粗切参数”选项卡

（1）进刀选项：用来设置刀具的进刀方式，进刀方式分别如下。

① 指定进刀点：系统在加工曲面前，以指定的点作为切入点。

② 由切削范围外下刀：刀具将从指定边界外下刀。

③ 下刀位置对齐起始孔：下刀位置会跟随起始孔的设置而定位。

（2）铣平面：勾选该复选框，单击“铣平面”按钮，弹出“平面铣削加工参数”对话框，如图 3-18 所示。

① 平面边界延伸量：一种 2D 偏移，用于设置将刀具路径从平面延伸出去的距离。

② 平面预留量（可+/–）：用于设置额外的 Z 轴偏移量，（正或负）以升高平面（正）或将平面凹入零件（负）。

③ 接近平面侧面预留量：用于设置 X 和 Y 方向与零件壁表面的额外间隙（2D 偏移）。

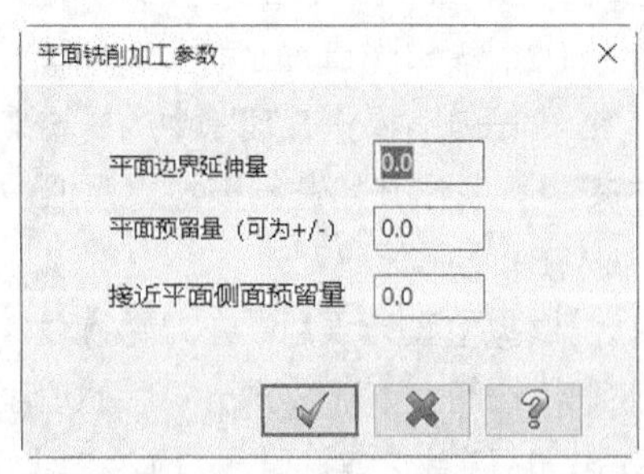

图 3-18 “平面铣削加工参数”对话框

2. “挖槽参数”选项卡

单击“挖槽参数”选项卡，如图 3-19 所示。

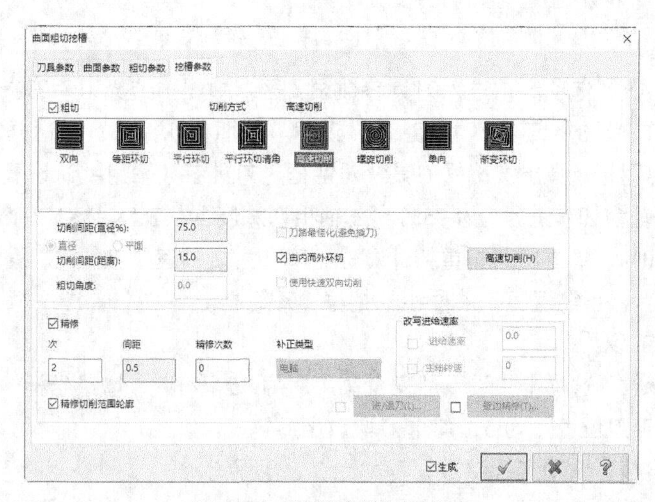

图 3-19 “挖槽参数”选项卡

切削方式：系统为挖槽粗加工提供了 8 种走刀方式，选择任意一种，对话框中相应的参数就会被激活。例如，当选择“双向”时，对话框中的“粗切角度”输入栏就会被激活，用户可以输入角度值，此值代表切削方向与 X 向的角度。

3.2.2 实操——吊钩凹模粗加工

本例通过吊钩凹模的加工来介绍挖槽粗加工命令的使用。首先打开源文件，然后启动“挖槽”命令，根据系统提示拾取要加工的曲面，设置刀具和加工参数，最后设置毛坯，进行模拟仿真加工，生成 NC 代码。

吊钩凹模粗加工操作步骤如下。

1. 打开文件

单击快速访问工具栏中的“打开”按钮，在弹出的“打开”对话框中选择“源文件/原始文件/第 3 章/吊钩”文件，如图 3-20 所示。

2. 选择机床

为了生成刀具路径，必须选择一台实现加工的机床。本次加工用系统默认的铣床，单击“机床”选项卡“机床类型”面板中的“铣床”按钮，选择默认选项，在刀路操作管理器中生成机床群组属性文件，同时弹出“刀路”选项卡。

3. 创建挖槽粗加工刀具路径

（1）选择加工曲面

单击“刀路”选项卡“3D”面板“粗切”组中的“挖槽”按钮，根据系统的提示在绘图区中选择图 3-21 所示的加工曲面后按<Enter>键，系统弹出“刀路曲面选择”对话框，此时显示有 6 个面被选中。单击“确定”按钮，系统弹出“曲面粗切挖槽”对话框。

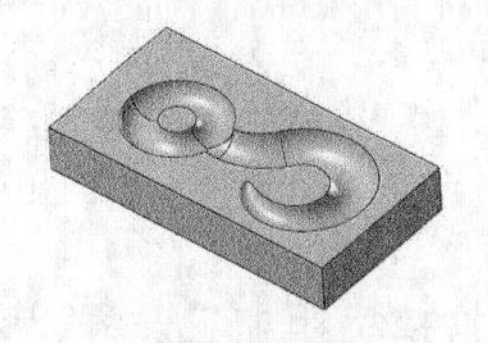

图 3-20 吊钩

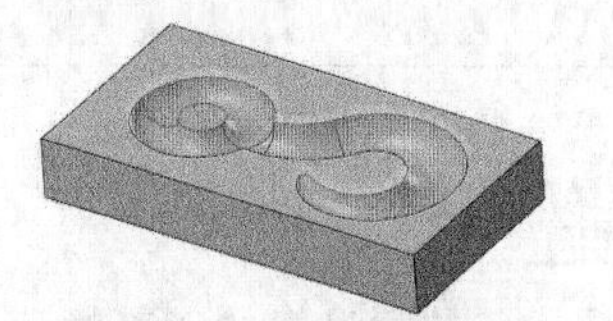

图 3-21 选择加工曲面

（2）设置刀具参数

① 单击“刀具参数”选项卡，进入刀具参数设置区。单击“选择刀库刀具”按钮，选择直径为 10 的球形铣刀，单击“确定”按钮，返回“曲面粗切挖槽”对话框。

② 双击球形铣刀图标，弹出“编辑刀具”对话框。刀具参数采用默认设置。单击“下一步”按钮，设置“XY 轴粗切步进量”为 75%，“Z 轴粗切深度”为 75%，“XY 轴精修步进量”为 30%，“Z 轴精修深度”为 30%，单击“点击重新计算进给率和主轴转速”按钮，重新生成切削参数。单击“完成”按钮，系统返回“曲面粗切挖槽”对话框。

（3）设置曲面加工参数

① 单击“曲面参数”选项卡，设置“安全高度”为 35，勾选“增量坐标”；“参考高度”为 25，勾选“增量坐标”；“下刀位置”为 5，勾选“增量坐标”。

② 单击“粗切参数”选项卡，参数设置如图 3-22 所示。

③ 单击“挖槽参数”选项卡，参数设置如图 3-23 所示。

④ 单击“确定”按钮，系统会在绘图区中生成挖槽粗加工刀具路径，如图 3-24 所示。

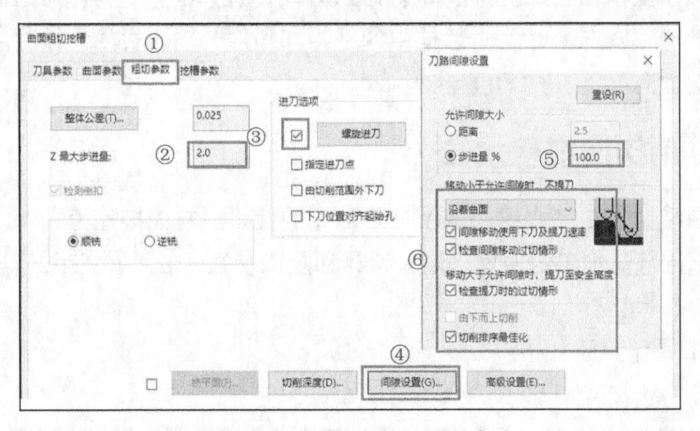

图 3-22 “粗切参数”选项卡

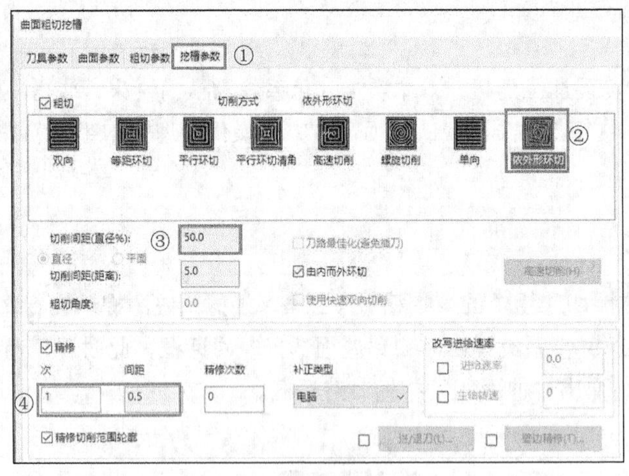

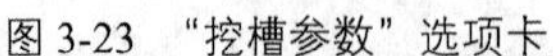
图 3-23 “挖槽参数”选项卡

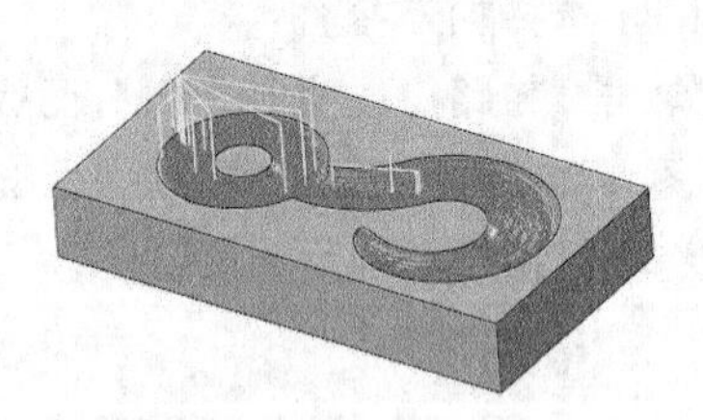
图 3-24 挖槽粗加工刀具路径

4. 模拟仿真加工

为了验证挖槽粗加工参数设置的正确性，可以通过模拟挖槽粗加工过程，来观察工件在切削过程中的下刀方式和路径的正确性。

5. 工件设置

在刀路操作管理器中单击“毛坯设置”按钮 毛坯设置，系统弹出“机床群组属性”对话框，在“毛坯设置”选项卡的“形状”选项组中选择工件形状为“立方体”，单击“所有实体”按钮 所有实体 ，单击“确定”按钮 ，生成的毛坯如图 3-25 所示。

图 3-25　生成的毛坯

6. 模拟仿真加工

单击刀路操作管理器中的“验证已选择的操作”按钮 ，在弹出的“Mastercam 模拟”对话框中单击“播放”按钮 ，系统进行加工模拟，图 3-26 所示为加工模拟的效果图。

图 3-26　仿真加工结果

7. NC 代码

在确认模拟效果无误后，即可生成 NC 代码。单击“执行选择的操作进行后处理”按钮 G1，再单击“确定”按钮 ，弹出“另存为”对话框，输入文件名称“实操——吊钩凹模粗加工”，单击“保存”按钮 保存(S) ，在编辑器中打开生成的 NC 代码，详见本书的电子资源。

3.3 放射粗加工

放射粗加工是指以指定点为径向中心，放射状分层切削加工工件。加工完成后的工件表面刀具路径呈放射状，刀具在工件径向中心密集，刀具路径重叠较多，工件周围刀具间距大。由于该策略提刀次数较多，加工效率低，因此较少采用。

3.3.1 放射粗加工参数介绍

单击“机床”选项卡“机床类型”面板中的“铣床”按钮 ，选择默认选项，在刀路操作管理器中生成机床群组属性文件，同时弹出“刀路”选项卡。此选项卡中的“3D”面板提供了 3D 铣削命令，如图 3-27 所示。此面板中列出了 4 种传统粗加工策略，另外 4 种传统粗加工策略不在该列表中，若想调用这几种加工策略就需要进行如下设置。

单击“文件”→“选项”命令，打开“选项”对话框，选择“自定义功能区”命令，然后在其右侧的“定义功能区（B）”下拉列表中选择“全部选项卡”，在列表框中选中“铣床”→“刀路”选项卡下的“3D”面板，单击“新建组”命令，创建一个新组，将其重命名为“粗切”，选中面板左侧列表中不在功能区的粗切命令“粗切放射刀路”，单击“添加”按钮 添加(A)>> 将其添加到右侧的新建组中。同理，添加“粗切等高外形加工”“粗切残料加工”“粗切流线加工”命令。单击“确定”按钮 确定 ，关闭对话框。新建的“粗切”面板如图 3-28 所示。

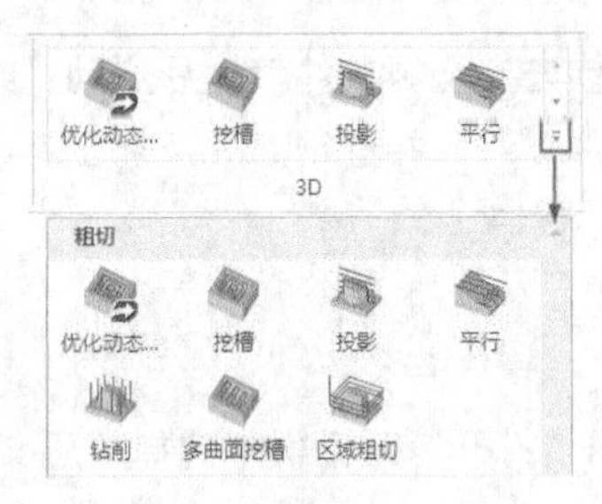

图 3-27　“3D”面板

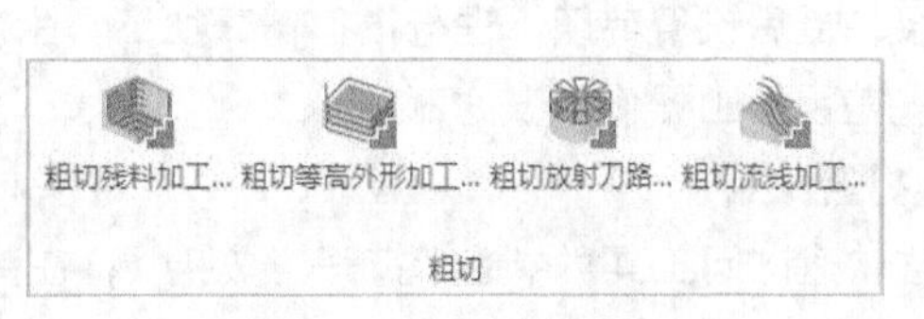

图 3-28　“粗切”面板

单击“刀路”选项卡“粗切”面板中的“粗切放射刀路”按钮，系统会依次弹出“选择工件形状”和“刀路曲面选择”对话框。根据需要选择加工曲面，确定切削范围和放射中心后，单击“确定”按钮，此时系统会弹出“曲面粗切放射”对话框。

单击“曲面粗切放射”对话框中的“放射粗切参数”选项卡，如图 3-29 所示。

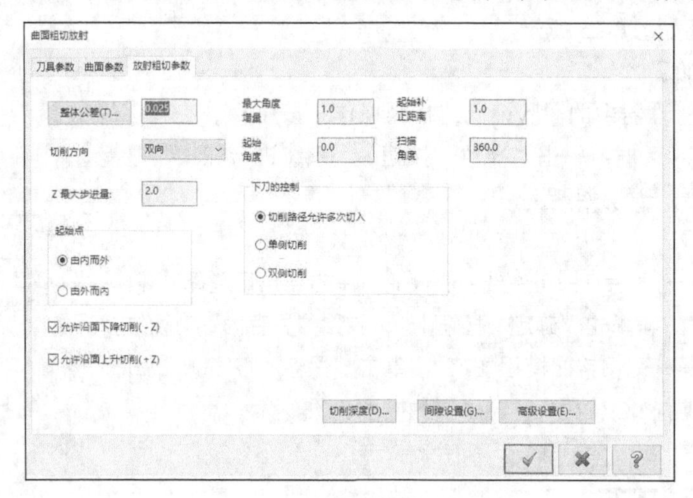

图 3-29　“放射粗切参数”选项卡

下面主要介绍放射粗加工的专用参数，如图 3-30 所示。

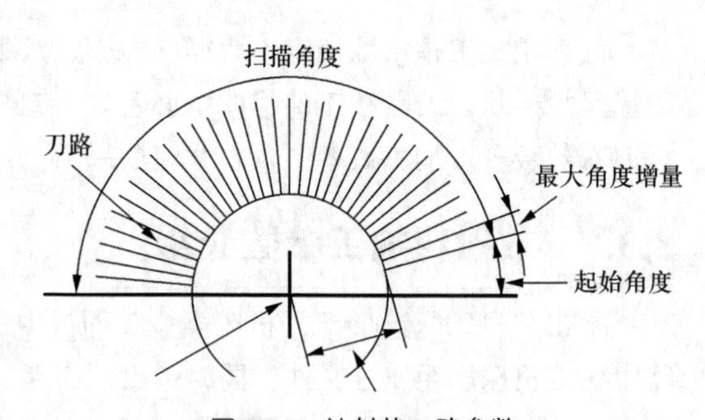

图 3-30　放射状刀路参数

（1）最大角度增量：该值是指相邻两条刀具路径之间的距离。由于刀具路径是放射状的，因此，往往在中心部分刀具路径过密，而在外围则比较分散，所以工件越大，如果最大角度增量值也设得较大，则越可能发生工件外围有些地方加工不到的情形。但反过来，如果最大角度值设得较小，则刀具往复次数太多，加工效率低。因此，必须综合考虑工件大小、表面质量要求及加工效率 3 方面的因素来设置最大角度增量。

（2）起始补正距离：是指刀具路径开始点距离刀具路径中心的距离。由于中心部分刀具路径集中，所以工件上要留下一段距离不进行加工，防止中心部分刀痕过密。

（3）起始角度：是指起始刀具路径的角度，以与 X 方向的角度为准。

（4）扫描角度：是指起始刀具路径与终止刀具路径之间的角度。

3.3.2　实操——车轮盖粗加工

本例通过车轮盖的粗加工来介绍放射命令的使用。首先打开源文件，然后启动“放射”命令，根据系统提示拾取要进行加工的曲面、加工范围和放射中心点，并进行刀具及加工参数设置，生成刀具路径，最后设置毛坯，进行模拟仿真加工，生成 NC 代码。

车轮盖粗加工操作步骤如下。

1. 打开文件

单击快速访问工具栏中的“打开”按钮，在弹出的“打开”对话框中选择“源文件/原始文件/第 3 章/车轮盖”文件，如图 3-31 所示。

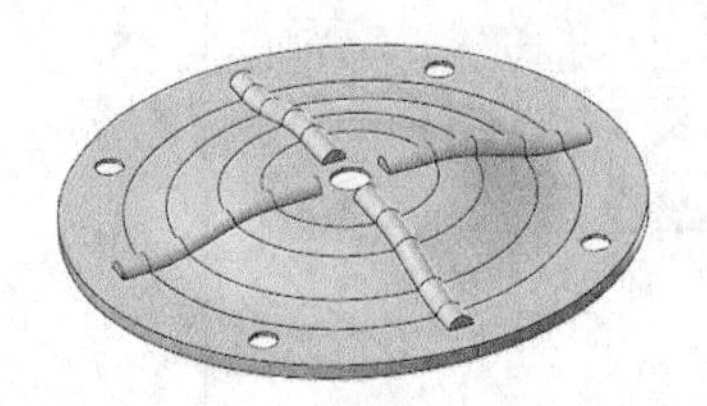
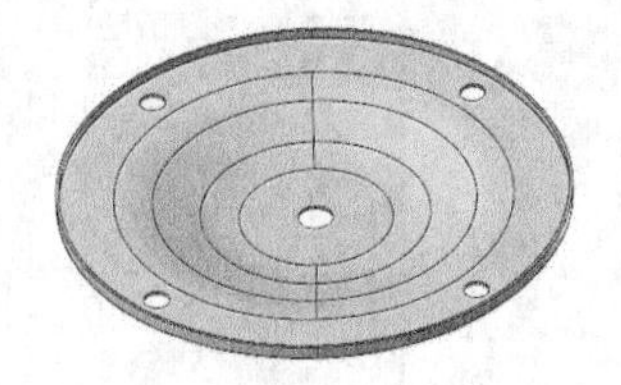

图 3-31　车轮盖

2. 整理图形

在进行放射粗加工时，孔是不进行加工的，所以，需要先将孔进行封堵。

新建图层 2，单击“曲面”选项卡“修剪”面板中的“填补内孔”按钮，拾取图 3-32 所示的所有孔的内外轮廓线，并对其进行填补。

3. 选择机床

为了生成刀具路径，必须选择一台实现加工的机床。本次加工使用系统默认的铣床，单击“机床”选项卡“机床类型”面板中的“铣床”按钮，选择默认选项，在刀路操作管理器中生成机床群组属性文件，同时弹出“刀路”选项卡。

4. 创建放射粗加工刀具路径 1

（1）选择加工曲面

单击“刀路”选项卡新建的“粗切”面板中的“粗切放射刀路”按钮，首先系统弹出“选择工件形状”对话框，设置曲面的形状为“未定义”，并单击“确定”按钮。根据系统的提示在绘图区中选择图 3-33 所示的外表面作为加工曲面，然后按<Enter>键，系统弹出“刀路曲面选择”对话框，单击“确定”按钮，弹出“曲面粗切放射”对话框。

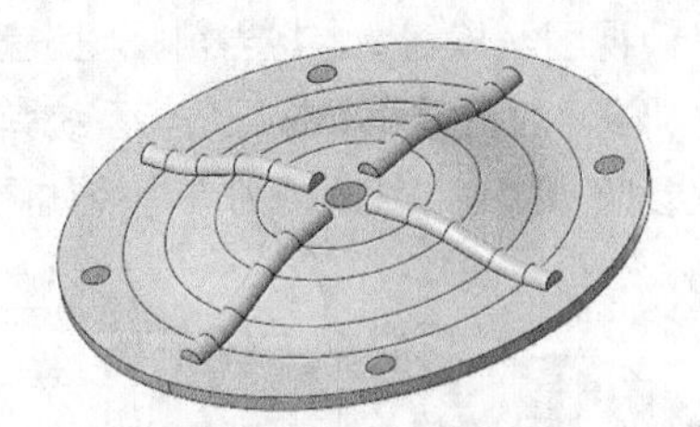

图 3-32　拾取孔的内外轮廓线

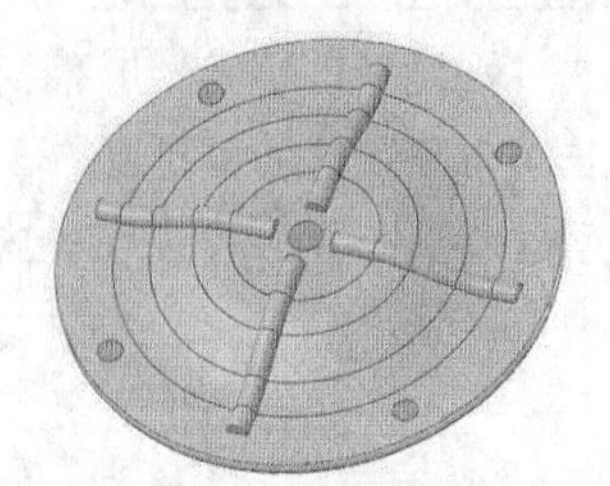

图 3-33　选择加工曲面

（2）设置刀具参数

① 单击“刀具参数”选项卡，进入刀具参数设置区。单击“选择刀库刀具”按钮，选择直径为 8 的球形铣刀，单击“确定”按钮，返回“曲面粗切放射”对话框。

② 双击球形铣刀图标，弹出“编辑刀具”对话框。修改刀齿长度为 30，其他参数采用默认设置。单击“下一步”按钮，设置“XY 轴粗切步进量”为 75%，“Z 轴粗切深度”为 75%，“XY 轴精修步进量”为 30%，“Z 轴精修深度”为 30%，单击“点击重新计算进给率和主轴转速”按钮，重新生成切削参数。单击“完成”按钮，系统返回“曲面粗切放射”对话框。

（3）设置曲面加工参数

① 单击“曲面参数”选项卡，设置“安全高度”为 35，勾选“增量坐标”；“参考高度”为 25，勾选“增量坐标”；“下刀位置”为 5，勾选“增量坐标”。

② 单击“放射粗切参数”选项卡，参数设置如图 3-34 所示。

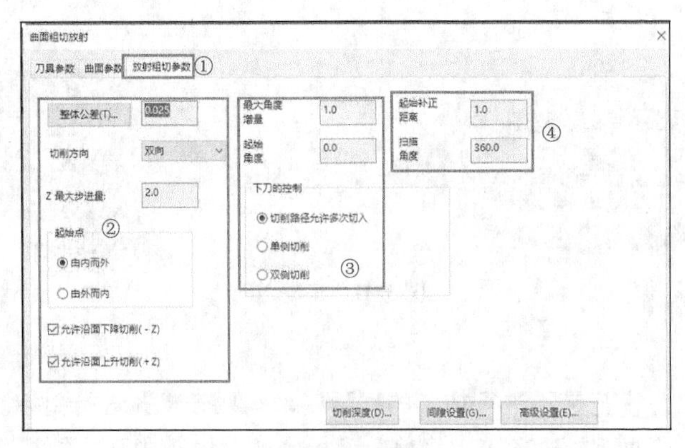

图 3-34 “放射粗切参数”选项卡

③ 单击“确定”按钮，系统提示选择放射状中心点，拾取图 3-35 所示的圆心点，此时在绘图区会生成刀具路径，如图 3-36 所示。

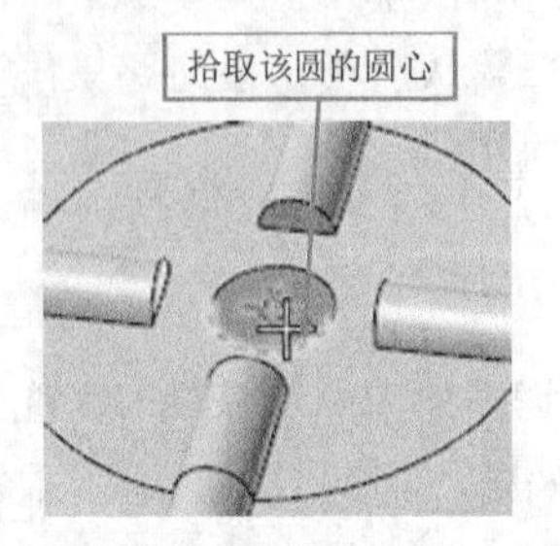

图 3-35 拾取圆心点

图 3-36 放射粗加工刀具路径 1

5. 创建放射粗加工刀具路径 2

（1）单击“视图”选项卡“屏幕视图”面板中的“仰视图”按钮，将当前视图设置为仰视图。

（2）单击“刀路”选项卡新建的“粗切”面板中的“粗切放射刀路”按钮，系统弹出“选择工件形状”对话框，拾取图 3-37 所示的内曲面。操作步骤参照步骤 4，生成的刀具路径如图 3-38 所示。

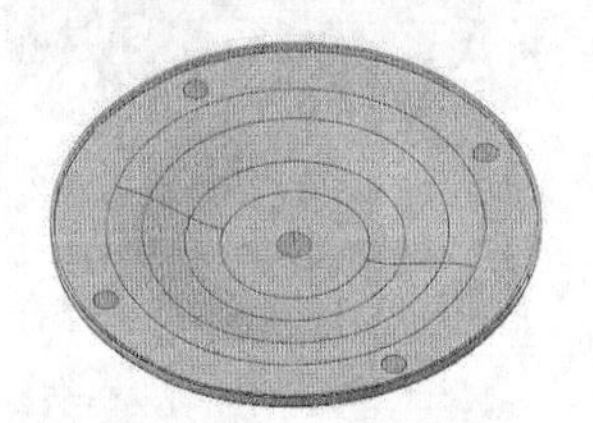

图 3-37 拾取内曲面

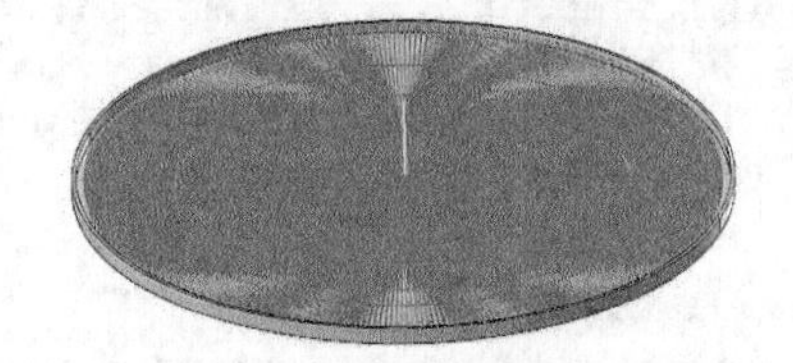

图 3-38 放射粗加工刀具路径 2

6. 模拟仿真加工

为了验证放射粗加工参数设置的正确性，可以通过模拟放射粗加工过程，来观察工件在切削过程中的下刀方式和路径的正确性。

（1）设置毛坯

在刀路操作管理器中单击“毛坯设置”按钮 毛坯设置，系统弹出“机床群组属性”对话框，设置毛坯形状为“圆柱体”，轴向为“Z”。在“毛坯设置”选项卡的“形状”选项组中单击“所有实体”按钮 所有实体，单击“确定”按钮，生成的毛坯如图 3-39 所示。

（2）仿真加工

单击刀路操作管理器中的“选择全部操作”按钮，选中所有刀路，单击刀路操作管理器中的

“验证已选择的操作”按钮，在弹出的“验证”对话框中单击“播放”按钮，系统开始进行模拟仿真加工，模拟仿真加工结果如图 3-40 所示。

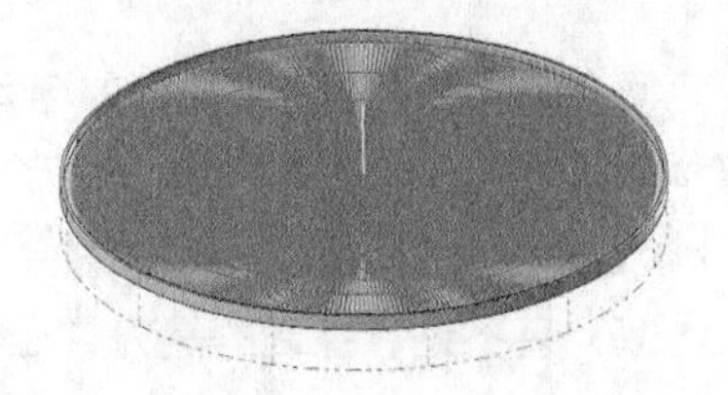

图 3-39　生成的毛坯

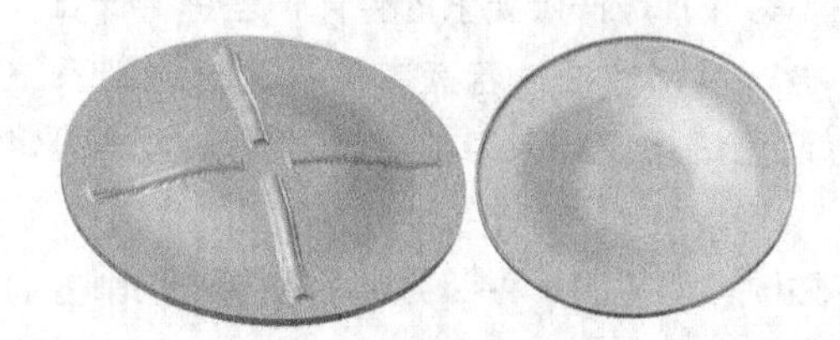

图 3-40　仿真加工结果

7. NC 代码

在确认模拟效果无误后，即可生成 NC 代码。单击“执行选择的操作进行后处理”按钮G1，单击“确定”按钮，弹出“另存为”对话框，输入文件名称“实操——车轮盖粗加工”，单击“保存”按钮，在编辑器中打开生成的 NC 代码，详见本书的电子资源。

3.4 流线粗加工

流线粗加工是指依据构成曲面的横向或纵向网格线方向进行加工的方法。由于该加工策略是顺着曲面的流线方向进行加工的，加工时可以控制残留高度（它直接影响加工表面的残留面积，而这正是导致表面粗糙度的主要原因），因此可以获得较好的表面加工质量。该方法常用于加工曲率半径较大的曲面或某些复杂且表面质量要求较高的曲面。

3.4.1 流线粗加工参数介绍

单击“机床”选项卡“机床类型”面板中的“铣床”按钮，选择默认选项，在刀路操作管理器中生成机床群组属性文件，同时弹出“刀路”选项卡。单击“刀路”选项卡新建的“粗切”面板中的“粗切流线加工”按钮，系统会依次弹出“选择工件形状”和“刀路曲面选择”对话框。根据需要设定相应的参数和选择相应的图素后，单击“确定”按钮，此时系统会弹出“曲面粗切流线”对话框。

单击“曲面粗切流线”对话框中“曲面流线粗切参数”选项卡，如图 3-41 所示。

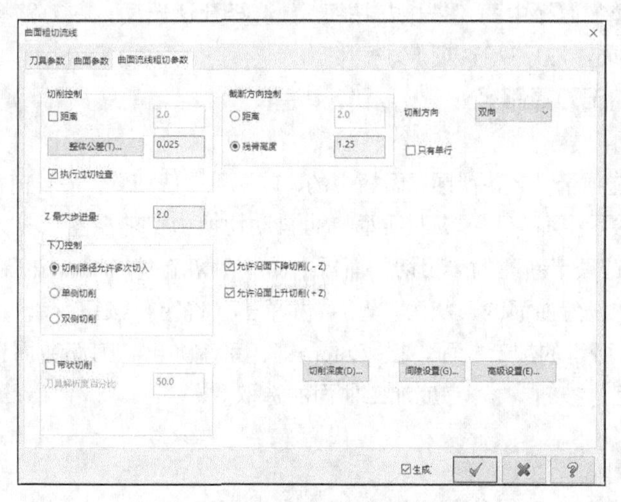

图 3-41　“曲面流线粗切参数”选项卡

“曲面流线粗切参数”选项卡的部分选项含义如下。

（1）切削控制：刀具在流线方向上切削的进刀量有两种设置方法：一种是在“距离”文本框中直接指定，另一种是按照要求的整体误差进行计算。

（2）执行过切检查：若选中该复选框，则系统将检查可能出现的过切现象，并自动调整刀具路径以避免过切。如果刀具路径移动量大于设定的整体误差值，则会使用自动提刀功能避免过切。

（3）截断方向控制：截断方向的控制与切削方向控制类似，只不过它控制的是刀具在垂直于切削方向的切削进刀量，它也有两种方法：一种是直接在“距离”文本框中输入一个指定值，作为截断方向的进刀量，另一种是在“残脊高度”文本框中设置刀具的残脊高度，然后由系统自动计算该方向的进刀量。

（4）只有单行：在相邻曲面的一行（而不是一个小区域）的上方创建流线加工刀具路径。

（5）带状切削：创建单程流线刀具路径，并在曲面中间进行一次切割。

（6）刀具解析度百分比：输入用于计算带状切割的刀具直径百分比。该值控制垂直于刀具运动的表面上切片之间的间距。切片在它们的中点连接以创建工具要遵循的路径。较小的百分比会创建更多的切片，从而生成更精细的刀具路径。

3.4.2 实操——喷头粗加工

本例通过对喷头的粗加工来介绍曲面流线粗加工命令的使用。本例我们要进行两个方向的曲面加工，首先设置当前视图为“前视图”，启动“粗切流线加工”命令，生成刀具路径；然后将当前视图设置为“后视图”，再次启动“粗切流线加工”命令，生成刀具路径；最后设置毛坯，进行模拟仿真加工，生成 NC 代码。

喷头粗加工操作步骤如下。

1. 打开文件

单击快速访问工具栏中的“打开”按钮，在弹出的“打开”对话框中选择“源文件/原始文件/第 3 章/喷头”文件，如图 3-42 所示。

2. 选择机床

为了生成刀具路径，必须选择一台实现加工的机床。本次加工使用系统默认的铣床，单击“机床”选项卡“机床类型”面板中的“铣床”按钮，选择默认选项，在刀路操作管理器中生成机床群组属性文件，同时弹出“刀路”选项卡。

3. 创建流线粗加工刀具路径 1

（1）选择加工曲面

① 单击“视图”选项卡“屏幕视图”面板中的“前视图”按钮，将当前视图设置为“前视图”，同时，状态栏中的“绘图平面”和“刀具平面”也自动切换为“前视图”。

② 单击“刀路”选项卡新建的“粗切”面板中的“粗切流线加工”按钮，首先系统弹出“选择工件形状”对话框，设置曲面的形状为“凸”，并单击“确定”按钮，然后根据系统的提示在绘图区中选择图 3-43 所示的加工曲面，按<Enter>键，系统弹出“刀路曲面选择”对话框，最后单击该对话框中的“确定”按钮，完成加工曲面的选取。

图 3-42 喷头

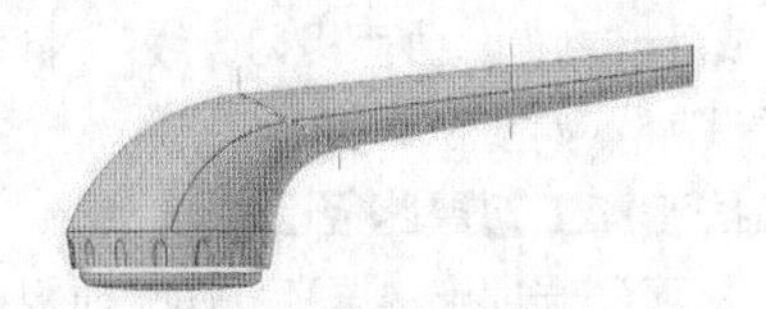

图 3-43 选择加工曲面 1

③ 单击“刀路曲面选择”对话框中的“流线参数”按钮，系统弹出“曲面流线设置”对话框，如图 3-44 所示。单击“切削方向”按钮，调整曲面流线，如图 3-45 所示。单击“确定”按钮，完成曲面流线的设置，系统返回“刀路曲面选择”对话框，单击“确定”按钮，系统弹出“曲面粗切流线”对话框。

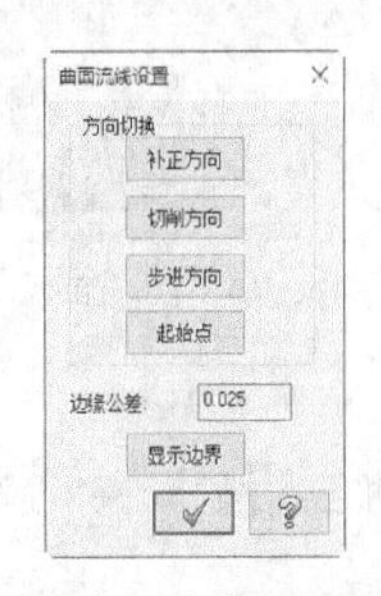

图 3-44 “曲面流线设置”对话框

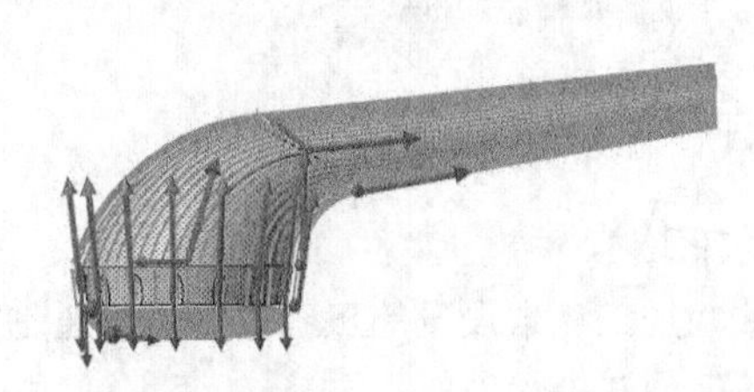

图 3-45 曲面流线设置示意

（2）设置刀具参数

① 单击“曲面粗切流线”对话框中的“刀具参数”选项卡，进入刀具参数设置区。单击“选择刀库刀具”按钮，选择直径为 6 的球形铣刀。单击“确定”按钮，返回“曲面粗切流线”对话框。

② 双击球形铣刀图标，弹出“编辑刀具”对话框。设置刀具总长度为 120，刀齿长度为 60，其他刀具参数采用默认设置。单击“下一步”按钮，设置“XY 轴粗切步进量”为 75%，“Z 轴粗切深度”为 75%，“XY 轴精修步进量”为 30%，“Z 轴精修深度”为 30%，单击“点击重新计算进给率和主轴转速”按钮，重新生成切削参数。单击“完成”按钮，系统返回“曲面粗切流线”对话框。

（3）设置曲面加工参数

① 单击“曲面参数”选项卡，设置“安全高度”为 35，勾选“增量坐标”；“参考高度”为 25，勾选“增量坐标”；“下刀位置”为 5，勾选“增量坐标”。

② 单击“曲面流线粗切参数”选项卡，参数设置如图 3-46 所示。

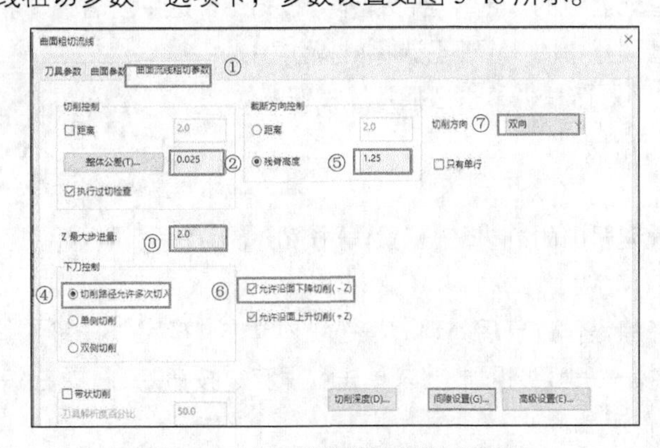

图 3-46 “曲面流线粗切参数”选项卡

③ 设置完成后，单击“曲面粗切流线”对话框中的“确定”按钮，系统立即在绘图区生成流线粗加工刀具路径，如图 3-47 所示。

4. 创建流线粗加工刀具路径 2

（1）单击“视图”选项卡“屏幕视图”面板中的“后视图”按钮，将当前视图设置为“后视图”，同时，状态栏中的“绘图平面”和“刀具平面”也自动切换为“后视图”。

（2）启动“粗切流线加工”命令，选择图 3-48 所示的曲面作为加工曲面。其他参数设置同步骤 3，流线粗加工刀具路径如图 3-49 所示。

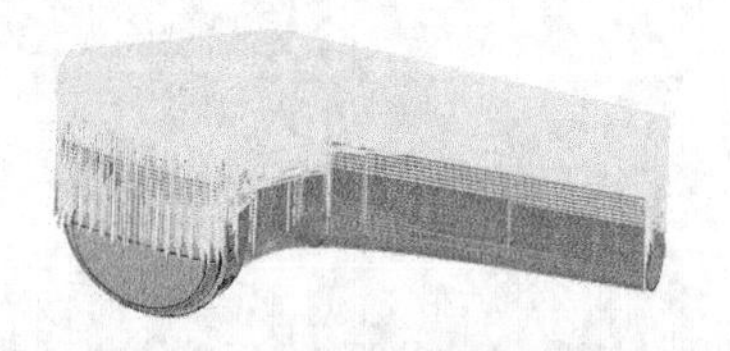

图 3-47　流线粗加工刀具路径 1

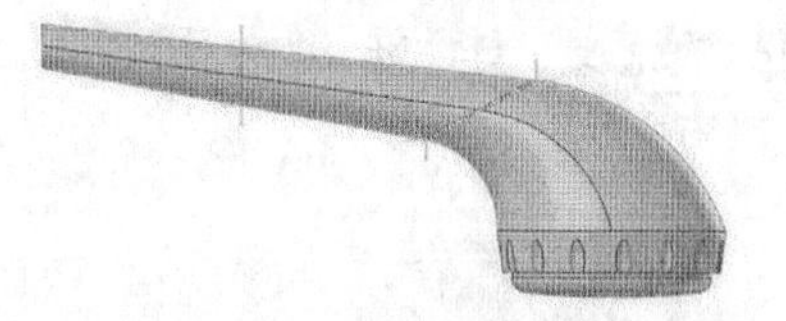

图 3-48　选择加工曲面 2

5. 模拟仿真加工

为了验证流线粗加工参数设置的正确性，可以通过模拟流线加工过程，来观察工件在切削过程中的下刀方式和路径的正确性。

（1）工件设置

在刀路操作管理器中单击“毛坯设置”按钮 毛坯设置，系统弹出“机床群组属性”对话框，在“毛坯设置”选项卡的“形状”选项组中选择工件形状为“立方体”，单击“所有实体”按钮 所有实体，再单击“确定”按钮，生成的毛坯如图 3-50 所示。

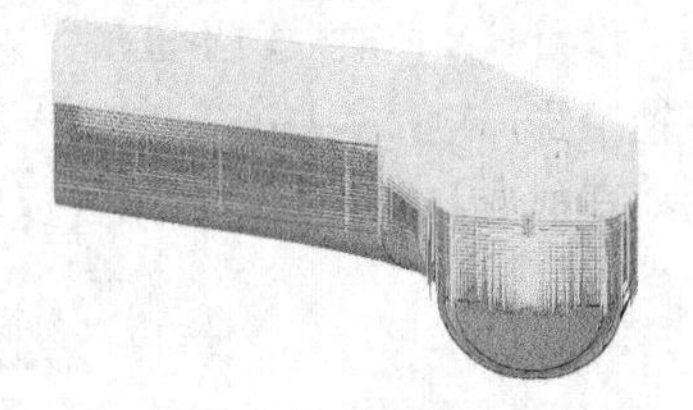

图 3-49　流线粗加工刀具路径 2

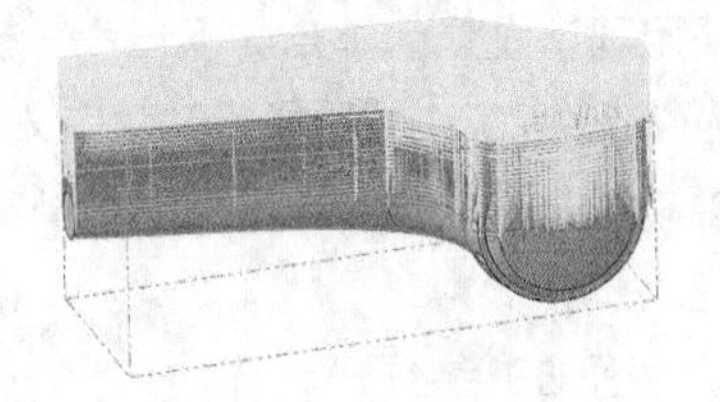

图 3-50　生成的毛坯

（2）模拟仿真加工

① 单击刀路操作管理器中的“选择全部操作”按钮，选中所有操作。

② 单击刀路操作管理器中的“验证已选择的操作”按钮，在弹出的“验证”对话框中单击“播放”按钮，仿真加工结果如图 3-51 所示。

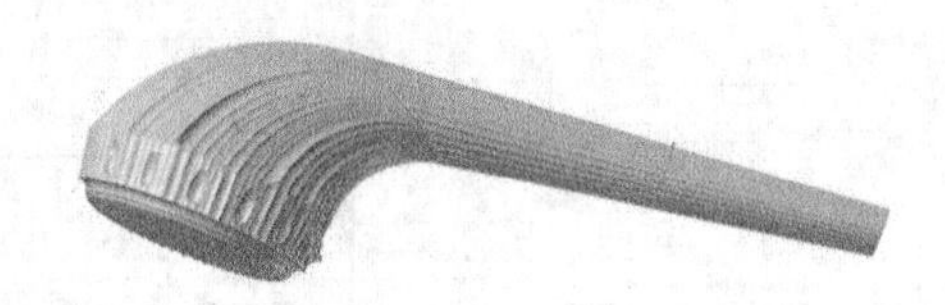

图 3-51　仿真加工结果

（3）NC 代码

① 单击刀路操作管理器中的“选择全部操作”按钮，选中所有操作。

② 单击“执行选择的操作进行后处理”按钮G1，单击“确定”按钮，弹出“另存为”对话框，输入文件名称“实操——喷头粗加工”，单击“保存”按钮 保存(S)，在编辑器中打开生成的 NC 代码，详见本书的电子资源。

3.5 等高外形粗加工

等高外形粗加工沿工件外形的等高线走刀，加工完一层后，采用多种层到层的移动方式进行 *Z* 方向的进给，进入下一层继续加工。简单来说，等高外形粗加工就是将复杂的 3D 图形分为许多层简单的 2D 图形来加工。

3.5.1 等高外形粗加工参数介绍

单击“机床”选项卡“机床类型”面板中的“铣床”按钮，选择默认选项，在刀路操作管理器中生成机床群组属性文件，同时弹出“刀路”选项卡。单击“刀路”选项卡新建的“粗切”面板中的“粗切等高外形加工”按钮，选取加工曲面之后，系统会弹出“刀路曲面选择”对话框。根据需要设定相应的参数和选择相应的图素后，单击“确定”按钮，此时系统会弹出“曲面粗切等高”对话框。

单击“曲面粗切等高”对话框中“等高粗切参数”选项卡，如图 3-52 所示。

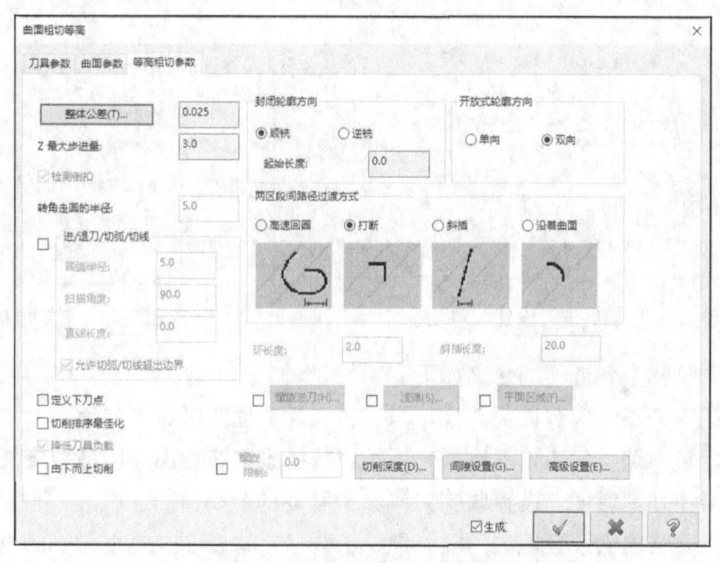

图 3-52 “等高粗切参数”选项卡

（1）封闭轮廓方向：用于设置封闭式轮廓外形加工时，加工方式是顺铣的还是逆铣的，同时，“起始长度”文本框还可以设置加工封闭式轮廓的下刀时的起始长度。

（2）开放式轮廓方向：加工开放式轮廓时，因为轮廓不是封闭的，所以加工到边界时刀具需要转弯以避免在无材料的空间做切削动作，Mastercam 2022 提供了如下两种动作方式。

① 单向：刀具加工到边界后，提刀并快速返回到另一头，再次下刀并沿着下一条刀具路径进行加工。

② 双向：刀具在顺方向和逆方向都进行切削，即来回切削。

（3）两区段间路径过渡方式：当要加工的两个曲面相距很近或两个曲面因某种原因被隔开一段距离时，就需要考虑刀具如何从这个区域过渡到另一个区域。“两区段间路径过渡方式”选项就是用于设置当刀具移动量小于设定的间隙时，刀具如何从一条路径过渡到另一条路径。Mastercam 2022 提供了如下 4 种过渡方式。

① 高速回圈：刀具以平滑的方式从一条路径过渡到另一条路径。

② 打断：将移动距离分成向 Z 方向和向 XY 方向移动的两段距离，即刀具从间隙一边的刀具路径的终点在 Z 方向上升或下降到间隙另一边的刀具路径的起点，再从 XY 平面内移动到所处的位置。

③ 斜插：刀具以直线的方式从一条路径过渡到另一条路径。

④ 沿着曲面：刀具根据曲面的外形变化趋势，从一条路径过渡到另一条路径。

若选择“高速回圈”或“斜插”，则“环长度”或“斜插长度”文本框被激活，具体含义可参考对话框中的红线标识。

（4）螺旋进刀：该功能可以实现螺旋下刀功能，选中“螺旋进刀”复选框并单击其按钮，系统弹出“螺旋进刀设置”对话框，如图 3-53 所示。

（5）浅滩：曲面上较为平坦的部分。单击“浅滩加工”按钮，系统弹出“浅滩加工”对话框，如图 3-54 所示。利用该对话框可以在等高外形粗加工中增加或去除浅滩刀具路径，从而保证曲面上浅滩的加工质量。

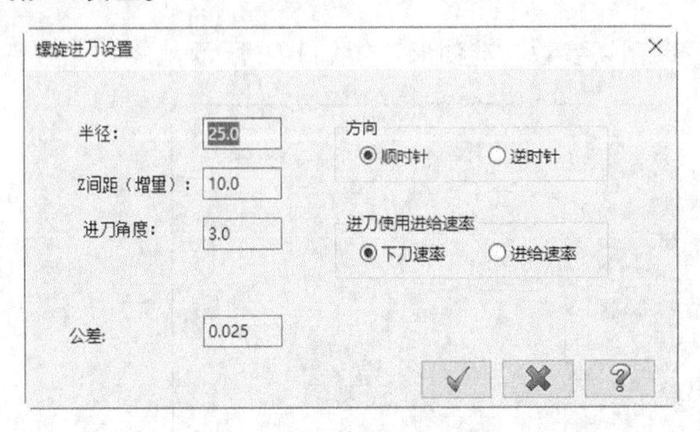

图 3-53 “螺旋进刀设置”对话框

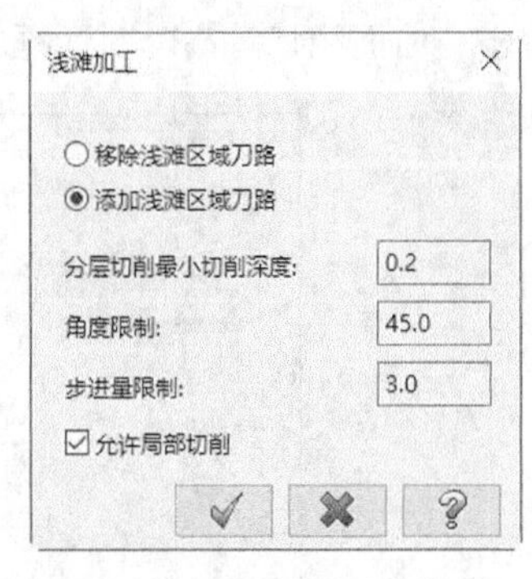

图 3-54 “浅滩加工”对话框

“浅滩加工”对话框中各选项的含义如下。

① 移除浅滩区域刀路：勾选该复选框，系统将去除曲面浅区域中的道路。

② 增加浅滩区域刀路：勾选该复选框，系统将根据设置在曲面浅区域中增加道路。

③ 分层切削最小切削深度：设置限制刀具 Z 向移动的最小值。

④ 角度限制：定义曲面浅区域的角度（默认值为 45°）。系统去除或增加从 0°到该设定角度之间曲面浅区域中的刀路。

⑤ 步进量限制：用于设置向曲面浅区域增加刀路时刀具的最小进刀量，以及在去除曲面浅区域的刀路时刀具的最大进刀量。如果输入 0，则曲面的所有区域都被视为曲面浅区域，此值与加工角度极限相关联，二者设置一个即可。

⑥ 允许局部切削：该复选框与“移出浅滩区域刀路”和“增加浅滩区域刀路”复选框配合使用，如图 3-54 所示。若勾选该复选框，则在曲面浅滩区域中增加刀路时，不产生封闭的切削（切削深度为刀具 Z 向移动最小值）。

（6）平面区域：单击“平面区域”按钮，系统弹出“平面区域加工设置”对话框，如图 3-55 所示。选择 3D 方式时，切削间距为刀具路径在 2D 平面的投影。

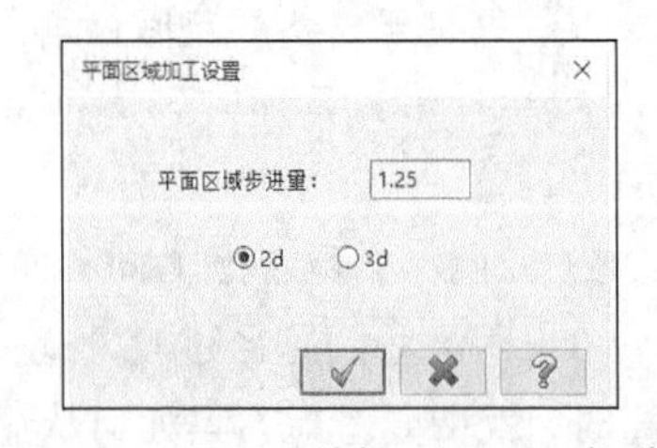

图 3-55 “平面区域加工设置”对话框

（7）螺旋限制：螺旋限制功能可以将一系列的等高切削转换为螺旋斜坡切削，从而消除切削层之间移动带来的刀痕，对于陡斜壁加工效果尤为明显。

3.5.2 实操——油烟机内腔粗加工

本例通过油烟机内腔的粗加工来介绍粗切等高外形加工命令的使用。首先打开源文件，进行图形整理；然后启动“粗切等高外形加工”命令，选择加工曲面和加工范围串连，设置刀具和曲面加工参数，生成刀具路径，再进行仰视图上的挖槽加工；最后设置毛坯，进行模拟仿真加工，生成 NC 代码。

油烟机内腔粗加工操作步骤如下。

1. 打开文件

单击快速访问工具栏中的“打开”按钮，在弹出的“打开”对话框中选择“源文件/原始文件/第 3 章/油烟机内腔”文件，如图 3-56 所示。

2. 整理图形

（1）新建图层 3，并将其设置为当前层。单击“曲面”选项卡“修剪”面板中的“填补内孔”按钮，拾取图 3-57 所示的孔的边界线进行填补。

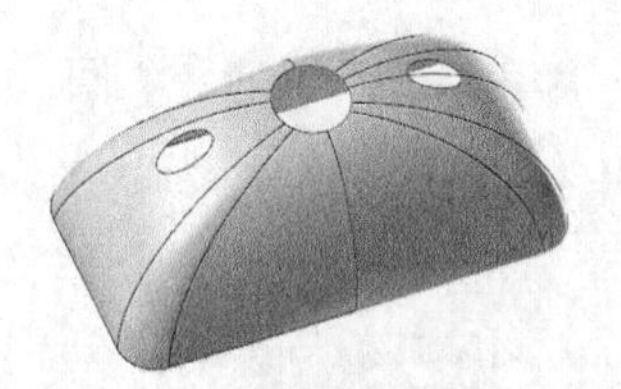

图 3-56　油烟机内腔

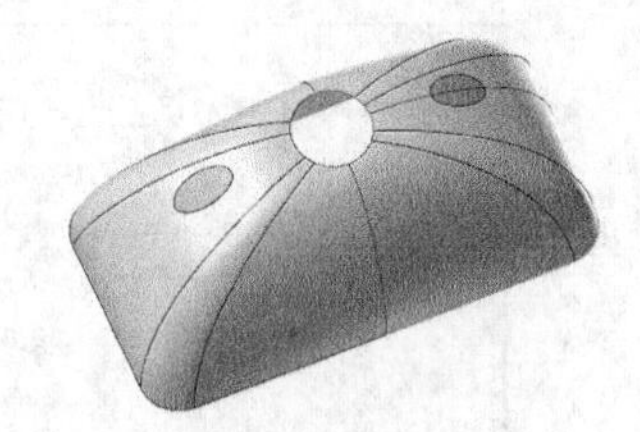

图 3-57　填补内孔

（2）单击“线框”选项卡“修剪”面板中的“封闭全圆”按钮，拾取图 3-58 所示的圆弧，使其封闭为整圆。

（3）单击“实体”选项卡“创建”面板中的“拉伸”按钮，弹出“实体拉伸”对话框，拾取上步的圆，单击“自动抓点”按钮，拾取图 3-59 所示的点，结果如图 3-60 所示。

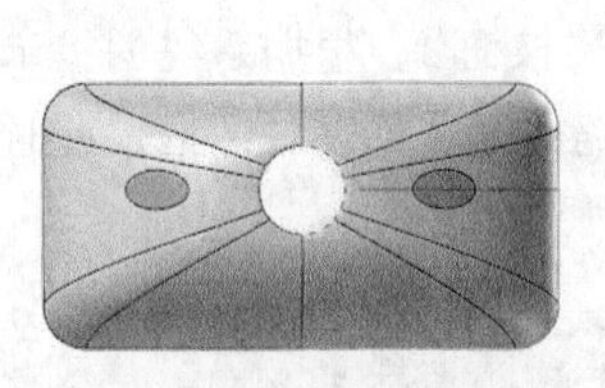

图 3-58　拾取圆弧

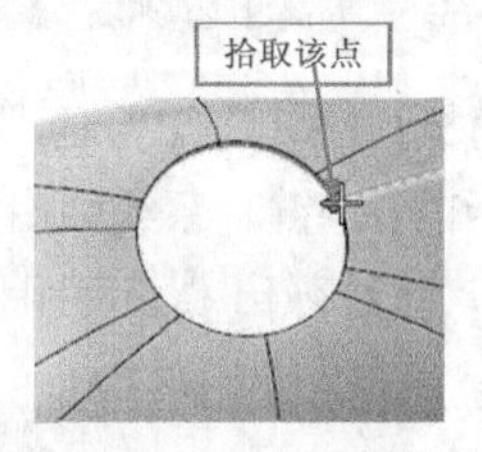

图 3-59　拾取点

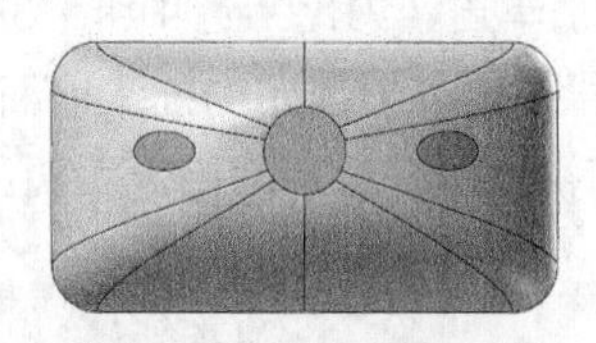

图 3-60　整理后的图形

3. 创建等高外形粗加工刀具路径

（1）选择加工曲面及切削范围

单击“刀路”选项卡新建的“粗切”面板中的“粗切等高外形加工”按钮。根据系统的提示在绘图区中选择图 3-61 所示的外曲面后按 <Enter>键，系统弹出“刀路曲面选择”对话框。单击“确定”按钮，系统弹出“曲面粗切等高”对话框。

（2）设置刀具参数

① 单击“曲面粗切等高”对话框中的“刀具参数”选项卡，进入

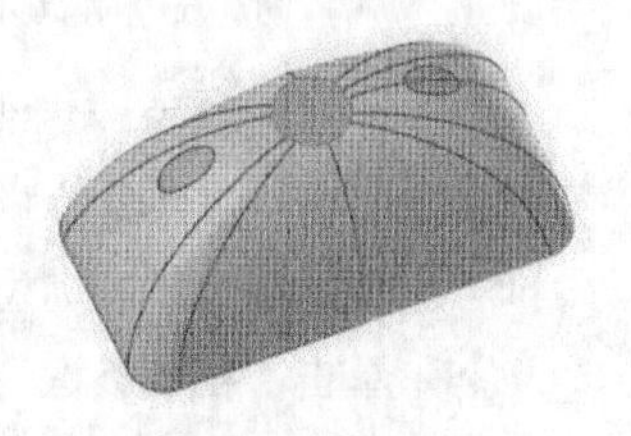

图 3-61　选择外曲面

刀具参数设置区。在刀具列表框中单击鼠标右键，在弹出的快捷菜单中选择“创建刀具”命令，弹出“定义刀具”对话框，选择“球形铣刀”，单击“下一步”按钮 下一步 ，设置刀齿直径为 30，刀具总长度为 240，刀齿长度为 210。

② 单击“下一步”按钮 下一步 ，设置“XY 轴粗切步进量”为 75%，“Z 轴粗切深度”为 75%，“XY 轴精修步进量”为 30%，“Z 轴精修深度”为 30%，单击“点击重新计算进给率和主轴转速”按钮，重新生成切削参数。单击“完成”按钮 完成 ，系统返回“曲面粗切等高”对话框。

（3）设置曲面加工参数

① 单击“曲面参数”选项卡，设置“安全高度”为 35，勾选“增量坐标”；“参考高度”为 25，勾选“增量坐标”；“下刀位置”为 5，勾选“增量坐标”。

② 单击“等高粗切参数”选项卡，参数设置如图 3-62 所示。

③ 设置完成后，单击“确定”按钮，系统立即在绘图区中生成等高外形粗加工刀具路径，如图 3-63 所示。

4. 创建挖槽粗加工刀具路径

（1）单击“视图”选项卡“屏幕视图”面板中的“仰视图”按钮，将当前视图设置为仰视图。

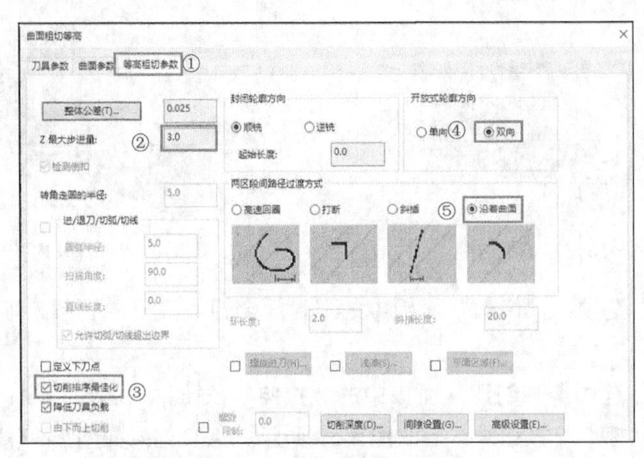

图 3-62 “等高粗切参数”选项卡

（2）单击“刀路”选项卡“3D”面板“粗切”组中的“挖槽”按钮，根据系统的提示在绘图区中选择图 3-64 所示的加工曲面后按<Enter>键，系统弹出“刀路曲面选择”对话框，此时显示有 13 个面被选中。单击“确定”按钮，系统弹出“曲面粗切挖槽”对话框。

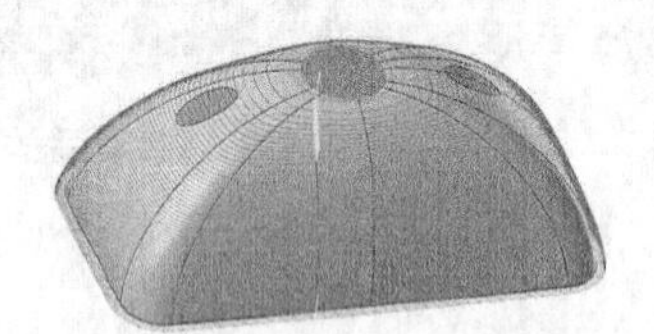

图 3-63 等高外形粗加工刀具路径

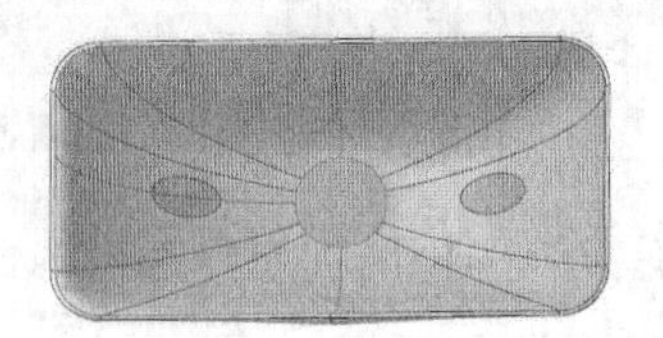

图 3-64 选择内曲面

（3）在“刀具参数”选项卡中选中直径为 30 的球形铣刀。

（4）单击“曲面参数”选项卡，设置“安全高度”为 35，勾选“增量坐标”；“参考高度”为 25，勾选“增量坐标”；“下刀位置”为 5，勾选“增量坐标”。

（5）单击“粗切参数”选项卡，设置“Z 最大步进量”为 3，其他参数采用默认设置。

（6）单击“挖槽参数”选项卡，设置“切削间距（直径%）”为 50，其他参数采用默认设置。

（7）单击“确定”按钮，生成挖槽粗加工刀具路径，如图 3-65 所示。

5. 模拟仿真加工

为了验证各加工参数设置的正确性，可以通过模拟加工过程，来观察工件在切削过程中的下刀方式和路径的正确性。

（1）工件设置

在刀路操作管理器中单击“毛坯设置”按钮 毛坯设置，系统弹出“机床群组属性”对话框，在“形状”选项组中选择工件形状为“立方体”，单击“所有图素”按钮 所有图素，单击“确定”按钮，生成的毛坯如图 3-66 所示。

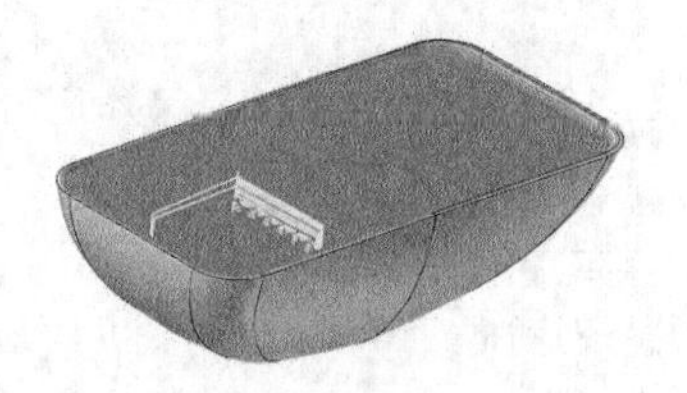

图 3-65 挖槽粗加工刀具路径

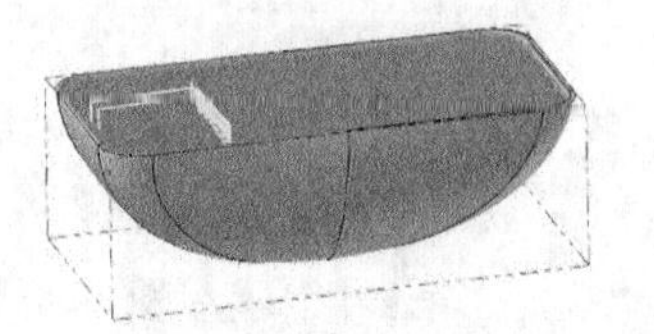

图 3-66 生成的毛坯

（2）仿真加工

① 单击刀路操作管理器中的“选择全部操作”按钮，选中所有操作。

② 单击刀路操作管理器中的“验证已选择的操作”按钮，在弹出的“验证”对话框中单击“播放”按钮，系统开始进行模拟，仿真加工结果如图 3-67 所示。加工后剩余的毛坯材料可以通过残料加工进行去除。

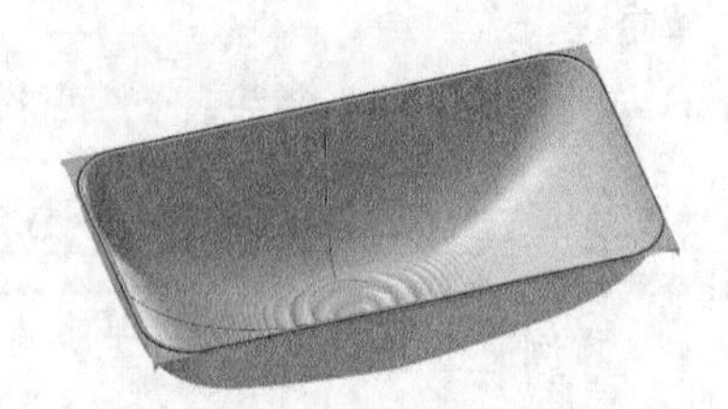

图 3-67 仿真加工结果

（3）NC 代码

① 单击刀路操作管理器中的“选择全部操作”按钮，选中所有操作。

② 单击“执行选择的操作进行后处理”按钮 G1，单击“确定”按钮，弹出“另存为”对话框，输入文件名称“实操——油烟机内腔粗加工”，单击“保存”按钮 保存(S)，在编辑器中打开生成的 NC 代码，详见本书的电子资源。

3.6 投影粗加工

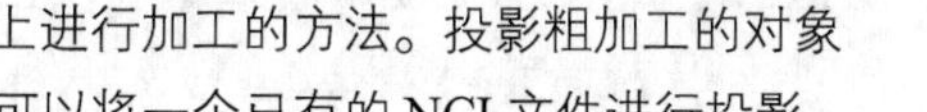

投影粗加工是指将已有的刀具路径、线条或点投影到曲面上进行加工的方法。投影粗加工的对象不仅可以是一些几何图素，还可以是一些点组成的点集，甚至可以将一个已有的 NCI 文件进行投影。

3.6.1 投影粗加工参数介绍

单击“机床”选项卡“机床类型”面板中的“铣床”按钮，选择默认选项，在刀路操作管理器中生成机床群组属性文件，同时弹出“刀路”选项卡。单击“刀路”选项卡“3D”面板“粗切”组中的“投影”按钮，系统会依次弹出“选择工件形状”和“刀路曲面选择”对话框，根据需要选择加工曲面和相应的图素，单击“确定”按钮，系统弹出“曲面粗切投影”对话框，如图 3-68 所示。

投影加工的参数主要有“投影方式”和“原始操作”两种。其中，“投影方式”用于设置投影粗加工对象的类型，“投影方式”的类型包括 3 种，介绍如下。

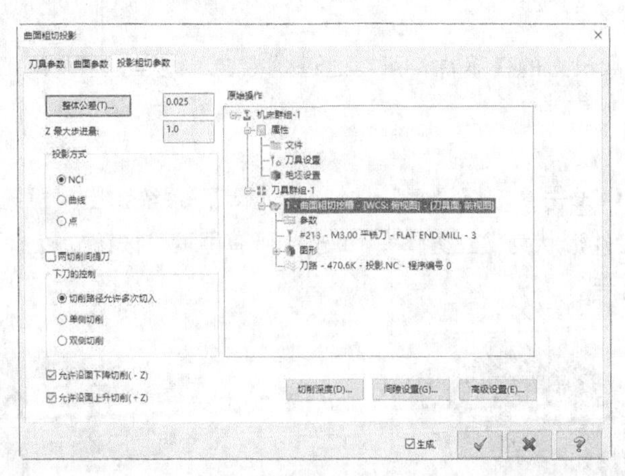

图 3-68 “曲面粗切投影”对话框

（1）NCI：选择已有的 NCI 文件投影到所选实体上。若选择该类型，则可以在“原始操作”列表栏中选择 NCI 文件。

（2）曲线：将一条曲线或一组曲线投影到选定的实体上。输入刀具路径参数后，系统会提示选择曲线。

（3）点：将一个点或一组点投影到选定的实体上。输入刀具路径参数后，系统会提示选择点。

3.6.2 实操——水果盘粗加工

本例通过水果盘的粗加工来介绍投影加工命令的使用。首先打开源文件，创建曲面挖槽粗加工刀具路径；然后利用“投影”命令，对挖槽粗加工刀具路径进行投影粗加工；最后设置毛坯，进行模拟仿真加工，生成 NC 代码。

水果盘粗加工操作步骤如下。

1. 打开文件

单击快速访问工具栏中的“打开”按钮，在弹出的“打开”对话框中选择“源文件/原始文件/第 3 章/水果盘”文件，如图 3-69 所示。

2. 创建挖槽粗加工刀具路径

（1）选择加工曲面及投影曲线

单击“刀路”选项卡“2D”面板“铣削”组中的“挖槽”按钮，系统弹出“线框串连”对话框，选择图 3-70 所示的挖槽边界，并单击“确定”按钮。

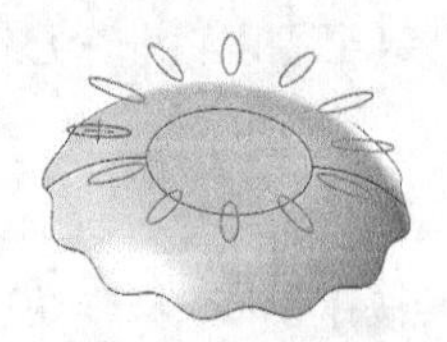

图 3-69 水果盘

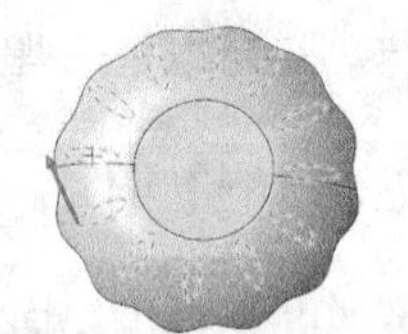

图 3-70 选择挖槽边界

（2）设置刀具参数

系统弹出“2D 刀路-2D 挖槽”对话框，单击“刀具”选项卡，再单击“选择刀库刀具”按钮 选择刀库刀具...，系统弹出“选择刀具”对话框，选取直径为 6 的球形铣刀。单击“确定”按钮，返回“2D

刀路–2D 挖槽”对话框。

（3）设置曲面加工参数

① 单击“共同参数”选项卡，设置“深度”为–5，勾选“增量坐标”，其他参数采用默认。

② 单击“切削参数”选项卡，设置“壁边预留量”和“底面预留量”为 0，其他参数采用默认。

③ 单击“确定”按钮，生成挖槽粗加工刀具路径，如图 3-71 所示。

3. 创建投影粗加工刀具路径

（1）选择加工曲面及投影曲线

① 单击“切换显示已选择的刀路操作”按钮，隐藏刀具路径。

② 单击“刀路”选项卡“3D”面板“粗切”组中的“投影”按钮，在系统弹出“选择工件形状”对话框中设置曲面的形状为“未定义”并单击“确定”按钮。

③ 根据系统的提示，在绘图区中选择图 3-72 所示的加工曲面，按<Enter>键，系统弹出“刀路曲面选择”对话框。单击“确定”按钮，系统弹出“曲面粗切投影”对话框。

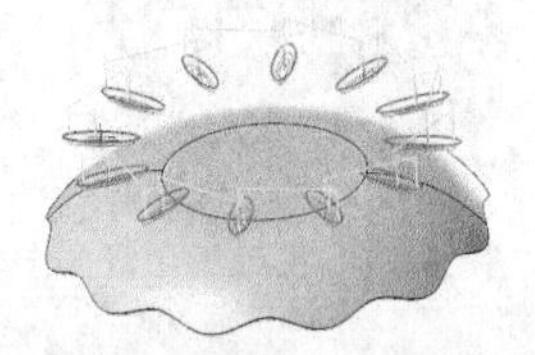

图 3-71 挖槽粗加工刀具路径

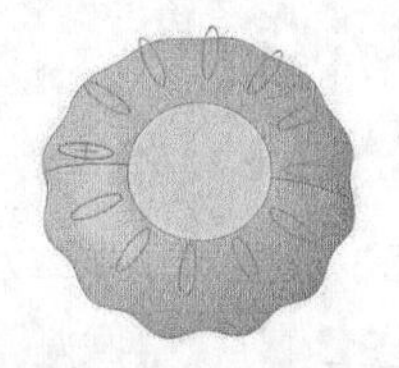

图 3-72 选择加工曲面

（2）设置刀具参数

单击“曲面粗切投影”对话框中的“刀具参数”选项卡，选择直径为 6 的球形铣刀。

（3）设置曲面加工参数

① 单击“曲面参数”选项卡，设置加工面毛坯“预留量”为–5，其他参数采用默认。

技巧荟萃

投影精加工中的预留量通常设为负值，因为精加工已经将产品加工到位，投影精加工必须在此基础上再切削部分材料，因此，预留量需要设成负值。

② 单击“投影粗切参数”选项卡，参数设置如图 3-73 所示。

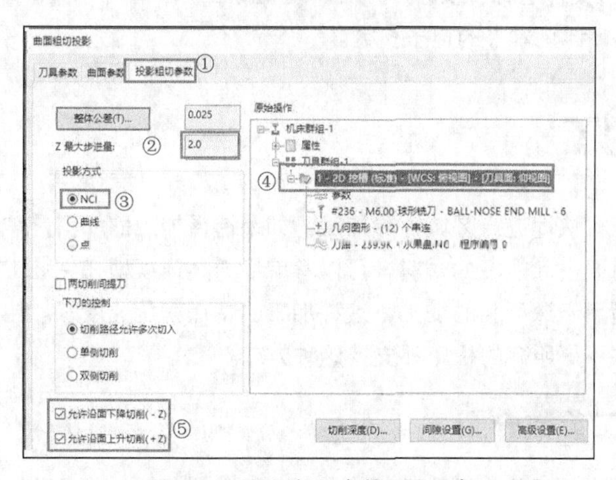

图 3-73 “投影粗切参数”选项卡

③ 设置完成后，单击“曲面粗切投影”对话框中的“确定”按钮，生成投影粗加工刀具路径，如图 3-74 所示。

4. 模拟仿真加工

为了验证投影粗加工参数设置的正确性，可以通过模拟投影加工过程，来观察工件在切削过程中的下刀方式和路径的正确性。

（1）工件设置

在刀路操作管理器中单击“毛坯设置”按钮 毛坯设置，系统弹出“机床群组属性”对话框，在“形状”组中选择“实体/网格”单选按钮，单击“选择”按钮，进入绘图界面，在绘图区选取果盘实体。返回“机床群组属性”对话框，勾选“显示”复选框，单击“确定”按钮，生成的毛坯如图 3-75 所示。

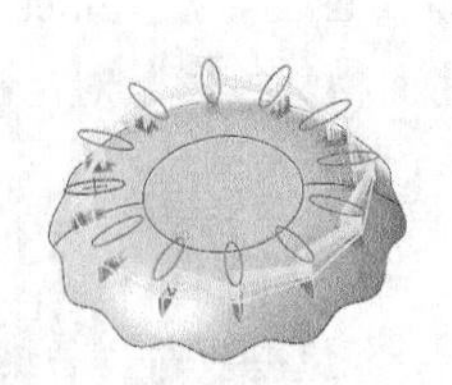

图 3-74　投影粗加工刀具路径

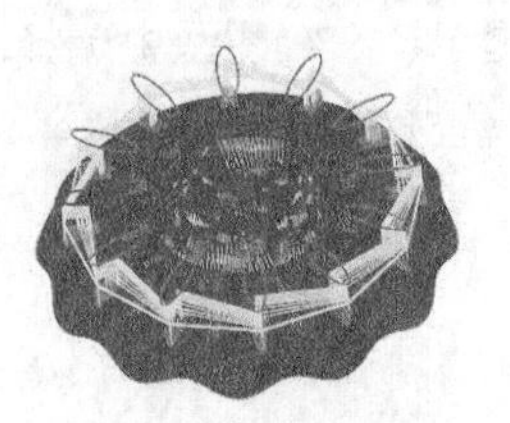

图 3-75　生成的毛坯

（2）模拟仿真加工

完成刀具路径设置后，就可以通过刀具路径模拟来观察刀具路径是否合适。

① 单击刀路操作管理器中的“选择全部操作”按钮，选中所有操作。

② 单击刀路操作管理器中的“验证已选择的操作”按钮，在弹出的“Mastercam 模拟”对话框中单击“播放”按钮，进行模拟仿真加工，图 3-76 所示为仿真加工结果。

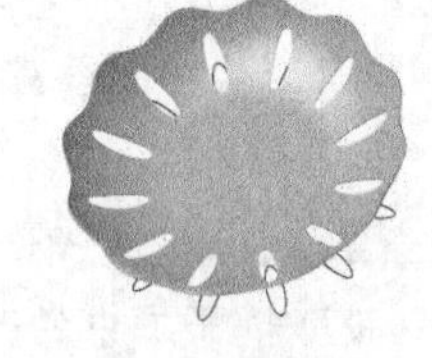

图 3-76　仿真加工结果

（3）NC 代码

① 单击刀路操作管理器中的“选择全部操作”按钮，选中所有操作。

② 在确认加工设置无误后，即可生成 NC 加工代码。单击“执行选择的操作进行后处理”按钮G1，系统弹出“后处理程序”对话框，单击“确定”按钮，弹出“另存为”对话框，输入文件名称“实操——水果盘粗加工”，单击“保存”按钮 保存(S)，在编辑器中打开生成的 NC 代码，详见本书的电子资源。

3.7　钻削粗加工

钻削又称插铣，可极快地进行区域清除加工，如果选择加工的坯料是块料，且与零件的形状相差较大，意味着加工时要去除很多的材料，可以考虑用刀具连续地在毛坯上采用类似钻孔的方式来去除多余材料。钻削适用于深型腔的加工，这种加工的特点就是速度快。由于钻削粗加工对刀具和机床的要求比较高，并不是所有的机床都支持这种方式。

3.7.1　钻削粗加工参数介绍

单击“机床”选项卡“机床类型”面板中的“铣床”按钮，选择默认选项，在刀路操作管理器中生成机床群组属性文件，同时弹出“刀路”选项卡。单击“刀路”选项卡“3D”面板“粗切”组中的“钻削”按钮，选取加工曲面之后，系统弹出“刀路曲面选择”对话框。根据需要设定相应的参数和选择相应的图素后，单击“确定”按钮，此时系统会弹出“曲面粗切钻削”对话框，如图 3-77 所示。

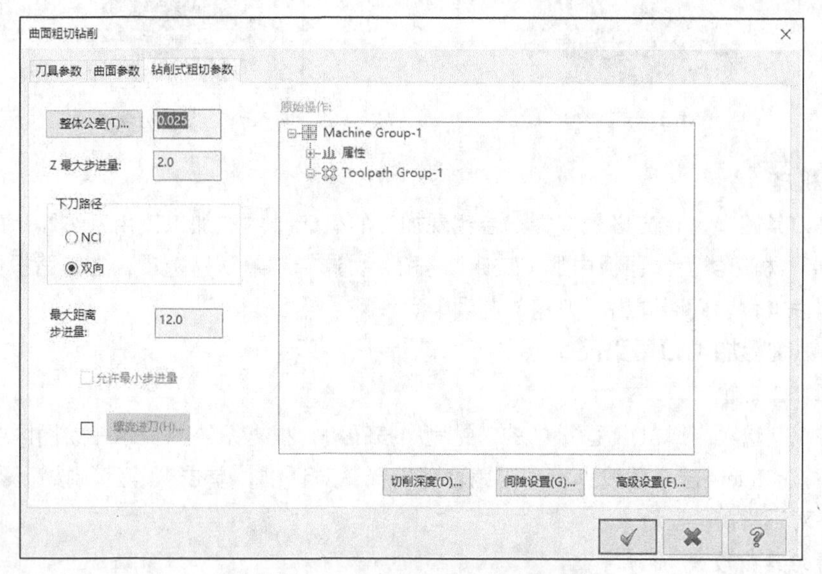

图 3-77 “曲面粗切钻削”对话框

单击“曲面粗切钻削”对话框中的“钻削式粗切参数”选项卡，该选项卡中部分选项的含义如下。

（1）NCI：用其他加工策略产生的 NCI 文件（如挖槽加工，且已有刀具的运动轨迹记录）来获取钻削加工的刀具路径轨迹。值得注意的是，必须针对同一个表面或同一个区域进行加工。

（2）双向：刀具的下降深度由要加工的曲面控制，刀具顺着加工区域的形状往复运动，刀具在水平方向进给距离由用户在“最大距离步进量”文本框中指定。

3.7.2 实操——玩偶钻削粗加工

本例我们通过对玩偶的加工来介绍钻削粗加工命令的使用。首先打开源文件，在创建刀具路径之前，我们需要设置用来确定加工范围的左下角点和右上角点；然后启动“钻削”命令，进行刀具及加工参数设置，生成刀具路径；最后进行模拟仿真加工，生成 NC 代码。

玩偶钻削加工操作步骤如下。

1. 打开文件

单击快速访问工具栏中的“打开”按钮，在弹出的“打开”对话框中选择“源文件/原始文件/第 3 章/玩偶”文件，如图 3-78 所示。

2. 创建加工范围

（1）单击“视图”选项卡“屏幕视图”面板中的“俯视图”按钮，将当前视图设置为“俯视图”。

（2）单击“线框”选项卡“形状”面板中的“边界框”按钮，弹出“边界框”对话框，在绘图区拾取所有图素，创建图 3-79 所示的边界框。

图 3-78　玩偶

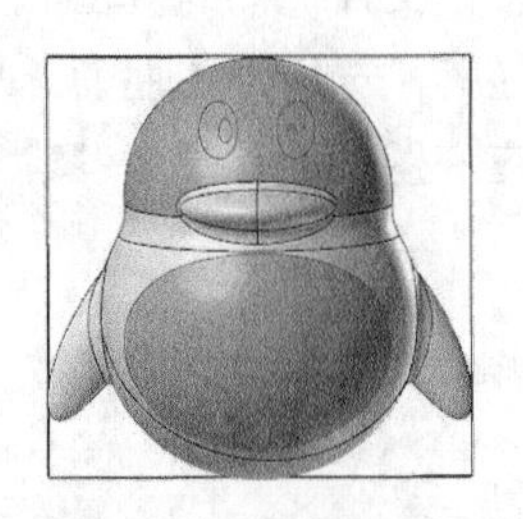

图 3-79　创建边界框

3. 选择机床

为了生成刀具路径，首先必须选择一台实现加工的机床，本次加工使用系统默认的铣床，单击“机床”选项卡“机床类型”面板中的“铣床”按钮，选择“默认”选项，在刀路操作管理器中生成机床群组属性文件，同时弹出“刀路”选项卡。

4. 创建钻削粗加工刀具路径 1

（1）选择加工曲面

单击“刀路”选项卡“3D”面板中的“钻削”按钮，根据系统的提示在绘图区中选择图 3-80 所示的曲面后按<Enter>键，系统弹出“刀路曲面选择”对话框，单击“确定”按钮，弹出“曲面粗切钻削”对话框。

（2）设置刀具参数

① 单击“刀具参数”选项卡，进入刀具参数设置区。单击“选择刀库刀具”按钮，选择直径为 25 的钻头，单击“确定”按钮，返回“曲面粗切钻削”对话框。

② 双击“钻头”图标，弹出“编辑刀具”对话框，刀具参数设置如图 3-81 所示。单击“完成”按钮，系统返回“曲面粗切投影”对话框。

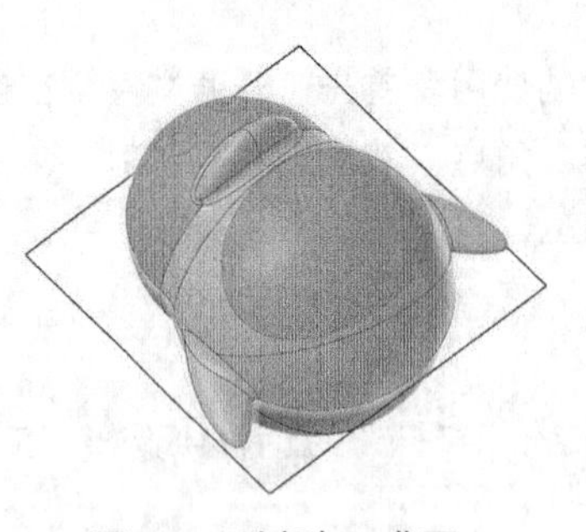

图 3-80　选择加工曲面

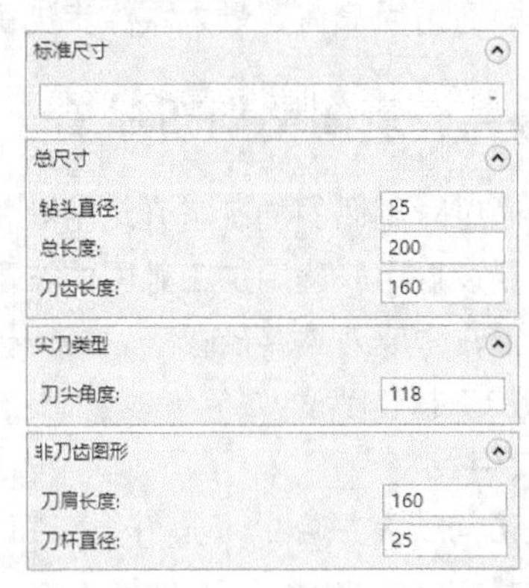

图 3-81　设置刀具参数

（3）设置曲面加工参数

① 单击“曲面参数”选项卡，参数采用默认设置。

② 单击“钻削式粗切参数”选项卡，参数设置如图 3-82 所示。

③ 设置完后，最后单击“曲面粗切钻削”对话框中的“确定”按钮，根据系统的提示在绘图区中选择图 3-83 所示的左下角点和右上角点，系统在绘图区中生成如图 3-84 所示的刀具路径。

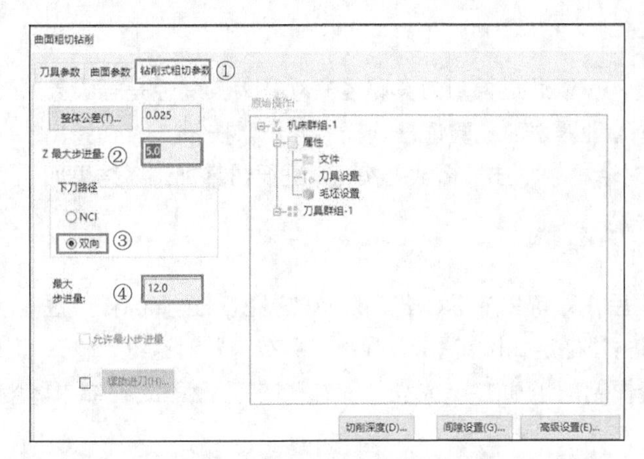

图 3-82 “钻削式粗切参数”选项卡

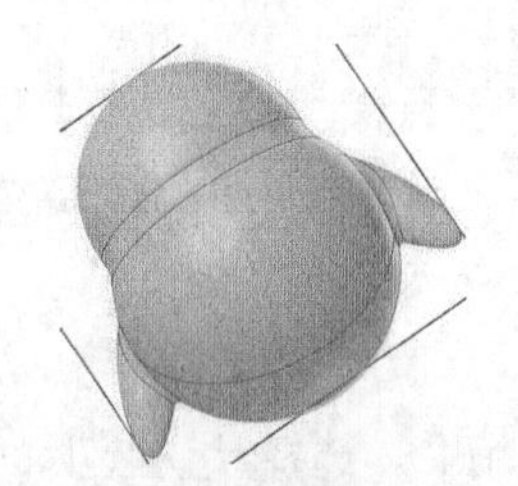

图 3-83 选择角点

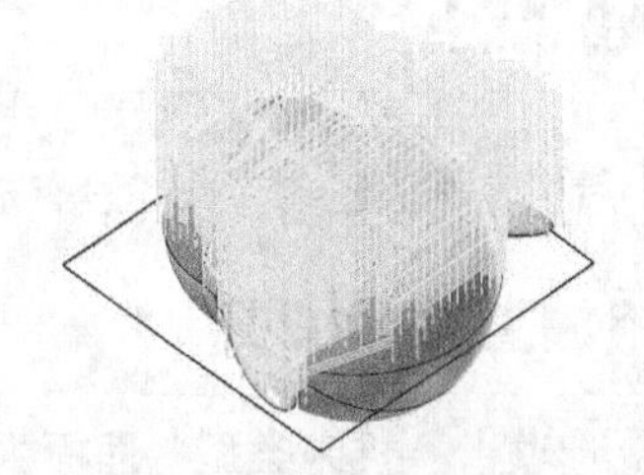

图 3-84 钻削粗加工刀具路径 1

5．创建钻削粗加工刀具路径 2

（1）单击“视图”选项卡“屏幕视图”面板中的“仰视图”按钮，将当前视图设置为仰视图。

（2）单击“刀路”选项卡“3D”面板中的“钻削”按钮，根据系统的提示在绘图区中选择图 3-85 所示的曲面后按<Enter>键，系统弹出“刀路曲面选择”对话框，单击“确定”按钮，弹出“曲面粗切钻削”对话框。

（3）选择刀具列表框中直径为 25 的钻头。其他参数设置参照步骤 4，单击“确定”按钮，生成刀具路径，如图 3-85 所示。

6．模拟仿真加工

为了验证钻削粗加工参数设置的正确性，可以通过模拟钻削加工过程，来观察工件在切削过程中的下刀方式和路径的正确性。

（1）工件设置

在刀路操作管理器中单击“毛坯设置”按钮 毛坯设置，系统弹出“机床群组属性”对话框，在“形状”选项组中选择工件形状为“立方体”，单击“所有实体”按钮，单击“确定”按钮，生成的毛坯如图 3-86 所示。

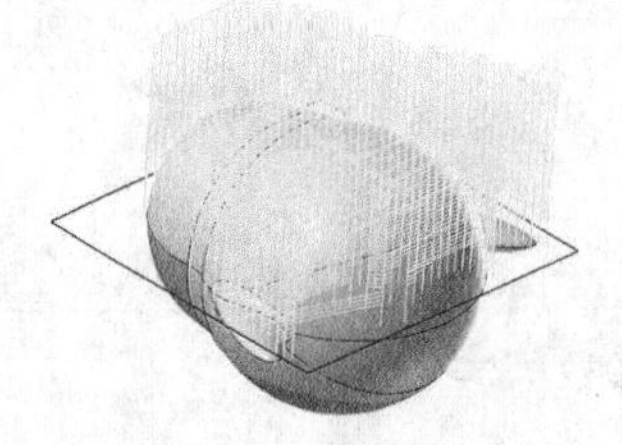

图 3-85 钻削粗加工刀具路径 2

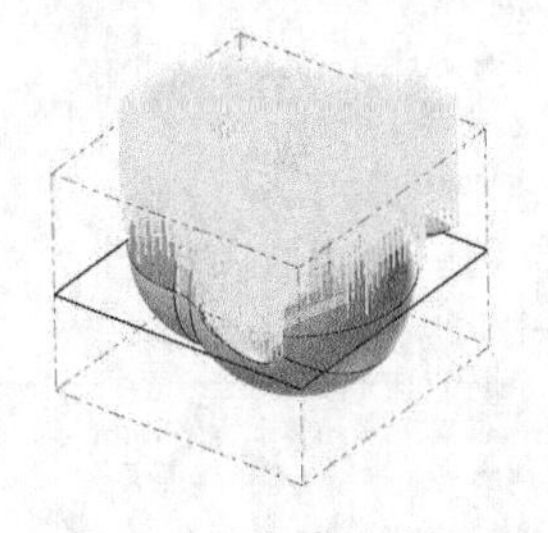

图 3-86 生成的毛坯

（2）模拟仿真加工

完成刀具路径设置，可以通过模拟刀具路径来观察刀具路径是否设置得合适。单击刀路操作管理器中的“验证已选择的操作”按钮，在弹出的“Mastercam 模拟”对话框中单击“播放”按钮进行仿真加工，结果如图 3-87 所示。

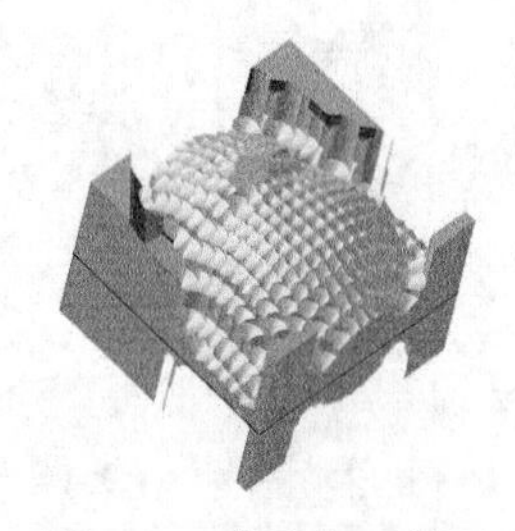

图 3-87　仿真加工结果

（3）NC 代码

确认加工设置无误后，即可生成 NC 代码。单击“执行选择的操作进行后处理”按钮，单击“确定”按钮，弹出“另存为”对话框，输入文件名称“实操——玩偶钻削粗加工”，单击“保存”按钮，在编辑器中打开生成的 NC 代码，详见本书的电子资源。

3.8 残料粗加工

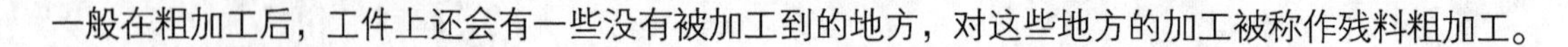

一般在粗加工后，工件上还会有一些没有被加工到的地方，对这些地方的加工被称作残料粗加工。

3.8.1 残料粗加工参数介绍

单击“机床”选项卡“机床类型”面板中的“铣床”按钮，选择默认选项，在刀路操作管理器中生成机床群组属性文件，同时弹出“刀路”选项卡。单击“刀路”选项卡“粗切”面板中的“粗切残料加工”按钮，选取加工曲面之后，系统会弹出“刀路曲面选择”对话框。根据需要设定相应的参数和选择相应的图素后，单击“确定”按钮，此时系统会弹出“曲面残料粗切”对话框。

除了定义残料粗加工特有的参数，还需通过图 3-88 所示的“剩余毛坯参数”选项卡来定义残余材料参数。该选项卡各选项含义如下。

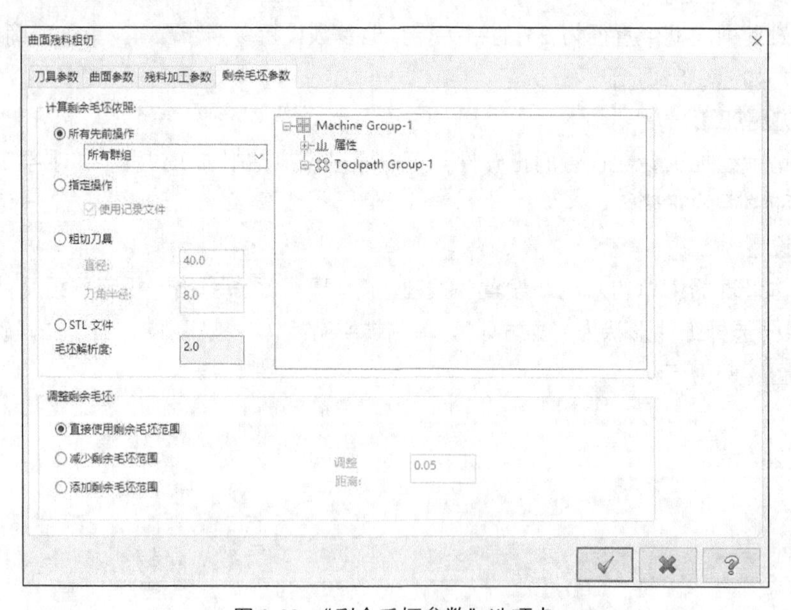

图 3-88　“剩余毛坯参数”选项卡

（1）计算剩余毛坯依照：用于设置计算残料粗加工中需清除的材料的方式，Mastercam 2022 提高了 4 种计算残余材料的方法。

① 所有先前操作：将前面各加工模组不能切削的区域作为残料粗加工切削的区域。

② 指定操作：将某一个加工模组不能切削的区域作为残料粗加工切削的区域。

③ 粗切刀具：根据刀具直径和刀角半径来计算残料粗加工切削的区域。

④ STL 文件：若使用该选项，则用户可以指定一个 STL 文件作为残余材料的计算来源。

同时，材料的解析度还可以设置残料粗加工的误差值。

（2）调整剩余毛坯：用于放大或缩小定义的残料粗加工区域。包括以下 3 种方式。

① 直接使用剩余毛坯范围：不改变定义的残料粗加工区域。

② 减少剩余毛坯范围：允许残余小的尖角材料通过精加工来清除，这种方式可以提高加工速度。

③ 添加剩余毛坯范围：在残料粗加工中清除小的尖角材料。

3.8.2 实操——玩偶残料粗加工

本例通过玩偶的加工来介绍粗切残料加工命令的使用。首先打开源文件，创建挖槽加工刀具路径，然后启动“粗切残料加工”命令，设置参数，生成刀具路径，最后选择所有刀具路径进行模拟仿真加工，生成 NC 代码。

玩偶残料加工操作步骤如下。本实例承接 3.7.2 节的玩偶钻削粗加工的结果。

1. 创建残料粗加工刀具路径 1

（1）选择加工曲面

单击“刀路”选项卡新建的“粗切”面板中的“粗切残料加工”按钮。根据系统的提示在绘图区中选择图 3-89 所示的加工曲面后按<Enter>键，系统弹出“刀路曲面选择”对话框，单击“确定”按钮，完成加工曲面的选取，系统弹出“曲面残料粗切”对话框。

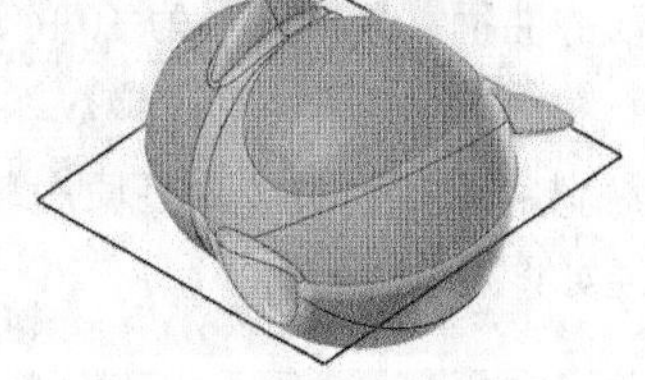

图 3-89 选择加工曲面 1

（2）设置刀具参数

① 单击“曲面残料粗切”对话框中的“刀具参数”选项卡，进入刀具参数设置区。单击“选择刀库刀具”按钮，选择直径为 6 的球铣刀，单击“确定”按钮，返回“曲面残料粗切”对话框。

② 双击球形铣刀图标，弹出“编辑刀具”对话框。设置刀具总长度为 150，刀齿长度为 100。单击“下一步”按钮，设置“XY 轴粗切步进量”为 75%，“Z 轴粗切深度”为 75%，“XY 轴精修步进量”为 30%，“Z 轴精修深度”为 30%，单击“点击重新计算进给率和主轴转速”按钮，重新生成切削参数。单击“完成”按钮，系统返回“曲面残料粗切”对话框。

（3）设置曲面加工参数

① 单击“曲面参数”选项卡，设置“安全高度”为 35，勾选“增量坐标”；“参考高度”为 25，勾选“增量坐标”；“下刀位置”为 5，勾选“增量坐标”。

② 单击“残料加工参数”选项卡，参数设置如图 3-90 所示。单击“切削深度”按钮，设置“相对于刀具”为“刀尖”；单击“间隙设置”按钮，设置“最大切深百分比”为 100。

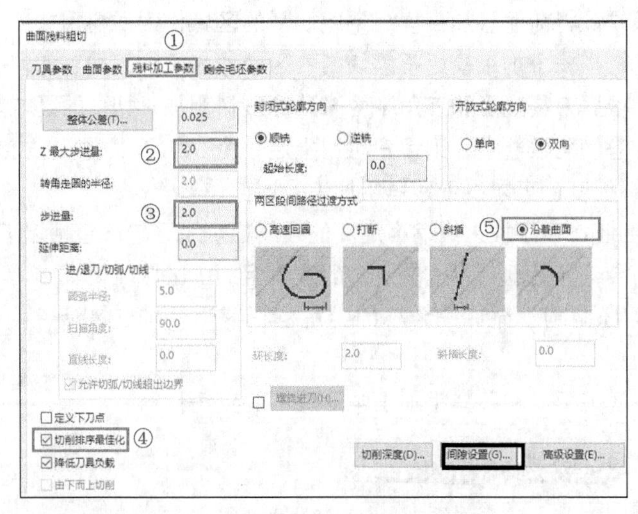

图 3-90 “残料加工参数”选项卡

③ 单击“剩余毛坯参数”选项卡，设置“计算剩余毛坯依照”为“粗切刀具”，“直径”为“25”，“转角半径”为“0”。“调整剩余毛坯”选择“直接使用剩余毛坯范围”。

④ 设置完成后，单击“确定”按钮，系统立即在绘图区生成残料粗加工刀具路径，如图 3-91 所示。

2. 创建残料粗加工刀具路径 2

（1）单击“视图”选项卡“屏幕视图”面板中的“仰视图”按钮，将当前视图设置为俯视图。

（2）单击“刀路”选项卡新建的“粗切”面板中的“粗切残料加工”按钮，选择图 3-92 所示的曲面，选择直径为 10 的球形铣刀。单击“切削深度”按钮，设置“相对于刀具”为“中心”；单击“剩余毛坯参数”选项卡，设置“计算剩余毛坯依照”为“所有先前操作”，设置“调整剩余毛坯”为“直接使用剩余毛坯范围”。其他参数设置参照步骤 2，生成的残料粗加工刀具路径如图 3-93 所示。

图 3-91 残料粗加工刀具路径 1

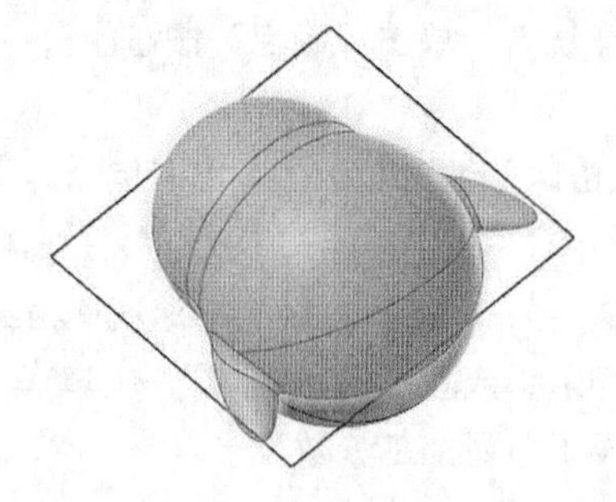

图 3-92 选择加工曲面 2

3. 模拟仿真加工

为了验证各刀具路径加工参数设置的正确性，可以通过模拟加工过程，来观察工件在切削过程中的下刀方式和路径的正确性。

（1）仿真加工

① 单击刀路操作管理器中的“选择全部操作”按钮，选中所有操作。

② 单击刀路操作管理器中的“验证已选择的操作”按钮，在弹出的“验证”对话框中单击“播放”按钮，系统开始进行模拟，模拟仿真加工结果如图 3-94 所示。

图 3-93 残料粗加工刀具路径 2

图 3-94 仿真加工结果

（2）NC 代码

① 单击刀路操作管理器中的“选择全部操作”按钮，选中所有操作。

② 单击“执行选择的操作进行后处理”按钮，单击“确定”按钮，弹出“另存为”对话框，输入文件名称“实操——玩偶残料粗加工”，单击“保存”按钮，在编辑器中打开生成的 NC 代码，详见本书的电子资源。

3.9 综合实例——电熨斗 3D 粗加工

本节将以实例来说明 3D 粗加工中各种加工策略的混用，在 8 种粗加工策略中，实际常用的只有两三种，其他几种用得少，而且这几种常用的加工策略基本上能满足实际的需要。

3.9.1 规划刀具路径

本例我们讲解电熨斗的粗加工，通过分析可知，我们首先要以俯视图视角进行熨斗的顶面等高外形粗加工，然后以前视图视角进行侧面挖槽粗加工，接着以仰视图视角进行底面的平行粗加工，最后毛坯粗加工完成后，需要进行残料粗加工。具体加工方案如下。

（1）等高外形粗加工：采用“粗切等高外形加工”命令，使用 D=20mm 的球形铣刀进行曲面粗加工。

（2）挖槽粗加工：采用“挖槽”命令，使用 D=20mm 的球形铣刀进行曲面挖槽粗加工。

（3）平行粗加工：采用“平行”命令，使用 D=6mm 的球形铣刀进行曲面平行粗加工。

（4）残料粗加工：采用“粗切残料加工”命令，使用 D=10mm 的球形铣刀进行曲面残料粗加工。

3.9.2 加工前的准备

1. 打开文件

单击快速访问工具栏中的“打开”按钮，在弹出的“打开”对话框中选择“源文件/原始文件/第 3 章/电熨斗”文件，如图 3-95 所示。

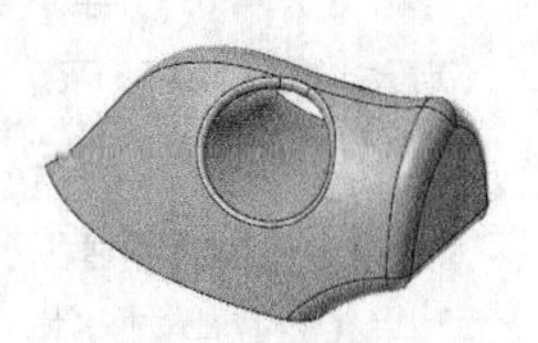

图 3-95 电熨斗

2. 选择机床

单击“机床”选项卡“机床类型”面板中的“铣床”按钮，选择“默认”选项即可。

3.9.3 编制刀具路径

电熨斗 3D 粗加工操作步骤如下。

1. 曲面等高外形粗加工

（1）单击“机床”选项卡“机床类型”面板中的“铣床”按钮，选择默认选项，在刀路操作管理器中生成机床群组属性文件，同时弹出“刀路”选项卡。

（2）单击“视图”选项卡“屏幕视图”面板中的“俯视图”按钮，将当前视图设置为“俯视图”，同时，将绘图平面和刀具平面也自动切换为“俯视图”。

（3）单击“刀路”选项卡“粗切”面板中的“粗切等高外形加工”按钮。根据系统的提示在绘图区中选择图 3-96 所示的加工曲面后按<Enter>键，系统弹出“刀路曲面选择”对话框。

（4）单击切削范围“选择”按钮，系统弹出“实体串连”对话框，选择“边缘”按钮，拾取加工串连，如图 3-97 所示。单击“确定”按钮，返回“刀路曲面选择”对话框，单击“确定”按钮，完成加工曲面的选取，系统弹出“曲面粗切等高”对话框。

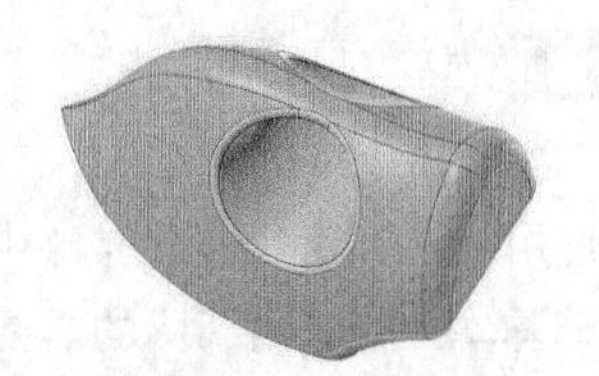

图 3-96 选择加工曲面 1

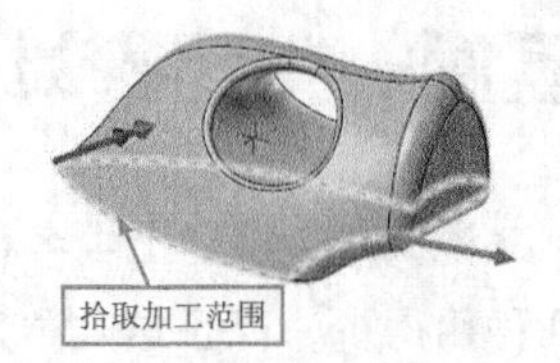

图 3-97 拾取加工串连 1

（5）单击“曲面粗切等高”对话框中的“选择刀库刀具”按钮，选择直径为 20 的球形铣刀，单击“确定”按钮，返回“曲面粗切等高”对话框。

（6）双击球形铣刀图标，弹出“编辑刀具”对话框。设置刀具总长度为 180，刀齿长度为 155，单击“下一步”按钮，设置“XY 轴粗切步进量”为 75%，“Z 轴粗切深度”为 75%，“XY 轴精修步进量”为 30%，“Z 轴精修深度”为 30%，单击“点击重新计算进给率和主轴转速”按钮，重新生成切削参数。单击“完成”按钮，系统返回“曲面粗切等高”对话框。

（7）单击“曲面参数”选项卡，设置“安全高度”为 35，勾选“增量坐标”；“参考高度”为 25，勾选“增量坐标”；“下刀位置”为 5，勾选“增量坐标”；“刀具位置”为“外”，“附加补正”为“10”。

（8）单击“等高粗切参数”选项卡，参数设置如图 3-98 所示。单击“浅滩”按钮，参数设置如图 3-99 所示。单击“间隙设置”按钮，参数设置如图 3-100 所示。

（9）设置完成后，单击“确定”按钮，系统立即在绘图区生成刀具路径，如图 3-101 所示。

2. 曲面挖槽粗加工

（1）选中刀路操作管理器中的“曲面粗切等高”刀路，单击“切换显示已选择的刀路操作”按钮≋，隐藏刀具路径。

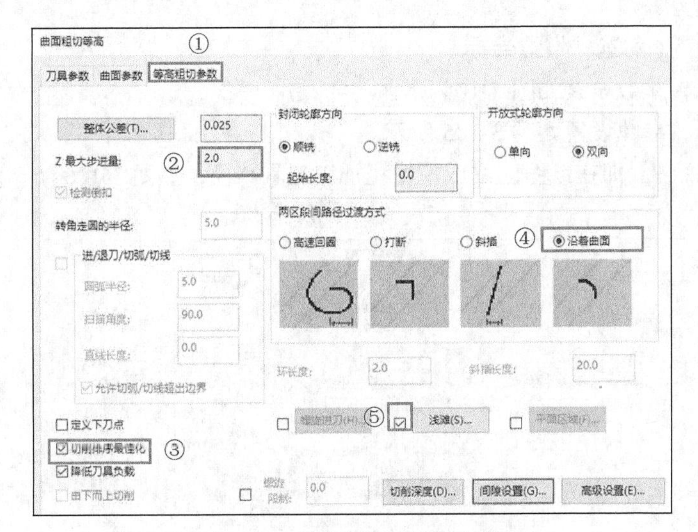

图 3-98 “等高粗切参数”选项卡

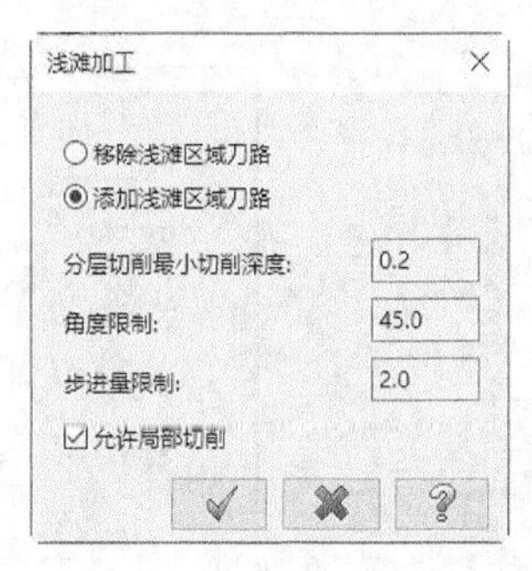

图 3-99 “浅滩加工”对话框

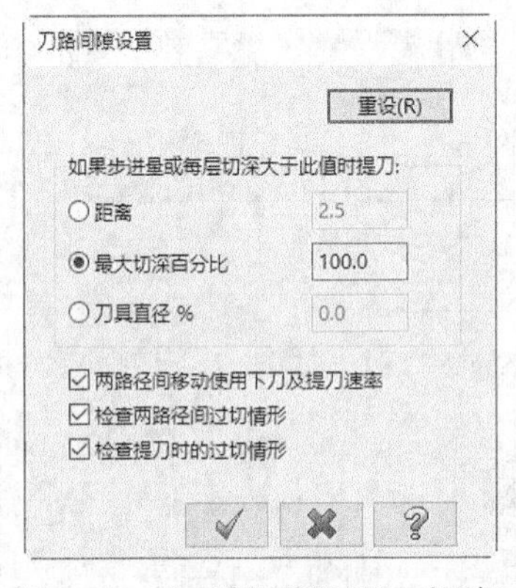

图 3-100 “刀路间隙设置”对话框

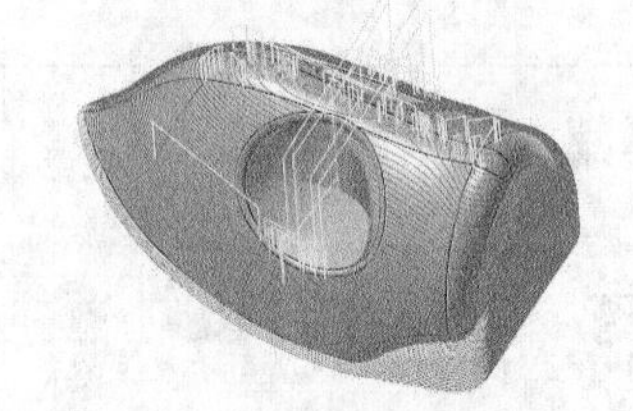

图 3-101 等高外形粗加工刀具路径

（2）单击“视图”选项卡“屏幕视图”面板中的“前视图”按钮，将当前视图设置为“前视图”，同时，将绘图平面和刀具平面也自动切换为“前视图”。

（3）单击“刀路”选项卡“3D”面板“粗切”组中的“挖槽”按钮，根据系统的提示在绘图区中选择图 3-102 所示的加工曲面后按<Enter>键，系统弹出“刀路曲面选择”对话框，此时显示有 5 个面被选中。单击加工范围中的“选择”按钮，拾取图 3-103 所示的加工串连，单击“确定”按钮，返回“刀路曲面选择”对话框，单击“确定”按钮，系统弹出“曲面粗切挖槽”对话框。

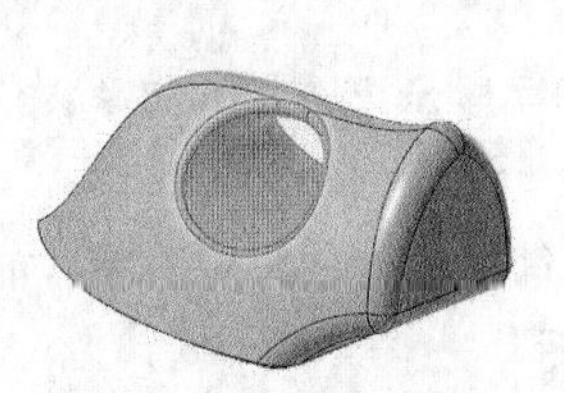

图 3-102 选择加工曲面 2

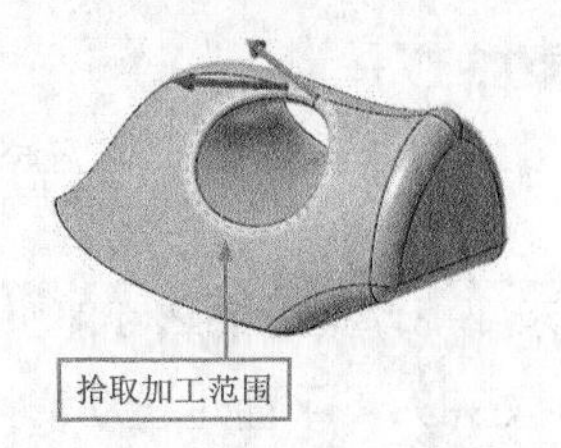

图 3-103 拾取加工串连 2

（4）单击“选择刀库刀具”按钮，选择直径为 20 的球形铣刀，单击“确定”按钮，返回“曲面粗切挖槽”对话框。

（5）单击“曲面参数”选项卡，设置“安全高度”为 50，勾选“绝对坐标”；“参考高度”为 25，勾选“增量坐标”；“下刀位置”为 5，勾选“增量坐标”。

（6）单击“粗切参数”选项卡，参数设置如图 3-104 所示。

（7）单击“挖槽参数”选项卡，参数设置如图 3-105 所示。

（8）单击“确定”按钮，系统立即在绘图区生成挖槽粗加工刀具路径，如图 3-106 所示。

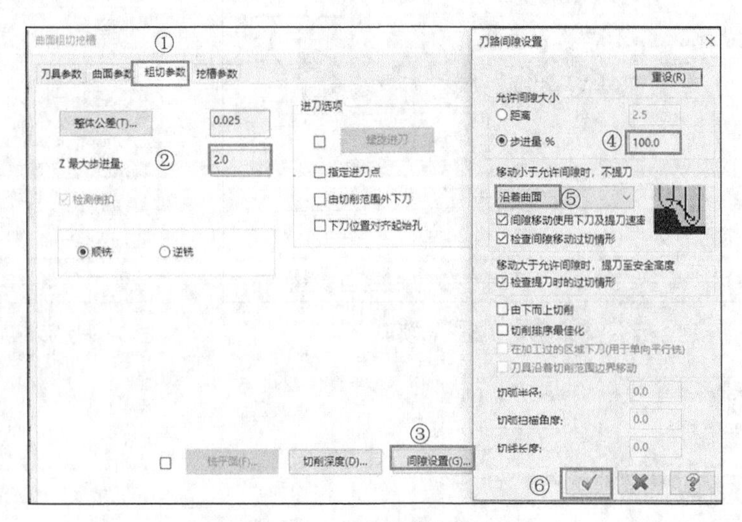

图 3-104 “粗切参数”选项卡

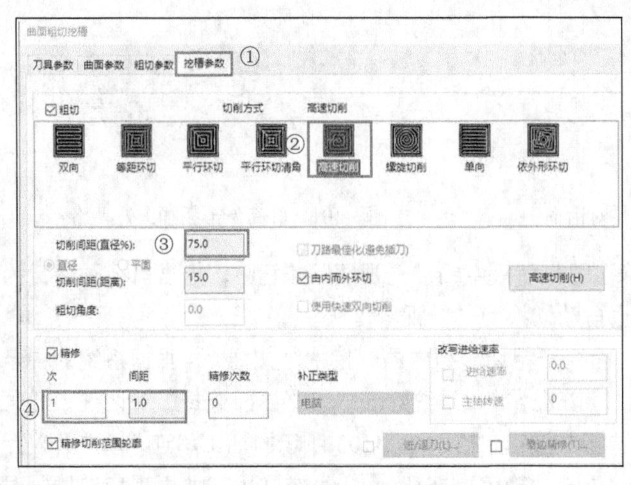

图 3-105 “挖槽参数”选项卡

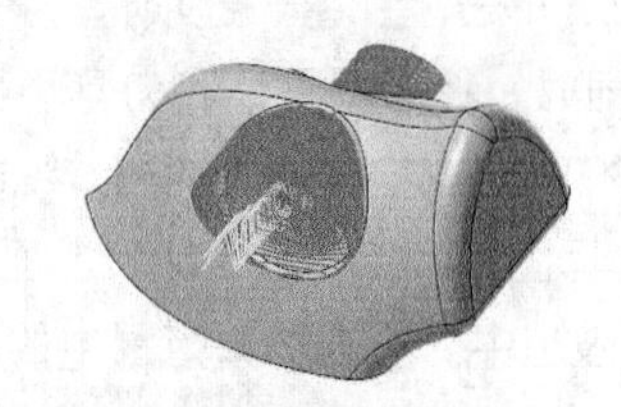

图 3-106 挖槽粗加工刀具路径

3. 曲面平行粗加工

（1）选中刀路操作管理器中的所有刀路，单击“切换显示已选择的刀路操作”按钮≋，隐藏刀具路径。

（2）单击“视图”选项卡“屏幕视图”面板中的“仰视图”按钮，将当前视图设置为“仰视图”，同时，绘图平面和刀具平面也自动切换为“仰视图”。

（3）单击“刀路”选项卡“3D”面板中的“平行”按钮，系统弹出“选择工件形状”对话框。选择工件形状为“未定义”，根据系统提示选择图 3-107 所示的加工曲面，拾取图 3-108 所示的加工串连后，单击“确定”按钮。

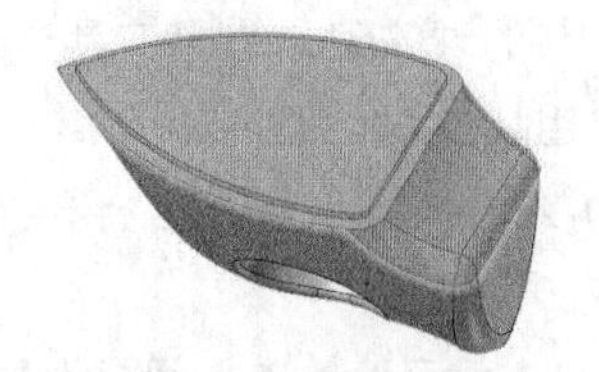

图 3-107　选择加工曲面 3

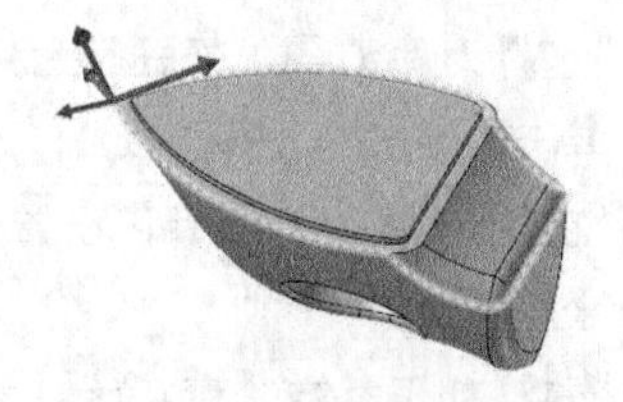

图 3-108　拾取加工串连 3

（4）系统弹出“曲面粗切平行”对话框，“选择刀库刀具”按钮，选择直径为 6 的球形铣刀，单击“确定”按钮，系统返回“曲面粗切平行”对话框。

（5）单击“曲面参数”选项卡，设置“参考高度”为 25，勾选“增量坐标”；“下刀位置”为 5，勾选“增量坐标”。“附加补正”距离设置为 3。

（6）单击“粗切平行铣削参数”选项卡，参数设置如图 3-109 所示。

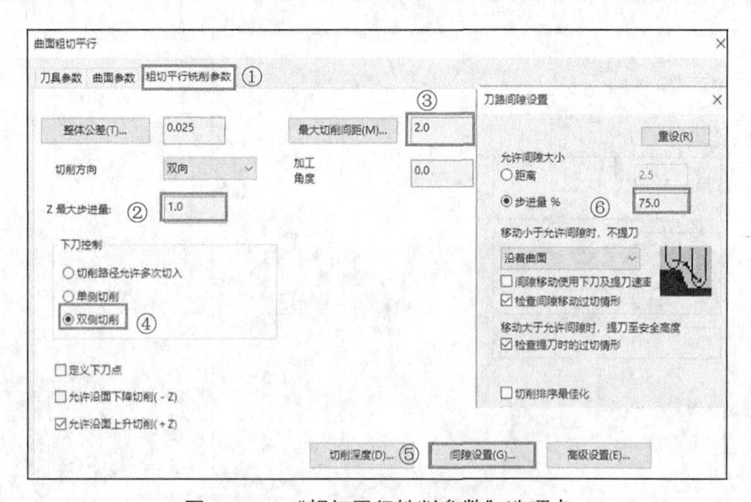

图 3-109　“粗切平行铣削参数”选项卡

（7）单击“确定”按钮，系统根据所设置的参数生成平行粗加工刀具路径，如图 3-110 所示。

4．曲面残料粗加工

（1）单击刀路操作管理器中的“选择全部操作”按钮，选中刀路操作管理器中的所有刀路，单击“切换显示已选择的刀路操作”按钮≋，隐藏刀具路径。

（2）单击“视图”选项卡“屏幕视图”面板中的“俯视图”按钮，将当前视图设置为“俯视图”，同时，绘图平面和刀具平面也自动切换为“俯视图”。

（3）单击“刀路”选项卡新建的“粗切”面板中的“粗切残料加工”按钮，根据系统的提示在绘图区中框选所有曲面作为加工曲面，拾取图 3-111 所示的加工串连，单击“确定”按钮，系统弹出“曲面残料粗切”对话框。

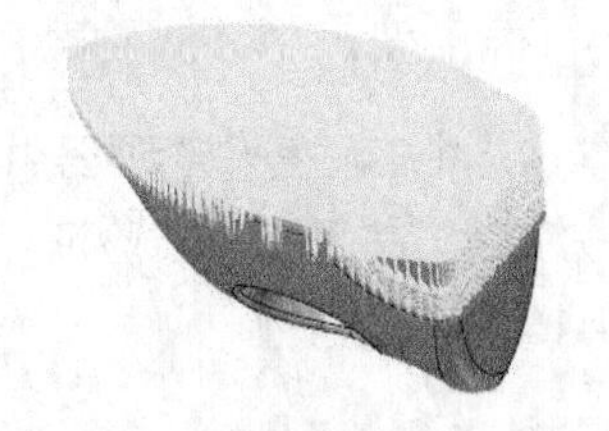

图 3-110　平行粗加工刀具路径

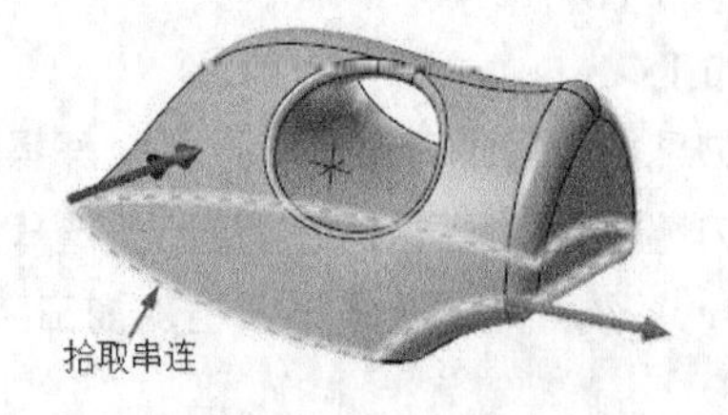

图 3-111　拾取加工串连 4

（4）单击“选择刀库刀具”按钮[选择刀库刀具]，选择直径为 10 的球铣刀，设置刀具总长度为 180，刀齿长度为 160。单击“完成”按钮[完成]，返回“曲面残料粗切”对话框。

（5）单击“曲面参数”选项卡，设置“参考高度”为 25，勾选“增量坐标”；“下刀位置”为 5，勾选“增量坐标”。

（6）单击“残料加工参数”选项卡，参数设置如图 3-112 所示。单击“间隙设置”按钮[间隙设置(G)...]，设置“最大切深百分比”为 80。

（7）单击“剩余毛坯参数”选项卡，“计算剩余毛坯依照”组中选择“所有先前操作”，“调整剩余毛坯”组中选择“直接使用剩余毛坯范围”，“调整剩余毛坯”组中选择“添加剩余毛坯范围”，距离为 0.05。

（8）设置完成后，单击“曲面残料粗切”对话框中的“确定”按钮[✓]，系统立即在绘图区生成残料粗加工刀具路径，如图 3-113 所示。

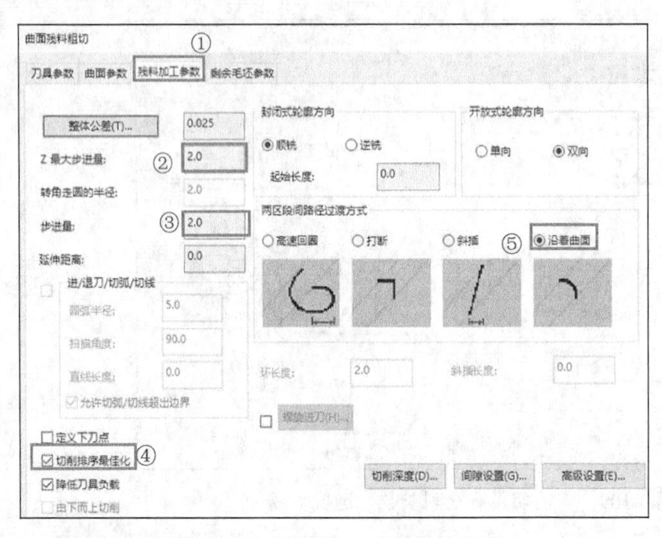

图 3-112 “残料加工参数”选项卡

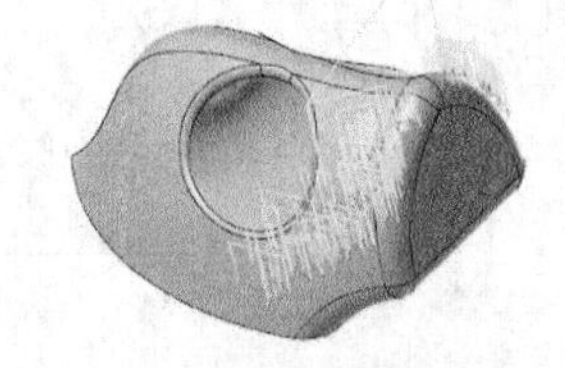

图 3-113 残料粗加工刀具路径

3.9.4 模拟仿真加工

为了验证加工参数设置的正确性，可以通过模拟等高加工过程，来观察工件在切削过程中的下刀方式和路径的正确性。

1. 工件设置

在刀路操作管理器中单击“毛坯设置”按钮[毛坯设置]，系统弹出“机床群组属性”对话框，在“形状”组中选择“实体/网格”单选按钮，单击“选择”按钮[选择]，进入绘图界面，打开图层 3，在绘图区选取实体毛坯。返回“机床群组属性”对话框。勾选“显示”复选框，单击“确定”按钮[✓]，生成的毛坯如图 3-114 所示。

2. 仿真加工

（1）单击刀路操作管理器中的“选择全部操作”按钮[选择全部操作]，选中刀路操作管理器中的所有刀路。

（2）单击刀路操作管理器中的“验证已选择的操作”按钮[验证]，在弹出的“验证”对话框中单击“播放”按钮▶，系统开始进行模拟，仿真加工结果如图 3-115 所示。

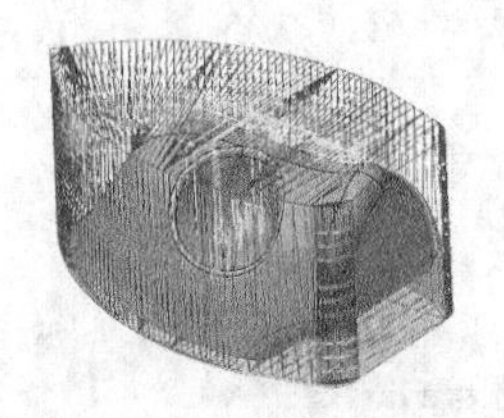

图 3-114　生成的毛坯

图 3-115　仿真加工结果

3. NC 代码

确认加工设置无误后，即可生成 NC 代码。单击“执行选择的操作进行后处理”按钮G1，单击“确定”按钮，弹出“另存为”对话框，输入文件名称“综合实例——熨斗 3D 粗加工”，单击“保存”按钮，在编辑器中打开生成的 NC 代码，详见本书的电子资源。

第 4 章

传统曲面精加工

曲面精加工的目的主要是获得产品要求的精度和粗糙度，本章主要讲解曲面精加工刀路的编制方法。

知识点

- 平行精加工
- 陡斜面精加工
- 放射精加工
- 环绕等距精加工
- 投影精加工
- 流线精加工
- 等高精加工
- 精修清角加工
- 浅滩精加工
- 残料精加工
- 熔接精加工

案例效果

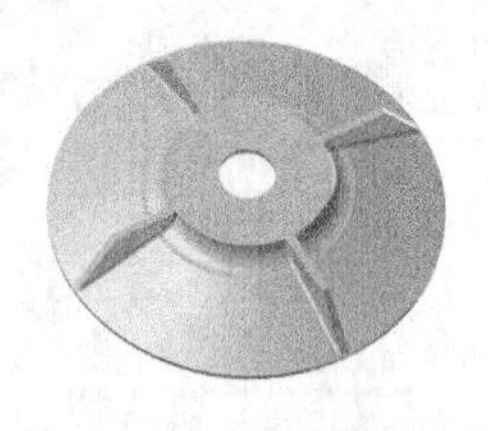

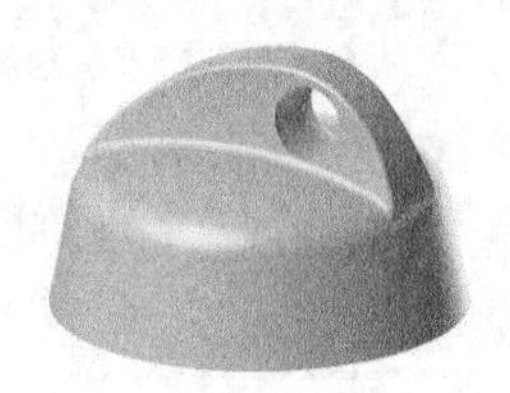

4.1 平行精加工

平行精加工与平行粗加工类似，不过平行精加工只能加工一层，加工比较平坦的曲面效果比较好。另外，平行精加工刀路相互平行，加工精度比其他加工方法要高，因此，常用平行精加工方法来加工模具中比较平坦的曲面或重要的分型面。

4.1.1　平行精加工参数介绍

单击“刀路”→“新群组”→“精修平行铣削”按钮，选择加工曲面后，单击“结束选取”按钮，系统弹出“刀路曲面选择”对话框。单击“确定”按钮，弹出图 4-1 所示的“曲面精修平行”对话框。

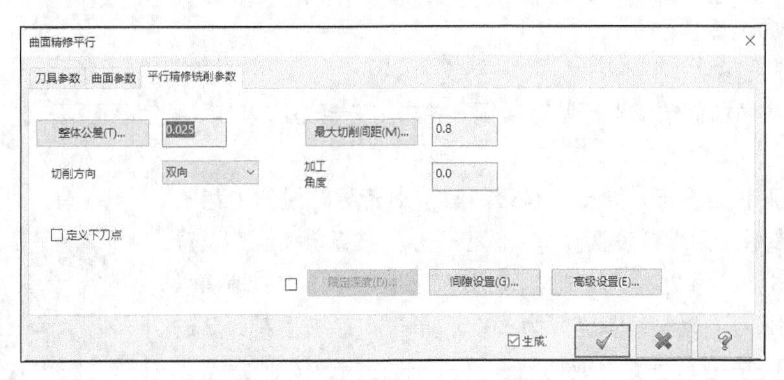

图 4-1　“曲面精修平行”对话框

1. “平行精修铣削参数”选项卡

单击图 4-1 所示对话框中的“平行精修铣削参数”选项卡。该选项卡用于设置平行刀具路径铣削参数。

（1）最大切削间距：用于设置切削时的最大间距值。若该值较小则可能需要更长的时间来生成刀具路径。

（2）加工角度：设置刀具路径相对于当前构建平面的 X 轴的角度。

2. “限定深度”对话框

勾选“限定深度”复选框并单击“限定深度”按钮，弹出“限定深度”对话框。使用“限定深度”对话框来确定除精加工轮廓外的所有表面精加工刀具路径的 Z 轴切削位置。所有切口都位于最小和最大深度之间。

如果深度限制导致系统删除部分刀具路径，则 Mastercam 2022 将使用间隙设置来确定该部分刀具的运动。对于这些刀具路径，间隙设置的刀具移动可能与深度限制设置的切削有冲突。在这种情况下，间隙设置优先于深度限制。

4.1.2　实操——倒车镜精加工

本例我们来介绍精加工中的精修平行铣削命令，首先打开源文件，源文件中已经对零件进行相切平行加工；然后启动“精修平行铣削”命令，根据系统提示拾取要加工的曲面，设置刀具和加工参数；最后设置毛坯，进行模拟仿真加工，生成 NC 代码。

倒车镜精加工操作步骤如下。

1. 打开文件

单击“快速访问”工具栏中的“打开”按钮，在弹出的“打开”对话框中选择“源文件/原始文件/第 4 章/倒车镜”文件，单击“打开”按钮，完成文件的调取，如图 4-2 所示。

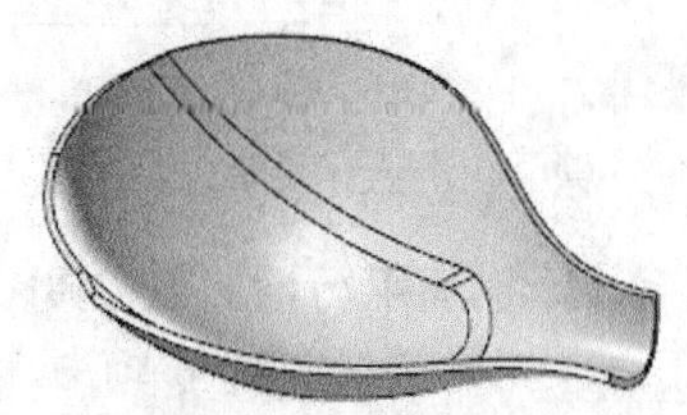
图 4-2　倒车镜

2. 创建平行精加工刀具路径 1

（1）选择加工曲面

① 单击“视图”选项卡“屏幕视图”面板中的“俯视图”按钮，将当前视图设置为俯视图。

② 单击“刀路”选项卡“精修”面板中的“精修平行铣削”按钮，根据系统提示选择加工曲面，如图 4-3 所示。单击“结束选取”按钮，弹出“刀路曲面选择”对话框。单击“确定”按钮，完成曲面选择。

（2）设置刀具参数

① 系统弹出“曲面精修平行”对话框，单击“选择刀库刀具”按钮，选择直径为 6 的球形铣刀。

② 双击球形铣刀图标，弹出“编辑刀具”对话框。设置刀齿长度为 45，其他参数采用默认设置。单击“下一步”按钮，设置“XY 轴粗切步进量”为 75%，“Z 轴粗切深度”为 75%，“XY 轴精修步进量”为 30%，“Z 轴精修深度”为 30%，单击“点击重新计算进给率和主轴转速”按钮，重新生成切削参数，单击“完成”按钮，系统返回“曲面精修平行”对话框。

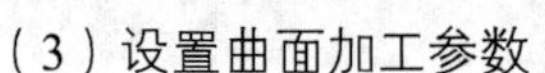

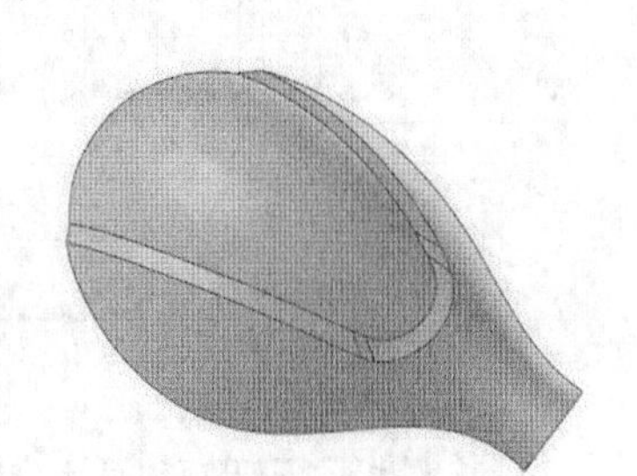

图 4-3 选择加工曲面 1

（3）设置曲面加工参数

① 单击“曲面参数”选项卡，设置“安全高度”为 35，勾选“增量坐标”；“参考高度”为 25，勾选“增量坐标”；“下刀位置”为 5，勾选“增量坐标”。

② 单击“平行精修铣削参数”选项卡，参数设置如图 4-4 所示。

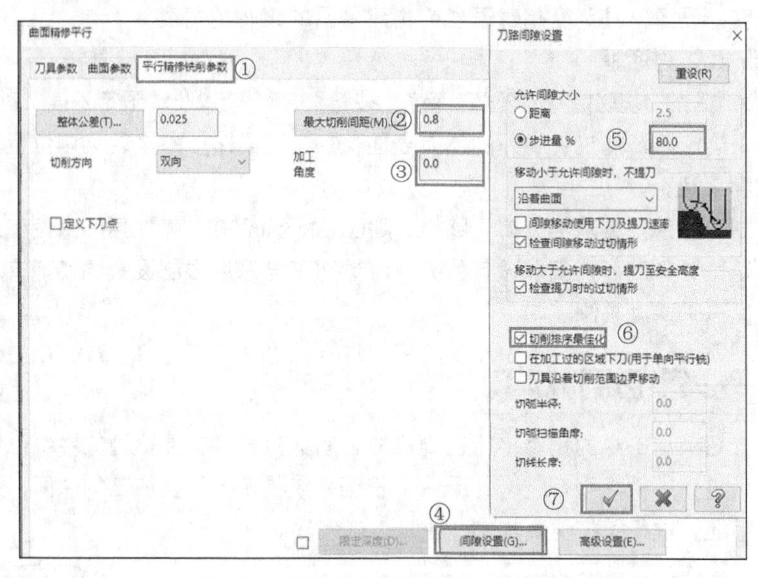

图 4-4 “平行精修铣削参数”选项卡

③ 单击“确定”按钮，系统根据所设置的参数生成平行精加工刀具路径，如图 4-5 所示。

3. 创建平行精加工刀具路径 2

（1）单击“视图”选项卡“屏幕视图”面板中的“仰视图”按钮，将当前视图设置为仰视图。

（2）单击“刀路”选项卡“精修”面板中的“精修平行铣削”按钮，根据系统提示选择加工曲面，如图 4-6 所示。其他参数设置参照步骤 2，生成的刀具路径如图 4-7 所示。

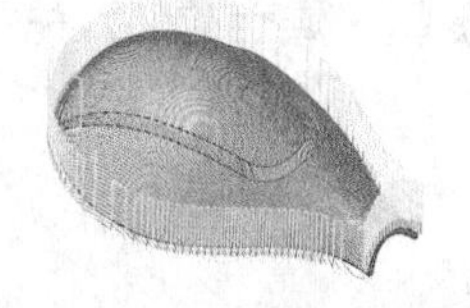

图 4-5　平行精加工刀具路径 1

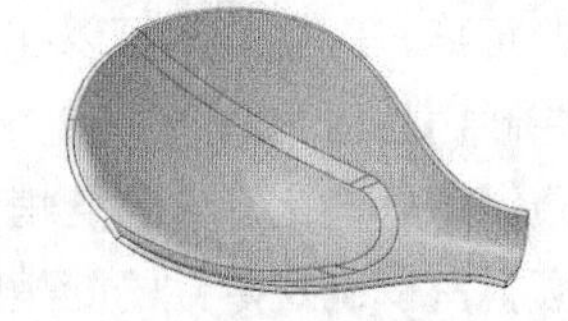

图 4-6　选择加工曲面 2

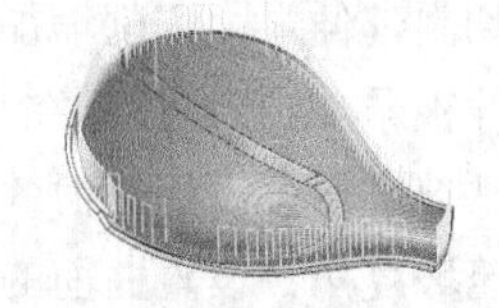

图 4-7　平行精加工刀具路径 2

4. 模拟仿真加工

刀路编制完后需要进行模拟检查，如果检查无误，则可以进行后处理操作，生成 G、M 代码。具体操作步骤如下。

（1）仿真加工

① 单击刀路操作管理器中的“选择全部操作”按钮，选中所有操作。

② 在刀路操作管理器中单击“验证已选择的操作”按钮，并在弹出的“Mastercam 模拟”对话框中单击“播放”按钮，系统进行模拟，仿真加工结果如图 4-8 所示。

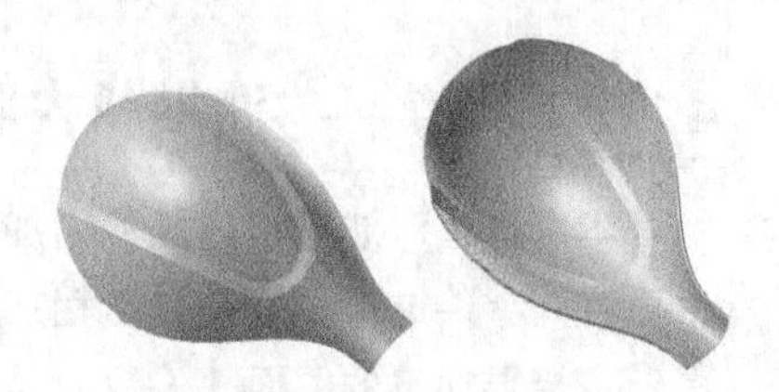

图 4-8　仿真加工结果

（2）NC 代码

模拟检查无误后，在刀路操作管理器中单击“执行选择的操作进行后处理”按钮G1，系统弹出“后处理程序”对话框，单击“确定”按钮，弹出“另存为”对话框，输入文件名称“实操——倒车镜精加工”，单击“保存”按钮，在编辑器中打开生成的 NC 代码，详见本书的电子资源。

4.2　陡斜面精加工

陡斜面精加工主要用于对比较陡的曲面进行加工，其加工刀路与平行精加工的刀路相似，但弥补了平行精加工只能加工比较浅的曲面这一缺陷。

4.2.1　陡斜面精加工参数介绍

单击“刀路”选项卡“精修”面板中的“精修平行陡斜面”按钮，选择加工曲面后，单击“结束选取”按钮，弹出“刀路曲面选择”对话框。单击“确定”按钮，弹出“曲面精修平行式陡斜面”对话框。

单击该对话框中的“陡斜面精修参数”选项卡，如图 4-9 所示。该选项卡用来设置陡斜面精加工参数。

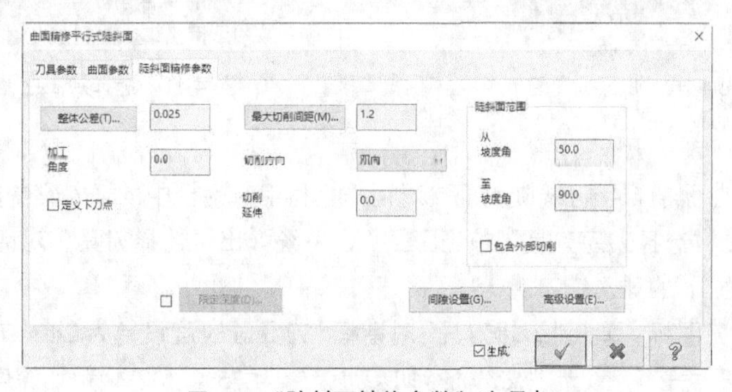

图 4-9　“陡斜面精修参数”选项卡

（1）切削延伸：为切削增加额外的距离，因此刀具可以在加工陡峭区域之前切入先前切削的区域。该延伸被添加到刀具路径的两端并遵循曲面的曲率。

（2）从坡度角：设置曲面的最小倾斜角以确定零件的陡峭区域。

（3）至坡度角：设置曲面的最大倾斜角以确定零件的陡峭区域。

（4）包含外部切削：选择切削落在陡峭区域外的区域。勾选此复选框可加工与加工角度垂直的陡峭区域和浅区域，而不加工与加工角度平行的陡峭区域。此方法可避免对同一区域进行 2 次切削。

技巧荟萃

陡斜面精加工适合加工比较陡的斜面，对于陡斜面中间部分的浅滩，往往加工不到。在“陡斜面精修参数”选项卡中勾选“包含外部切削”复选框，即可切削浅滩部分。

4.2.2 实操——油烟机内腔精加工

本例通过对油烟机内腔的精加工来介绍陡斜面平行加工命令的使用。首先打开源文件，源文件中已经对零件进行了等高外形粗加工和挖槽粗加工；然后启动“精修平行陡斜面”命令，根据系统提示选择要加工的曲面，设置刀具和加工参数；最后进行模拟仿真加工，生成 NC 代码。

油烟机内腔精加工操作步骤如下。

1. 打开文件

单击“快速访问”工具栏中的“打开”按钮，在弹出的“打开”对话框中选择“源文件/原始文件/第 4 章/实操——油烟机内腔”文件，单击“打开”按钮，完成文件的调取，加工零件如图 4-10 所示。

2. 创建平行式陡斜面精加工刀具路径 1

（1）选择加工曲面

单击“刀路”选项卡新建的“精修”面板中的“精修平行陡斜面”按钮，选择图 4-11 所示的加工曲面后，单击“结束选取”按钮，弹出“刀路曲面选择”对话框。单击“确定”按钮，完成曲面的选择。

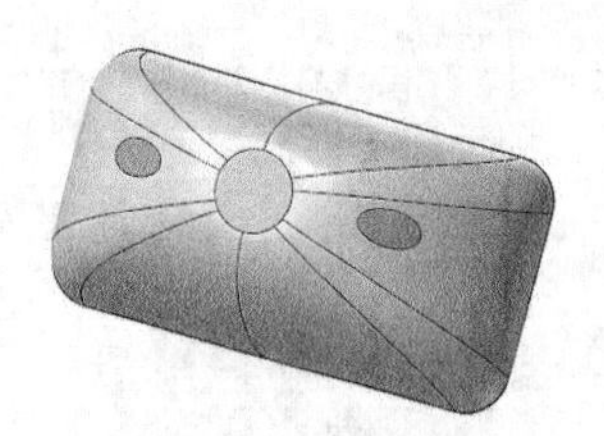

图 4-10　油压机内腔

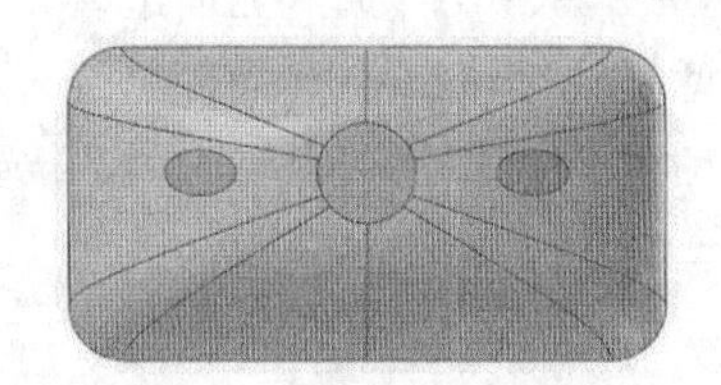

图 4-11　选择加工曲面

（2）设置刀具

① 系统弹出“曲面精修平行式陡斜面”对话框，利用对话框中的“刀具参数”选项卡来设置刀具和切削参数。单击“选择刀库刀具”按钮，系统弹出“选择刀具”对话框，在“选择刀具”对话框中选择直径为 16 的球形铣刀。

② 双击球形铣刀图标，弹出“编辑刀具”对话框。刀具总长度设置为 240，刀齿长度设置为 210。单击“下一步”按钮，设置“XY 轴粗切步进量”为 75%，“Z 轴粗切深度”为 75%，“XY 轴

精修步进量”为 30%，“Z 轴精修深度”为 30%，单击“点击重新计算进给率和主轴转速”按钮，重新生成切削参数，单击“完成”按钮 完成 ，返回“曲面精修平行式陡斜面”对话框。

（3）设置陡斜面精加工参数

① 单击“曲面参数”选项卡，设置“安全高度”为 50，勾选“增量坐标”；“参考高度”为 40，勾选“增量坐标”；“下刀位置”为 25，勾选“增量坐标”。

② 单击“陡斜面精修参数”选项卡，参数设置如图 4-12 所示。

③ 单击“确定”按钮，系统根据所设置的参数生成陡斜面精修刀路。

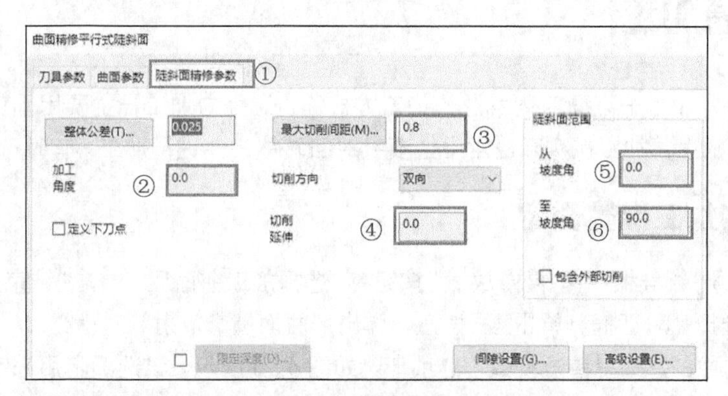

图 4-12 “陡斜面精修参数”选项卡

3. 创建平行式陡斜面精加工刀具路径 2

（1）单击“刀路”选项卡“精修”面板中的“精修平行陡斜面”按钮，选择图 4-11 所示的加工曲面并生成图 4-13 所示的平行式陡斜面精加工刀具路径。

（2）单击“曲面参数”选项卡，设置“安全高度”为 205，勾选“增量坐标”；

（3）单击“陡斜面精修参数”选项卡，设置“加工角度”为 90，其他刀具和参数设置参照步骤 2，生成的刀具路径如图 4-14 所示。

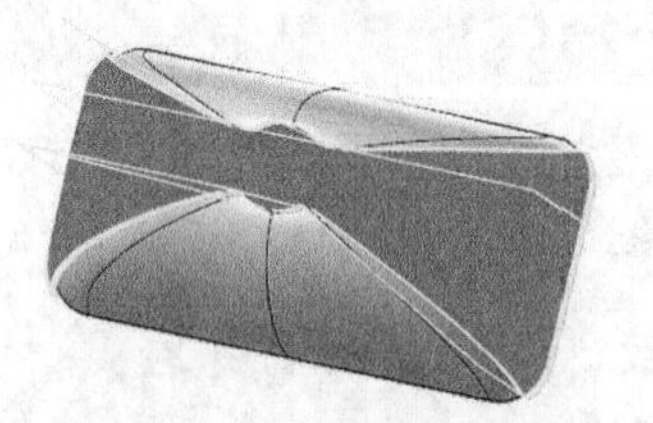

图 4-13 平行式陡斜面精加工刀具路径 1

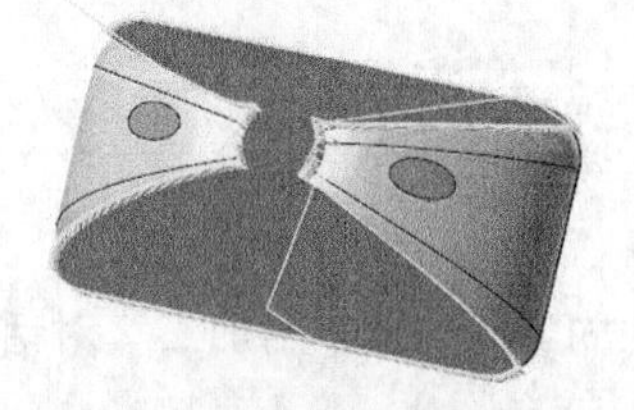

图 4-14 平行式陡斜面精加工刀具路径 2

4. 模拟仿真加工

刀路编制完后需要进行模拟检查，如果检查无误，则可以进行后续处理操作，生成 G、M 代码。具体操作步骤如下。

（1）仿真加工

① 单击刀路操作管理器中的“选择全部操作”按钮，选中所有操作。

② 在刀路操作管理器中单击“验证已选择的操作”按钮，并在弹出的“Mastercam 模拟”对话框中单击“播放”按钮，系统进行模拟，仿真加工结果如图 4-15 所示。

（2）NC 代码

模拟检查无误后，在刀路操作管理器中单击“执行选择的操作进行后处理”按钮，系统弹出“后处理程序”对话框，单击“确定”按钮，弹出“另存为”对话框，输入文件名称“实操——油烟机内腔精加工”，单击“保存”按钮，在编辑器中打开生成的 NC 代码，详见本书的电子资源。

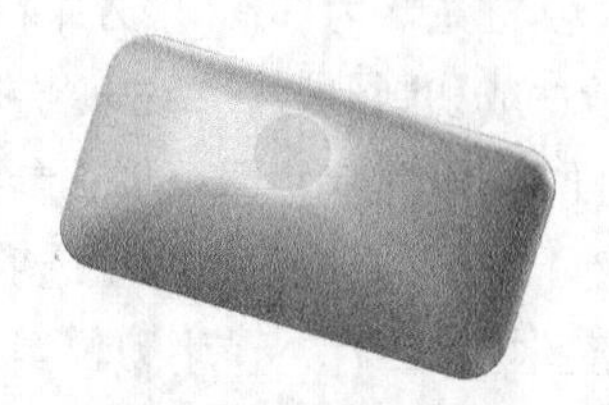

图 4-15　仿真加工结果

4.3 放射精加工

放射精加工是从中心一点向四周发散的加工方式，也称径向加工，主要用于对回转体或类似回转体进行精加工。放射精加工在实际应用中主要针对回转体工件进行加工，有时可用车床加工代替。

4.3.1 放射精加工参数介绍

单击“刀路”→“新群组”→“精修放射”按钮，选择加工曲面后，单击“结束选取”按钮，弹出“刀路曲面选择”对话框。单击按钮，弹出“曲面精修放射”对话框。

单击该对话框中的“放射精修参数”选项卡，如图 4-16 所示。该选项卡用来定义精加工径向刀具路径的切削区域，这些刀具通常从中心点向外切削，刀具路径就像车轮的辐条一样。

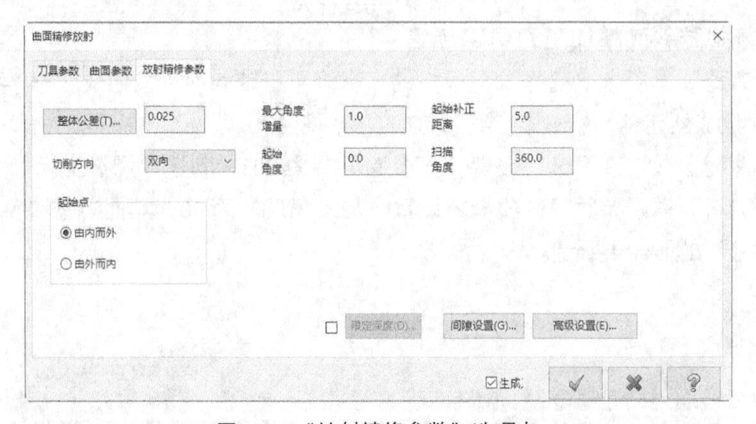

图 4-16　“放射精修参数”选项卡

该对话框的内容与“放射粗加工”对话框基本一致，这里不再进行赘述。

4.3.2 实操——玩偶精加工

本例我们采用放射精加工对图 4-17 所示的玩偶进行加工：首先打开源文件，源文件中已经对零件进行钻削和残料粗加工；然后启动“精修放射”命令，根据系统提示选择要加工的曲面，设置刀具和加工参数；最后设置毛坯，进行模拟仿真加工，生成 NC 代码。

玩偶精加工操作步骤如下。

1. 打开文件

单击“快速访问”工具栏中的“打开”按钮，在弹出的“打开”对话框中选择“源文件/原始文件/第 4 章/实操——玩偶”文件，单击“打开”按钮，完成文件的调取，如图 4-17 所示。

2. 创建放射精加工刀具路径 1

（1）选择加工曲面

单击“刀路”选项卡新建的“精修”面板中的“精修放射”按钮，根据系统提示选择图 4-18 所示的曲面作为加工曲面，单击“结束选取”按钮，弹出“刀路曲面选择”对话框。单击“确定”按钮，完成曲面的选择。

图 4-17　玩偶

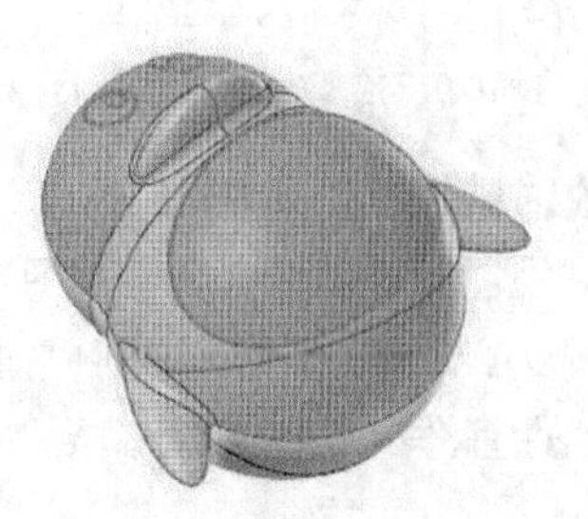

图 4-18　选择加工曲面 1

（2）设置刀具

① 系统弹出“曲面精修放射”对话框，利用对话框中的“刀具参数”选项卡来设置刀具和切削参数。单击“选择刀库刀具”按钮，系统弹出“选择刀具”对话框，在“选择刀具”对话框中选择直径为 6 的球形铣刀。

② 双击球形铣刀图标，弹出“编辑刀具”对话框，设置刀具总长度为 150、刀齿长度为 100。单击“下一步”按钮，设置“XY 轴粗切步进量”为 75%，“Z 轴粗切深度”为 75%，“XY 轴精修步进量”为 30%，“Z 轴精修深度”为 30%，单击“点击重新计算进给率和主轴转速”按钮，重新生成切削参数，单击“完成”按钮，返回“曲面精修放射”对话框。

（3）设置加工参数

① 单击“曲面参数”选项卡，设置“安全高度”为 35，勾选“增量坐标”；“参考高度”为 25，勾选“增量坐标”；“下刀位置”为 5，勾选“增量坐标”。

② 单击“放射精修参数”选项卡，参数设置如图 4-19 所示。

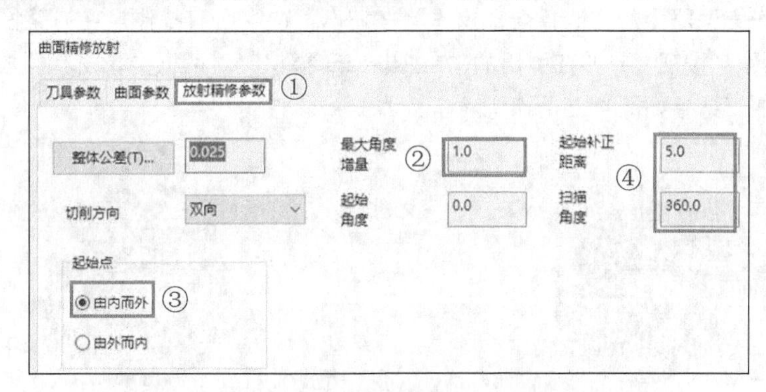

图 4-19　“放射精修参数”选项卡

③ 单击“确定”按钮，系统提示“选择放射中心”，然后在绘图区选择模型的中心点，如图 4-20 所示，系统根据所设置的参数生成曲面放射精修刀路，如图 4-21 所示。

图 4-20　拾取放射中心点 1

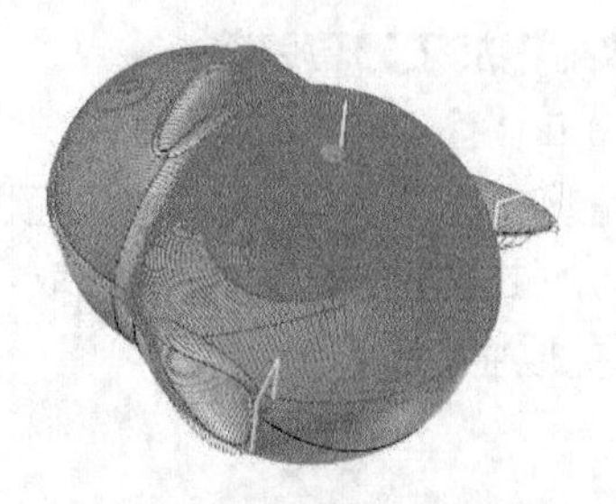

图 4-21　放射精加工刀具路径 1

3. 创建放射精加工刀具路径 2

（1）单击“视图”选项卡“屏幕视图”面板中的“仰视图”按钮，将当前视图设置为仰视图。

（2）单击“刀路”选项卡新建的“精修”面板中的“精修放射”按钮，根据系统提示选择图 4-22 所示的曲面作为加工曲面，拾取图 4-23 所示的放射中心点，生成的刀具路径如图 4-24 所示。

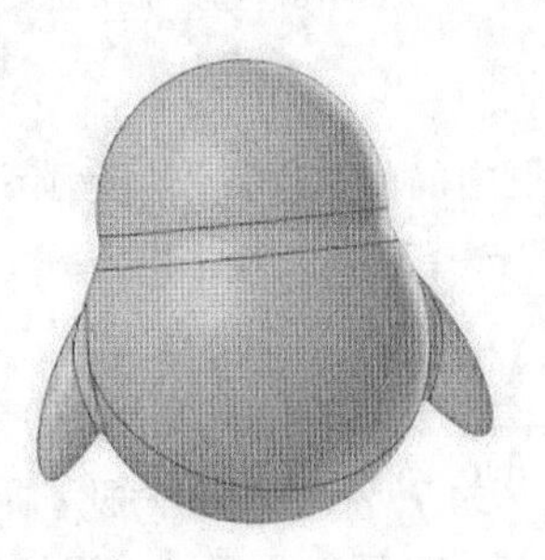

图 4-22　选择加工曲面 2

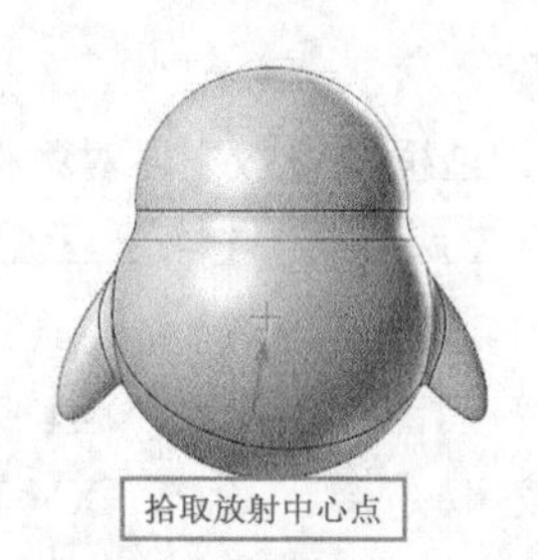

图 4-23　拾取放射中心点 2

4. 模拟仿真加工

刀路编制完后需要进行模拟检查，如果检查无误，则可以进行后续处理操作，生成 G、M 代码。具体操作步骤如下。

（1）仿真加工

单击刀路操作管理器中的“选择全部操作”按钮，选中所有操作。在刀路操作管理器中单击“验证已选择的操作”按钮，并在弹出的“Mastercam 模拟”对话框中单击“播放”按钮，系统进行模拟，仿真加工结果如图 4-25 所示。

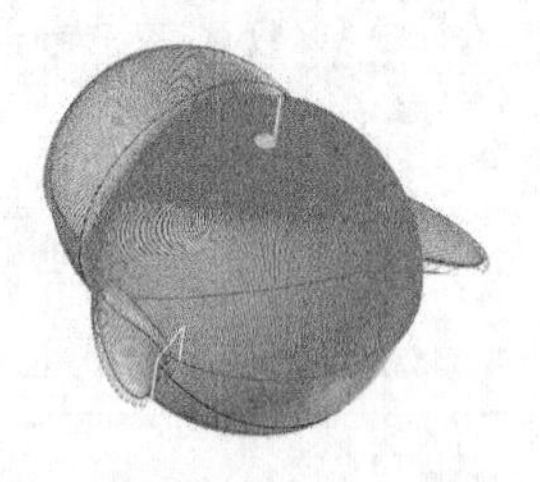

图 4-24　放射精加工刀具路径 2

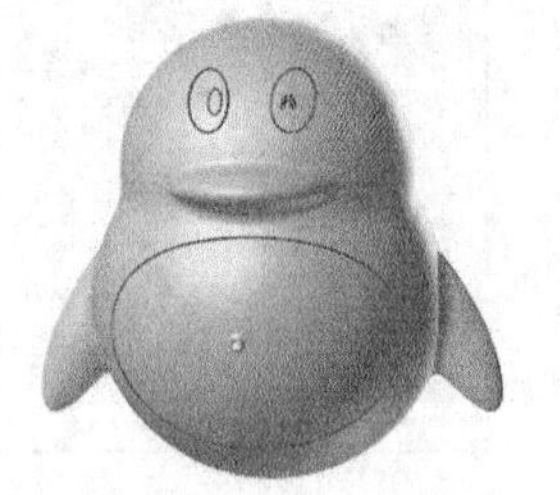

图 4-25　仿真加工结果

（2）NC 代码

模拟检查无误后，在刀路操作管理器中单击“执行选择的操作进行后处理”按钮G1，系统弹出“后处理程序”对话框，单击“确定”按钮，弹出“另存为”对话框，输入文件名称“实操——玩偶精加工”，单击“保存”按钮，在编辑器中打开生成的 NC 代码，详见本书的电子资源。

4.4 环绕等距精加工

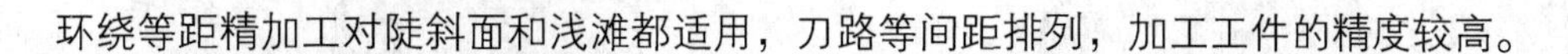

环绕等距精加工对陡斜面和浅滩都适用，刀路等间距排列，加工工件的精度较高。

4.4.1 环绕等距精加工参数介绍

单击“刀路”选项卡新建的“精修”面板中的“精修环绕等距加工”按钮，选择加工曲面后，单击“结束选取”按钮，弹出“刀路曲面选择”对话框。单击“确定”按钮，弹出“曲面精修环绕等距”对话框，如图 4-26 所示。

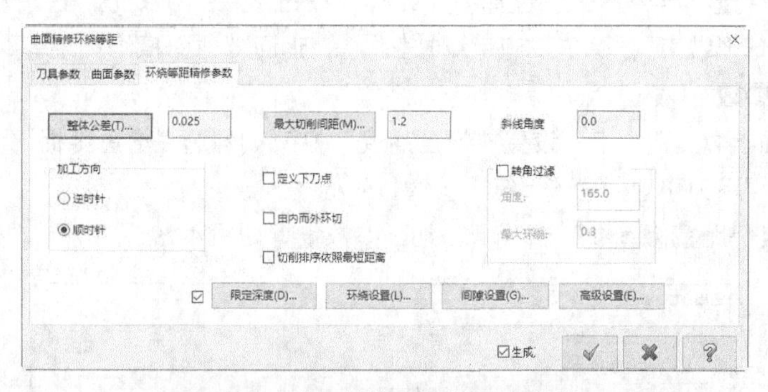

图 4-26 “曲面精修环绕等距”对话框

单击该对话框中的“环绕等距精修参数”选项卡，该选项卡用来定义刀具路径的切削方向、切削顺序、偏置角度、折叠设置和其他参数，其部分选项的含义如下。

（1）最大切削间距：用来定义相邻两刀路之间的距离。

（2）切削排序依照最短距离：系统优化选项，用来优化刀路，提高加工效率。

（3）转角过滤：用于平滑尖角并将其替换为曲线。消除方向的急剧变化可以使刀具承受更均匀的负载，并始终保持更高的进给速率。

（4）角度：设置加工时所允许最大角度。

（5）最大环绕：输入将应用的转角平滑量。

4.4.2 实操——太极图精加工

本例通过对太极图的加工来介绍精修环绕等距加工命令的使用。首先打开源文件，源文件中的太极图已进行平行粗加工；然后启动“精修环绕等距加工”命令，根据系统提示选择要加工的曲面，设置刀具和加工参数；最后设置毛坯，进行模拟仿真加工，生成 NC 代码。

太极图精加工操作步骤如下。

1. 打开文件

单击“快速访问”工具栏中的“打开”按钮，在弹出的“打开”对话框中选择“源文件/原始文件/第 4 章/太极图”文件，单击“打开”按钮，完成文件的调取，加工零件如图 4-27 所示。

2. 创建环绕等距精加工刀具路径

首先选择加工曲面，单击“刀路”选项卡新建的“精修”面板中的“精修环绕等距加工”按钮，根据系统提示选择图 4-28 所示的曲面作为加工面，然后单击“结束选取”按钮，弹出“刀路曲面选择”对话框。“确定”按钮，系统弹出“曲面精修环绕等距”对话框。

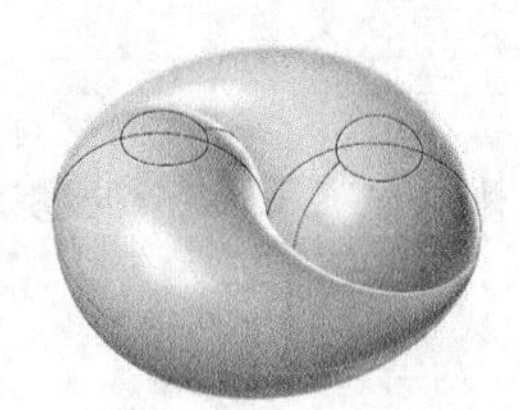

图 4-27　太极图

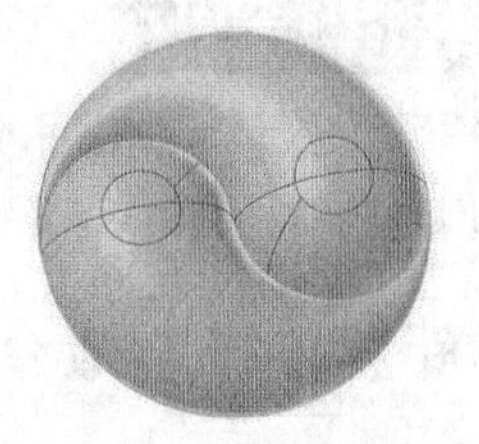

图 4-28　选择加工曲面

3. 设置刀具参数

在“刀具参数”选项卡中单击“选择刀库刀具”按钮，系统弹出“选择刀具”对话框。选择直径为 5 的“球形铣刀”，单击“确定”按钮，返回“曲面精修环绕等距”对话框。

4. 设置加工参数

① 单击“曲面参数”选项卡，设置“安全高度”为 35，勾选“增量坐标”；“参考高度”为 25，勾选“增量坐标”；“下刀位置”为 5，勾选“增量坐标”。

② 单击“环绕等距精修参数”选项卡，加工参数设置如图 4-29 所示。

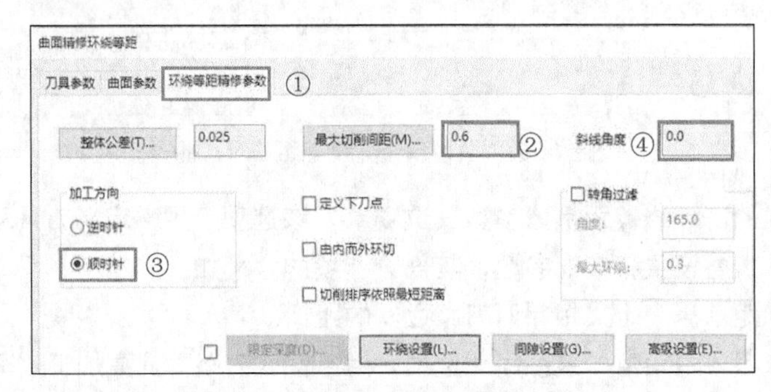

图 4-29　“环绕等距精修参数”选项卡

③ 单击“确定”按钮，系统根据所设置的参数生成环绕等距精加工刀具路径，如图 4-30 所示。

5. 模拟仿真加工

刀路编制完后需要进行模拟检查，如果检查无误，则可以进行后处理操作，生成 G、M 代码。具体操作步骤如下。

（1）工件设置

在刀路操作管理器中单击“毛坯设置”按钮 毛坯设置，系统弹出“机床群组属性”对话框，选择毛坯形状为“圆柱体”，轴向为“Z”轴。单击“所有实体”按钮，单击“确定”按钮，完成工件参数设置，生成的毛坯如图 4-31 所示。

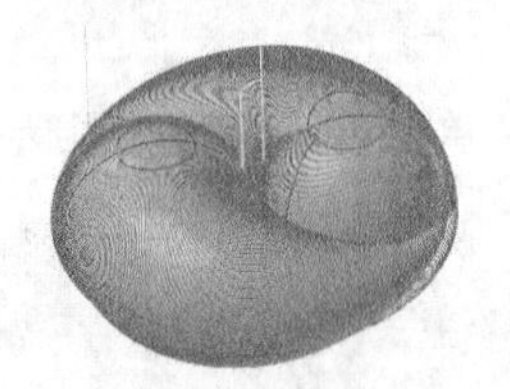

图 4-30　环绕等距精加工刀具路径

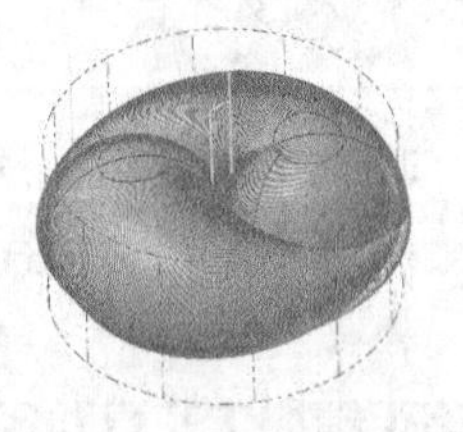

图 4-31　生成的毛坯

（2）仿真加工

① 单击刀路操作管理器中的“选择全部操作”按钮，选中所有操作。

② 在刀路操作管理器中单击“验证已选择的操作”按钮，并在弹出的“Mastercam 模拟”对话框中单击“播放”按钮，系统进行模拟，仿真加工结果如图 4-32 所示。

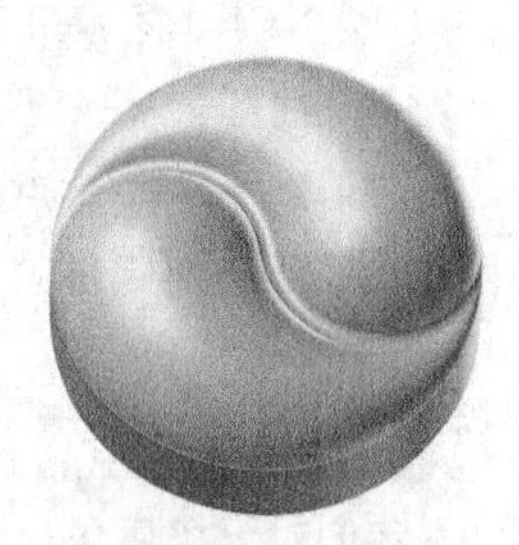

图 4-32　仿真加工结果

（3）NC 代码

模拟检查无误后，在刀路操作管理器中单击“执行选择的操作进行后处理”按钮G1，系统弹出“后处理程序”对话框，单击“确定”按钮，弹出“另存为”对话框，输入文件名称“实操——太极图精加工”，单击“保存”按钮保存(S)，在编辑器中打开生成的 NC 代码，详见本书的电子资源。

技巧荟萃

环绕等距精加工可以加工有多个曲面的零件，刀路沿曲面环绕并且等距，即残留高度固定，适合曲面变化较大的零件，用于最后一刀的精加工操作。

4.5 投影精加工

投影精加工主要用于 3D 产品的雕刻、绣花等。投影精加工包括刀路投影（NCI 投影）、曲线投影和点投影 3 种形式。与其他精加工方法不同的是，投影精加工的预留量必须设为负值。

4.5.1 投影精加工参数介绍

单击“刀路”选项卡新建的“精修”面板中的“精修投影加工”按钮，选择加工曲面后，单击“结束选取”按钮，弹出“刀路曲面选择”对话框。单击“确定”按钮，弹出如图 4-33 所示的“曲面精修投影”对话框。

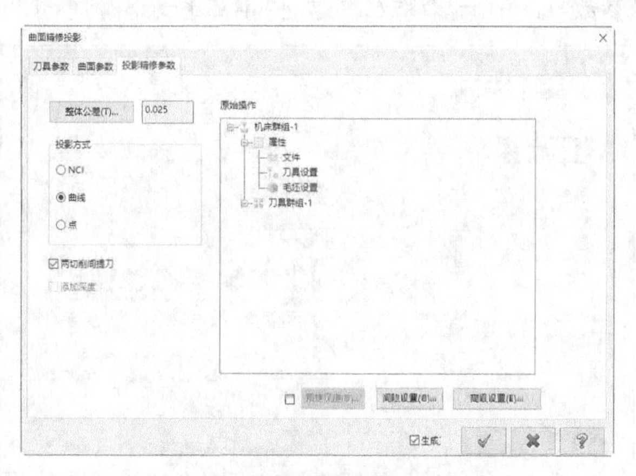

图 4-33　“投影精修参数”选项卡

单击该对话框中的“投影精修参数”选项卡，该选项卡主要用来将曲线、点或其他刀具路径（NCI 文件）投影到曲面或实体上。精加工项目刀具路径的一个常见应用是在曲面上雕刻文本或其他曲线。

“投影精修参数”选项卡的部分选项含义如下。

（1）NCI：将 NCI 文件投影到所选实体上。

（2）曲线：将一条曲线或一组曲线投影到选定的实体上。

（3）点：将一个点或一组点投影到选定的实体上。输入刀具路径参数后提示选择点。

（4）两切削间提刀：强制在切削之间进行缩回移动。取消选择时，工具在切削之间保持向下。

4.5.2 实操——太极图投影加工

我们对太极图的上表面进行了平行粗加工和环绕等距精加工（见 4.4 节），本例通过投影来加工太极图的下表面。首先打开源文件，对毛坯和刀具路径进行隐藏，然后启动“精修投影加工”命令，根据系统提示选择要加工的曲面，设置刀具和加工参数，最后设置毛坯，进行模拟仿真加工，生成 NC 代码。

太极图投影加工操作步骤如下。

1. 承接环绕等距精加工结果

2. 创建投影精加工刀具路径 1

（1）选择加工曲面

① 单击“视图”选项卡“屏幕视图”面板中的“仰视图”按钮，将当前视图设置为仰视图。

② 单击“刀路”选项卡新建的“精修”面板中的“精修投影加工”按钮，根据系统提示选择投影曲面，如图 4-34 所示。单击“结束选取”按钮，弹出“刀路曲面选择”对话框。单击“确定”按钮，完成投影曲面的选择。

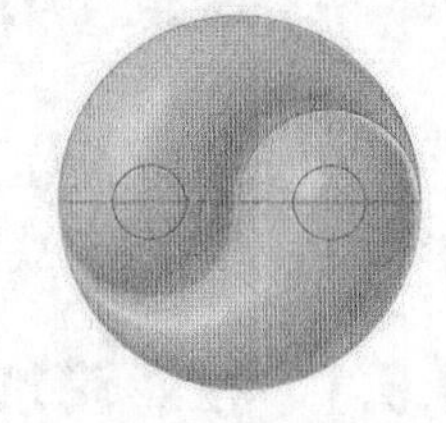

图 4-34　选择加工曲面

（2）设置刀具参数

系统弹出“曲面精修投影”对话框，在“刀具参数”选项卡中选择直径为 5 的球形铣刀。

（3）设置加工参数

① 单击“曲面参数”选项卡，设置“安全高度”为 35，勾选“增量坐标”；“参考高度”为 25，勾选“增量坐标”；“下刀位置”为 5，勾选“增量坐标”。

② 单击“投影精修参数”选项卡，参数设置如图 4-35 所示。

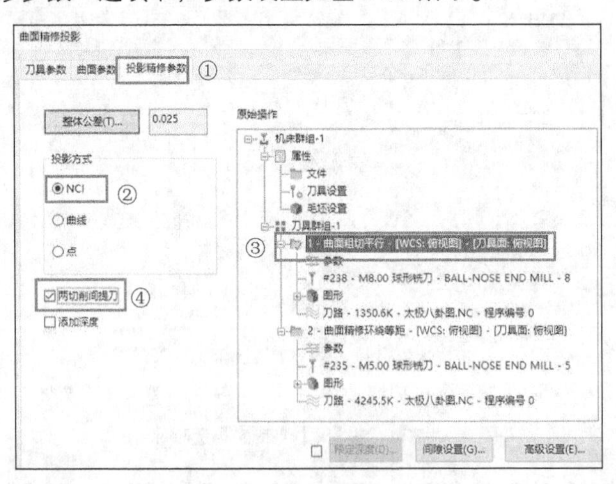

图 4-35　“投影精修参数”选项卡

③ 单击“确定”按钮，系统根据所设置的参数生成投影精加工刀具路径，如图 4-36 所示。

3．创建投影精加工刀具路径 2

① 单击“视图”选项卡“屏幕视图”面板中的“俯视图”按钮，将当前视图设置为仰视图。

② 单击“刀路”选项卡新建的“精修”面板中的“精修投影加工”按钮，根据系统提示选择投影曲面。在“投影精修参数”选项卡中“原始操作”选择“2−曲面精修环绕等距”刀具路径，其他参数采用默认，生成的投影精加工刀具路径如图 4-37 所示。

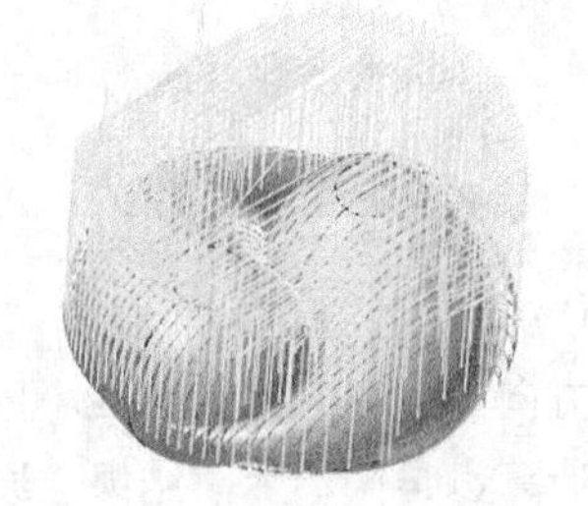

图 4-36　投影精加工刀具路径 1

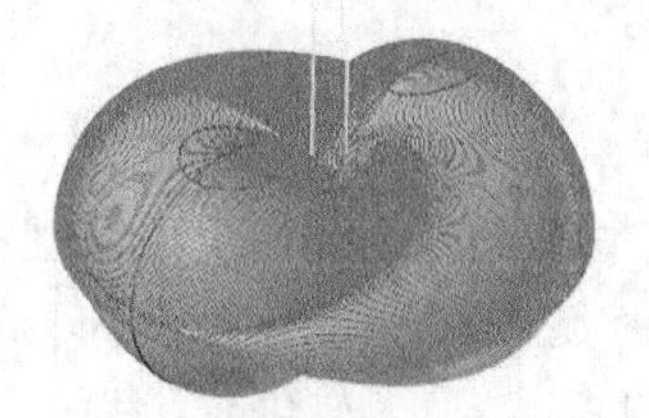

图 4-37　投影精加工刀具路径 2

4．模拟仿加工

刀路编制完后需要进行模拟检查，如果检查无误，则可以进行后处理操作，生成 G、M 代码。具体操作步骤如下。

（1）仿真加工

单击刀路操作管理器中的“选择全部操作”按钮，选中所有操作。在刀路操作管理器中单击“验证已选择的操作”按钮，并在弹出的“Mastercam 模拟”对话框中单击“播放”按钮，系统进行模拟，仿真加工结果如图 4-38 所示。

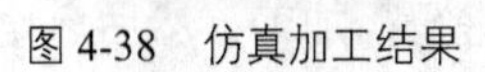

图 4-38　仿真加工结果

（2）NC 代码

模拟检查无误后，在刀具操作管理器中单击“执行选择的操作进行后处理”按钮，系统弹出“后处理程序”对话框，单击“确定”按钮，弹出“另存为”对话框，输入文件名称“实操——太极图投影加工”，单击“保存”按钮，在编辑器中打开生成的 NC 代码，详见本书的电子资源。

4.6　流线精加工

流线精加工主要用于加工流线非常规律的曲面。对于多个曲面，当流线相互交错时，用流线精加工方法加工不太适合。

4.6.1　流线精加工参数介绍

单击“刀路”→“新群组”→“流线”按钮，选择加工曲面后，单击“结束选取”按钮，弹出“刀路曲面选择”对话框。单击“确定”按钮，弹出“曲面精修流线”对话框，如图 4-39 所示。

单击该对话框中的“曲面流线精修参数”选项卡，该选项卡可为精加工流线刀具路径设置参数。流线刀具路径可让用户精确控制留在零件上的余量，以实现受控曲面的光洁度。

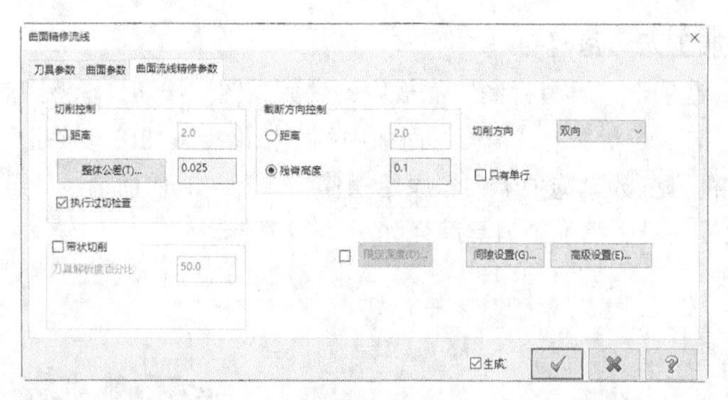

图 4-39 “曲面精修流线”对话框

“曲面流线精修参数”主要包括“切削控制”和“截断方向控制”。

（1）“切削控制”一般采用误差控制。机床一般将切削方向的曲线刀路转化成小段直线来进行近似切削。误差设置得越大，转化成直线的误差也就越大，计算也越快，加工结果与原曲面之间的误差越大；误差设置得越小，计算越慢，加工结果与原曲面之间的误差越小，一般设置在 0.025 ~ 0.15。

（2）“截断方向控制”方式有 2 种，一种是距离，另一种是残脊高度。对于用球形铣刀铣削曲面时在两刀路之间生成的残脊，可以通过控制残脊高度来控制残料余量。另外，也可以通过控制两切削路径之间的距离来控制残料余量。采用距离控制刀路之间的残料余量更直接、更简单，因此一般通过距离来控制残料余量。

4.6.2 实操——异形连杆精加工

本例通过异形连杆的精加工来讲解“流线”命令的使用。首先打开源文件，源文件中的连杆已进行粗加工；然后启动“流线”命令，根据系统提示选择要加工的曲面，设置刀具和加工参数；最后设置毛坯，模拟加工，生成 NC 代码。

异形连杆精加工操作步骤如下。

1. 打开文件

单击“快速访问”工具栏中的“打开”按钮，在弹出的“打开”对话框中选择“源文件/原始文件/第 4 章/连杆”文件，单击“打开”按钮，完成文件的调取，加工零件如图 4-40 所示。

2. 创建流线精加工刀具路径 1

（1）选择加工曲面

① 单击“视图”选项卡“屏幕视图”面板中的“俯视图”按钮，将当前视图设置为俯视图。

② 单击“刀路”选项卡“3D”面板“精切”组中的“流线”按钮，根据系统提示选择图 4-41 所示的加工曲面，单击“结束选取”按钮，弹出“刀路曲面选择”对话框。单击“曲面流线”选项组中的“流线参数”按钮，弹出“曲面流线设置”对话框。单击“补正方向”按钮和“切削方向”按钮，设置补正方向和切削方向，如图 4-42 所示，单击“确定”按钮，完成流线选项设置。

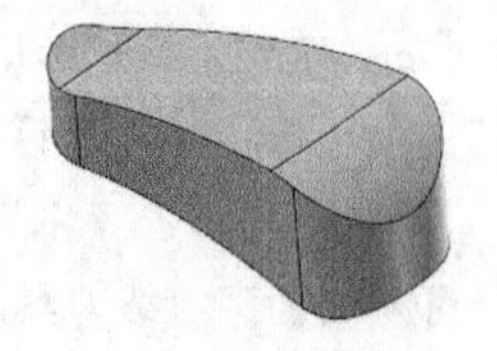

图 4-40 异形连杆

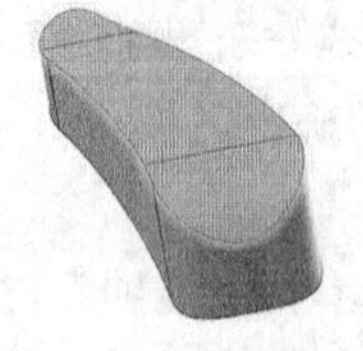

图 4-41 选择加工曲面

图 4-42 补正方向和切削方向

（2）设置刀具参数

① 系统弹出“曲面精修流线”对话框，利用对话框中的“刀具参数”选项卡来设置刀具和切削参数。在“刀路参数”选项卡中单击“选择刀库刀具”按钮，系统弹出“选择刀具”对话框。

② 在“选择刀具”对话框中选择直径为 3 的球形铣刀，单击“确定”按钮，返回“曲面精修流线”对话框。

（3）设置加工参数

① 单击“曲面参数”选项卡，设置“安全高度”为 35，勾选“增量坐标”；“参考高度”为 25，勾选“增量坐标”；“下刀位置”为 5，勾选“增量坐标”。

② 单击“曲面流线精修参数”选项卡，参数设置如图 4-43 所示。

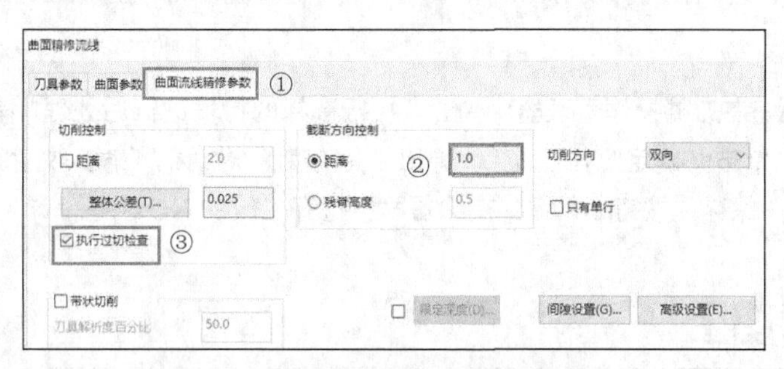

图 4-43 “曲面流线精修参数”选项卡

③ 单击“确定”按钮，系统根据所设置的参数生成曲面流线精加工刀具路径，如图 4-44 所示。

3. 创建流线精加工刀具路径 2

（1）单击“视图”选项卡“屏幕视图”面板中的“仰视图”按钮，将当前视图设置为仰视图。

（2）启动“流线”命令，根据系统提示选择图 4-45 所示的加工曲面，其他参数设置参照步骤 2，生成的流线精加工刀具路径如图 4-46 所示。

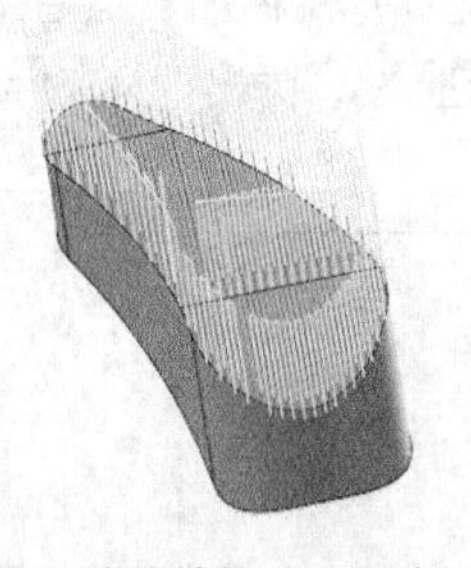

图 4-44 流线精加工刀具路径 1

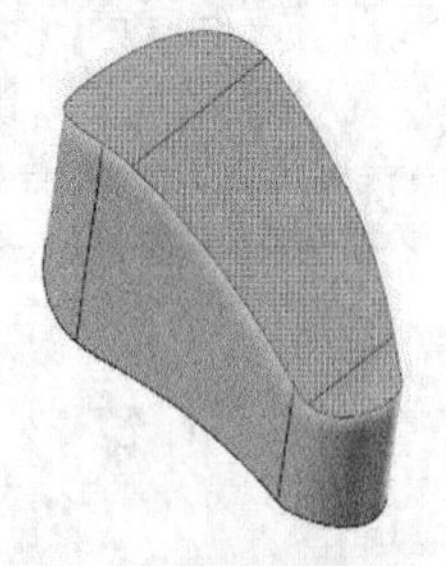

图 4-45 选择加工曲面

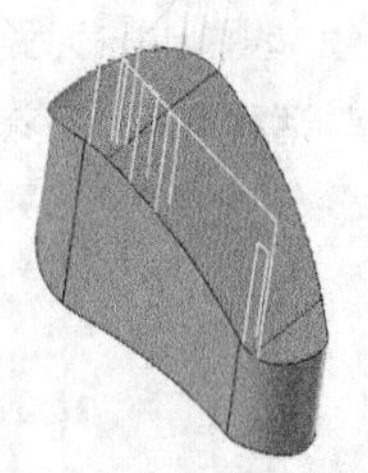

图 4-46 流线精加工刀具路径 2

4. 模拟仿真加工

刀路编制完后需要进行模拟检查，检查无误后即可进行后处理操作，生成 G、M 代码。具体操作步骤如下。

（1）设置毛坯

在刀路操作管理器中单击“毛坯设置”按钮 毛坯设置，系统弹出“机床群组属性”对话框，单击“所有实体”按钮，单击“确定”按钮，生成的毛坯如图 4-47 所示。

（2）仿真加工

① 单击刀路操作管理器中的“选择全部操作”按钮，选中所有操作。

② 在刀路操作管理器中单击“验证已选择的操作”按钮，并在弹出的“Mastercam 模拟”对话框中单击“播放”按钮▶，系统进行模拟，仿真加工结果如图 4-48 所示。

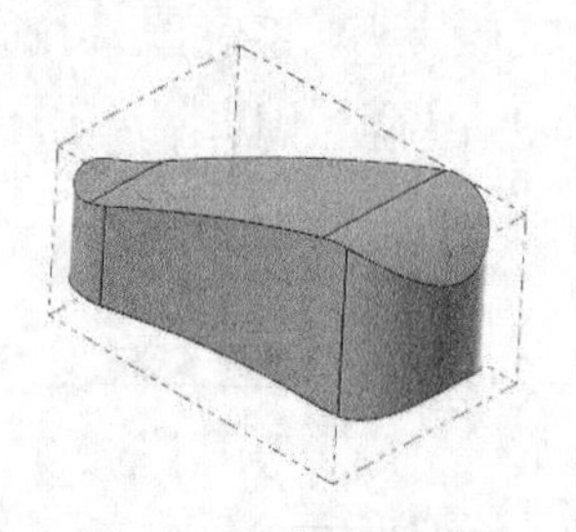

图 4-47　生成的毛坯

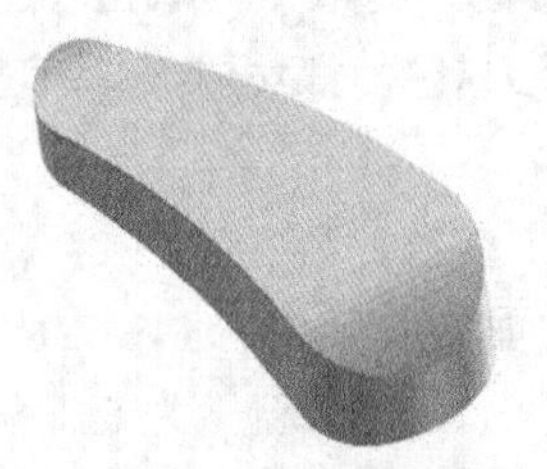

图 4-48　仿真加工结果

（3）NC 代码

模拟检查无误后，在刀路操作管理器中单击“执行选择的操作进行后处理”按钮G1，系统弹出“后处理程序”对话框，单击“确定”按钮，弹出“另存为”对话框，输入文件名称“实操——异形连杆精加工”，单击“保存”按钮，在编辑器中打开生成的 NC 代码，详见本书的电子资源。

4.7 等高精加工

等高精加工采用等高线的方式对工件进行逐层加工，包括沿 *Z* 轴等分和沿外形等分 2 种方式。沿 *Z* 轴等分等高精加工选择的是加工范围线；沿外形等分等高精加工选择的是外形线，并将外形线进行等分加工。等高精加工主要用于对比较陡的曲面进行精加工，是目前应用比较广泛的加工方法之一。

4.7.1 等高精加工参数介绍

单击“刀路”选项卡“3D”面板中的“传统等高”按钮，选择加工曲面，然后单击“结束选取”按钮，弹出“刀路曲面选择”对话框。单击“确定”按钮，弹出图 4-49 所示的“曲面精修等高”对话框，利用该对话框来设置等高精加工的相关参数。

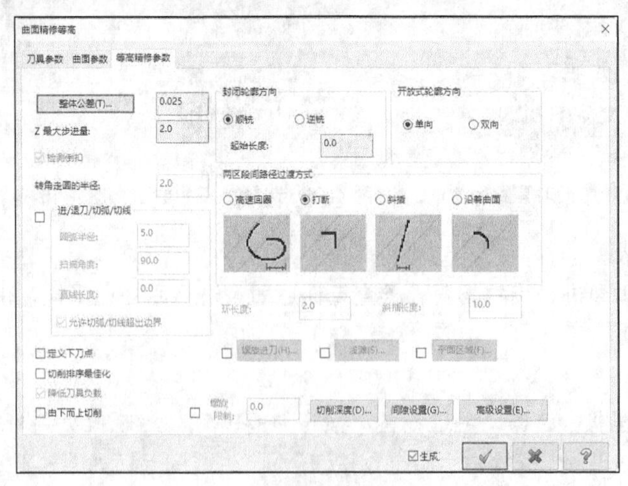

图 4-49　“曲面精修等高”对话框

由于等高精修参数与等高粗切参数相同，在此不再赘述。

4.7.2 实操——导流盖精加工

本例通过导流盖的加工来讲解等高精加工命令的使用。首先打开源文件，源文件中的导流盖已进行粗加工和凹面的精加工；然后启动“传统等高”命令，根据系统提示选择要加工的曲面，设置刀具和加工参数；最后设置毛坯，进行模拟仿真加工，生成 NC 代码。

导流盖精加工操作步骤如下。

1. 打开文件

单击“快速访问”工具栏中的“打开”按钮，在弹出的“打开”对话框中选择“源文件/原始文件/第 4 章/导流盖”文件，单击“打开”按钮，完成文件的调取，加工零件如图 4-50 所示。

2. 创建等高精加工刀具路径

（1）选择加工曲面

单击“刀路”选项卡“3D”面板中的“传统等高”按钮，根据系统提示选择图 4-51 所示的曲面作为加工曲面，单击“结束选取”按钮，弹出“刀路曲面选择”对话框，单击“确定”按钮。

（2）设置刀具参数

系统弹出“曲面精修等高”对话框，选择直径为 6 的球形铣刀。

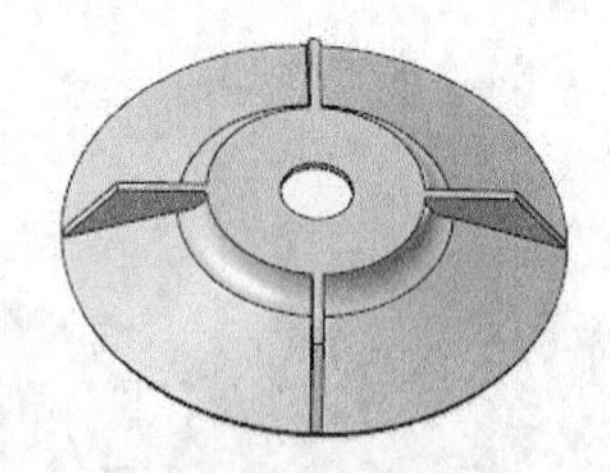

图 4-50 加工图形

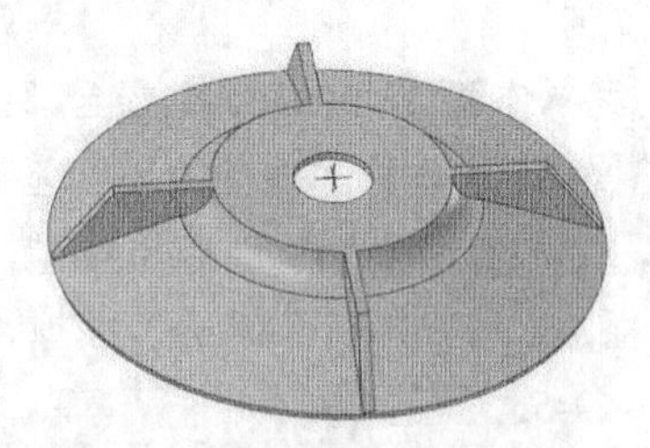

图 4-51 选择加工曲面

（3）设置加工参数

① 单击“曲面参数”选项卡，设置“安全高度”为 35，勾选“增量坐标”；“参考高度”为 25，勾选“增量坐标”；“下刀位置”为 5，勾选“增量坐标”。

② 单击“等高精修参数”选项卡，参数设置如图 4-52 所示。单击“间隙设置”按钮，设置“最大切深百分比”为 80。

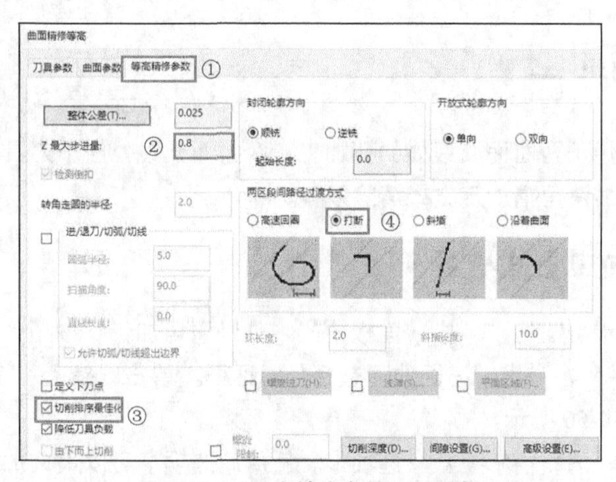

图 4-52 “等高精修参数”选项卡

③ 单击“确定”按钮，系统根据所设置的参数生成等高精加工刀具路径，如图 4-53 所示。

3. 模拟仿真加工

刀路编制完后需要进行模拟检查，检查无误后即可进行后处理操作，生成 G、M 代码。具体操作步骤如下。

（1）工件设置

在刀路操作管理器中单击“毛坯设置”按钮 毛坯设置，系统弹出“机床群组属性”对话框，选择毛坯形状为“圆柱体”，轴向为“Z”轴；单击“所有实体”按钮 所有实体，修改高度值为 23，单击“确定”按钮，完成工件参数设置，生成的毛坯如图 4-54 所示。

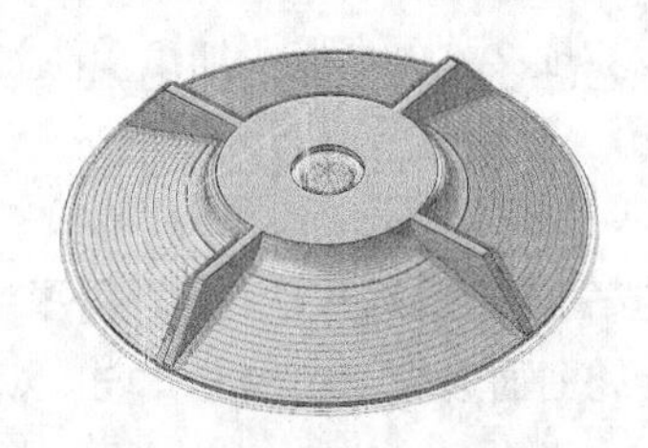

图 4-53　等高精加工刀具路径

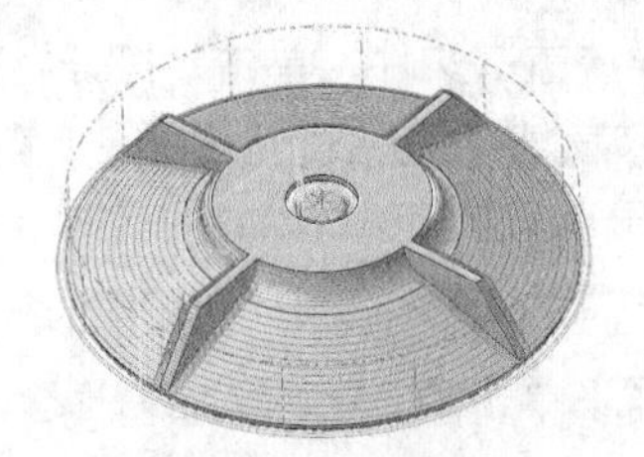

图 4-54　生成的毛坯

（2）仿真加工

① 单击刀路操作管理器中的“选择全部操作”按钮，选中所有操作。

② 在刀路操作管理器中单击“验证已选择的操作”按钮，并在弹出的“Mastercam 模拟”对话框中单击“播放”按钮，系统进行模拟，仿真加工结果如图 4-55 所示。

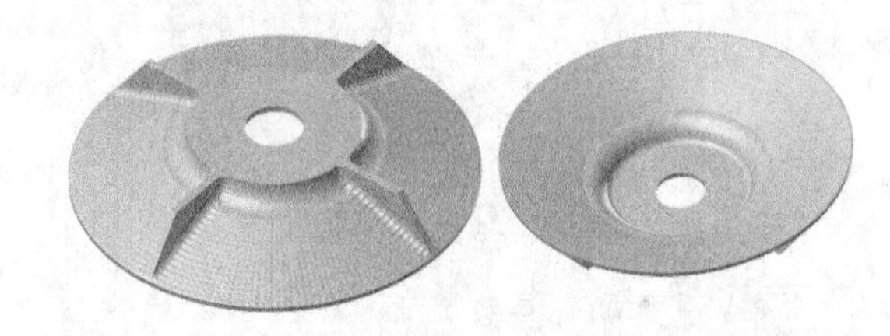

图 4-55　仿真加工结果

（3）NC 代码

模拟检查无误后，在刀路操作管理器中单击“执行选择的操作进行后处理”按钮 G1，系统弹出“后处理程序”对话框，单击“确定”按钮，弹出“另存为”对话框，输入文件名称“实操——导流盖精加工”，单击“保存”按钮 保存(S)，在编辑器中打开生成的 NC 代码，详见本书的电子资源。

4.8　精修清角加工

精修清角加工主要用于两曲面交线处的精加工。两曲面交线处由于刀具无法进入，会产生部分残料，因此可以采用交线清角精加工方式清除残料。

4.8.1　精修清角加工参数介绍

单击“刀路”选项卡新建的“精修”面板中的“精修清角加工”按钮，选择加工曲面后，单击“结束选取”按钮 结束选取，弹出“刀路曲面选择”对话框。单击“确定”按钮，弹出“曲面精修清角”对话框，如图 4-56 所示。

单击该对话框中的“清角精修参数”选项卡。使用此选项卡可以定义加工方向、切削方式，以及平行加工次数等。刀具路径沿曲面之间的内部边缘行进。

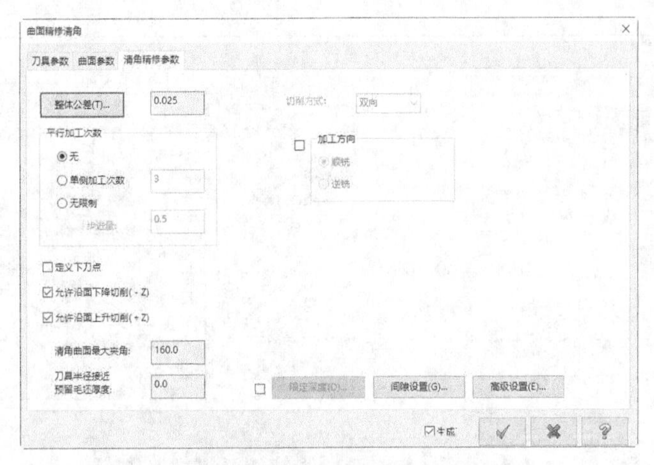

图 4-56 “曲面精修清角”对话框

（1）无：表示生成一刀式刀路，创建单个刀具路径，禁用平行通道。

（2）单侧加工次数：需要用户输入平行刀路的数量，系统生成平行的多次刀路。

（3）无限制：在加工范围内生成与第一刀平行的多次清角刀路。

（4）清角曲面最大夹角：指定两个曲面之间的拐角或角度，以便 Mastercam 2022 创建切削路径。使用此选项可防止在两个表面间产生过渡平坦或接近平坦的切削路径。典型的推荐值为 165°。

4.8.2 实操——导流盖精修清角

本例在等高精加工的基础上对导流盖进行精修清角加工，首先打开源文件，然后启动“精修清角加工”命令，根据系统提示选择要加工的曲面，设置刀具和加工参数，最后设置毛坯，进行模拟仿真加工，生成 NC 代码。

导流盖精修清角操作步骤如下。

1. 承接等高精加工结果

2. 创建精修清角加工刀具路径

（1）选择加工曲面

单击“刀路”选项卡新建的“精修”面板中的“精修清角加工”按钮，选择图 4-57 所示的曲面作为加工曲面，单击“结束选取”按钮，弹出“刀路曲面选择”对话框，单击“确定”按钮，完成曲面的选择。

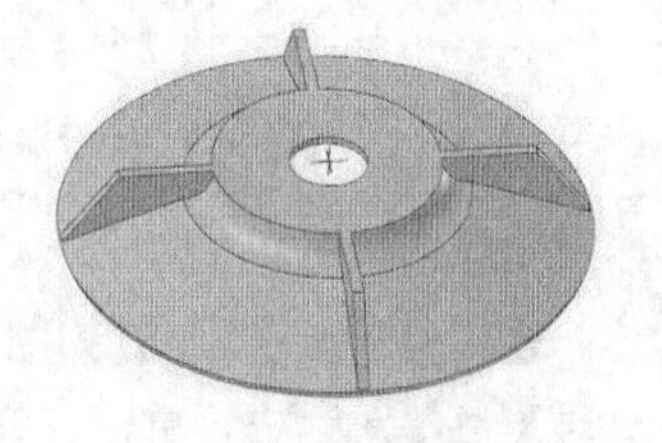

图 4-57 选择加工曲面

（2）设置刀具参数

系统弹出“曲面精修清角”对话框，单击“选择刀库刀具”按钮，弹出“选择刀具”对话框。选择直径为 3 的球形铣刀，单击“确定”按钮，完成刀具选择，返回“曲面精修清角”对话框。

（3）设置加工参数

① 单击“曲面参数”选项卡，设置“安全高度”为 35，勾选“增量坐标”；“参考高度”为 25，勾选“增量坐标”；“下刀位置”为 5，勾选“增量坐标”。

② 单击“清角精修参数”选项卡，参数设置如图 4-58 所示。

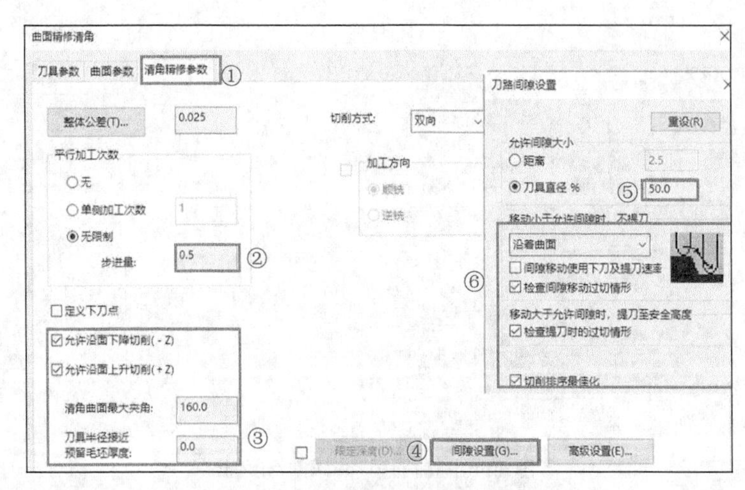

图 4-58 “清角精修参数”选项卡

③ 单击“确定”按钮，系统根据所设置的参数生成精修清角加工刀具路径，如图 4-59 所示。

3. 模拟仿真加工

刀路编制完后需要进行模拟检查，检查无误后即可进行后处理操作，生成 G、M 代码。具体操作步骤如下。

（1）仿真加工

① 单击刀路操作管理器中的“选择全部操作”按钮，选中所有操作。

② 在刀路操作管理器中单击“验证已选择的操作”按钮，并在弹出的“Mastercam 模拟”对话框中单击“播放”按钮▶，系统进行模拟，加工仿真结果如图 4-60 所示。

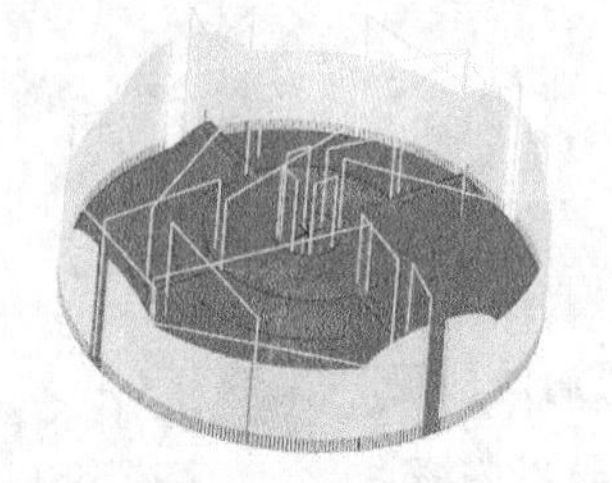

图 4-59 精修清角加工刀具路径

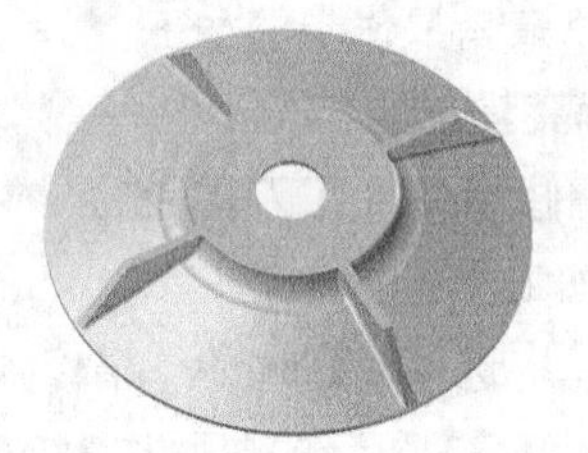

图 4-60 仿真加工结果

（2）NC 代码

模拟检查无误后，在刀路操作管理器中单击“执行选择的操作进行后处理”按钮G1，系统弹出“后处理程序”对话框，单击“确定”按钮，弹出“另存为”对话框，输入文件名称“实操——导流盖精修清角”，单击“保存”按钮，在编辑器中打开生成的 NC 代码，详见本书的电子资源。

4.9 浅滩精加工

浅滩精加工主要用于对比较浅的曲面进行铣削加工，较浅的曲面是相对陡斜面而言的。浅滩精加工提供了多种走刀方式来满足不同类型曲面的加工，浅滩精加工的双向和单向两种走刀方式比较适合加工较规则的浅滩，3D 环绕走刀方式比较适合加工回转体形式的浅滩。

4.9.1 浅滩精加工参数介绍

浅滩精加工参数与陡斜面精加工参数类似。单击“刀路”选项卡新建的“精修”面板中的“精修浅滩加工”按钮，选择加工曲面后，单击“结束选取”按钮，弹出“刀路曲面选择”对话框。单击“确定”按钮，弹出“曲面精修浅滩”对话框，利用该对话框来设置浅滩精加工参数。

“曲面精修浅滩”对话框中的“浅滩精修参数”选项卡如图 4-61 所示。使用此选项卡可以定义精加工浅刀具路径的驱动表面倾斜角、步距、切削方法和其他参数。

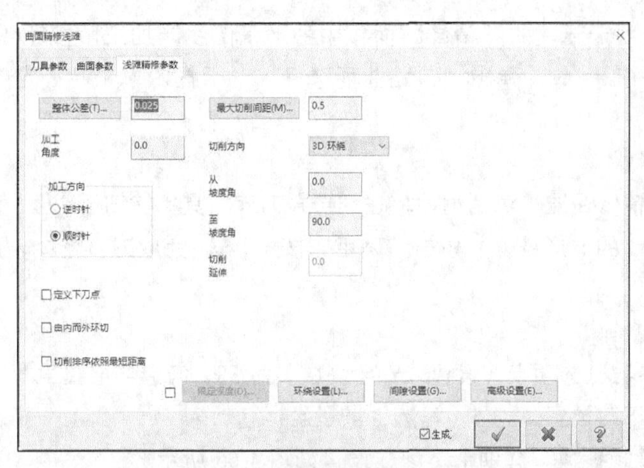

图 4-61 “浅滩精修参数”选项卡 1

其中的“从坡度角”和“到坡度角”参数主要用于设置浅滩精加工区域，在此设置的角度范围内的曲面系统都可以被侦测，并进行计算生成刀路。下面通过对图 4-62 所示的曲面进行浅滩精加工，来介绍这两个参数的应用。

① 选择图 4-62 所示的曲面作为加工曲面，并选择曲面边界作为加工范围。

② 在“浅滩精修参数”选项卡的“加工方向”选项组中选择“顺时针”单选按钮，将“最大切削间距”设为 1，“切削方向”设为“3D 环绕”，浅滩加工倾斜角度设为 0° ~ 30°，即大于 30°的曲面不予加工。

③ 单击按钮，系统根据所设置的参数生成浅滩精加工刀路，如图 4-63 所示。

图 4-62 浅滩精加工曲面

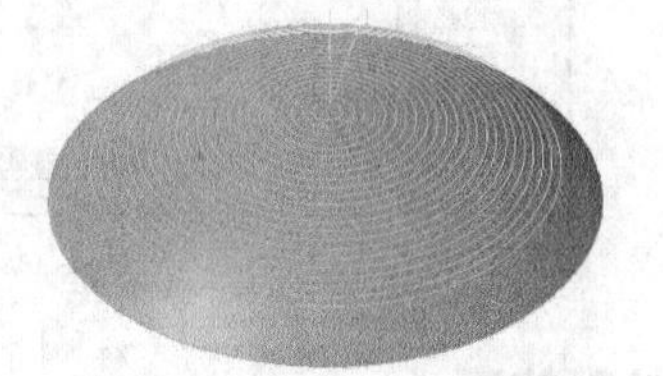

图 4-63 浅滩精加工刀具路径

4.9.2 实操——凸台精修浅滩

本例通过对凸台的加工来介绍精修浅滩加工命令的使用。首先打开源文件，源文件中我们已对凸台进行粗加工和精加工；然后启动“精修浅滩加工”命令，根据系统提示选择要加工的曲面，设置刀具和加工参数；最后设置毛坯，模拟加工过程，生成 NC 代码。

凸台精修浅滩操作步骤如下。

1. 打开文件

单击“快速访问”工具栏中的“打开”按钮，在弹出的“打开”对话框中选择“源文件/原始文件/第 4 章/凸台”文件，单击“打开”按钮，完成文件的调取，加工零件如图 4-64 所示。

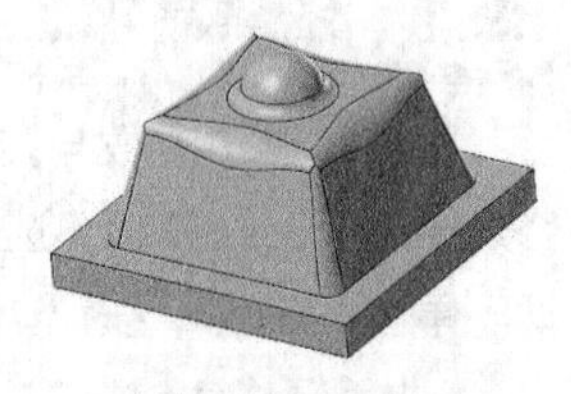

图 4-64　凸台

2. 创建浅滩精加工刀具路径

（1）选择加工曲面

单击“刀路”选项卡新建的“精修”面板中的“精修浅滩加工”按钮，选择所有曲面后，单击“结束选取”按钮，弹出“刀路曲面选择”对话框，单击“确定”按钮，完成曲面的选择。

（2）设置刀具参数

系统弹出“曲面精修浅滩”对话框，单击“选择刀库刀具”按钮，系统弹出“选择刀具”对话框。选择直径为 3 的球形铣刀，单击“确定”按钮，完成刀具选择，返回“曲面精修浅滩”对话框。

（3）设置加工参数

① 单击“曲面参数”选项卡，设置“安全高度”为 35，勾选“增量坐标”；“参考高度”为 25，勾选“增量坐标”；“下刀位置”为 5，勾选“增量坐标”。

② 单击“浅滩精修参数”选项卡，参数设置如图 4-65 所示。

③ 单击“确定”按钮，系统根据所设置的参数生成浅滩精加工刀具路径，如图 4-66 所示。

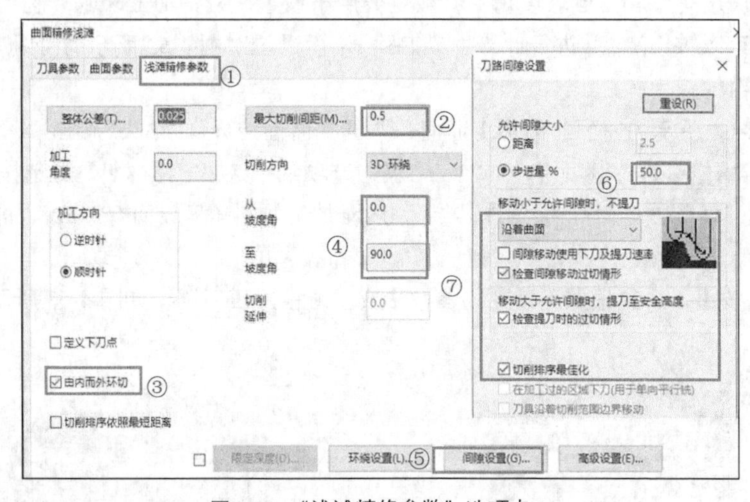

图 4-65　“浅滩精修参数”选项卡 2

3. 模拟仿真加工

刀路编制完成后需要进行模拟检查，检查无误后即可进行后处理操作，生成 G、M 代码。具体操作步骤如下。

（1）工件设置

在刀路操作管理器中单击“毛坯设置”按钮，系统弹出“机床群组属性”对话框，单击“所有实体”按钮，再单击“确定”按钮，完成工件参数设置，生成的毛坯如图 4-67 所示。

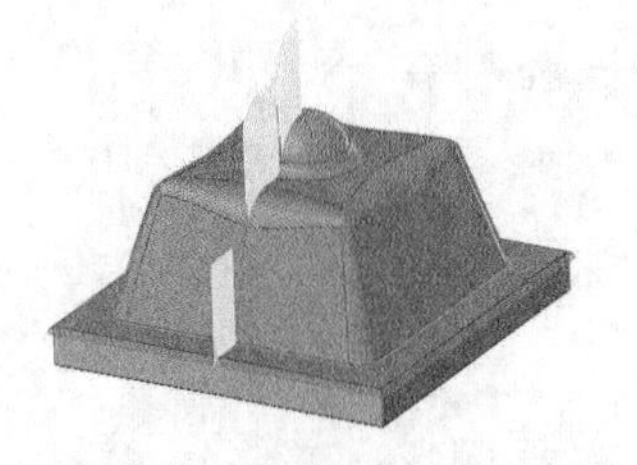

图 4-66　浅滩精加工刀具路径

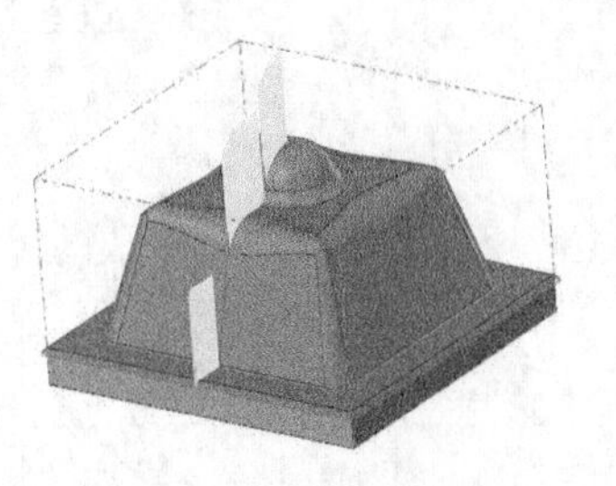

图 4-67　生成的毛坯

（2）仿真加工

① 单击刀路操作管理器中的“选择全部操作”按钮，选中所有操作。

② 在刀路操作管理器中单击“验证已选择的操作”按钮，并在弹出的“Mastercam 模拟”对话框中单击“播放”按钮，系统进行模拟，仿真加工结果如图 4-68 所示。

图 4-68　仿真加工结果

（3）NC 代码

模拟检查无误后，在刀路操作管理器中单击“执行选择的操作进行后处理”按钮G1，系统弹出“后处理程序”对话框，单击“确定”按钮，弹出“另存为”对话框，输入文件名称“实操——凸台精修浅滩”，单击“保存”按钮，在编辑器中打开生成的 NC 代码，详见本书的电子资源。

技巧荟萃

浅滩精加工用于对坡度较小的曲面进行加工，并生成精加工刀路，常配合等高外形加工方式或陡斜面精加工方式对工件进行加工。

4.10 残料精加工

残料精加工主要用于去除工件已进行的操作所遗留下来的残料。在加工过程中，为了提高加工效率，通常采用大直径的刀具进行加工，从而导致刀具无法进入局部区域，因此需要采用残料精加工方式清除残料。

4.10.1 残料精加工参数介绍

残料精加工参数有两部分，一部分是残料清角精加工参数，另一部分是残料清角的材料参数。单击“刀路”选项卡新建的“精修”面板中的“残料”按钮，选择加工曲面后，单击“结束选取”按钮，弹出“刀路曲面选择”对话框。单击“确定”按钮，弹出“曲面精修残料清角”对话框，如图 4-69 所示。

1. “残料清角精修参数”选项卡

单击“曲面精修残料清角”对话框中的“残料清角精修参数”选项卡。该选项卡用于生成剩余刀具路径，可去除较大刀具操作后留下的少量材料。用户可以使用较小的刀具来创建多个剩余刀具路径，该选项卡设置如下。

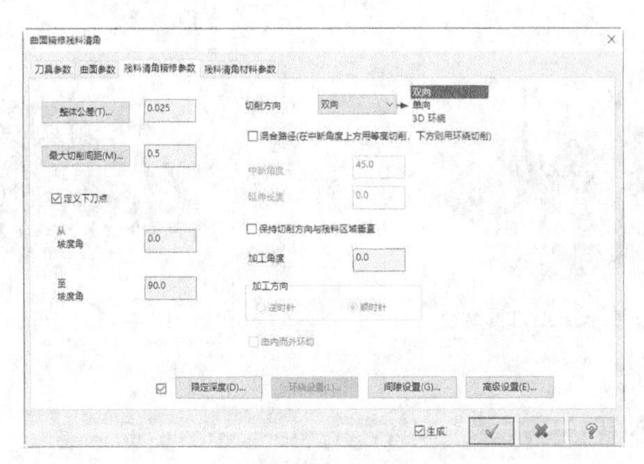

图 4-69 “曲面精修残料清角”对话框

（1）混合路径：勾选该复选框，则中断角上方的切削是平行于 Z 轴的等高切削，而其下方的切削则采用 3D 环绕切削。推荐的中断角度是 45°。

（2）延伸长度：启用混合路径时，该选项为在混合区域内平行于 Z 轴切削部分添加额外的切削距离。

（3）保持切削方向与残料区域垂直：垂直切削可以提高工件光洁度并减少刀具磨损；非垂直切削可以提高刀具路径性能。

（4）由内而外环切：刀具路径从零件中心开始向外切削。只有在“切削方向”选择“3D 环绕”时，该项才被激活。

2. “残料清角材料参数”选项卡

单击“曲面精修残料清角”对话框中的“残料清角材料参数”选项卡，如图 4-70 所示，该选项卡可使用粗加工刀具尺寸计算零件上剩余的毛坯量。

输入“粗切刀具直径”和“粗切转角半径”，利用此值系统会计算出剩余材料，“重叠距离”是指粗加工时两刀具路径的重叠量。

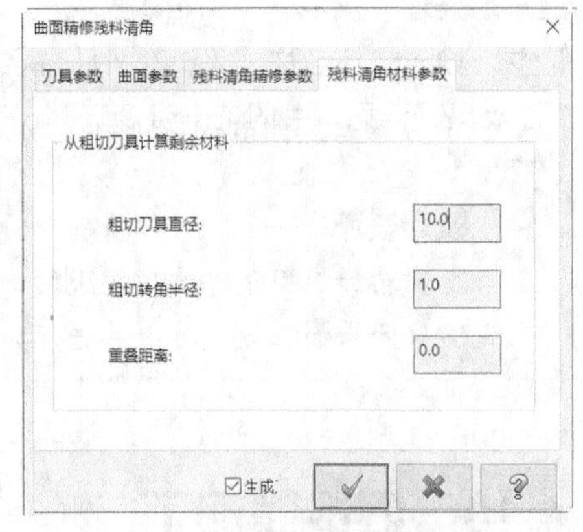

图 4-70 “残料清角材料参数”选项卡 1

4.10.2 实操——太极图残料精加工

本例通过对太极图的加工来介绍残料精加工命令的使用。首先打开源文件；然后启动“残料”命令，根据系统提示拾取要加工的曲面，设置刀具和加工参数；最后模拟仿真加工，生成 NC 代码。

太极图残料精加工操作步骤如下。

1. 打开文件

单击“快速访问”工具栏中的“打开”按钮，在弹出的“打开”对话框中选择“源文件/原始文件/第 4 章/太极图”文件，单击“打开”按钮 打开(O) ，完成文件的调取，如图 4-71 所示。

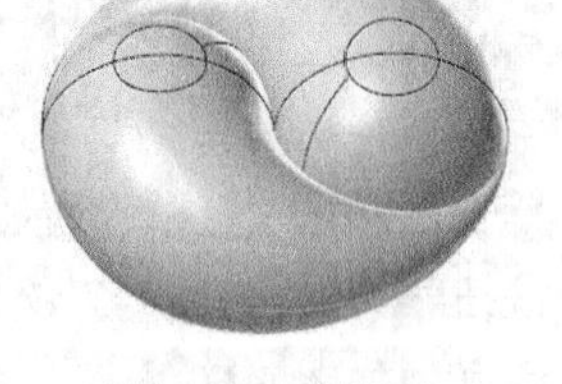

图 4-71 太极图

2. 创建残料精加工刀具路径

（1）选择加工曲面

单击“刀路”选项卡“精修”面板中的“残料”按钮，根据系统提示选择所有曲面作为加工曲面，单击“结束选取”按钮，弹出“刀路曲面选择”对话框。选择矩形边界作为加工边界，单击“确定”按钮，完成曲面和边界的选择。

（2）设置刀具参数

在“曲面精修残料清角”对话框中单击“选择刀库刀具”按钮，系统弹出“选择刀具”对话框。选择直径为 3 的球形铣刀，单击“确定”按钮，完成刀具选择，返回“曲面精修残料清角”对话框。

（3）设置加工参数

① 单击“曲面参数”选项卡，设置“安全高度”为 35，勾选“增量坐标”；“参考高度”为 25，勾选“增量坐标”；“下刀位置”为 5，勾选“增量坐标”。

② 单击“残料清角精修参数”选项卡，参数设置如图 4-72 所示。

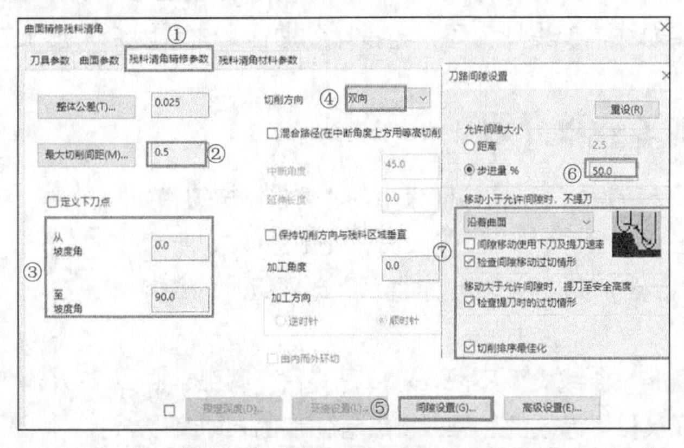

图 4-72 “残料清角精修参数”选项卡

③ 单击“残料清角材料参数”选项卡，参数设置如图 4-73 所示。

④ 单击“确定”按钮，系统根据所设置的参数生成残料精加工刀具路径，如图 4-74 所示。

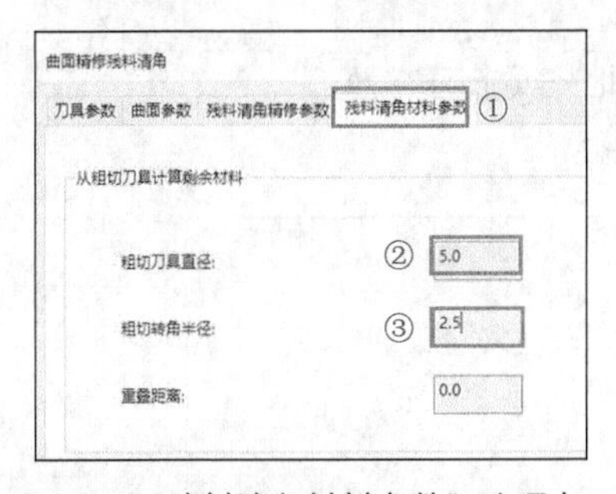

图 4-73 “残料清角材料参数”选项卡 2

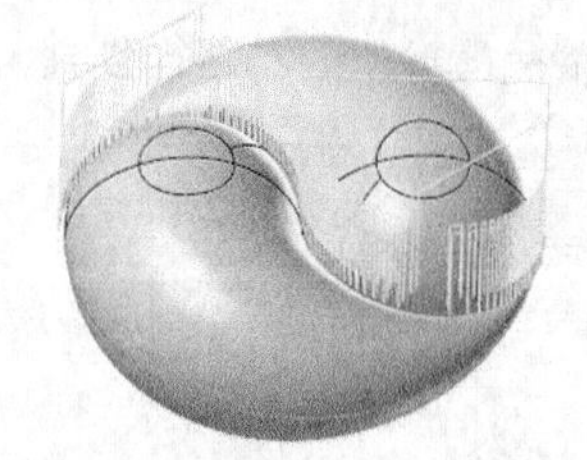

图 4-74 残料精加工刀具路径

3. 模拟仿真加工

刀路编制完成后需要进行模拟检查，检查无误后即可进行后处理操作，生成 G、M 代码。具体操作步骤如下。

（1）仿真加工

① 单击刀路操作管理器中的“选择全部操作”按钮，选中所有操作。

② 在刀路操作管理器中单击“验证已选择的操作”按钮，并在弹出的“Mastercam 模拟”对话框中单击“播放”按钮，系统进行模拟仿真加工，仿真加工结果如图 4-75 所示。

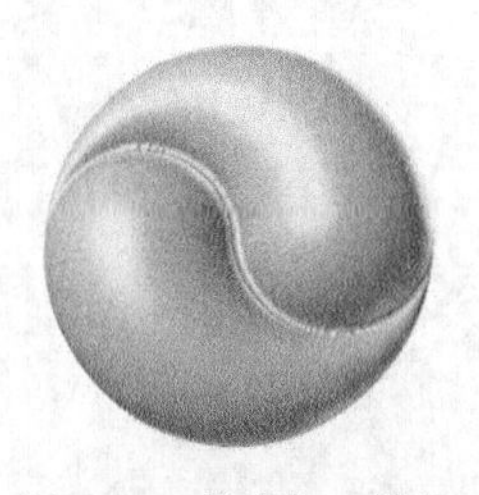

图 4-75 仿真加工结果

（2）NC 代码

模拟检查无误后，在刀路操作管理器中单击“执行选择的操作进行后处理”按钮G1，系统弹出“后处理程序”对话框，单击“确定”按钮✓，弹出“另存为”对话框，输入文件名称“实操——太极图残料精加工”，单击“保存”按钮保存(S)，在编辑器中打开生成的 NC 代码，详见本书的电子资源。

4.11 熔接精加工

熔接精加工是由 Mastercam 2022 以前版本中的双线投影精加工演变而来的，熔接精加工也称混合精加工，在两条熔接曲线内部生成刀路，再投影到曲面上生成混合精加工刀路。

4.11.1 熔接精加工参数介绍

单击“刀路”选项卡新建的“精修”面板中的“熔接”按钮，选择加工曲面后，单击“结束选取”按钮，弹出图 4-76 所示的“刀路曲面选择”对话框。单击“选择熔接曲线”选项组中的“熔接曲线”按钮，即可设置熔接曲线。

熔接曲线必须是两条，曲线类型不限，可以是直线、圆弧、曲面曲线等。另外，还可以利用等效的思维，将点看作点圆，即直径为零的圆，因此，也可以选择曲线和点作为熔接曲线，但是不能选择两点作为熔接曲线。

熔接曲线设置完成后，单击“结束选取”按钮，弹出“刀路曲面选择”对话框。

“熔接精修参数”选项卡如图 4-77 所示。使用此选项卡可在两条曲线之间为熔接精加工刀具路径创建混合刀具路径。

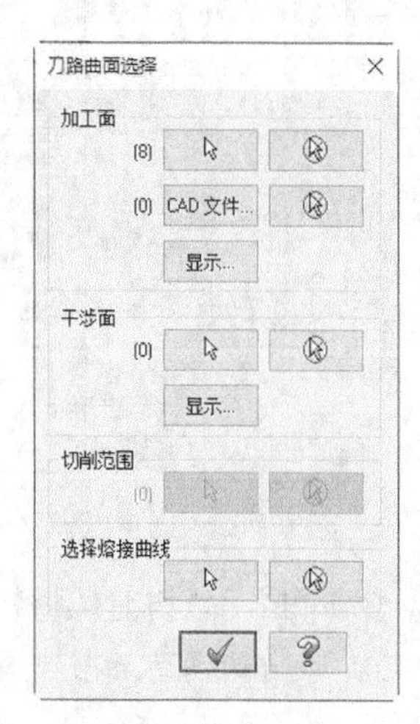

图 4-76 “刀路曲面选择”对话框

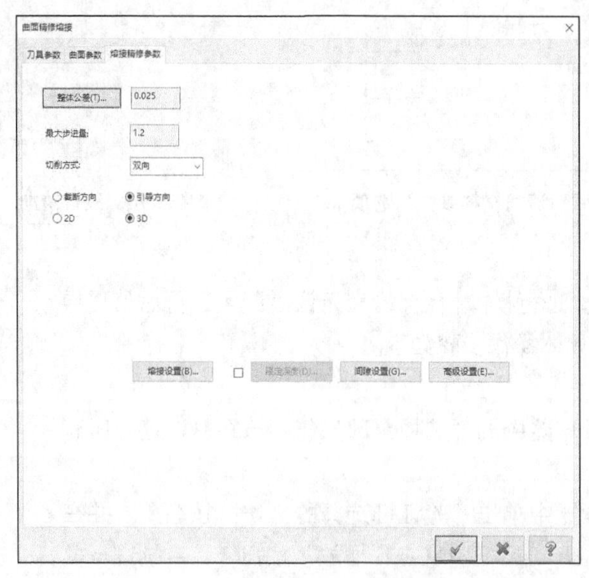

图 4-77 “熔接精修参数”选项卡

在“熔接精修参数”选项卡中单击“熔接设置”按钮熔接设置(B)...，弹出图 4-78 所示的“引导方向熔接设置”对话框，并利用该对话框来定义熔接间距。

4.11.2 实操——漏斗熔接精加工

本例通过对漏斗的精加工来讲解熔接命令的使用。首先打开源文件，源文件中已经对零件进行了等高和放射粗加工；然后启动“熔接”命令，根据系统提示拾取要加工的曲面，设置刀具和加工参数；最后设置毛坯，进行模拟仿真加工，生成 NC 代码。

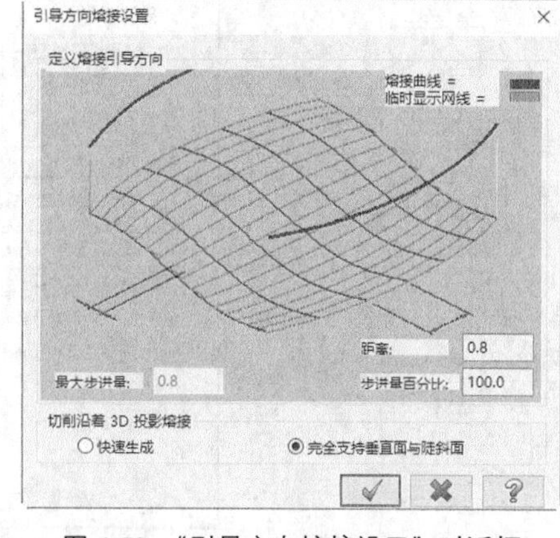

图 4-78 “引导方向熔接设置”对话框

漏斗熔接精加工操作步骤如下。

1. 打开文件

单击“快速访问”工具栏中的“打开”按钮，在弹出的“打开”对话框中选择“源文件/原始文件/第 4 章/漏斗”文件，单击“打开”按钮打开(O)，完成文件的调取，加工零件如图 4-79 所示。

2. 创建熔接精加工刀具路径

（1）选择加工曲面

单击“刀路”选项卡新建的“精修”面板中的“熔接”按钮，选择图 4-80 所示的曲面作为加工曲面，单击“结束选取”按钮，弹出“刀路曲面选择”对话框。单击“选择熔接曲线”选项组中的“熔接曲线”按钮，在绘图区选择熔接曲线，如图 4-81 所示，单击“确定”按钮，完成加工面和熔接曲线的选择。

图 4-79 漏斗

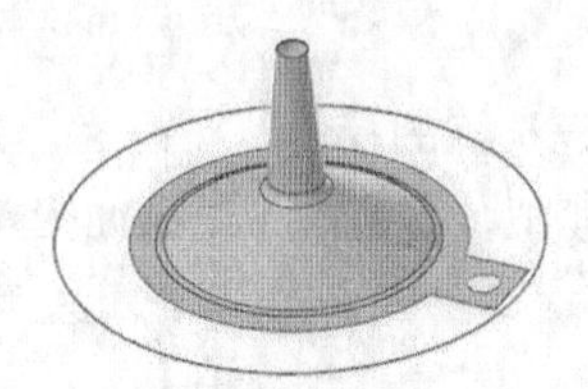

图 4-80 选择加工曲面

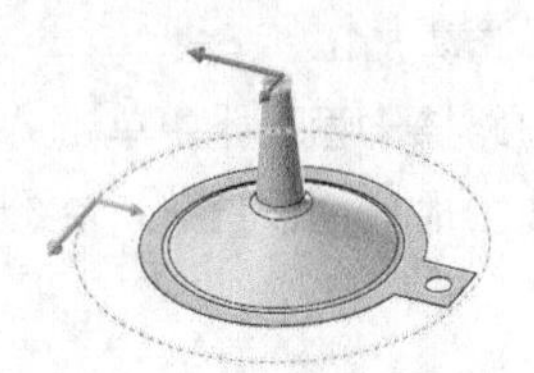

图 4-81 选择熔接曲线

技巧荟萃

熔接曲线的选择顺序直接影响刀具的加工顺序。

（2）设置刀具参数

① 在“曲面精修熔接”对话框中单击“选择刀库刀具”按钮选择刀库刀具，弹出“选择刀具”对话框。选择直径为 16 的球形铣刀，单击“确定”按钮，完成刀具选择。

② 双击球形铣刀图标，弹出“编辑刀具”对话框。设置刀具总长度为 200，刀齿长度为 180，其他参数采用默认设置。单击“完成”按钮完成，返回“曲面精修熔接”对话框。

（3）设置加工参数

① 单击“曲面参数”选项卡，设置“安全高度”为 35，勾选“增量坐标”；“参考高度”为 25，勾选“增量坐标”；“下刀位置”为 5，勾选“增量坐标”。

② 单击“熔接精修参数”选项卡，加工参数如图 4-82 所示。单击“间隙设置”按钮间隙设置(G)...，设置“刀具直径%”为 80。

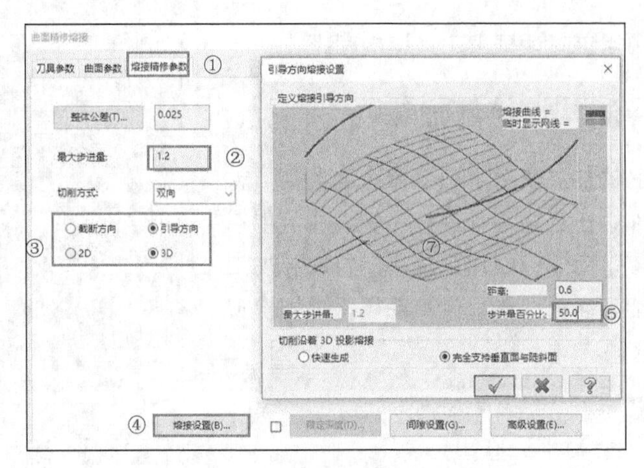

图 4-82 “熔接精修参数”选项卡

③ 单击“确定”按钮 ，系统根据所设置的参数生成曲面熔接精加工刀具路径，如图 4-83 所示。

3. 模拟仿真加工

刀路编制完后需要进行模拟检查，如果检查无误后即可进行后处理操作，生成 G、M 代码。具体操作步骤如下。

（1）工件设置

在刀路操作管理器中单击“毛坯设置”按钮 毛坯设置，系统弹出“机床群组属性”对话框，在“形状”组中选择“实体/网格”，单击“选择”按钮 ，在绘图区打开图层 2，拾取实体。勾选“显示”复选框，单击“确定”按钮 ，完成工件参数设置，生成的毛坯如图 4-84 所示。

（2）仿真加工

在刀路操作管理器中单击“验证已选择的操作”按钮 ，并在弹出的“Mastercam 模拟”对话框中单击“播放”按钮 ，系统进行模拟，仿真加工结果如图 4-85 所示。

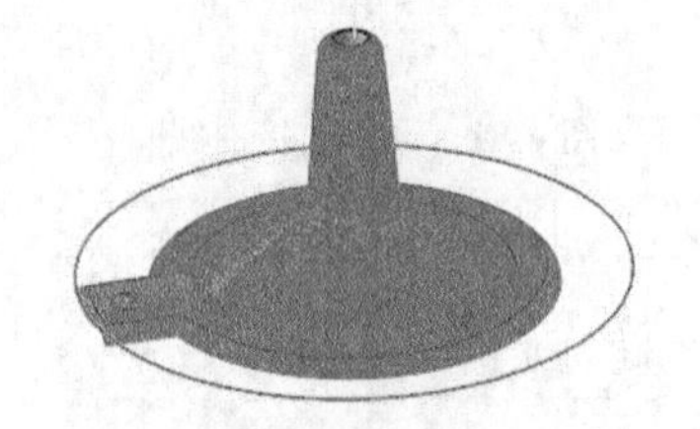

图 4-83 曲面熔接精加工刀具路径

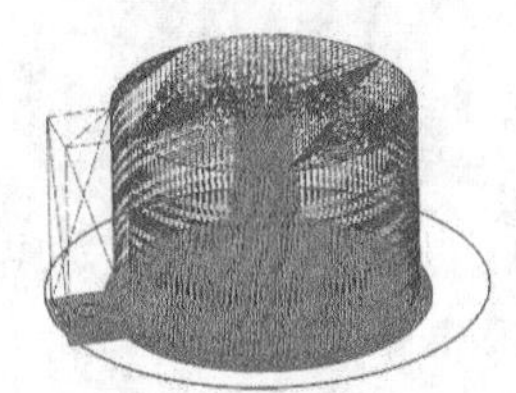

图 4-84 生成的毛坯

图 4-85 仿真加工结果

（3）NC 代码

模拟检查无误后，在刀路操作管理器中单击“执行选择的操作进行后处理”按钮 G1，系统弹出“后处理程序”对话框，单击“确定”按钮 ，弹出“另存为”对话框，输入文件名称“实操——漏斗熔接精加工”，单击“保存”按钮 保存(S)，在编辑器中打开生成的 NC 代码，详见本书的电子资源。

4.12 综合实例——杯盖加工

精加工的主要目的是将工件加工到接近或达到所要求的精度和粗糙度，因此，有时会牺牲效率来满足工件精度要求。加工时往往不是使用一种精加工方法，而是多种方法配合使用。下面通过实例来说明精加工方法的综合运用。

4.12.1 规划刀具路径

本例通过对杯盖的加工来系统地讲解各粗加工和精加工命令的运用。具体加工方案如下。

（1）平行粗加工：使用 D=12mm 的球形铣刀，采用粗加工中的“平行”命令，以俯视图视角进行曲面粗加工。

（2）挖槽粗加工：使用 D=12mm 的球形铣刀，采用粗加工中的“挖槽”命令，以仰视图视角进行曲面粗加工。

（3）放射精加工：使用 D=8mm 的球形铣刀，采用精加工中的“精修放射”命令，以俯视图视角进行曲面精加工。

（4）环绕等距精加工：使用 D=8mm 的球形铣刀，采用精加工中的“精修环绕等距加工”命令，以仰视图视角进行曲面精加工。

（5）平行精加工：使用 D=8mm 的球形铣刀，采用精加工中的“精修放射”命令，以前视图视角进行曲面精加工。

（6）投影精加工：使用 D=8mm 的球形铣刀，采用精加工中的“精修投影加工”命令，以后视图视角进行曲面精加工。

（7）挖槽加工：使用 D=12mm 的球形铣刀，采用粗加工中的“挖槽”命令，以前视图视角进行挖槽加工。

4.12.2 加工前的准备

1. 打开文件

单击“快速访问”工具栏中的“打开”按钮，在弹出的“打开”对话框中选择“源文件/原始文件/第 4 章/杯盖”文件，单击“打开”按钮，完成文件的调取，粗加工后的图形如图 4-86 所示。

2. 选择机床

单击“机床”选项卡“机床类型”面板中的“铣床”按钮，选择“默认”选项。

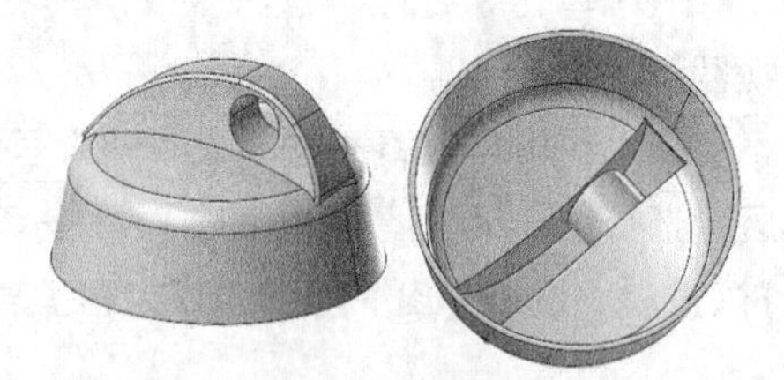

图 4-86 杯盖

4.12.3 编制刀具路径

杯盖加工操作步骤如下。

1. 创建平行粗加工刀具路径

（1）单击“视图”选项卡“屏幕视图”面板中的“俯视图”按钮，将当前视图设置为俯视图。

（2）单击“刀路”选项卡“3D”面板“粗切”组中的“平行”按钮，系统弹出“选择工件形状”对话框。选择工件形状为“未定义”，单击“确定”按钮，根据系统提示选择加工曲面，如图 4-87 所示。单击“结束选择”按钮，弹出“刀路曲面选择”对话框，单击“确定”按钮。

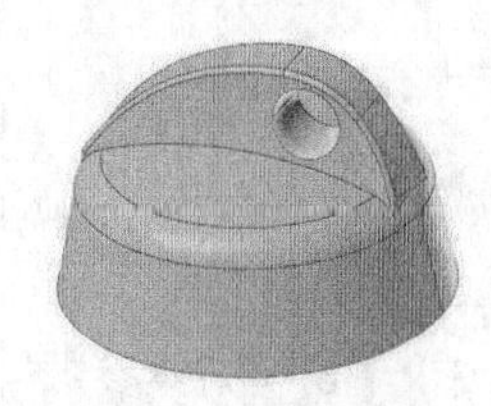

图 4-87 选择加工曲面 1

（3）系统弹出“曲面粗切平行”对话框，在“刀具”选项卡中单击“选择刀库刀具”按钮，系统弹出“选择刀具”对话框。选取直径为 12 的球形铣刀（BALL-NOSE END MILL），单击“确定”按钮，返回“曲面粗切平行”对话框。

（4）双击平铣刀图标，弹出“编辑刀具”对话框。刀具总长度设置为 160，刀齿长度为 130。其他参数采用默认值；单击“下一步”按钮，设置“XY 轴粗切步进量”为 75%，“Z 轴粗切深度”为 75%，“XY 轴精修步进量”为 30%，“Z 轴精修深度”为 30%，单击“点击重新计算进给率和主轴转速”按钮，重新生成切削参数。单击“完成”按钮，系统返回“曲面粗切平行”对话框。

（5）单击“曲面参数”选项卡，设置“安全高度”为 35，勾选“增量坐标”；“参考高度”为 25，勾选“增量坐标”；“下刀位置”为 5，勾选“增量坐标”。

（6）单击“粗切平行铣削参数”选项卡，参数设置如图 4-88 所示。

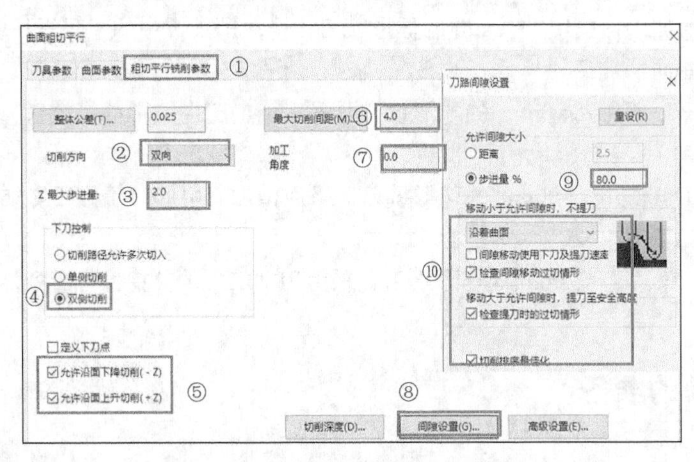

图 4-88 “粗切平行铣削参数”选项卡

（7）单击“确定”按钮，系统根据所设置的参数生成平行粗加工刀具路径，如图 4-89 所示。

2. 创建挖槽粗加工刀具路径

（1）单击“视图”选项卡“屏幕视图”面板中的“仰视图”按钮，将当前视图设置为“仰视图”。

（2）单击“刀路”选项卡“3D”面板“粗切”组中的“挖槽”按钮，根据系统的提示在绘图区中选择图 4-90 所示的加工曲面后按<Enter>键，系统弹出“刀路曲面选择”对话框，单击“确定”按钮，系统弹出“曲面粗切挖槽”对话框。

图 4-89 平行粗加工刀具路径

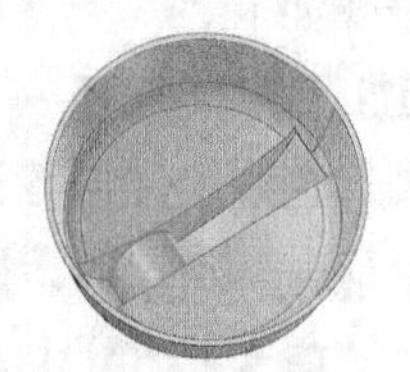

图 4-90 选择加工曲面 2

（3）单击“刀具参数”选项卡，进入刀具参数设置区。选择直径为 12 的球形铣刀。

（4）单击“曲面参数”选项卡，设置“安全高度”为 35，勾选“增量坐标”；“参考高度”为 25，勾选“增量坐标”；“下刀位置”为 5，勾选“增量坐标”。

（5）单击“粗切参数”选项卡，参数设置如图 4-91 所示。

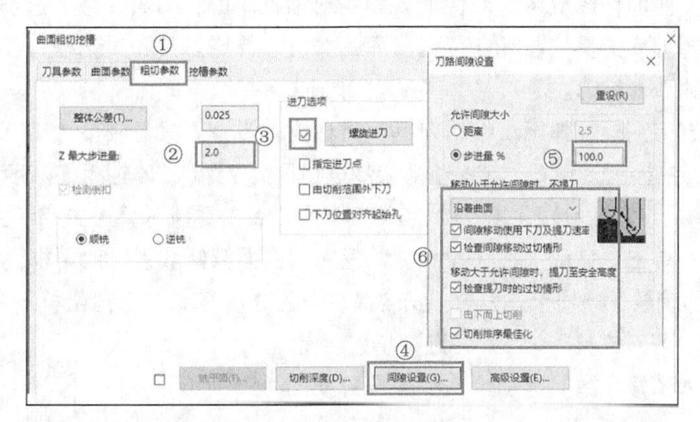

图 4-91 “粗切参数”选项卡

（6）单击“挖槽参数”选项卡，参数设置如图 4-92 所示。

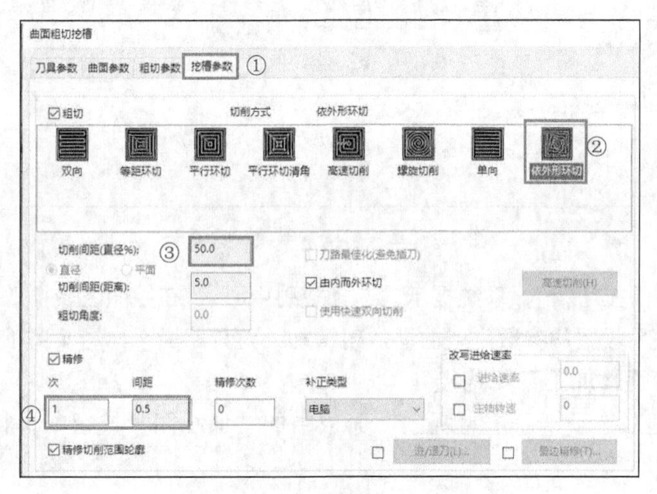

图 4-92 “挖槽参数”选项卡

（7）单击“确定”按钮，系统立即在绘图区生成挖槽粗加工刀具路径，如图 4-93 所示。

3. 创建放射精加工刀具路径

（1）单击“视图”选项卡“屏幕视图”面板中的“俯视图”按钮，将当前视图设置为俯视图。

（2）单击“刀路”选项卡新建的“精修”面板中的“精修放射”按钮，根据系统提示选择图 4-94 所示的曲面作为加工曲面，单击“结束选取”按钮，弹出“刀路曲面选择”对话框，单击“确定”按钮，完成曲面的选择。

图 4-93 挖槽粗加工刀具路径

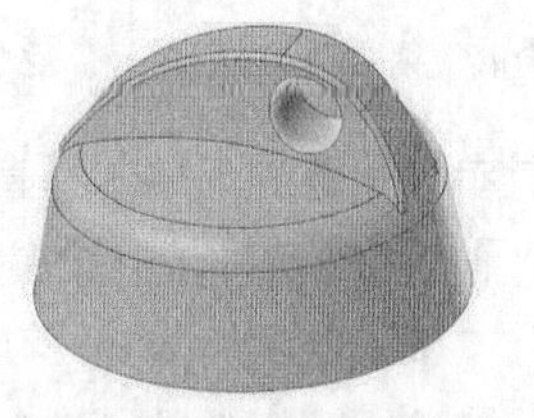

图 4-94 选择加工曲面 3

（3）系统弹出“曲面精修放射”对话框，利用对话框中的“刀具参数”选项卡来设置刀具和切削参数。单击“选择刀库刀具”按钮，系统弹出“选择刀具”对话框，在“选择刀具”对话框中选择直径为 8 的球形铣刀。

（4）双击球形铣刀图标，弹出“编辑刀具”对话框，设置刀具总长度为 160，刀齿长度为 130。单击“下一步”按钮，设置“XY 轴粗切步进量”为 75%，“Z 轴粗切深度”为 75%，“XY 轴精修步进量”为 30%，“Z 轴精修深度”为 30%，单击“点击重新计算进给率和主轴转速”按钮，重新生成切削参数，单击“完成”按钮，返回“曲面精修放射”对话框。

（5）单击“曲面参数”选项卡，设置“安全高度”为 35，勾选“增量坐标”；“参考高度”为 25，勾选“增量坐标”；“下刀位置”为 5，勾选“增量坐标”。

（6）单击“放射精修参数”选项卡，参数设置如图 4-95 所示。

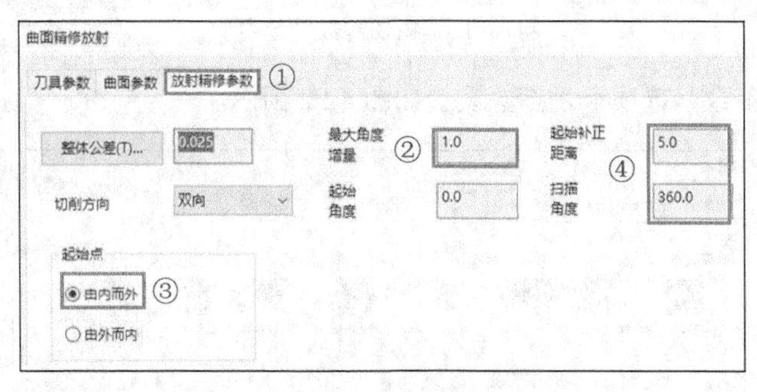

图 4-95 “放射精修参数”选项卡

（7）单击“确定”按钮，系统提示“选择放射中心”，在绘图区域拾取模型的中心点，如图 4-96 所示。系统根据所设置的参数生成曲面放射精加工刀具路径，如图 4-97 所示。

4. 创建环绕等距精加工刀具路径

（1）单击“视图”选项卡“屏幕视图”面板中的“仰视图”按钮，将当前视图设置为仰视图。

（2）单击“刀路”选项卡新建的“精修”面板中的“精修环绕等距加工”按钮，根据系统提示选择图 4-98 所示的曲面作为加工面，单击“结束选取”按钮，弹出“刀路曲面选择”对话框。单击“确定”按钮，系统弹出“曲面精修环绕等距”对话框。

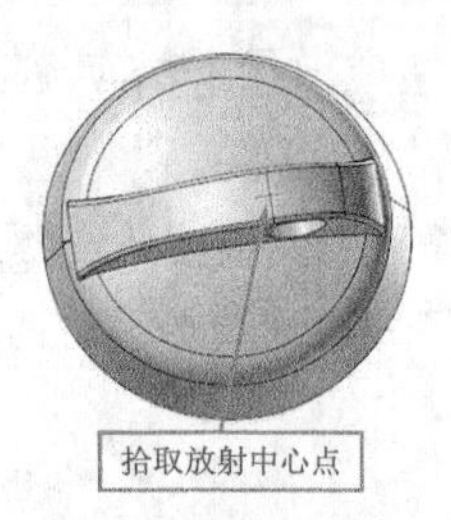

图 4-96 拾取放射中心点

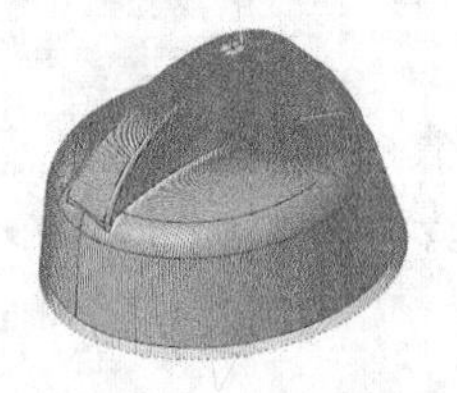

图 4-97 放射精加工刀具路径

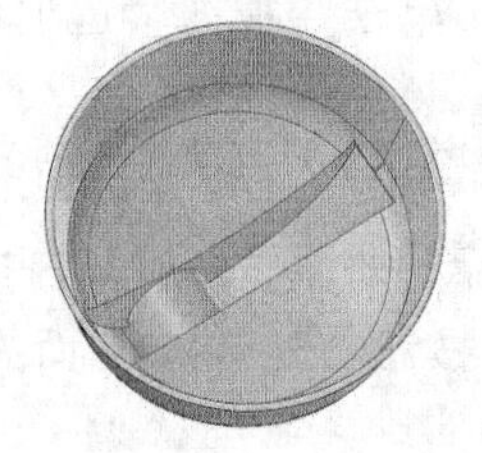

图 4-98 选择加工曲面 4

（3）在“刀具参数”选项卡中选择直径为 8 的球形铣刀。

（4）单击“曲面参数”选项卡，设置“安全高度”为 35，勾选“增量坐标”；“参考高度”为 25，勾选“增量坐标”；“下刀位置”为 5，勾选“增量坐标”。

（5）单击“环绕等距精修参数”选项卡，参数设置如图 4-99 所示。

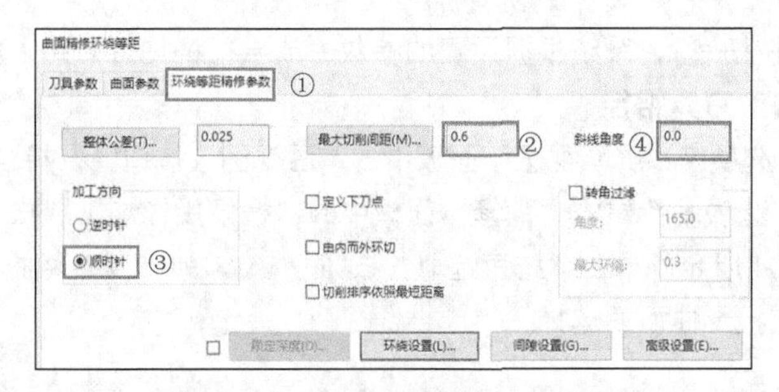

图 4-99 “环绕等距精修参数”选项卡

（6）单击“确定”按钮，系统根据所设置的参数生成环绕等距精加工刀具路径，如图 4-100 所示。

图 4-100 环绕等距精加工刀具路径

5. 创建平行精加工刀具路径

（1）单击“视图”选项卡“屏幕视图”面板中的“前视图”按钮，将当前视图设置为前视图。

（2）单击“刀路”选项卡“精修”面板中的“精修平行铣削”按钮，根据系统提示选择加工曲面，如图 4-101 所示。单击“结束选取”按钮，弹出“刀路曲面选择”对话框。单击“确定”按钮，完成曲面选择。

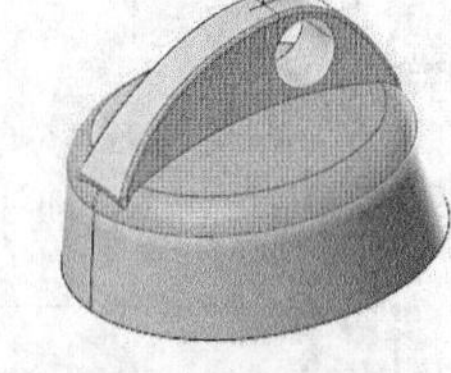

图 4-101 选择加工曲面 5

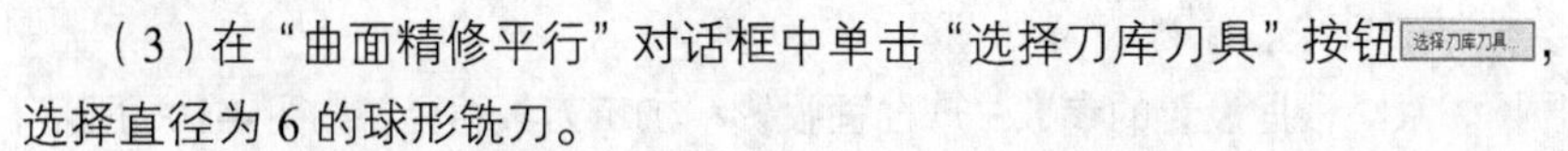

（3）在“曲面精修平行”对话框中单击“选择刀库刀具”按钮，选择直径为 6 的球形铣刀。

（4）双击球形铣刀图标，弹出“编辑刀具”对话框。设置刀齿长度为 45，其他参数采用默认设置。单击“下一步”按钮，设置“XY 轴粗切步进量”为 75%，“Z 轴粗切深度”为 75%，“XY 轴精修步进量”为 30%，“Z 轴精修深度”为 30%，单击“点击重新计算进给率和主轴转速”按钮，重新生成切削参数，单击“完成”按钮，系统返回“曲面精修平行”对话框。

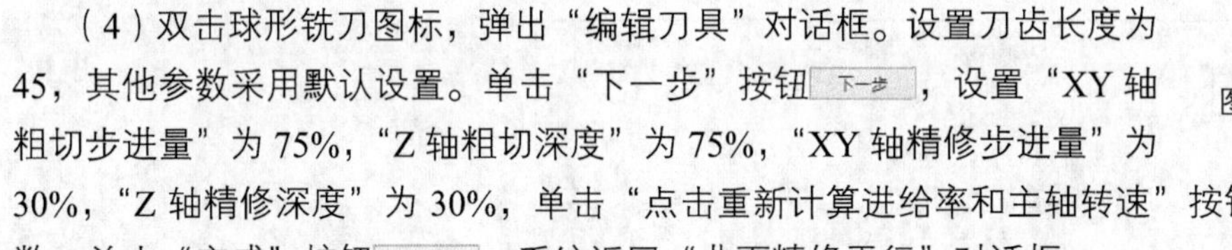

（5）设置曲面加工参数

① 单击“曲面参数”选项卡，设置“安全高度”为 35，勾选“增量坐标”；“参考高度”为 25，勾选“增量坐标”；“下刀位置”为 5，勾选“增量坐标”。

② 单击“平行精修铣削参数”选项卡，参数设置如图 4-102 所示。

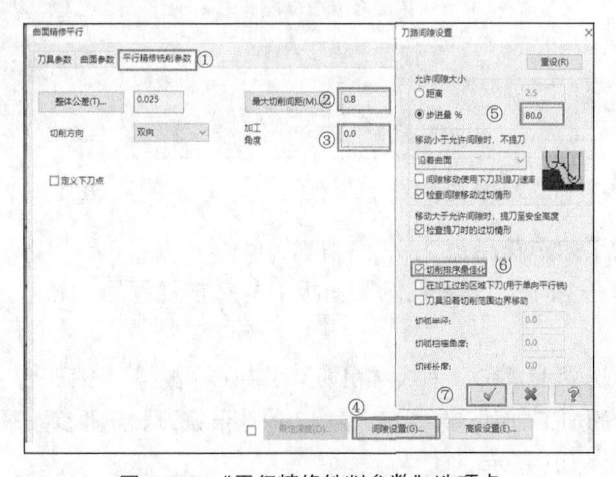

图 4-102 “平行精修铣削参数”选项卡

③ 单击“确定”按钮，系统根据设置的参数生成平行精加工刀路，如图 4-103 所示。

6. 创建投影精加工刀具路径

（1）单击“视图”选项卡“屏幕视图”面板中的“后视图”按钮，将当前视图设置为后视图。

（2）单击“刀路”选项卡新建的“精修”面板中的“精修投影加工”按钮，根据系统提示选择加工曲面，如图 4-104 所示。单击“结束选取”按钮，弹出“刀路曲面选择”对话框。单击“确定”按钮，完成投影曲面的选择。

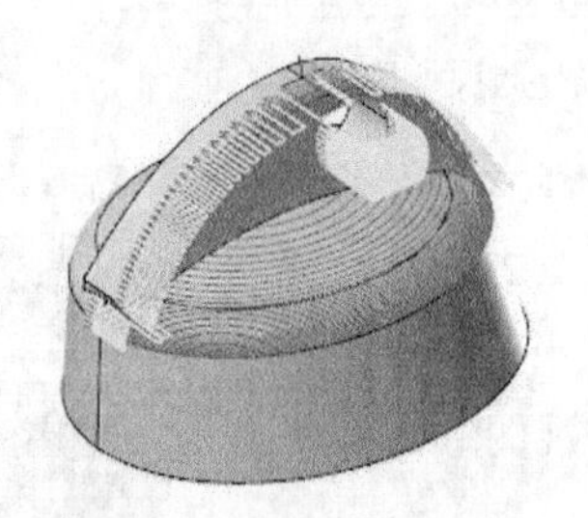

图 4-103　平行精加工刀具路径

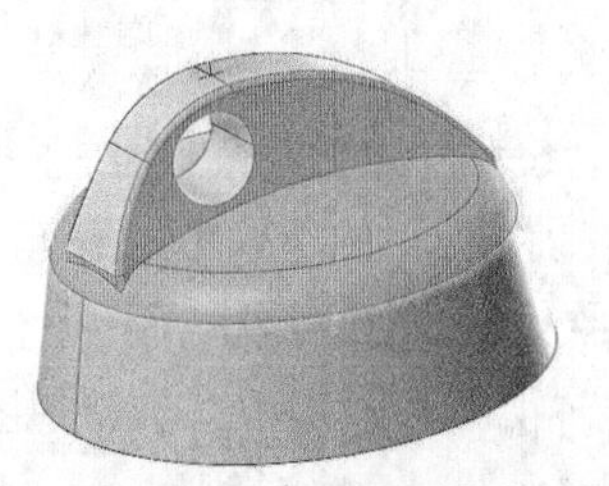

图 4-104　选择加工曲面 6

（3）系统弹出“曲面精修投影”对话框，在“刀具参数”选项卡中选择直径为 8 的球形铣刀。

（4）单击“曲面参数”选项卡，设置“安全高度”为 35，勾选“增量坐标”；“参考高度”为 25，勾选“增量坐标”；“下刀位置”为 5，勾选“增量坐标”。

（5）单击“投影精修参数”选项卡，参数设置如图 4-105 所示。

（6）单击“确定”按钮，系统根据设置的参数生成曲面投影精加工刀具路径，如图 4-106 所示。

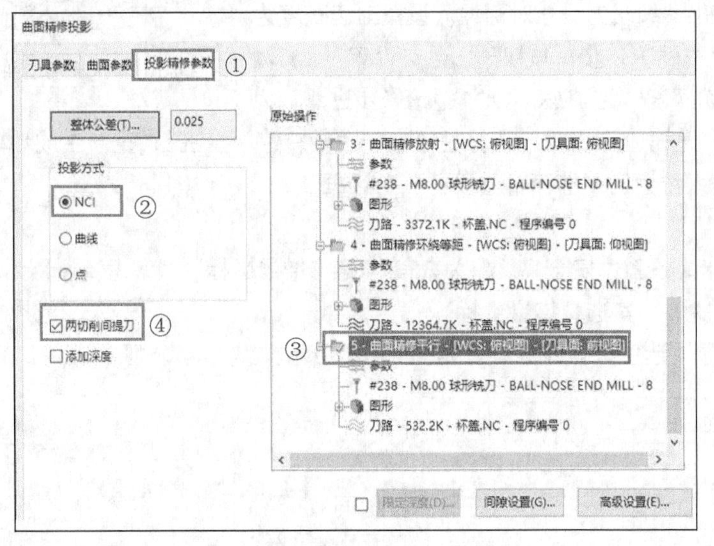

图 4-105　“投影精修参数”选项卡

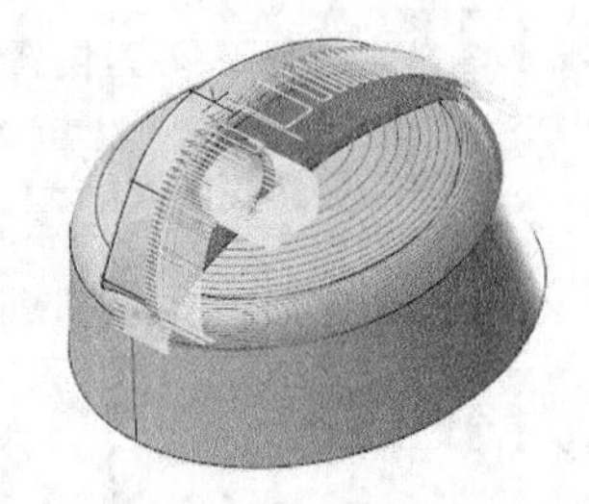

图 4-106　曲面投影精加工刀具路径

7. 创建挖槽粗加工刀具路径

（1）单击“视图”选项卡“屏幕视图”面板中的“前视图”按钮，将当前视图设置为前视图。

（2）单击“刀路”选项卡“3D”面板“粗切”组中的“挖槽”按钮，根据系统的提示在绘图区中选择图 4-107 所示的加工曲面，选择直径为 12 的球形铣刀。其他参数采用默认设置，生成的挖槽粗加工刀具路径如图 4-108 所示。

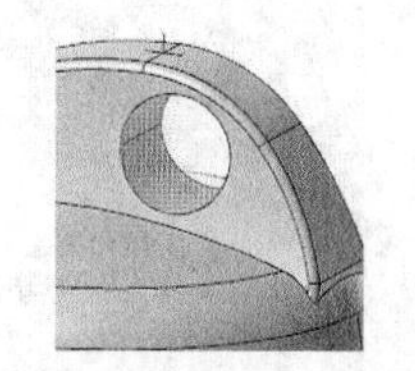

图 4-107　选择加工曲面 7

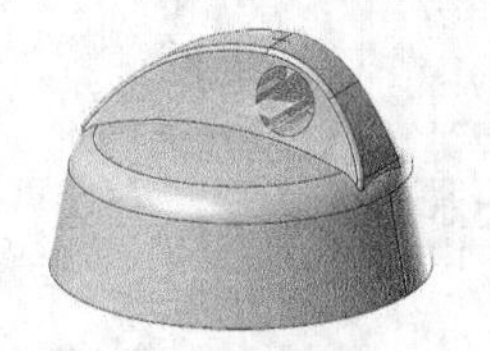

图 4-108　挖槽粗加工刀具路径

4.12.4　模拟仿真加工

刀路编制完成后需要进行模拟检查，检查无误后即可进行后处理操作，生成 G、M 代码。具体操作步骤如下。

1. 工件设置

在刀路操作管理器中单击“毛坯设置”按钮 毛坯设置，系统弹出“机床群组属性”对话框，选择毛坯形状为“圆柱体”，轴向为“Z”轴；单击“所有实体”按钮 所有实体，再单击“确定”按钮，完成工件参数设置，生成的毛坯如图 4-109 所示。

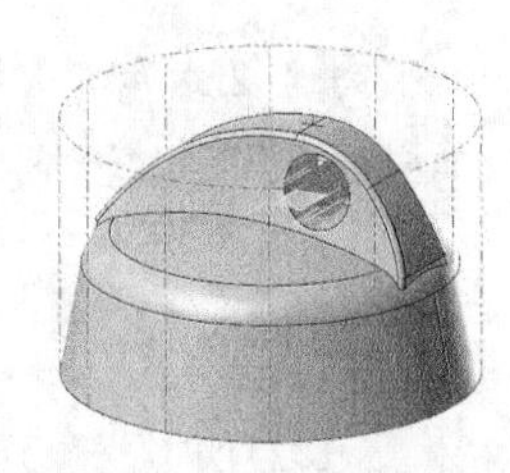

图 4-109　生成的毛坯

2. 仿真加工

（1）单击刀路操作管理器中的“选择全部操作”按钮，选中所有操作。

（2）在刀路操作管理器中单击“验证已选择的操作”按钮，并在弹出的“Mastercam 模拟”对话框中单击“播放”按钮，系统进行模拟，仿真加工结果如图 4-110 所示。

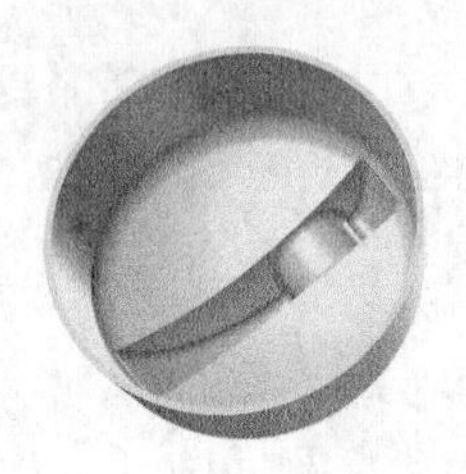

图 4-110　仿真加工结果

3. NC 代码

模拟检查无误后，在刀路操作管理器中单击“执行选择的操作进行后处理”按钮G1，系统弹出“后处理程序”对话框，单击“确定”按钮，弹出“另存为”对话框，输入文件名称“综合实例——杯盖加工”，单击“保存”按钮 保存(S)，在编辑器中打开生成的 NC 代码，详见本书的电子资源。

第5章

高速 2D 加工

高速 2D 加工是指对平面类工件进行高速铣削加工的一种加工方法。本章主要讲解高速铣削加工中经常用到的一些加工策略，包括动态外形加工、动态铣削加工、剥铣加工、区域加工等。

知识点

- 动态外形加工
- 动态铣削加工
- 剥铣加工
- 区域加工

案例效果

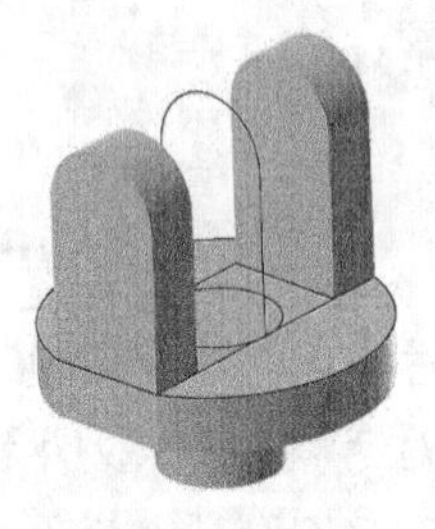

5.1 动态外形加工

动态外形加工利用不同长度刀刃进行切削，这样可以有效地铣削材料及壁边，支持封闭或开放串连，此种加工方法与传统的外形铣削相比，刀具轨迹更稳定，效率更高，对机床的磨损更小，是常用的高速切削方法之一。适用于铸造毛坯和锻造毛坯的粗加工和精修加工。

5.1.1 动态外形参数介绍

单击“刀路”选项卡“2D”面板中的“动态外形”按钮，系统弹出“串连选项”对话框，单击加工范围的“选择”按钮，系统弹出“线框串连”对话框，选取完加工边界后，单击“线框串连”对话框中的“确定”按钮和“串连选项”对话框中的“确定”按钮，系统弹出“2D 高速刀路-动态外形”对话框，如图 5-1 所示。

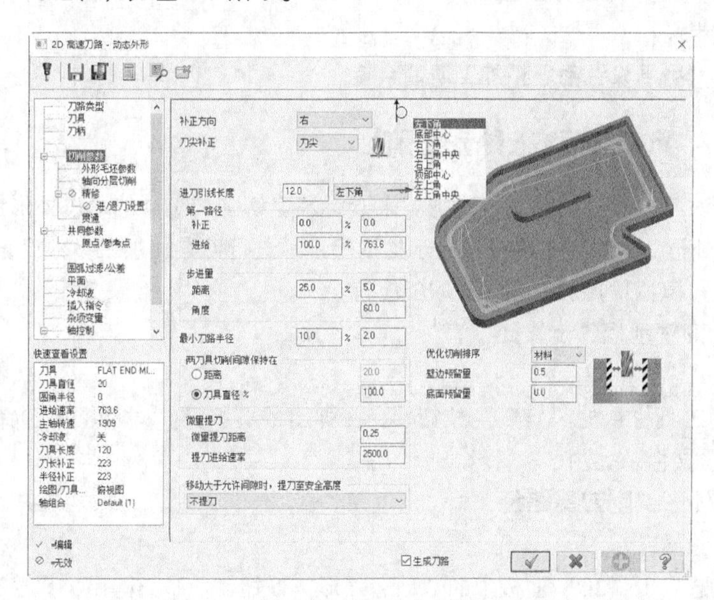

图 5-1 “2D 高速刀路-动态外形”对话框

1. “切削参数”选项卡

单击“2D 高速刀路-动态外形”对话框中的“切削参数”选项卡，其中，“进刀引线长度”选项是指在第一次切削的开始处增加一个额外的切削距离，该距离以刀具直径的百分比的形式输入，其后的下拉列表框用于设置进刀位置。

2. “外形毛坯参数”选项卡

单击“2D 高速刀路-动态外形”对话框中的“外形毛坯参数”选项卡，如图 5-2 所示。该对话框用于去除由先前操作形成的毛坯残料和粗加工的预留量。

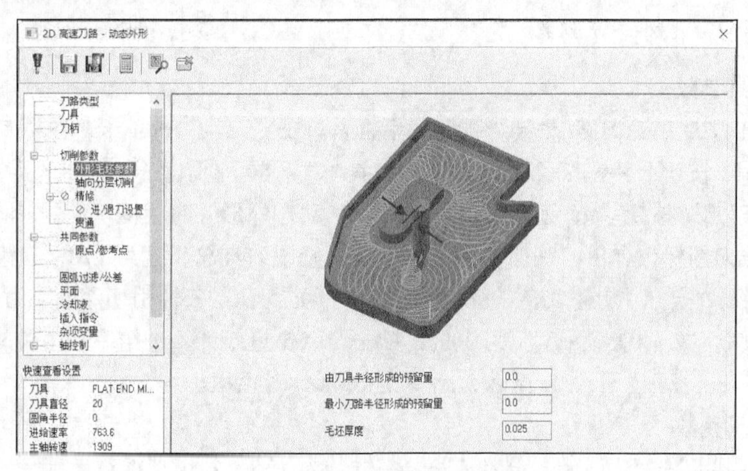

图 5-2 “外形毛坯参数”选项卡

“外形毛坯参数”选项卡各选项的含义如下。

（1）由刀具半径形成的预留量：如果轮廓毛坯已被另一条刀具路径切削，则设置该刀具路径中使用的刀具半径。

（2）最小刀路半径形成的预留量：如果轮廓毛坯已被另一条刀具路径切割，则设置用于去除残料所需的刀具路径半径。

（3）毛坯厚度：用于设置毛坯粗加工所留余量。

5.1.2 实操——万向节动态外形铣削

本例我们通过对万向节进行外形铣削加工来介绍高速切削加工中的动态外形命令。首先打开源文件，启动“动态外形”命令，然后根据提示拾取串连，进行刀具和加工参数设置，生成刀具路径，最后设置毛坯，进行模拟仿真加工，生成 NC 代码。

万向节动态外形铣削操作步骤如下。

1. 打开文件

单击快速访问工具栏中的“打开”按钮，在弹出的“打开”对话框中选择“源文件/原始文件/第 5 章/万向节”文件，如图 5-3 所示。

2. 创建动态外形铣削刀具路径

（1）选取加工边界

单击“刀路”选项卡“2D”面板中的“动态外形”按钮，系统弹出“串连选项”对话框，单击加工范围“选择”按钮，系统弹出“线框串连”对话框，拾取图 5-4 所示的串连。单击“线框串连”对话框中的“确定”按钮和“串连选项”对话框中的“确定”按钮。

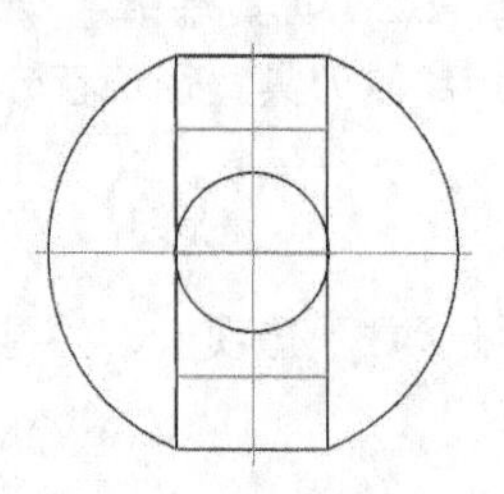

图 5-3 万向节

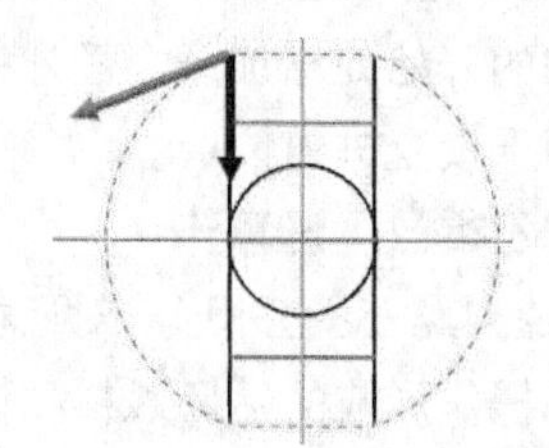

图 5-4 拾取串连

（2）设置刀具参数

① 系统弹出“2D 高速刀路-动态外形”对话框，单击“刀具”选项卡，在“刀具”选项卡中单击“选择刀库刀具”按钮选择刀库刀具，系统弹出“选择刀具”对话框，选取直径为 10 的平铣刀（FLAT END MILL），单击“确定”按钮，返回“2D 高速刀路-动态外形”对话框。

② 双击平铣刀图标，弹出“编辑刀具”对话框。修改刀具总长度为 170，刀齿长度为 140；单击“下一步”按钮下一步，设置“XY 轴粗切步进量”为 75%，“Z 轴粗切深度”为 75%，“XY 轴精修步进量”为 30%，“Z 轴精修深度”为 30%；单击“点击重新计算进给率和主轴转速”按钮，单击“完成”按钮完成，返回“2D 高速刀路-动态外形”对话框。

（3）设置加工参数

① 单击“共同参数”选项卡，设置“安全高度”为 135，勾选“绝对坐标”；“提刀”为 125，勾选“绝对坐标”；“下刀位置”为 110，勾选“绝对坐标”；“工件表面”为 80，勾选“绝对坐标”；“深度”为–50，勾选“绝对坐标”。

② 单击“切削参数”选项卡，参数设置如图 5-5 所示。

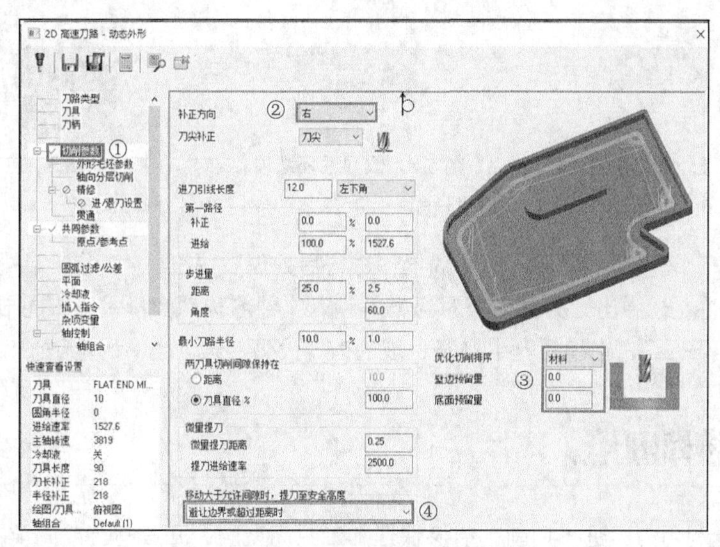

图 5-5 “切削参数”选项卡

③ 单击“轴向分层切削”选项卡，参数设置如图 5-6 所示。

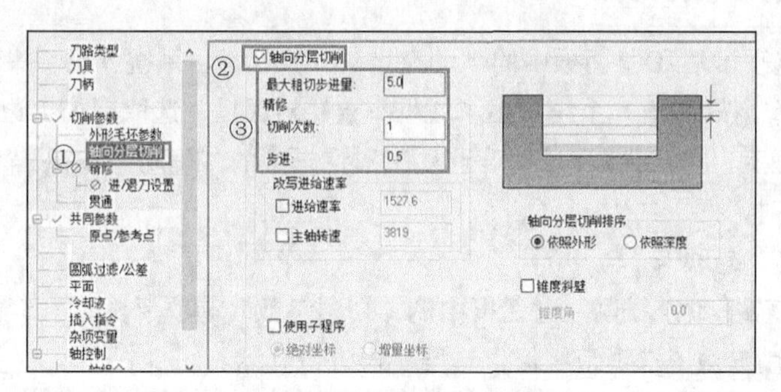

图 5-6 “轴向分层切削”选项卡

④ 单击“贯通”选项卡，勾选“贯通”复选框，设置“贯通量”为 1。

⑤ 单击“确定”按钮，生成刀具路径，如图 5-7 所示。

3. 模拟仿真加工

为了验证动态外形加工参数设置的正确性，可以通过 NC 仿真模拟动态外形加工过程，来观察工件外形是否有切削不足或过切现象。

（1）设置毛坯

在刀路操作管理器中单击“毛坯设置”按钮 毛坯设置，系统弹出“机床群组属性”对话框，选择“圆柱体”单选按钮，设置轴向为“Z”，圆柱的直径和高度尺寸为“124,130”，设置“毛坯原点”坐标为“0,0，–50”，勾选“显示”复选框，单击“确定”按钮，结果如图 5-8 所示。

（2）仿真加工

单击刀路操作管理器中的“验证已选择的操作”按钮，在弹出的“Mastercam 模拟”对话框中单击“播放”按钮，得到图 5-9 所示的仿真加工结果。

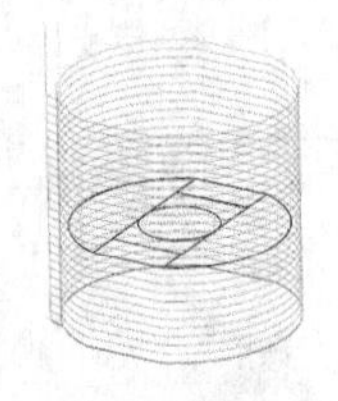

图 5-7　动态外形铣削刀具路径

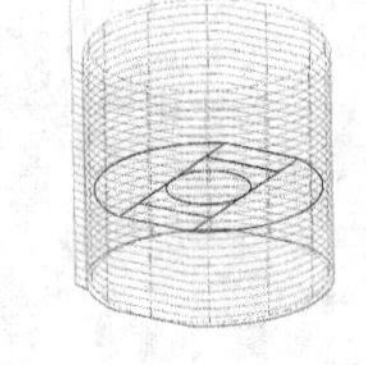

图 5-8　设置毛坯结果

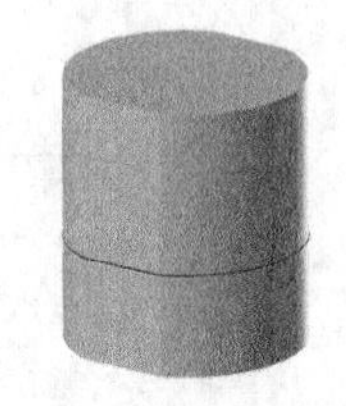

图 5-9　仿真加工结果

（3）NC 代码

单击刀路操作管理器中的“执行选择的操作进行后处理”按钮G1，弹出“后处理程序”对话框。单击“确定”按钮，弹出“另存为”对话框，输入文件名称“实操——万向节动态外形铣削”，单击“保存”按钮，在编辑器中打开生成的 NC 代码，详见本书的电子资源。

5.2　动态铣削加工

动态铣削完全利用刀刃进行切削，能够快速加工封闭型腔、开放凸台或先前操作剩余的残料区域，此种加工方法可以进行凸台外形铣削、2D 挖槽加工，还可以进行开放串连的阶梯铣削。

5.2.1　动态铣削参数介绍

单击“刀路”选项卡“2D”面板中的“动态铣削”按钮，系统弹出“串连选项”对话框，单击加工范围的“选择”按钮，系统弹出“线框串连”对话框，选取完加工边界后，单击“线框串连”对话框中的“确定”按钮和“串连选项”对话框中的“确定”按钮，系统弹出“2D 高速刀路-动态铣削”对话框。

1. “切削参数”选项卡

单击“2D 高速刀路-动态铣削”对话框中的“切削参数”选项卡，如图 5-10 所示。该选项卡与“动态外形”的“切削参数”选项卡相似，这里不再进行介绍。

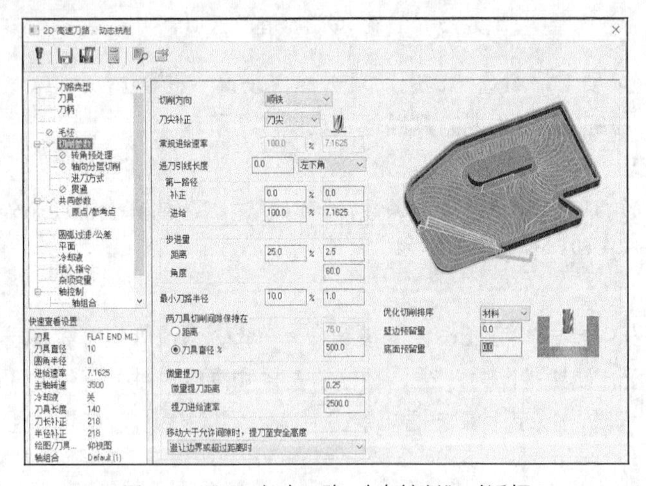

图 5-10　“2D 高速刀路-动态铣削”对话框

2. “毛坯”选项卡

单击“2D 高速刀路-动态铣削”对话框中的“毛坯”选项卡，如图 5-11 所示，该对话框用于去除由先前操作形成的毛坯残料和粗加工的预留量。

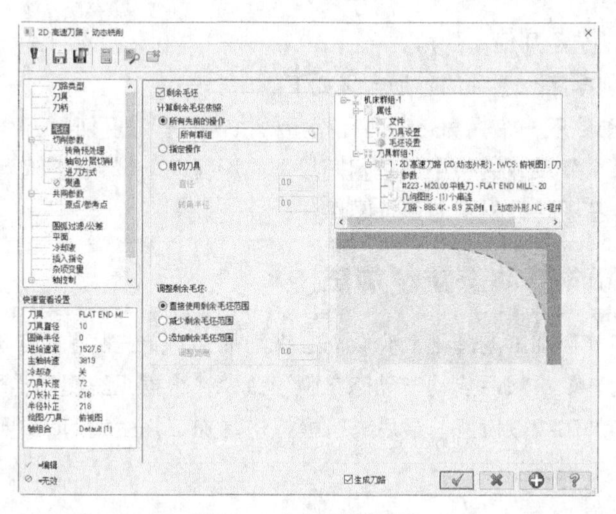

图 5-11 “毛坯”选项卡

“毛坯”选项卡部分选项的含义如下。

（1）剩余毛坯：若勾选该复选框，则会对前面操作剩余的毛坯进行加工处理。

（2）计算剩余毛坯依照：计算剩余毛坯的方法有 3 种。

① 所有先前的操作：若选择该项，则会对所有先前操作的残留工件进行加工处理。此时“调整剩余毛坯”选项被激活。剩余毛坯的调整方法有 3 种，分别是“直接使用剩余毛坯范围”“减少剩余毛坯范围”和“添加剩余毛坯范围”。

② 指定操作：若选择该项，则会对指定操作的工件进行残料加工。此时，右侧的“刀路”列表框被激活，在列表框中可以选择要进行残料加工的操作。

③ 粗切刀具：若选择该项，则会依照粗切刀具的直径和转角半径计算剩余毛坯。

3. “转角预处理”选项卡

单击“2D 高速刀路-动态铣削”对话框中的“转角预处理”选项卡，如图 5-12 所示，该对话框在动态铣削加工零件之前设置，使用拐角预处理页面为选定加工区域中的拐角设置加工参数。

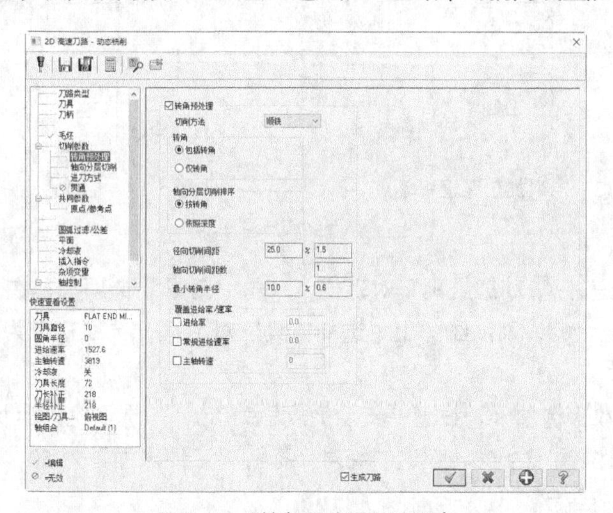

图 5-12 “转角预处理”选项卡

（1）“转角”选项的各项含义如下。

① 包括转角：加工所有选定的几何体，包括角。

② 仅转角：仅加工选定几何体的角。

（2）“轴向分层切削排序”选项的各项含义如下。

① 按转角：在移动到下一个拐角之前，在拐角处执行所有深度切削。

② 依照深度：在每个轮廓或区域中创建相同级别的深度切削，然后下降到下一个深度切削级别。此选项可用于使用铝或石墨等软材料的薄壁零件。

5.2.2 实操——万向节动态铣削加工

本例我们将在动态外形加工的基础上介绍动态铣削加工。首先将前面创建的刀具路径和毛坯隐藏，以方便进行串连的选取；然后启动“动态铣削”命令，根据系统提示拾取加工范围串连和避让范围串连，进行刀具和加工参数设置；最后进行模拟仿真加工，生成 NC 代码。

万向节动态铣削加工操作步骤如下。

1. 整理图形

（1）承接动态外形加工结果。单击刀路操作管理器中的“选择全部操作”按钮，将已创建的铣削操作全部选中。

（2）单击刀路操作管理器中的“切换显示已选择的刀路操作”按钮≋，隐藏刀具路径。

（3）单击“视图”选项卡“屏幕视图”面板中的“仰视图”按钮，将当前视图切换为仰视图。

2. 创建动态铣削刀具路径

（1）选取加工边界

单击“刀路”选项卡“2D”面板中的“动态铣削”按钮，系统弹出“串连选项”对话框，单击“加工范围”的“选择”按钮，系统弹出“线框串连”对话框，拾取图 5-13 所示的串连。单击“线框串连”对话框中的“确定”按钮，返回“串连选项”对话框，加工区域策略选择“开放”。单击“避让范围”的“选择”按钮，系统弹出“线框串连”对话框，拾取图 5-14 所示的串连。单击“确定”按钮。

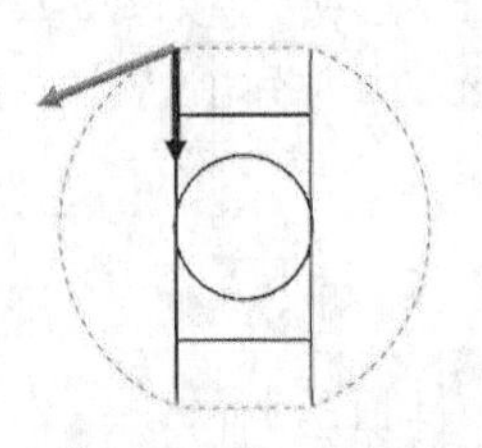

图 5-13 拾取加工范围串连

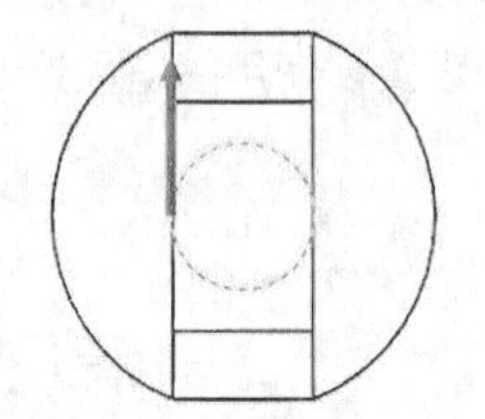

图 5-14 拾取避让串连

（2）设置刀具参数

系统弹出“2D 高速刀路-动态铣削”对话框，单击“刀具”选项卡，在“刀具”选项卡中单击“选择刀库刀具”按钮，则系统弹出“选择刀具”对话框，选取直径为 10 的圆鼻铣刀。

（3）设置加工参数

① 单击“共同参数”选项卡，设置“安全高度”为 80，勾选“绝对坐标”；“提刀”为 70，勾选“绝对坐标”；“下刀位置”为 60，勾选“绝对坐标”；“工件表面”为 50，勾选“绝对坐标”；“深度”为 20，勾选“绝对坐标”。

② 单击“切削参数”选项卡，参数设置如图 5-15 所示。

③ 单击“轴线分层切削”选项卡，参数设置如图 5-16 所示。

④ 单击“确定”按钮，生成动态铣削刀具路径，如图 5-17 所示。

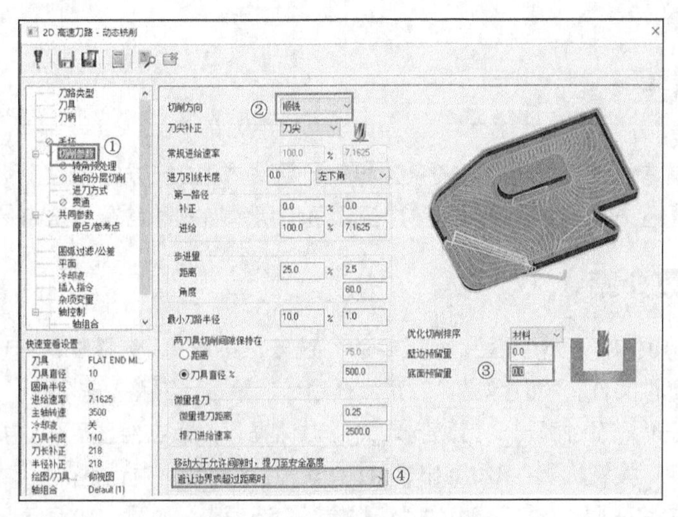

图 5-15 “切削参数”选项卡

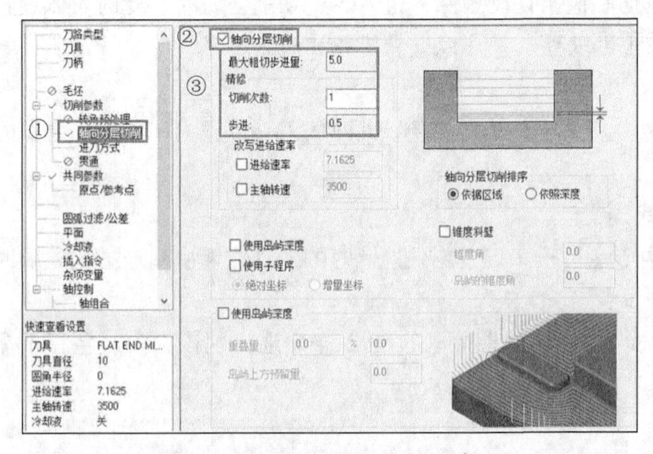

图 5-16 “轴向分层切削”选项卡

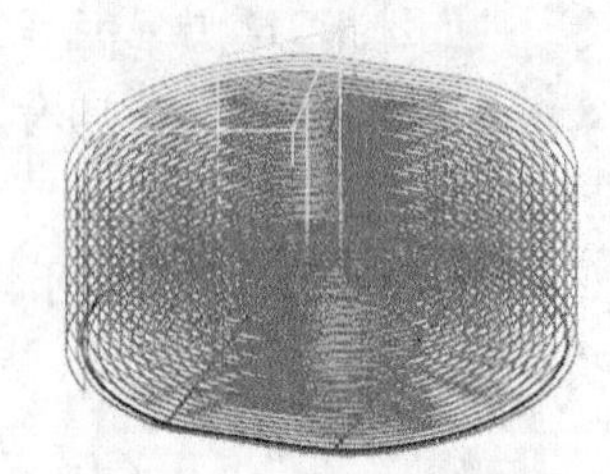

图 5-17 动态铣销刀具路径

3. 模拟仿真加工

为了验证动态铣削参数设置的正确性，可以通过 NC 仿真模拟动态铣削过程，来观察工件加工区域是否有切削不足或过切现象。

（1）仿真加工

① 单击刀路操作管理器中的“选择全部操作”按钮，将已创建的铣削操作全部选中。

② 单击刀路操作管理器中的“验证已选择的操作”按钮，在弹出的“Mastercam 模拟”对话框中单击“播放”按钮，得到图 5-18 所示的仿真加工结果。

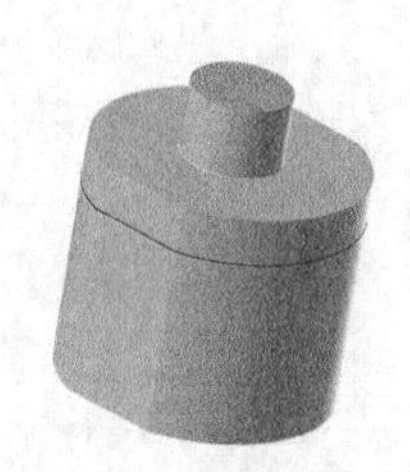

图 5-18 仿真加工结果

（2）NC 代码

① 单击刀路操作管理器中的“选择全部操作”按钮，将已创建铣削操作全部选中。

② 单击刀路操作管理器中的“执行选择的操作进行后处理”按钮G1，弹出“后处理程序”对话框。单击“确定”按钮，弹出“另存为”对话框，输入文件名称“实操——万向节动态铣削加工”，单击“保存”按钮保存(S)，在编辑器中打开生成的 NC 代码，详见本书的电子资源。

5.3 剥铣加工

剥铣加工主要是在两条边界内或沿一条边界进行摆线式的加工方式，主要用于通槽的加工。其操作简单实用，在数控铣削加工中应用非常广泛，所使用的刀具通常有平铣刀、圆角刀、端铣刀等。

5.3.1 剥铣参数介绍

单击“机床”选项卡“机床类型”面板中的“铣床”按钮，选择默认选项，在刀路操作管理器中生成机床群组属性文件，同时弹出“刀路”选项卡。单击“刀路”选项卡“2D”面板“孔加工”组中的“剥铣”按钮，系统弹出“刀路孔定义”对话框，然后在绘图区中选择需要加工的圆、圆弧或点，单击“确定”按钮，系统弹出“2D 高速刀路-剥铣”对话框。

单击“2D 高速刀路-剥铣”对话框中的“切削参数”选项卡，如图 5-19 所示，部分参数介绍如下。

（1）微量提刀距离：指刀具在完成切削退出切削范围，进入下一切削区域时，此时可以设置一个微量提刀距离，这样既可以避免划伤工件表面，又可以方便排屑和散热。

（2）对齐：该项包括 3 个选项。

① 左：指沿着串连方向看，刀具中心点位于串连的左侧。此时的刀具位置由串连方向是顺时针还是逆时针决定。

② 中心：指刀具中心点正好位于串连上。

③ 右：指沿着串连方向看，刀具中心点位于串连的右侧。此时的刀具位置由串连方向是顺时针还是逆时针决定。

（3）附加补正距离：用于设置剥铣的宽度。如果拾取的是 2 条串连，则该项为灰色，不需要设置。

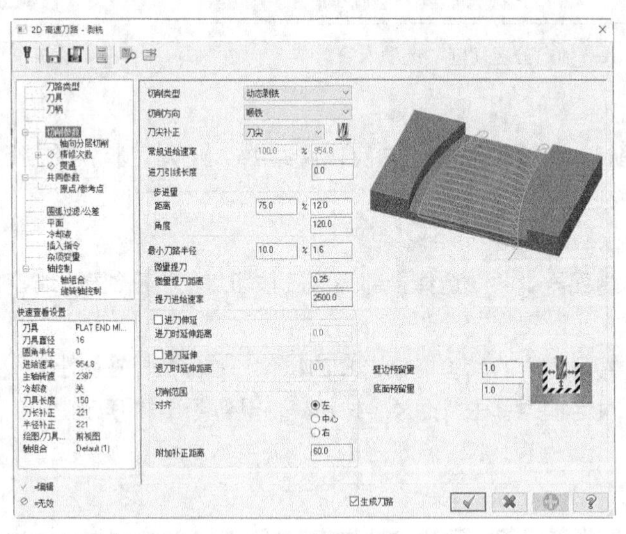

图 5-19 “切削参数”选项卡 1

5.3.2 实操——万向节剥铣加工

本节我们将在动态外形加工和动态铣削加工的基础上对万向节进行剥铣加工，首先打开 5.2 节的结果文件；然后对图形进行整理，启动“剥铣”命令，选取加工串连，设置参数，生成刀具路径，重复“剥铣”命令，创建另一侧的刀路；最后模拟仿真加工，生成 NC 代码。

万向节剥铣加工操作步骤如下。

1. 承接万向节动态外形铣削加工

2. 整理图形

（1）在刀路操作管理器中选中所有刀路，单击“切换显示已选择的刀路操作”按钮≋，隐藏平面铣削刀具路径。

（2）在刀路操作管理器中单击“毛坯设置”按钮 毛坯设置，系统弹出“机床群组属性”对话框，取消“显示”复选框的勾选。

3. 创建剥铣刀具路径 1

（1）选取加工边界

① 单击“视图”选项卡“屏幕视图”面板中的“俯视图”按钮，将当前视角切换为俯视图。同时，状态栏中的“绘图平面”和“刀具平面”也自动切换为“俯视图”。

② 单击“刀路”选项卡“2D”面板中的“剥铣”按钮，系统弹出“线框串连”对话框，根据系统提示拾取加工串连，如图 5-20 所示。单击“确定”按钮。

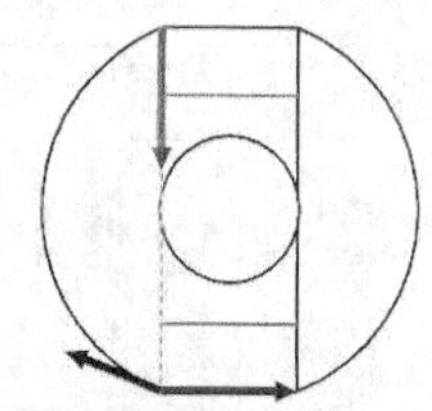

图 5-20　拾取加工串连 1

（2）设置刀具

① 系统弹出“2D 高速刀路-剥铣”对话框，单击“刀具”选项卡，在“刀具”选项卡中选取直径为 10 的圆鼻铣刀。

② 双击平铣刀图标，弹出“编辑刀具”对话框。修改刀具总长度为 170，刀齿长度为 140；单击“下一步”按钮 下一步，设置“粗切步进量”为 75%，“精修步进量”为 30%，单击“点击重新计算进给率和主轴转速”按钮，单击“完成”按钮 完成，返回“2D 高速刀路-剥铣”对话框。

（3）剥铣加工参数设置

① 单击“共同参数”选项卡，设置“安全高度”为 110，勾选“绝对坐标”；“提刀”为 100，勾选“绝对坐标”；“下刀位置”为 90，勾选“绝对坐标”；“工件表面”为 80，勾选“绝对坐标”；“深度”为 0，勾选“绝对坐标”。

② 单击“切削参数”选项卡，参数设置如图 5-21 所示。

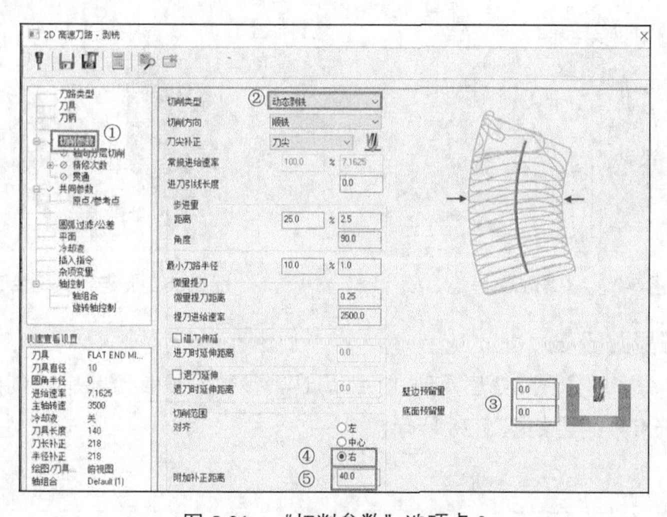

图 5-21　“切削参数”选项卡 2

③ 单击“轴向分层切削”选项卡，参数设置如图 5-22 所示。

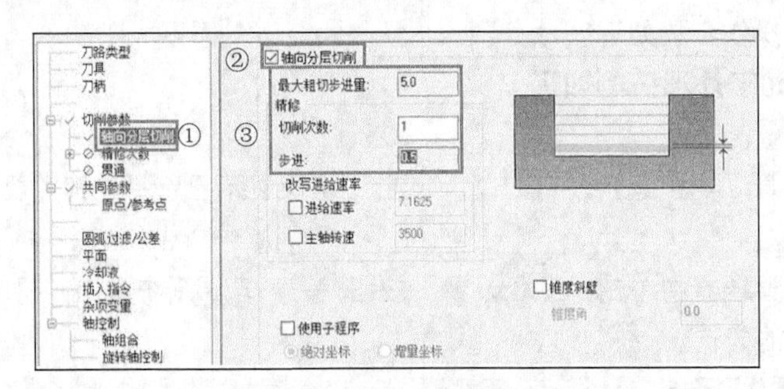

图 5-22 “轴向分层切削”选项卡

④ 单击“精修次数”选项卡，参数设置如图 5-23 所示。

⑤ 单击“确定”按钮，生成剥铣刀具路径，如图 5-24 所示。

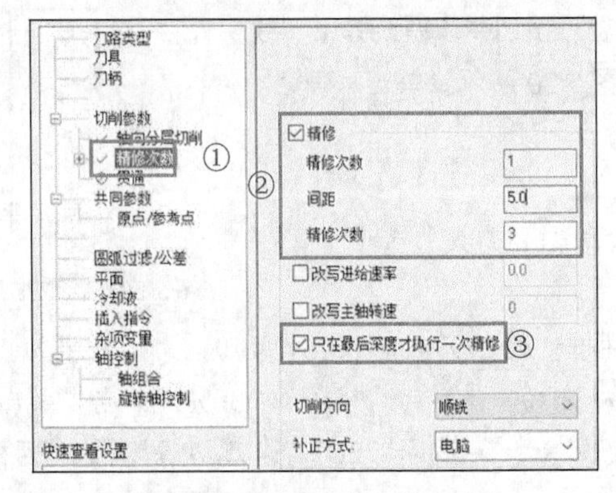

图 5-23 “精修次数”选项卡

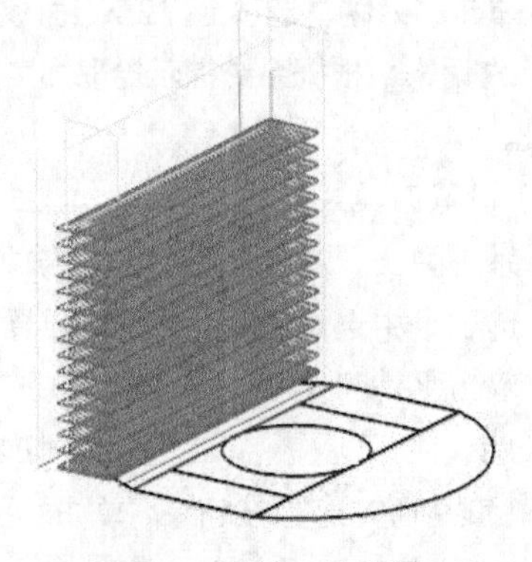

图 5-24 剥铣刀具路径 1

4．创建剥铣刀具路径 2

重复“剥铣”命令，拾取图 5-25 所示的加工串连，参数设置参照步骤 3 创建剥铣刀具路径 1 中所设参数，修改“切削参数”选项卡中“切削范围”为“左”，生成剥铣刀具路径如图 5-26 所示。

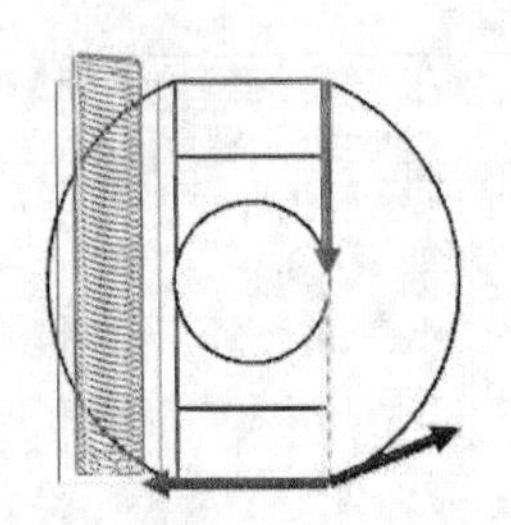

图 5-25 拾取加工串连 2

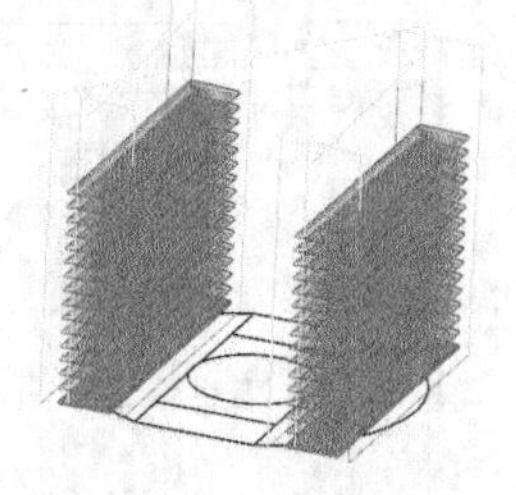

图 5-26 剥铣刀具路径 2

5．创建剥铣刀具路径 3

重复“剥铣”命令，拾取图 5-27 所示的加工串连，参数设置参照步骤 3 创建剥铣刀具路径 1 中所设参数，生成剥铣刀具路径如图 5-28 所示。

技巧荟萃

如果在拾取串连时，拾取的是两条串连，则对话框中的“切削范围”组是灰色的。

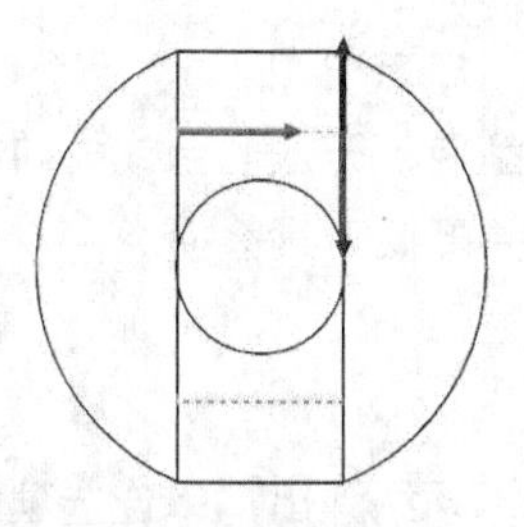
图 5-27　拾取加工串连 3

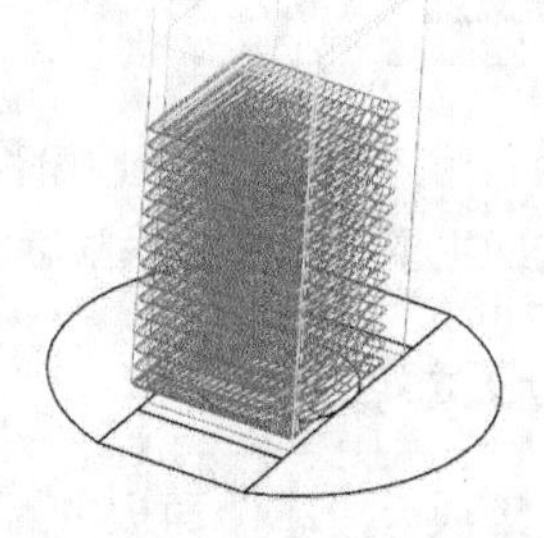
图 5-28　剥铣刀具路径 3

6. 创建剥铣刀具路径 4

（1）单击“视图”选项卡“屏幕视图”面板中的“前视图”按钮，将当前视角切换为前视图。

（2）新建图层 2，如图 5-29 所示。

（3）重复“剥铣”命令，拾取图 5-30 所示的加工串连，参数设置参照步骤 3 创建剥铣刀具路径 1 中所设参数，在“共同参数”选项卡中设置“深度”为–65，在“切削参数”选项卡中选择“切削范围”为“左”，附加补正距离为 30，生成剥铣刀具路径如图 5-31 所示。

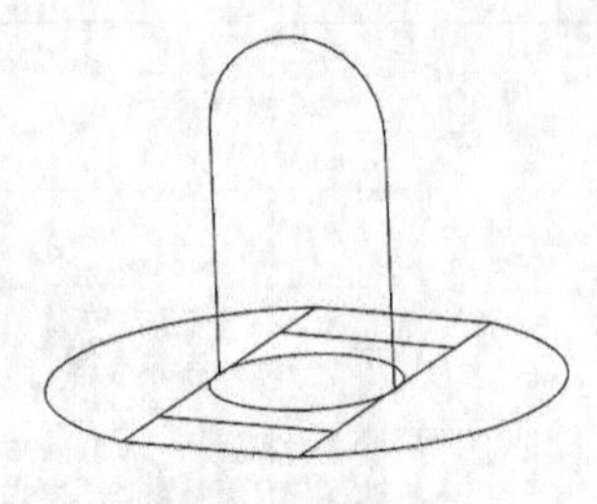
图 5-29　图层 2

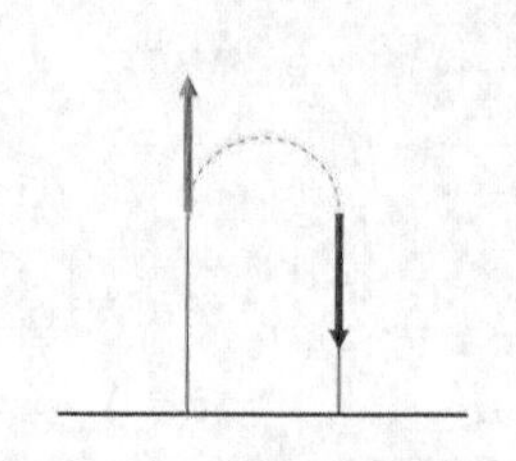
图 5-30　拾取加工串连 4

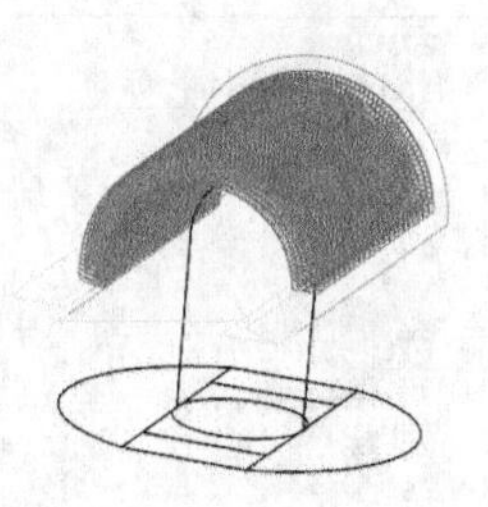
图 5-31　剥铣刀具路径 4

7. 模拟仿真加工

为了验证剥铣参数设置的正确性，可以通过 NC 仿真模拟剥铣加工过程，来观察加工过程中是否有切削不到的地方或过切现象。

（1）仿真加工

① 单击刀路操作管理器中的“选择全部操作”按钮，将已创建的铣削操作全部选中。

② 单击刀路操作管理器中的“验证已选择的操作”按钮，在弹出的“Mastercam 模拟”对话框中单击“播放”按钮，得到图 5-32 所示的仿真加工结果。

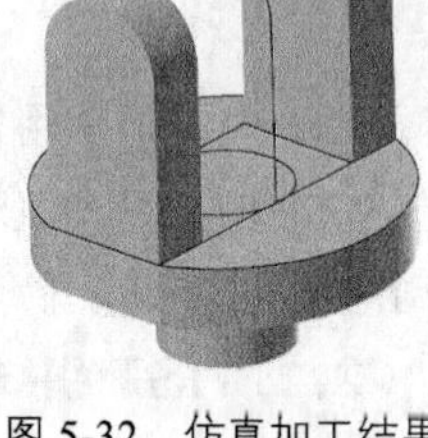
图 5-32　仿真加工结果

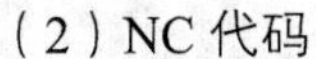

（2）NC 代码

① 单击刀路操作管理器中的“选择全部操作”按钮，将已创建的铣削操作全部选中。

② 单击刀路操作管理器中的“执行选择的操作进行后处理”按钮G1，弹出“后处理程序”对话框。单击“确定”按钮，弹出“另存为”对话框，输入文件名称“实操——万向节剥铣加工”，单击“保存”按钮，在编辑器中打开生成的 NC 代码，详见本书的电子资源。

5.4 区域加工

区域加工完全利用刀刃进行切削，能够快速加工封闭型腔、开放凸台或先前操作剩余的残料区域，此种加工方法的主要特点是最大限度提供材料去除率并降低刀具磨损。

5.4.1 区域加工参数介绍

单击“刀路”选项卡“2D”面板中的“区域”按钮，系统弹出“串连选项”对话框，单击加工范围的“选择”按钮，系统弹出“线框串连”对话框，选取完加工边界后，单击“线框串连”对话框中的“确定”按钮和“串连选项”对话框中的“确定”按钮，系统弹出“2D 高速刀路-区域”对话框。

1. “摆线方式”选项卡

单击“2D 高速刀路-区域”对话框中的“摆线方式”选项卡，如图 5-33 所示。Mastercam 2022 的高速刀具路径专为高速加工和硬铣削应用而设计，特别是用于水平区域粗加工。因此，重要的是要检测并避免刀具出现不切削或过切的情况。

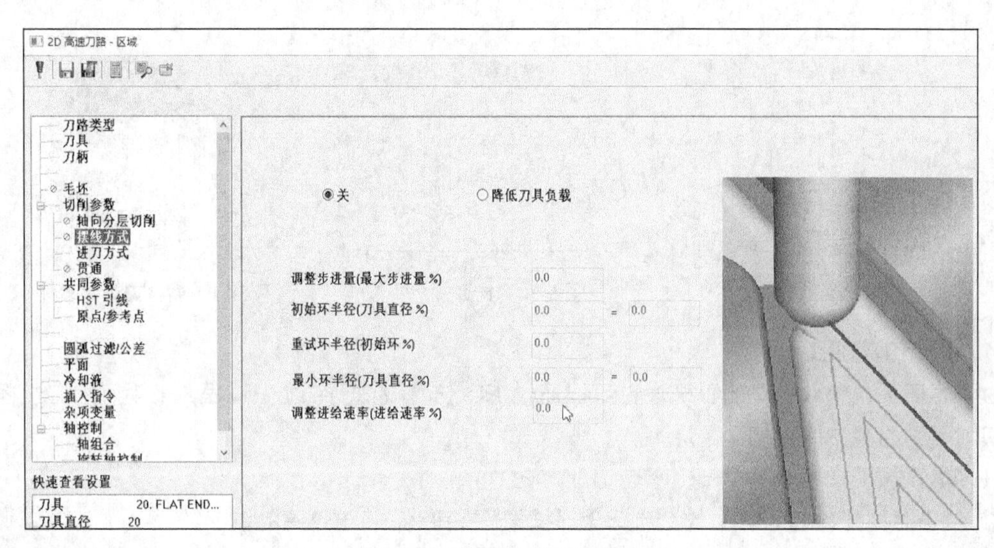

图 5-33 “摆线方式”选项卡

（1）关：不使用摆线方式。

（2）降低刀具负载：在刀具接近两个凸台之间的区域时采用摆线方式，Mastercam 2022 能够计算出更小的循环。

2. “HST 引线”选项卡

单击“2D 高速刀路-区域”对话框中的“HST 引线”选项卡，如图 5-34 所示，该选项卡用于引导垂直创建圆弧或切断材料时指定 2D 高速面铣刀路径的进入和切出。这些值可以根据加工要求而不同。

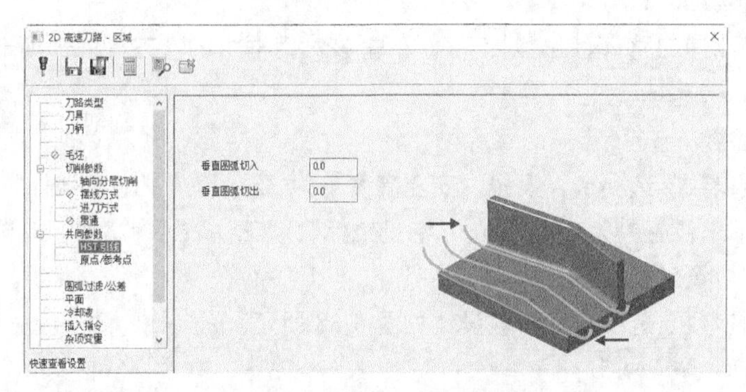

图 5-34 “HST 引线”选项卡

（1）垂直圆弧切入：用于设置切入圆弧的长度。

（2）垂直圆弧切出：用于设置切出圆弧的长度。

5.4.2 实操——花盘区域加工

本例我们通过对花盘的加工来介绍区域加工命令的使用。首先将已创建的刀具路径和毛坯隐藏，以方便进行串连的选取；然后启动“区域”命令，根据系统提示拾取要进行加工的区域串连，设置好刀具加工参数；最后模拟仿真加工，生成 NC 代码。

花盘区域加工操作步骤如下。

1. 打开文件

单击快速访问工具栏中的“打开”按钮，在弹出的“打开”对话框中选择“源文件/原始文件/第 5 章/花盘”文件，如图 5-35 所示。

2. 整理图形

（1）在刀路操作管理器中选中所有刀路，单击“切换显示已选择的刀路操作”按钮≋，隐藏平面铣削刀具路径。

（2）在刀路操作管理器中单击“毛坯设置”按钮 毛坯设置，系统弹出“机床群组属性”对话框，取消“显示”复选框的勾选。

3. 创建区域加工刀具路径

（1）选择加工边界

① 单击“刀路”选项卡“2D”面板中的“区域”按钮，系统弹出“串连选项”对话框，单击加工范围“选择”按钮，系统弹出“线框串连”对话框，拾取图 5-36 所示的加工串连。单击“线框串连”对话框中的“确定”按钮，返回“串连选项”对话框，单击“确定”按钮。

② 单击“避让范围”的“选择”按钮，系统弹出“线框串连”对话框，拾取图 5-37 所示的避让范围串连。单击“确定”按钮。

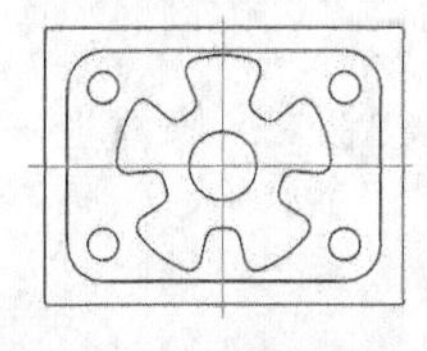

图 5-35 花盘

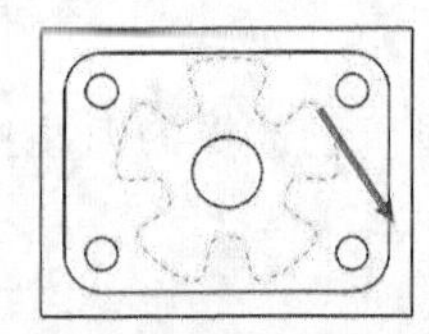

图 5-36 拾取加工串连

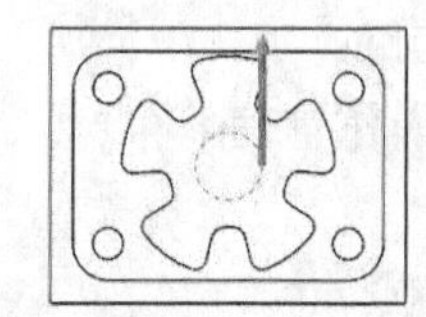

图 5-37 拾取避让范围串连

（2）设置刀具参数

系统弹出“2D 高速刀路-区域”对话框，单击该对话框中的“刀具”选项卡，选中刀具列表框中直径为 10 的圆鼻铣刀。

（3）设置加工参数

① 单击“共同参数”选项卡，设置“安全高度”为 35，勾选“增量坐标”；“提刀”为 25，勾选“增量坐标”；“下刀位置”为 10，勾选“增量坐标”；“工件表面”为 0，勾选“绝对坐标”；“深度”为-15，勾选“增量坐标”。

② 单击“切削参数”选项卡，参数设置如图 5-38 所示。

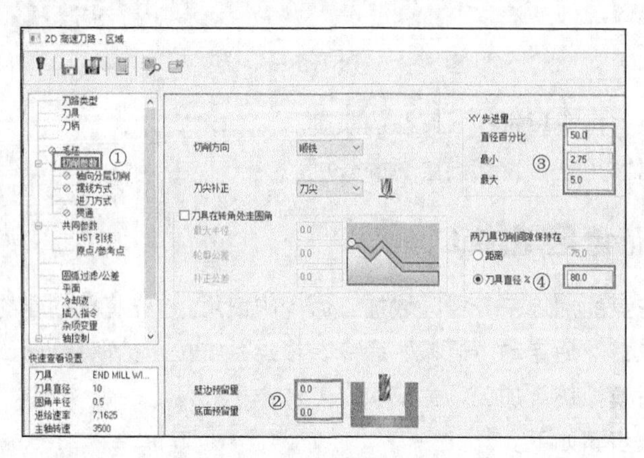

图 5-38 “切削参数”选项卡

③ 单击“轴向分层切削”选项卡，参数设置如图 5-39 所示。

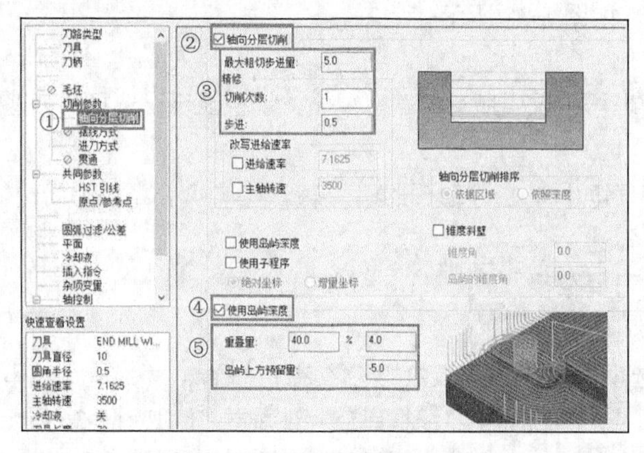

图 5-39 “轴向分层切削”选项卡

④ 单击“确定”按钮，生成区域加工刀具路径，如图 5-40 所示。

4. 创建钻孔刀具路径

（1）隐藏刀路

单击刀路操作管理器中的“切换显示已选择的刀路操作”按钮≋，隐藏上一步创建的刀具路径。

（2）拾取圆心点

单击“刀路”选项卡“2D”面板中的“钻孔”按钮，弹出“刀路孔定义”对话框。拾取图 5-41 所示的钻孔圆心点。单击“确定”按钮。

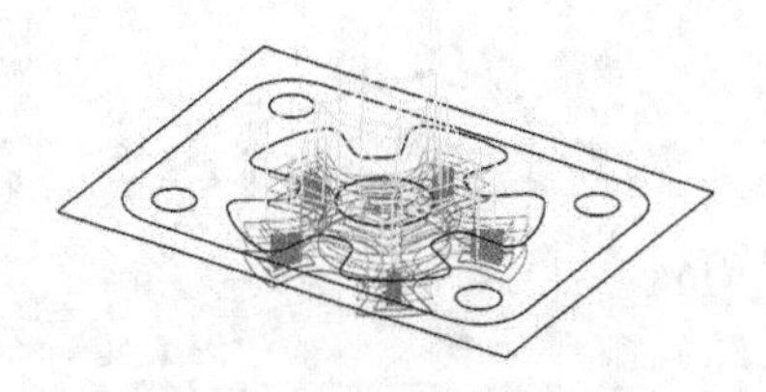

图 5-40　区域加工刀具路径

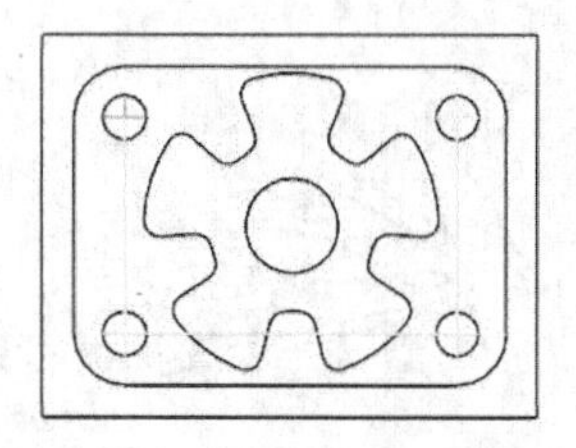

图 5-41　拾取钻孔圆心点

（3）设置刀具参数

① 系统弹出“2D 刀具路径-钻孔/全圆铣削深孔钻-无啄孔”对话框。单击“刀具”选项卡，再单击“选择刀库刀具”按钮 选择刀库刀具，选取直径为 14 的钻头（SOLID CARBIDE DRILL 5×Dc-14），单击“确定”按钮，返回“2D 刀具路径-钻孔/全圆铣削深孔钻 无啄孔”对话框。

② 双击钻头图标，设置钻头“刀尖角度”为 118，其他参数采用默认值。单击“下一步”按钮 下一步，参数设置如图 5-42 所示。单击“完成”按钮 完成，返回“2D 刀具路径-钻孔/全圆铣削深孔钻-无啄孔”对话框。

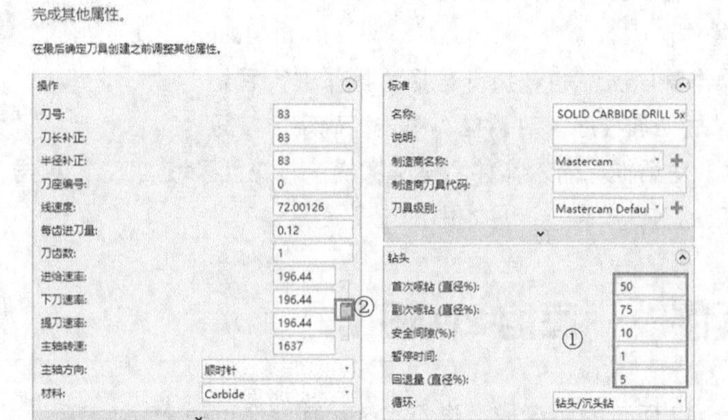

图 5-42　设置刀具参数

（4）设置加工参数

① 单击“共同参数”选项卡，设置“安全高度”为 35，勾选“增量坐标”；“参考高度”为 10，勾选“增量坐标”；“工件表面”为 0，勾选“绝对坐标”；“深度”为–25，勾选“增量坐标”。

② 单击“刀尖补正”选项卡，参数设置如图 5-43 所示。

③ 单击“确定”按钮，生成钻孔刀具路径，如图 5-44 所示。

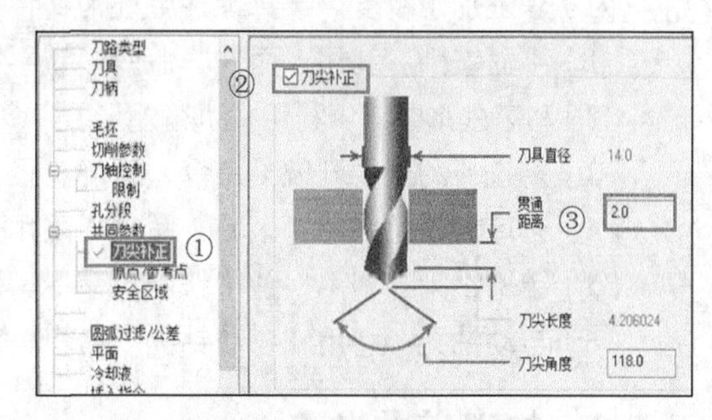

图 5-43　“刀尖补正”选项卡

5. 模拟仿真加工

为了验证区域加工参数设置的正确性，可以通过 NC 仿真模拟区域加工过程，来观察工件进行区域加工的过程中是否有切削不足或过切现象。

（1）设置毛坯

在刀路操作管理器中单击“毛坯设置”按钮 毛坯设置，系统弹出“机床群组属性”对话框，勾选“显示”复选框，单击“确定”按钮，结果如图 5-45 所示。

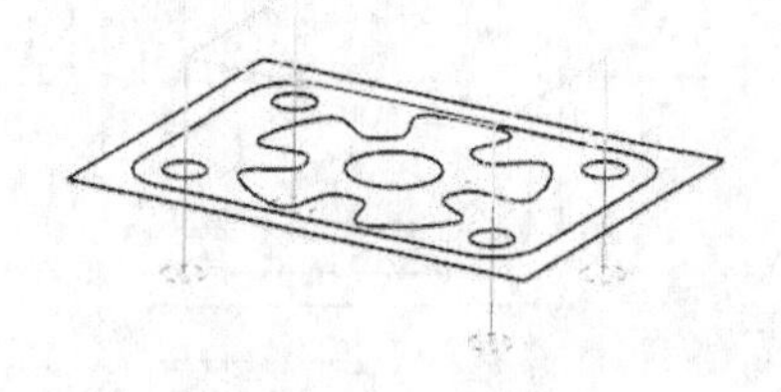
图 5-44　钻孔刀具路径

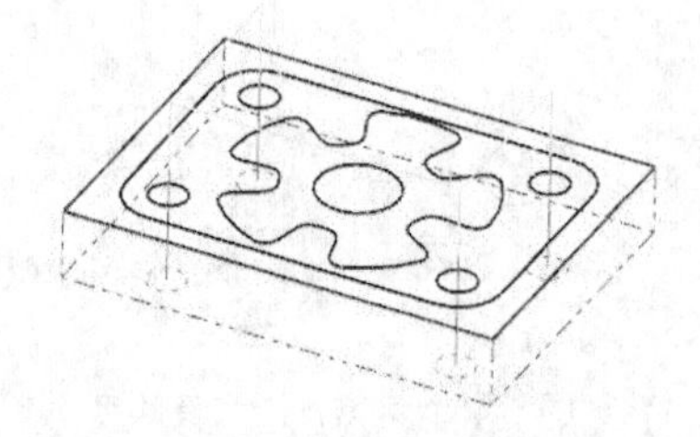
图 5-45　设置毛坯结果

（2）仿真加工

① 单击刀路操作管理器中的“选择全部操作”按钮，将已创建的铣削操作全部选中。

② 单击刀路操作管理器中的“验证已选择的操作”按钮，在弹出的“Mastercam 模拟”对话框中单击“播放”按钮，得到图 5-46 所示的仿真加工结果。

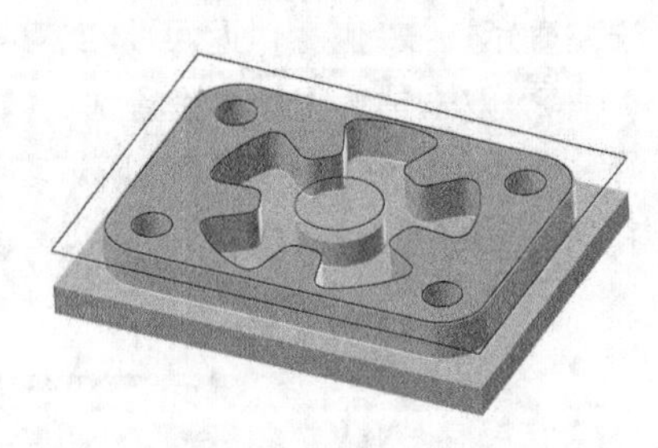
图 5-46　仿真加工结果

（3）NC 代码

① 单击刀路操作管理器中的“选择全部操作”按钮，选中已创建的全部操作。

② 单击刀路操作管理器中的“执行选择的操作进行后处理”按钮G1，弹出“后处理程序”对话框。单击“确定”按钮，弹出“另存为”对话框，输入文件名称“实操——花盘区域加工”，单击“保存”按钮，在编辑器中打开生成的 NC 代码，详见本书的电子资源。

5.5　综合实例——底盘 2D 加工

本节我们对图 5-47 所示的底盘模型进行加工。其中使用的 2D 加工的方法有：平面铣削、动态外形加工、剥铣、区域加工、键槽铣削、自动钻孔等。通过本实例，读者能够对 Mastercam 2022 2D 加工有进一步的认识。

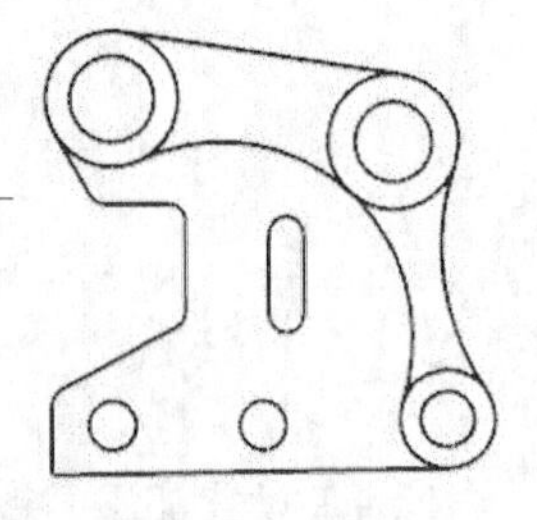
图 5-47　底盘模型

5.5.1　规划刀具路径

为了保证加工精度，选择零件毛坯为铸件实体，根据模型情况，具体加工方案如下。

（1）平面铣削：利用“面铣”命令，铣平模型的上端面。采用直径为 42 的面铣刀。

（2）动态外形加工：利用“动态外形”命令，采用直径为 10 的平铣刀对模型的外轮廓进行铣削。

（3）剥铣：利用“剥铣”命令，采用直径为 18 的平铣刀铣削左下角弧形凹槽。

（4）区域加工：利用“区域”命令，采用直径为 10 的平铣刀铣削凸台右上角。

（5）键槽铣削：利用“键槽铣削”命令，对键槽进行加工，采用直径为 6 的圆鼻铣刀。

（6）自动钻孔：利用“自动钻孔”命令，对所有的孔进行钻孔操作。

5.5.2　加工前的准备

1. 打开文件

单击快速访问工具栏中的“打开”按钮，在弹出的“打开”对话框中选择“源文件/原始文件/第 5 章/底盘”文件，如图 5-48 所示。

2. 选择机床

单击“机床”选项卡“机床类型”面板中的“铣床”按钮，选择“默认”选项即可。

3. 工件设置

单击“毛坯设置”选项卡，系统弹出“机床群组属性”对话框。在“形状”选项组中选择“立方体”项，单击“边界框”按钮，在绘图区拾取所有图素，修改毛坯尺寸为“154，148，35”，勾选“显示”复选框，单击“确定”按钮，绘图区中显示刚设置的毛坯，如图 5-49 所示。（为了方便操作，可以先隐藏毛坯。）

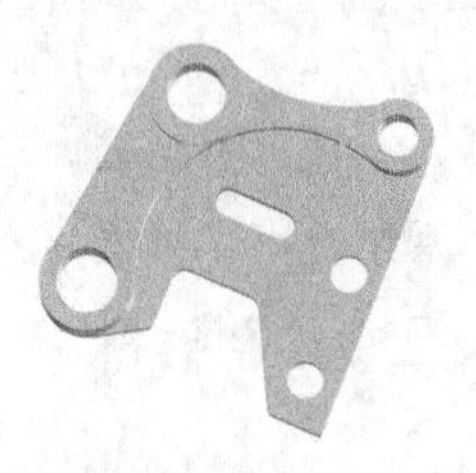

图 5-48　底盘

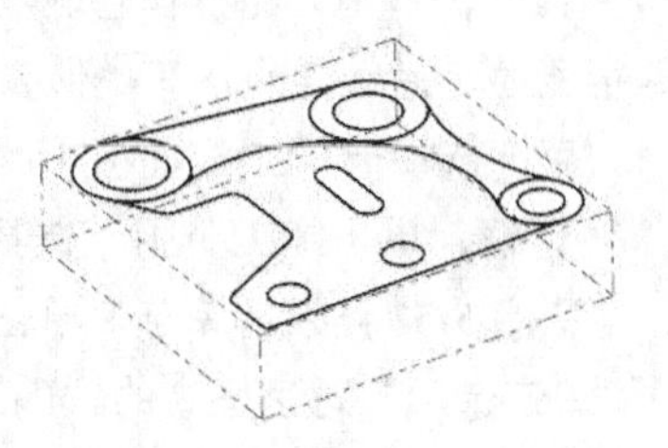

图 5-49　显示毛坯

5.5.3　编制刀具路径

1. 平面铣削

（1）单击“刀路”选项卡“2D”面板中的“面铣”按钮，系统弹出“线框串连”对话框，在绘图区选择外圆图素，如图 5-50 所示。单击“确定”按钮，弹出“2D 刀路-平面铣削”对话框。

（2）单击“2D 刀路-平面铣削”对话框中的“刀具”选项卡，进行刀具参数设置。单击“选择刀库刀具”按钮，选择直径为 42 的面铣刀。

（3）双击面铣刀图标，弹出“编辑刀具”对话框，参数采用默认设置，单击“下一步”按钮，设置“XY 轴粗切步进量”为 75%，“Z 轴粗切深度”为 75%，“XY 轴精修步进量”为 30%，“Z 轴精修深度”为 30%，单击“点击重新计算进给率和主轴转速”按钮。单击“完成”按钮，返回“2D 刀路-平面铣削”对话框。

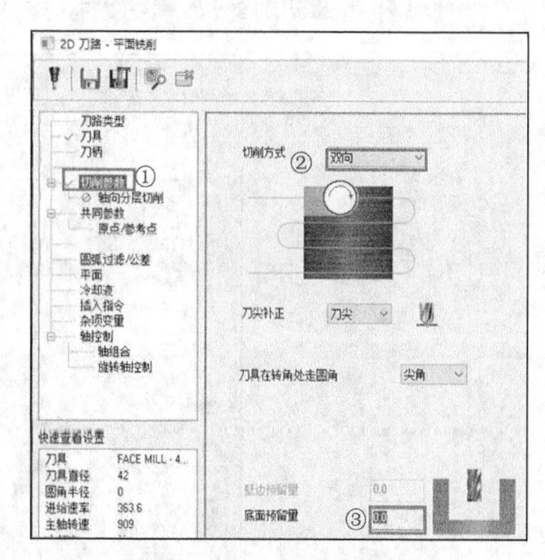

图 5-50　“切削参数”选项卡 1

（4）单击“共同参数”选项卡，设置“安全高度”为 35，勾选“增量坐标”；“提刀”为 25，勾选“增量坐标”；“下刀位置”为 10，勾选“增量坐标”；“工件表面”为 0，勾选“绝对坐标”；“深度”为-1，勾选“增量坐标”。

（5）单击“切削参数”选项卡，参数设置如图 5-50 所示。单击对话框中的“确定”按钮，生成平面铣削刀具路径，如图 5-51 所示。

（6）单击刀路操作管理器中的“验证已选择的操作”按钮，在弹出的“Mastercam 模拟”对话框。单击“播放”按钮，得到图 5-52 所示的仿真加工结果。

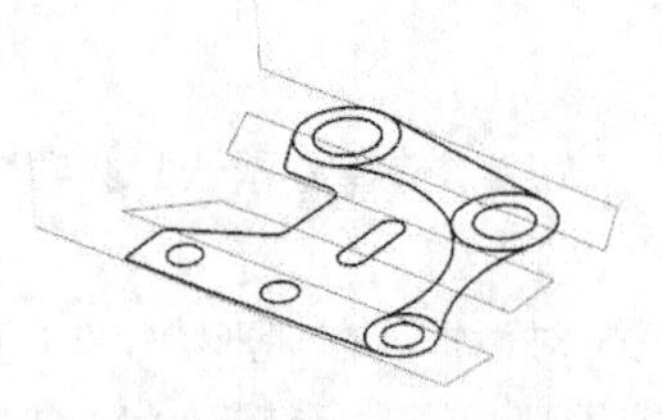

图 5-51　平面铣削刀具路径

图 5-52　仿真加工结果 1

2. 动态外形加工

（1）为了方便操作，单击刀路操作管理器中的“切换显示已选择的刀路操作”按钮≈，可以将已生成的刀具路径隐藏（后续各步均有类似操作，不再叙述）。

（2）单击“刀路”选项卡“2D”面板中的“动态外形”按钮，系统弹出“串连选项”对话框，单击加工范围“选择”按钮，系统弹出“线框串连”对话框，拾取图 5-53 所示的串连。单击“线框串连”对话框中的“确定”按钮和“串连选项”对话框中的“确定”按钮。

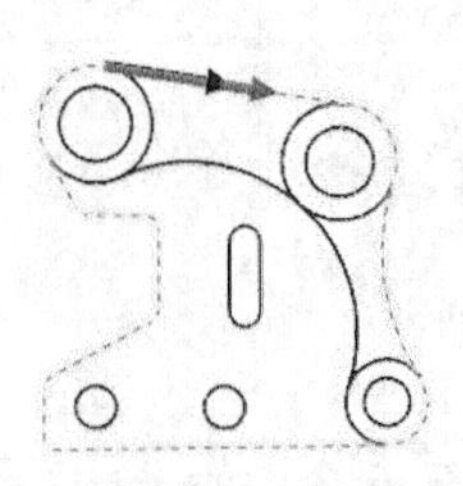

图 5-53　拾取串连 1

（3）系统弹出“2D 高速刀路-动态外形”对话框，单击该对话框中的“刀具”选项卡，在“刀具”选项卡中单击“选择刀库刀具”按钮，系统弹出“选择刀具”对话框，选择直径为 10 的平铣刀，单击“确定”按钮，返回“2D 高速刀路-动态外形”对话框。

（4）双击平铣刀图标，弹出“编辑刀具”对话框。修改刀具总长度为 120，刀齿长度为 50；单击“下一步”按钮，设置“XY 轴粗切步进量”为 75%，“Z 轴粗切深度”为 75%，“XY 轴精修步进量”为 30%，“Z 轴精修深度”为 30%，单击“点击重新计算进给率和主轴转速”按钮。单击“完成”按钮，返回“2D 高速刀路-动态外形”对话框。

（5）单击“共同参数”选项卡，设置“安全高度”为 35，勾选“增量坐标”；“提刀”为 25，勾选“增量坐标”；“下刀位置”为 10，勾选“增量坐标”；“工件表面”为 0，勾选“绝对坐标”；“深度”为–35，勾选“增量坐标”。

（6）单击“切削参数”选项卡，参数设置如图 5-54 所示。

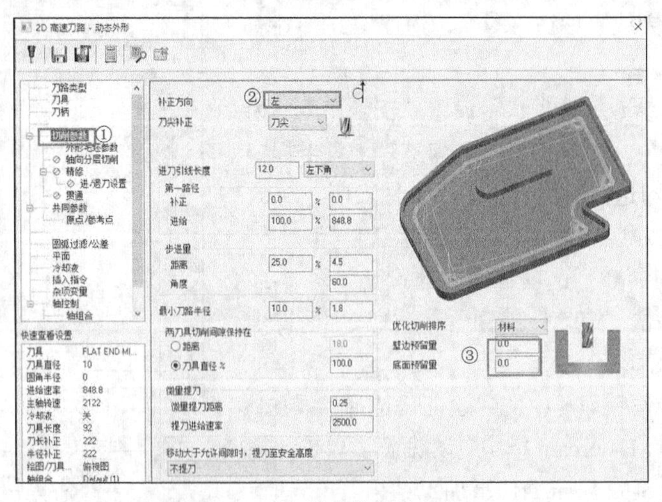

图 5-54　“切削参数”选项卡 2

（7）单击“轴向分层切削”选项卡，参数设置如图 5-55 所示。

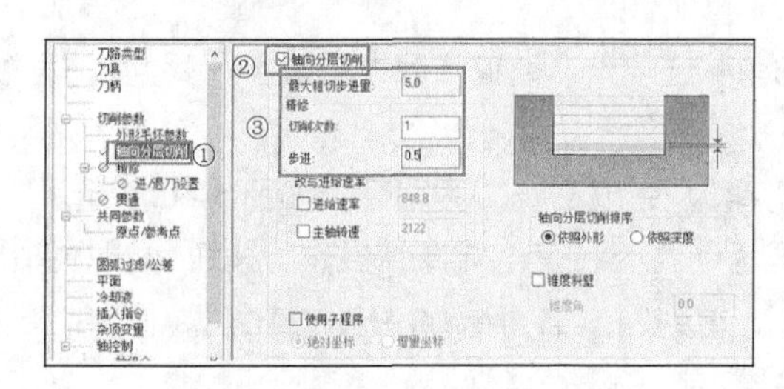

图 5-55 “轴向分层切削”选项卡

（8）单击“确定”按钮，生成动态外形加工刀具路径，如图 5-56 所示。

（9）单击刀路操作管理器中的“验证已选择的操作”按钮，在弹出的“Mastercam 模拟”对话框中单击“播放”按钮，得到图 5-57 所示的仿真加工结果。

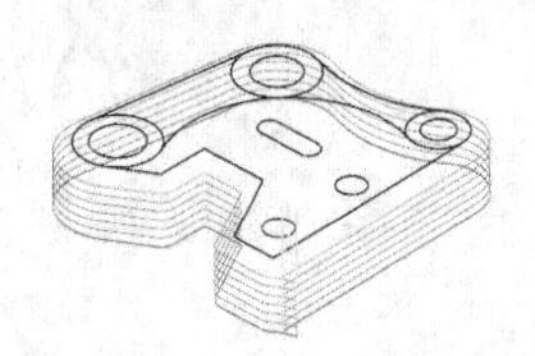

图 5-56 动态外形加工刀具路径

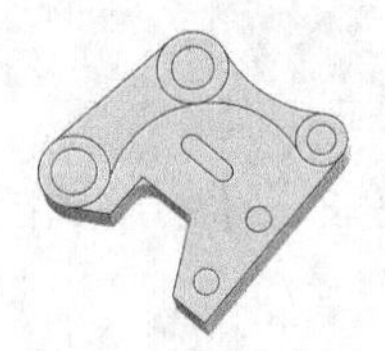

图 5-57 仿真加工结果 2

3. 剥铣

（1）单击“刀路”选项卡“2D”面板中的“剥铣”按钮，系统弹出“线框串连”对话框，根据系统提示拾取串连，如图 5-58 所示。单击“确定”按钮。

（2）系统弹出“2D 高速刀路-剥铣”对话框，单击该对话框中的“刀具”选项卡，在“刀具”选项卡中单击“选择刀库刀具”按钮，则系统弹出“选择刀具”对话框，选取直径为 18 的平铣刀。单击“确定”按钮，返回“2D 高速刀路-剥铣”对话框。

（3）双击平铣刀图标，弹出“编辑刀具”对话框。修改刀齿长度为 50；单击“下一步”按钮，设置“XY 轴粗切步进量”为 75%，“Z 轴粗切深度”为 75%，“XY 轴精修步进量”为 30%，“Z 轴精修深度”为 30%，单击“点击重新计算进给率和主轴转速”按钮。单击“完成”按钮，返回“2D 高速刀路-剥铣”对话框。

（4）单击“共同参数”选项卡，设置“安全高度”为 35，勾选“增量坐标”；“提刀”为 25，勾选“增量坐标”；“下刀位置”为 10，勾选“增量坐标”；“工件表面”为 0，勾选“绝对坐标”；“深度”为–25，勾选“增量坐标”。

（5）单击“切削参数”选项卡，参数设置如图 5-59 所示。

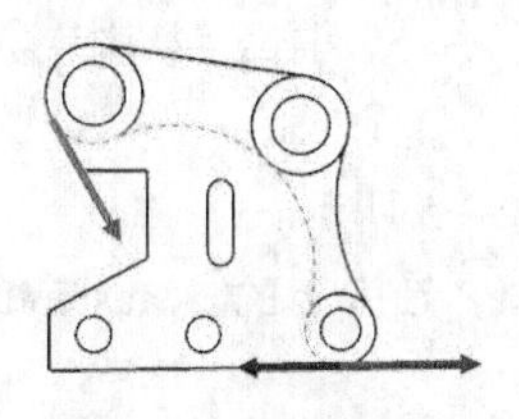

图 5-58 拾取串连 2

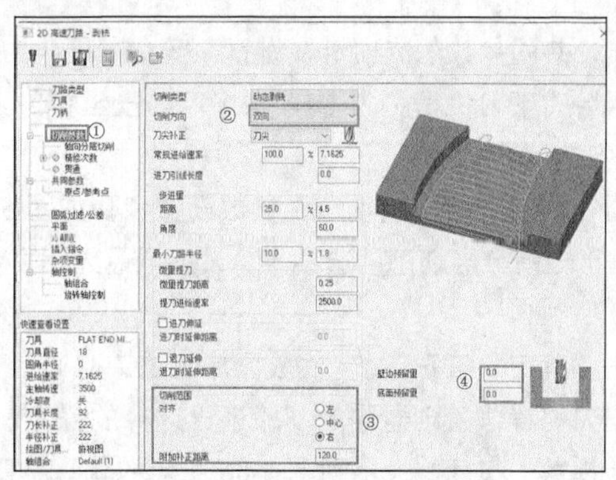

图 5-59 “切削参数”选项卡 3

（6）单击“轴向分层切削”选项卡，设置“最大粗切步进量”为 5，精修“切削次数”为 1，“步进”为 0.5。

（7）单击“确定”按钮，生成剥铣刀具路径，如图 5-60 所示。

（8）单击刀路操作管理器中的“验证已选择的操作”按钮，在弹出的“Mastercam 模拟”对话框中单击“播放”按钮，得到图 5-61 所示的仿真加工结果。

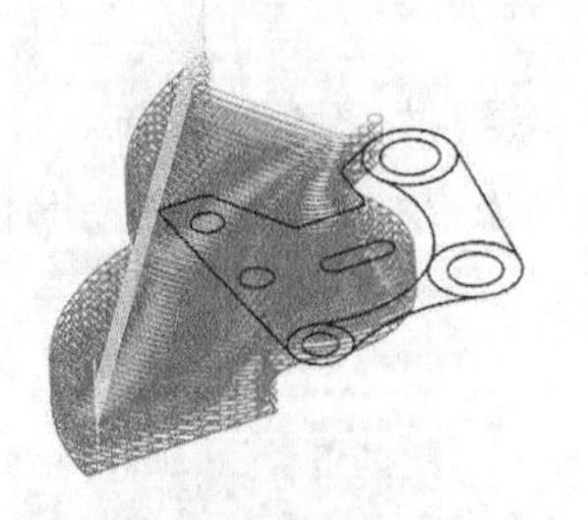

图 5-60　剥铣刀具路径

图 5-61　仿真加工结果 3

4. 区域加工

（1）单击“刀路”选项卡“2D”面板中的“区域”按钮，系统弹出“串连选项”对话框，单击加工范围“选择”按钮，系统弹出“线框串连”对话框，拾取图 5-62 所示的串连。单击“线框串连”对话框中的“确定”按钮，返回“串连选项”对话框，单击“确定”按钮。“加工区域策略”选择“开放”。

（2）单击“避让范围”的“选择”按钮，系统弹出“线框串连”对话框，拾取图 5-63 所示的避让范围串连。单击“确定”按钮。

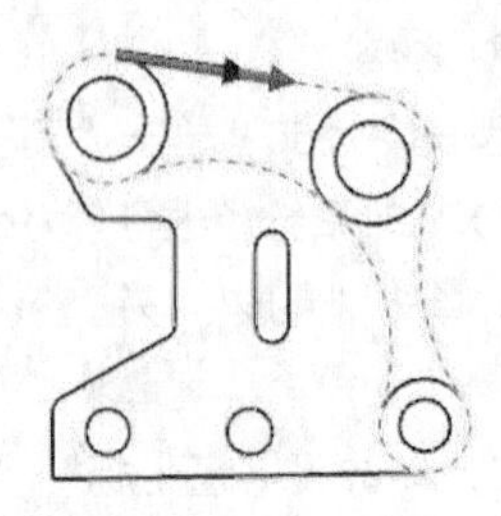

图 5-62　拾取串连 3

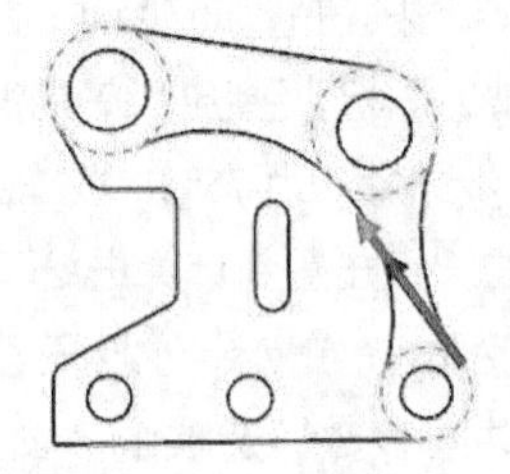

图 5-63　拾取避让范围串连

（3）系统弹出“2D 高速刀路-区域”对话框，单击“刀具”选项卡，选中刀具列表框中直径为 10 的平铣刀。

（4）单击“共同参数”选项卡，设置“安全高度”为 35，勾选“增量坐标”；“提刀”为 25，勾选“增量坐标”；“下刀位置”为 10，勾选“增量坐标”；“工件表面”为 0，勾选“绝对坐标”；“深度”为–12，勾选“增量坐标”。

（5）单击“切削参数”选项卡，参数设置步骤如图 5-64 所示。

（6）单击“轴向分层切削”选项卡，设置“最大粗切步进量”为 5，精修“切削次数”为 1，“步进”为 0.5。

（7）单击“确定”按钮，生成区域加工刀具路径，如图 5-65 所示。

（8）单击刀路操作管理器中的“验证已选择的操作”按钮，在弹出的“Mastercam 模拟”对话框中单击“播放”按钮，得到图 5-66 所示的仿真加工结果。

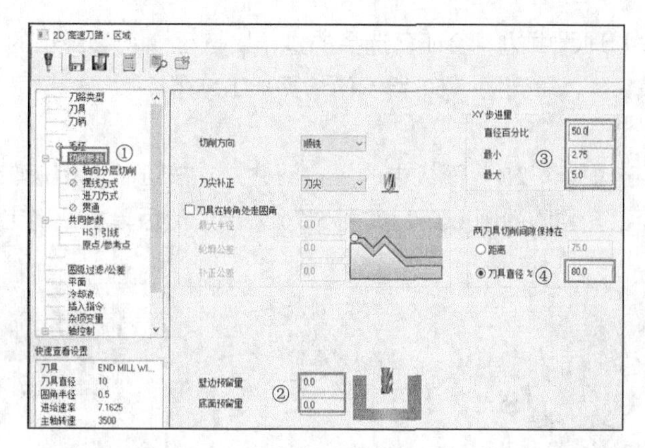

图 5-64 “切削参数”选项卡 4

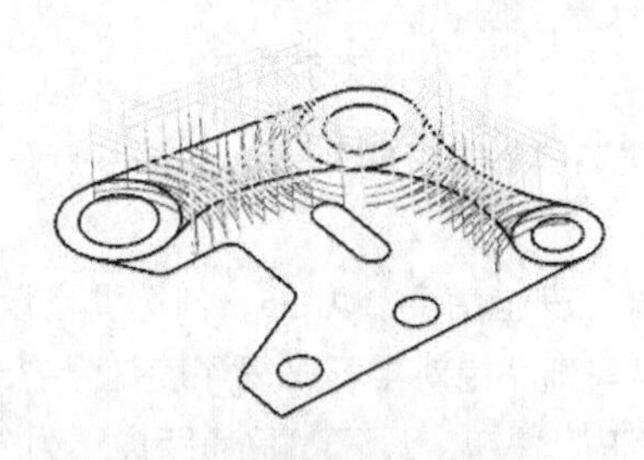

图 5-65 区域加工刀具路径

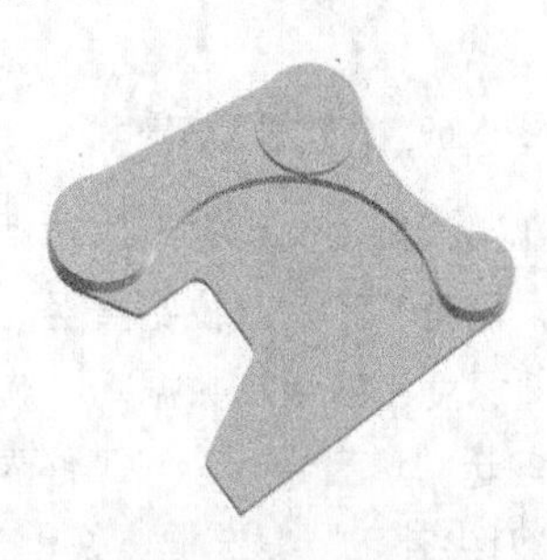

图 5-66 仿真加工结果 4

5. 键槽铣削

（1）单击“刀路”选项卡“2D”面板中的“键槽铣削”按钮，系统弹出“线框串连”对话框，根据系统提示拾取加工边界，如图 5-67 所示。单击“确定”按钮。

（2）系统弹出“2D 刀路-键槽铣削”对话框，单击“刀具”选项卡，再单击“选择刀库刀具”按钮，系统弹出“选择刀具”对话框，选取直径为 6 的平铣刀，单击“确定”按钮，返回“2D 刀路-键槽铣削”对话框。

（3）单击“共同参数”选项卡，设置“安全高度”为 35，勾选“增量坐标”；“提刀”为 25，勾选“增量坐标”；“下刀位置”为 10，勾选“增量坐标”；“工件表面”为 0，勾选“绝对坐标”；“深度”为–35，勾选“增量坐标”。

（4）单击“切削参数”选项卡，设置“壁边预留量”和“底面预留量”均为 0，其他参数采用默认。

（5）单击“轴向分层切削”选项卡，设置“最大粗切步进量”为 5，“精修切削次数”为 1，“步进”为 0.5。勾选“不提刀”复选框。

（6）单击“确定”按钮，生成键槽铣削刀具路径，如图 5-68 所示。

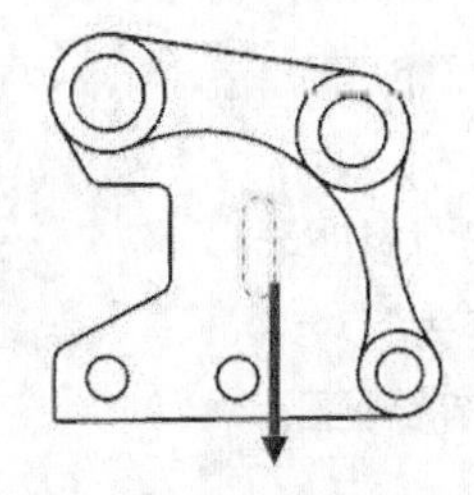

图 5-67 拾取加工边界

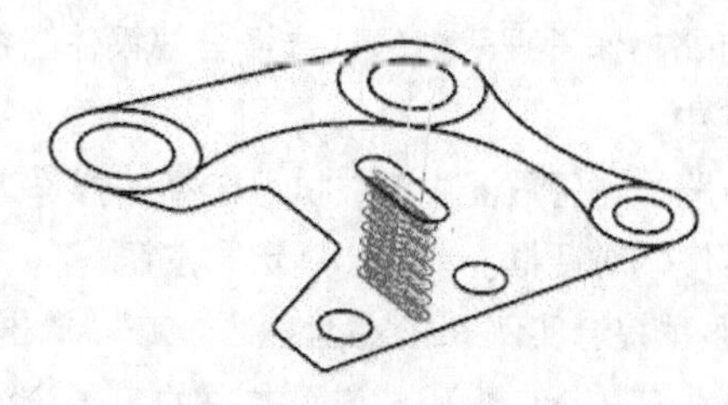

图 5-68 键槽铣削刀具路径

（7）单击刀路操作管理器中的“验证已选择的操作”按钮，在弹出的“Mastercam 模拟”对话框中单击“播放”按钮，得到图 5-69 所示的仿真加工结果。

6. 自动钻孔

（1）单击“刀路”选项卡“2D”面板中的“自动钻孔”按钮。系统弹出“刀路孔定义”对话框，在绘图区中选择要钻孔的圆的圆心点，如图 5-70 所示。然后单击“确定”按钮。

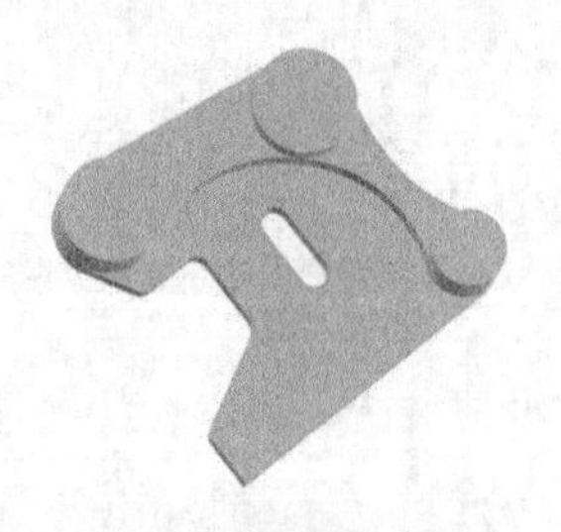

图 5-69　仿真加工结果 5

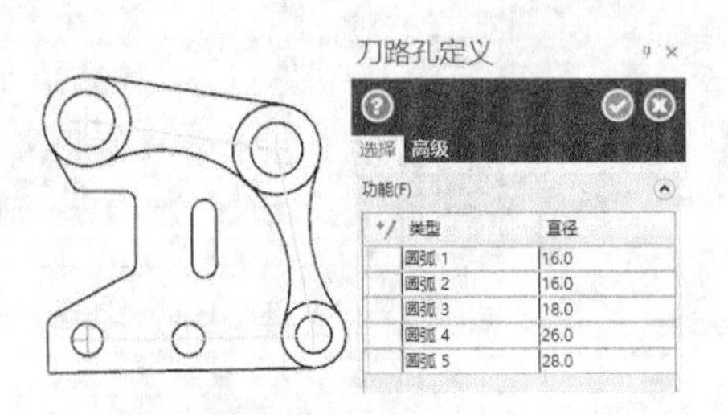

图 5-70　选择钻孔点

（2）系统弹出“自动圆弧钻孔”对话框，单击“刀具参数”选项卡，取消“产生定位钻操作”复选框的勾选，设置“默认定位钻直径”为 10。

（3）单击“深度、群组及数据库”选项卡，设置“安全高度”为 35，勾选“增量坐标”；“参考位置”为 10，勾选“增量坐标”；“工件表面”为 0，勾选“绝对坐标”；“深度”为–35，勾选“增量坐标”。勾选“刀尖补正”复选框，并单击“刀尖补正”按钮，设置“贯通距离”为 5。

（4）单击“预钻”选项卡，参数设置如图 5-71 所示。

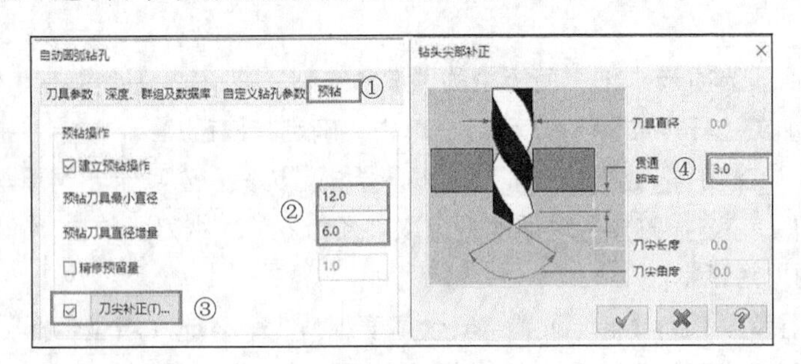

图 5-71　“预钻”选项卡

（5）单击“确定”按钮，生成自动钻孔刀具路径，如图 5-72 所示。

5.5.4　模拟仿真加工

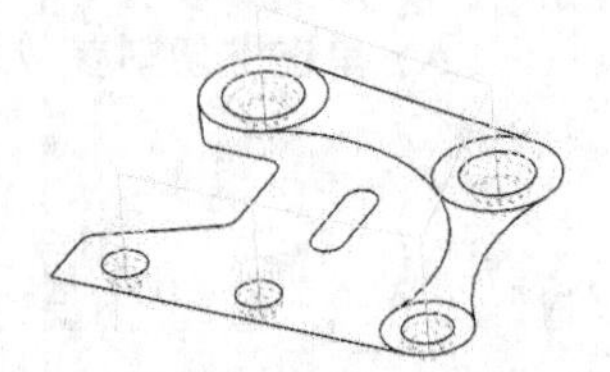

图 5-72　自动钻孔刀具路径

（1）单击刀路操作管理器中的“验证已选择的操作”按钮，在弹出的“Mastercam 模拟”对话框中单击“播放”按钮，得到图 5-73 所示的仿真加工结果。

（2）单击刀路操作管理器中的“选择全部操作”按钮，将已创建铣削操作全部选中。

（3）单击刀路操作管理器中的“执行选择的操作进行后处理”按钮G1，弹出“后处理程序”对话框。单击“确定”按钮，弹出“另存为”对话框，输入文件名称“综合实例——底盘二维加工”，单击“保存”按钮，在编辑器中打开生成的 NC 代码，详见本书的电子资源。

图 5-73　仿真加工结果 6

第6章

高速曲面粗加工

高速曲面粗加工是最常用的 3D 加工策略。与传统曲面加工相比，它有不少的优点，当然也有一些缺点，本章我们主要讲解高速曲面粗加工的区域粗切加工和优化动态粗切加工。

知识点

- 区域粗切加工
- 优化动态粗切加工

案例效果

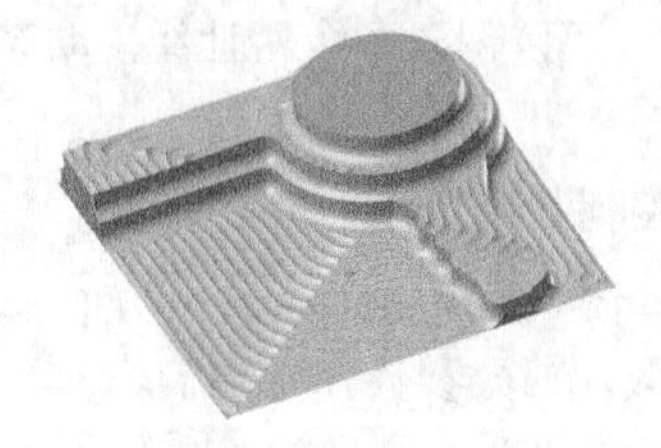

6.1 区域粗切加工

区域粗切加工用于快速加工封闭型腔、开放凸台或先前操作剩余的残料区域，实现粗铣或精铣加工，它是一种动态高速铣削加工方法。

6.1.1 区域粗切加工参数介绍

单击“机床”选项卡“机床类型”面板中的“铣床”按钮，选择默认选项，在刀路操作管理器中生成机床群组属性文件，同时弹出“刀路”选项卡。单击“刀路”选项卡“3D”面板“粗切”组中的“区域粗切”按钮，系统弹出“3D 高速曲面刀路-区域粗切”对话框。

1. “模型图形”选项卡

单击“模型图形”选项卡，如图 6-1 所示。该选项卡用于设置要加工的图形和要避让的图形，以便形成 3D 高速刀具路径。

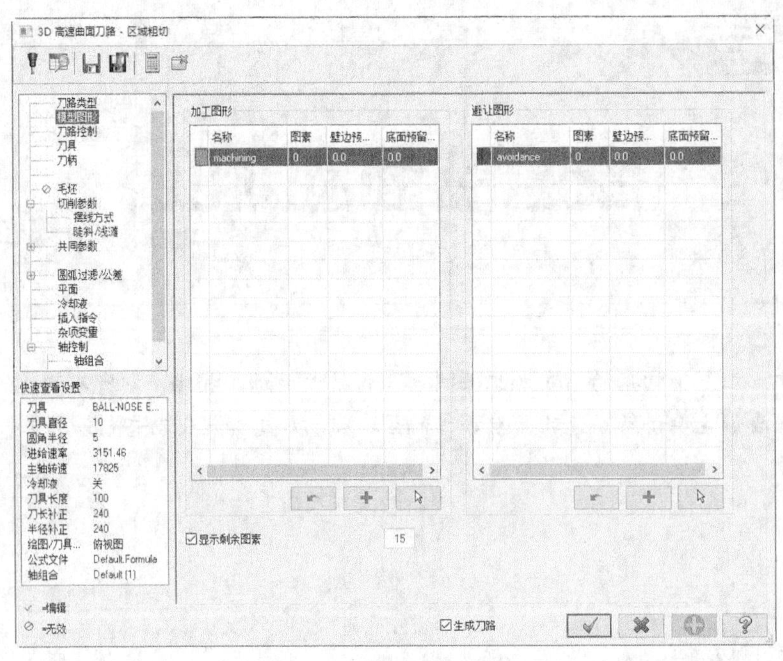

图 6-1 “模型图形”选项卡

（1）加工图形：用于设置要加工的图形，可以单击“选择图素”按钮来选取图形。单击“添加新组”按钮，可以创建多个加工组。

（2）避让图形：用于设置要避让的图形，可以单击“选择图素”按钮来选取图形。单击“添加新组”按钮，可以创建多个避让组。动态外形加工、区域粗加工和水平区域加工使用回避几何作为加工几何。

2. “刀路控制”选项卡

单击“刀路控制”选项卡，如图 6-2 所示。该选项卡用于创建切削范围边界，并为 3D 高速刀具路径设置其他参数，部分参数介绍如下。

（1）边界串连：选择一个或多个限制刀具运动的闭合链。边界串连是一组封闭的线框曲线，其包围要加工的区域。无论选定的切割面如何，Mastercam 2022 都不会创建违反边界的刀具运动。选取的串连可以是任何线框曲线，并且不必与加工的曲面相关联。用户可以创建自定义导向几何来精确限制刀具移动。曲线不必位于零件上，它们可以处于任何 *Z* 高度。

（2）包括轮廓边界：若勾选该复选框，则 Mastercam 2022 将在选定的加工几何体周围创建轮廓边界，并将其用作除任何选定边界链之外的包含边界。轮廓边界是围绕一组曲面、实体或实体面的边界曲线。轮廓边界包含投影边界平滑容差选项、包含选项和补偿选项。

（3）策略：用于设置要加工的图形是封闭图形还是开放图形，包括开放和封闭 2 个选项。

（4）跳过小于以下值的挖槽区域：用于设置要跳过的挖槽区域的最小值。包括如下选项。

① 最小挖槽区域：指定用于创建切削走刀的最小挖槽尺寸。

② 刀具直径百分比：输入最小型腔尺寸，以刀具直径的百分比表示。右侧字段会更新以将此值显示为最小挖槽尺寸。

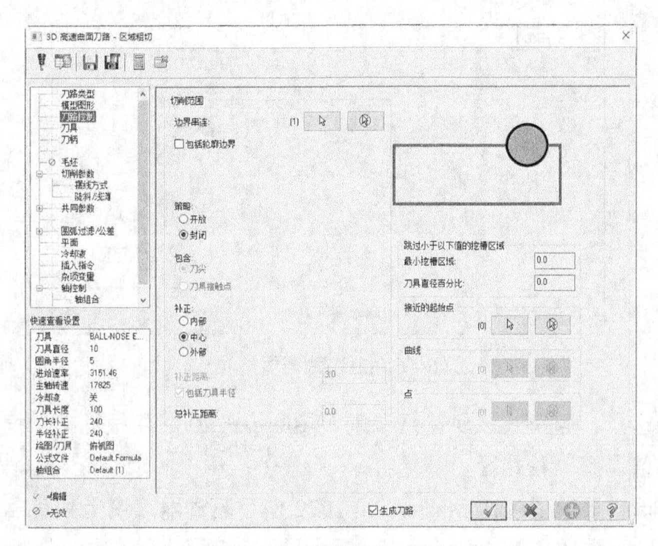

图 6-2 “刀路控制”选项卡

3. “切削参数”选项卡

单击“切削参数”选项卡，如图 6-3 所示。该选项卡用于配置区域粗加工刀具路径的切削参数。刀具路径在不同的 Z 高度创建多个走刀，并在每个 Z 高度创建多个轮廓。

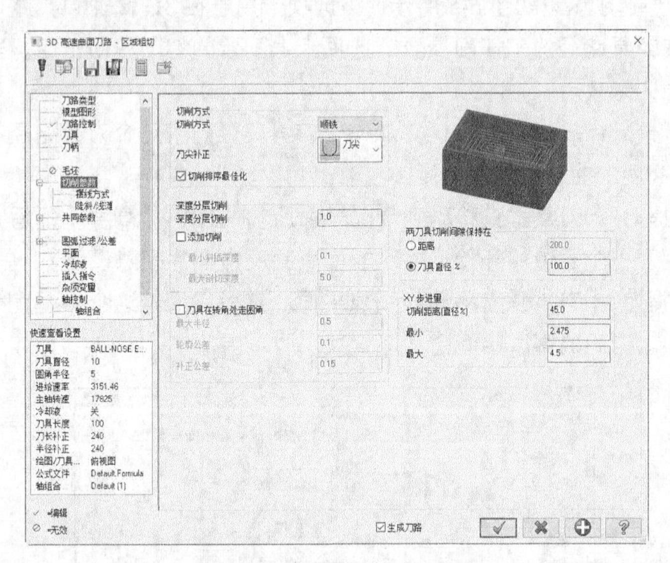

图 6-3 “切削参数”选项卡

（1）深度分层切削：确定相邻切削走刀之间的 Z 间距。

（2）添加切削：在轮廓的浅区域添加切削，以便刀具路径在切削走刀之间不会有过大的水平间距。

① 最小斜插深度：设置零件浅区域中添加的 Z 切削之间的最小距离。

② 最大剖切深度：确定两个相邻切削走刀的表面轮廓的最大变化。这表示两个轮廓上相邻点之间的最短水平距离的最大值。

4. “陡斜/浅滩”选项卡

单击“陡斜/浅滩”选项卡，如图 6-4 所示。该选项卡用来限制将加工多少驱动表面。通常，这些选项用于在陡斜或浅滩区域创建加工路径，但它们可用于许多不同的零件形状。

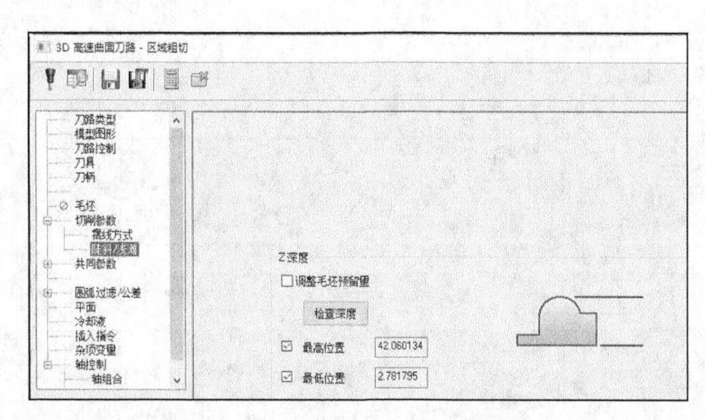

图 6-4 “陡斜/浅滩”选项卡

（1）调整毛坯预留量：若勾选该复选框，则 Mastercam 2022 将根据在“模型图形”页面的“加工图形”列中输入的值调整刀具路径。

（2）检查深度：单击该选项以让 Mastercam 2022 使用驱动器表面上的最高点和最低点自动填充最小深度和最大深度。

（3）最高位置：输入要切削的零件上最高点的 Z 值。

（4）最低位置：输入要切削的零件上最低点的 Z 值。

5. “共同参数”选项卡

单击“切削参数”选项卡，如图 6-5 所示。该选项卡用于在 3D 高速刀具路径的切削路径之间创建链接。通常，与在刀具路径的“切削参数”选项卡上配置的切削移动相比，当刀具不与零件接触时，可以将该链接视为无效。

（1）“最短距离”：Mastercam 2022 计算从一个刀具路径到下一个刀具路径的直接路径，结合零件上/下和到/从缩回高度的曲线以加快进度。

（2）“最小垂直提刀”：刀具垂直移动到清除表面所需的最小 Z 高度。然后它沿着这个平面直线移动，并垂直下降到下一个通道的开始。缩回的最小高度由零件间隙设置。

（3）“完整垂直提刀”：刀具垂直移动到间隙平面。然后它沿着这个平面直线移动，并垂直下降到下一个平面的开始。退刀的高度由间隙平面设置。

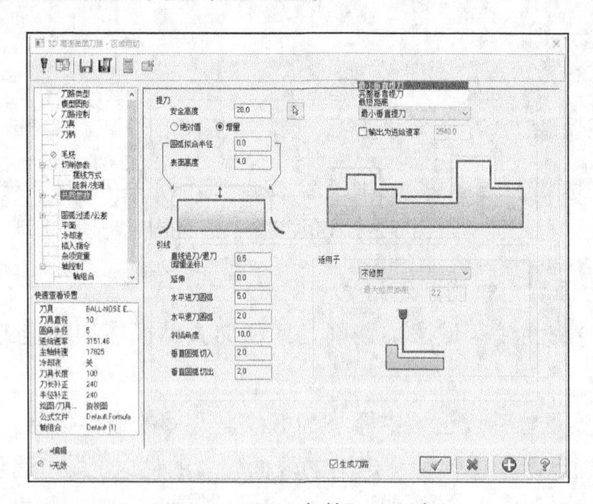

图 6-5 “共同参数”选项卡

6.1.2 实操——台座加工

本例通过台座的加工来介绍高速曲面粗加工中的区域粗切命令的使用，首先打开源文件，启动

“区域粗切”命令，然后根据系统提示拾取要加工的曲面，设置刀具和加工参数，最后设置毛坯，进行模拟仿真加工，生成 NC 代码。

台座加工操作步骤如下。

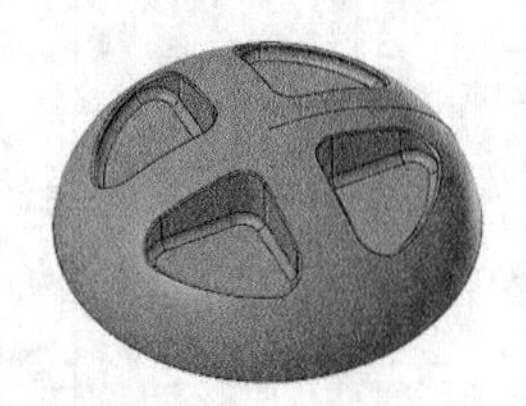

图 6-6 台座

1. 打开文件

单击“快速访问”刀具栏中的“打开”按钮，在弹出的“打开”对话框中选择“源文件\原始文件\第 6 章\台座”文件，单击“打开”按钮，完成文件的调取，加工零件如图 6-6 所示。

2. 设置机床

单击“机床”选项卡“机床类型”面板中的“铣床”按钮，选择“默认”选项，在刀路操作管理器中生成机床群组属性文件，同时弹出“刀路”选项卡。

3. 创建区域粗加工刀具路径

（1）选择加工曲面和加工范围

单击“刀路”选项卡“3D”面板中的“区域粗切”按钮，系统弹出“3D 高速曲面刀路-区域粗切”对话框。

① 单击“模型图形”选项卡，“加工图形”组中的“选择图素”按钮，拾取所有曲面作为加工曲面，“壁边预留量”和“底面预留量”均设置为 0。

② 单击“刀路控制”选项卡，设置“策略”为“开放”，“补正”参数为“外部”，“补正距离”为 5。

（2）设置刀具参数

① 单击“刀具”选项卡，单击“选择刀库刀具”按钮，选择直径为 6 的球形铣刀。单击“确定”按钮，返回“3D 高速曲面刀路-区域粗切”对话框。

② 双击球形铣刀图标，弹出“编辑刀具”对话框。设置刀具总长度为 80，刀齿长度为 40。单击“下一步”按钮，设置“XY 轴粗切步进量”为 75%，“Z 轴粗切深度”为 75%，“XY 轴精修步进量”为 30%，“Z 轴精修深度”为 30%，单击“点击重新计算进给率和主轴转速”按钮，重新生成切削参数。单击“完成”按钮，系统返回“3D 高速曲面刀路-区域粗切”对话框。

（3）设置区域粗切加工参数

① 单击“切削参数”选项卡，参数设置如图 6-7 所示。

② 单击“陡斜/浅滩”选项卡，参数设置如图 6-8 所示。

③ 单击“共同参数”选项卡，参数设置如图 6-9 所示。

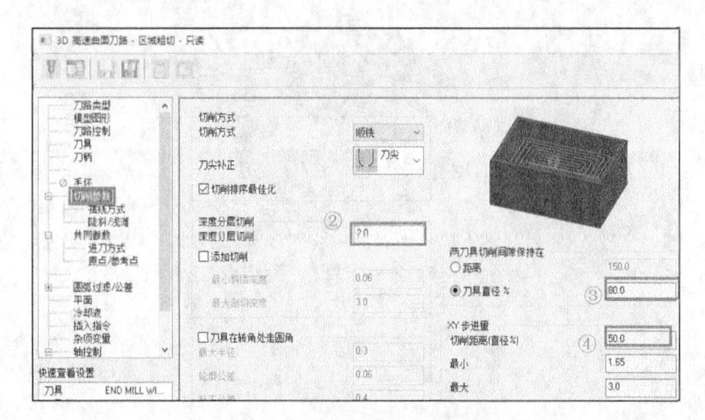

图 6-7 “切削参数”选项卡

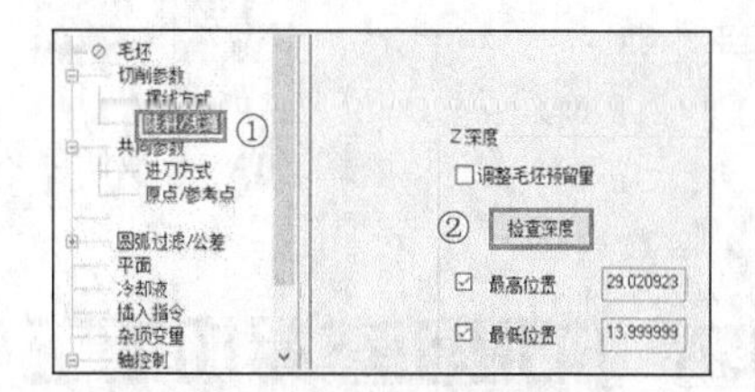

图 6-8 “陡斜/浅滩”选项卡

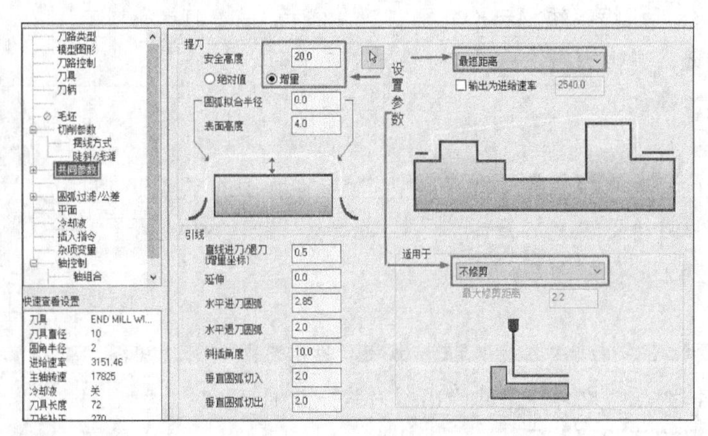

图 6-9 “共同参数”选项卡

④ 单击“确定”按钮，系统根据所设置的参数生成区域粗加工区域粗加工刀具路径，如图 6-10 所示。

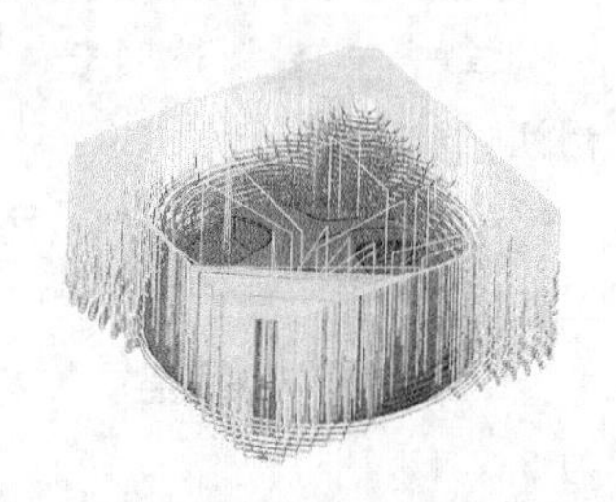

图 6-10 区域粗加工刀具路径

4. 模拟仿真加工

为了验证区域粗加工参数设置的正确性，可以通过模拟加工过程，来观察工件在切削过程中的下刀方式和路径的正确性。

（1）设置毛坯

在刀路操作管理器中单击“毛坯设置”按钮 毛坯设置，系统弹出“机床群组属性”对话框，毛坯形状选择“圆柱体”，设置轴向为“*Z*”轴，单击“所有曲面”按钮 所有曲面，勾选“显示”复选框，单击“确定”按钮，生成的毛坯如图 6-11 所示。

（2）仿真加工

单击刀路操作管理器中的“验证已选择的操作”按钮，在弹出的“验证”对话框中单击“播放”按钮，系统开始进行模拟，仿真加工结果如图 6-12 所示。

（3）NC 代码

模拟检查无误后，在刀路操作管理器中单击“执行选择的操作进行后处理”按钮 G1，系统弹出“后处理程序”对话框，单击“确定”按钮，弹出“另存为”对话框，输入文件名称“实操——台座加工”，单击“保存”按钮 保存(S)，在编辑器中打开生成的 NC 代码，详见本书的电子资源。

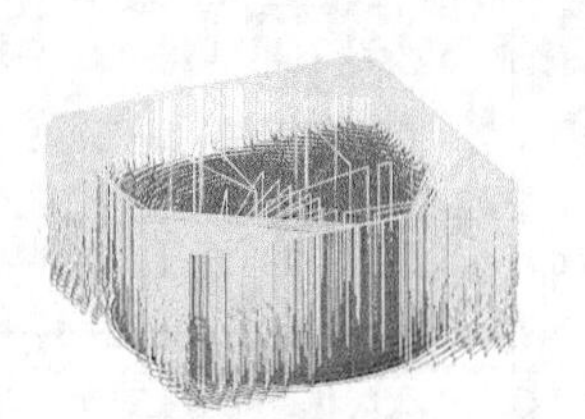

图 6-11 生成的毛坯

图 6-12 仿真加工结果

6.2 优化动态粗切加工

优化动态粗切加工是完全利用刀具圆柱切削刃进行切削，能快速移除材料并形成动态高速铣削加工的一种加工方式，可进行粗铣和精铣加工。

6.2.1 优化动态粗切加工参数介绍

单击“机床”选项卡“机床类型”面板中的“铣床”按钮，选择默认选项，在刀路操作管理器中生成机床群组属性文件，同时弹出“刀路”选项卡。单击“刀路”选项卡“3D”面板“粗切”组中的“挖槽”按钮，选取加工曲面之后，系统会弹出“刀路曲面选择”对话框，根据需要设定相应的参数和选择相应的图素后，单击“确定”按钮，此时系统会弹出“3D 高速曲面刀路-优化动态粗切”对话框。

单击“切削参数”选项卡，如图 6-13 所示。该选项卡用于为动态粗切刀具路径输入不同切削参数和补偿选项的值，这是一种能够加工非常大且深的高速粗加工刀具路径，部分参数介绍如下。

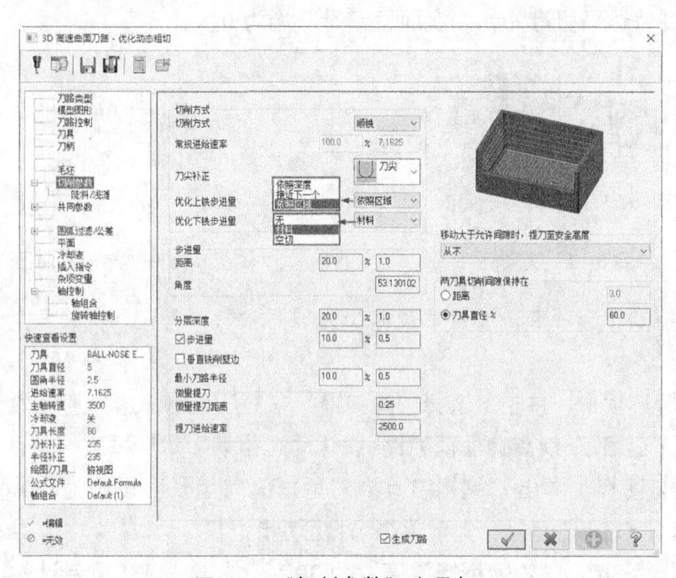

图 6-13 “切削参数”选项卡 1

（1）优化上铣步进量：定义刀具路径中不同切削路径的切削顺序。包括以下 3 个选项。

① 依照深度：所有切削通过 Z 深度切削顺序创建刀具路径。

② 接近下一个：从完成上一个切削的位置移动到最近的切削，使用最近的切削顺序创建的刀具路径。

③ 依照区域：设置从区域移动到区域加工所有的步进。在 Z 深度上的所有阶梯加工完成后，Mastercam 2022 以最安全的切削顺序加工下一个最接近的阶梯。

（2）优化下铣步进量：控制刀具路径中不同切削路径的切削顺序。当刀具完成一个加工走刀时，必须选择一个起点来继续。起点可以设置为以下 3 种。

① 无：从最近加工的材料开始。

② 材料：从最接近整个刀具的材料开始。

③ 空切：从距离刀具最近的地方开始。

6.2.2 实操——吹风机优化动态加工

本例通过吹风机的加工来介绍优化动态命令的使用。首先打开源文件，然后启动“优化动态粗切”命令，根据系统提示拾取要加工的曲面，设置刀具和加工参数，最后设置毛坯，进行模拟仿真加工，生成 NC 代码。

吹风机优化动态加工操作步骤如下。

1. 打开文件

单击快速访问刀具栏中的“打开”按钮，在弹出的“打开”对话框中选择“源文件\原始文件/第 6 章/吹风机”文件，如图 6-14 所示。

2. 创建优化动态粗切刀具路径

（1）选择加工曲面

① 单击“刀路”选项卡“3D”面板“粗切”组中的“优化动态粗切”按钮，系统弹出“3D 高速曲面刀路-优化动态粗切”对话框。

② 单击“模型图形”选项卡“加工图形”组中的“选择图素”按钮，选择加工曲面，如图 6-15 所示。设置“壁边预留量”和“底面预留量”均为 0。

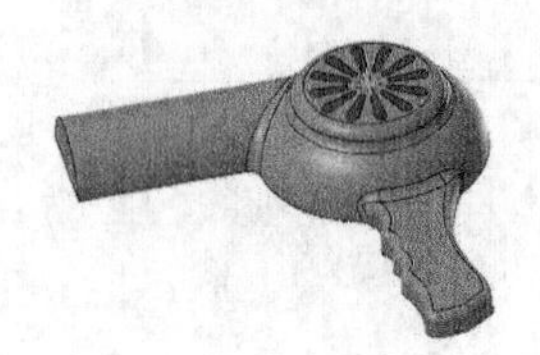

图 6-14　吹风机

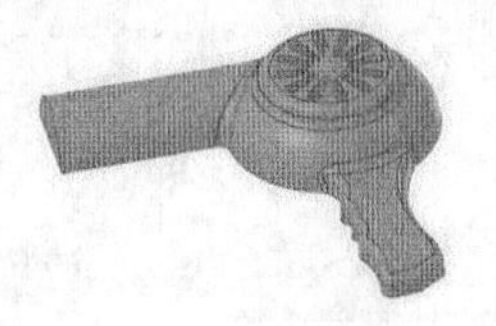

图 6-15　选择加工曲面

③ 单击“刀路控制”选项卡，设置“策略”为“开放”，“补正到”设置为“中心”。

（2）设置刀具参数

① 单击“刀具”选项卡，单击“选择刀库刀具”按钮，选择直径为 10 的球形铣刀。单击“确定”按钮，返回“3D 高速曲面刀路-优化动态粗切”对话框。

② 双击球形铣刀图标，弹出“编辑刀具”对话框。刀齿长度设置为 40，其他参数采用默认设置。单击“下一步”按钮，设置“XY 轴粗切步进量”为 75%，“Z 轴粗切深度”为 75%，“XY 轴精修步进量”为 30%，“Z 轴精修深度”为 30%，单击“点击重新计算进给率和主轴转速”按钮，重新生成切削参数。单击“完成”按钮。系统返回“3D 高速曲面刀路-优化动态粗切”对话框。

（3）设置区域粗切加工参数

① 单击“切削参数”选项卡，参数设置如图 6-16 所示。

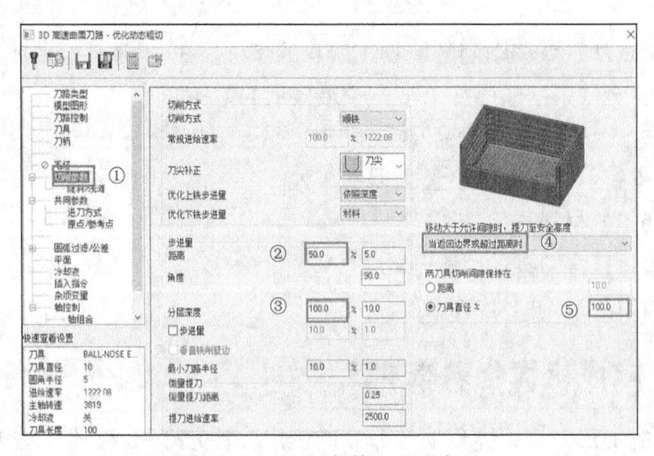

图 6-16　“切削参数”选项卡 2

② 单击“陡斜/浅滩”选项卡，参数设置如图 6-17 所示。

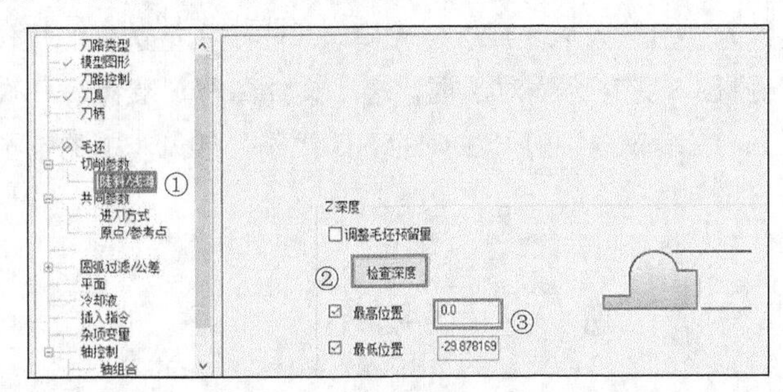

图 6-17 “陡斜/浅滩”选项卡

③ 单击“共同参数”选项卡，参数设置如图 6-18 所示。

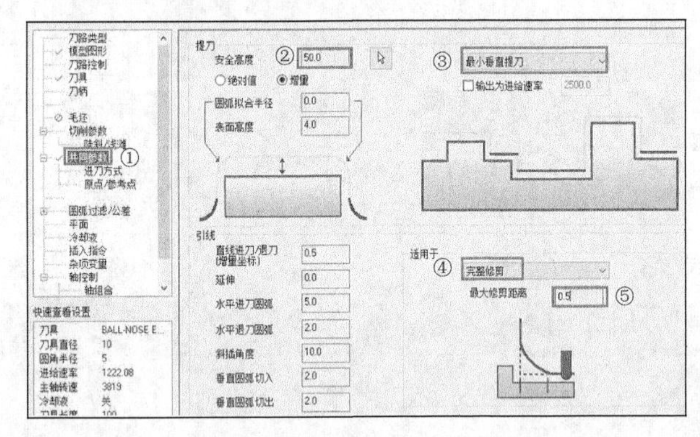

图 6-18 “共同参数”选项卡

④ 单击“确定”按钮 ，系统根据所设置的参数生成优化动态粗加工刀具路径，如图 6-19 所示。

3. 模拟仿真加工

为了验证挖槽粗加工参数设置的正确性，可以通过模拟挖槽加工过程，来观察工件在切削过程中的下刀方式和路径的正确性。

（1）工件设置

在刀路操作管理器中单击“毛坯设置”按钮 毛坯设置，系统弹出“机床群组属性”对话框，单击“所有曲面”按钮 所有曲面，勾选“显示毛坯”复选框，单击“确定”按钮 ，生成的毛坯如图 6-20 所示。

图 6-19 优化动态粗加工刀具路径

图 6-20 生成的毛坯

（2）仿真加工

完成刀具路径设置以后，接下来就可以通过刀具路径模拟来观察刀具路径是否合适。单击刀路操作管理器中的“验证已选择的操作”按钮 ，在弹出的“Mastercam 模拟”对话框中单击“播放”按钮 ，进行仿真加工，图 6-21 所示为仿真加工结果。

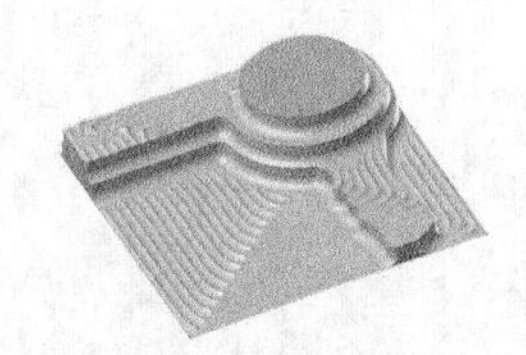

图 6-21 仿真加工结果

（3）NC 代码

在确认加工参数设置无误后，可以生成 NC 代码。单击“执行选择的操作进行后处理”按钮G1，单击“确定”按钮，弹出“另存为”对话框，输入文件名称“实操——吹风机优化动态加工”，单击“保存”按钮保存(S)，在编辑器中打开生成的 NC 代码，详见本书的电子资源。

第7章

高速曲面精加工

本章主要介绍8种高速曲面精加工策略。高速曲面精加工的刀具路径充分利用了刀具切削刃长度，实现刀具高速切削。Mastercam高速曲面加工与传统曲面加工有一处很显著的不同，高速曲面加工很多参数设定是基于刀具/步距/切深等百分比计算的，而传统曲面加工则简单地输入一个特定数值。高速切削命令与传统切削命令相比，加工时间更短，刀具及机床的磨损更小。

知识点

- 高速平行精加工
- 高速放射精加工
- 高速投影精加工
- 高速等高精加工
- 高速水平区域精加工
- 高速等距环绕精加工
- 高速混合精加工
- 高速熔接精加工

案例效果

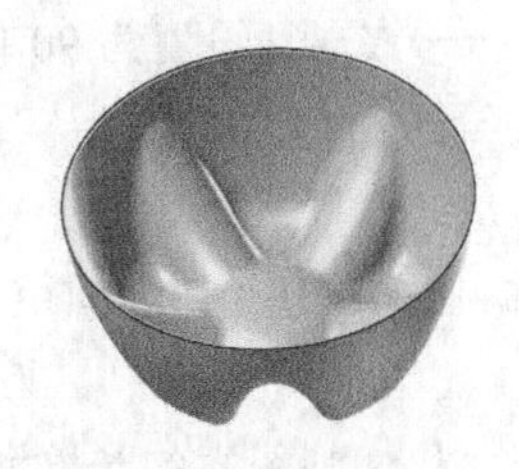

7.1 高速平行精加工

高速平行精加工命令指刀具沿设定的角度进行平行加工，适用于浅滩区域。

7.1.1 平行精加工参数介绍

单击“刀路”选项卡“精切”面板中的“平行”按钮，系统弹出“3D 高速曲面刀路-平行”对话框。对话框中大部分选项卡在第 4 章已经介绍过了，下面我们对部分选项卡进行介绍。

1. “切削参数”选项卡

“切削参数”选项卡如图 7-1 所示。该选项卡用于配置平行精加工刀具路径的切削参数。此刀具路径能够创建具有恒定步距的平行精加工走刀，并以用户输入的角度对齐。这使用户可以优化零件几何形状的切削方向，实现最有效的切削。

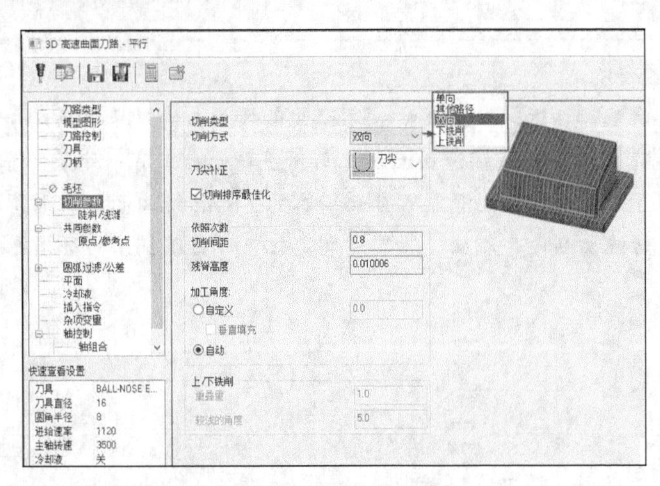

图 7-1 “切削参数”选项卡 1

（1）切削间距：用于确定相邻切削走刀之间的距离。

（2）残脊高度：根据剩余残脊高度指定切削路径之间的间距，不适用拐角半径为零的刀具。Mastercam 2022 将根据用户在此处输入的值和所选工具计算步距。

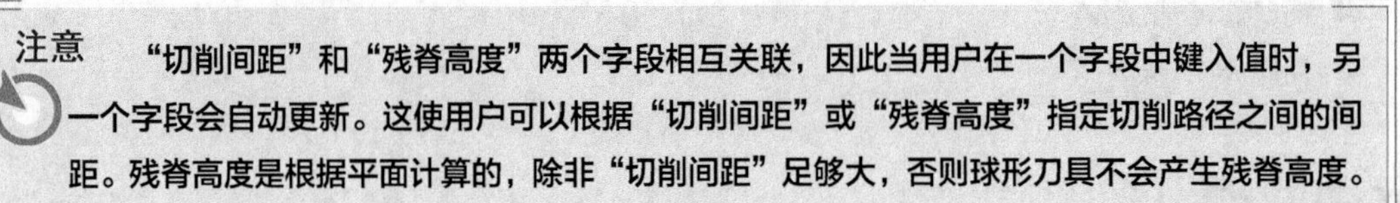
注意 **“切削间距”和“残脊高度”两个字段相互关联，因此当用户在一个字段中键入值时，另一个字段会自动更新。这使用户可以根据“切削间距”或“残脊高度”指定切削路径之间的间距。残脊高度是根据平面计算的，除非“切削间距”足够大，否则球形刀具不会产生残脊高度。**

（3）加工角度：用于定向切削路径，包括以下选项。

① 自定义：选择手动输入角度。当设置为 0°时，切削走刀平行于 X 轴；设置为 90°时，切削走刀平行于 Y 轴。输入一个中间角度能够调整特定零件特征或几何形状的加工方向，以实现最有效的加工操作。

垂直填充：设置垂直填充刀具路径，垂直填充刀具路径应限制在 1.4 倍“切削间距”的截止距离以内，当加工角度设置为自定义时可用。

② 自动：让 Mastercam 2022 自动设置不同的加工角度以最大化切削图案的长度和/或最小化连接移动。

（4）上/下铣削：创建向上或向下铣削刀路，只有“切削方式”选择“上铣削”或“下铣削”时该项被激活。在加工几何体几乎平坦的区域，向上或向下加工都没有优势。

① 重叠量：在此处输入距离以确保刀具路径不会在不同方向走刀之间的过渡区域中留下不需要的圆弧或尖端。

② 较浅的角度：输入可能发生的上/下铣削时的角度。

2. “刀路修圆”选项卡

“刀路修圆”选项卡如图 7-2 所示。该选项卡可让 Mastercam 2022 在高速刀具路径中自动生成圆角运动。刀具路径圆角运动允许圆弧在保持高进给率的同时创建平滑的刀具路径运动。根据简单的半径值或通过输入刀具信息来控制圆角，生成刀具路径圆角。圆角运动仅在内角上生成。刀路修圆后零件几何形状保持不变，但是，刀具路径包含更平滑的运动。

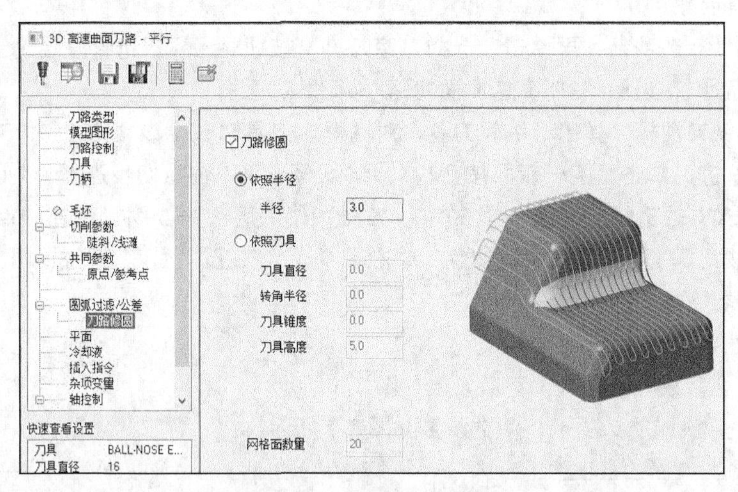

图 7-2 “刀路修圆”选项卡

（1）依照半径：创建指定半径的圆角。

（2）依照刀具：依据工具形状形成圆角。

7.1.2 实操——控制器高速平行精加工

本例通过控制器的加工来介绍高速精加工中的“平行”命令，首先打开源文件，源文件中的控制器已进行了粗加工；然后启动“平行”命令，设置加工参数，生成刀具路径；最后设置毛坯，进行模拟仿真加工，生成 NC 代码。

控制器高速平行精加工操作步骤如下。

1. 打开文件

单击“快速访问”工具栏中的“打开”按钮，在弹出的“打开”对话框中选择“源文件/原始文件/第 7 章/倒车镜”文件，单击“打开”按钮打开(O)，完成文件的调取，如图 7-3 所示。

2. 创建高速平行精修刀具路径

（1）选择加工曲面及切削范围

① 单击“刀路”选项卡“3D”面板“精切”组中的“平行”按钮，系统弹出“3D 高速曲面刀路-平行”对话框。

② 单击“模型图形”选项卡“加工图形”组中的“选择图素”按钮，选择加工曲面，如图 7-4 所示。“壁边预留量”和“底面预留量”均设置为 0。

③ 单击“刀路控制”选项卡，再单击“边界串连”后的“选择”按钮，拾取图 7-5 所示的串连作为加工边界。其他参数采用默认值。

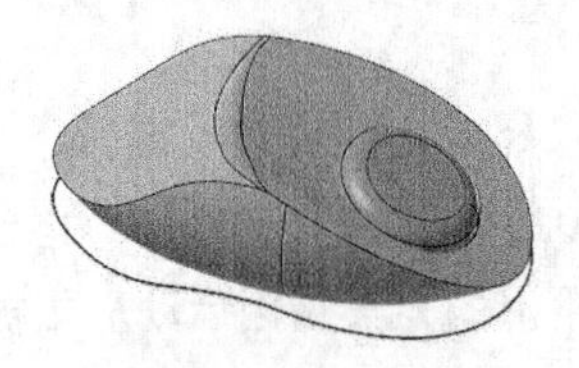

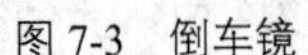

图 7-3　倒车镜

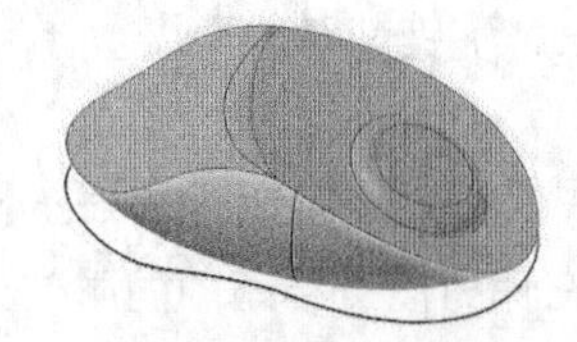

图 7-4　选择加工曲面

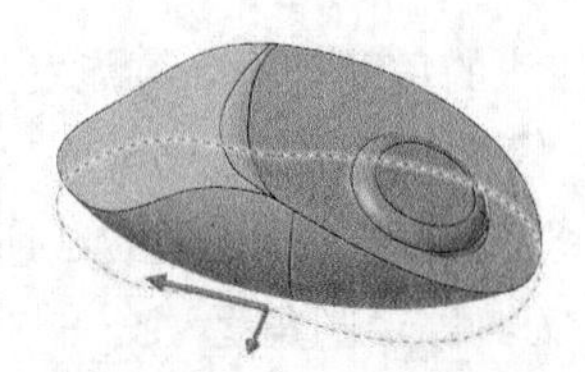

图 7-5　拾取加工边界

（2）设置刀具参数

① 单击“刀具”选项卡，再单击“选择刀库刀具”按钮[选择刀库刀具]，选择直径为 16 的球形铣刀。单击“确定”按钮[✓]，返回“3D 高速曲面刀路-平行”对话框。

② 双击球形铣刀图标，弹出“编辑刀具”对话框。刀具总长度设置为 150，刀齿长度为 120，其他参数采用默认值。单击“下一步”按钮[下一步]，设置“XY 轴粗切步进量”为 75%，“Z 轴粗切深度”为 75%，“XY 轴精修步进量”为 30%，“Z 轴精修深度”为 30%，单击“点击重新计算进给率和主轴转速”按钮[▦]，重新生成切削参数。单击“完成”按钮[完成]。系统返回“3D 高速曲面刀路-平行”对话框。

（3）设置高速平行精修加工参数

① 单击“切削参数”选项卡，参数设置如图 7-6 所示。

② 单击“陡斜/浅滩”选项卡，参数设置如图 7-7 所示。

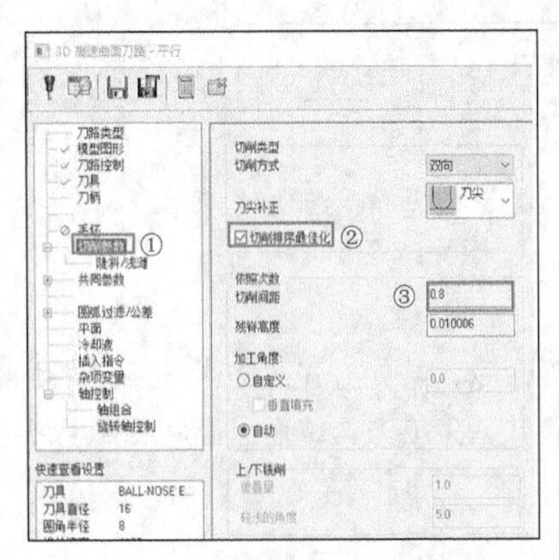

图 7-6　“切削参数”选项卡 2

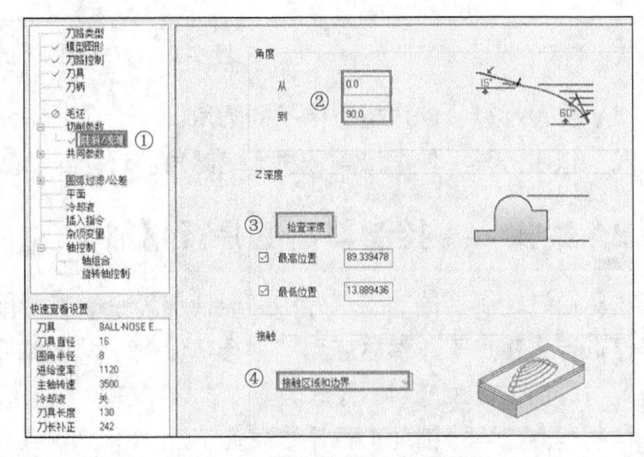

图 7-7　“陡斜/浅滩”选项卡

③ 单击“共同参数”选项卡，参数设置如图 7-8 所示。

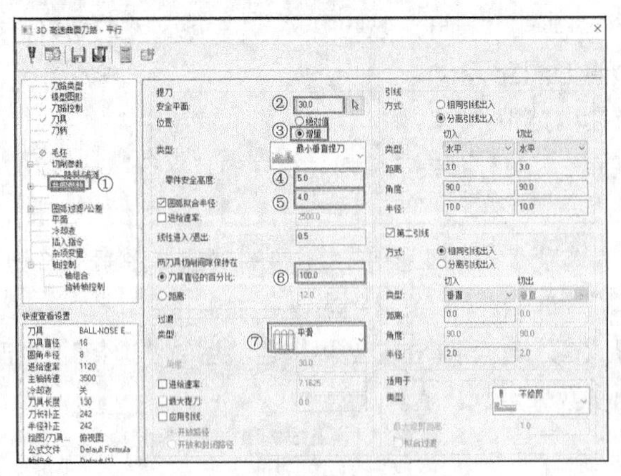

图 7-8　“共同参数”选项卡

④ 单击“刀路修圆”选项卡，参数设置如图 7-9 所示。

⑤ 单击“确定”按钮✓，系统根据所设置的参数生成高速平行精加工刀具路径，如图 7-10 所示。

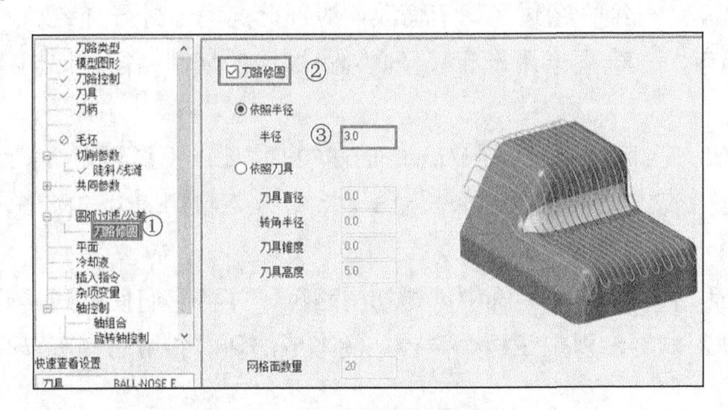

图 7-9 “刀路修圆”选项卡

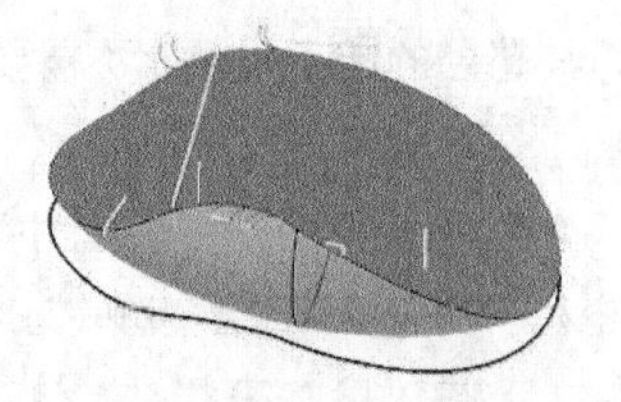

图 7-10 高速平行精加工刀具路径

3. 模拟仿真加工

为了验证平行粗加工参数设置的正确性，可以通过模拟平行粗加工过程，来观察工件在切削过程中的下刀方式和路径的正确性。

（1）设置毛坯

在刀路操作管理器中单击“毛坯设置”按钮 毛坯设置，系统弹出“机床群组属性”对话框，在“形状”组中选择“实体/网格”单选按钮，单击“选择”按钮，进入绘图界面，打开图层 3，在绘图区中选取实体，返回“机床群组属性”对话框。勾选“显示”复选框，单击“确定”按钮✓，完成工件参数设置，生成的毛坯如图 7-11 所示。

（2）仿真加工

单击刀路操作管理器中的“选择全部操作”按钮，选中所有操作。单击刀路操作管理器中的“验证已选择的操作”按钮，系统弹出“验证”对话框，单击“播放”按钮▶，系统开始进行模拟，仿真加工结果如图 7-12 所示。

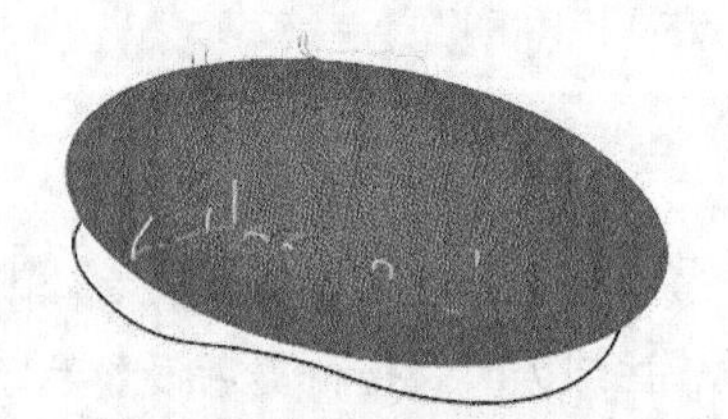

图 7-11 生成的毛坯

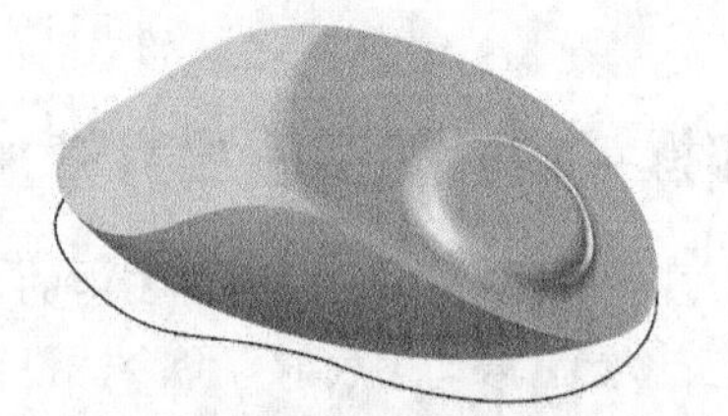

图 7-12 仿真加工结果

（3）NC 代码

模拟检查无误后，在刀路操作管理器中单击“执行选择的操作进行后处理”按钮G1，输入文件名称“实操——控制器高速平行精加工”，生成 NC 代码，详见本书的电子资源。

7.2 高速放射精加工

高速放射精加工是指加工路径从中心一点向四周发散的加工方式，也称径向加工，主要用于对回转体或类似回转体的工件进行精加工，有时可用车床加工代替。

7.2.1 放射精加工参数介绍

单击“刀路”选项卡“精切”面板中的“放射”按钮，系统弹出“3D 高速曲面刀路-放射”对话框。对话框中大部分选项卡在第 4 章已经介绍过了，下面我们对部分选项卡进行介绍。

“切削参数”选项卡如图 7-13 所示。该选项卡用于配置径向刀具路径的切削路径，即创建从中心点向外辐射的切削路径。

（1）中心点：输入加工区中心点的 *X* 坐标和 *Y* 坐标。Mastercam 2022 将此点投影到驱动表面上以确定刀具路径的起点，因此不需要 *Z* 坐标。在每个字段中单击鼠标右键，从下拉列表中选择 *X* 坐标或 *Y* 坐标。

（2）内径：在由内半径、外半径和中心点定义的圆中创建切削路径，并将它们投影到驱动表面上。输入“0”以加工整个圆，或者输入非零值以加工两个半径之间形成的环。利用此值可以有效防止零件中心被过度加工。

（3）外径：在由内半径、外半径和中心点定义的圆中创建切削路径，并将它们投影到驱动表面上。Mastercam 2022 会根据选定的几何形状自动计算外半径。

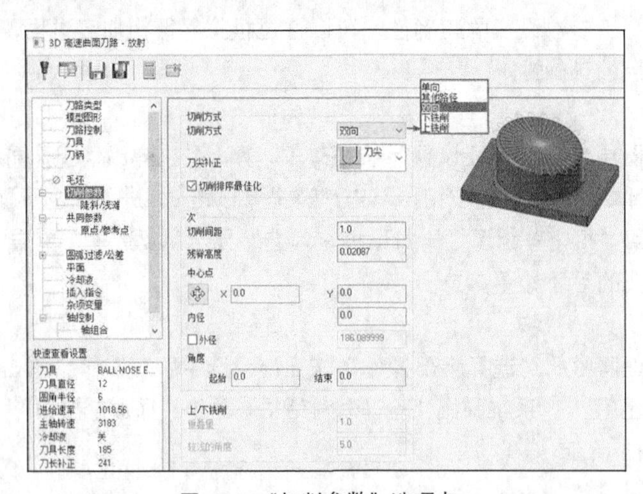

图 7-13 “切削参数”选项卡 1

7.2.2 实操——叶轮高速放射精加工

本例通过叶轮的加工来讲解精加工中的“放射”命令。首先打开源文件，源文件中的叶轮已进行区域粗加工；然后启动“放射”命令，设置加工参数，生成刀具路径；最后设置毛坯，进行模拟仿真加工，生成 NC 代码。

叶轮高速放射精加工操作步骤如下。

1. 打开文件

单击“快速访问”工具栏中的“打开”按钮，在弹出的“打开”对话框中选择“源文件/原始文件/第 7 章/叶轮”文件，单击“打开”按钮，完成文件的调取，如图 7-14 所示。

2. 创建高速放射精修刀具路径

（1）选择加工曲面及切削范围

① 单击“刀路”选项卡“3D”面板“精切”组中的“放射”按钮，系统弹出“3D 高速曲面刀路-放射”对话框。

② 单击“模型图形”选项卡“加工图形”组中的“选择图素”按钮，

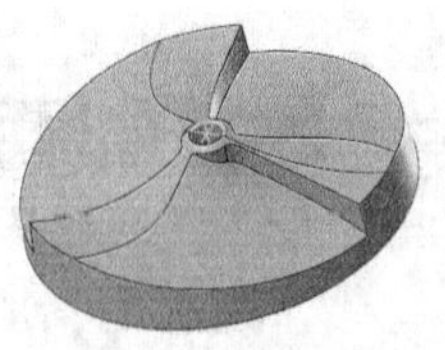

图 7-14 叶轮

框选绘图区中除去底面之外的所有曲面作为加工曲面，“壁边预留量”和“底面预留量”均设置为 0。

③ 单击“刀路控制”选项卡，参数采用默认设置。

（2）设置刀具参数

单击“刀具”选项卡，选择直径为 20 的球形铣刀。

（3）设置高速放射精加工参数

① 单击“切削参数”选项卡，参数设置如图 7-15 所示。

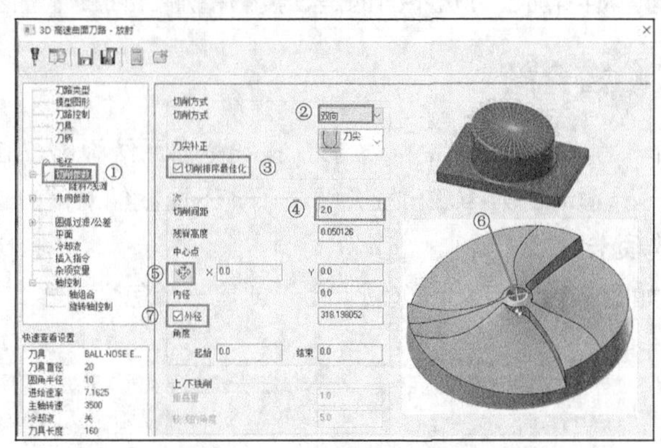

图 7-15 “切削参数”选项卡 2

② 单击“陡斜/浅滩”选项卡，再单击“检查深度”按钮检查深度。

③ 单击“共同参数”选项卡，设置提刀“安全高度”为 35，“位置”选择为“增量”。其他参数采用默认设置。

④ 单击“确定”按钮，系统根据所设置的参数生成高速放射精加工刀具路径，如图 7-16 所示。

3. 模拟仿真加工

为了验证高速放射精加工参数设置的正确性，可以通过模拟加工过程，来观察工件在切削过程中的下刀方式和路径的正确性。

（1）设置毛坯

在刀路操作管理器中单击“毛坯设置”按钮毛坯设置，系统弹出“机床群组属性”对话框，毛坯形状设置为“圆柱体”，轴向为“Z”轴，单击“所有图素”按钮所有图素，单击“确定”按钮，完成工件参数设置，如图 7-17 所示。

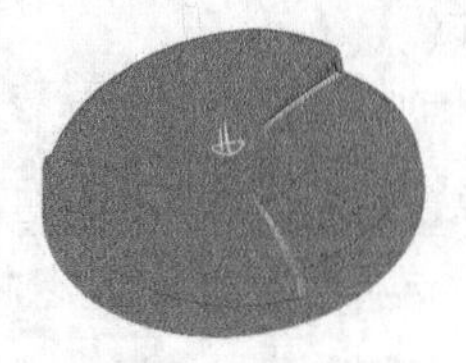

图 7-16 高速放射精加工刀具路径

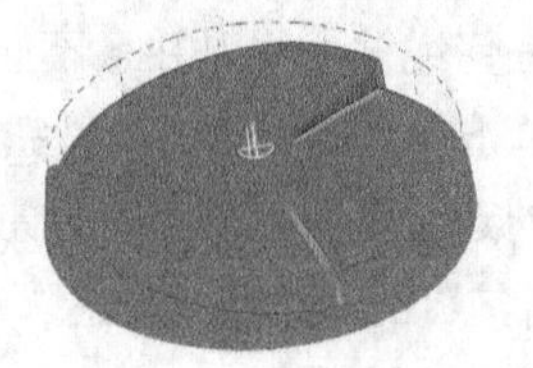

图 7-17 生成的毛坯

（2）仿真加工

单击刀路操作管理器中的“选择全部操作”按钮，选中所有操作。单击刀路操作管理器中的“验证已选择的操作”按钮，系统弹出“验证”对话框，单击“播放”按钮，系统开始进行模拟，仿真加工结果如图 7-18 所示。

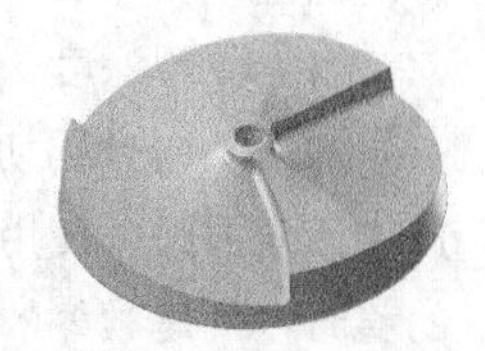

图 7-18 仿真加工结果

（3）NC 代码

模拟检查无误后，在刀路操作管理器中单击“执行选择的操作进行后处理”按钮G1，输入文件名称“实操——叶轮高速放射精加工”，生成 NC 代码，详见本书的电子资源。

7.3 高速投影精加工

投影精加工主要用于 3D 产品的雕刻、绣花等。投影精加工包括刀路投影（NCI 投影）、曲线投影和点投影 3 种形式。与其他精加工方法不同的是，投影精加工的预留量必须设为负值。

7.3.1 投影精加工参数介绍

单击“刀路”选项卡“精切”面板中的“投影”按钮，系统弹出“3D 高速曲面刀路-投影”对话框。对话框中大部分选项卡在第 4 章已经介绍过了，下面我们对部分选项卡进行介绍。

1. “刀路控制”选项卡

“刀路控制”选项卡如图 7-19 所示。该选项卡用于创建一个包含边界的刀路，并为 3D 高速刀具路径设置其他参数。

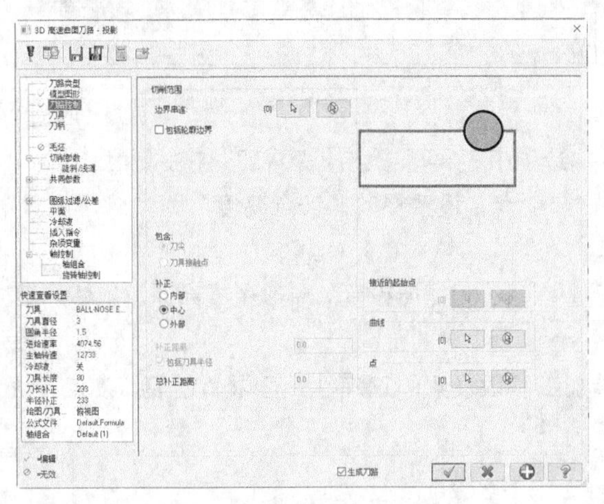

图 7-19 “刀路控制”选项卡

（1）包括轮廓边界：用于控制刀具切削范围是否包含定义的轮廓边界。边界是一组封闭的线框曲线，包围要加工的区域。无论选定的切削面如何，Mastercam 2022 都不会创建违反边界的工具运动。它们可以是任何线框曲线，并且不必与加工的曲面相关联。

（2）曲线：单击其下的“选择”按钮，返回到图形窗口以选择曲线。选择曲线后，将使用曲线作为起点向外创建刀具路径。对于投影刀具路径，这些曲线将投影到选定的曲面或实体上。

（3）点：单击其下的“选择”按钮，返回到图形窗口，选择将投影到选定曲面或实体上的点。

2. “切削参数”选项卡

“切削参数”选项卡如图 7-20 所示。该选项卡用于将曲线、点或其他刀具路径（NCI 文件）投影到曲面或实体上。

（1）依照深度：选择以按深度或按输入实体控制深度切削顺序。

（2）轴向分层切削次数：在多次加工过程中移除材料。当零件上剩余的材料过多而刀具无法直接加工表面时，使用此选项。当值为 1 时，允许刀具在编程深度上进行单次切削；输入一个大于 1 的值时，创建额外的切削。

（3）步进量：当“轴向分层切削次数”设置为 2 或更大时，启用该项，确定相邻切削走刀之间的 Z 间距。

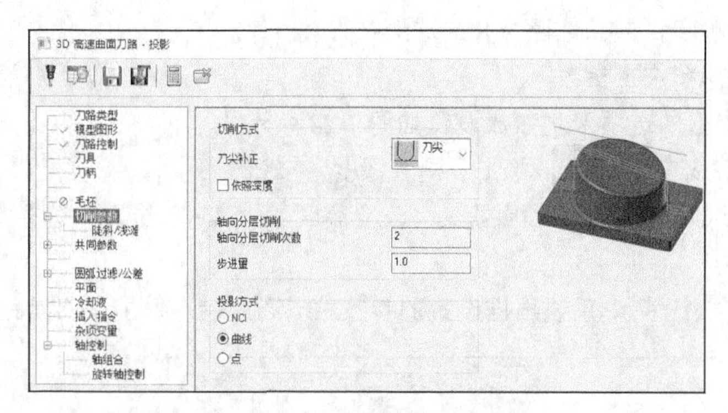

图 7-20 “切削参数”选项卡 1

7.3.2 实操——瓶底高速投影精加工

本例通过瓶底的加工来介绍高速精加工中的“投影”命令。首先打开源文件，对瓶底的外表面进行区域粗加工和放射精加工；然后启动“投影”命令，选择加工曲面，分别将已创建的区域粗加工和放射加工 NCI 投影到选择的曲面上，生成刀具路径；最后设置毛坯，进行模拟仿真加工，并生成 NC 代码。

瓶底高速投影精加工操作步骤如下。

1. 打开文件

单击“快速访问”工具栏中的“打开”按钮，在弹出的“打开”对话框中选择“源文件/原始文件/第 7 章/瓶底”文件，单击“打开”按钮，完成文件的调取，如图 7-21 所示。

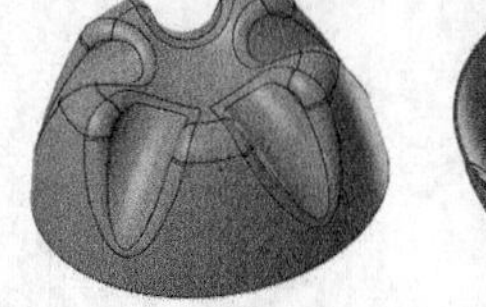

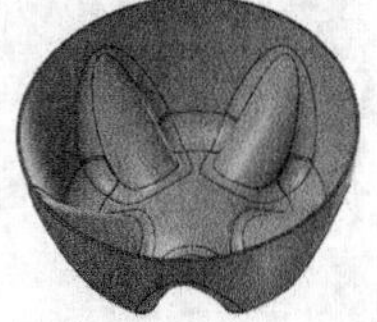

图 7-21 瓶底

2. 创建高速投影精加工刀具路径 1

（1）选择加工曲面及切削范围

① 单击“刀路”选项卡“3D”面板“精切”组中的“投影”按钮，系统弹出“3D 高速曲面刀路-投影”对话框。

② 单击“模型图形”选项卡，参数设置如图 7-22 所示。

③ 单击“刀路控制”选项卡，单击“边界串连”后的“选择”按钮，打开图层 2，拾取图 7-23 所示的边界，其他参数采用默认设置。

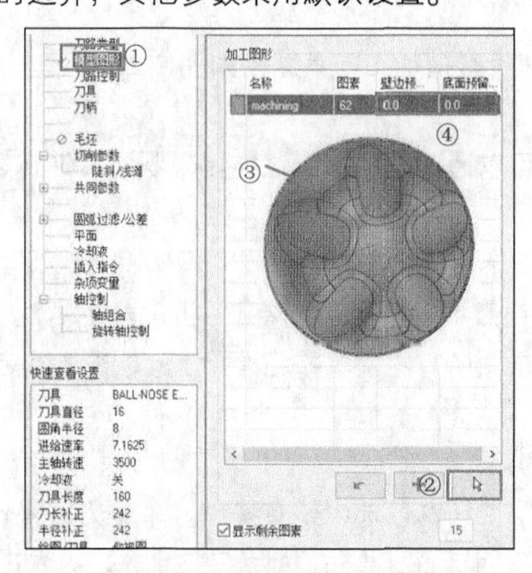

图 7-22 “模型图形”选项卡

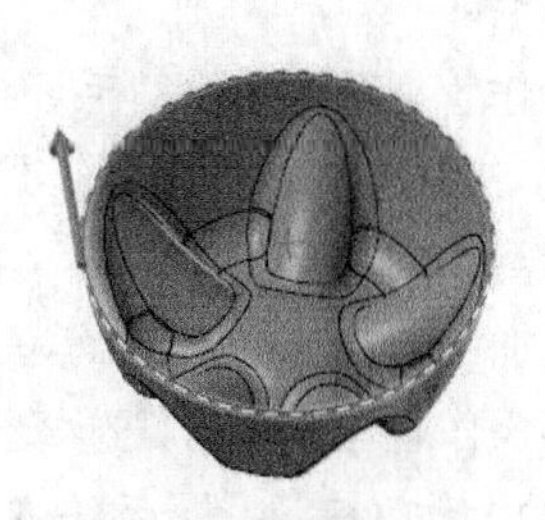

图 7-23 拾取边界

（2）设置刀具参数

单击“刀具”选项卡，选择直径为 8 的球形铣刀。

（3）设置高速投影精加工参数

① 单击“切削参数”选项卡，参数设置如图 7-24 所示。

② 单击“陡斜/浅滩”选项卡，单击“检查深度”按钮 检查深度 。

③ 单击“共同参数”选项卡，设置提刀“安全高度”为 35，“位置”选择为“增量坐标”。其他参数采用默认设置。

④ 单击“确定”按钮 ，系统根据设置的参数生成高速投影精加工刀具路径，如图 7-25 所示。

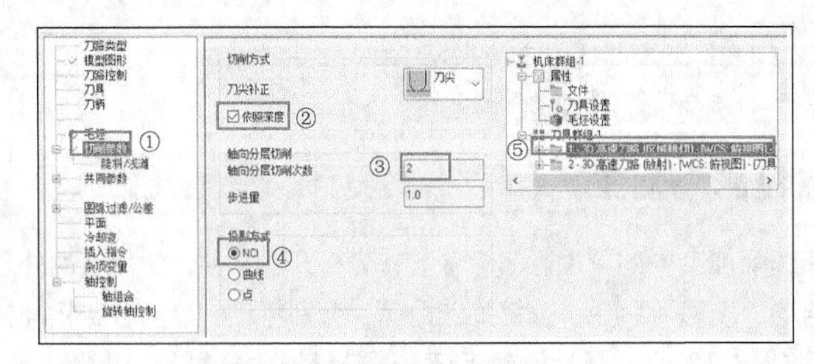

图 7-24 “切削参数”选项卡 2

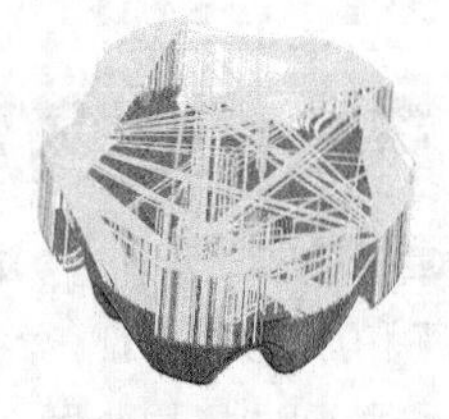

图 7-25 高速投影精加工刀具路径 1

3. 创建高速投影精修刀具路径 2

（1）单击“视图”选项卡“屏幕视图”面板中的“仰视图”按钮 ，将当前视图设置为仰视图。

（2）重复“投影”命令，将放射精加工刀路投影到内表面上。单击“切削参数”选项卡，参数设置如图 7-26 所示。

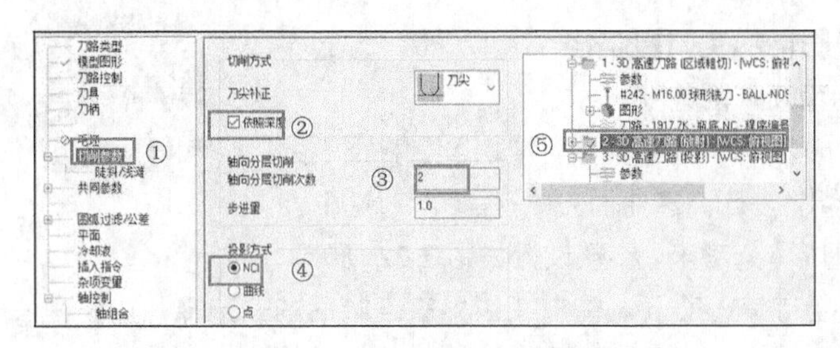

图 7-26 “切削参数”选项卡 3

（3）其他参数设置参照步骤 2，生成的高速投影精加工刀具路径如图 7-27 所示。

4. 模拟仿真加工

为了验证投影精加工参数设置的正确性，可以通过模拟加工过程，来观察工件在切削过程中的下刀方式和路径的正确性。

（1）设置毛坯

在刀路操作管理器中单击“毛坯设置”按钮 毛坯设置，系统弹出“机床群组属性”对话框，毛坯形状设置为“圆柱体”，轴向为“*Z*”轴，单击“所有图素”按钮 所有图素 ，单击“确定”按钮 ，生成的毛坯如图 7-28 所示。

（2）仿真加工

单击刀路操作管理器中的“选择全部操作”按钮 ，选中所有操作。单击刀路操作管理器中的“验证已选择的操作”按钮 ，系统弹出“验证”对话框，单击“播放”按钮 ，系统开始进行模拟，仿真加工结果如图 7-29 所示。

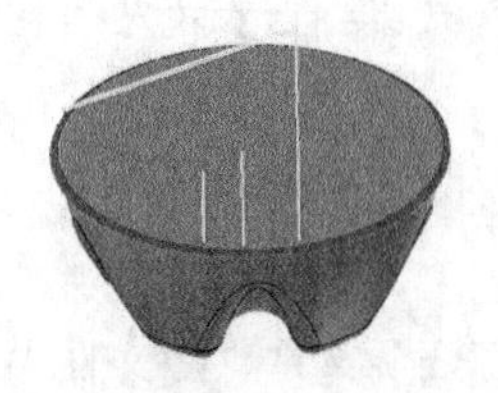

图 7-27　高速投影精加工刀具路径 2

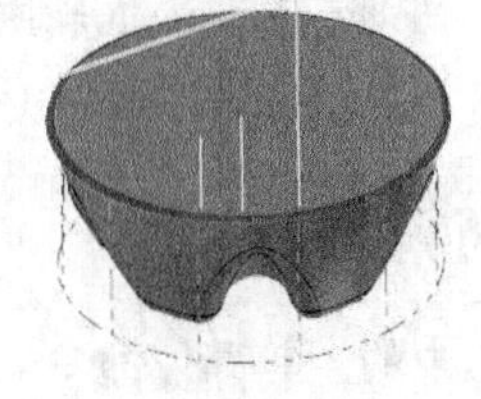

图 7-28　生成的毛坯

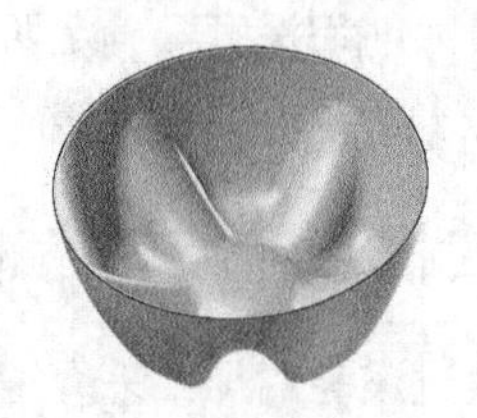

图 7-29　仿真加工结果

（3）NC 代码

模拟检查无误后，在刀路操作管理器中单击“执行选择的操作进行后处理”按钮G1，输入文件名称“实操——瓶底高速投影精加工”，生成的 NC 代码见本书电子资源。

7.4 高速等高精加工

高速等高精加工是指沿所选图形的轮廓创建一系列轴向切削的一种加工方式，通常用于精加工或半精加工操作，适合加工轮廓角度在 30° ~ 90°的图形。

7.4.1 等高精加工参数介绍

单击“刀路”选项卡“精切”面板中的“等高”按钮，系统弹出“3D 高速曲面刀路-等高”对话框。对话框中大部分选项卡在第 4 章已经介绍过了，下面我们对部分选项卡进行介绍。

“切削参数”选项卡如图 7-30 所示。该选项卡用于配置等高精加工刀具路径的切削参数。这是一个精加工刀具路径，它在驱动表面上以恒定的 Z 间距跟踪平行轮廓。

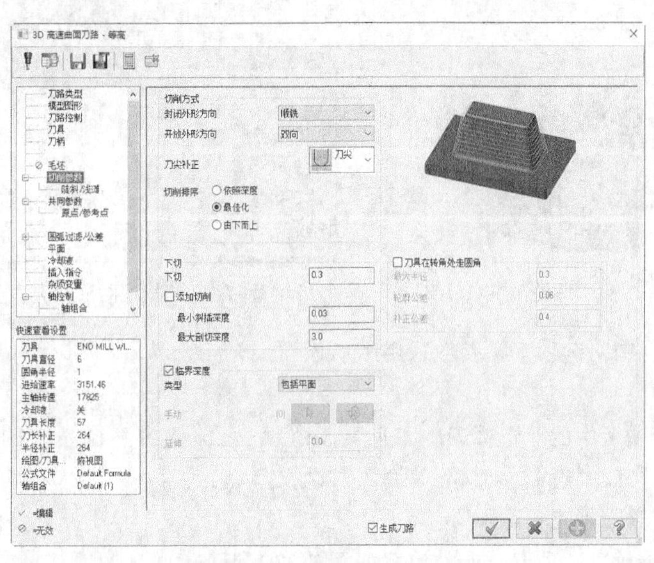

图 7-30　“切削参数”选项卡 1

（1）下切：确定相邻切削走刀之间的 Z 间距。

（2）添加切削：在轮廓的浅区域添加切削，以便刀具路径在切削走刀之间不会有过大的水平间距。

（3）最小斜插深度：设置零件浅区域中添加的 Z 切削之间的最小距离。

（4）最大剖切深度：确定两个相邻切削走刀时表面轮廓的最大变化。它表示两个轮廓上相邻点之间的最短水平距离的最大值。

7.4.2 实操——滚轮高速等高精加工

本例通过滚轮的加工来介绍精加工中的“等高”命令。首先打开源文件，源文件中的滚轮已进行等高粗加工；然后启动“等高”命令，选择加工曲面，设置刀具和参数，生成刀具路径；最后设置毛坯，进行模拟仿真加工，生成 NC 代码。

滚轮高速等高精加工操作步骤如下。

1. 打开文件

单击“快速访问”工具栏中的“打开”按钮，在弹出的“打开”对话框中选择“源文件/原始文件/第 7 章/滚轮”文件，单击“打开”按钮，完成文件的调取，如图 7-31 所示。

2. 创建高速等高精加工刀具路径

（1）选择加工曲面及切削范围

① 单击“刀路”选项卡“3D”面板“精切”组中的“等高”按钮，系统弹出“3D 高速曲面刀路-等高”对话框。

② 单击“模型图形”选项卡，参数设置如图 7-32 所示。

图 7-31 滚轮

图 7-32 “模型图形”选项卡

③ 单击“刀路控制”选项卡，参数采用默认设置。

（2）设置刀具参数

单击“刀具”选项卡中的“选择刀库刀具”按钮，选择直径为 5 的球形铣刀。单击“确定”按钮，返回“3D 高速曲面刀路-等高”对话框。

（3）设置高速等高精加工参数

① 单击“切削参数”选项卡，参数设置如图 7-33 所示。

② 单击“陡斜/浅滩”选项卡，参数采用默认设置。

③ 单击“共同参数”选项卡，设置提刀“安全高度”为 35，其他参数采用默认设置。

④ 单击“确定”按钮，系统根据设置的参数生成高速等高精加工刀具路径，如图 7-34 所示。

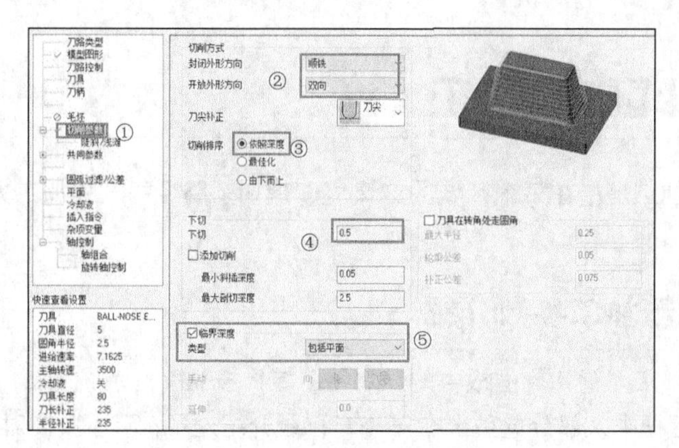

图 7-33 “切削参数”选项卡 2

3. 模拟仿真加工

为了验证高速等高精加工参数设置的正确性，可以通过模拟仿真加工来观察工件在切削过程中的下刀方式和路径的正确性。

（1）设置毛坯

在刀路操作管理器中单击“毛坯设置”按钮 毛坯设置，系统弹出“机床群组属性”对话框，毛坯形状设置为“实体/网格”，单击其后的“选择”按钮，打开图层 3，在绘图区中选择图 7-35 所示的实体，勾选“显示”复选框，单击“确定”按钮，完成工件参数设置，生成的毛坯如图 7-36 所示。

图 7-34 高速等高精加工刀具路径

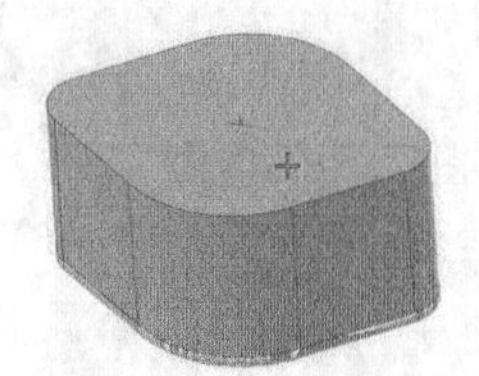

图 7-35 选择实体

（2）仿真加工

单击刀路操作管理器中的“选择全部操作”按钮，选中所有操作。单击刀路操作管理器中的“验证已选择的操作”按钮，系统弹出“验证”对话框，单击“播放”按钮，系统开始进行模拟，仿真加工结果如图 7-37 所示。由加工结果可以看出，等高加工无法对平面进行加工，所以，我们将在下一节对平面进行加工。

（3）NC 代码

模拟检查无误后，在刀路操作管理器中单击“执行选择的操作进行后处理”按钮 G1，输入文件名称“实操——滚轮高速等高精加工”，单击“保存”按钮 保存(S)，生成的 NC 代码见本书电子资源。

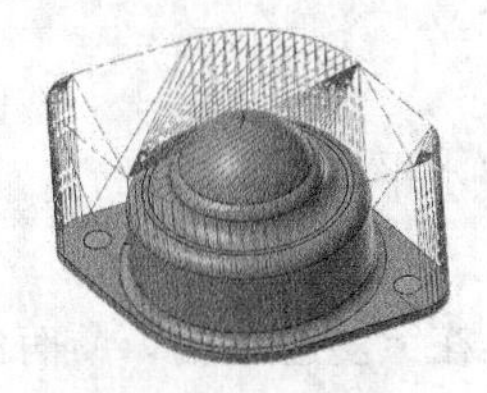

图 7-36 生成的毛坯

图 7-37 仿真加工结果

7.5 高速水平区域精加工

高速水平区域精加工是指在每个区域的 Z 高度创建切削路径的一种加工方式，它能够加工模型的平面区域。

7.5.1 水平区域精加工参数介绍

单击“刀路”选项卡“精切”面板中的“水平区域”按钮，系统弹出“3D 高速曲面刀路-水平区域”对话框。对话框中大部分选项卡在第 4 章已经介绍过了，下面我们对部分选项卡进行介绍。

“切削参数”选项卡如图 7-38 所示。该选项卡用于配置水平区域刀具路径的切削路径。此刀具路径用于在平坦区域上创建精加工路径。通过该选项卡可创建多个切削通道，设置表面边界偏移的步距值。

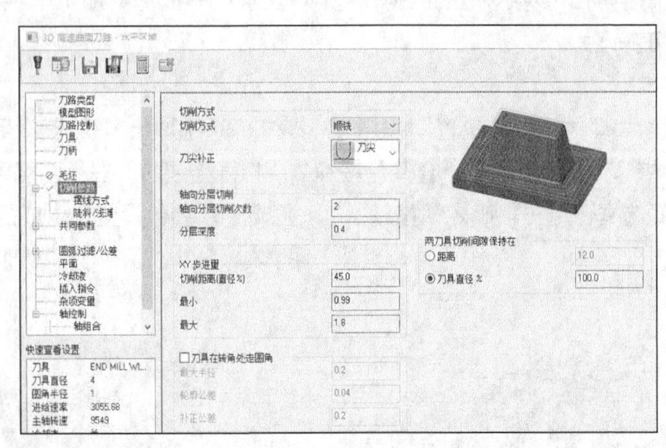

图 7-38 “切削参数”选项卡 1

（1）切削距离：将最大 XY 步距表示为刀具直径的百分比。当在此输入框中输入值时，最大（XY 步距）字段将自动更新。

（2）最小：设置两个切削路径之间步距的最小可接受距离。

（3）最大：设置两个切削路径之间步距的最大可接受距离。

7.5.2 实操——滚轮高速水平区域精加工

本例通过滚轮的加工来讲解高速精加工中的“水平区域”命令，首先打开源文件；然后启动“水平区域”命令，拾取加工曲面，设置刀具和加工参数；最后设置毛坯，进行模拟仿真加工，生成 NC 代码。

滚轮高速水平区域精加工操作步骤如下。

1. 承接高速等高精加工结果

2. 创建高速水平区域精加工刀具路径

（1）选择加工曲面及切削范围

① 单击“刀路”选项卡“3D”面板“精切”组中的“水平区域”按钮，系统弹出“3D 高速曲面刀路 水平区域”对话框。

② 单击“模型图形”选项卡，单击“选择”按钮，在绘图区中拾取所有曲面作为加工曲面。

③ 单击“刀路控制”选项卡，参数采用默认设置。

（2）设置刀具参数

单击“刀具”选项卡，选择直径为 3 的圆鼻铣刀。

（3）设置高速水平区域精加工参数

① 单击“切削参数”选项卡，参数设置如图 7-39 所示。

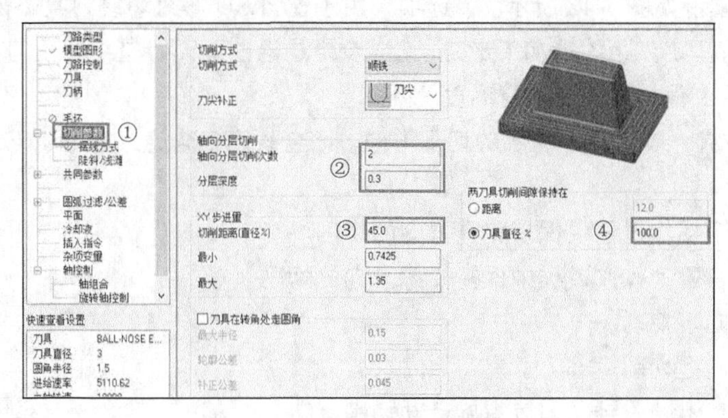

图 7-39 “切削参数”选项卡 2

② 单击“共同参数”选项卡，设置提刀“安全高度”为 35，“位置”选择为“增量”。设置“适用于”选项组中的修剪方式为“完整修剪”，“最大修剪距离”为 1，其他参数采用默认。

③ 单击“确定”按钮，系统根据所设置的参数生成高速水平区域精加工刀具路径，如图 7-40 所示。

3. 模拟仿真加工

为了验证水平区域精加工参数设置的正确性，可以通过模拟加工过程来观察工件在切削过程中的下刀方式和路径的正确性。

（1）仿真加工

单击刀路操作管理器中的“选择全部操作”按钮，选中所有操作。单击刀路操作管理器中的“验证已选择的操作”按钮，系统弹出“验证”对话框，单击“播放”按钮，系统开始进行模拟，模拟结果如图 7-41 所示。

图 7-40 高速水平区域精加工刀具路径

图 7-41 仿真加工结果

（2）NC 代码

模拟检查无误后，在刀路操作管理器中单击“执行选择的操作进行后处理”按钮G1，输入文件名称“实操——滚轮高速水平区域精加工”，单击“保存”按钮，生成的 NC 代码见本书电子资源。

7.6 高速等距环绕精加工

高速等距环绕精加工用于创建径向切削间距相等的环绕移动的刀具路径。

7.6.1 等距环绕精加工参数介绍

单击“刀路”选项卡“精切”面板中的“等距环绕”按钮，系统弹出“3D 高速曲面刀路-等距环绕”对话框。对话框中大部分选项卡在第 4 章已经介绍过了，下面我们对部分选项卡进行介绍。

“切削参数”选项卡如图 7-42 所示。该选项卡用于配置 3D 等距环绕刀具路径的切削参数。此刀具路径能够创建具有恒定步距的精加工走刀，其中步距是沿曲面而不是平行于刀具平面进行测量的。这样可以在刀具路径上保持恒定的残脊高度。

（1）封闭外形方向：确定闭合轮廓的切削方向。闭合轮廓包含连续运动、无须退回或反转方向，包含以下 6 种选项。

① 单向：在整个操作过程中保持爬升方向的切削。

② 其他路径：在整个操作过程中保持传统方向的切削。

③ 下铣削：仅向下切削。

④ 上铣削：仅向上切削。

⑤ 顺时针环切：沿顺时针方向以螺旋运动切削。

⑥ 逆时针环切：沿逆时针方向以螺旋运动切削。

（2）开放外形方向：确定开放轮廓的切削方向，包含以下 3 种选项。

① 单向：通过走刀切削开放轮廓，刀具向上移动到零件安全高度，移回切削起点，然后沿同一方向再走一遍。所有的运动都在同一个方向。

② 其他路径：在整个操作过程中保持传统方向的切削。

③ 双向：沿与前一个通道相反的方向切削。使用一个简短的链接运动将切削两端连接起来。

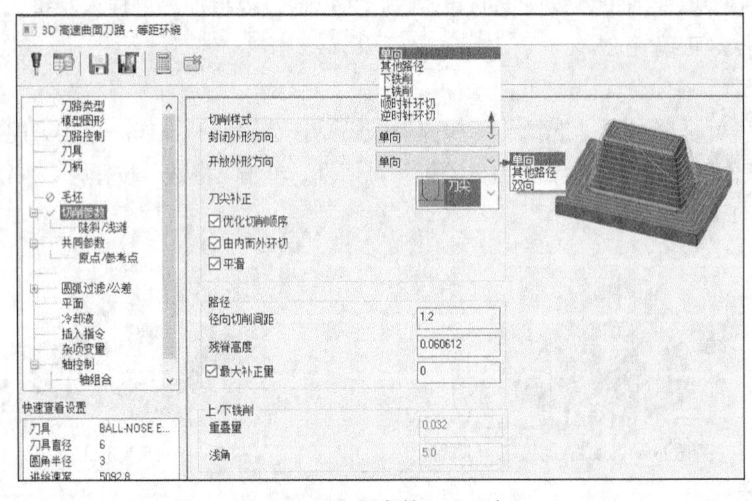

图 7-42 “切削参数”选项卡 1

（3）径向切削间距：用于定义切削路径之间的间距。这是沿表面轮廓测量的 3D 值。它与残脊高度相关联，因此用户可以根据步距或残脊高度指定两切削路径之间的间距。当用户在一个字段中输入值时，系统会自动更新另一个残脊高度。

（4）最大补正量：勾选该复选框后，可以输入切削走刀的最大偏移量。

7.6.2 实操——笔筒高速等距环绕精加工

本例通过笔筒的加工来介绍高速精加工中的等距环绕命令，首先打开源文件，源文件中的笔筒已进行粗加工；然后启动“等距环绕”命令，对笔筒进行等距环绕精加工，生成刀具路径；最后设置毛坯，进行模拟仿真加工，生成 NC 代码。

笔筒高速等距环绕精加工操作步骤如下。

1. 打开文件

单击“快速访问”工具栏中的“打开”按钮，在弹出的“打开”对话框中选择“源文件/原始文件/第 7 章/笔筒”文件，单击“打开”按钮，完成文件的调取，如图 7-43 所示。

2. 创建高速等距环绕精加工刀具路径 1

（1）选择加工曲面及切削范围

① 单击“视图”选项卡“屏幕视图”面板中的“俯视图”按钮，将当前视图设置为俯视图。

② 单击“刀路”选项卡“3D”面板“精切”组中的“等距环绕”按钮，系统弹出“3D 高速曲面刀路-等距环绕”对话框。

③ 单击“模型图形”选项卡，框选所有曲面作为加工曲面，设置“壁边预留量”和“底面预留量”均为 0。

④ 单击“刀路控制”选项卡，参数采用默认设置。

（2）设置刀具参数

① 单击“刀具”选项卡中的“选择刀库刀具”按钮，选择直径为 6 的球形铣刀。单击“确定”按钮，返回“3D 高速曲面刀路-等距环绕”对话框。

② 双击球形铣刀图标，弹出“编辑刀具”对话框。刀具参数采用默认设置。单击“下一步”按钮，设置“XY 轴粗切步进量”为 75%，“Z 轴粗切深度”为 75%，“XY 轴精修步进量”为 30%，“Z 轴精修深度”为 30%，单击“点击重新计算进给率和主轴转速”按钮，重新生成切削参数。单击“完成”按钮，返回“3D 高速曲面刀路-等距环绕”对话框。

（3）设置高速等距环绕精加工参数

① 单击“切削参数”选项卡，参数设置如图 7-44 所示。

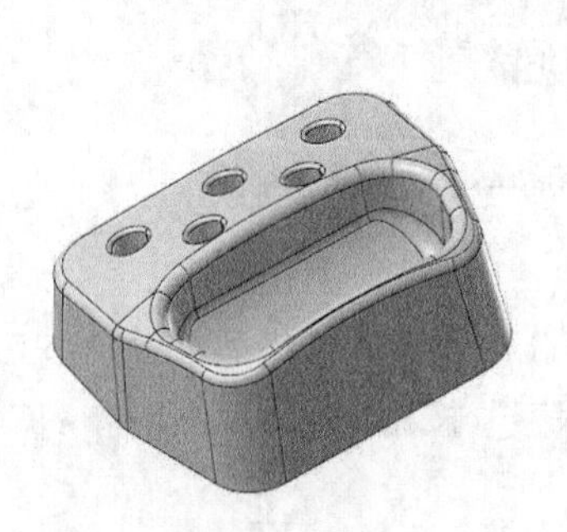

图 7-43 笔筒

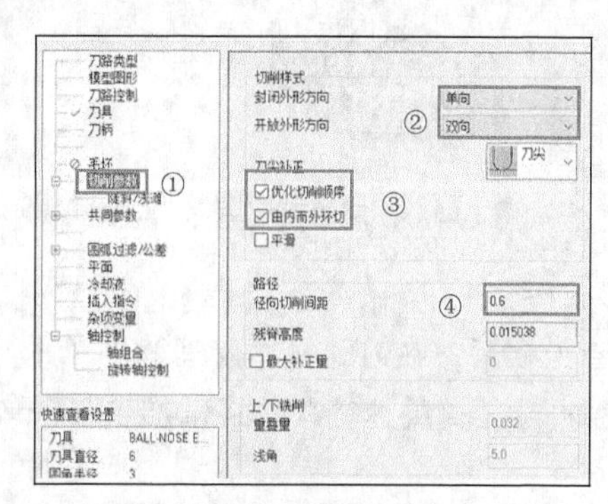

图 7-44 “切削参数”选项卡 2

② 单击“陡斜/浅滩”选项卡，单击“检查深度”按钮。

③ 单击“共同参数”选项卡，设置提刀“安全高度”为 35，“位置”选择为“增量坐标”。设置“适用于”组中的修剪方式为“完整修剪”，“最大修剪距离”为 1，其他参数采用默认设置。

④ 单击“确定”按钮，系统根据设置参数生成高速等距环绕精加工刀具路径，如图 7-45 所示。

3. 创建高速等距环绕精加工刀具路径 2

（1）单击“视图”选项卡“屏幕视图”面板中的“仰视图”按钮，将当前视图设置为仰视图。

（2）单击“刀路”选项卡“3D”面板“精切”组中的“等距环绕”按钮，系统弹出“3D 高速曲面刀路-等距环绕”对话框。框选所有曲面作为加工曲面，设置“壁边预留量”和“底面预留量”均为 0。选择直径为 3 的球形铣刀，其他参数参照步骤 2，生成的高速等距环绕精加工刀具路径如图 7-46 所示。

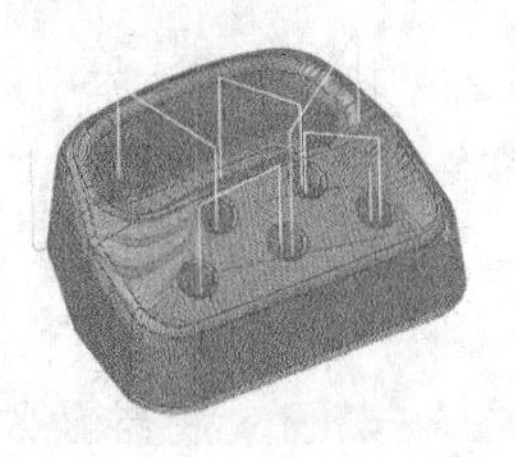

图 7-45　高速等距环绕精加工刀具路径 1

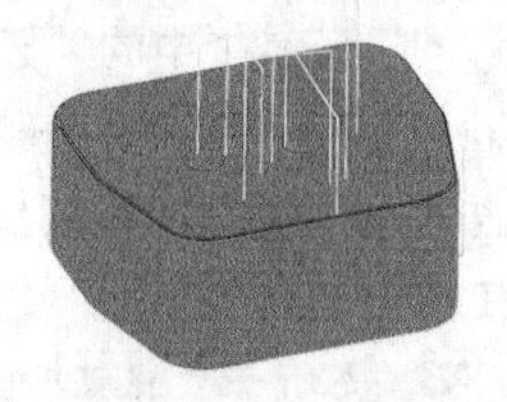

图 7-46　高速等距环绕精加工刀具路径 2

4．模拟仿真加工

为了验证高速等距环绕精加工参数设置的正确性，可以通过模拟加工过程来观察工件在切削过程中的下刀方式和路径的正确性。

（1）设置毛坯

在刀路操作管理器中单击“毛坯设置”按钮 毛坯设置，系统弹出“机床群组属性”对话框，单击“所有图素”按钮，勾选“显示”复选框，单击“确定”按钮，完成工件参数设置，生成的毛坯如图 7-47 所示。

（2）仿真加工

单击刀路操作管理器中的“选择全部操作”按钮，选中所有操作。单击刀路操作管理器中的“验证已选择的操作”按钮，系统弹出“验证”对话框，单击“播放”按钮，系统开始进行模拟，仿真加工结果如图 7-48 所示。

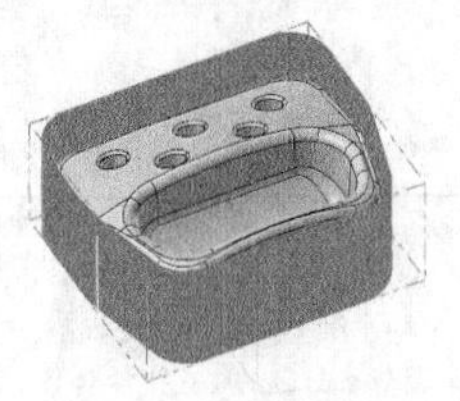

图 7-47　生成的毛坯

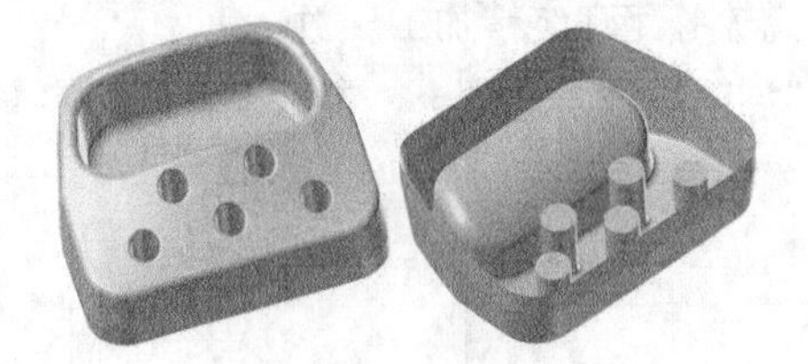

图 7-48　仿真加工结果

（3）NC 代码

模拟检查无误后，在刀路操作管理器中单击“执行选择的操作进行后处理”按钮 G1，输入文件名称“实操——笔筒高速等距环绕精加工”，单击“保存”按钮，生成的 NC 代码见本书电子资源。

7.7　高速混合精加工

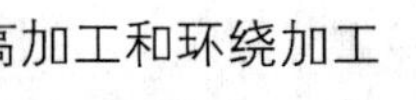

高速混合精加工是指等高加工和环绕加工组合的加工方式，此种加工兼具等高加工和环绕加工的优势，可对陡斜区域进行等高加工，对浅滩区域进行环绕加工。

7.7.1　混合精加工参数介绍

单击“刀路”选项卡“精切”面板中的“混合”按钮，系统弹出“3D 高速曲面刀路-混合”

对话框。对话框中大部分选项卡在第 4 章介绍过了，下面我们对部分选项卡进行介绍。

“切削参数”选项卡如图 7-49 所示。该选项卡用于配置混合刀具路径的切削路径。混合精加工在陡斜区域生成线形切削路径，在浅滩区域生成扇形切削路径。Mastercam 2022 在两种风格之间平滑切换，优化切削顺序。

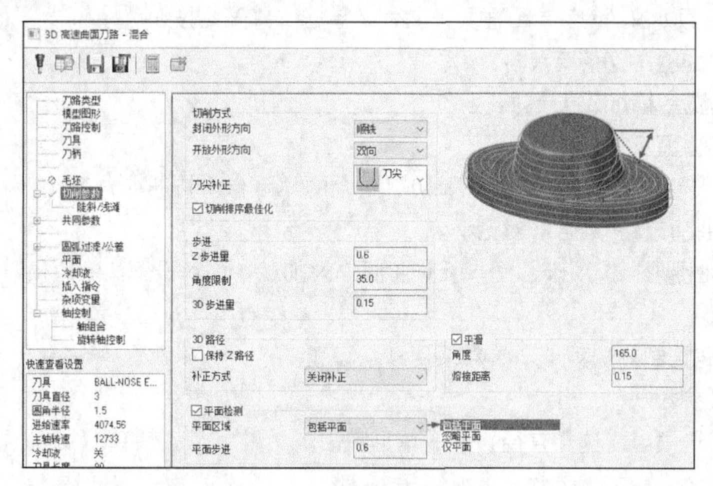

图 7-49 “切削参数”选项卡 1

（1）Z 步进量：定义相邻阶梯之间的恒定 Z 距离。系统将“Z 步进量”与“角度限制”和“3D 进量”结合使用来计算混合刀具路径的切削路径。首先将整个模型切成由 Z 步进量定义的部分；然后，系统会按指定的限制角度分析每个步进之间驱动表面的斜率过渡。如果驱动表面在降压距离内的坡度过渡小于应用的限制角度，则认为此区域是陡斜的，并生成单个 2D 线形切削路径；否则此区域定义为浅滩，系统使用 3D 步进量沿浅滩创建 3D 扇形切削通道。

（2）角度限制：设置定义的零件浅滩区域的角度。典型的极限角度是 45º。系统在角度从零到限制角度的区域中添加或删除切削刀路。

（3）3D 步进量：定义浅步进中 3D 扇形切削通道之间的间距。

（4）保持 Z 路径：若勾选该复选框，则刀具在陡峭区域保持 Z 轴加工路径。

（5）平面检测：用于设置是否控制刀具路径处理加工平面。

（6）平面区域：勾选“平面检测”时启用。选择平面加工类型有以下 3 种。

① 包括平面：若选择该项，则在加工时，加工面包括平面，而不管限制角度如何。然后，用户可以为平面设置单独的步距。

② 忽略平面：若选择该项，则不加工任何平面。

③ 仅平面：若选择该项，则仅加工平面。

（7）平滑：若勾选该复选框，则用曲线加工平滑尖角。消除切削方向的急剧变化可以使刀具承受更均匀的负载，并始终保持更高的进给速率。

① 角度：设置被系统视为锐角的两个刀具路径段之间的最小角度。

② 熔接距离：设置加工平滑尖角前后远离尖角的距离。

7.7.2 实操——插头高速混合精加工

本例通过插头的加工来介绍高速精加工中的混合命令，首先打开已经进行粗加工的零件模型；然后启动“混合”命令，设置刀具参数和加工参数；最后设置毛坯，进行模拟仿真加工，生成 NC

代码。

插头高速混合精加工操作步骤如下。

1. 打开文件

单击“快速访问”工具栏中的“打开”按钮，在弹出的“打开”对话框中选择“源文件/原始文件/第 7 章/插头”文件，单击“打开”按钮打开(O)，完成文件的调取，如图 7-50 所示。

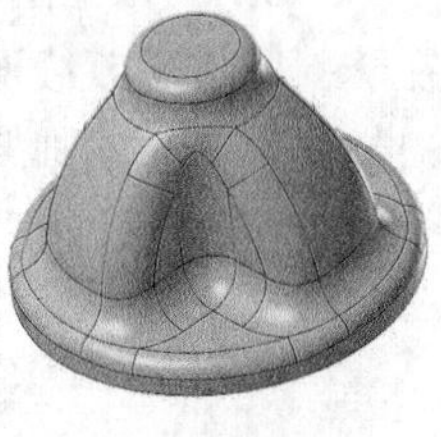

图 7-50 插头

2. 创建高速混合精加工刀具路径

（1）选择加工曲面及切削范围

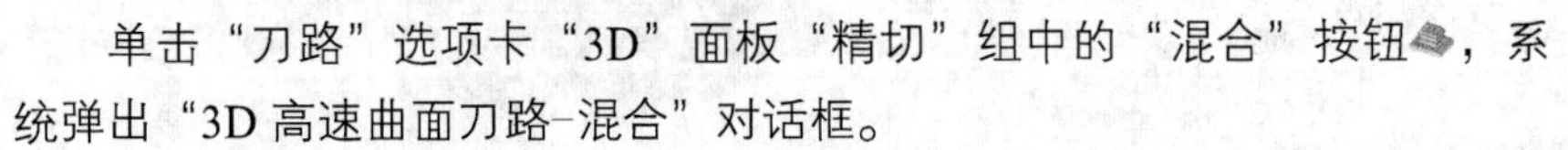

单击“刀路”选项卡“3D”面板“精切”组中的“混合”按钮，系统弹出“3D 高速曲面刀路-混合”对话框。

① 单击“模型图形”选项卡，框选所有曲面作为加工曲面，设置“壁边预留量”和“底面预留量”均为 0。

② 单击“刀路控制”选项卡，参数采用默认设置。

（2）设置刀具参数

单击“刀具”选项卡，选择直径为 8 的球形铣刀。

（3）设置高速混合精加工参数

① 单击“切削参数”选项卡，参数设置如图 7-51 所示。

② 单击“陡斜/浅滩”选项卡，单击“检查深度”按钮检查深度。

③ 单击“共同参数”选项卡，设置提刀“安全高度”为 35，“位置”选择为“增量”。设置“适用于”组中修剪方式为“完整修剪”，“最大修剪距离”为 1，其他参数采用默认设置。

④ 单击“确定”按钮，系统根据所设置的参数生成高速混合精加工刀具路径，如图 7-52 所示。

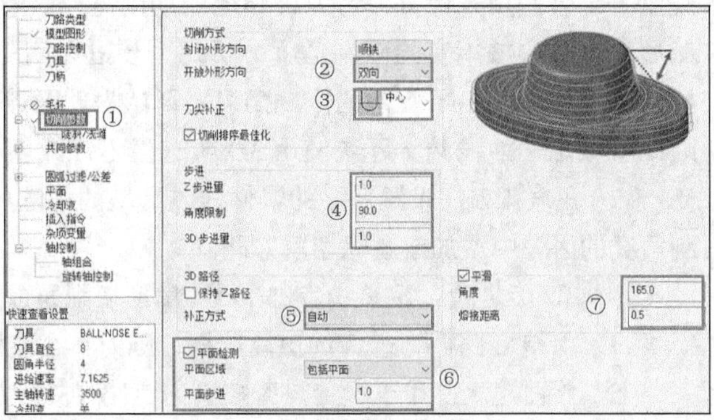

图 7-51 “切削参数”选项卡 2

3. 模拟仿真加工

为了验证高速混合精加工参数设置的正确性，可以通过模拟加工过程来观察工件在切削过程中的下刀方式和路径的正确性。

（1）设置毛坯

在刀路操作管理器中单击“毛坯设置”按钮毛坯设置，系统弹出“机床群组属性”对话框，单击“所有图素”按钮所有图素，修改毛坯尺寸为“112,72”，单击“确定”按钮，完成工件参数设置，生成的毛坯如图 7-53 所示。

（2）仿真加工

单击刀路操作管理器中的“选择全部操作”按钮，选中所有操作。单击刀路操作管理器中的“验证已选择的操作”按钮，系统弹出“验证”对话框，单击“播放”按钮，系统开始进行模拟，仿真加工结果如图 7-54 所示。

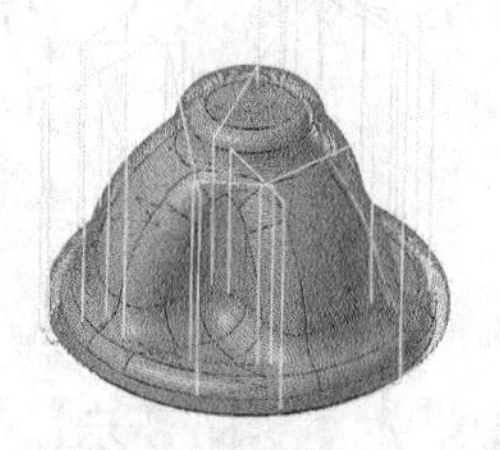
图 7-52　高速混合精加工刀具路径

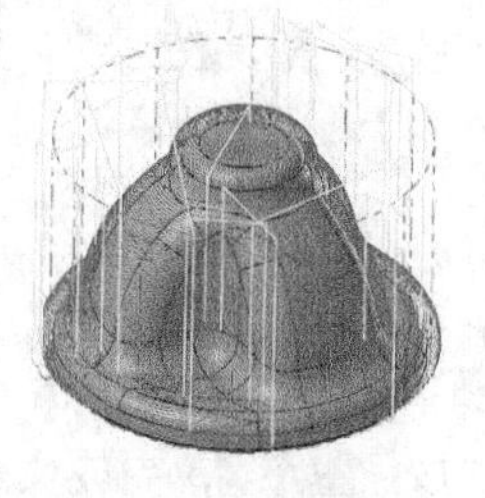
图 7-53　生成的毛坯

图 7-54　仿真加工结果

（3）NC 代码

模拟检查无误后，在刀路操作管理器中单击“执行选择的操作进行后处理”按钮G1，输入文件名称“实操——插头高速混合精加工”，生成的 NC 代码见本书电子资源。

7.8 高速熔接精加工

熔接精加工也称混合精加工，这种加工能在两条熔接曲线内部生成刀具路径，再将其投影到曲面上生成混合精加工刀具路径。熔接精加工是由 Mastercam 以前版本中的双线投影精加工演变而来，Mastercam 2022 将此功能单独列了出来。

7.8.1 熔接精加工参数介绍

单击“刀路”选项卡“精切”面板中的“熔接”按钮，系统弹出“3D 高速曲面刀路-熔接”对话框。对话框中大部分选项卡在前面章节介绍过了，下面介绍部分选项卡。

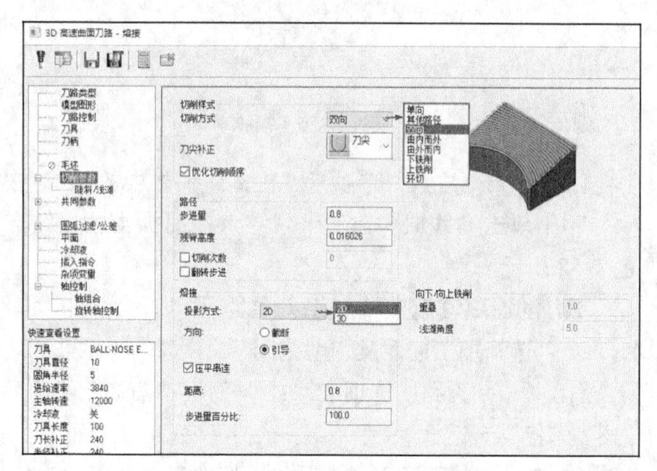

图 7-55　“切削参数”选项卡 1

“切削参数”选项卡如图 7-55 所示。该选项卡为 3D 高速混合刀具路径配置切削参数。

（1）翻转步进：反转刀具路径的切削方向。

（2）投影方式：设置创建的刀具路径的位置。包含以下选项。

① 2D：设置在平面中保持切削等距。勾选此选项，激活“方向”组。该组中包含 2 个选项。

截断：从一个串连到另一个创建切削刀路，从第一个选定串连的起点开始。

引导：在选定的加工几何体上沿串连方向创建切削路径，从第一个选定串连的起点开始。

② 3D：在 3D 中保持切削等距，在陡峭区域添加切口。

（3）压平串连：选择以在生成刀具路径之前将选定的加工几何体转换为 2D/平面曲线。压平串连可能会缩短链条的长度。

7.8.2 实操——挡铁高速熔接精加工

本例通过挡铁的加工来介绍高速精加工中的“熔接”命令。首先打开源文件，源文件中已对挡铁进行了粗加工；然后启动“熔接”命令，设置参数生成刀具路径；最后设置毛坯进行模拟加工，并生成 NC 代码。

挡铁高速熔接精加工操作步骤如下。

1. 打开文件

单击“快速访问”工具栏中的“打开”按钮，在弹出的“打开”对话框中选择“源文件/原始文件/第 7 章/挡铁”文件，单击“打开”按钮，完成文件的调取，如图 7-56 所示。

2. 创建熔接曲线

（1）单击“视图”选项卡“屏幕视图”面板中的“俯视图”按钮，将当前视图设置为“俯视图”。

（2）单击“线框”选项卡“形状”面板中的“边界框”按钮，弹出“边界框”对话框，选择所有曲面，单击“结束选择”按钮，设置形状为“圆柱体”，轴心为“*Z*”轴，单击“确定”按钮，如图 7-57 所示。

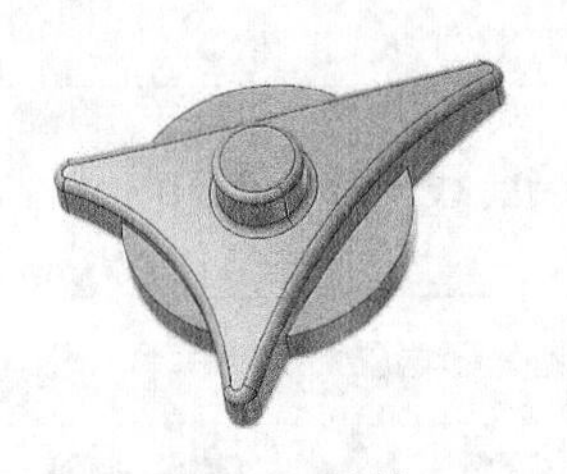

图 7-56 挡铁

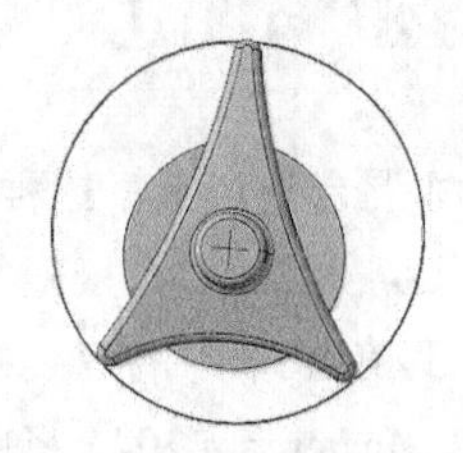

图 7-57 创建熔接曲线

（3）单击“主页”选项卡“规划”面板中的“*Z*”按钮后的输入框，设置构图深度为 23。

（4）单击“线框”选项卡“绘点”面板中的“绘点”按钮，在上端面圆心的位置绘点，如图 7-58 所示。

3. 创建高速熔接精加工刀具路径

（1）选择加工曲面及切削范围

① 单击“刀路”选项卡“3D”面板“精切”组中的“熔接”按钮，系统弹出“3D 高速曲面刀路-熔接”对话框。

② 单击“模型图形”选项卡，框选所有曲面作为加工曲面，设置“壁边预留量”和“底面预留量”均为 0。

③ 单击“刀路控制”选项卡，单击“曲线”组中的“选择”按钮，拾取图 7-59 所示的熔接点和曲线。

（2）设置刀具参数

单击“刀具”选项卡，单击“选择刀库刀具”按钮，选择直径为 5 的球形铣刀。单击“确定”按钮，返回“3D 高速曲面刀路-熔接”对话框。

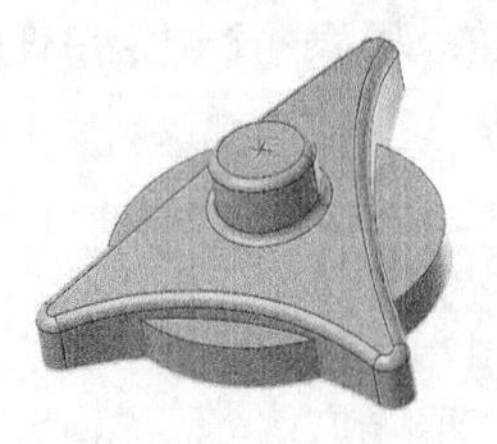

图 7-58 绘制点

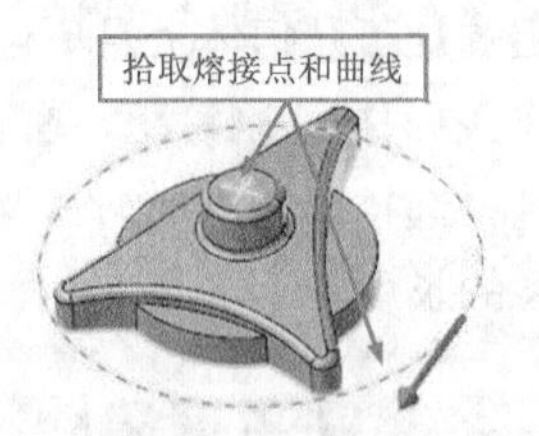

图 7-59 拾取熔接点和曲线

双击球形铣刀图标，弹出“编辑刀具”对话框。设置刀齿长度为 30，其他参数采用默认值。单击“下一步”按钮![下一步]，设置“XY 轴粗切步进量”为 75%，“Z 轴粗切深度”为 75%，“XY 轴精修步进量”为 30%，“Z 轴精修深度”为 30%，单击“点击重新计算进给率和主轴转速”按钮，重新生成切削参数。单击“完成”按钮![完成]。系统返回“3D 高速曲面刀路-熔接”对话框。

（3）设置高速熔接精加工参数

① 单击“切削参数”选项卡，参数设置如图 7-60 所示。

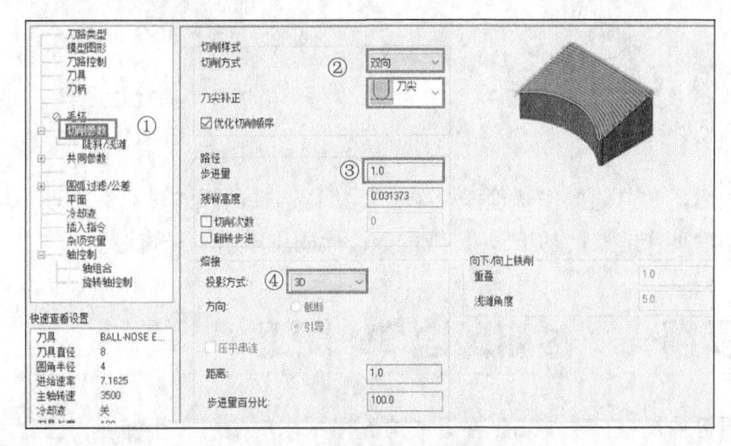

图 7-60 “切削参数”选项卡 2

② 单击“陡斜/浅滩”选项卡，单击“检查深度”按钮![检查深度]。

③ 单击“共同参数”选项卡，设置提刀“安全高度”为 35，“位置”选择为“增量”。设置“适用于”组中修剪方式为“完整修剪”，“最大修剪距离”为 1，其他参数采用默认设置。

④ 单击“确定”按钮，系统根据所设置的参数生成高速熔接精加工刀具路径，如图 7-61 所示。

4. 模拟仿真加工

为了验证高速熔接精加工参数设置的正确性，可以通过模拟加工过程来观察工件在切削过程中的下刀方式和路径的正确性。

（1）设置毛坯

单击“线框”选项卡“绘点”面板中的“绘点”按钮+，在圆的圆心位置绘点，如图 7-62 所示。

在刀路操作管理器中单击“毛坯设置”按钮 毛坯设置，系统弹出“机床群组属性”对话框，设置形状为“圆柱体”，单击“所有曲面”按钮![所有曲面]，修改毛坯尺寸为“86,25”。单击毛坯原点，勾选“显示”复选框，单击“选择”按钮，在绘图区拾取图 7-62 所示的点，再单击“确定”按钮，完成工件参数设置，生成的毛坯如图 7-63 所示。

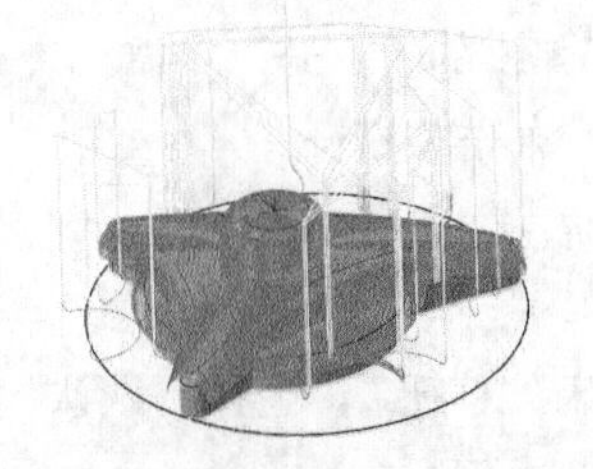

图 7-61 高速熔接精加工刀具路径

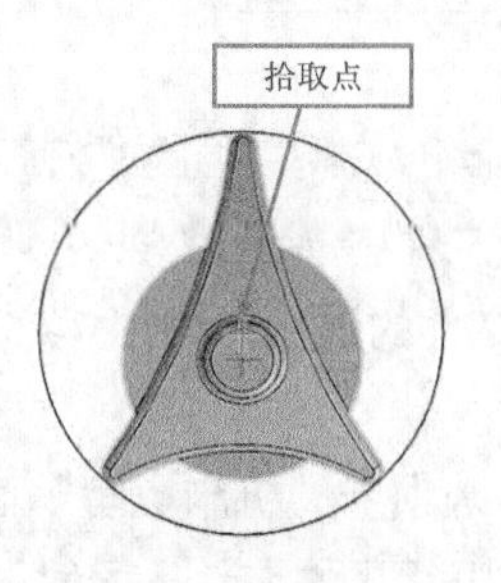

图 7-62 拾取点

（2）仿真加工

单击刀路操作管理器中的“选择全部操作”按钮，选中所有操作。单击刀路操作管理器中的“验证已选择的操作”按钮，系统弹出“验证”对话框，单击“播放”按钮，系统开始进行模拟，仿真加工结果如图 7-64 所示。

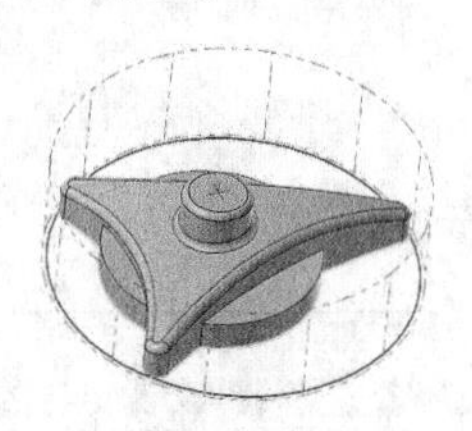
图 7-63　生成的毛坯

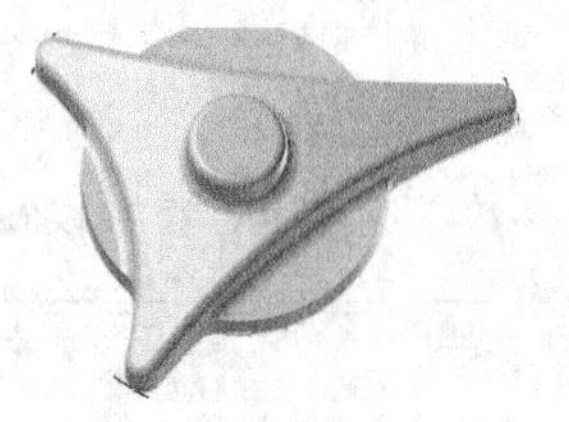
图 7-64　仿真加工结果

（3）NC 代码

模拟检查无误后，在刀路操作管理器中单击“执行选择的操作进行后处理”按钮，输入文件名称“实操——挡铁高速熔接精加工”，生成的 NC 代码见本书电子资源。

7.9　综合实例——飞机高速 3D 加工

精加工的主要目的是将工件加工到接近或达到所要求的精度和粗糙度，因此，有时候会牺牲效率来满足精度要求。加工时往往不仅仅使用一种精加工方法，而是多种方法配合使用。下面通过实例来说明精加工方法的综合运用。

7.9.1　规划刀具路径

本例通过对飞机进行加工来学习运用高速加工命令。首先对飞机进行优化动态粗切和区域粗切加工，然后通过改变视图对工件进行精加工，介绍如下。

（1）高速等距环绕精加工：使用 D=7mm 的球形铣刀，采用高速等距环绕精加工方法，以俯视图视角对工件进行曲面精加工。

（2）高速放射精加工：使用 D=5mm 的球形铣刀，采用高速放射精加工方法，以仰视图视角对工件进行曲面半精加工。

（3）高速混合精加工：使用 D=5mm 的球形铣刀，采用高速混合精加工方法，以右视图视角对工件进行曲面半精加工。

7.9.2　加工前的准备

1. 打开文件

单击“快速访问”工具栏中的“打开”按钮，在弹出的“打开”对话框中选择“源文件/原始文件/第 7 章/飞机”文件，单击“打开”按钮 打开(O) ，完成文件的调取，如图 7-65 所示。

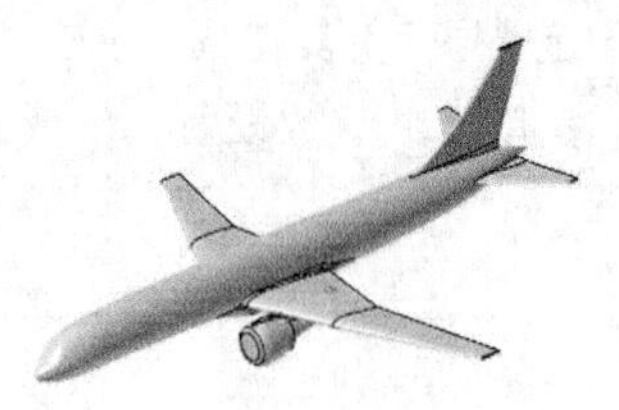
图 7-65　飞机

2. 设置机床

单击“机床”选项卡“机床类型”面板中的“铣床”按钮，选择“默认”选项，在刀路操作管理器中生成机床群组属性文件，同时弹出“刀路”选项卡。

7.9.3 编制刀具路径

飞机高速 3D 加工操作步骤如下。

1. 创建优化动态粗加工刀具路径

（1）单击“刀路”选项卡“3D”面板“粗切”组中的“优化动态粗切”按钮，系统弹出“3D 高速曲面刀路-优化动态粗切”对话框。

（2）单击“模型图形”选项卡“加工图形”组中的“选择图素”按钮，选择所有曲面作为加工曲面，设置“壁边预留量”和“底面预留量”均为 1。

（3）单击“刀路控制”选项卡，设置“策略”为“开放”，“补正”为“中心”。

（4）单击“刀具”选项卡，单击“选择刀库刀具”按钮，选择直径为 10 的球形铣刀。单击“确定”按钮，返回“3D 高速曲面刀路-优化动态粗切”对话框。

（5）双击球形铣刀图标，弹出“编辑刀具”对话框。刀齿长度设置为 85，其他参数采用默认设置。单击“下一步”按钮，设置“XY 轴粗切步进量”为 75%，“Z 轴粗切深度”为 75%，“XY 轴精修步进量”为 30%，“Z 轴精修深度”为 30%，单击“点击重新计算进给率和主轴转速”按钮，重新生成切削参数。单击“完成”按钮，系统返回“3D 高速曲面刀路-优化动态粗切”对话框。

（6）单击“切削参数”选项卡，参数设置如图 7-66 所示。

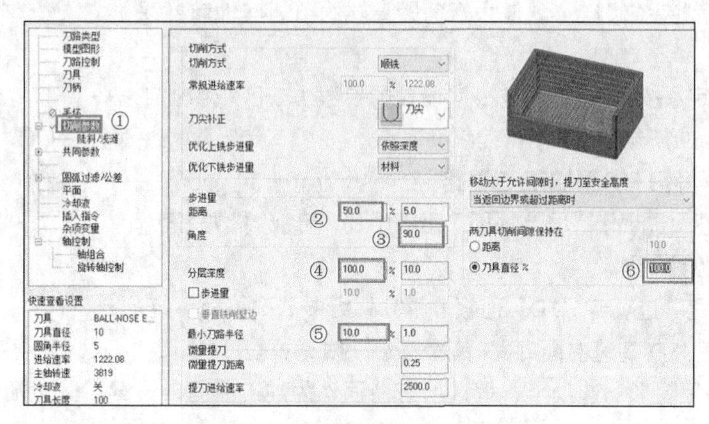

图 7-66 “切削参数”选项卡 1

（7）单击“陡斜/浅滩”选项卡，单击“检查深度”按钮。

（8）单击“共同参数”选项卡，设置提刀“安全高度”为 35，“位置”选择为“增量”。设置“适用于”组中的修剪方式为“完整修剪”，“最大修剪距离”为 1，其他参数采用默认设置。

（9）单击“确定”按钮，系统根据设置的参数生成优化动态粗加工刀具路径，如图 7-67 所示。

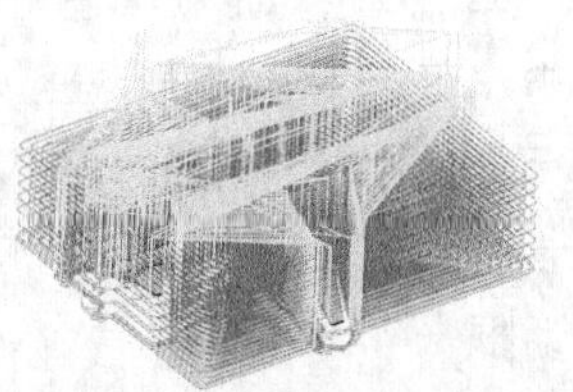

图 7-67 优化动态粗加工刀具路径

2. 创建区域粗加工刀具路径

（1）单击“视图”选项卡“屏幕视图”面板中的“仰视图”按钮，将当前视图设置为仰视图。

（2）单击“刀路”选项卡“3D”面板中的“区域粗切”按钮，系统弹出“3D 高速曲面刀路-区域粗切”对话框。

（3）单击“模型图形”选项卡“加工图形”组中的“选择图素”按钮，拾取所有曲面作为加工曲面，设置“壁边预留量”和“底面预留量”均为 1。

（4）单击“刀路控制”选项卡，设置“策略”为“开放”，“补正”为“中心”。

（5）单击“刀具”选项卡，选择直径为 10 的球形铣刀。

（6）单击“切削参数”选项卡，参数设置如图 7-68 所示。

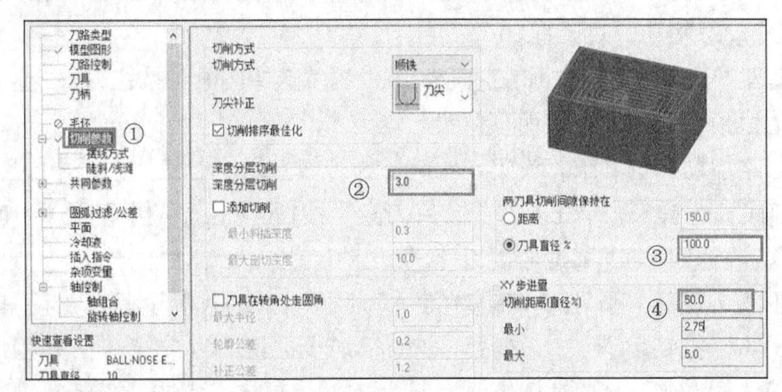

图 7-68 “切削参数”选项卡 2

（7）单击“陡斜/浅滩”选项卡，单击“检查深度”按钮。

（8）单击“共同参数”选项卡，设置提刀“安全高度”为 35，勾选“增量”。设置“适用于”组中的修剪方式为“完整修剪”，“最大修剪距离”为 1，其他参数采用默认设置。

（9）单击“确定”按钮，系统根据设置的参数生成区域粗加工刀具路径，如图 7-69 所示。

图 7-69 区域粗加工刀具路径

3. 创建高速等距环绕精加工刀具路径

（1）单击“视图”选项卡“屏幕视图”面板中的“俯视图”按钮，将当前视图设置为俯视图。

（2）单击“刀路”选项卡“3D”面板“精切”组中的“等距环绕”按钮，系统弹出“3D 高速曲面刀路-等距环绕”对话框。

（3）单击“模型图形”选项卡，框选所有曲面作为加工曲面，设置“壁边预留量”和“底面预留量”均为 0。

（4）单击“刀路控制”选项卡，参数采用默认设置。

（5）单击“刀具”选项卡，单击“选择刀库刀具”按钮，选择直径为 7 的球形铣刀。单击“确定”按钮，返回“3D 高速曲面刀路-区域粗切”对话框。

（6）双击球形铣刀图标，弹出“编辑刀具”对话框。设置刀具总长度为 110，刀齿长度为 85。单击“下一步”按钮，设置“XY 轴粗切步进量”为 75%，“Z 轴粗切深度”为 75%，“XY 轴精修步进量”为 30%，“Z 轴精修深度”为 30%，单击“点击重新计算进给率和主轴转速”按钮，重新生成切削参数。单击“完成”按钮，系统返回“3D 高速曲面刀路-区域粗切”对话框。

（7）单击“切削参数”选项卡，参数设置如图 7-70 所示。

① 单击“陡斜/浅滩”选项卡，单击“检查深度”按钮。

② 单击“共同参数”选项卡，设置提刀“安全高度”为 35，“位置”选择为“增量”。设置“适用于”组中的修剪方式为“最小修剪”，“最大修剪距离”为 1，其他参数采用默认设置。

③ 单击“确定”按钮，系统根据所设置的参数生成高速等距环绕精加工刀具路径，如图 7-71 所示。

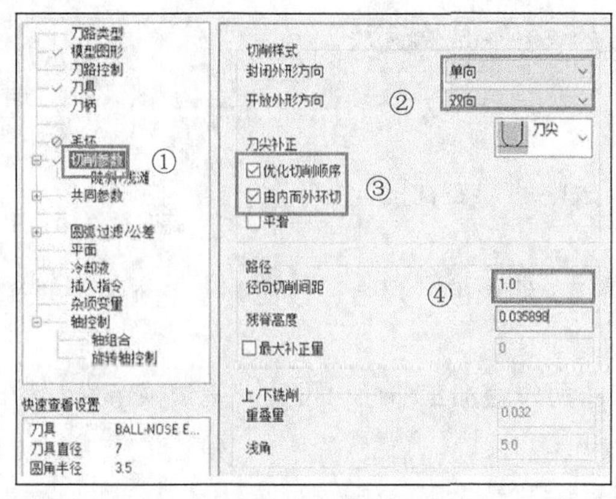

图 7-70 “切削参数”选项卡 3　　　　图 7-71 高速等距环绕精加工刀具路径

4. 创建高速放射精加工刀具路径

（1）单击“视图”选项卡“屏幕视图”面板中的“仰视图”按钮，将当前视图设置为仰视图。

（2）单击“刀路”选项卡“3D”面板“精切”组中的“放射”按钮，系统弹出“3D 高速曲面刀路-放射”对话框。

（3）单击“模型图形”选项卡“加工图形”组中的“选择图素”按钮，框选绘图区中的所有曲面作为加工曲面，设置“壁边预留量”和“底面预留量”均为 0。

（4）单击“刀具”选项卡，单击“选择刀库刀具”按钮，选择直径为 5 的球形铣刀。单击“确定”按钮，返回“3D 高速曲面刀路-放射”对话框。

（5）双击球形铣刀图标，弹出“编辑刀具”对话框。设置刀具总长度为 200，刀齿长度为 180。单击“下一步”按钮，设置“XY 轴粗切步进量”为 75%，“Z 轴粗切深度”为 75%，“XY 轴精修步进量”为 30%，“Z 轴精修深度”为 30%，单击“点击重新计算进给率和主轴转速”按钮，重新生成切削参数。单击“完成”按钮，系统返回“3D 高速曲面刀路-放射”对话框。

（6）单击“切削参数”选项卡，参数设置如图 7-72 所示。

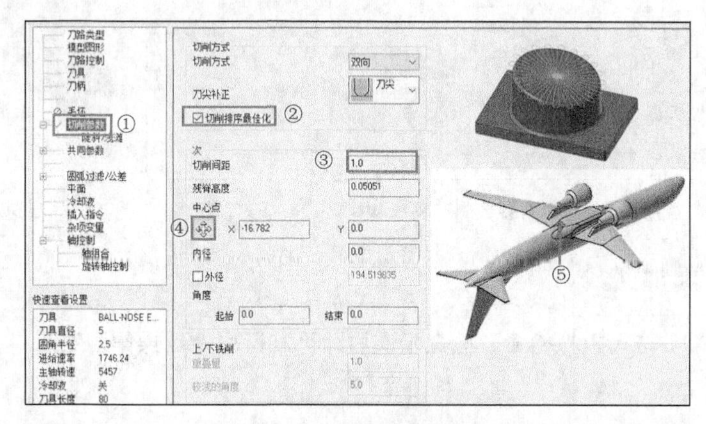

图 7-72 “切削参数”选项卡 4

① 单击“陡斜/浅滩”选项卡，单击“检查深度”按钮，修改最低位置数值为 20。

② 单击“共同参数”选项卡，设置提刀“安全高度”为 35，勾选“增量”。其他参数采用默认设置。

③ 单击“确定”按钮，系统根据设置的参数生成高速放射精加工刀具路径，如图 7-73 所示。

图 7-73 高速放射精加工刀具路径

5. 创建高速混合精加工刀具路径

（1）单击“视图”选项卡“屏幕视图”面板中的“右视图”按钮，将当前视图设置为右视图。

（2）单击“刀路”选项卡“3D”面板“精切”组中的“混合”按钮，系统弹出“3D 高速曲面刀路-混合”对话框。

（3）单击“模型图形”选项卡，框选所有曲面作为加工曲面，设置“壁边预留量”和“底面预留量”均为 0。

（4）单击“刀路控制”选项卡，参数采用默认设置。

（5）单击“刀具”选项卡，选择直径为 5 的球形铣刀。

（6）设置高速混合精修加工参数

① 单击“切削参数”选项卡，参数设置如图 7-74 所示。

② 单击“陡斜/浅滩”选项卡，单击“检查深度”按钮，设置最低位置数值为–40。

③ 单击“共同参数”选项卡，设置提刀“安全高度”为 35，“位置”选择为“增量”。设置“适用于”组中的修剪方式为“完整修剪”，“最大修剪距离”为 1，其他参数采用默认设置。

④ 单击“确定”按钮，系统根据所设置的参数生成高速混合精加工刀具路径，如图 7-75 所示。

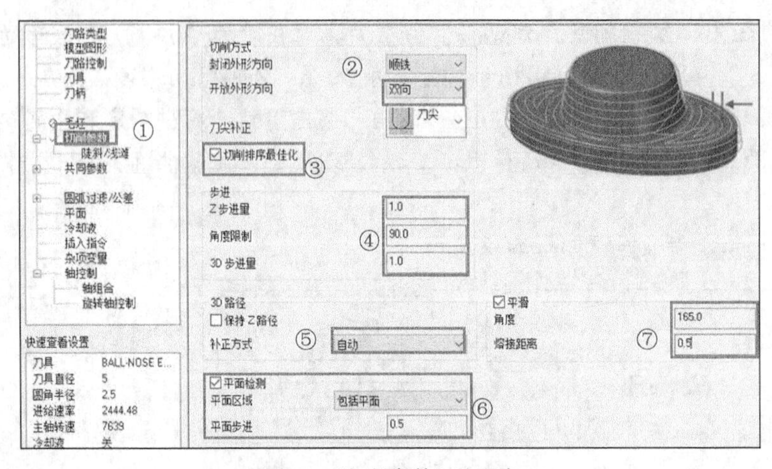

图 7-74 “切削参数”选项卡 4

图 7-75 高速混合精加工刀具路径

7.9.4 模拟仿真加工

刀路编制完后需要进行模拟检查，检查无误后即可进行后处理操作，生成 G、M 代码，具体操作步骤如下。

1. 工件设置

在刀路操作管理器中单击“毛坯设置”按钮 毛坯设置，系统弹出“机床群组属性”对话框，单击“所有图素”按钮 所有图素，单击“确定”按钮，完成工件参数设置，生成的毛坯如图 7-76 所示。

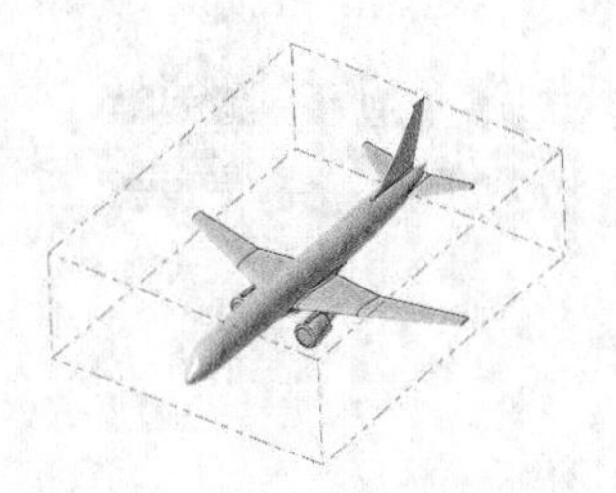

图 7-76　生成的毛坯

2. 仿真加工

（1）单击刀路操作管理器中的“选择全部操作”按钮，选中所有操作。

（2）在刀路操作管理器中单击“验证已选择的操作”按钮，并在弹出的“Mastercam 模拟”对话框中单击“播放”按钮，系统进行模拟，加工仿真结果如图 7-77 所示。

图 7-77　加工仿真结果

3. NC 代码

模拟检查无误后，在刀路操作管理器中单击“执行选择的操作进行后处理”按钮G1，输入文件名称“综合实例——飞机高速三维加工”，生成的 NC 代码见本书电子资源。

第 8 章

线架加工

本章主要讲解线架加工，线架加工通过选取 3D 线架来实现不同类型曲面的加工。与曲面加工刀路的区别在于：曲面加工的曲面已经创建成形，而线架加工直接生成曲面刀路。

知识点

- 直纹加工
- 旋转加工
- 2D 扫描加工
- 3D 扫描加工
- 昆氏（式）加工
- 举升加工

案例效果

8.1 直纹加工

直纹加工主要对两个或两个以上的 2D 截面产生类似线性直纹曲面式的刀具路径。

8.1.1 直纹加工参数介绍

单击“刀路”选项卡“2D”面板中的“直纹”按钮，弹出“线框串连”对话框，选取串连曲线后，系统弹出“直纹”对话框。

“直纹加工参数”选项卡如图 8-1 所示。该选项卡用于输入直纹线框刀具路径的相关参数。此刀具路径可模拟多个几何体链上的直纹曲面。

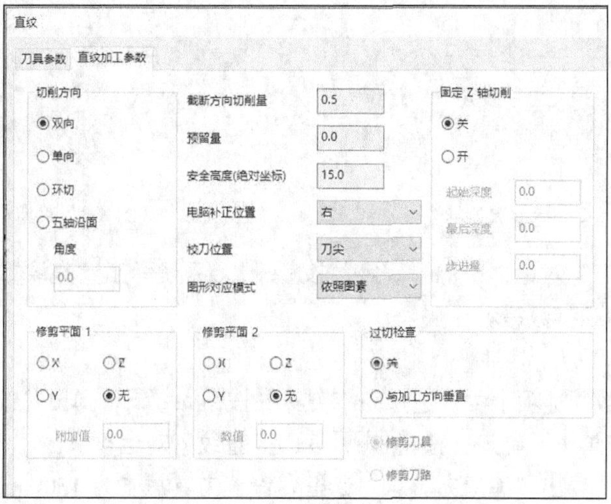

图 8-1 “直纹加工参数”选项卡 1

“切削方向”选项包含如下 4 种。

① 双向：强制刀具始终停留在表面上，并在零件上来回移动。

② 单向：刀具进行一次切削后，快速进给到切削深度，回到切削的起点，并在同一方向上再进行一次切削。所有的切削都在同一个方向。

③ 环切：用于生成螺旋刀具路径。通常仅与恒 Z 切削配合使用。仅当所有边界都关闭时，才应使用环切。

④ 五轴沿面：用于 5 轴（侧面）切削。用户可以使用多轴、链接页面上的进入/退出选项将进入和退出曲线添加到直纹 5 轴沿面刀具路径。

8.1.2 实操——异形魔方块加工

本例通过异形魔方块的加工来介绍直纹线架加工命令。首先打开源文件；然后启动“直纹”命令，设置刀具参数和加工参数，生成刀具路径；最后设置毛坯，进行模拟仿真加工，生成 NC 代码。直纹加工截面可以是单个线条，也可以是多个线条，还可以是点。

异形魔方块加工操作过程如下。

1. 打开文件

单击“快速访问工具栏”中的“打开”按钮，在弹出的“打开”对话框中选择“源文件/原始文件/第 8 章/异形魔方块”文件，单击“打开”按钮，完成文件的调取，如图 8-2 所示。

2. 设置机床

单击“机床”选项卡“机床类型”面板中的“铣床”按钮，选择“默认”选项，在刀路操作管理器中生成机床群组属性文件。

3. 创建直纹加工刀具路径

（1）拾取加工串连

① 单击“刀路”选项卡“2D”面板中的“直纹”按钮，系统弹出“线框串连”对话框，模式选择“3D”，单击“单点”按钮，拾取加工起始点；单击“串连”按钮，拾取图 8-3 所示的串连。

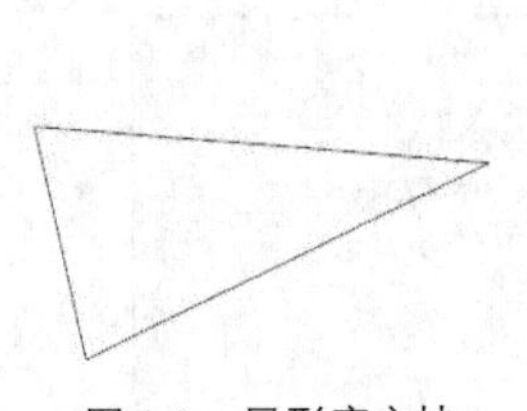

图 8-2　异形魔方块

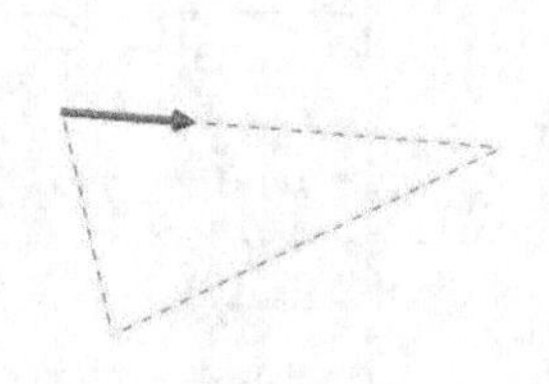

图 8-3　拾取串连

② 单击“线框串连”对话框中的“确定”按钮，系统弹出“直纹”对话框，该对话框用来设置刀路参数、直纹加工参数等。

（2）设置刀具

① 单击“刀具参数”选项卡中“选择刀库刀具”按钮，弹出“选择刀具”对话框，选择直径为 8 的球形铣刀，单击“确定”按钮，返回“直纹”对话框。

② 双击刀具图标，弹出“编辑刀具”对话框，设置刀具总长为 150，刀齿长度 130。单击“下一步”按钮，设置“XY 轴粗切步进量”为 75%，“Z 轴粗切深度”为 75%，“XY 轴精修步进量”为 30%，“Z 轴精修深度”为 30%，单击“点击重新计算进给率和主轴转速”按钮，重新生成切削参数。单击“完成”按钮，系统返回“直纹加工”对话框。

（3）设置直纹加工参数

① 单击“直纹加工参数”选项卡，参数设置如图 8-4 所示。

② 单击“确定”按钮，完成参数设置，系统根据设置的参数生成直纹加工刀具路径，其结果如图 8-5 所示。

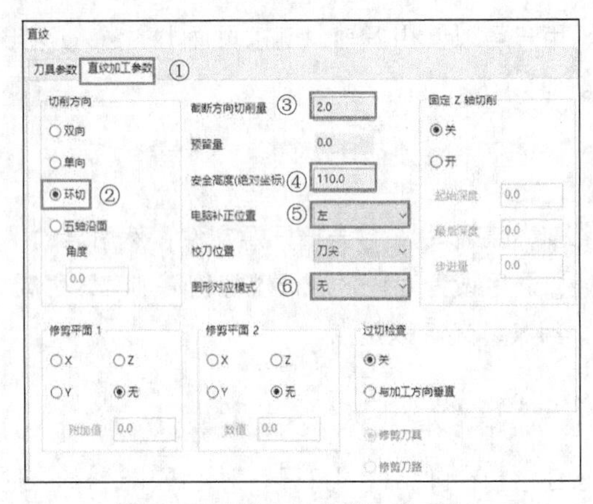

图 8-4　“直纹加工参数”选项卡 2

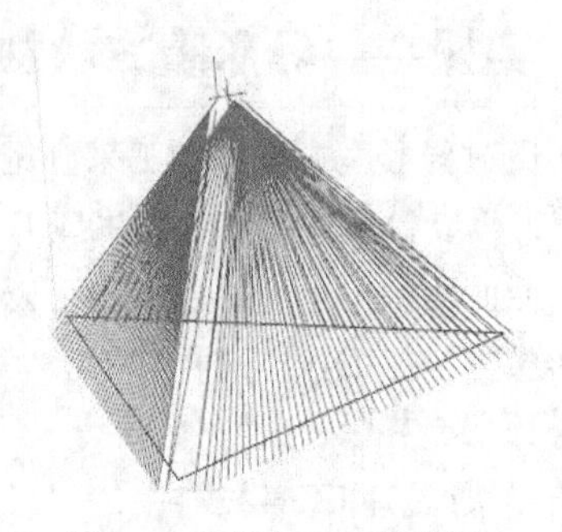

图 8-5　直纹加工刀具路径

4. 仿真加工

（1）设置毛坯

在刀路操作管理器中单击“毛坯设置”按钮，系统弹出“机床群组属性”对话框，形状选择“实体/网格”，单击其后的“选择”按钮，在绘图区中打开图层 2，拾取图 8-6 所示的实体。勾选“显示”复选框，单击“确定”按钮，完成工件参数设置，生成的毛坯如图 8-7 所示。

（2）仿真加工

单击刀路操作管理器中的“验证已选择的操作”按钮，系统弹出“验证”对话框，单击“播放”按钮，系统开始进行模拟，仿真加工结果如图 8-8 所示。

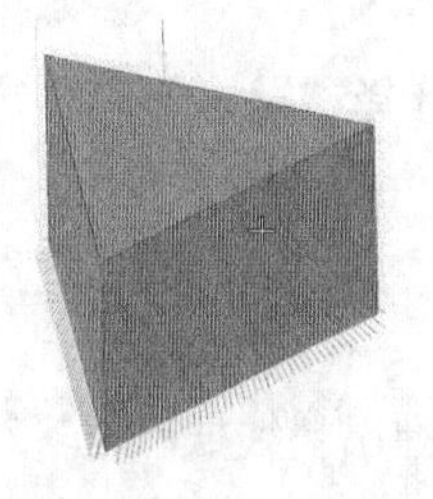

图 8-6　拾取实体

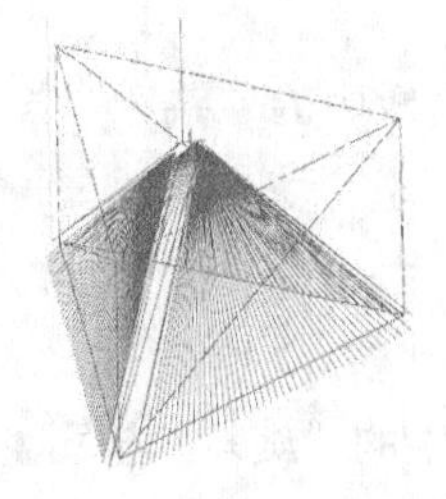

图 8-7　生成的毛坯

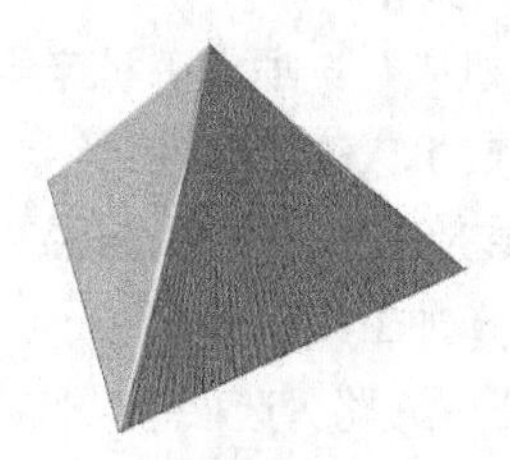

图 8-8　仿真加工结果

8.2 旋转加工

旋转加工是指能使 2D 截面绕指定的旋转轴产生旋转式刀具路径的一种加工方式。

8.2.1 旋转加工参数介绍

单击“刀路”选项卡“2D”面板中的“旋转”按钮，系统弹出“线框串连”对话框，选择旋转串连和旋转中心点，系统弹出“旋转”对话框。

“旋转加工参数”选项卡如图 8-9 所示。该选项卡用于设置旋转线框刀具路径的刀具路径参数，此刀具路径通过 X 轴或 Y 轴旋转横截面或轮廓来模拟表面。

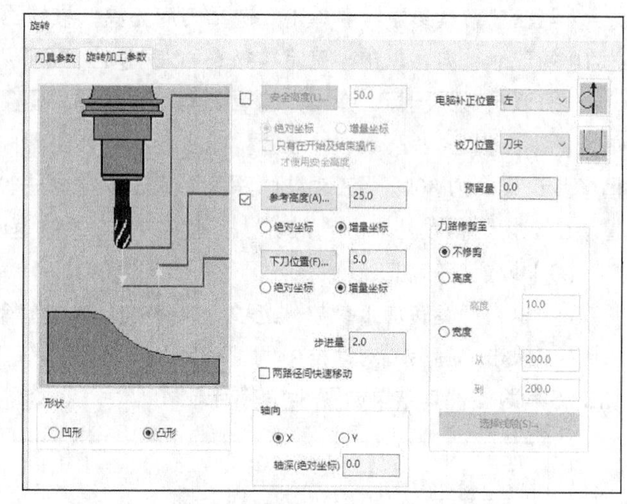

图 8-9　“旋转加工参数”选项卡 1

（1）形状：用来设置旋转线架加工的形状，有凹形和凸形 2 种。

（2）步进量：用来设置刀具路径之间的间距。

（3）两路径间快速移动：勾选该复选框，则快速到达进给平面，然后在刀具路径中的走刀之间快速移动。如果不勾选，则在通过之间使用进给移动。

（4）轴向：设置旋转线架加工的旋转轴。有“X”轴和“Y”轴 2 种。

（5）校刀位置：有刀尖和中心，设置计算刀位点的参考。

（6）刀路修剪至：设置刀具路径在高度和宽度上是否修剪。

8.2.2 实操——台灯座加工

本例通过台灯座的加工来介绍“旋转线架”命令。首先打开台灯座源文件；然后启动“旋转”命令，设置刀具参数和加工参数，生成刀具路径；最后设置毛坯，进行模拟仿真加工，生成 NC 代码。

台灯座加工操作步骤如下。

1. 打开文件

单击“快速访问工具栏”中的“打开”按钮，在弹出的“打开”对话框中选择“源文件/原始文件/第 8 章/台灯座”文件，单击“打开” 打开(O) 按钮，完成文件的调取，如图 8-10 所示。

2. 设置机床

单击“机床”选项卡“机床类型”面板中的“铣床”按钮，选择“默认”选项，在刀路操作管理器中生成机床群组属性文件。

3. 创建旋转加工刀具路径 1

（1）选择加工线框串连

① 单击“刀路”选项卡“2D”面板中的“旋转”按钮，系统弹出“线框串连”对话框，选择旋转串连和旋转中心点，如图 8-11 所示。

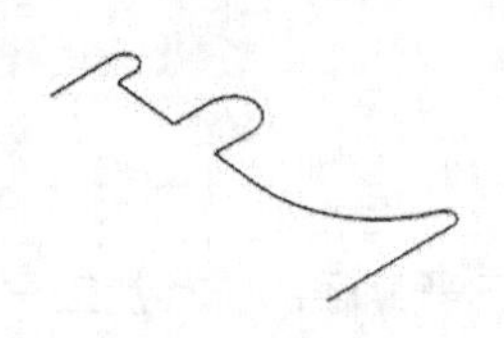

图 8-10 台灯座

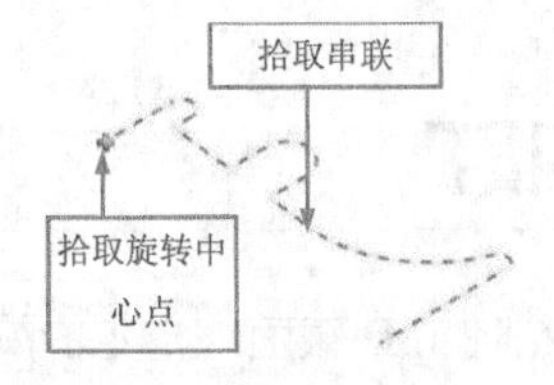

图 8-11 选择旋转串连和旋转中心点

② 系统弹出“旋转”对话框，该对话框用来设置刀具路径参数、旋转加工参数等。

（2）设置刀具

① 在“刀具参数”中单击“选择刀库刀具”按钮，弹出“选择刀具”对话框，选择直径为 10 的球形铣刀，单击“确定”按钮，返回“旋转”对话框。

② 双击刀具图标，弹出“编辑刀具”对话框，设置刀具“总长度”为 120，“刀齿长度”为 80。单击“下一步”按钮，设置“XY 轴粗切步进量”为 75%，“Z 轴粗切深度”为 75%，“XY 轴精修步进量”为 30%，“Z 轴精修深度”为 30%，单击“点击重新计算进给率和主轴转速”按钮，重新生成切削参数。单击“完成”按钮，系统返回“直纹加工”对话框。

（3）设置旋转加工参数

① 单击“旋转加工参数”选项卡，参数设置如图 8-12 所示。

② 单击“旋转”对话框中的“确定”按钮，完成参数设置。系统根据设置的参数生成旋转加工刀具路径，其结果如图 8-13 所示。

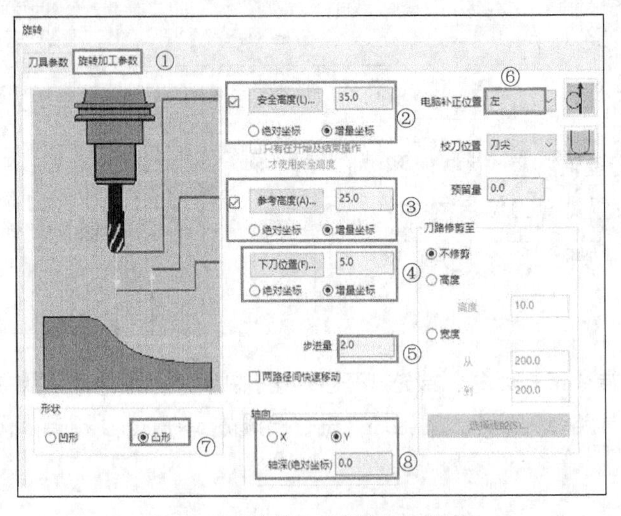

图 8-12 “旋转加工参数”选项卡 2

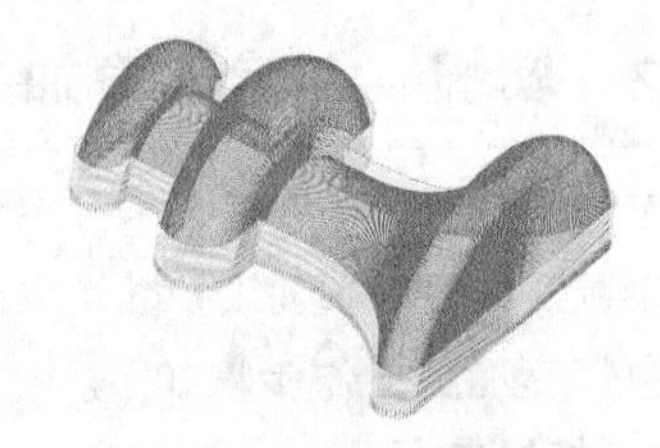

图 8-13 旋转加工刀具路径 1

4. 创建旋转加工刀具路径 2

（1）单击“视图”选项卡“屏幕视图”面板中的“仰视图”按钮，将当前视图设置为仰视图。

（2）单击“刀路”选项卡“2D”面板中的“旋转”按钮，系统弹出“线框串连”对话框，选择旋转串连和旋转中心点，将“旋转加工参数”选项卡中的“电脑补正位置”设置为“右”，其他参数设置参照步骤 3，生成的旋转加工刀具路径如图 8-14 所示。

5. 仿真加工

（1）设置毛坯

在刀路操作管理器中单击“毛坯设置”按钮 毛坯设置，系统弹出“机床群组属性”对话框，设置毛坯形状为“圆柱体”，轴向为“Y”轴，设置毛坯尺寸为“176,210”，单击毛坯原点“选择”按钮，拾取图 8-15 所示的原点，勾选“显示”复选框，单击“确定”按钮，完成工件参数设置，生成的毛坯如图 8-16 所示。

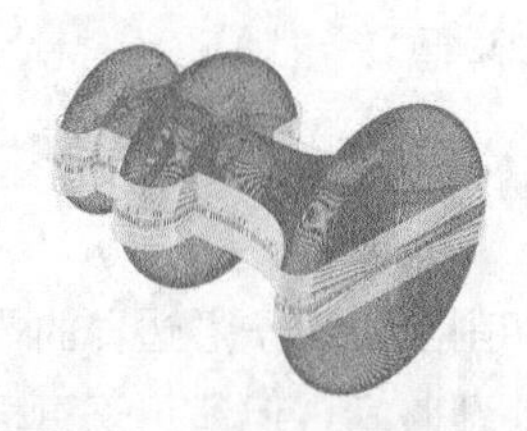

图 8-14　旋转加工刀具路径 2

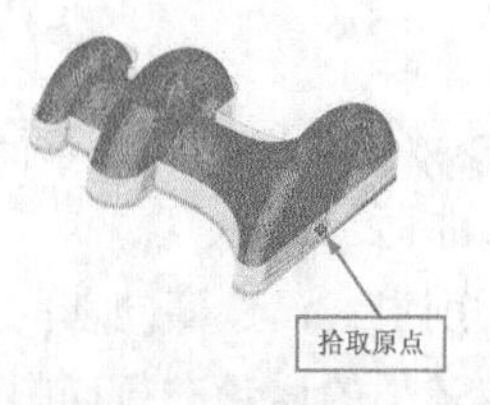

图 8-15　拾取原点

（2）仿真加工

单击刀路操作管理器中的“验证已选择的操作”按钮，系统弹出“验证”对话框，单击“播放”按钮，系统开始进行模拟，仿真加工结果如图 8-17 所示。

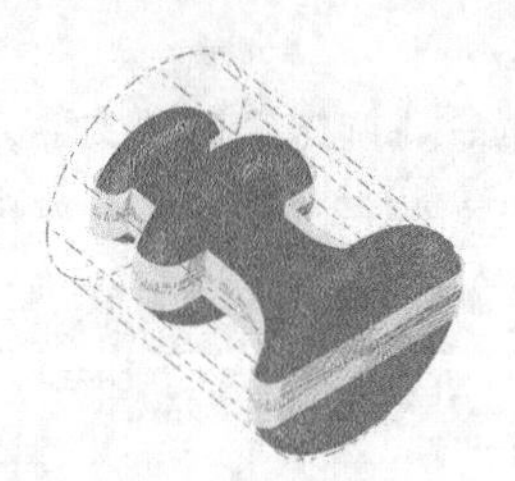

图 8-16　生成的毛坯

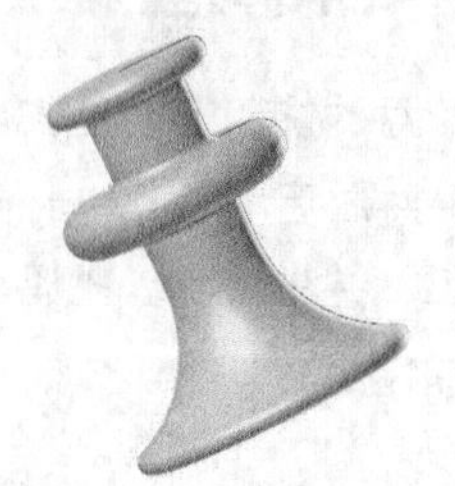

图 8-17　仿真加工结果

8.3　2D 扫描加工

2D 扫描加工是指依照 2D 截面外形沿指定的 2D 引导外形扫描产生刀具路径的一种工件加工方式，此刀路仅有一个截面和引导外形。

8.3.1　2D 扫描加工参数介绍

单击“刀路”选项卡“2D”面板中的“2D 扫描”按钮，弹出“线框串连”对话框，分别选取扫描截面、扫描路径和两者的交点，系统弹出“2D 扫描”对话框，如图 8-18 所示。

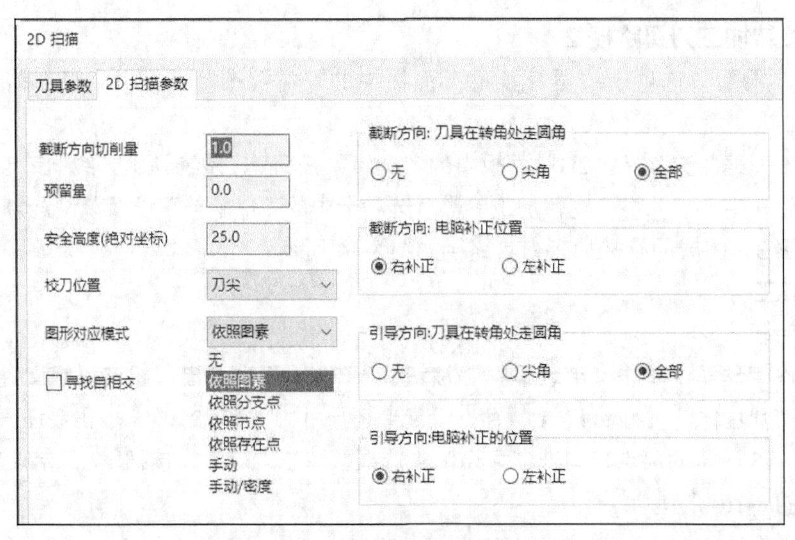

图 8-18 “2D 扫描”对话框

单击“2D 扫描参数”选项卡，设置扫描 2D 线框刀具路径的相关参数。此刀具路径是通过扫描一个轮廓外形来模拟曲面创建的。

（1）截断方向切削量：设置横向切削之间的距离。切削量应用于沿边界的最长部分。此参数可确定表面平滑度，以较小的增量进行切削时需要更长的处理时间，但适用于更极端的曲面曲率。零件的曲率越大，步长越小。在相当平坦的表面上，可以使用更大的切削距离。

（2）图形对应模式：设置刀具路径生成的模式。选择“手动”或“手动/密度”则需要额外的数据输入。

8.3.2 实操——太阳花盘加工

本例通过太阳花盘的加工来介绍 2D 扫描线架加工命令。首先打开源文件，将绘图平面和刀具平面设置为仰视图；然后启动“2D 扫描”命令，设置刀具参数和加工参数，生成刀具路径；最后设置毛坯模拟仿真加工，并生成 NC 代码。

太阳花盘加工操作步骤如下。

1. 打开文件

单击“快速访问工具栏”中的“打开”按钮，在弹出的“打开”对话框中选择“源文件/原始文件/第 8 章/太阳花盘”文件，单击“打开” 打开(O) 按钮，完成文件的调取，如图 8-19 所示。

2. 设置机床

单击“机床”选项卡“机床类型”面板中的“铣床”按钮，选择“默认”选项，在刀路操作管理器中生成机床群组属性文件。

3. 创建 2D 扫描加工刀具路径

（1）选择加工线框串连

① 单击“视图”选项卡“屏幕视图”面板中的“仰视图”按钮，将当前视图设置为仰视图。

② 单击“刀路”选项卡“2D”面板中的“2D 扫描”按钮，系统弹出“线框串连”对话框，单击“单体”按钮，选择 2D 扫描截面，如图 8-20 所示。单击“串连”按钮，选择扫描路径，如图 8-21 所示。单击“确定”按钮，系统提示“输入引导方向和截面方向的交点”，选择 2D 扫描截面和路径的交点。

图 8-19　五棱台线架

图 8-20　选择 2D 扫描截面

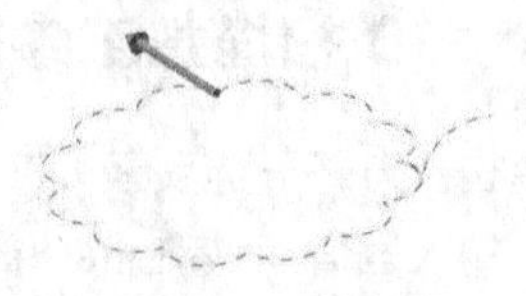

图 8-21　选择扫描路径

（2）设置刀具

① 系统弹出“2D 扫描”对话框，单击“选择刀库刀具”按钮，弹出“选择刀具”对话框，选择直径为 6 的球形铣刀，单击“确定”按钮，返回“2D 扫描”对话框。

② 双击刀具图标，弹出“编辑刀具”对话框，修改刀齿长度为 50。单击“下一步”按钮，设置“XY 轴粗切步进量”为 75%，“Z 轴粗切深度”为 75%，“XY 轴精修步进量”为 30%，“Z 轴精修深度”为 30%，单击“点击重新计算进给率和主轴转速”按钮，重新生成切削参数。单击“完成”按钮，系统返回“2D 扫描”对话框。

（3）设置 2D 扫描加工参数

① 单击“2D 扫描参数”选项卡，参数设置如图 8-22 所示。

② 单击“确定”按钮，完成参数设置。系统根据设置的参数生成刀具路径，其结果如图 8-23 所示。

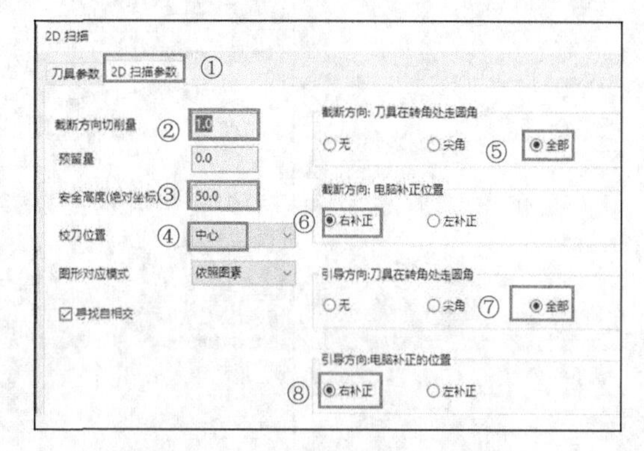

图 8-22　“2D 扫描参数”选项卡

4. 仿真加工

（1）设置毛坯

在刀路操作管理器中单击“毛坯设置”按钮 毛坯设置，系统弹出“机床群组属性”对话框，选择毛坯形状为“圆柱体”，轴向为“Z”轴，设置毛坯尺寸为“145,23”。勾选“显示”复选框，单击“确定”按钮，完成工件参数设置，生成的毛坯如图 8-24 所示。

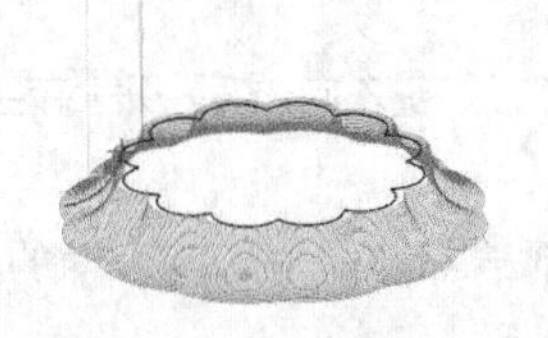

图 8-23　2D 扫描加工刀具路径

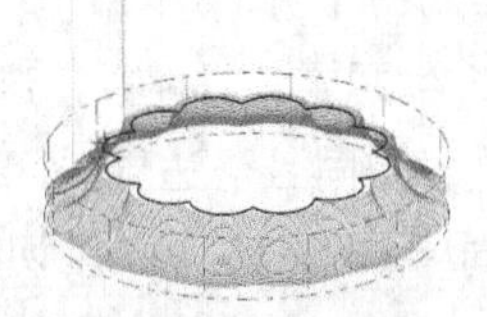

图 8-24　生成的毛坯

（2）仿真加工

单击刀路操作管理器中的“验证已选择的操作”按钮，系统弹出“验证”对话框，单击“播放”按钮，系统开始进行模拟，仿真加工结果如图 8-25 所示。

图 8-25　仿真加工结果

8.4　3D 扫描加工

3D 扫描加工能使 2D 截面沿着 3D 路径进行扫描，并产生 3D 扫描刀路。

8.4.1 3D 扫描加工参数介绍

单击“刀路”选项卡“2D”面板中的“3D 扫描”按钮，系统弹出“请输入断面外形数量”对话框，输入数值后按<Enter>键，系统弹出“线框串连”对话框，选择扫描截面和扫描路径，并单击“确定”按钮，系统弹出“3D 扫描”对话框。

单击“3D 扫描加工参数”选项卡，如图 8-26 所示。该选项卡用于输入扫描 3D 线框刀具路径的刀具路径参数。该刀具路径沿一个或多个其他轮廓扫掠和/或融合一个或多个轮廓，选项卡中部分参数设置如下。

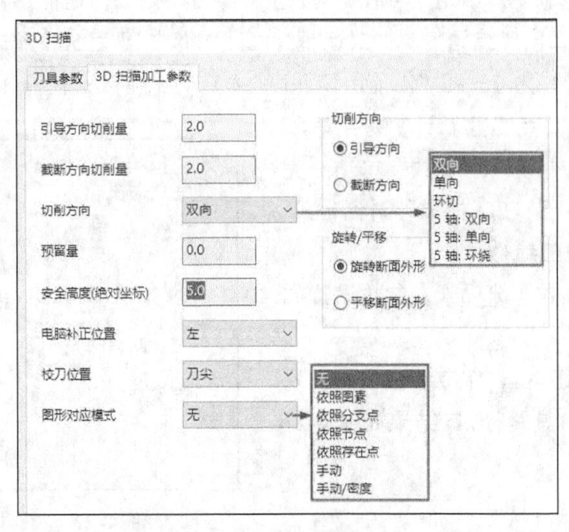

图 8-26 “3D 扫描加工参数”选项卡 1

（1）切削方向：用于在放样刀具路径时设置刀具运动，有以下 4 个选项。

① 双向：刀具始终停留在表面上，并在零件上来回移动。

② 单向：刀具快速上升到一个快速平面，再返回到切削的起点，并在同一方向上进行另一次切削。所有的切削都在同一个方向。

③ 环切：用于产生螺旋刀具路径。这种切削方法通常只与 Z 向恒定切削结合使用。仅当第一个和最后一个路径沿边界相同且沿边界关闭时才使用圆形。

④ “5 轴：双向/单向/环切”：5 轴切削使用 5 轴切削端部。此方法将表面的法向量输出 NCI 文件，允许后处理器生成 NC 代码。大多数立柱不支持 5 轴切削。

（2）旋转/平移：当沿单个边界定义 3D 扫描曲面时，该选项用于确定扫描曲线边界的方向。沿两个边界定义时该选项不可用。

8.4.2 实操——荷叶面加工

本例通过对荷叶面的加工来介绍“3D 扫描”线架加工命令。首先打开源文件；然后启动“3D 扫描”命令，设置刀具参数和加工参数，生成刀具路径；最后设置毛坯，进行模拟仿真加工，生成 NC 代码。

荷叶面加工操作步骤如下。

1. 打开文件

单击“快速访问工具栏”中的“打开”按钮，在弹出的“打开”对话框中选择“源文件/原始文件/第 8 章/荷叶面”文件，单击“打开” 按钮，完成文件的调取，如图 8-27 所示。

2. 设置机床

单击“机床”选项卡“机床类型”面板中的“铣床”按钮，选择“默认”选项，在刀路操作管理器中生成机床群组属性文件。

3. 创建 3D 扫描加工刀具路径

（1）选择加工线框串连

单击“刀路”选项卡“2D”面板中的“3D 扫描”按钮，在弹出的“请输入断面外形数量”对话框中输入截面数量 1 后按<Enter>键。系统弹出“线框串连”对话框，选择 3D 扫描截面，扫描截面方向如图 8-28 所示。再选取扫描路径，如图 8-29 所示。单击“确定”按钮，完成图素的选择。

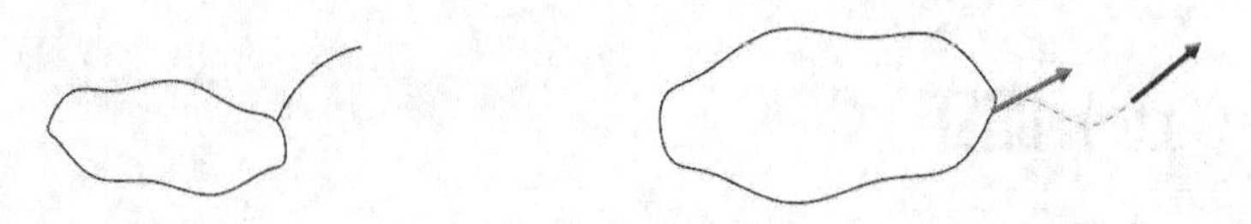

图 8-27　螺旋面线架　　　　图 8-28　扫描截面方向

（2）设置刀具

① 弹出“3D 扫描”对话框，单击“选择刀库刀具”按钮，弹出“选择刀具”对话框，选择直径为 8 的球形铣刀，单击“确定”按钮，返回“3D 扫描”对话框。

② 双击刀具图标，设置“刀齿长度”为 60，其他参数采用默认设置。单击“下一步”按钮，设置“XY 轴粗切步进量”为 75%，“Z 轴粗切深度”为 75%，“XY 轴精修步进量”为 30%，“Z 轴精修深度”为 30%，单击“点击重新计算进给率和主轴转速”按钮，重新生成切削参数。单击“完成”按钮，系统返回“3D 扫描”对话框。

（3）设置直纹加工参数

① 单击“3D 扫描加工参数”选项卡，参数设置如图 8-30 所示。

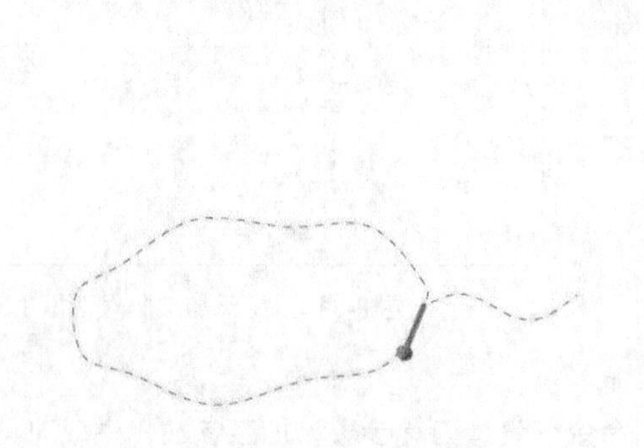

图 8-29　选取扫描路径

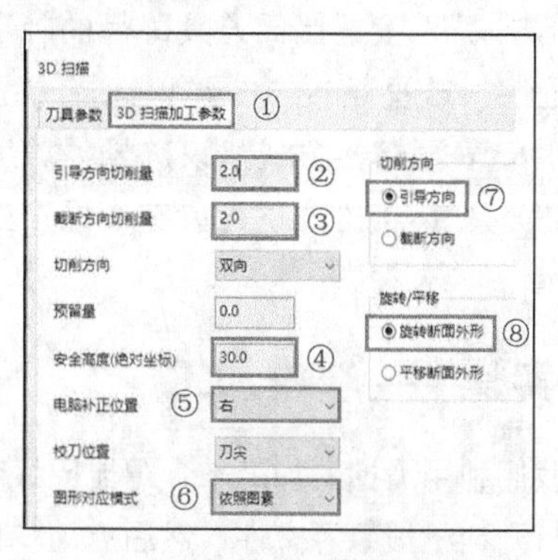

图 8-30　“3D 扫描加工参数”选项卡 2

② 单击“3D 扫描”对话框中的“确定”按钮，完成参数设置。系统根据设置的参数生成 3D 扫描加工刀具路径，如图 8-31 所示。

4. 仿真加工

（1）设置毛坯

在刀路操作管理器中单击“毛坯设置”按钮 毛坯设置，系统弹出“机床群组属性”对话框，设置毛坯形状为“圆柱体”，单击“所有图素”按钮，设置毛坯尺寸为“189,15”，修改“毛坯原点”的“*Z*”值为–10，单击“确定”按钮，完成工件参数设置，如图 8-32 所示。

（2）仿真加工

单击刀路操作管理器中的“验证已选择的操作”按钮，系统弹出“验证”对话框，单击“播放”按钮，系统开始进行模拟，仿真加工结果如图 8-33 所示。

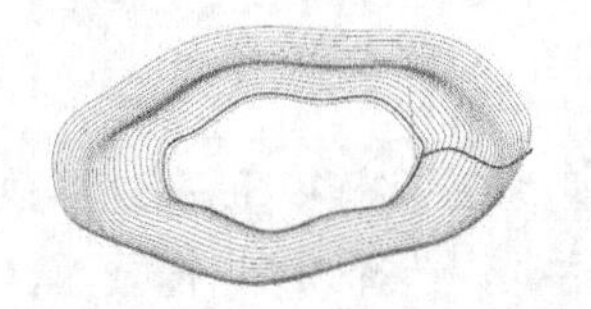

图 8-31　3D 扫描加工刀具路径

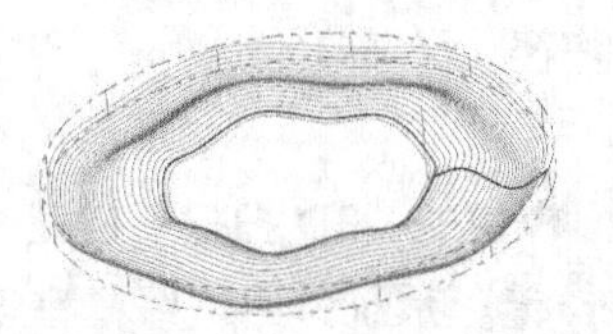

图 8-32　生成的毛坯

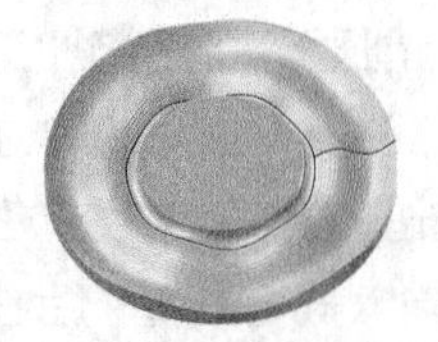

图 8-33　仿真加工结果

8.5　昆氏（式）加工

昆氏（式）加工主要对由昆氏线架组成的曲面模型进行加工。

8.5.1　昆式加工参数介绍

单击“刀路”选项卡“新群组”面板中的“昆氏加工”按钮，在弹出的“输入引导方向缀面数”和“输入截断方向缀面数”对话框中输入切削方向和截断方向的曲面数量，按<Enter>键，弹出“线框串连”对话框，选择切削方向和截断方向的串连。选择完成后，系统弹出“昆氏加工”对话框，如图 8-34 所示。

图 8-34　“昆氏加工”对话框 1

“昆式加工参数”选项卡用于设置昆氏线框刀具路径的参数。此刀具路径将截断方向曲线和引导方向曲线所界定的区域划分为一系列面片。

“熔接方式”：设置昆氏刀具路径的补丁类型。对于单个面片，表面熔接方式建议选择“线性”。对于多个面片，表面熔接方式建议选择“坡度匹配”。“抛物线和三次”熔接方式往往会在表面产生平坦的斑点。

8.5.2　实操——料槽加工

本例我们利用滑梯的加工来介绍昆氏线架加工命令。首先打开料槽线架源文件；然后启动“昆氏”命令，设置刀具参数和加工参数，生成刀具路径；最后设置毛坯模拟仿真加工，生成 NC 代码。

料槽加工操作步骤如下。

1. 打开文件

单击“快速访问工具栏”中的“打开”按钮，在弹出的“打开”对话框中选择“源文件/原始文件/第 8 章/料槽”文件，单击“打开”按钮，完成文件的调取，如图 8-35 所示。

2. 设置机床

单击“机床”选项卡“机床类型”面板中的“铣床”按钮，选择“默认”选项，在刀路操作管理器中生成机床群组属性文件。

3. 创建昆氏加工刀具路径

（1）选择加工线框串连

① 单击“刀路”选项卡“新群组”面板中的“昆氏加工”按钮，将昆氏截面的引导方向和截断方向曲面数量均设为 1，弹出“线框串连”对话框，单击“单体”按钮，根据系统提示分别拾取引导方向的串连 1、2，再单击对话框中的“部分串连”按钮，选择串连 3、4 的开始和结束部分，完成串连，如图 8-36 所示。单击“线框串连”对话框中的“确定”按钮。

技巧荟萃

引导方向和截面方向的串连段数必须要一致，否则弹出图 8-37 所示的“警告”对话框。

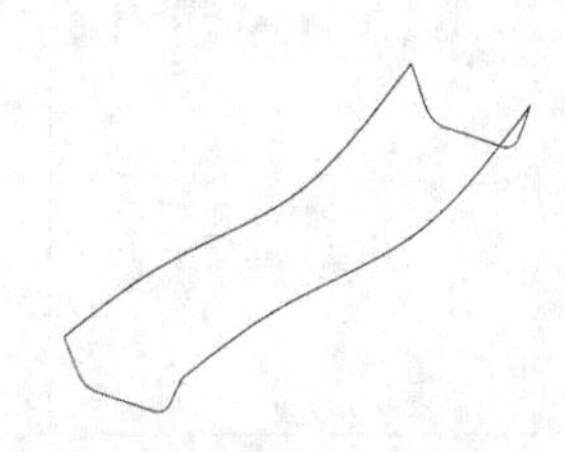

图 8-35　料槽线架

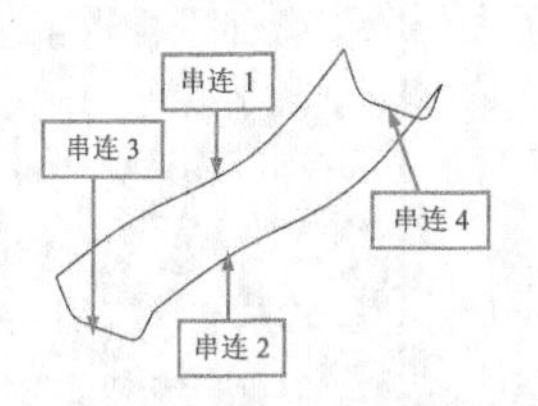

图 8-36　选择串连和点

图 8-37　“警告”对话框

② 系统弹出“昆氏加工”对话框，该对话框用来设置刀具路径参数、昆式加工参数。

（2）设置刀具

① 在“刀具参数”中单击“选择刀库刀具”按钮，弹出“选择刀具”对话框，选择直径为 8 的球形铣刀，单击“确定”按钮，返回到“昆氏加工”对话框。

② 双击刀具图标，弹出“编辑刀具”对话框。设置刀具总长为 150，刀齿长度为 120。单击“下一步”按钮，设置“XY 轴粗切步进量”为 75%，“Z 轴粗切深度”为 75%，“XY 轴精修步进量”为 30%，“Z 轴精修深度”为 30%，单击“点击重新计算进给率和主轴转速”按钮，重新生成切削参数。单击“完成”按钮，系统返回“昆氏加工”对话框。

（3）设置昆式加工参数

① 单击“昆式加工参数”选项卡，参数设置如图 8-38 所示。

② 单击“昆氏加工”对话框中的“确定”按钮，完成参数设置。系统根据设置的参数生成昆氏加工刀具路径。其结果如图 8-39 所示。

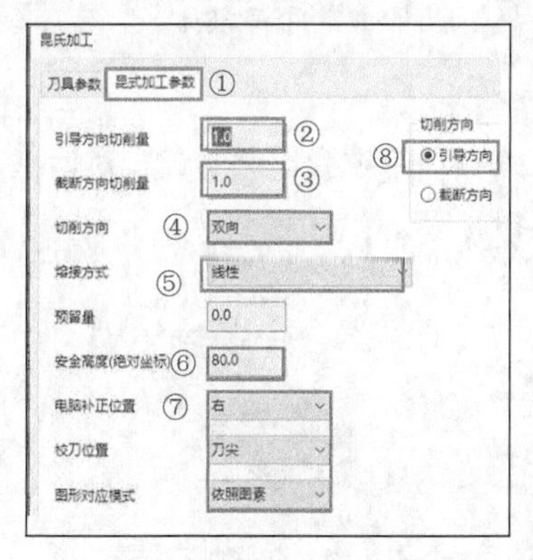

图 8-38　“昆氏加工”对话框 2

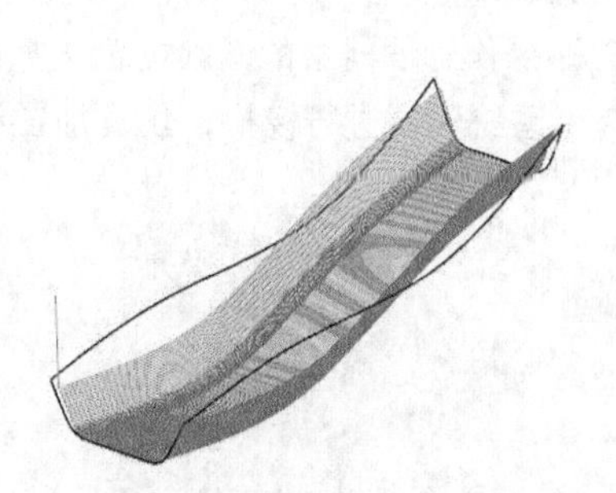

图 8-39　昆氏加工刀具路径

4. 创建直纹加工刀具路径

① 单击“视图”选项卡“屏幕视图”面板中的“前视图”按钮，将当前视图设置为前视图。

② 单击“刀路”选项卡“2D”面板中的“直纹”按钮，系统弹出“线框串连”对话框，拾取图 8-40 所示的串连，选择直径为 8 的球形铣刀。

③ 单击“直纹加工参数”选项卡，参数设置如图 8-41 所示。

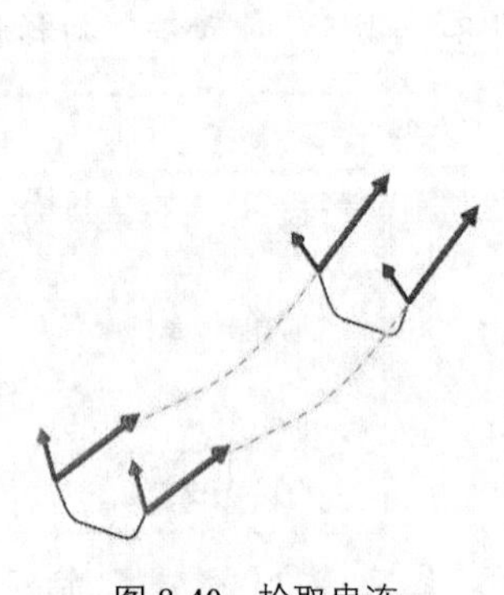

图 8-40　拾取串连

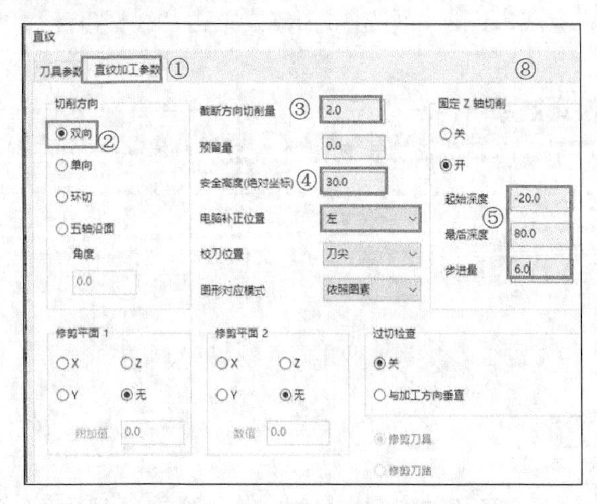

图 8-41　“直纹加工参数”选项卡

④ 单击“确定”按钮，完成参数设置，系统根据设置的参数生成刀具路径，其结果如图 8-42 所示。

5. 仿真加工

（1）设置毛坯

在刀路操作管理器中单击“毛坯设置”按钮 毛坯设置，系统弹出“机床群组属性”对话框，毛坯形状选择“实体/网格”，单击其后的“选择”按钮，在绘图区中打开图层 2，拾取图 8-43 所示的实体。勾选“显示”复选框，单击“确定”按钮，完成工件参数设置，生成的毛坯如图 8-44 所示。

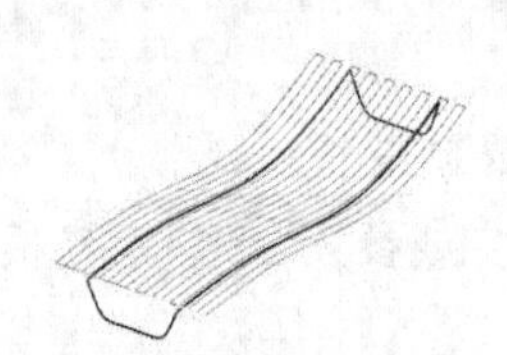

图 8-42　直纹加工刀具路径

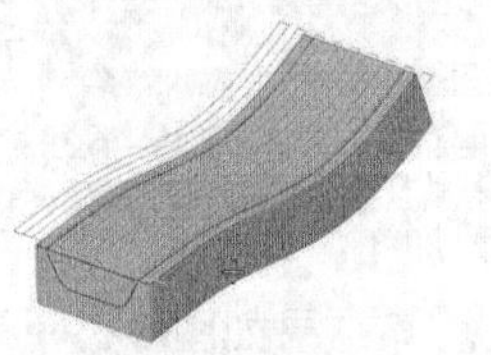

图 8-43　拾取实体

（2）仿真加工

单击刀路操作管理器中的“验证已选择的操作”按钮，系统弹出“验证”对话框，单击“播放”按钮，系统开始进行模拟，仿真加工结果如图 8-45 所示。

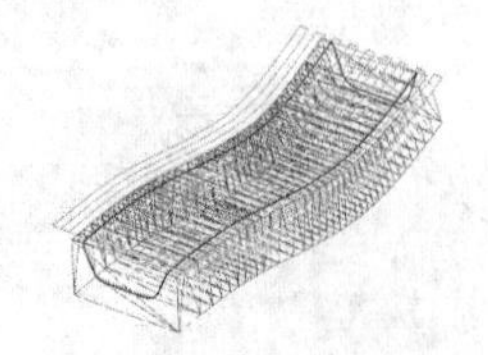

图 8-44　生成的毛坯

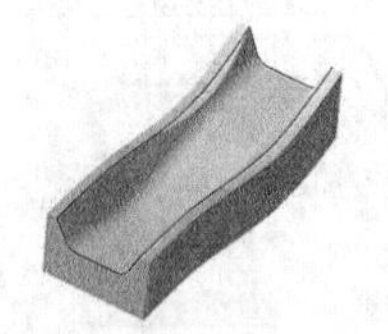

图 8-45　仿真加工结果

8.6 举升加工

举升加工能对多个举升截面产生举升加工刀具路径。举升加工刀具路径操作与举升曲面操作一致。

8.6.1 举升加工参数介绍

单击“刀路”选项卡“2D”面板中的“举升”按钮，系统弹出“线框串连”对话框，选择举升线框，系统弹出“举升加工”对话框。

单击“举升参数”选项卡，如图 8-46 所示。该选项卡用于设置举升线架刀具路径的加工参数。此刀具路径模拟多个几何体串连上的举升曲面。

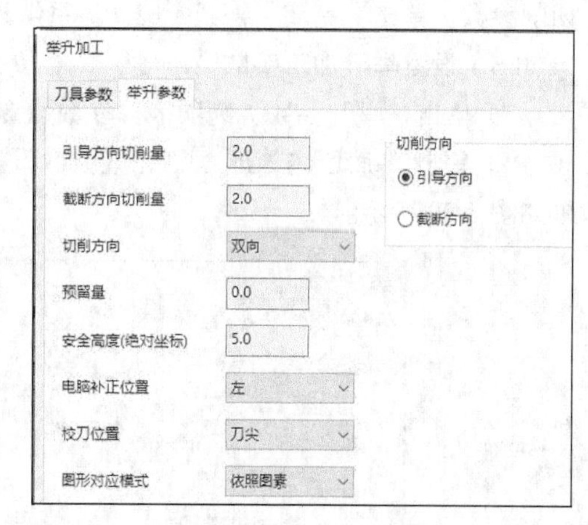

图 8-46 “举升加工”对话框

8.6.2 实操——油篓加工

本例通过油篓的加工来介绍“举升”加工命令。首先打开油篓源文件，该线架结构需要进行两步加工，先以俯视图视角对其上半部分进行加工，再以仰视图视角对其下半部分进行加工。然后启动“举升”命令，设置刀具参数和加工参数，创建刀具路径。最后设置毛坯模拟仿真加工并生成 NC 代码。

油篓加工操作步骤如下。

1. 打开文件

单击“快速访问工具栏”中的“打开”按钮，在弹出的“打开”对话框中选择“源文件\原始文件\第 8 章\油篓”文件，单击“打开”按钮，完成文件的调取，如图 8-47 所示。

2. 设置机床

单击“机床”选项卡“机床类型”面板中的“铣床”按钮，选择“默认”选项，在刀路操作管理器中生成机床群组属性文件。

3. 创建举升加工刀具路径 1

（1）拾取加工串连

单击“刀路”选项卡“2D”面板中的“举升”按钮，系统弹出“线框串连”对话框，自上而下拾取图 8-48 所示的串连，注意方向一致，起点对应，且串连拾取的先后顺序会影响加工顺序。

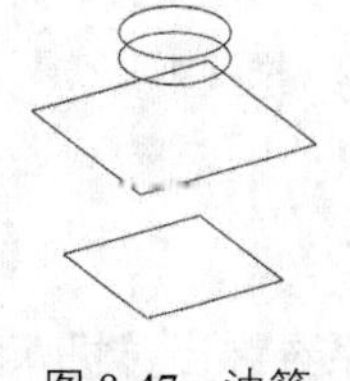

图 8-47 油篓

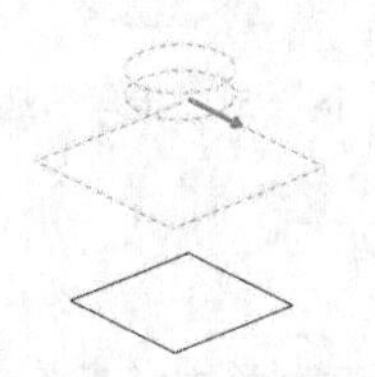

图 8-48 拾取串连 1

（2）设置刀具

① 系统弹出“举升加工”对话框，在“刀具”选项卡中单击“选择刀库刀具”按钮，系

统弹出“选择刀具”对话框，选取直径为 8 的球形铣刀（BALL-NOSE END MILL）。单击“确定”按钮，返回“举升加工”对话框。

② 双击刀具图标，弹出“编辑刀具”对话框，设置刀具总长为 200，刀齿长度为 180。单击“下一步”按钮，设置“XY 轴粗切步进量”为 75%，“Z 轴粗切深度”为 75%，“XY 轴精修步进量”为 30%，“Z 轴精修深度”为 30%，单击“点击重新计算进给率和主轴转速”按钮，重新生成切削参数。单击“完成”按钮。系统返回“举升加工”对话框。

（3）设置举升加工参数

① 单击“举升参数”选项卡，参数设置如图 8-49 所示。

② 单击“确定”按钮，完成参数设置。系统根据设置的参数生成举升加工刀具路径。其结果如图 8-50 所示。

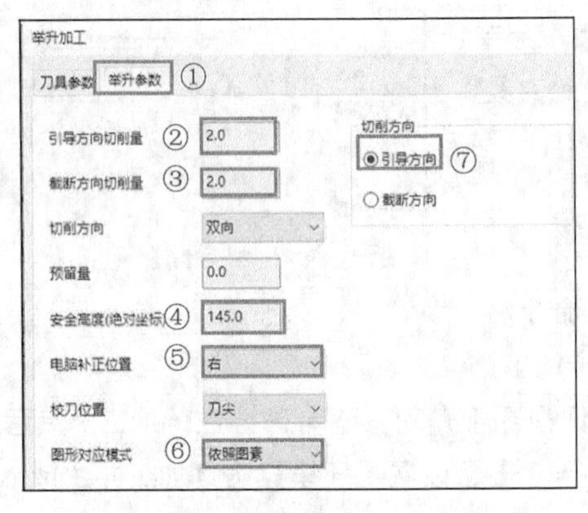

图 8-49 “举升参数”选项卡

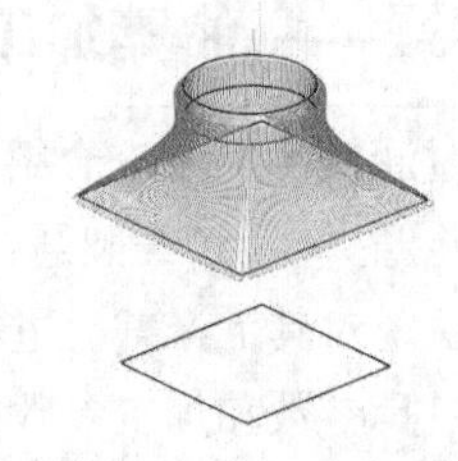

图 8-50 举升加工刀具路径 1

4. 创建举升加工刀具路径 2

（1）单击“视图”选项卡“屏幕视图”面板中的“仰视图”按钮，将当前视图设置为仰视图。

（2）单击“刀路”选项卡“2D”面板中的“举升”按钮，系统弹出“线框串连”对话框，自上而下依次拾取图 8-51 所示的串连。其他参数设置参照步骤 3，生成的举升加工刀具路径如图 8-52 所示。

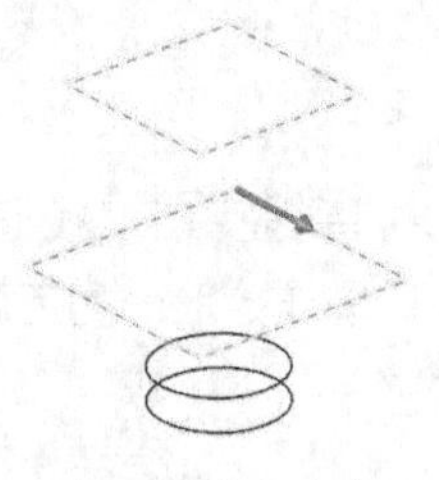

图 8-51 拾取串连 2

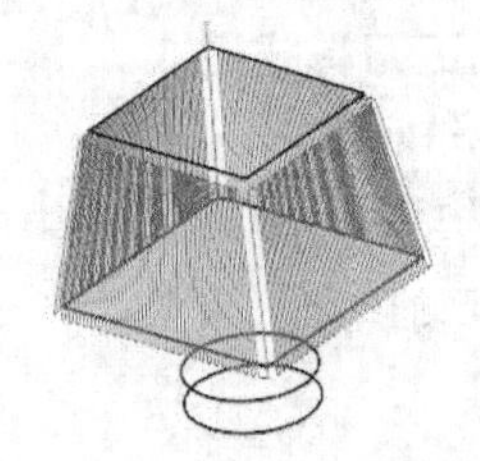

图 8-52 举升加工刀具路径 2

5. 仿真加工

（1）设置毛坯

在刀路操作管理器中单击“毛坯设置”按钮，系统弹出“机床群组属性”对话框，设置形状为“实体/网格”，单击其后的“选择”按钮，在绘图区中打开图层 2，拾取图 8-53 所示的实体。勾选“显示”复选框，单击“确定”按钮，完成工件参数设置，生成的毛坯如图 8-54 所示。

（2）仿真加工

单击刀路操作管理器中的“选择全部操作”按钮，选中所有操作。单击刀路操作管理器中的“验证已选择的操作”按钮，系统弹出“验证”对话框，单击“播放”按钮，系统开始进行模拟，仿真加工结果如图 8-55 所示。

图 8-53　拾取实体

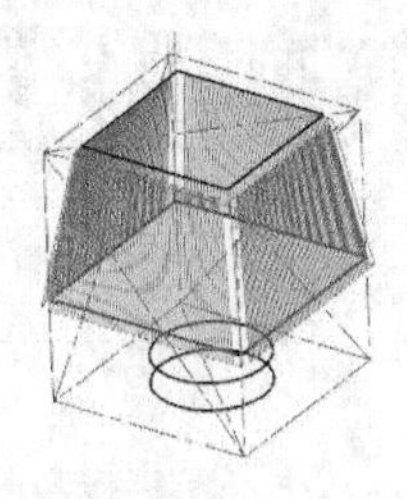

图 8-54　生成的毛坯

图 8-55　仿真加工结果

第 9 章

多轴加工

多轴加工不仅解决了特殊曲面和曲线的加工问题，而且还提高了加工精度，近年来多轴加工被广泛应用于工业自由曲面的加工。

知识点

- 曲线多轴加工
- 多曲面五轴加工
- 沿面多轴加工
- 多轴旋转加工
- 叶片专家多轴加工

案例效果

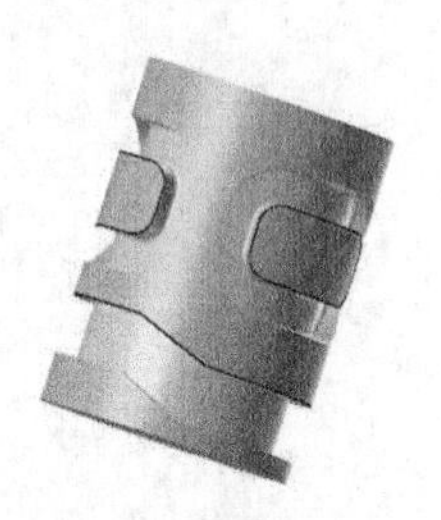

9.1 曲线多轴加工

曲线多轴加工多用于加工 3D 曲线或曲面的边界，根据不同的刀具轴控制，可以分为三轴加工、四轴加工或五轴加工。

9.1.1 曲线五轴参数介绍

单击“刀路”选项卡“多轴加工”面板“基本模型”组中的“曲线”按钮，系统弹出“多轴刀路-曲线”对话框。

1. “切削方式”选项卡

“切削方式”选项卡如图 9-1 所示。该选项卡用于为曲线多轴刀具路径建立切削参数。切削参数的设置决定了刀具沿该几何图形移动的方式，部分参数介绍如下。

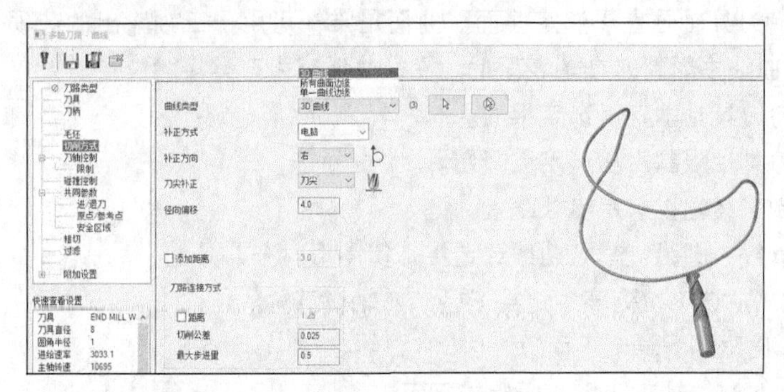

图 9-1 “切削方式”选项卡

（1）曲线类型：选择用于驱动曲线的几何类型。

① 3D 曲线：当切削需要串连几何体时，选择该项。3D 曲线可以是链状或实体。3D 曲线将被投影到一个曲面上以进行刀具路径处理。

② 所有曲面边缘/单一曲线边缘：当不需要使用曲线串连几何体时，建议使用曲面边，单击其后的“选择点”按钮 ，将返回到图形窗口以选择要切削的曲面和一条边，如果选择“所有曲面边缘”，则需要选择一条边作为起点，所选曲线的数量将显示在按钮的右侧。

（2）径向偏移：设置刀具中心根据补偿方向偏移（左或右）的距离。

（3）添加距离：设置刀具采用的路径的线性距离。当计算的矢量之间的距离大于距离增量值时，将向刀具路径添加一个附加矢量。

（4）距离：该选项用于限制工具运动，指定较小的值会创建更准确的刀具路径，但可能需要更长的生成时间并且可能会创建更长的 NC 代码。

（5）最大步进量：用于指定刀具向量的最大间距值。如果用户选择“距离”选项，则该项不可用。

2. “刀轴控制”选项卡

“刀轴控制”选项卡如图 9-2 所示。该选项卡用于为用户的多轴曲线刀具路径建立刀轴控制参数。刀轴控制参数用来确定刀具相对于被切削几何体的方向。

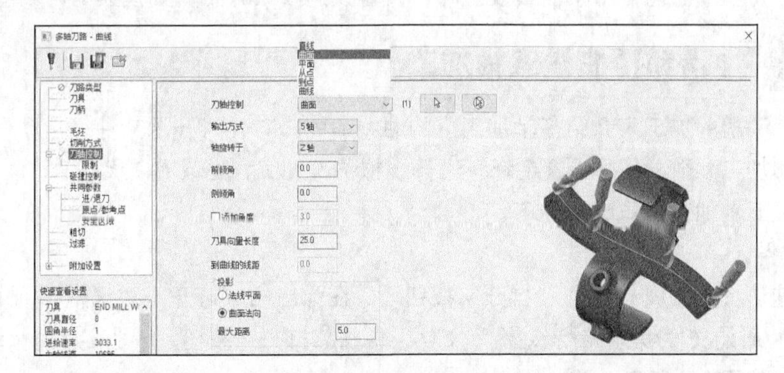

图 9-2 “刀轴控制”选项卡

（1）刀轴控制：从该下拉列表中选择刀轴控制的方式。单击“选择”按钮 ，返回图形窗口以选择适当的实体。实体数量显示在选择按钮的右侧。

① 直线：沿选定的线对齐工具轴。刀具轴将针对所选线之间的区域进行插值，以串连箭头指向刀具主轴的方式选择线条。

② 曲面：保持刀具轴垂直于选定曲面。曲面是唯一可用于三轴输出的选项。对于三轴输出，Mastercam 2022 将曲线投影到刀具轴表面上。投影曲线成为刀具接触位置。

③ 平面：保持刀具轴垂直于选定平面。

④ 从点：将刀具轴限制为从选定点开始。

⑤ 到点：限制工具轴在选定点处终止。

⑥ 曲线：沿直线、圆弧、样条曲线或链接几何图形对齐刀具轴。

（2）输出方式：从该下拉列表中选择三轴、四轴或五轴。

① 3 轴：将输出限制为单个平面。

② 4 轴：允许在旋转轴下选择一个旋转平面。

③ 5 轴：允许刀具轴在任何平面上旋转。

（3）轴旋转于：选择在加工中使用的 X 轴、Y 轴或 Z 轴来表示旋转轴。将此设置与用户机器的 4 轴输出的旋转轴功能相匹配。

（4）前倾角：沿刀具路径的方向向前倾斜刀具。

（5）侧倾角：输入倾斜工具的角度。沿刀具路径方向移动时向右或向左倾斜刀具。

（6）添加角度：选中该复选框并输入一个值。该值是相邻刀具矢量之间的角度测量值。当计算的矢量之间的角度大于角度增量值时，将向刀具路径添加一个附加矢量。

（7）刀具向量长度：输入一个值，该值通过确定每个刀具位置处的刀具轴长度来控制刀具路径显示，也用作 NCI 文件中的矢量长度。对于大多数刀具，使用 1in（1in=2.54cm）或 25mm 作为刀具矢量长度，输入较小的值会减少刀具路径的屏幕显示。当你对刀具路径显示感到满意时，将刀具矢量长度更改为更大的值，以创建更准确的 NCI 文件。

（8）到曲线的线距：这个值决定了直线离曲线多远并且仍然可以改变倾斜角度。此选项仅在“刀轴控制”设置为直线时可用。

（9）法线平面：使用当前构建平面作为投影方向，将曲线投影到工具轴曲面。

（10）曲面法向：投影垂直于刀具轴控制面的曲线。

（11）最大距离：“刀轴控制”为曲面时启用该选项。输入从 3D 曲线到它们将被投影到的表面的最大距离。当有多个曲面可用于曲线投影时，设置该选项很有用，如模具的内表面和外表面。

9.1.2 实操——滑动槽曲线五轴加工

本例通过滑动槽的加工来介绍多轴加工中的曲线命令。首先打开源文件，启动“曲线”命令，然后设置刀具和加工参数，最后设置毛坯，进行模拟仿真加工，生成 NC 代码。

滑动槽曲线五轴加工操作步骤如下。

1. 打开文件

单击“快速访问”工具栏中的“打开”按钮，在弹出的“打开”对话框中选择“源文件/原始文件/第 9 章/滑动槽”文件，单击“打开”按钮 打开(O) ，完成文件的调取，如图 9-3 所示。

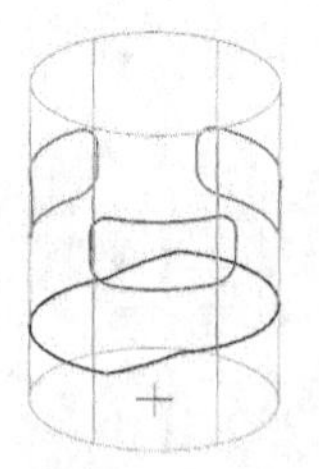

图 9-3 滑动槽

2. 设置机床

单击“机床”选项卡“机床类型”面板中的“铣床”按钮，选择“默认”选项，在刀路操作管理器中生成机床群组属性文件。

3. 创建曲线五轴加工刀具路径 1

单击“刀路”选项卡“多轴加工”面板中的“曲线”按钮，系统弹出“多轴刀路-曲线”对话框。

（1）单击“刀具”选项卡中的“选择刀库刀具”按钮，弹出“选择刀具”对话框，选择直径为 10、圆角半径为 0.5 的圆鼻铣刀，单击“确定”按钮，返回“多轴刀路-曲线”对话框。

（2）单击“切削方式”选项卡，参数设置如图 9-4 所示。

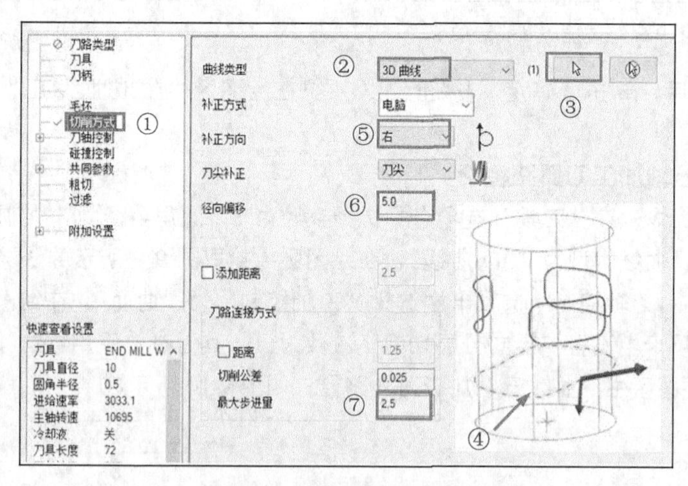

图 9-4 “切削方式”选项卡

（3）单击“刀轴控制”选项卡，参数设置如图 9-5 所示。

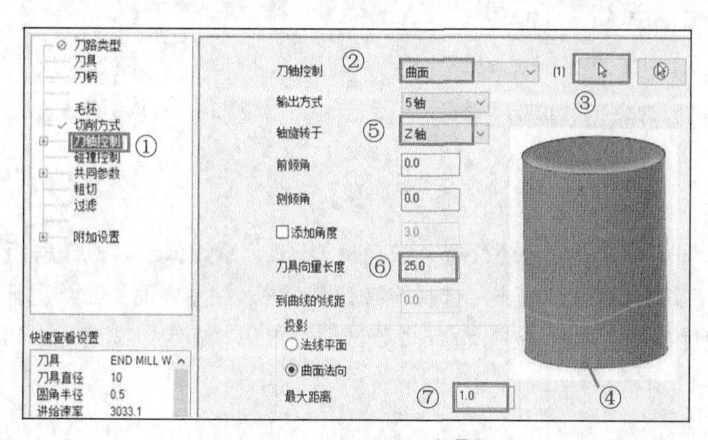

图 9-5 “刀轴控制”选项卡

（4）单击“碰撞控制”选项卡，参数设置如图 9-6 所示。

（5）单击“共同参数”选项卡，设置“安全高度”为 30，勾选“增量坐标”；“参考高度”为 10，勾选“增量坐标”；“下刀位置”为 2，勾选“增量坐标”；设置“刀具直径”为 100%。

（6）单击“粗切”选项卡，参数设置如图 9-7 所示。

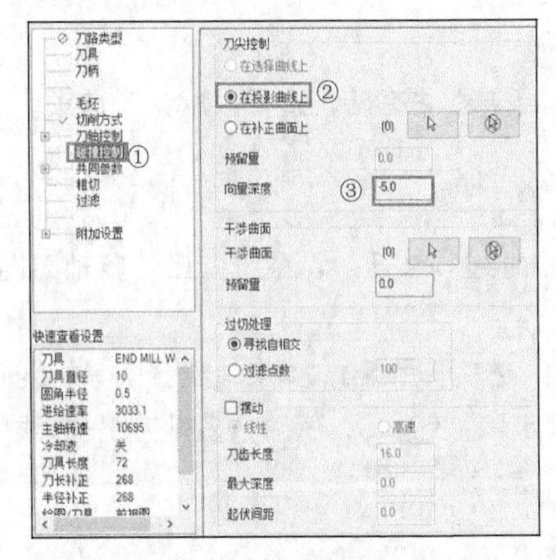

图 9-6 “碰撞控制”选项卡

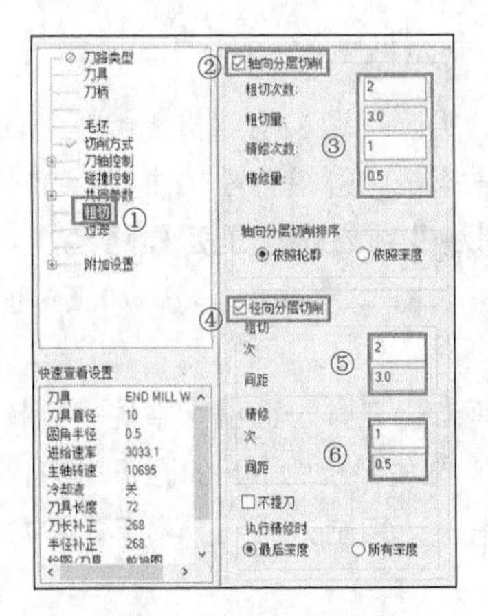

图 9-7 “粗切”选项卡

（7）设置完成后，单击“确定”按钮，系统在绘图区中生成曲线五轴加工刀具路径，如图 9-8 所示。

4. 创建曲线五轴加工刀具路径 2

重复“曲线”命令，在“刀具”选项卡中选择直径为 8，圆角半径为 1 的圆鼻铣刀。在“切削方式”选项卡中选择曲线类型为“3D 曲线”，在绘图区中拾取图 9-9 所示的 3 条曲线，设置“补正方向”为“左”。在“刀轴控制”选项卡中选择“刀轴控制”为“曲面”，在绘图区中拾取圆柱体曲面。在“粗切”选项卡中设置“径向分层切削”次数为 1，其他参数采用默认设置。单击“确定”按钮，系统在绘图区生成曲线五轴加工刀具路径，如图 9-10 所示。

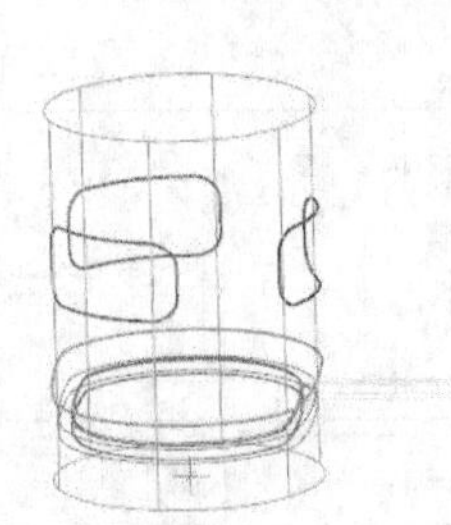

图 9-8 曲线五轴加工刀具路径 1

图 9-9 拾取 3 条曲线

5. 仿真加工

（1）设置毛坯

在刀路操作管理器中单击“毛坯设置”按钮 毛坯设置，系统弹出“机床群组属性”对话框，在“形状”组中选择“实体/网格”，单击“选择”按钮，进入绘图界面，在绘图区中选取圆柱实体，返回“机床群组属性”对话框。勾选“显示”复选框，单击“确定”按钮，完成毛坯材料设置，生成的毛坯如图 9-11 所示。

（2）仿真加工

单击刀路操作管理器中的“选择全部操作”按钮，选中所有操作。单击刀路操作管理器中的“验证已选择的操作”按钮，系统弹出“验证”对话框，单击“播放”按钮，系统进行模拟，仿真加工结果如图 9-12 所示。

（3）NC 代码

模拟检查无误后，在刀路操作管理器中单击“执行选择的操作进行后处理”按钮 G1，输入文件名称“实操——滑动槽曲线五轴加工”，生成的 NC 代码见本书的电子资源。

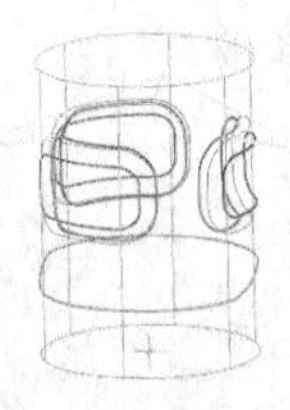
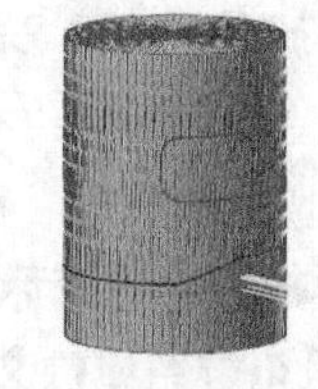
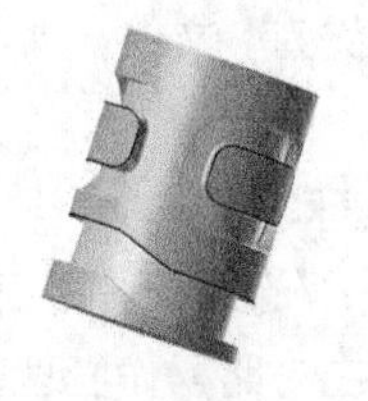

图 9-10　曲线五轴加工刀具路径 2　　图 9-11　生成的毛坯　　图 9-12　仿真加工结果

9.2 多曲面五轴加工

多曲面加工适用于一次加工多个曲面。根据不同的刀具轴控制，该模组可以生成四轴或五轴多曲面多轴加工刀路。

9.2.1 多曲面五轴加工参数介绍

单击“刀路”选项卡“多轴加工”面板中的“多曲面”按钮，系统弹出“多轴刀路-多曲面”对话框。

“切削方式”选项卡如图 9-13 所示。该选项卡用于设置曲面五轴加工模组的加工样板，加工样板既可以是已有的 3D 曲面，也可以定义为圆柱体、球形或立方体，部分参数介绍如下。

图 9-13　“切削方式”选项卡 1

（1）截断方向步进量：用于设置控制刀路之间距离的值。选取较小的值会创建更多的刀具路径，但刀具路径的生成时间可能更长并且可能会创建更长的 NC 代码。

（2）引导方向步进量：用于设置限制工具运动的值。指定的值是沿选定几何生成的向量之间的距离。选取较小的值会创建更准确的刀具路径，但刀具路径的生成时间可能更长并且可能会创建更长的 NC 代码。

9.2.2 实操——周铣刀多曲面加工

本例我们利用周铣刀的加工来介绍多轴加工中的多曲面命令，首先打开源文件，启动“多曲面”命令，然后设置刀具和加工参数，最后设置毛坯，进行模拟仿真加工，生成 NC 代码。

周铣刀多曲面加工操作步骤如下。

1. 打开文件

单击“快速访问”工具栏中的“打开”按钮，在弹出的“打开”对话框中选择“源文件/原始文件/第 9 章/周铣刀”文件，单击“打开”按钮打开(O)，完成文件的调取，如图 9-14 所示。

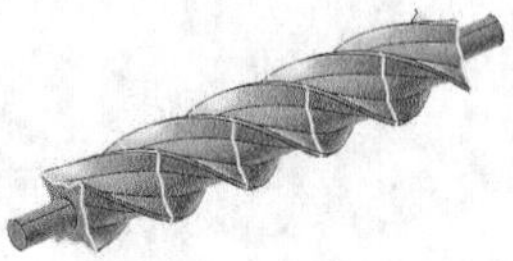

2. 设置机床

单击“机床”选项卡“机床类型”面板中的“铣床”按钮，选择“默认”选项，在刀路操作管理器中生成机床群组属性文件。

图 9-14　周铣刀

3. 创建周铣刀多曲面加工刀具路径

单击“刀路”选项卡“多轴加工”面板中的“多曲面”按钮，系统弹出“多轴刀路-多曲面”对话框。

（1）单击“刀具”选项卡中“选择刀库刀具”按钮选择刀库刀具...，弹出“选择刀具”对话框，选择直径为 4 的球形铣刀，单击“确定”按钮，返回“多轴刀路-多曲面”对话框。

（2）双击球形铣刀图标，弹出“编辑刀具”对话框。设置刀具总长为 80，刀齿长度为 50。其他参数采用默认设置。

（3）单击“切削方式”选项卡，参数设置如图 9-15 所示。

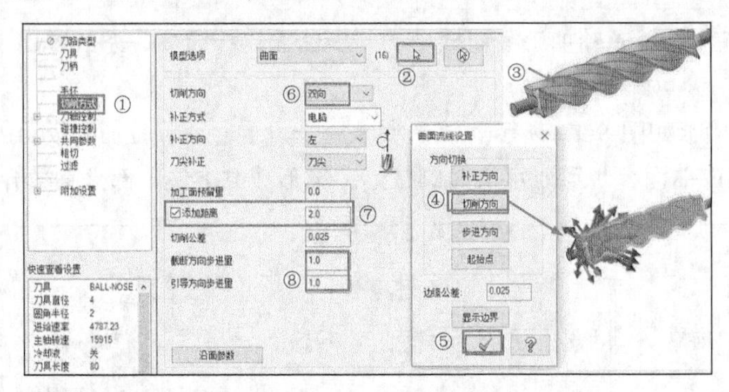

图 9-15　“切削方式”选项卡 2

（4）单击“刀轴控制”选项卡，参数设置如图 9-16 所示。

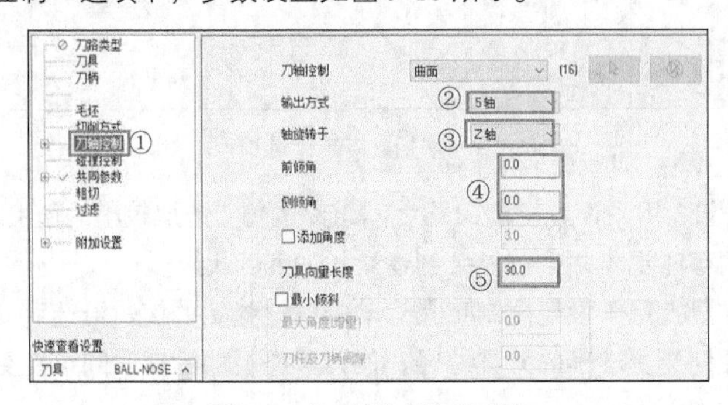

图 9-16　“刀轴控制”选项卡

（5）单击“共同参数”选项卡，设置“安全高度”为 30，勾选“增量坐标”，“刀具直径”为 80%。其他参数采用默认设置。

（6）设置完成后，单击“多轴刀路-多曲面”对话框中的“确定”按钮，系统在绘图区中生成周铣刀多曲面加工刀具路径，如图 9-17 所示。

4. 模拟仿真加工

（1）设置毛坯

在刀路操作管理器中单击“毛坯设置”按钮毛坯设置，系统弹出“机床群组属性”对话框，在

“形状”组中选择“实体/网格”单选按钮，单击“选择”按钮，进入绘图界面，打开图层 4，拾取实体，返回“机床群组属性”对话框。勾选“显示”复选框，单击对话框中的“确定”按钮，完成毛坯的参数设置，生成的毛坯如图 9-18 所示。

（2）仿真加工

单击刀路操作管理器中的“验证已选择的操作”按钮，系统弹出的“验证”对话框，单击“播放”按钮，系统进行模拟，仿真加工结果如图 9-19 所示。

图 9-17　周铣刀多曲面加工刀具路径

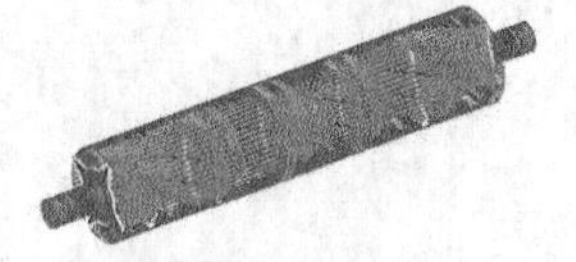

图 9-18　生成的毛坯

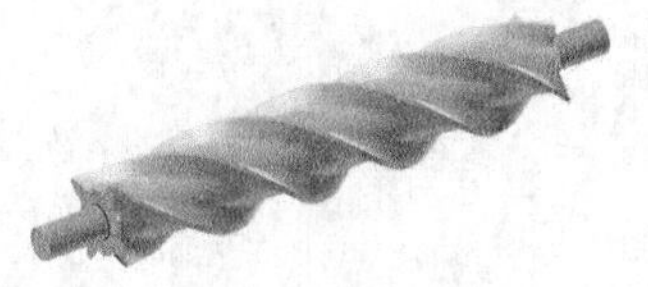

图 9-19　仿真加工结果

（3）NC 代码

模拟检查无误后，在刀路操作管理器中单击“执行选择的操作进行后处理”按钮G1，输入文件名称“实操——周铣刀多曲面加工”，生成的 NC 代码见本书电子资源。

9.3 沿面多轴加工

沿面多轴加工用于生成多轴沿面刀路。该模组与曲面的流线加工模组相似，但其刀具的轴为曲面的法线方向。用户可以通过控制残脊高度和进刀量来生成精确、平滑的精加工刀路。

9.3.1 沿面多轴加工参数介绍

单击“刀路”选项卡“多轴加工”面板中的“沿面”按钮，系统弹出“多轴刀路-沿面”对话框。

1. “切削方式”选项卡

“切削方式”选项卡如图 9-20 所示。该选项卡为多轴流刀具路径建立切割图案参数。切割图案设置决定了刀具遵循的几何图形，以及沿该几何图形移动的方式，部分参数介绍如下。

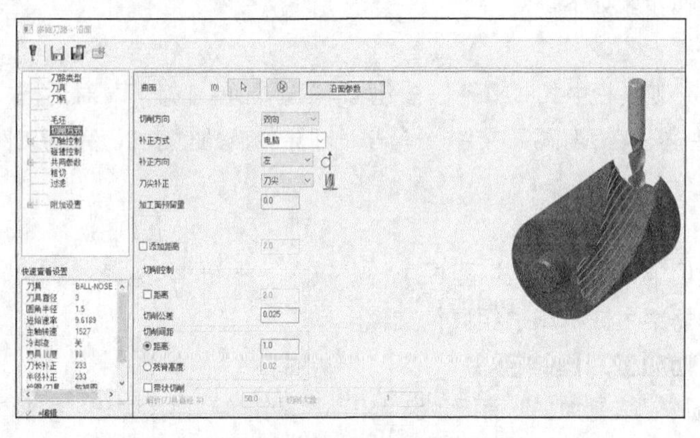

图 9-20　“切削方式”选项卡 1

（1）残脊高度：使用球形铣刀时，该选项用于指定路径之间剩余材料的高度。Mastercam 2022 根据此处输入的值和所选工具计算步距。

（2）带状切削：在曲面中间创建刀具路径，如沿着角撑板或支撑的顶部创建刀具路径。

（3）解析（刀具直径）：设置用于计算带状切削的刀具直径百分比，即控制刀具与上表面切片的垂直间距。设置较小的百分比会创建更多的切片，从而生成更精细的刀具路径。

2. “刀轴控制”选项卡

“刀轴控制”选项卡如图 9-21 所示。该选项卡可为多轴流、多曲面或端口刀具路径建立刀具轴控制参数。“刀轴控制”设置用于确定刀具相对于被切割几何体的方向，部分参数设置如下。

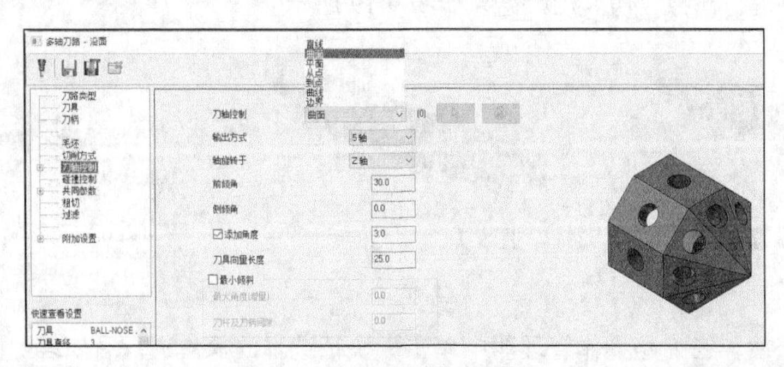

图 9-21 “刀轴控制”选项卡 1

（1）边界：刀轴控制方式。在闭合边界内或闭合边界上对齐刀具轴。如果切割图案表面法线在边界内，则刀具轴将与切割图案表面法线保持对齐。

（2）最小倾斜：勾选该复选框，则启用最小倾斜选项，用于调整刀具矢量以防止与零件发生潜在碰撞。

（3）最大角度增量：允许工具在相邻移动之间移动的最大角度。

（4）刀杆及刀柄间隙：设置刀杆和刀柄的间隙。当需要额外的间隙以避免零件或夹具时使用。

9.3.2 实操——滴漏沿面加工

本例通过滴漏的加工来介绍多轴加工中的沿面命令，沿面加工通过刀具侧刃进行切削。首先打开源文件，启动“沿面”命令，然后设置刀具和加工参数，最后设置毛坯，进行模拟仿真加工，生成 NC 代码。

滴漏沿面加工操作步骤如下。

1. 打开文件

单击“快速访问”工具栏中的“打开”按钮，在弹出的“打开”对话框中选择“源文件/原始文件/第 9 章/滴漏”文件，单击“打开”按钮，完成文件的调取，如图 9-22 所示。

图 9-22 滴漏

2. 设置机床

单击“机床”选项卡“机床类型”面板中的“铣床”按钮，选择“默认”选项，在刀路操作管理器中生成机床群组属性文件。

3. 创建沿面五轴加工刀具路径

单击“刀路”选项卡“多轴加工”面板中的“沿面”按钮，系统弹出“多轴刀路–多沿面”对话框。

（1）单击“刀具”选项卡中“选择刀库刀具”按钮，弹出“选择刀具”对话框，选择直径为 5 的球形铣刀，单击“确定”按钮，返回“多轴刀路–沿面”对话框。

（2）单击“切削方式”选项卡，参数设置如图 9-23 所示。

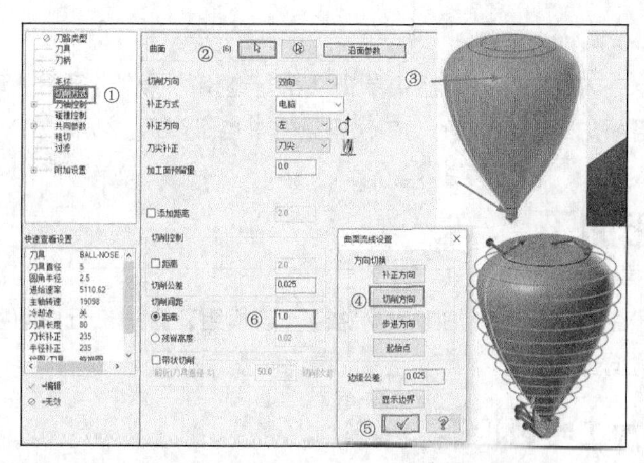

图 9-23 “切削方式”选项卡 2

（3）单击“刀轴控制”选项卡，参数设置如图 9-24 所示。

（4）单击“共同参数”选项卡，设置“安全高度”为 30，“刀具直径”为 80%。

（5）设置完成后，单击“确定”按钮，系统在绘图区中生成沿面五轴刀具路径，如图 9-25 所示。

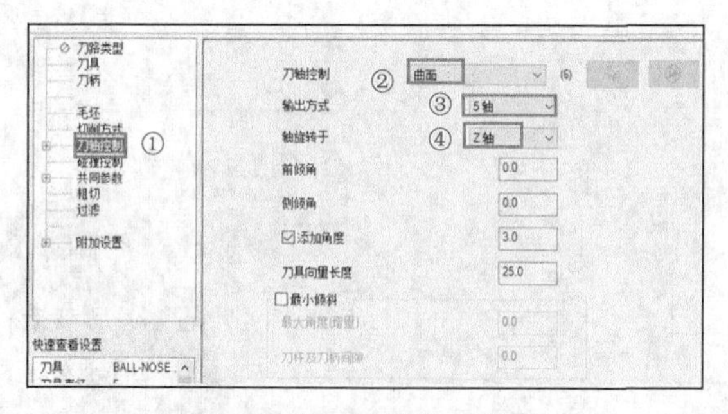

图 9-24 “刀轴控制”选项卡 2

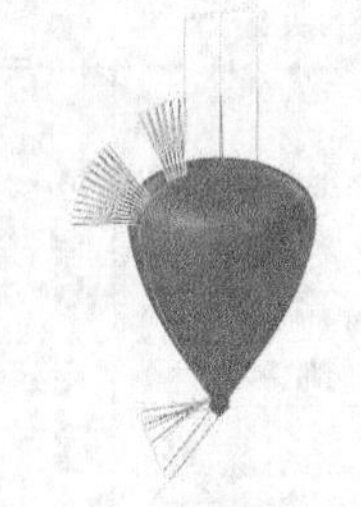

图 9-25 沿面五轴刀具路径

4. 模拟仿真加工

（1）设置毛坯

在刀路操作管理器中单击“毛坯设置”按钮，系统弹出“机床群组属性”对话框，在“形状”组中选择“圆柱体”单选按钮，设置轴向为“Z”轴，单击“所有图素”按钮，修改圆柱直径为 75。单击毛坯原点“选择”按钮，进入绘图界面，拾取底面圆心，勾选“显示”复选框，单击对话框中的“确定”按钮，完成毛坯的参数设置，生成的毛坯如图 9-26 所示。

（2）仿真加工

单击刀路操作管理器中的“验证已选择的操作”按钮，系统弹出的“验证”对话框，单击“播放”按钮，系统进行模拟，仿真加工结果如图 9-27 所示。

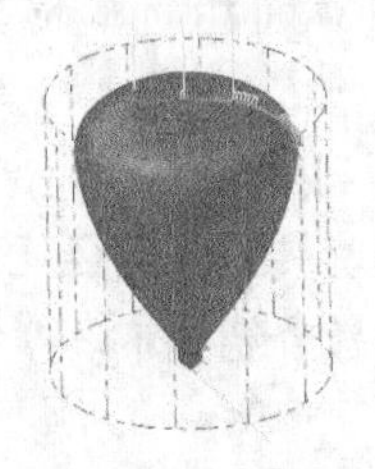

图 9-26 生成的毛坯

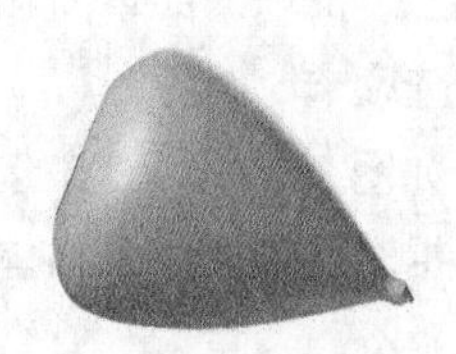

图 9-27 仿真加工结果

（3）NC 代码

模拟检查无误后，在刀路操作管理器中单击“执行选择的操作进行后处理”按钮G1，输入文件名称“实操——滴漏沿面加工”，生成的 NC 代码见本书电子资源。

9.4 多轴旋转加工

五轴旋转加工用于生成五轴旋转加工刀具路径，该模组适合加工近似圆柱体的工件，其刀具轴可在垂直于设定轴的方向上旋转。

9.4.1 多轴旋转加工参数设置

单击“刀路”选项卡“多轴加工”面板“扩展应用”组中的“旋转”按钮，系统弹出“多轴刀路-旋转”对话框。

1. “切削方式”选项卡

“切削方式”选项卡如图 9-28 所示，该选项卡用于为多轴旋转刀具路径建立切削模式参数，部分设置参数如下。

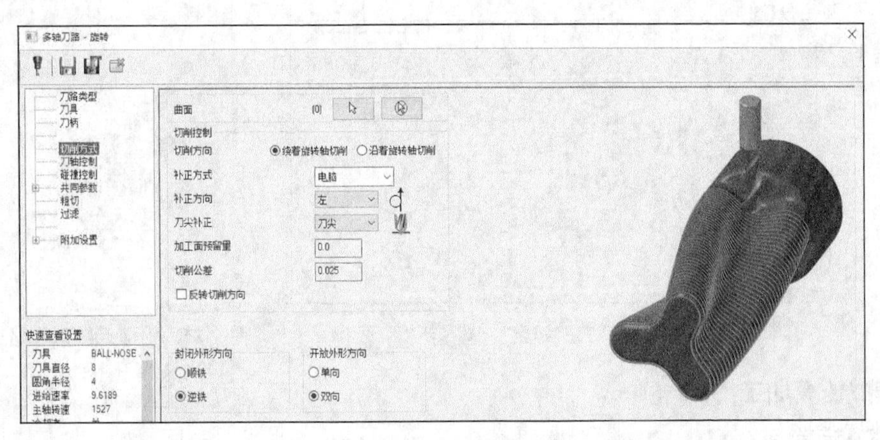

图 9-28 “切削方式”选项卡 1

（1）绕着旋转轴切削：刀具围绕零件做圆周移动。每加工完一周，刀具将沿旋转轴移动以进行下一次加工。

（2）沿着旋转轴切削：刀具平行于旋转轴移动。每一次完成平行于轴的走刀，刀具沿着圆周移动以进行下一次走刀。

（3）封闭外形方向：该选项为闭合轮廓选择所需的切削运动，形成一个连续的循环运动。Mastercam 2022 提供了 2 个选项，即顺铣和逆铣。

（4）开放外形方向：该选项为具有不同起点和终点位置的开放轮廓选择所需的切削运动。Mastercam 2022 提供了 2 个选项，即单向和双向。

2. “刀轴控制”选项卡

“刀轴控制”选项卡如图 9-29 所示。该选项卡用于为多轴旋转刀具路径建立刀具轴控制参数。“刀轴控制”设置确定刀具相对于被切削几何体的方向，部分参数介绍如下。

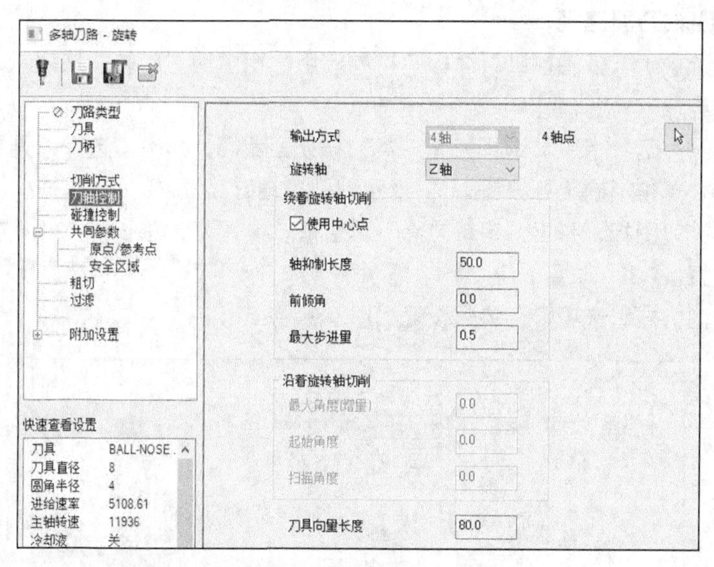

图 9-29 “刀轴控制”选项卡

（1）输出方式：对于旋转刀具路径，输出方式锁定为“4 轴”。单击“选择”按钮，返回图形窗口以选择旋转轴上的一个点。

（2）旋转轴：选择加工中使用的旋转轴。将此设置与用户机器的四轴输出的旋转轴功能相匹配。

（3）使用中心点：使刀具轴线位于工件中心点，系统输出相对于曲面的刀具轴线。

（4）轴抑制长度：输入一个值，该值根据距零件表面的特定长度确定刀具轴的位置。设置较长的轴抑制长度会在向量之间产生较小的角度变化；设置较短的轴抑制长度会提供更多的刀具位置和与表面紧密贴合的刀具路径。

（5）刀具向量长度：输入一个值，该值通过确定每个刀具位置处的刀具轴长度来控制刀具路径显示，也用作 NCI 文件中的矢量长度。对于大多数刀具，使用 1in（1in=2.54cm）或 25mm 作为刀具矢量长度。输入较小的值会减少刀具路径的屏幕显示。当你对刀具路径显示感到满意时，将刀具矢量长度更改为更大的值以创建更准确的 NCI 文件。

9.4.2 实操——无人机外壳加工

本例我们利用无人机外壳的加工来介绍多轴加工中的旋转命令，首先打开源文件，启动“旋转”命令；然后设置刀具和加工参数；最后设置毛坯，进行模拟仿真加工，生成 NC 代码。

无人机外壳加工操作步骤如下。

1. 打开文件

单击“快速访问”工具栏中的“打开”按钮，在弹出的“打开”对话框中选择“源文件/原始文件/第 9 章/无人机外壳”文件，单击“打开”按钮打开(O)，完成文件的调取，如图 9-30 所示。

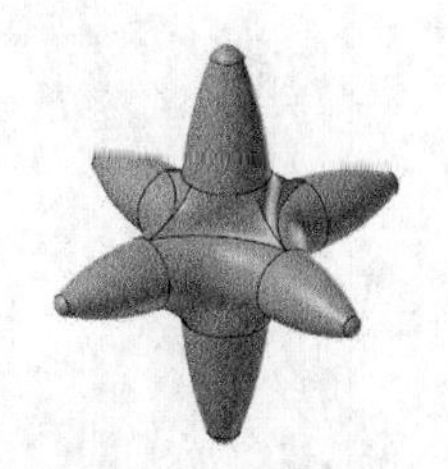

图 9-30 无人机外壳

2. 设置机床

单击“机床”选项卡“机床类型”面板中的“铣床”按钮，选择“默认”选项，在刀路操作管理器中生成机床群组属性文件。

3. 创建旋转四轴刀具路径

单击“刀路”选项卡“多轴加工”面板“扩展应用”组中的“旋转”按钮，系统弹出“多轴刀路-旋转”对话框。

（1）单击“刀具”选项卡中“选择刀库刀具”按钮[选择刀库刀具]，弹出“选择刀具”对话框，选择直径为 8 的球形铣刀，单击“确定”按钮，返回到“多轴刀路-旋转”对话框。

（2）双击球形铣刀图标，弹出“编辑刀具”对话框。设置刀具总长为 120，刀齿长度为 80。其他参数采用默认设置。

（3）单击“切削方式”选项卡，参数设置如图 9-31 所示。

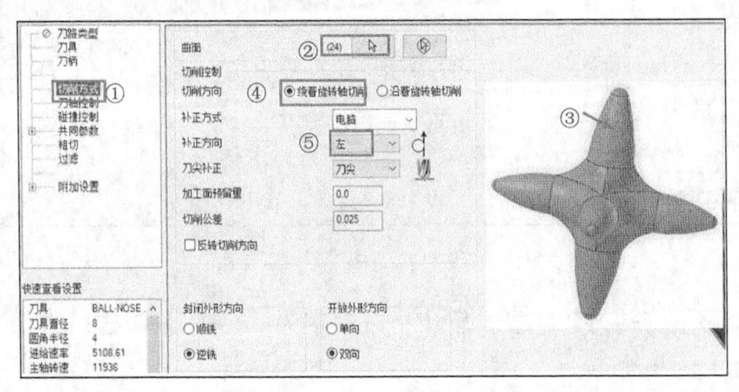

图 9-31 “切削方式”选项卡 2

（4）单击“刀轴控制”选项卡，参数设置如图 9-32 所示。

（5）单击“共同参数”选项卡，设置“安全高度”为 30，勾选“增量坐标”；“参考高度”为 10，勾选“增量坐标”；“下刀位置”为 2，勾选“增量坐标”；设置“刀具直径”为 100%。

（6）设置完后，单击“多轴刀路-旋转”对话框中的“确定”按钮，系统在绘图区中生成旋转四轴刀具路径，如图 9-33 所示。

4. 仿真加工

（1）设置毛坯

在刀路操作管理器中单击“毛坯设置”按钮[毛坯设置]，系统弹出“机床群组属性”对话框，在“形状”组中选择“圆柱体”单选按钮，设置轴向为“Z”轴，单击“所有实体”按钮[所有实体]，勾选“显示”复选框，单击“确定”按钮，完成毛坯材料设置。

（2）仿真加工

单击刀路操作管理器中的“验证已选择的操作”按钮，系统弹出的“验证”对话框，单击“播放”按钮，系统进行模拟，仿真加工结果如图 9-34 所示。

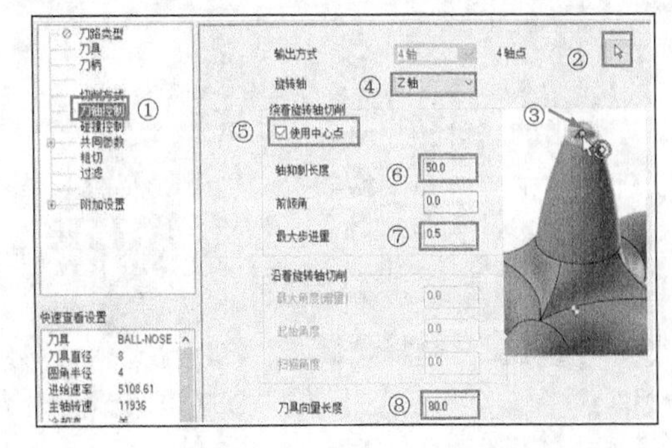

图 9-32 “刀轴控制”选项卡

图 9-33 旋转四轴刀具路径

图 9-34 仿真加工结果

（3）NC 代码

模拟检查无误后，在刀路操作管理器中单击“执行选择的操作进行后处理”按钮G1，输入文件名称“实操——无人机外壳加工”，生成的 NC 代码见本书电子资源。

9.5 叶片专家多轴加工

叶片专家多轴加工是针对叶轮、叶片或螺旋桨类零件提供的专门加工策略。

9.5.1 叶片专家多轴加工参数介绍

单击“刀路”选项卡“多轴加工”面板“扩展应用”组中的“叶片专家”按钮，系统弹出“多轴刀路-叶片专家”对话框。下面我们对其中重要的选项卡进行介绍。

1. “切削方式”选项卡

“切削方式”选项卡如图 9-35 所示。该选项卡用于为叶片专家刀具路径建立切削模式设置参数，参数介绍如下。

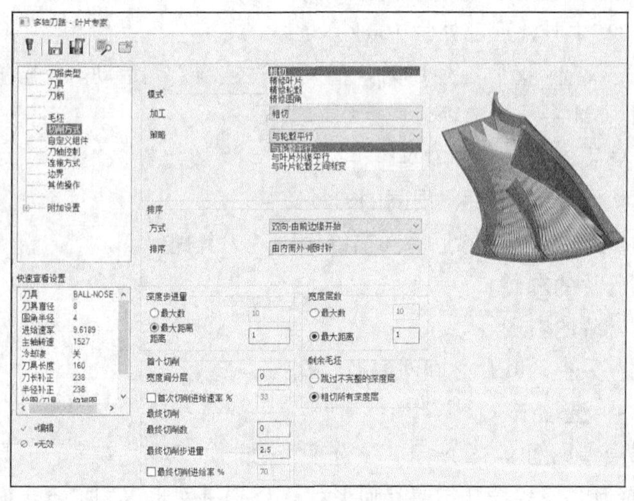

图 9-35 “切削方式”选项卡

（1）加工：从下拉列表中选择如下加工模式。

① 粗切：在刀片/分离器之间创建层和切片。

② 精修叶片：仅在叶片上创建切削路径。

③ 精修轮毂：仅在轮毂上创建切削路径。

④ 精修圆角：仅在叶片和轮毂之间的圆角上创建刀具路径。

（2）策略：从下拉列表中选择如下加工策略。

① 与轮毂平行：所有切削路径都平行于轮毂。

② 与叶片外缘平行：所有切削路径都平行于叶片外缘。

③ 与叶片轮毂之间渐变：切削路径是叶片外缘和轮毂之间的混合。

（3）方式：从下拉列表中选择排序方法。选项因选择的加工模式而异。通常，前缘最靠近轮毂的中心，后缘最靠近轮毂的圆周。

（4）排序：从下拉列表中选择排序顺序。

（5）最大数：若选择该项，则会使用整数创建深度分层切削数量或宽度切片，输入要创建的层数或切片数。层仅创建到叶片边缘。如果最大数量和距离的组合采用叶片边缘上方的层，则层数将被截断。

（6）最大距离：若选择该项，则会根据距离值创建深度分层切削数量或宽度切片，以及输入层或切片之间的距离。在叶片边缘和轮毂之间有变形时，刀具路径的实际距离会有所不同。

（7）距离：输入层之间的距离。必须输入一个值才能生成适当的切削路径。

（8）宽度间分层：输入要在第一个切片上创建的深度切削数。在工具完全切入材料之前，中间切片会创建较浅的切入切口。

（9）首次切削进给速率%：选中该复选框并输入用于第一次切削的加工进给率的百分比。

（10）跳过不完整的深度层：选择仅切削完整的图层。如果工具无法到达指定层的一部分，则不会被切削。

（11）粗切所有深度层：选择该项，则切削时会去除尽可能多的材料。该刀具将切削可以到达的所有深度，这可能会导致留下不完整的深度层。

（12）起始于%：在叶片边缘和轮毂之间存在变形时，输入一个定义切削起始位置的值。该值用作叶片高度的百分比，叶片根部（轮毂）处为0%。

（13）结束于%：在叶片边缘和轮毂之间存在变形时，输入一个定义切削结束位置的值。该值用作叶片高度的百分比，其中叶片顶部处为100%。

（14）外形：选择一个选项，则在使用刀片精加工时控制刀具运动。仅当加工模式选择“精修叶片”或“精修圆角”时，才会显示该项。包括以下选项。

① 完整：在叶片周围创建完整的刀具路径。

② 完整（修剪后边缘）：去除后缘周围的刀具路径。

③ 完整（修剪前/后边缘）：去除后缘和前缘周围的刀具路径。

④ 左侧：仅切削叶片的左侧。

⑤ 右侧：仅切削叶片的右侧。

⑥ 流道叶片内侧：只在两叶片之间创建刀具路径。

2．“自定义组件”选项卡

“自定义组件”选项卡如图 9-36 所示。该选项卡用于为“叶片专家”刀具路径建立零件定义参数。零件定义允许选择叶片、轮毂和护罩几何形状，还提供用于过切检查表面、毛坯定义、截面切削和切削质量的参数，部分参数介绍如下。

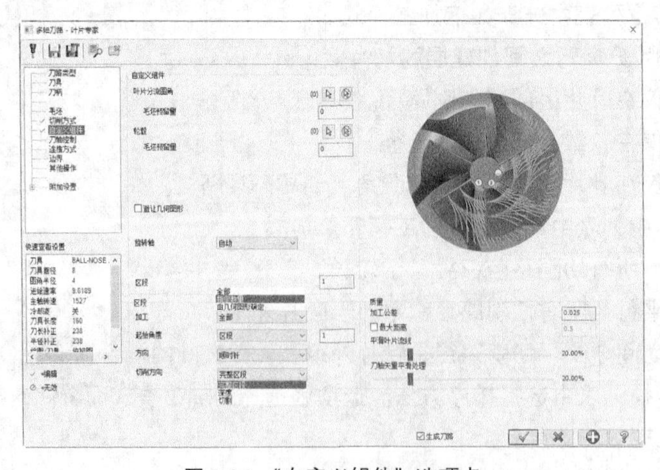

图 9-36 “自定义组件”选项卡

（1）叶片分流圆角：单击“选择”按钮，返回图形窗口进行曲面选择。选择包含线段的所有叶片、分流器和圆角曲面。节段是叶轮的一部分，包含两个相邻的主叶片、叶片之间的分流器，以及作为主叶片和分流器一部分的所有圆角。

（2）轮毂：单击“选择”按钮，返回图形窗口进行曲面选择。轮毂是叶片和分流器所在的旋转曲面。

（3）避让几何图形：若选中该复选框，则启用检查曲面的选择。单击“选择”按钮，返回图形窗口进行曲面选择。

（4）区段：输入叶轮中的段数。节段是叶轮的一部分，包含两个相邻的主叶片、叶片之间的分流器，以及作为主叶片和分流器一部分的所有圆角。

（5）加工：从下拉列表中选择要加工的段数。

① 全部：加工在区段输入框中定义的全部段数。

② 指定数量：输入要加工的段数。

③ 由几何图形确定：由选择的曲面确定要加工的段数。

（6）起始角度：输入要加工的初始角度位置。

（7）切削方向：从下拉列表中选择切削方向。

① 完整区段：在移动到下一个之前加工整个区段。

② 深度：在进行下一层之前，为所有段加工相同的层。

③ 切割：在进行下一个切片之前，为所有段加工相同的切片。

（8）平滑叶片流线：移动滑块以平滑分流器周围的刀具运动轨迹。刀具路径在设置为 0%的分流器周围没有平滑。

（9）刀轴矢量平滑处理：移动滑块以平滑刀具轴运动。设置为 0%不会更改刀具轴位置。移动滑块允许刀具路径更改刀具轴以创建更平滑的过渡。

3. “刀轴控制”选项卡

“刀轴控制”选项卡如图 9-37 所示。该选项卡用于为多轴叶片专家刀具路径建立刀轴控制参数。“刀轴控制”设置确定刀具相对于被切削几何体的方向，部分参数介绍如下。

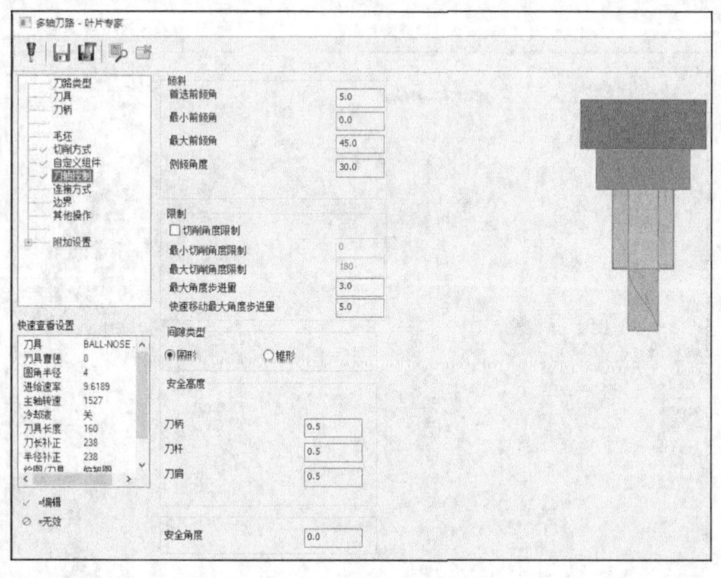

图 9-37 “刀轴控制”选项卡

（1）首选前倾角：输入刀具将用作默认角度的导程角。使用动态切削策略时，超前角的值可能会有所不同，但会在可能的情况下尝试返回首选角度。

（2）最小前倾角：输入要应用于刀具的最小导程角。当几何体需要滞后切削角时，输入负值。

（3）最大前倾角：输入要应用于刀具的最大导程角。刀具的倾斜角度不会超过从地板表面法线测量的该值。

（4）侧倾角度：输入刀具侧倾的最大角度。

（5）切削角度限制：选择以激活切削角度限制字段。输入最小限制角度和最大限制角度。这些角度定义了围绕在“自定义组件”页面上选择的具有旋转轴的圆锥体。

（6）最小切削角度限制：输入最小限制角度。

（7）最大切削角度限制：输入最大限制角度。

（8）最大角度步进量：输入允许刀具在相邻工作面间移动的最大角度。

（9）快速移动最大角度步进量：输入间隙区域行程的刀具移动的最大角度变化值。角度步进量越小，将计算的段数越多。

（10）圆形：选择该项，则会使用围绕刀具截面的圆柱体来定义刀具间隙值。

（11）锥形：选择该项，则会在刀具截面周围用圆锥体定义刀具间隙值。较低的偏移值适用于刀尖末端。

（12）刀柄：输入一个距离，该距离是刀柄距被切削零件的最小距离。如果选中，此距离将应用于检查曲面。当间隙类型使用锥形时，刀尖处的偏移值更低。

（13）刀杆：输入一个距离，该距离是刀杆距被切削零件的最小距离。如果选中，此距离将应用于检查曲面。当间隙类型使用锥形时，刀尖处的偏移值更低。

（14）刀肩：输入一个距离，该距离是刀肩距被切削零件的最小距离。如果选中，此距离将应用于检查曲面。当间隙类型使用锥形时，刀尖处的偏移值更低。

（15）安全角度：输入刀具周围间隙的角度。该角度是从刀具尖端到刀具的最宽点测量的。

4. “连接方式”选项卡

“连接方式”选项卡如图 9-38 所示。该选项卡用于设置刀具在不切削材料时如何移动，部分参数介绍如下。

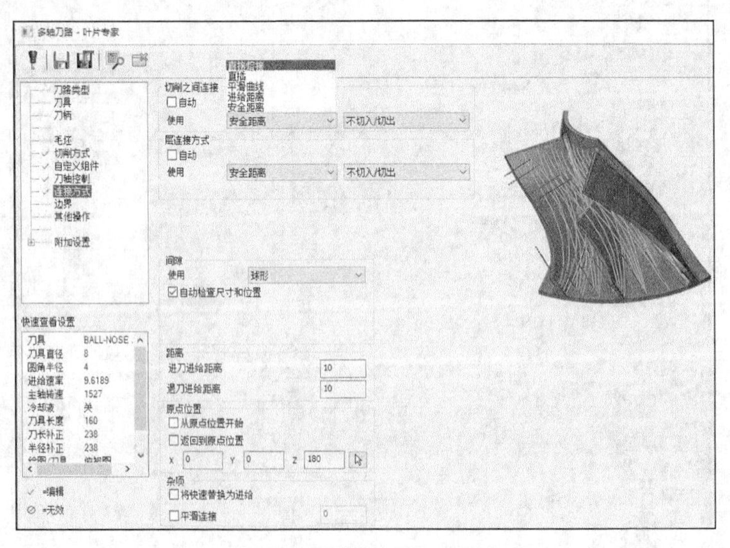

图 9-38 “连接方式”选项卡

（1）自动：使用预设值进行连接移动。层和切片之间的连接是自动计算的，取消选择该选项则允许手动选择连接参数。

（2）使用：选择连接动作的类型。

① 直接熔接：以直接和混合样条线的组合为连接线条熔接。

② 直插：连接动作为从终点到起点的直线移动。

③ 平滑曲线：连接动作为从终点到起点的切线移动。

④ 进给距离：设置沿刀具轴的进给距离。刀具以进给速度移动。

⑤ 不切入/切出：以最短距离连接（用于锯齿形）。选择“直接熔接”时，该项不激活。

⑥ 使用切入圆弧：切入圆弧指的是刀具位置与切入点间的最短距离。选择“直接熔接”时，不激活该项。

（3）间隙：沿刀具轴快速退回移动到间隙圆柱体或球体。

9.5.2 实操——叶轮五轴加工

本例通过叶轮的加工来介绍多轴加工中的叶片专家命令，叶轮加工是五轴加工中的典型例子，因结构复杂，其编程一直是五轴加工中的难点。本节利用“叶片专家”命令，对叶轮进行加工。首先对叶轮进行粗加工，然后对叶片和轮毂进行精加工，最后进行模拟仿真加工，生成 NC 代码。

叶轮五轴加工操作步骤如下。

1. 打开文件

单击“快速访问”工具栏中的“打开”按钮，在弹出的“打开”对话框中选择“源文件/原始文件/第 9 章/叶轮”文件，单击“打开”按钮 打开(O)，完成文件的调取，如图 9-39 所示。

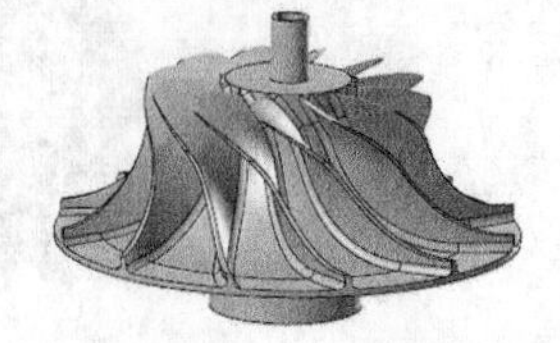

图 9-39　叶轮文件

2. 设置机床

单击“机床”选项卡“机床类型”面板中的“铣床”按钮，选择“默认”选项，在刀路操作管理器中生成机床群组属性文件。

3. 创建叶轮粗加工刀具路径

单击“刀路”选项卡“多轴加工”面板“扩展应用”组中的“叶片专家”按钮，系统弹出“多轴刀路-叶片专家”对话框。

（1）单击“刀具”选项卡中“选择刀库刀具”按钮 选择刀库刀具，弹出“选择刀具”对话框，选择直径为 8 的球形铣刀，单击“确定”按钮，返回“多轴刀路-叶片专家”对话框。

（2）单击“切削方式”选项卡，参数设置如图 9-40 所示。

（3）单击“自定义组件”选项卡，参数设置如图 9-41 所示。

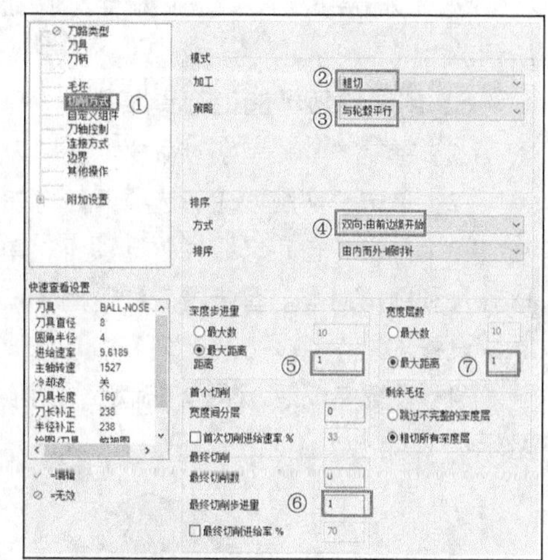

图 9-40　“切削方式”选项卡 1

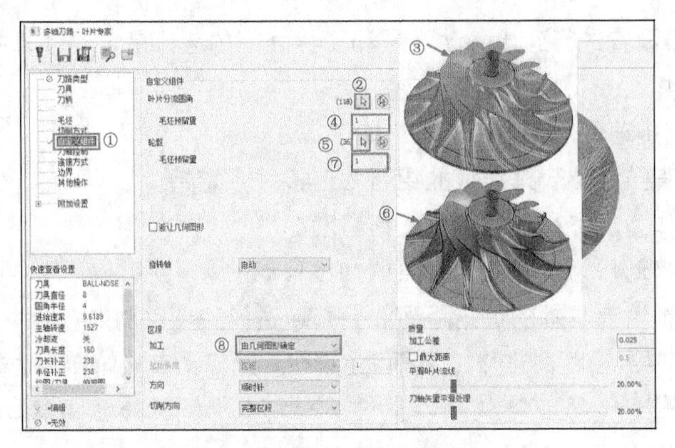

图 9-41 “自定义组件”选项卡

（4）设置完成后，单击“确定”按钮，系统在绘图区中生成刀路，如图 9-42 所示。

4. 创建叶片精加工刀具路径

（1）重复“叶片专家”命令，在“刀具”选项卡中选择直径为 5 的球形铣刀。

（2）单击“切削方式”选项卡，参数设置如图 9-43 所示。

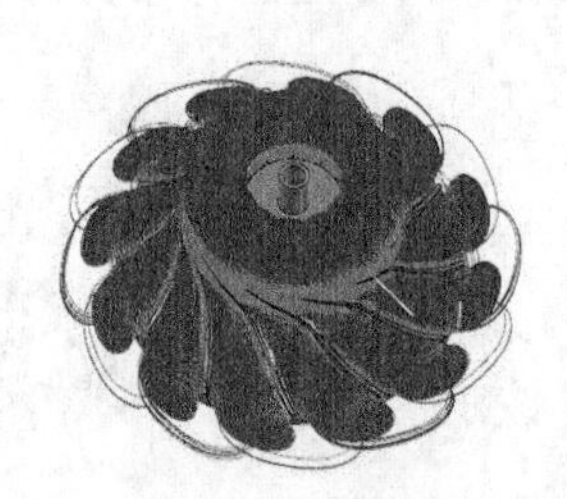

图 9-42 叶片精加工刀具路径

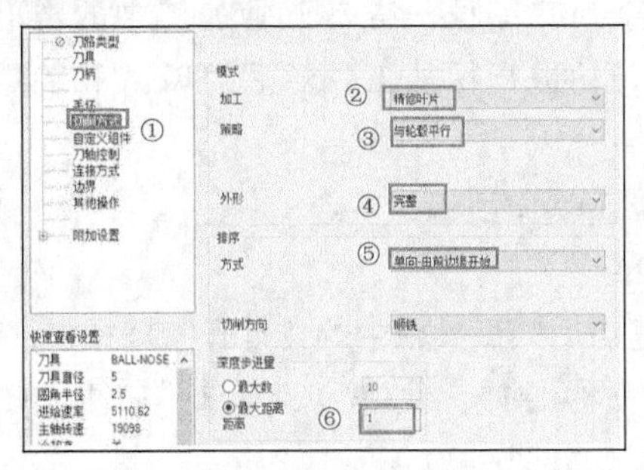

图 9-43 “切削方式”选项卡 2

（3）单击“自定义组件”选项卡，参数设置如图 9-41 所示。

（4）设置完成后，单击“确定”按钮，系统在绘图区生成叶片精加工刀具路径，如图 9-44 所示。

5. 创建轮毂精加工刀具路径

（1）重复“叶片专家”命令，在“刀具”选项卡中选择直径为 5 的球形铣刀。

（2）单击“切削方式”选项卡，将加工模式设置为“精修轮毂”。

（3）单击“自定义组件”选项卡，单击“叶片分流圆角”后的“选择”按钮，在绘图区中拾取叶片和圆角曲面。单击“轮毂”后的“选择”按钮，在绘图区中拾取轮毂曲面，其他参数采用默认设置。

（4）设置完成后，单击“确定”按钮，系统在绘图区中生成轮毂精加工刀具路径，如图 9-45 所示。

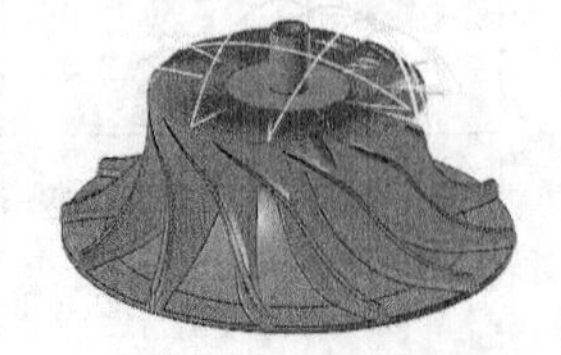

图 9-44 叶片精加工刀具路径

图 9-45 轮毂精加工刀具路径

6. 模拟仿真加工

（1）设置毛坯

在刀路操作管理器中单击“毛坯设置”按钮 毛坯设置，系统弹出“机床群组属性”对话框，在“形状”组中选择“实体/网格”单选按钮，单击“选择”按钮，进入绘图界面，打开图层 16，拾取实体。返回“机床群组属性”对话框。勾选“显示”复选框，单击对话框中的“确定”按钮，完成毛坯的参数设置，生成的毛坯如图 9-46 所示。

（2）仿真加工

单击刀路操作管理器中的“选择全部操作”按钮，选中所有操作。单击刀路操作管理器中的“验证已选择的操作”按钮，系统弹出的“验证”对话框，单击“播放”按钮，系统进行模拟，仿真加工结果如图 9-47 所示。

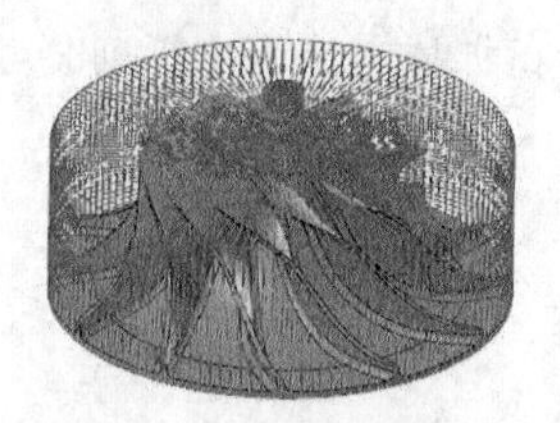

图 9-46 生成的毛坯

图 9-47 仿真加工结果

（3）NC 代码

模拟检查无误后，在刀路操作管理器中单击“执行选择的操作进行后处理”按钮 G1，输入文件名称“实操——叶轮五轴加工”，生成的 NC 代码见本书电子资源。

第10章 车削加工

本章主要介绍车削加工，车削模块可生产多种车削加工刀路，包括车端面、车外圆、挖槽、车螺纹等。数控车床具有高效率、高精度和高柔性的特点，在机械制造业中得到日益广泛的应用，成为目前应用最广泛的数控机床之一。

知识点

- 设置数控车削通用参数
- 端面加工
- 粗车加工
- 精车加工
- 螺纹加工
- 切断加工
- 动态粗车加工
- 沟槽加工

案例效果

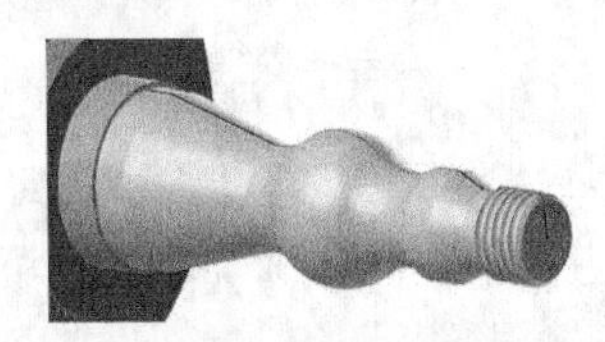

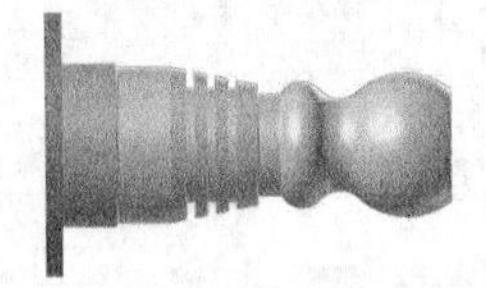

10.1 设置数控车削通用参数

车削模块在生成刀具路径之前，需要进行毛坯、刀具及材料的设置。其中材料的设置与铣削加工相同，但毛坯和刀具的设置与铣削加工有很大的不同。下面我们对车削加工中的一些通用参数设置进行介绍。

10.1.1 机床和控制系统的选择

机床和控制系统的选择与铣床基本相同，这里仅做简单介绍。单击“机床”选项卡“机床类型”

面板中的“车床”按钮，选择“默认”选项，此时在刀路操作管理器中生成机床群组属性文件。

10.1.2 车床坐标系

数控车床一般利用车床坐标系的 X 轴和 Z 轴来控制。机床坐标系原点一般位于主轴线与卡盘后端面的交点上，沿机床主轴线的方向为 Z 轴，刀具远离卡盘而指向尾座的方向为 Z 轴的正向。X 轴位于水平面上，并与 Z 轴垂直，刀架离开主轴线的方向为 X 轴的正向。

10.1.3 毛坯设置及装夹

在刀路操作管理器中单击“毛坯设置”按钮 毛坯设置，系统弹出“机床群组属性”对话框，该对话框中的“毛坯设置”选项卡如图 10-1 所示。该选项卡为车床组定义毛坯平面、卡爪、尾座和中心架。创建组件后，使用刀具间隙输入框定义每个边界周围的间隙区域。创建刀具路径时，Mastercam 2022 会在刀具每次违反这些间隙距离时发出警告。

“毛坯设置”选项卡中各参数的含义如下。

（1）毛坯平面：选择一个坯料平面，用于零件正确定向坯料模型和其他边界。用户可以将库存模型与零件文件中保存的任何平面对齐。选择毛坯平面时，毛坯模型的边将与所选平面的轴平行。卡爪、尾座和中心架边界也将与毛坯边界平行移动。

在顶部以外的工作坐标系（WCS）中创建刀具路径，如果希望将毛坯模型与零件对齐，则设置毛坯平面。如果刀具路径组中有多个刀具路径且使用多个 WCS，则可利用毛坯平面使在 WCS 更改时保持毛坯模型不变。

如果要选择其他平面，则需单击“储备平面”按钮，弹出“选择平面”对话框，从中选择平面即可。

（2）“左侧/右侧主轴”：为左主轴、右主轴或两个主轴定义毛坯边界和卡爪。选择将安装工件的主轴，Mastercam 2022 在每个主轴指示器下显示已定义或未定义，以告诉用户何时为其创建了毛坯/卡爪。

选择主轴时，它必须已经在机床定义中被定义。如果主轴被禁用且无法选择，则表示尚未在机床定义中创建主轴组件。

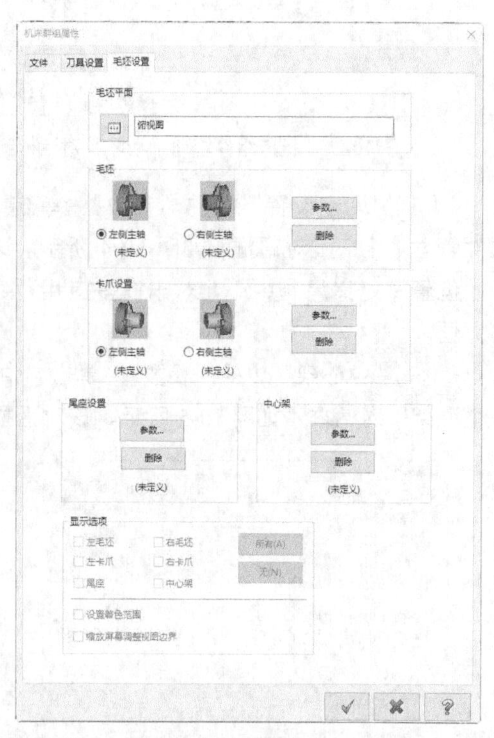

图 10-1 “毛坯设置”选项卡

（3）“毛坯”中的“参数”：通过创建组件或编辑现有组件来定义边界。用户可以通过选择实体模型或从线框几何图形生成实体模型，以参数方式创建组件（直接在输入框中输入尺寸）。Mastercam 2022 显示几何选项卡，可让用户定义组件尺寸、形状和初始位置，以及其他编程参数。

单击“参数”按钮 参数...，弹出“机床组件管理：毛坯”对话框，如图 10-2 所示。该对话框可创建圆柱形组件或棒料块。

（4）“卡爪设置”中的“参数”：单击“卡爪设置”中的“参数”按钮 参数...，弹出“机床组件管理：卡盘”对话框，如图 10-3 所示。该对话框为车床主轴定义一组卡盘爪。

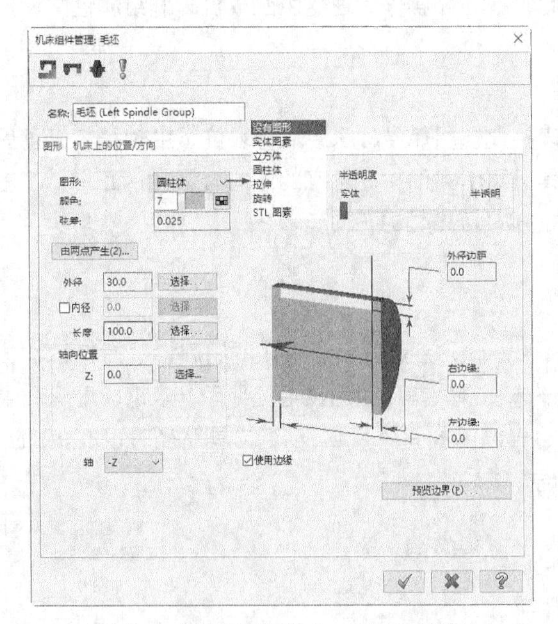

图 10-2 “机床组件管理：毛坯”对话框

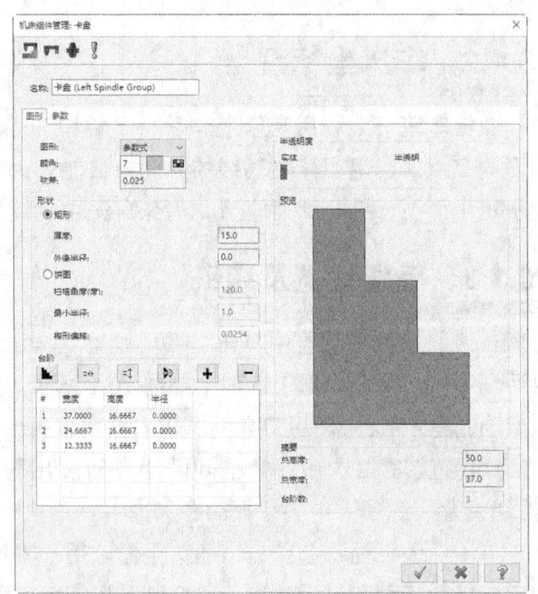

图 10-3 “机床组件管理：卡盘”对话框

（5）“尾座设置”中的“参数”：单击“尾座设置”中的“参数”按钮 参数...，弹出“机床组件管理：中心”对话框，如图 10-4 所示。该对话框中可通过直接在输入框中输入尾座的尺寸和初始位置来定义尾座中心。对于许多应用程序，这比使用其他几何创建方法创建实体模型更快、更方便。

（6）“中心架”中的“参数”：单击“中心架”中的“参数”按钮 参数...，弹出“机床组件管理：中心架”对话框，如图 10-5 所示。该对话框将中心架组件告知系统。

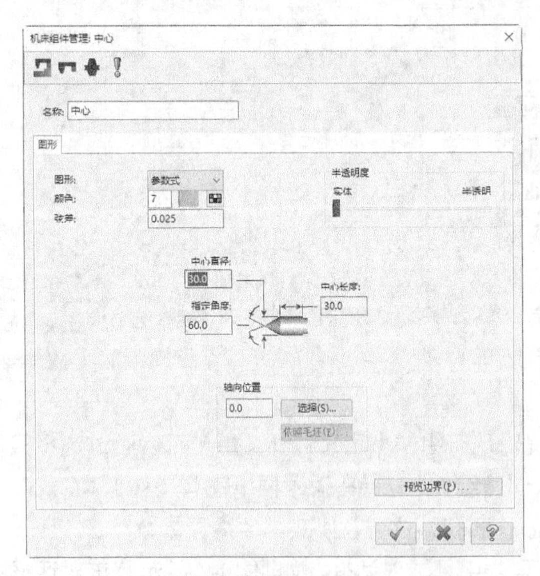

图 10-4 “机床组件管理：中心”对话框

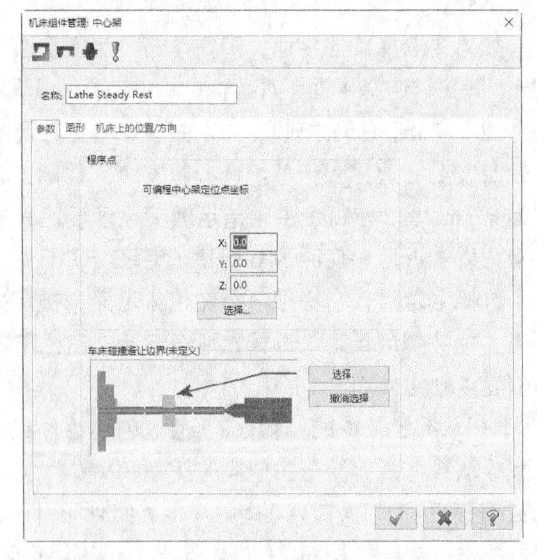

图 10-5 “机床组件管理：中心架”对话框

10.1.4 设置刀具和材质

在刀路操作管理器中单击“刀具设置”按钮 刀具设置，系统弹出“机床群组属性”对话框，该对话框中的“刀具设置”选项卡如图 10-6 所示。使用此选项卡可控制系统如何分配刀具编号、刀具偏置编号，以及进给速率、刀路和其他刀具路径参数的默认值。

（1）默认程序编号：系统将默认程序编号选项应用于用户设置程序编号后创建的任何操作。如果要更改现有操作的程序编号，请选择一个操作并在刀具路径管理器中单击鼠标右键，选择编辑所选操作，更改程序编号。

（2）“进给速率设置”包括以下选项。

① 依照刀具：直接使用刀具定义中的进给速率、切入速率、退刀速率和主轴速度。

② 依照材料：根据毛坯材料的类型计算进给速率、切入速率、退刀速率和主轴速度。

③ 依照默认：使用刀具路径默认文件中的设置。

④ 用户定义：自定义默认进给速率和主轴转速。用户在此选项卡上输入的值仅影响当前零件文件中的当前机器组，这些值在创建后与操作无关。这意味着，如果用户更改这些值，则不会影响已创建的任何操作的进给速率和主轴转速。

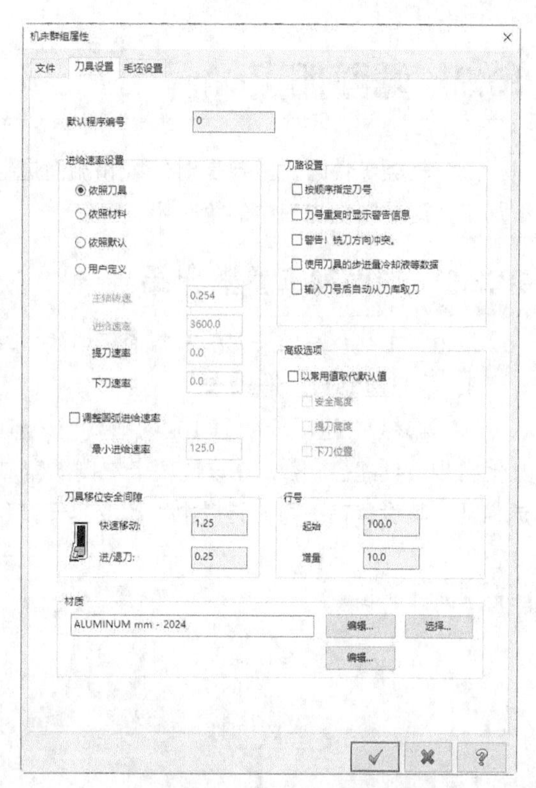

图 10-6 “刀具设置”选项卡

（3）“刀路设置”包括以下选项。

① 按顺序指定刀号：若勾选该复选框，则为从刀具库中创建或选择的新刀具分配下一个可用刀具编号。Mastercam 2022 将使用序列号覆盖存储在刀具定义中的刀具编号，刀号值为系统在当前刀具列表中查找最高的刀具编号值加 1。如果不选择此选项，系统将使用存储在刀具定义中的编号。

② 刀号重复时显示警告信息：若勾选该复选框，则在输入重复刀具编号时通知用户并显示重复刀具的说明。

③ 警告！铣刀方向冲突：若勾选该复选框，则验证所选刀具可用于操作所需的方向。系统检查其他操作是否使用该刀具并将之前的刀具方向与当前的方向进行比较。如果方向冲突（例如，之前的操作是竖向铣削而当前是横向铣削），并且不允许刀具旋转（如安装在转塔上），则会显示错误。

④ 使用刀具的步进量冷却液等数据：若勾选该复选框，则使用存储在刀具定义中的信息覆盖刀具路径的默认步长、冷却液等参数。

⑤ 输入刀号后自动从刀库取刀：若勾选该复选框，则只需在“刀具路径参数”选项卡中输入刀具编号，即可重新选择先前操作中使用的刀具。

（4）以常用值取代默认值：若勾选该复选框，则安全高度、提刀高度、下刀位置参数的默认值都将是上一操作的值，这些模态值将取代刀具路径文件中的默认值。

（5）材质：该下拉列表显示当前选择的库存材料。用户可以编辑材料定义和选择材料库中的材料。

10.2 端面加工

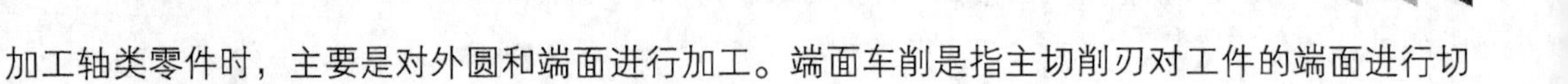

加工轴类零件时，主要是对外圆和端面进行加工。端面车削是指主切削刃对工件的端面进行切削加工，这是车削加工中的第一步工序。

10.2.1 端面加工参数介绍

单击“车削”选项卡“标准”面板中的“车端面”按钮，系统弹出“车端面”对话框。

1. “刀具参数”选项卡

“刀具参数”选项卡如图 10-7 所示。该选项卡用于选择刀具、设置进给速率和主轴转速及设置其他常规刀具路径参数。在该选项卡左侧大窗口中选择操作刀具。双击刀具以编辑刀具定义或属性，这包括将其设置在不同的转塔中、改变其安装角度或将其与不同的主轴一起使用。

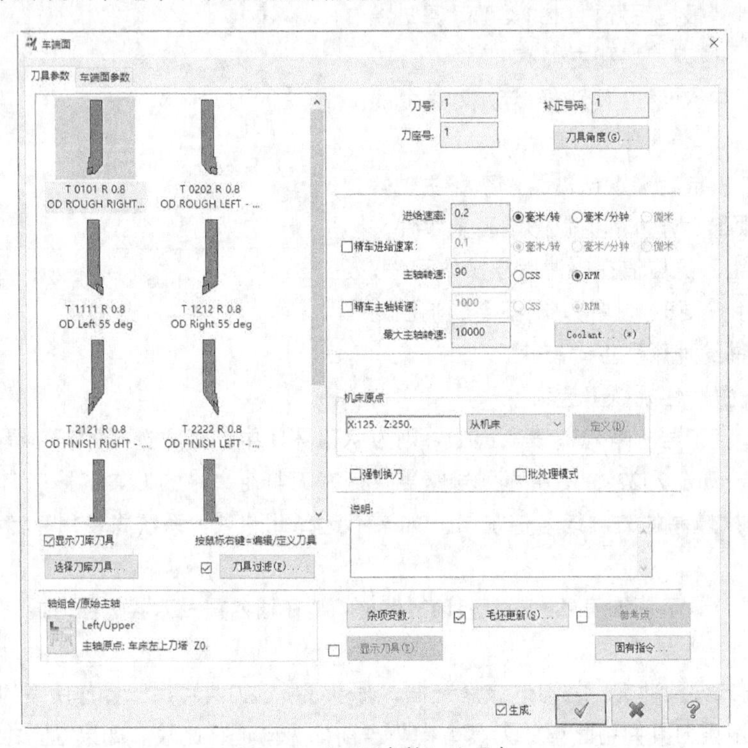

图 10-7 “刀具参数”选项卡

如果用户在机床群组属性中勾选了“使用刀号后自动从刀库取刀”则可使用刀具编号从库中选择刀具。

一旦用户选择了刀具，系统就会输入默认进给速率和主轴转速，要防止完整刀具路径出现这种行为，请在“系统配置”对话框的“刀具路径”页面中选择“锁定进给率”选项。用户可以通过以下两种方式计算默认值。

① 直接从刀具定义中读取。

② 根据材料、操作类型和刀具特性动态计算。

机床群组属性设置能够使 Mastercam 2022 获取用户常用的类型的默认值。用户可以通过输入不同的值来覆盖任何默认值。

用户在此处输入的进给速率和主轴转速通常对整个操作有效。但是，用户可以使用“点更改”功能针对特定移动更改它们。使用控制定义中的进给页面来配置进给速率单位、反向进给速率或其他高级选项。如果某个值超出范围，它将以斜体显示，直到用户对其进行编辑。

选项卡的底部区域包括许多高级刀具路径选项。选中相关复选框以激活功能，然后单击相应的按钮设置此操作的值。如果当前控件定义不支持某些选项，则它们可能不可用。

2. “车端面参数”选项卡

“车端面参数”选项卡如图 10-8 所示。该选项卡可在不链接几何体的情况下创建端面刀具路径。Mastercam 2022 根据输入的参数创建刀具路径，选项卡中部分参数含义如下。

（1）选择点：选择该项，单击“选择点”按钮，可以从图形窗口中选择边界点。用户需要选择矩形的两个角。

（2）使用毛坯：根据零件加工面的毛坯边界和 Z 坐标计算切削的起点和终点。如果毛坯发生变化，则重新生成面操作以更新每个面刀路的开始和结束位置。

（3）精修 Z 轴：输入零件面的 Z 坐标或单击该按钮可以从图形窗口中选择点。仅当选择“使用毛坯”选项时，该选项才处于活动状态。

（4）进刀延伸量：确定刀具从开始进给到毛坯的距离。

（5）退刀延伸量：确定刀具移动到下一个切削起点之前离开零件表面的距离。

（6）截面中心线切削：在所选刀具中心线的另一侧创建刀具路径。Mastercam 2022 自动切换主轴旋转、补偿和进入/退出移动的方向。

（7）圆角：勾选该复选框，并单击该按钮，弹出“端面圆角”对话框，如图 10-9 所示。该对话框设置用于向零件边缘添加倒角或倒圆的选项。零件倒角或倒圆只允许出现在面的“引导”角上，“引导”角是沿刀具路径方向移动时遇到的第一个角。

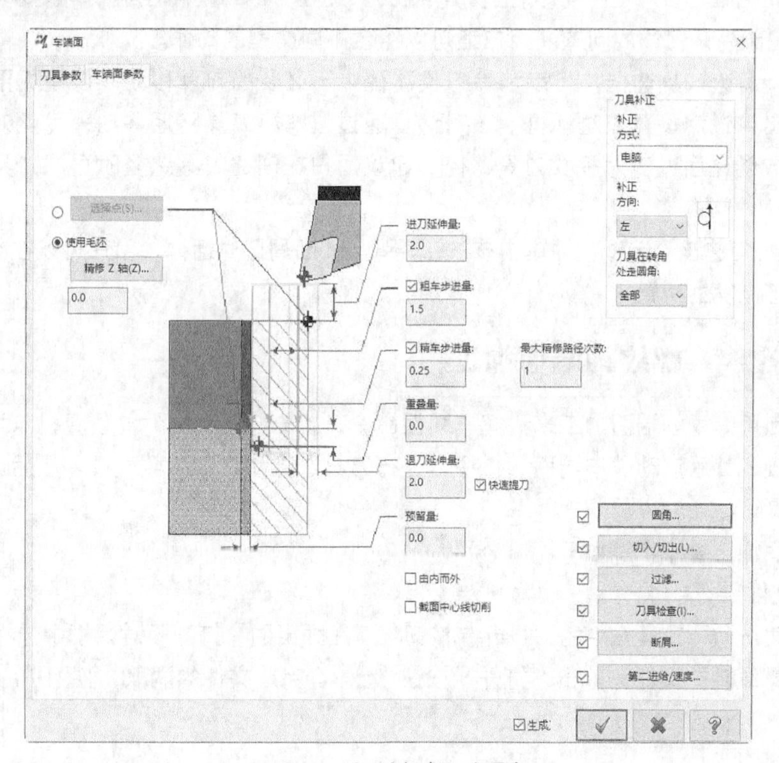

图 10-8 “切削方式”选项卡

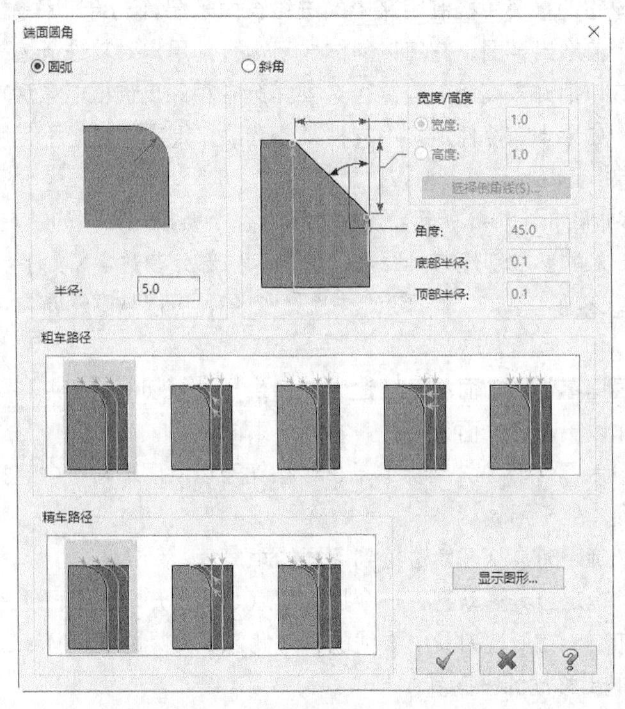

图 10-9 “端面圆角”对话框

（8）切入/切出：勾选该复选框，系统为刀具添加切入/切出工件的动作。单击该按钮，弹出“切入/切出设置”对话框，该对话框可以控制刀具在刀具路径中的每个路径中如何接近或退出零件，这解决了需要创建额外几何体的问题。用户还可以组合不同类型的动作。

（9）过滤：勾选该复选框，可以消除刀具路径中不必要的刀具移动以创建更平滑的移动。单击该按钮，弹出“过滤设置”对话框。该对话框通过过滤小刀具路径移动来优化刀具路径。用户可以在创建时或创建后过滤大多数刀具路径。建议用户在创建刀具路径时过滤刀具路径以保持关联性。

（10）断屑：勾选该复选框，并单击该按钮，弹出“断屑”对话框，用户可以在其中更改断屑选项并得知何时可能发生断屑。

10.2.2 实操——螺纹轴端面加工

本例我们利用螺纹轴端面加工来讲解车端面命令，首先打开源文件，设置机床类型并进行毛坯和工件装夹设置，然后启动“车端面”命令，进行刀具选择和加工参数设置，最后进行模拟仿真加工，生成 NC 代码。

螺纹轴端面加工操作步骤如下。

1. 打开文件

单击“快速访问”刀具栏中的“打开”按钮，在弹出的“打开”对话框中选择“源文件/原始文件/第 10 章/螺纹轴”文件，单击“打开”按钮 打开(O) ，完成文件的调取，如图 10-10 所示。

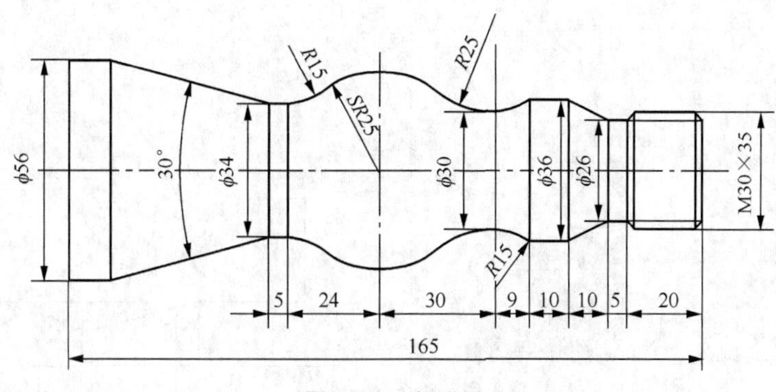

图 10-10 螺纹轴

2. 设置机床类型

单击“机床”选项卡“机床类型”面板中的“车床”按钮，选择“默认”选项，在刀路操作管理器中生成机床群组属性文件。

3. 设置毛坯及工件装夹

（1）在刀路操作管理器中单击“毛坯设置”按钮 毛坯设置，系统弹出“机床群组属性”对话框。单击“毛坯设置”选项卡，选择毛坯为“左侧主轴”，单击其后的“参数”按钮，弹出“机床组件管理：毛坯”对话框，设置“图形”为“圆柱体”，“外径”为 60，“长度”为 200，“轴向位置”的“Z”值为 2，“轴”为“–Z”，其他参数采用默认设置，如图 10-11 所示。单击“确定”按钮，返回“机床群组属性”对话框。

（2）在“毛坯设置”选项卡中选择“卡爪设置”为“左侧主轴”，单击其后的“参数”按钮，弹出“机床组件管理：卡盘”对话框，单击“参数”选项卡，设置“夹紧方式”为“外径”，“直径”为 60，“Z”为–180，如图 10-12 所示。单击“确定”按钮，返回“机床群组属性”对话框。单击“确定”按钮，毛坯装夹结果如图 10-13 所示。

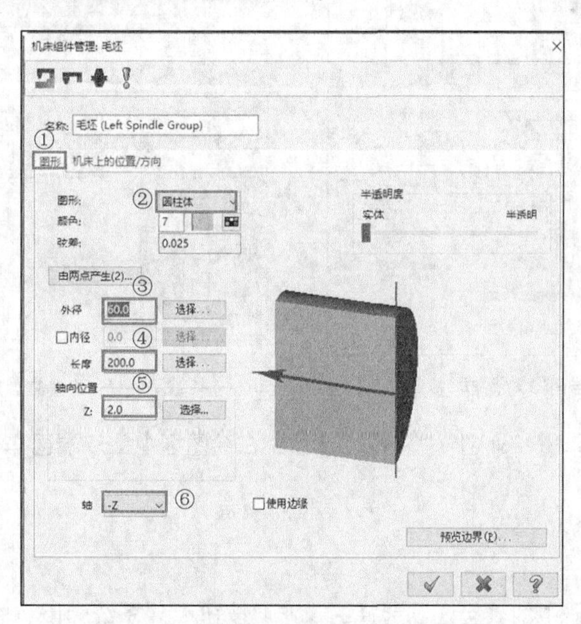

图 10-11 “机床组件管理：毛坯”对话框

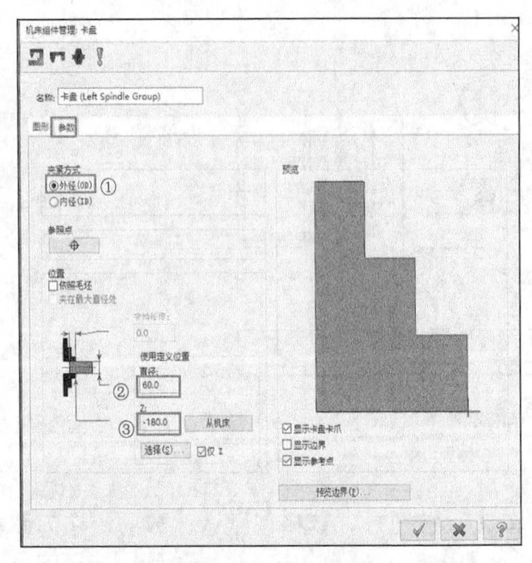

图 10-12 “机床组件管理：卡盘”对话框

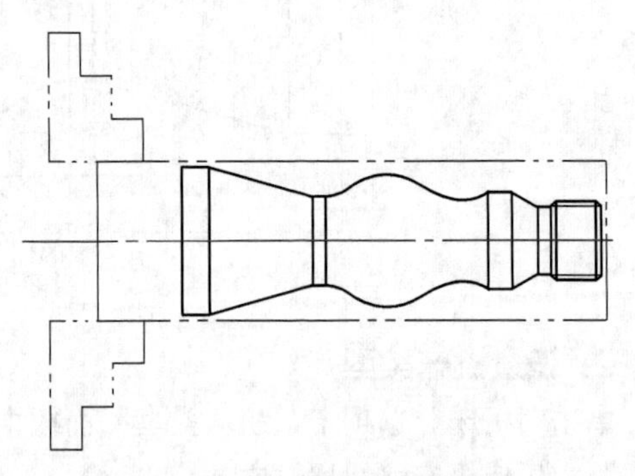

图 10-13 毛坯装夹结果

4. 创建端面车削刀具路径

（1）单击“车削”选项卡“标准”面板中的“车端面”按钮，系统弹出“车端面”对话框。

（2）在“刀具参数”选项卡的刀具库下拉列表中选择“T0101”号车刀，勾选“精车进给速率”和“精车主轴转速”复选框，其值采用默认值。

（3）单击“车端面参数”选项卡，参数设置如图 10-14 和图 10-15 所示。

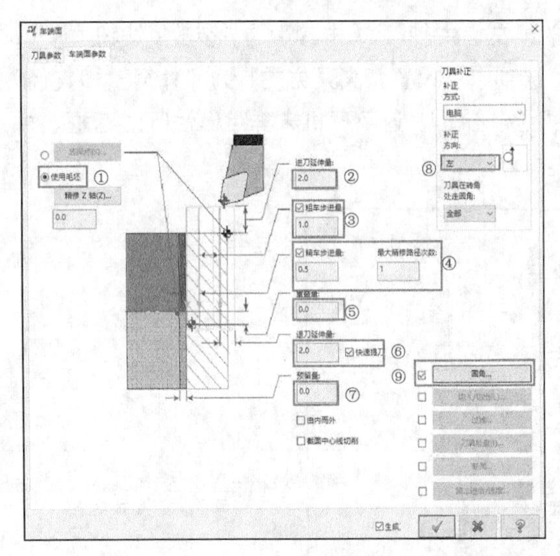

图 10-14 “车端面”对话框

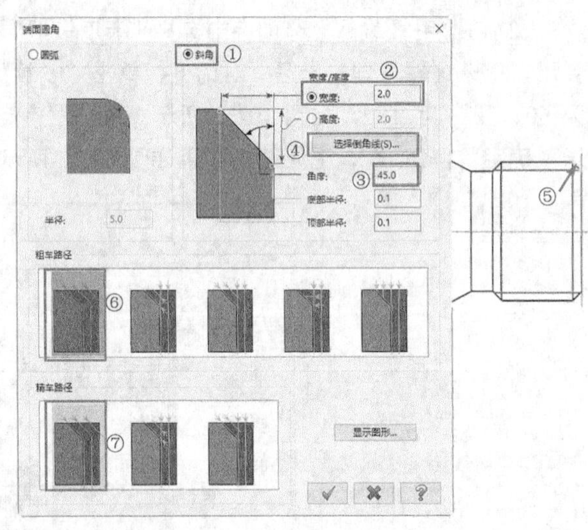

图 10-15 “端面圆角”对话框

（4）设置完成后，单击“确定”按钮，系统在绘图区中生成端面车削刀具路径，如图 10-16 所示。

5. 模拟仿真加工

（1）仿真加工

单击刀路操作管理器中的“验证已选择的操作”按钮，系统弹出“验证”对话框，单击“播放”按钮，系统进行模拟，仿真加工结果如图 10-17 所示。

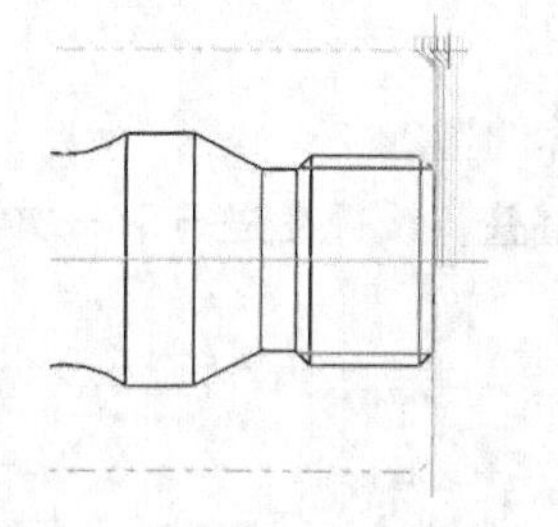

图 10-16　端面车削刀具路径

图 10-17　仿真加工结果

（2）NC 代码

模拟检查无误后，在刀路操作管理器中单击“执行选择的操作进行后处理”按钮G1，输入文件名称“实操——螺纹轴端面加工”，生成的 NC 代码见本书电子资源。

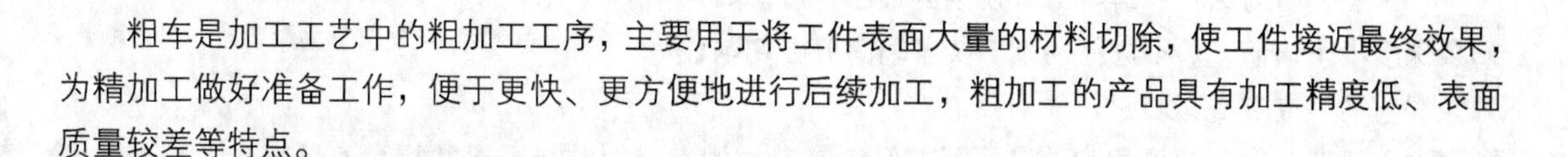

10.3　粗车加工

粗车是加工工艺中的粗加工工序，主要用于将工件表面大量的材料切除，使工件接近最终效果，为精加工做好准备工作，便于更快、更方便地进行后续加工，粗加工的产品具有加工精度低、表面质量较差等特点。

10.3.1　粗车加工参数介绍

单击“车削”选项卡“标准”面板中的“粗车”按钮，系统弹出“线框串连”对话框，拾取加工串连。单击“确定”按钮，弹出“粗车”对话框。

“粗车参数”选项卡如图 10-18 所示。该选项卡用于创建车床粗加工刀具路径。与其他类型的车床粗加工刀具路径相比，此选项卡为用户提供了完整的粗加工选项集，部分参数介绍如下。

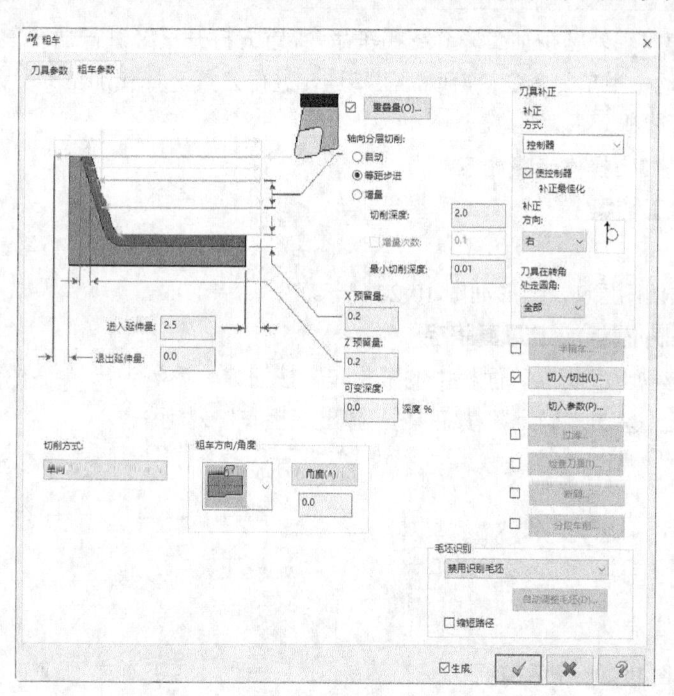

图 10-18　“粗车参数”选项卡

（1）进入延伸量：输入刀具从开始进给到毛坯的距离。

（2）退出延伸量：指定刀具在切削结束时移出毛坯边界的量。

（3）重叠量：若勾选该复选框，则会在粗车之间创建重叠。设置在进行下一次切削之前刀具与上一次切削的重叠程度。单击该按钮，弹出“粗车重叠量参数”对话框，如图 10-19 所示。

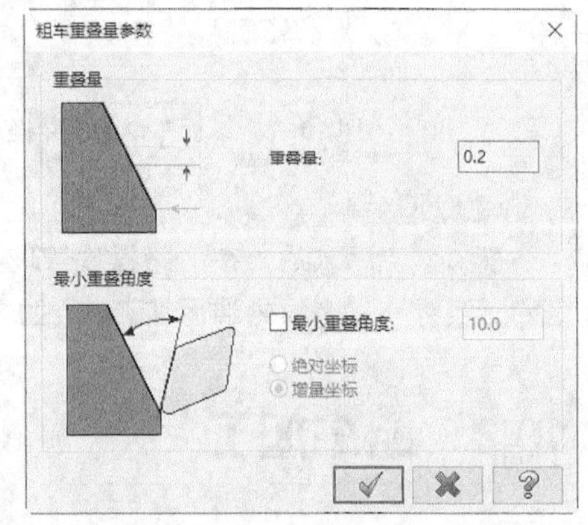

图 10-19 “粗车重叠量参数”对话框

（4）轴向分层切削：设置分层切削选项，包括以下选项。

① 自动：在每次走刀过程中移除达到切削深度的材料，直到切削深度值变得太大且开始进行较小的走刀。这些走刀切削深度不会小于最小切削深度。

② 等距步进：在不超过切削深度值的情况下，每次切削去除相同数量的材料。每次走刀都会去除增量材料，从初始切削深度开始切削，直到达到最终切削深度。

（5）最小切削深度：确定每次切削的最小深度。如果剩余深度小于该值，则不进行切削。仅当轴向分层切削设置为“自动”或“等距步进”时可用。

（6）可变深度：允许用户改变表面接触刀具刀片的点，以防止开槽并提高刀具寿命。可变深度的变化范围可达切削深度的 25%。实际切削深度可以在切削深度的 75%～125%变化。有效范围是−25%～25%。“可变深度”为正值将向上切削，负值将向下切削，零将直线切削。

切削将在倾斜和直线之间交替。如果切削长度小于切削深度的 3 倍，则将进行直线切削而不是倾斜切削。在平坦区域，将进行直线切削而不是倾斜切削。

10.3.2 实操——螺纹轴粗车外圆加工

本例我们利用螺纹轴外圆粗加工来介绍粗车命令，首先打开已经进行端面车削的源文件（同 10.2 节中文件），然后启动“粗车”命令，拾取加工串连，进行刀具选择和加工参数设置，最后进行模拟仿真加工，生成 NC 代码。

螺纹轴粗车外圆加工操作步骤如下。

1. 承接端面加工结果

2. 整理图形

打开图层 3，关闭图层 1，图形如图 10-20 所示。

3. 创建球头轴外圆粗加工刀具路径

单击“车削”选项卡“标准”面板中的“粗车”按钮，系统弹出“线框串连”对话框，拾取图 10-21 所示的串连。单击“确定”按钮，弹出“粗车”对话框。

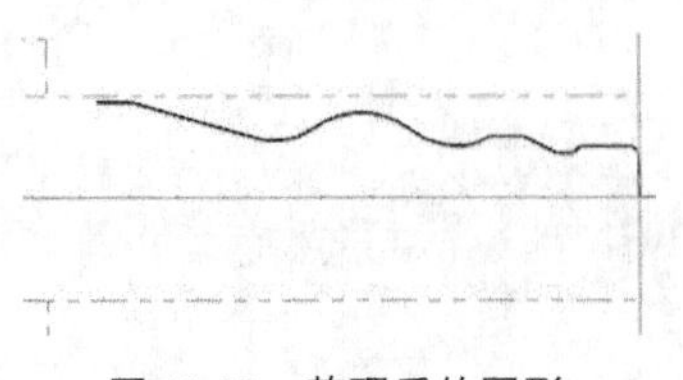

图 10-20 整理后的图形

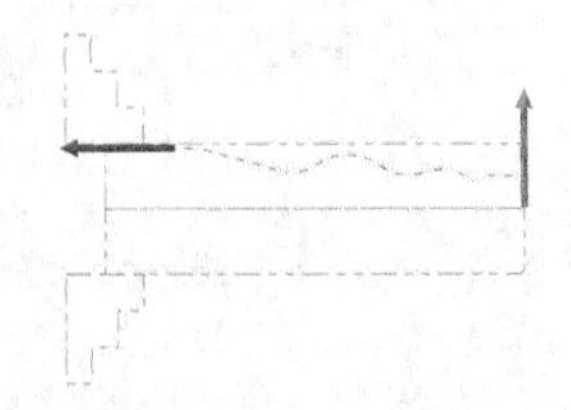

图 10-21 拾取串连

（1）在“刀具参数”选项卡的刀具库下拉列表中选择“T0101”号车刀，其他参数采用默认设置。

（2）单击“粗车参数”选项卡，参数设置如图 10-22 所示。

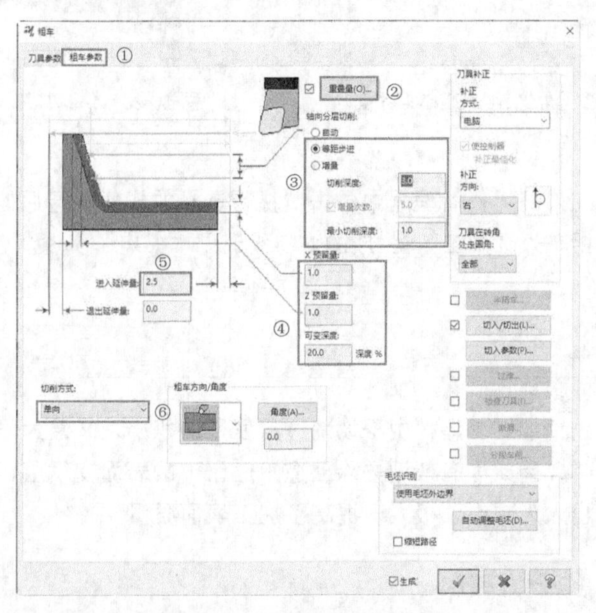

图 10-22 “粗车参数”选项卡

（3）勾选“粗车参数”选项卡中的“切入/切出”复选框，并单击其按钮，弹出“切入/切出设置”对话框，参数设置如图 10-23 所示。

（4）单击“切入参数”按钮，参数设置如图 10-24 所示。

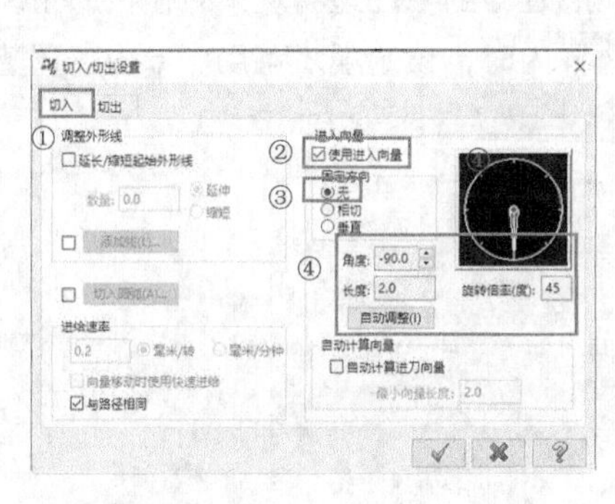

图 10-23 “切入/切出设置”对话框

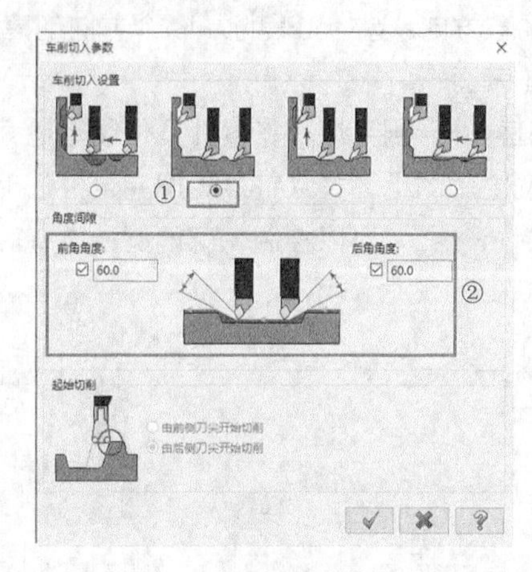

图 10-24 “车削切入参数”对话框

（5）设置完成后，单击“粗车”对话框中的“确定”按钮，系统在绘图区生成外圆粗加工刀具路径，如图 10-25 所示。

4．模拟仿真加工

（1）仿真加工

单击刀路操作管理器中的“选择全部操作”按钮，选中所有操作。单击刀路操作管理器中的“验证已选择的操作”按钮，系统弹出“验证”对话框，单击“播放”按钮，系统进行模拟，模拟结果如图 10-26 所示。

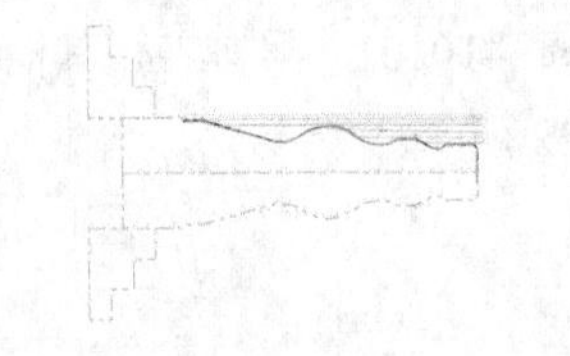

图 10-25　外圆粗加工刀具路径

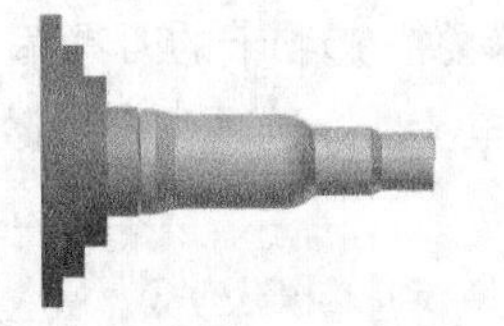

图 10-26　仿真加工结果

（2）NC 代码

模拟检查无误后，在刀路操作管理器中单击“执行选择的操作进行后处理”按钮G1，输入文件名称“实操——螺纹轴粗车外圆加工”，生成的 NC 代码见本书电子资源。

10.4　精车加工

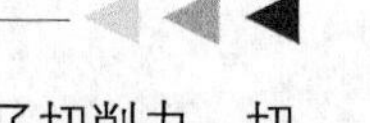

精车是加工工艺中的精加工工序，由于切削过程残留面积小，又最大限度地排除了切削力、切削热和振动等的不利影响，因此能有效地去除上道工序留下的表面变质层，加工后表面基本上不带有残余拉应力，粗糙度也大大减小，极大地提高了加工表面质量。

10.4.1　精车加工参数介绍

单击“车削”选项卡“标准”面板中的“精车”按钮，系统弹出“线框串连”对话框，拾取加工串连。单击“确定”按钮，弹出“精车”对话框。

“精车参数”选项卡如图 10-27 所示。该选项卡用于为零件创建精加工刀具路径。与固定的精加工刀具路径不同，该命令无须预先创建粗加工刀具路径，部分参数介绍如下。

（1）精车方向：选择刀具将从哪个方向创建刀具路径。包括（ID 内径）、（OD 外径）、（正面）或（背面）。

（2）延伸外形到毛坯：将零件几何图形建立的轮廓延伸到毛坯边界。只有在机床组属性中定义了当前活动主轴的毛坯并且链接轮廓完全位于毛坯边界内时，该选项才可用。单击“调整外形到端点”按钮 调整外形到端点(A)...，可以控制轮廓的延伸方式。

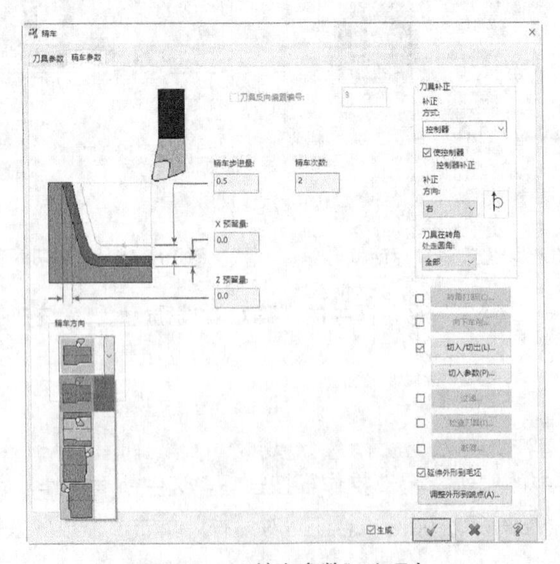

图 10-27　“精车参数”选项卡

10.4.2 实操——螺纹轴精车外圆加工

本例我们在前面粗车的基础上进行外圆精加工，首先启动“精车”命令，然后拾取加工串连，设置刀具和加工参数，最后模拟仿真加工并生成 NC 代码。

螺纹轴精车外圆加工操作步骤如下。

1. 承接粗加工结果

2. 创建球头轴外圆精加工刀具路径

单击“车削”选项卡“标准”面板中的“精车”按钮，系统弹出“线框串连”对话框，拾取图 10-28 所示的串连。单击“确定”按钮，弹出“精车”对话框。

（1）在刀具库下拉列表中选择“T2121”号车刀，其他参数采用默认设置。

（2）单击“精车参数”选项卡，参数设置如图 10-29 所示，其他参数采用默认设置。

（3）单击“切入参数”按钮，参数设置如图 10-30 所示。

（4）设置完成后，单击“精车”对话框中的“确定”按钮，系统在绘图区中生成外圆精加工刀具路径，如图 10-31 所示。

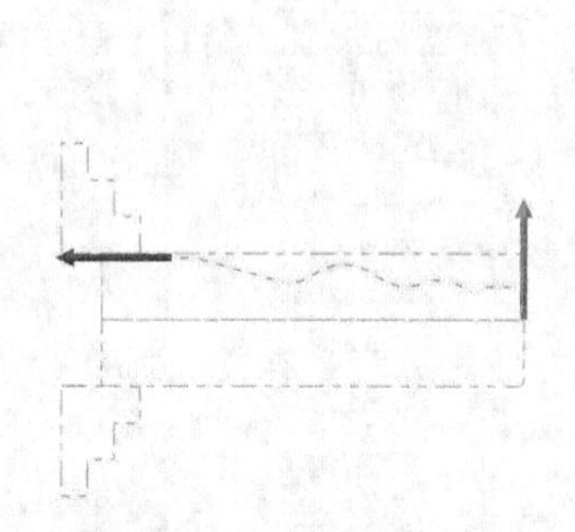

图 10-28 拾取串连

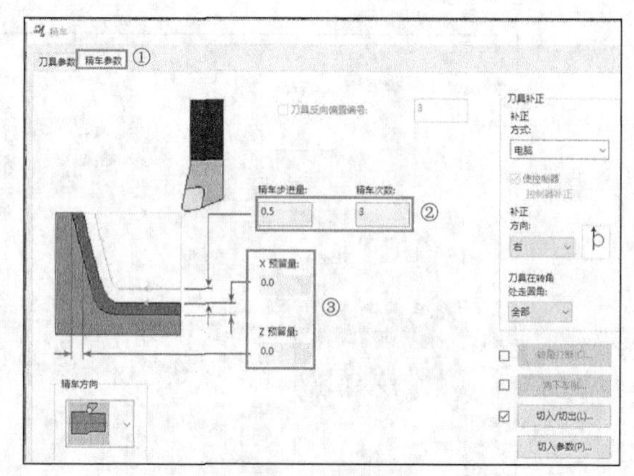

图 10-29 设置精车参数

3. 模拟仿真加工

（1）仿真加工

单击刀路操作管理器中的“选择全部操作”按钮，选中所有操作。单击刀路操作管理器中的“验证已选择的操作”按钮，系统弹出“验证”对话框，单击“播放”按钮，系统进行模拟，仿真加工结果如图 10-32 所示。

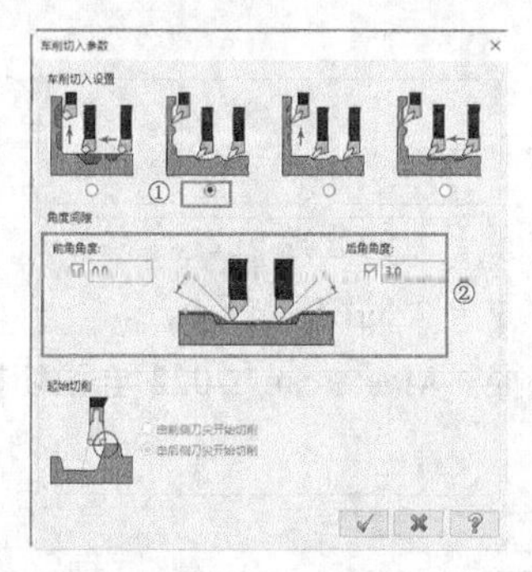

图 10-30 “车削切入参数”对话框

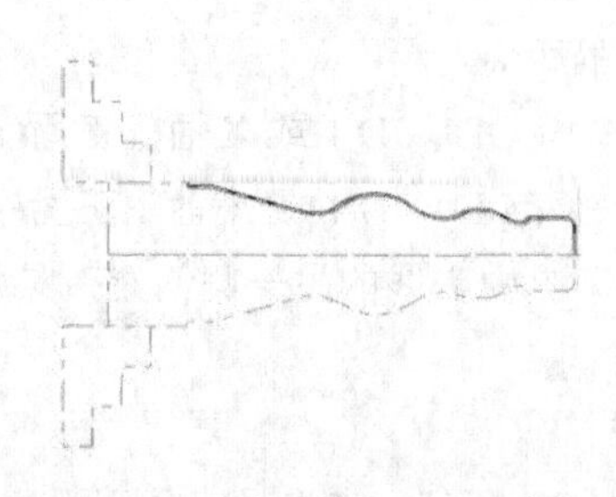

图 10-31 外圆精加工刀具路径

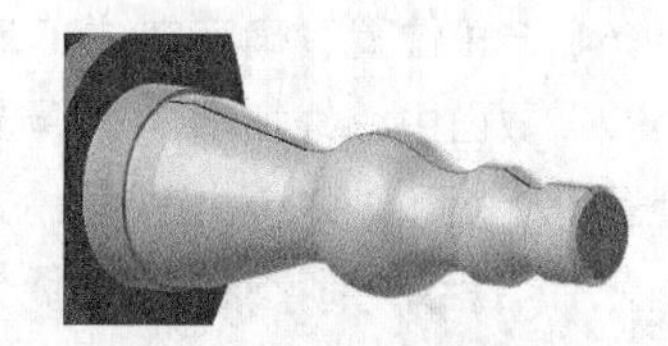

图 10-32 仿真加工结果

（2）NC 代码

模拟检查无误后，在刀路操作管理器中单击“执行选择的操作进行后处理”按钮G1，输入文件名称“实操——螺纹轴精车外圆加工”，生成的 NC 代码见本书电子资源。

10.5 螺纹加工

螺纹车削主要是针对回转体零件上的螺纹特征所使用的一种加工方法，它可以用来加工回转体零件上“盲的”或“通的”内螺纹和外螺纹。

10.5.1 螺纹加工参数介绍

单击“车削”选项卡“标准”面板中的“车螺纹”按钮，系统弹出“车螺纹”对话框。

1. “螺纹外形参数”选项卡

“螺纹外形参数”选项卡如图 10-33 所示，该选项卡用于设置螺纹的形状。

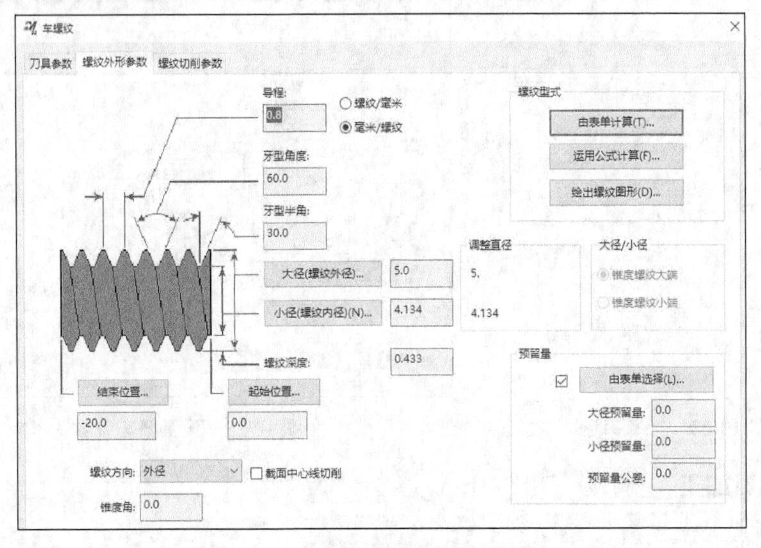

图 10-33 “螺纹外形参数”选项卡 1

（1）导程：设置在给定螺纹的螺栓上转动一次时螺母将行进的距离。在输入框中输入一个值并选择适当的单位。Mastercam 2022 使用导程值和主轴速度来计算进给速率。

（2）大径：螺纹的最大直径。

（3）小径：螺纹的最小直径。小径=大径−1.0825P（P 为导程）。

（4）螺纹深度：从小径到大径的距离。

（5）起始位置：确定螺纹在 Z 轴（OD、ID）或 X 轴（正面/背面）上的起始位置。

（6）结束位置：确定螺纹在 Z 轴（OD、ID）或 X 轴（正面/背面）上的结束位置。

（7）截面中心线切削：在所选刀具中心线的另一侧创建刀具路径。Mastercam 2022 自动切换主轴旋转、补偿和进入/退出移动的方向。

2. “螺纹切削参数”选项卡

“螺纹切削参数”选项卡如图 10-34 所示，该选项卡用于设置螺纹切削的刀具路径和切削参数，部分参数设置如下。

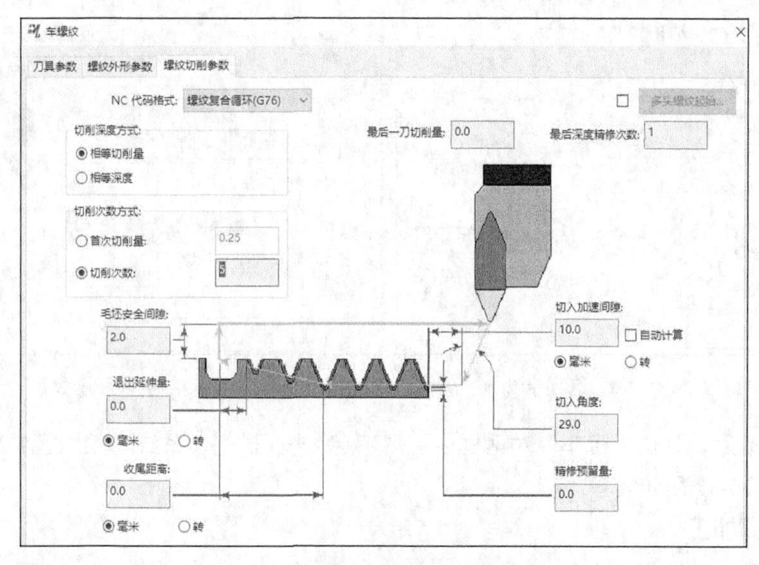

图 10-34 “螺纹切削参数”选项卡 1

（1）NC 代码格式：确定在加工时去除螺纹毛坯的方式，并让用户选择在确定每次加工要去除的毛坯量时所需的灵活性。该选项包括“螺纹车削（G32）”“螺纹复合循环（G76）”“螺纹固定循环（G92）”“交替（G32）”4 个选项。

（2）相等切削量：设置螺纹切削加工时每次切削去除等量的材料。

（3）相等深度：设置螺纹切削加工时每次切削的深度相等。

（4）首次切削量：确定第一次切削时要去除的毛坯量，表示为增量半径。移除所有毛坯所需的切削次数由第一次切削量、最后一次切削量、螺纹形状和螺纹深度自动确定。

（5）切削次数：确定刀具将进行多少次切削可以加工完成。

（6）最后一刀切削量：输入要在最后一次切削时去除的毛坯量。

（7）退出延伸量：确定刀具在退回之前将经过螺纹末端多远。

（8）切入加速间隙：确定刀具在开始切削螺纹之前沿 *Z* 方向加速到全速所需的距离。这是从螺纹起点沿 *Z* 轴的增量距离。如果用户选择“自动计算”，则会自动设置距离。

10.5.2 实操——螺纹轴螺纹加工

本例通过螺纹轴的螺纹加工来介绍车螺纹命令，首先对工件进行毛坯设置、装夹及端面和外圆的粗、精加工；然后启动“车螺纹”命令，设置刀具和加工参数；最后进行模拟仿真加工，生成 NC 代码。

螺纹轴螺纹加工操作步骤如下。

1. 承接精加工结果

2. 创建螺纹粗加工刀具路径

（1）单击“车削”选项卡“标准”面板中的“车螺纹”按钮，系统弹出“车螺纹”对话框。

（2）在刀具库下拉列表中选择“T9494”号车刀，其他参数采用默认设置。

（3）单击“螺纹外形参数”选项卡，参数设置如图 10-35 所示。

（4）单击“螺纹切削参数”选项卡，参数设置如图 10-36 所示。

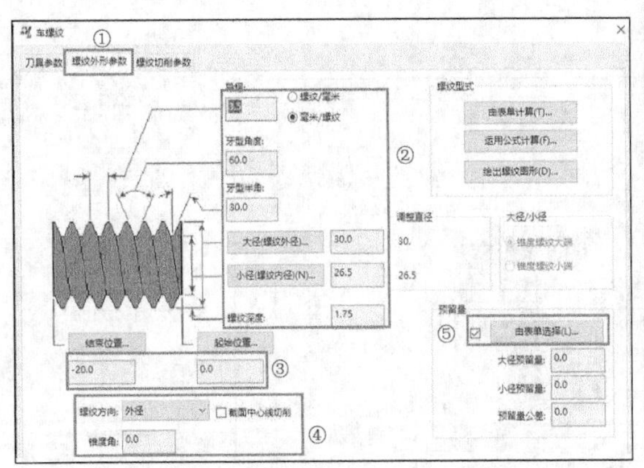

图 10-35 “螺纹外形参数”选项卡 2

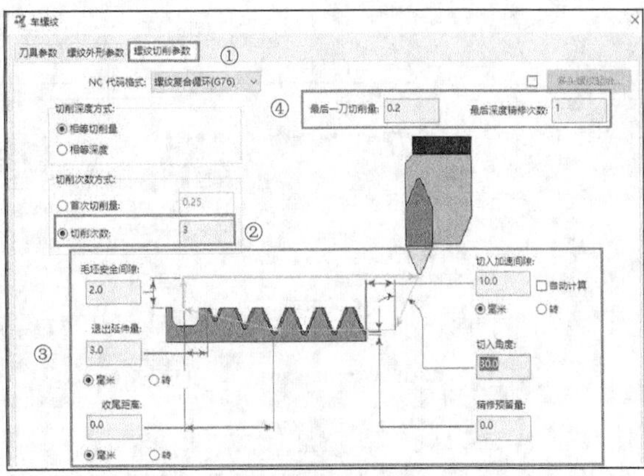

图 10-36 “螺纹切削参数”选项卡 2

（5）设置完成后，单击“粗车”对话框中的“确定”按钮，系统在绘图区中生成螺纹粗加工刀具路径，如图 10-37 所示。

3. 模拟仿真加工

（1）仿真加工

单击刀路操作管理器中的“选择全部操作”按钮，选中所有操作。单击刀路操作管理器中的“验证已选择的操作”按钮，系统弹出的“验证”对话框，单击“播放”按钮，系统进行模拟仿真加工，仿真加工结果如图 10-38 所示。

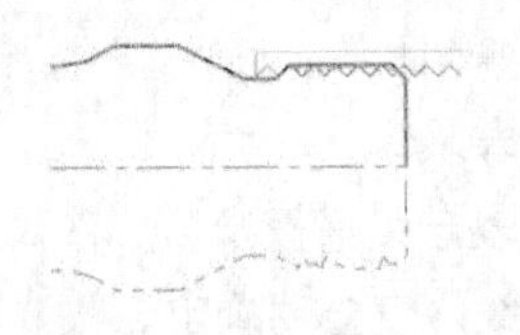

图 10-37 螺纹粗加工刀具路径

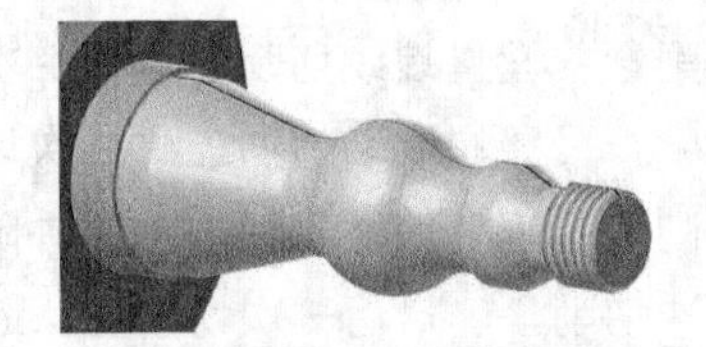

图 10-38 仿真加工结果

（2）NC 代码

模拟检查无误后，在刀路操作管理器中单击“执行选择的操作进行后处理”按钮G1，输入文件名称“实操——螺纹轴螺纹加工”，生成的 NC 代码见本书电子资源。

10.6 切断加工

切断加工就是选择零件要切断的点，垂直切断零件，如切断棒料截面毛坯。

10.6.1 切断加工参数介绍

单击“车削”选项卡“标准”面板中的“切断”按钮，根据系统提示选择切断边界点。单击“确定”按钮，弹出“车削截断”对话框。

“切断参数”选项卡如图 10-39 所示。该选项卡用于创建截断刀具路径。用户不需要为此刀具路径创建或链接任何几何图形。Mastercam 2022 将根据用户在此选项卡中输入的参数和用户选择的边界点创建刀具路径，部分参数设置如下。

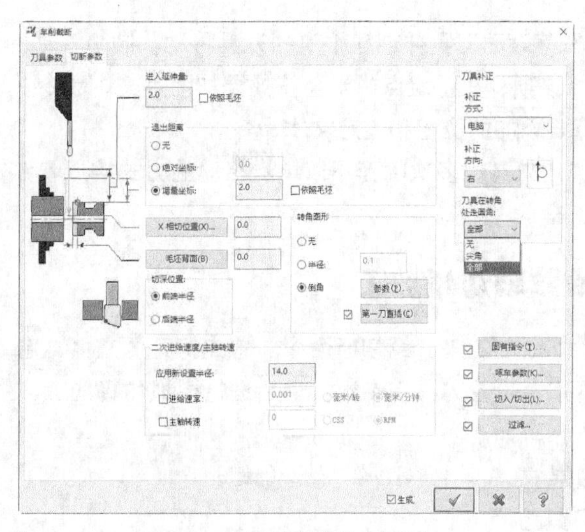

图 10-39 “切断参数”选项卡 1

（1）进入延伸量：确定刀具从开始进给位置到毛坯的距离。

（2）依照毛坯：确定如何计算“截断参数”选项卡中的输入量、“截断参数”选项卡中的增量回缩半径，以及“净空截断”对话框中的输入量。选择此选项可根据 Z 坐标的最大毛坯直径计算值。取消选择该选项则将选定点用于刀具路径。如果所选点在毛坯的 Z 边界外，Mastercam 2022 将使用最小或最大毛坯 Z 坐标处的最大半径，具体取决于两个 Z 坐标中哪个更靠近所选点。如果没有定义毛坯，则禁用该复选框。

（3）退出距离：该参数有 3 个选项。

① 无：刀具在返回原位之前不会退刀。

② 绝对坐标：使用用户输入的准确值来确定刀具在移动到原始位置之前将在 Z 轴上方退避多远。

③ 增量坐标：确定刀具在移动到原始位置之前将在 Z 轴上方退避多远。Mastercam 2022 相对于当前库存顶部计算此值。

（4）X 相切位置：单击该按钮，选择几何体上的一个点，或输入一个值以设置零件半径上要切削到的点。例如，切削管时将此值设置为管内径。在车床模式下，X 切点被解释为绝对值。

（5）毛坯背面：如果要在背面保留毛坯以进行精加工操作，则使用此选项。

（6）前端半径：刀具仅进入零件前半径中心的深度。

（7）后端半径：刀具仅进入零件后部半径中心的深度。

（8）转角图形：选择 Mastercam 2022 处理拐角的方式。

① 无：选择以在零件上创建方角。

② 半径：选择以在零件上创建方角。

③ 倒角：选择以在零件的角上创建倒角。

- 参数：单击以输入尺寸和其他倒角选项。
- 第一刀直插：选择以创建倒角的间隙切削。

（9）应用新设置半径：用于在切削过程中调整进给率和主轴速度。输入要应用二次进给和速度的切削半径。

（10）刀具在转角处走圆角：插入圆弧围绕刀具路径中的拐角移动。圆弧移动的类型如下。

① 无：保证所有尖角。

② 尖角：仅围绕 135° 或更小的尖角滚动刀具。

③ 全部：围绕所有角落滚动刀具并创建平滑的刀具移动。圆弧移动的半径等于刀具的半径。

（11）固有指令：选择该项，在特定点或半径值处添加固定文本命令。单击该按钮，弹出“固有切断指令”对话框，选择要添加的位置和固定文本命令。

（12）啄车参数：选择让刀具以多次啄而不以单次移动的方式接近零件。勾选复选框以设置啄孔尺寸。

10.6.2 实操——螺纹轴切断加工

本例通过对螺纹轴的切断加工来介绍切断命令。首先打开源文件，启动“切断”命令；然后根据系统提示拾取截断边界点，设置刀具及参数；最后进行模拟仿真加工，生成 NC 代码。

螺纹轴切断加工操作步骤如下。

1. 承接螺纹加工结果

2. 创建切断加工刀具路径

单击“车削”选项卡“标准”面板中的“切断”按钮，系统提示拾取边界点，绘图区打开图层 3，关闭图层 1，拾取图 10-40 所示的边界点。单击“确定”按钮，弹出“车削截断”对话框。

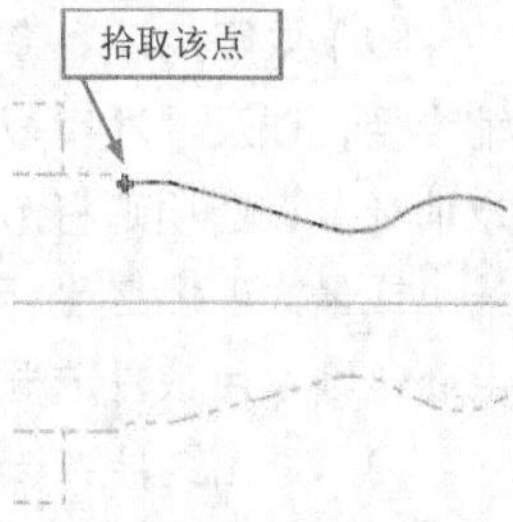

拾取该点

图 10-40 拾取边界点

（1）在“刀具参数”选项卡的刀具库下拉列表中选择“T152152”号车刀，其他参数采用默认设置。

（2）单击“切断参数”选项卡，参数设置如图 10-41 所示。

（3）设置完后，单击“确定”按钮，系统在绘图区生成刀具路径，如图 10-42 所示。

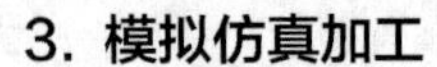

3. 模拟仿真加工

（1）仿真加工

单击刀路操作管理器中的“选择全部操作”按钮，选中所有操作。单击刀路操作管理器中的“验证已选择的操作”按钮，系统弹出“验证”对话框，单击“播放”按钮，系统进行模拟仿真加工，仿真加工结果如图 10-43 所示。

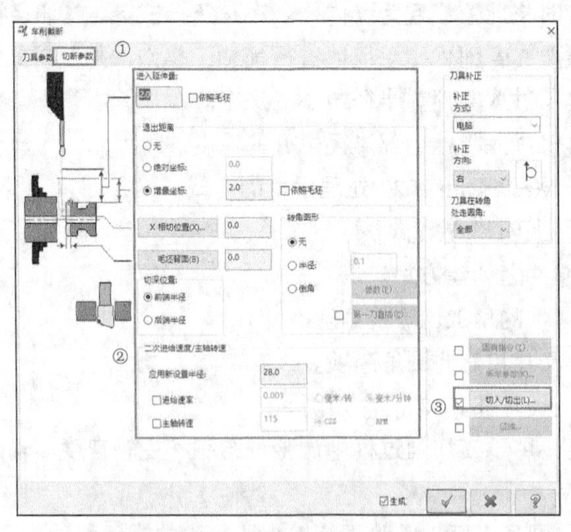

图 10-41 “切断参数”选项卡 2

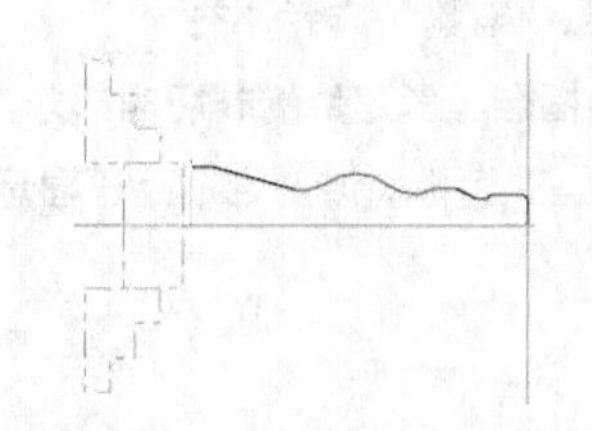

图 10-42　切断加工刀具路径

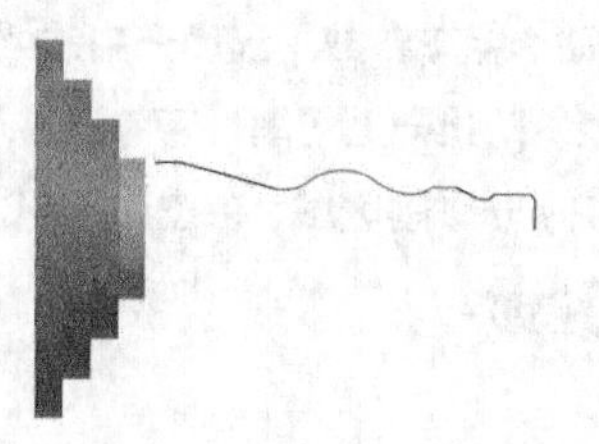

图 10-43　仿真加工结果

（2）NC 代码

模拟检查无误后，在刀路操作管理器中单击“执行选择的操作进行后处理”按钮G1，输入文件名称“实操——螺纹轴切断加工”，生成的 NC 代码见本书电子资源。

10.7 动态粗车加工

动态粗车加工可以快速切除大量毛坯，而剩余未加工材料可以更有效地使用更小的刀具。

10.7.1 动态粗车加工参数介绍

单击“车削”选项卡“标准”面板中的“动态粗车”按钮，系统弹出“线框串连”对话框，拾取加工串连。单击“确定”按钮，弹出“动态粗车”对话框。

“动态粗车参数”选项卡如图 10-44 所示。该选项卡用于创建车床动态粗加工刀具路径。刀具路径设计仅用于使用圆角刀片切削的硬质材料，如半径或球。动态运动允许刀具路径逐层切削，刀具更有效地保持在材料中，并允许使用更多的刀片，延长刀具寿命并提高切削速度。

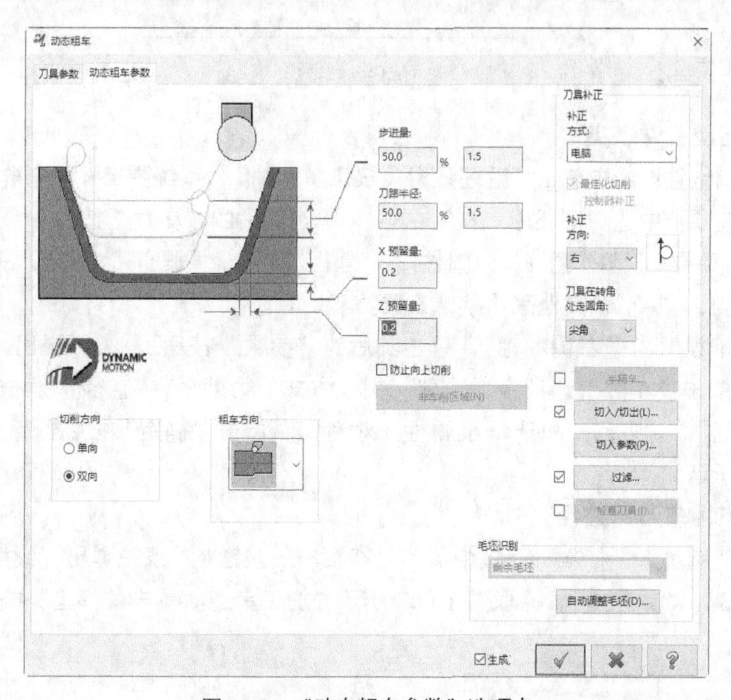

图 10-44　“动态粗车参数”选项卡

注意 **“动态粗车参数”选项卡中的“补正方式”只能选择“电脑”或者“关”。**

（1）防止向上切削：若勾选该复选框，则允许用户指定圆形刀片的非切削部分。

（2）非车削区域：单击该按钮，弹出“非车削区域”对话框，该对话框用于显示和编辑相关功能的设置。

10.7.2 实操——锥度轴动态粗车外圆加工

本例通过对锥度轴的外圆粗加工来介绍动态粗车命令。首先打开源文件，源文件中已对锥度轴进行了端面加工、钻孔和粗车加工；然后启动“动态粗车”命令，拾取加工串连，设置刀具和加工参数；最后进行模拟仿真加工，生成 NC 代码。

锥度轴动态粗车外圆加工操作步骤如下。

1. 打开文件

单击“快速访问”刀具栏中的“打开”按钮，在弹出的“打开”对话框中选择“源文件/原始文件/第 10 章/锥度轴”文件，单击“打开”按钮，完成文件的调取，如图 10-45 所示。

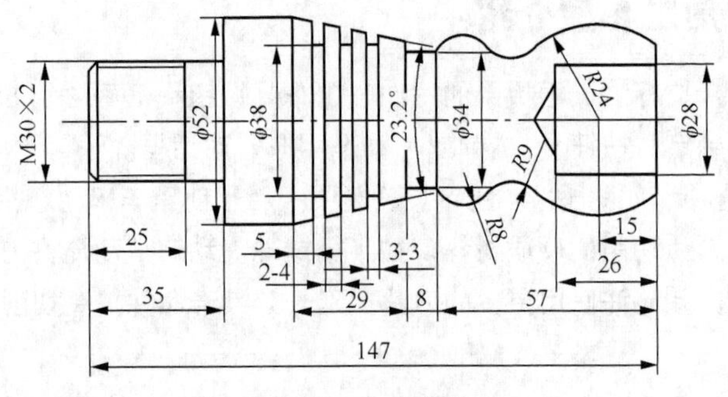

图 10-45 锥度轴

2. 设置毛坯及工件装夹

（1）在刀路操作管理器中单击“毛坯设置”按钮 毛坯设置，系统弹出“机床群组属性”对话框，在“毛坯设置”选项卡中选择毛坯为“左侧主轴”，单击其后的“参数”按钮，弹出“机床组件管理：毛坯”对话框，设置“图形”为圆柱体，“外径”为 55，“长度”为 155，“轴向位置”的“Z”值为 2，“轴”设置为“–Z”，其他采用默认设置。

（2）选择卡爪设置为“左侧主轴”，单击其后的“参数”按钮，弹出“机床组件管理：卡盘”对话框，单击“参数”选项卡，设置“夹紧方式”为外径，“直径”为 55，“Z”为–130。单击“确定”按钮，返回“机床群组属性”对话框。单击“确定”按钮，毛坯及工件装夹结果如图 10-46 所示。

3. 创建动态粗车刀具路径

单击“车削”选项卡“标准”面板中的“动态粗车”按钮，系统弹出“线框串连”对话框，绘图区打开图层 3，关闭图层 1，拾取图 10-47 所示的加工串连。单击“确定”按钮，弹出“动态粗车”对话框。

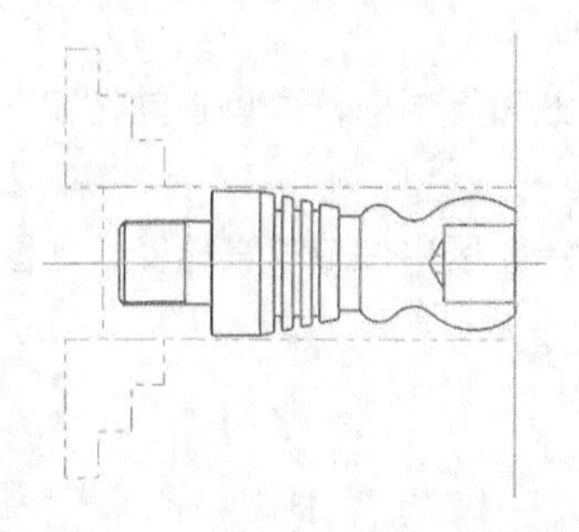

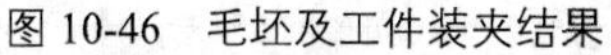
图 10-46　毛坯及工件装夹结果

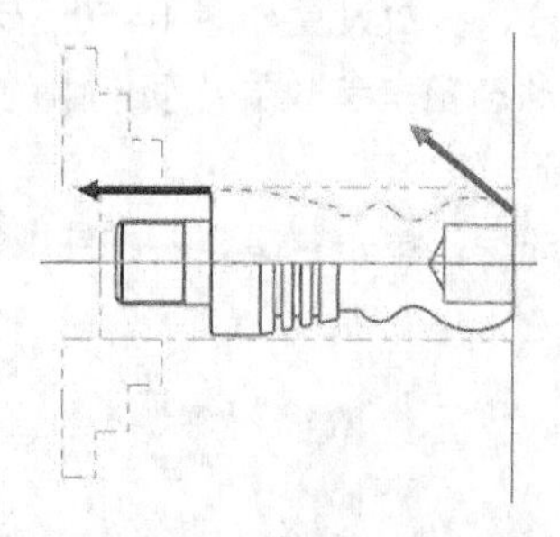

图 10-47　拾取加工串连

（1）在刀具库下拉列表中选择“T142142”号车刀，双击该刀具图标，弹出“定义刀具：机床群组-1”对话框，单击“刀片”选项卡，修改“内圆直径或周长”为 12，单击“刀杆”选项卡，修改参数“C”为 80，其他参数采用默认设置。

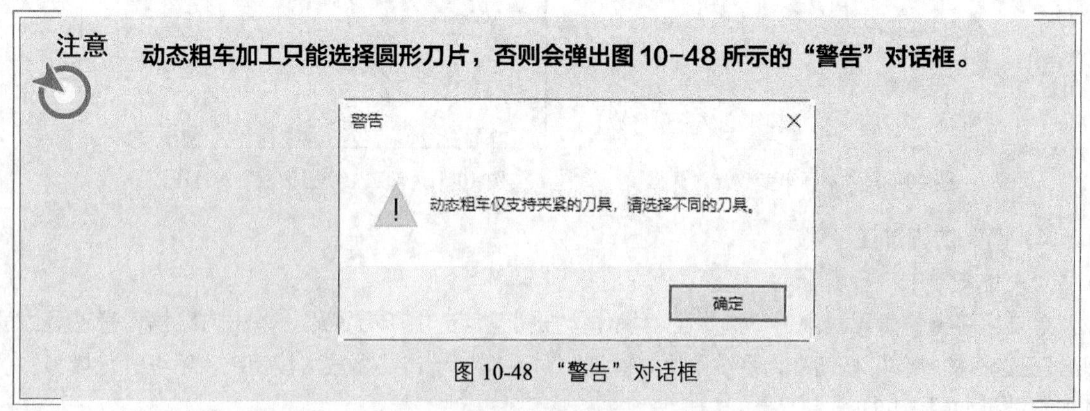

注意　**动态粗车加工只能选择圆形刀片，否则会弹出图 10-48 所示的“警告”对话框。**

图 10-48　“警告”对话框

（2）单击“动态粗车参数”选项卡，参数设置如图 10-49 所示。

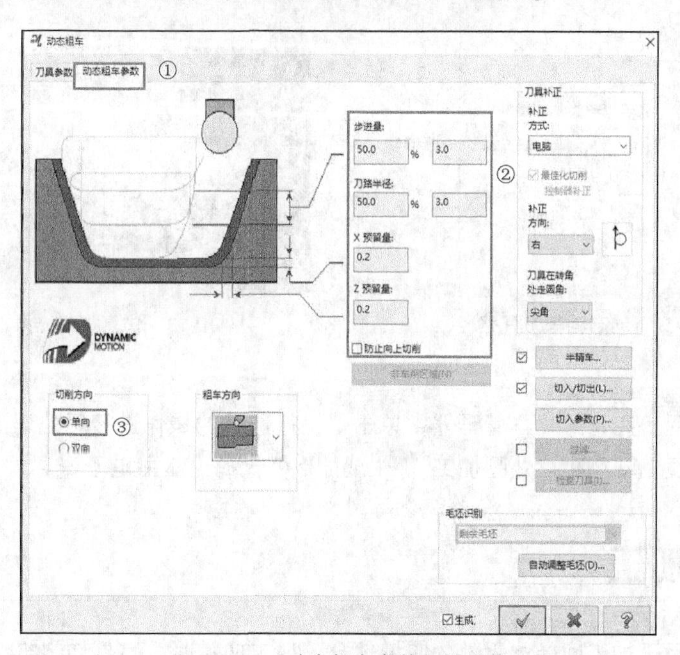

图 10-49　“动态粗车参数”选项卡

（3）勾选“动态粗车参数”选项卡中的“半精车”复选框，并单击其后的按钮 半精车... ，弹出“半精车参数”对话框，参数设置如图 10-50 所示。

（4）勾选“动态粗车参数”选项卡中的“切入/切出”复选框，并单击其按钮 切入/切出(L)... ，参数设置如图 10-51 所示。

（5）设置完成后，单击“确定”按钮 ✓ ，系统在绘图区中生成刀具路径，如图 10-52 所示。

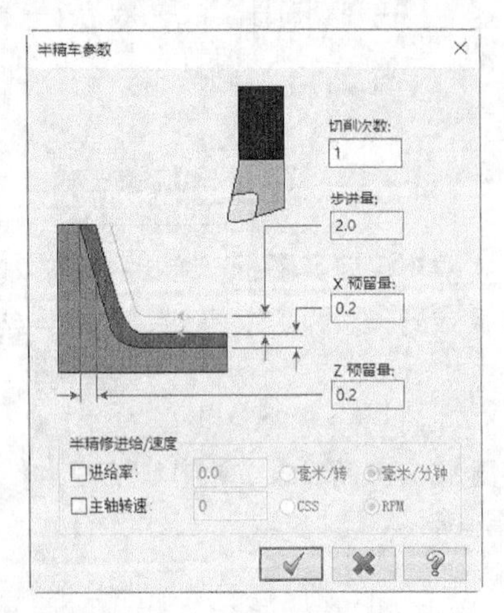

图 10-50 “半精车参数”对话框

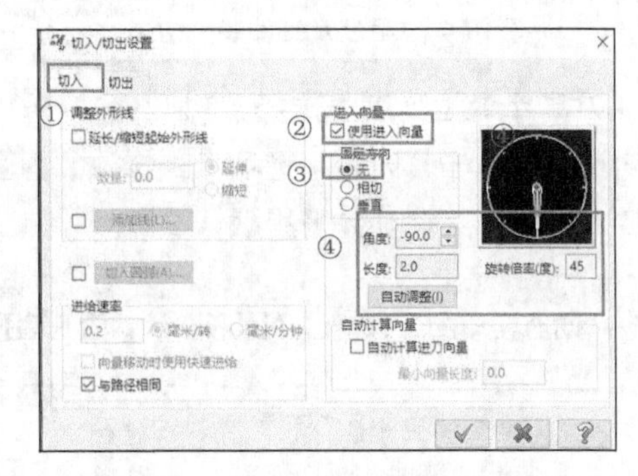

图 10-51 “切入/切出设置”对话框

4．模拟仿真加工

（1）仿真加工

单击刀路操作管理器中的“选择全部操作”按钮，选中所有操作。单击刀路操作管理器中的“验证已选择的操作”按钮，系统弹出“验证”对话框，单击“播放”按钮▶，系统进行模拟，仿真加工结果如图 10-53 所示。

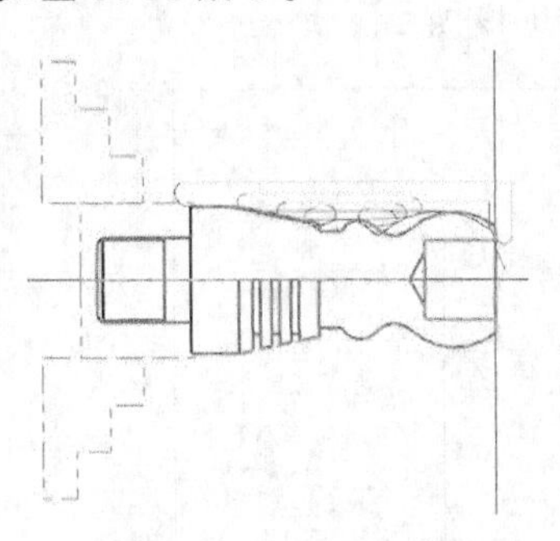

图 10-52 动态粗车刀具路径

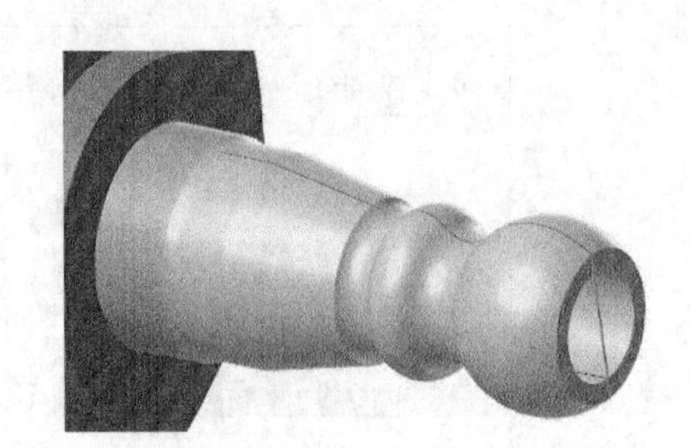

图 10-53 仿真加工结果

（2）NC 代码

模拟检查无误后，在刀路操作管理器中单击“执行选择的操作进行后处理”按钮G1，输入文件名称“实操——锥度轴动态粗车外圆加工”，生成的 NC 代码见本书电子资源。

10.8 沟槽加工

沟槽加工主要用于加工回转体零件的凹槽部分。加工凹槽时，刀具切削工件的方式与其他车削方式不同，它是在垂直于回转体轴线方向进刀，切到规定深度后在垂直于主轴轴线方向退刀。而其他车削是平行于回转体轴线进行切削的。沟槽加工用的刀具与其他车削加工方式的刀具也有所不同。沟槽车削所用的车刀两侧都有切削刃。

10.8.1 沟槽加工参数介绍

单击“车削”选项卡“标准”面板中的“沟槽”按钮，系统弹出“沟槽选项”对话框，选择定义沟槽方式，并拾取加工范围。按<Enter>键，弹出“沟槽粗车（串联）”对话框。

1. “沟槽粗车参数”选项卡

“沟槽粗车参数”选项卡如图 10-54 所示。该选项卡为创建凹槽粗切刀具路径设置参数，部分参数设置如下。

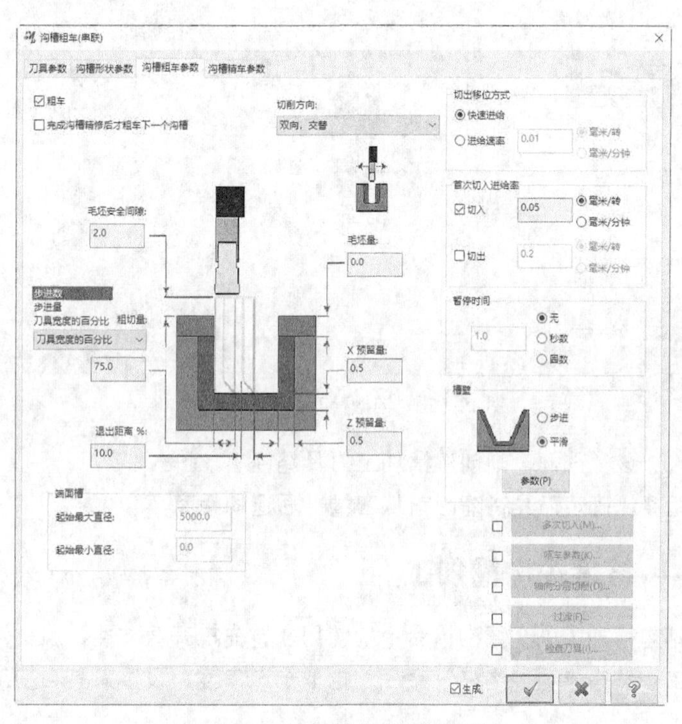

图 10-54 “沟槽粗车参数”选项卡

（1）粗车：若勾选该复选框，则创建粗加工刀具路径。

（2）完成沟槽精修后才粗车下一个沟槽：选择是否要在移动到下一个凹槽之前对每个凹槽进行粗加工和精加工。如果用户希望在进行任何精加工之前对所有凹槽进行粗加工，则取消选择该选项。该选项在定义多个凹槽时使用。

（3）毛坯安全间隙：确定刀具从凹槽顶部开始第一次切入并在最后一次切削后退回的距离。

（4）粗切量：确定每次切割去除的材料量。包含“刀具宽度的百分比”“步进量”和“步进数”3 个选项。

（5）退出距离%：确定刀具在缩回之前从凹槽壁后退的距离。退出距离定义为粗车步进量的百分比。如果刀具退出会撞击零件，则不会后退。

2. “沟槽精车参数”选项卡

“沟槽精车参数”选项卡如图 10-55 所示。该选项卡为创建凹槽精加工刀具路径设置参数，部分参数介绍如下。

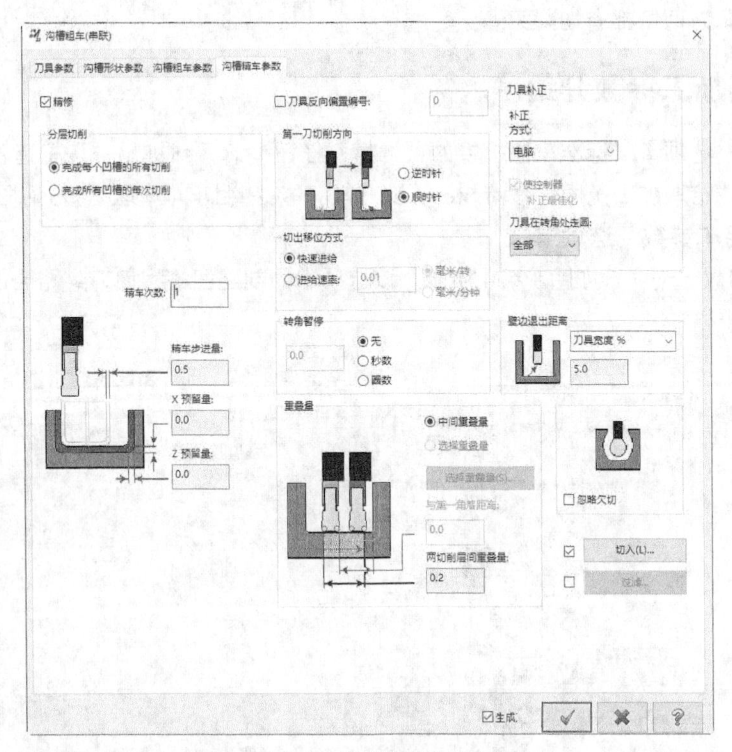

图 10-55 “沟槽精车参数”选项卡

（1）精修：若勾选该复选框，则创建精加工刀具路径。

（2）壁边退出距离：确定刀具在缩回前从凹槽壁后退的距离。

10.8.2 实操——锥度轴沟槽加工

本例通过锥度轴沟槽加工来介绍沟槽命令的使用，首先打开源文件，源文件中在动态粗车的基础上进行了精车加工；然后启动“沟槽”命令，拾取加工串连，设置刀具和加工参数；最后模拟仿真加工，生成 NC 代码。

锥度轴沟槽加工操作步骤如下。

1. 打开文件

单击“快速访问”刀具栏中的“打开”按钮，在弹出的“打开”对话框中选择“源文件/原始文件/第 10 章/锥度轴沟槽”文件，单击“打开”按钮，完成文件的调取。

2. 创建锥度轴沟槽加工刀具路径

（1）单击“车削”选项卡“标准”面板中的“沟槽”按钮，系统弹出“沟槽选项”对话框，选择“定义沟槽方式”为“多个串连”，如图 10-56 所示。单击“确定”按钮，系统弹出“线框串连”对话框，选择“部分串连”选项，打开图层 4，关闭图层 3，拾取图 10-57 所示的 3 组串连。单击“确定”按钮，弹出“沟槽粗车（串联）”对话框。

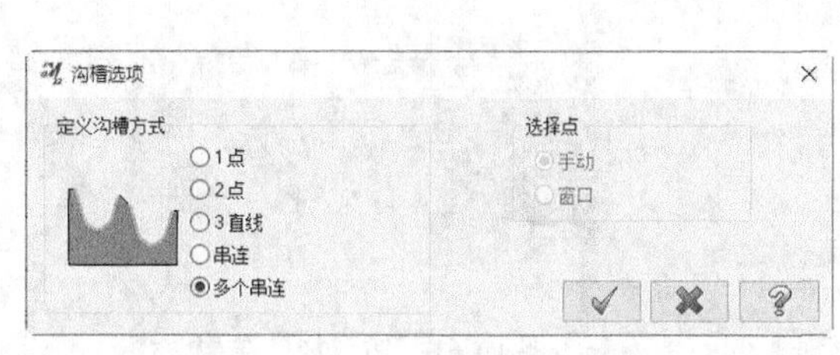

图 10-56 “沟槽选项”对话框

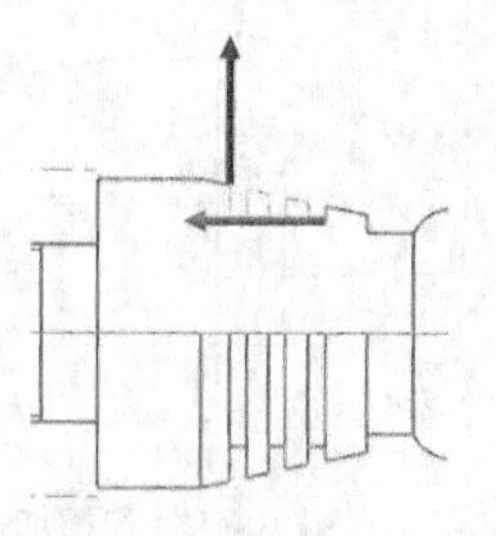

图 10-57 拾取串连

（2）在刀具库下拉列表中选择“T4141”号车刀，其他参数采用默认设置。

（3）单击“沟槽形状参数”选项卡，参数设置如图 10-58 所示。

（4）单击“沟槽粗车参数”选项卡，参数设置如图 10-59 所示。

（5）单击“沟槽精车参数”选项卡，设置精车步进量为 0.5，其他参数采用默认设置。

（6）设置完成后，单击“确定”按钮，系统在绘图区中生成沟槽加工刀具路径，如图 10-60 所示。

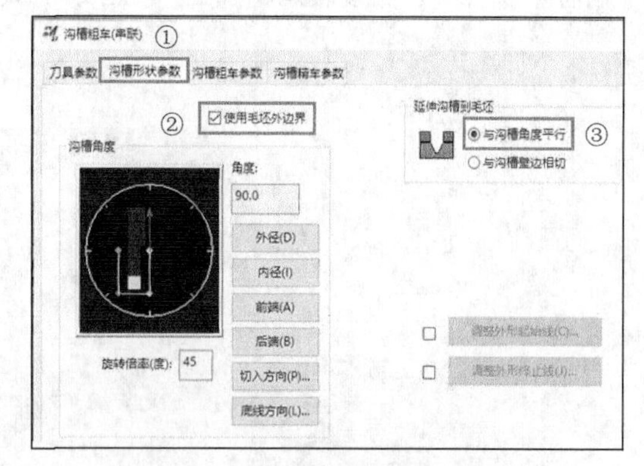

图 10-58 “沟槽形状参数”选项卡

3. 模拟仿真加工

（1）仿真加工

单击刀路操作管理器中的“选择全部操作”按钮，选中所有操作。单击刀路操作管理器中的“验证已选择的操作”按钮，系统弹出“验证”对话框，单击“播放”按钮，系统进行模拟，仿真加工结果如图 10-61 所示。

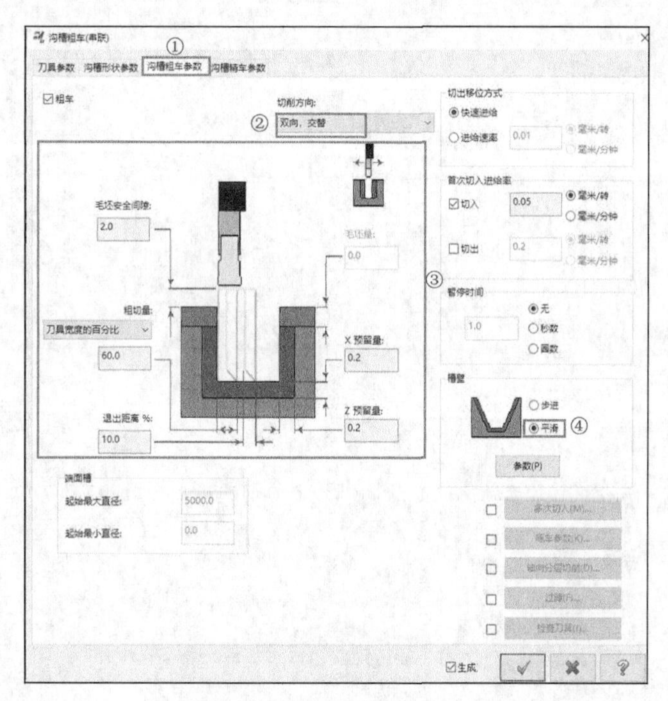

图 10-59 “沟槽粗车参数”选项卡

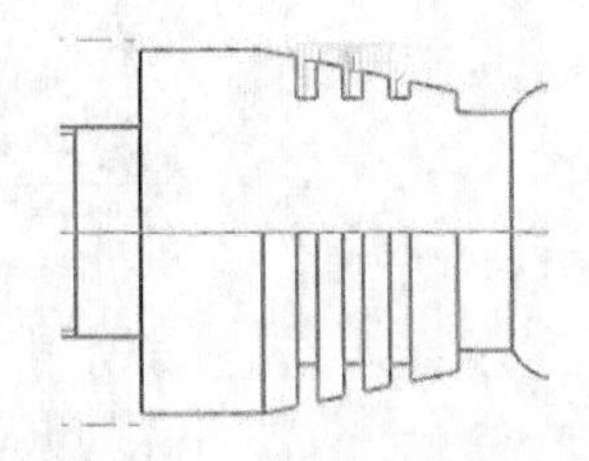

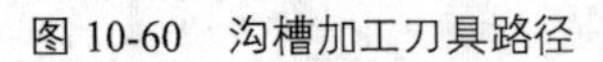

图 10-60　沟槽加工刀具路径

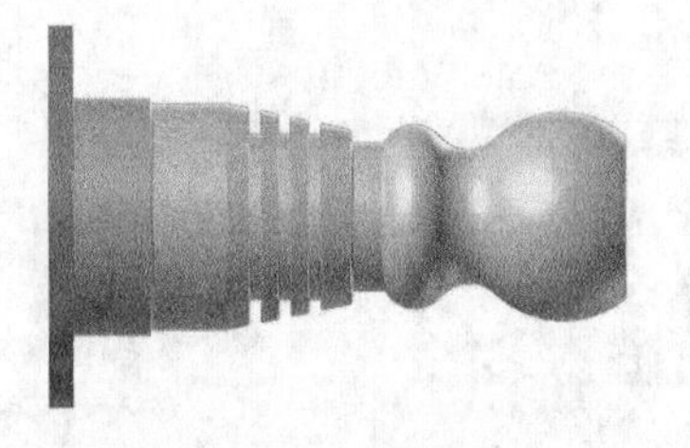

图 10-61　仿真加工结果

（2）NC 代码

模拟检查无误后，在刀路操作管理器中单击“执行选择的操作进行后处理”按钮G1，输入文件名称“实操——锥度轴沟槽加工”，生成的 NC 代码见本书电子资源。

第11章

线切割加工

电火花线切割简称线切割，它是在电火花穿孔、成形加工的基础上发展起来的。线切割具有加工余量小、加工精度高、生产周期短、制造成本低等突出优点，已在生产中获得广泛的应用，目前国内、国外的电火花线切割机床已占电加工机床总数的60%以上。

知识点

- 设置线切割通用参数
- 外形切割
- 四轴切割
- 无削切割

案例效果

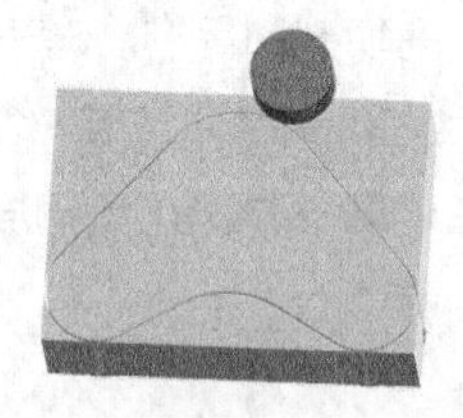

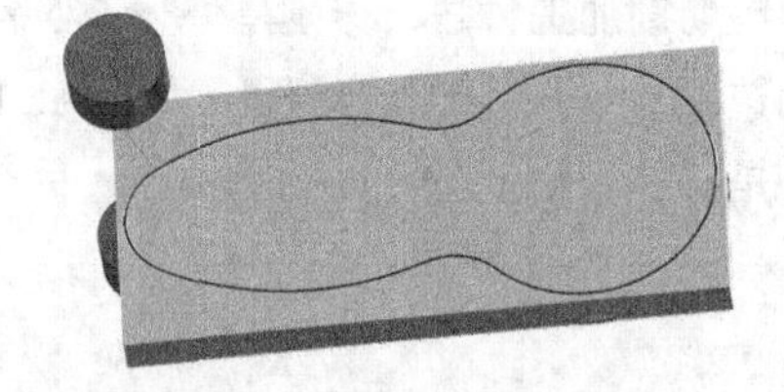

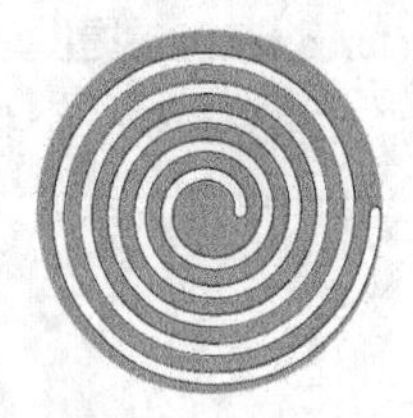

11.1 设置线切割通用参数

目前生产的线切割加工机床都有计算机自动编程功能，即可以将线切割加工的轨迹图形自动生成机床能够识别的程序，但在变截面切削加工时，软件处理图形比较困难，本章介绍 Mastercam 2022 软件中的线切割模块，该模块可以对数控线切割编程与线切割机床进行连接，将处理后的图形和自动生成的程序传给数控线切割加工机床。

11.1.1 线切割加工的基本原理

线切割加工的基本原理是利用移动的细小金属导线（铜丝或钼丝）作为电极，对工件进行脉冲火花放电，通过计算机进给控制系统。配合一定浓度的水基乳化液进行冷却排屑，就可以对工件进行加工。

11.1.2 线切割加工特点

（1）线切割能加工精密细小形状复杂的通孔零件或零件外形，线切割用的电极丝极细（一般为ϕ0.04mm ~ ϕ0.2mm），很适合加工微细模具、电极、窄缝和锐角及贵重金属的下料等。

（2）不能加工盲孔。根据线切割加工原理，线切割加工时，电极丝的运行状态是“循环走丝”，而加工盲孔却无法形成电极丝的循环。因此，线切割只能对零件的通孔或外形进行加工。

（3）线切割最广泛的应用是加工各类模具、切割样板及二维图形。

11.1.3 线切割加工工艺

1. 起始点的选择

起始点是工件串连几何图形的起始切割位置，往往也是几何图形的终止位置。起始点选择不当，会使工件切割表面留下多余刀具路径。

2. 切割路径的选择

切割路径的选择主要以防止或减少工件变形为原则，一般靠近装夹位置的图形最后切割。

3. 穿丝孔的选择

穿丝孔是工件上为穿过电极丝而预先钻制的小孔。

11.1.4 线切割机床模块的选择

单击“机床”选项卡“机床类型”面板中的“线切割”按钮，选择“默认”选项，此时增加了“线切割刀路”选项卡，并在刀路操作管理器中生成机床群组属性文件。

11.1.5 设置线切割共同参数

Mastercam 2022 提供了 4 种线切割加工方法，分别是外形、四轴、无削切割和固有。对于线切割的 4 种加工方法都有一个共同的选项卡——“钼丝/电源”，如图 11-1 所示。Mastercam 2022 线切割使用两种类型的电源数据库，一种是扩展名为.POWER 的库类型；另一种是扩展名为.TECH 的库类型。

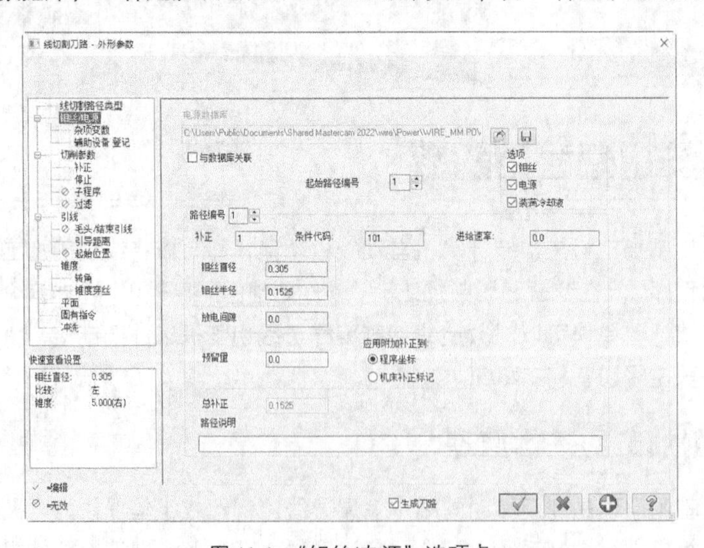

图 11-1 “钼丝/电源”选项卡

“钼丝/电源”选项卡可选择电源数据库文件并将其值用于线切割路径操作。默认情况下，电源数据库文件作为外部文件，与操作相关联。该选项卡中显示的设置反映了其保存位置中相关电源库文件的最新版本，部分参数介绍如下。

> 注意　**（1）由于电源数据库文件作为外部文件且与操作相关联，因此用户用于编辑每个刀具路径的电源设置的字段不可用，除非用户已取消“与数据库关联”复选框，将线切割路径与电源数据库取消关联。使用此方法可以创建唯一的电源数据库设置，这些设置仅与 Mastercam 零件文件中的线路径操作一起保存。**
>
> **（2）要从以前版本的 Mastercam 转换电源库，只需在从 Mastercam 访问它之前，在 Windows 资源管理器中将文件扩展名更改为.POWER。**

（1）电源数据库：显示有功功率库，包括其位置。

（2）“打开”按钮：单击该按钮，打开“编辑数据库”对话框，如图 11-2 所示。用户可以在其中单击“选择数据库”来选择和加载电源库。

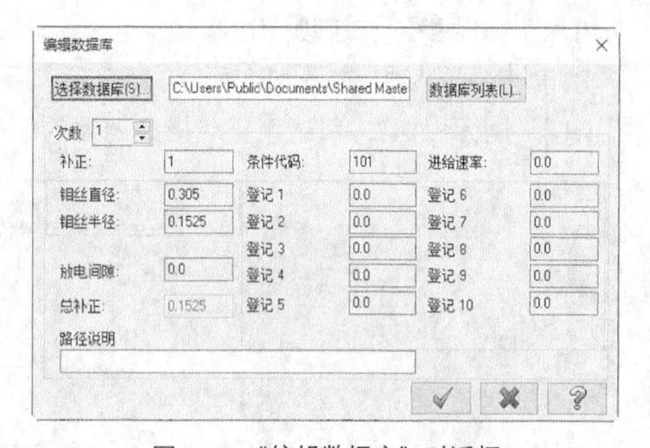

图 11-2 “编辑数据库”对话框

（3）“保存”按钮：将电源设置保存到用户定义的库文件中。

（4）与数据库关联：勾选该复选框，则启用与电源设置库文件（.POWER）的关联。如果关联的库文件自创建操作以来发生了更改，则下次打开 Mastercam 零件文件时，会更改需要重新生成操作。取消勾选时，电源设置库与布线路径无关。首次创建连线路径时，Mastercam 2022 线切割会从库中读取电源设置，但允许针对当前操作更改这些设置。编辑线路径时，Mastercam 2022 线切割会保留用户设置的电源。

（5）起始路径编号：设置起始线切割路径的编号。

（6）钼丝：勾选时，电线已穿线。通常保持启用状态。

（7）电源：勾选时，对电线施加电压。通常保持启用状态。

（8）装满冷却液：冷却液的初始状态。

（9）路径编号：输入刀具路径编号以编辑当前库中单个路径的设置。每个路径都可以有独特的设置。单个库文件中最多可存储 24 个路径编号。

（10）补正：设置线偏移寄存器号。

（11）条件代码：设置与寄存器编号对应的线材机器特定值。

（12）钼丝直径：设置钼丝直径，与线半径参数一起使用，并在输入线半径时自动更新。

（13）钼丝半径：设置钼丝半径，与线直径参数一起使用，并在输入线直径时自动更新。

（14）放电间隙：设置放电间隙值。根据工件厚度选择合适的放电间隙：放电间隙不能太小，否则容易产生短路，也不利于冷却和电蚀物的排出，放电间隙过大会影响表面粗糙度及加工速度。当切割厚度较大的工件时，应尽量选用大脉宽电流，同时放电间隙也要大一点，从而增强排屑效果，提高切割的稳定性。

（15）预留量：设置为所有加工保留的预留量。

（16）“总补正”：只读数据。钼丝半径、放电间隙和预留量的总和。

“预留量”和“总补正”应用于整个操作而不是单次设置。因此，这两个选项将始终可用，无论用户是否选择“与数据库关联”。

11.2 外形切割

外形切割就是创建一个在 *XY* 平面上标准形状的刀路（下轮廓）和 *UV* 平面上标准形状的刀路（上轮廓），可以向外或向内切割锥形。

11.2.1 外形切割参数介绍

单击“线割刀路”选项卡“线割刀路”面板中的“外形”按钮，系统弹出“线框串连”对话框，根据系统提示拾取加工串连。单击“确定”按钮，弹出“线切割刀路-外形参数”对话框。

1. “切削参数”选项卡

“切削参数”选项卡如图 11-3 所示。该选项卡用于设置切割类型和数量，选项卡中部分参数含义如下。

（1）“执行粗切”：勾选该复选框，创建轮廓的粗切加工路径。

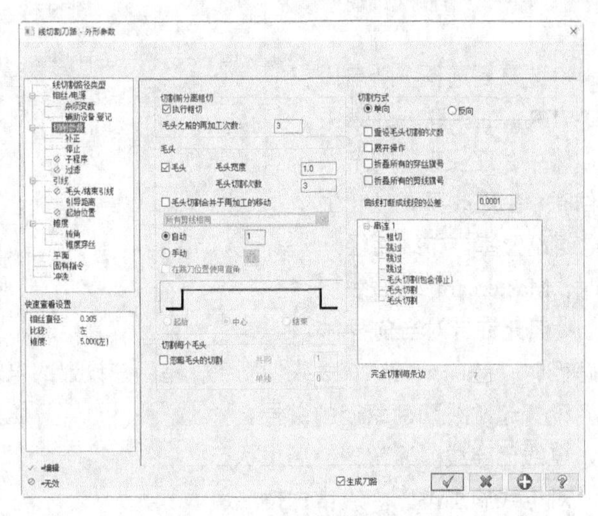

图 11-3 “切削参数”选项卡

（2）毛头之前的再加工次数：设置轮廓外形加工前的切割次数。

（3）毛头宽度：设置切削轮廓外形之前的加工在终点与起始点之间跳过的不加工的轮廓的尺寸值。

（4）毛头切割次数：设置轮廓外形的加工次数。

（5）毛头切割合并于再加工的移动：勾选该复选框，将当前剪切路径与最后一个再加工剪切路径组合在一起。如果在此之前没有再加工剪切，则该剪切与粗剪相结合。取消勾选该复选框，则会单独列出剪切路径。

（6）自动：若选择该项，则 Mastercam 2022 线切割会在操作中的每个零件上创建用户指定的刀具路径数量，刀具路径等距间隔开。

（7）手动：让用户选择刀具路径的位置。选择手动，然后选择位置以返回图形窗口以在零件上放置刀具路径。

2. “补正”选项卡

该选项卡用于设置 Mastercam 2022 从线切割路径偏移的补偿方法。选择该项，导线会偏移到布线路径的右侧或左侧。

3. “停止”选项卡

该选项卡用于在切削路径中创建可选停止（M01）或程序停止（M00）。对于轮廓刀具路径，用户可以选择在设置选项卡之前和/或之后应用停靠点，部分参数介绍如下。

（1）从每个毛头：在每个操作链上的起始位置之前输出停止代码。

（2）在第一个毛头的操作：在创建的刀具路径 1 上的起始位置之前输出停止代码。整个操作中的后续操作不包括停止代码。

4. “子程序”选项卡

使用此选项卡可使用子程序重复布线路径中的 *XY* 移动。

5. “锥度”选项卡

“锥度”选项卡如图 11-4 所示。该选项卡用于设置轮廓线路径的锥度，部分参数介绍如下。

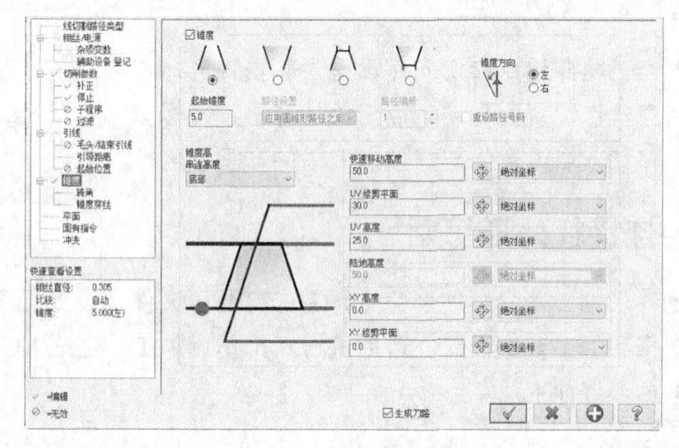

图 11-4 “锥度”选项卡

（1）起始锥度：以度为单位设置锥角。

（2）串连高度：选择一个选项以指示几何体链接的位置，即 *XY* 或 *UV* 高度，或者，如果有平台，则为平台高度。从以下选项中进行选择。

① 顶部：几何体被链接在 *UV* 高度。

② 中间：几何体被链接在平台高度。仅在选择平台样式时可用。

③ 底部：几何体被链接在 *XY* 高度。

④ 快速移动高度：设置快速移动的 *Z* 深度。可以高于 *UV* 高度、*UV* 修剪或 *UV* 延伸平面。

⑤ U/V 修剪平面：设置上导轨在线切割机床上的位置，控制可能需要该位置来定位导轨相对于零件的位置。

⑥ U/V 高度：*UV* 平面的位置，通常包含 4 轴零件上部轮廓的几何图形。使用增量值时，该值等于链接几何图形的 *UV* 平面的 *Z* 深度。使用绝对坐标时，*UV* 高度为相对于系统原点和加工图形的高度总和。

⑦ X/Y 高度：*XY* 平面的位置，通常包含 4 轴零件下部轮廓的几何图形。使用增量值时，该值等于链接几何图形的 *XY* 平面的 *Z* 深度。使用绝对坐标时，*XY* 高度为相对于系统原点和加工图形的高度总和。

⑧ X/Y 修剪平面：控制可能需要在线切割机床上的下导轨的位置，以定位与零件相关的导轨。

修剪平面值写入 NC 文件中的 G 代码 1015。不使用 *XY* 修剪平面时，输入与 *XY* 高度相同的值。

6. “锥度穿丝”选项卡

“锥度穿丝”选项卡如图 11-5 所示。该选项卡为切割图形指定 *UV* 平面中的 *XY* 位置，以创建锥形面，部分参数介绍如下。

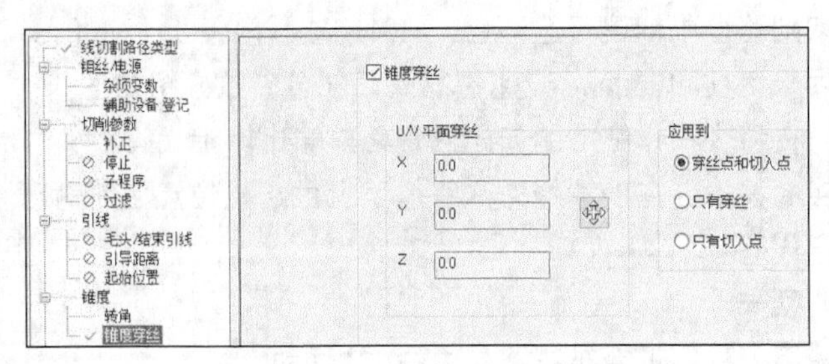

图 11-5 “锥度穿丝”选项卡

（1）X/Y/Z：设置 *UV* 穿丝点和切入点的轴坐标。单击“选择”按钮，返回图形窗口以选择 *UV* 穿丝点/切入点位置。

（2）穿丝点和切入点：将穿丝点和切入点设置为非垂直坐标。

（3）只有穿丝：将穿丝点设置为与切入点无关的非垂直坐标。

（4）只有切入点：将切入点设置为与穿丝点无关的非垂直坐标。

11.2.2 实操——连接杆外形切割

本例通过连接杆的外形加工来介绍外形命令，首先打开源文件，设置机床类型，然后启动“外形”命令，进行刀具选择和加工参数设置，最后进行模拟仿真加工，生成 NC 代码。

连接杆外形切割操作步骤如下。

1. 打开文件

单击“快速访问”工具栏中的“打开”按钮，在弹出的“打开”对话框中选择“源文件/原始文件/第 11 章/连接杆”文件，单击“打开”按钮 打开(O) ，完成文件的调取，如图 11-6 所示。

2. 设置机床类型

单击“机床”选项卡“机床类型”面板中的“线切割”按钮，选择“默认”选项。

3. 创建外形切割刀具路径

（1）拾取加工边界

单击“线割刀路”选项卡“线割刀路”面板中的“外形”按钮，系统弹出“线框串连”对话框，根据系统提示拾取加工串连，如图 11-7 所示。单击“确定”按钮，弹出“线切割刀路–外形参数”对话框。

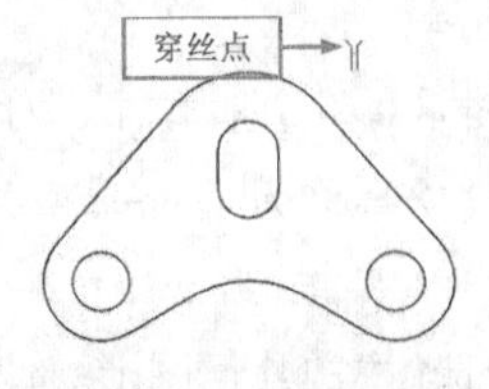

图 11-6 连接杆

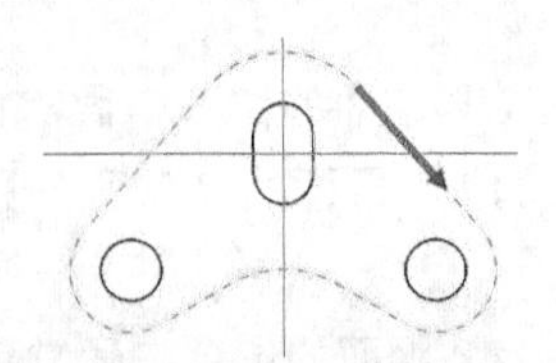

图 11-7 拾取加工串连

（2）设置电极丝参数

单击“钼丝/电源”选项卡，设置“钼丝直径”为 0.3，“放电间隙”为 0.25，其他参数采用默认设置。

（3）设置加工参数

① 单击“切削参数”选项卡，参数设置如图 11-8 所示。

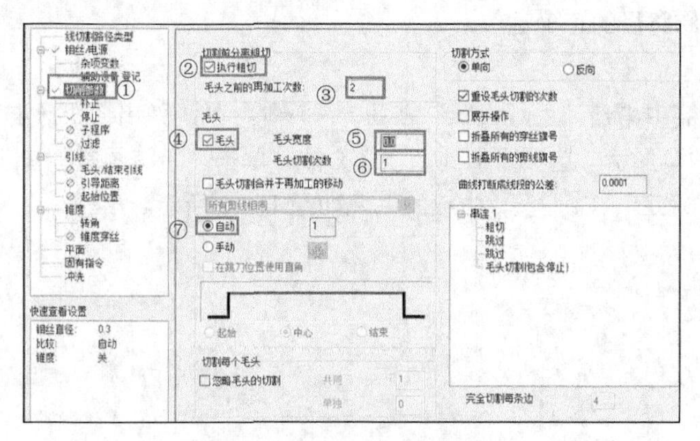

图 11-8 “切削参数”选项卡

② 单击“补正”选项卡，参数采用默认设置。

③ 单击“停止”选项卡，取消勾选“产生停止指令”复选框。

④ 单击“引导距离”选项卡，勾选“引导距离”复选框，设置“引进距离”为 15。

⑤ 单击“锥度”选项卡，参数设置如图 11-9 所示。

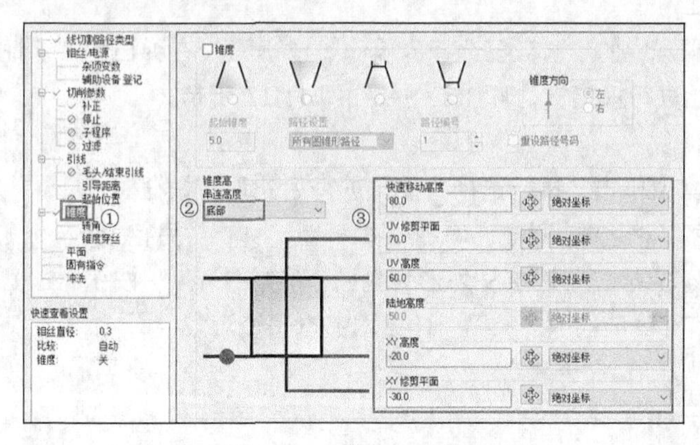

图 11-9 “锥度”选项卡

⑥ 单击“锥度穿丝”选项卡，参数设置如图 11-10 所示。

⑦ 单击“确定”按钮，系统根据所设置的参数生成外形切割刀具路径，如图 11-11 所示。

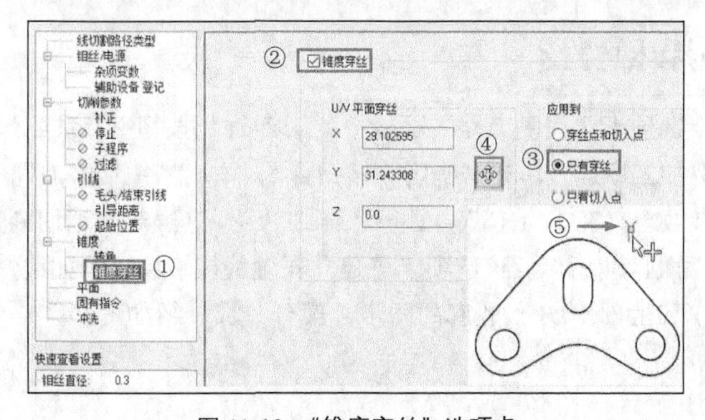

图 11-10 “锥度穿丝”选项卡

4. 模拟仿真加工

为了验证外形切割加工参数设置的正确性，可以通过模拟外形切割加工过程，来观察工件在切削过程中的下刀方式和路径的正确性。

（1）设置毛坯

在刀路操作管理器中单击“毛坯设置”按钮 毛坯设置，系统弹出“机床群组属性”对话框，在“毛坯设置”选项卡的“形状”选项组中选择“立方体”单击“所有图素”按钮 所有图素，设置“毛坯高度”为 30，单击“确定”按钮，生成的毛坯如图 11-12 所示。

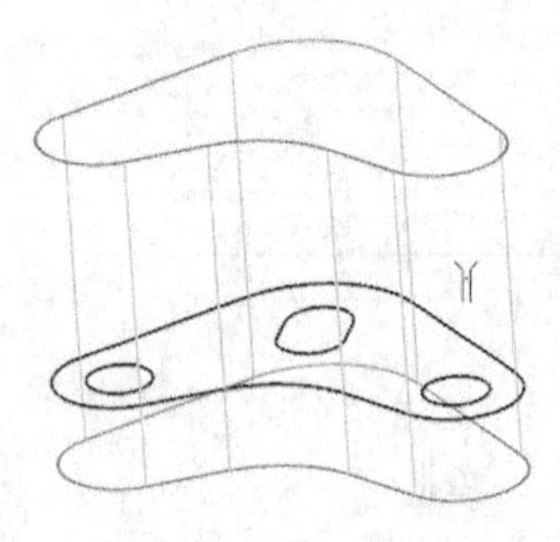

图 11-11　外形切割刀具路径

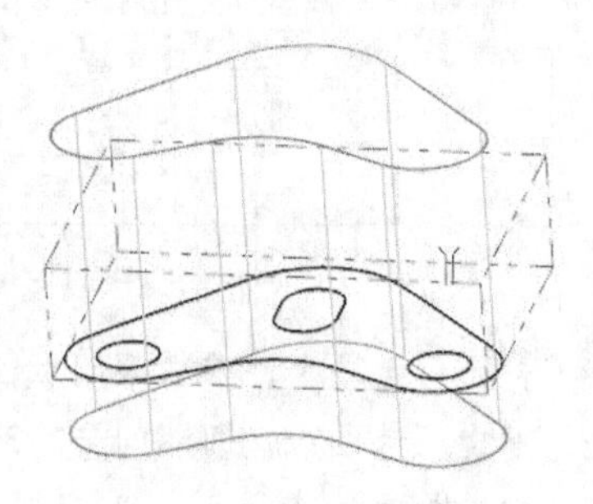

图 11-12　生成的毛坯

（2）模拟仿真加工

单击刀路操作管理器中的“验证已选择的操作”按钮，在弹出的“验证”对话框中单击“播放”按钮，系统开始进行模拟，仿真加工结果如图 11-13 所示。

（3）NC 代码

在刀路操作管理器中单击“执行选择的操作进行后处理”按钮G1，系统弹出“后处理程序”对话框，单击“确定”按钮，弹出“另存为”对话框，输入文件名“实操——连接杆外形切割”，单击“保存”按钮 保存(S)，在编辑器中打开生成的 NC 代码，详见本书电子资源。

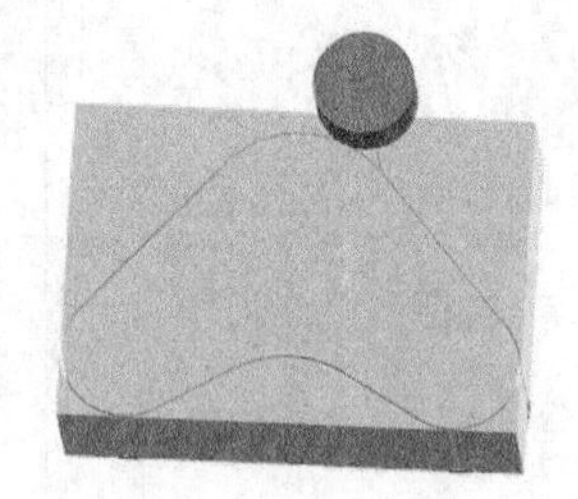

图 11-13　仿真加工结果

11.3　四轴切割

四轴加工就是在 *XY* 平面（下轮廓）和 *UV* 平面（上轮廓）上创建刀路图形，四轴切割可以在两个平面切割不同的图形形状，切割路径可以位于 *XY* 平面和 *UV* 平面。

11.3.1　四轴切割参数介绍

单击“线割刀路”选项卡“线割刀路”面板中的“四轴”按钮4I，系统弹出“线框串连”对话框，根据系统提示拾取加工串连。单击“确定”按钮，弹出“线切割刀路-四轴”对话框。

部分选项卡中各参数含义在 11.1.1 节中进行了详细介绍，这里对四轴切割独有的选项进行介绍。

“四轴”选项卡如图 11-14 所示。该选项卡可建立 4 轴线径设置，例如线性圆弧移动格式、修剪选项，以及下部（*XY*）和上部（*UV*）轮廓的同步，部分参数介绍如下。

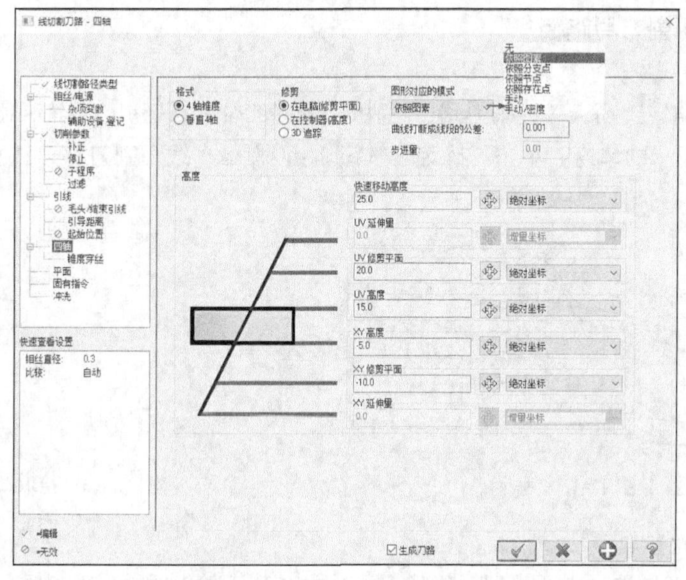

图 11-14 “四轴”选项卡

（1）4 轴锥度：输出 *UV*/*XY* 线性移动。所有圆周运动都根据线性化容差值分解为线性运动。可以通过自定义后处理器来修改格式。

（2）垂直 4 轴：输出 *UV*/*XY* 线性和圆弧移动。可以通过自定义后处理器来修改格式。

（3）3D 追踪：用户的机床支持 3D 跟踪时才能使用此参数。它包括 *XY* 平面和 *UV* 平面的可变 *Z* 深度。当由线切割机和控制支持时，3D 跟踪允许加工不完全位于单个构建平面中的几何体。借助 3D 跟踪，机床上的导线器遵循非平面几何形状。选择 3D 跟踪时，Mastercam 2022 启用 *XY* 和 *UV* 扩展平面，这些平面是可用于表示线导向的附加平面。

（4）图形对应的模式：确定 Mastercam 2022 如何划分链接的轮廓并在下部（*XY*）和上部（*UV*）轮廓之间放置同步点。其选项包括以下几项。

① 无：使用步长将链分成偶数个段来同步链。

② 依照图素：匹配每个实体的端点，并要求两个链具有相同数量的图素。

③ 依照分支点：需要将分支线添加到几何图形以创建同步点。

④ 依照节点：仅适用于参数样条并通过样条上的节点同步两条链。

⑤ 依照存在点：通过沿链找到的点图素同步链。

⑥ 手动和手动/密度：允许用户手动放置同步点。

11.3.2 实操——手柄四轴切割

本例通过手柄的四轴切割来介绍四轴命令，首先打开源文件；然后启动“四轴”命令，拾取加工串连，进行刀具选择和加工参数设置；最后进行模拟仿真加工，生成 NC 代码。

手柄四轴切割操作步骤如下。

1. 打开文件

单击“快速访问”工具栏中的“打开”按钮，在弹出的“打开”对话框中选择“源文件/原始文件/第 11 章/手柄”文件，单击“打开”按钮 打开(O) ，完成文件的调取，如图 11-15 所示。

2. 设置机床类型

单击“机床”选项卡“机床类型”面板中的“线切割”按钮，选择“默认”选项。

3. 创建四轴切割刀具路径

（1）拾取加工边界

单击“线割刀路”选项卡“线割刀路”“面板中的“四轴”按钮4|，系统弹出“线框串连”对话框，拾取图 11-16 所示的串连。单击“确定”按钮，弹出“线切割刀路-四轴”对话框。

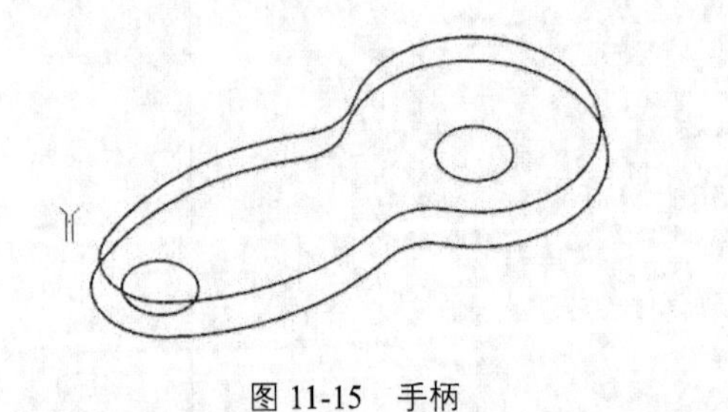

图 11-15　手柄

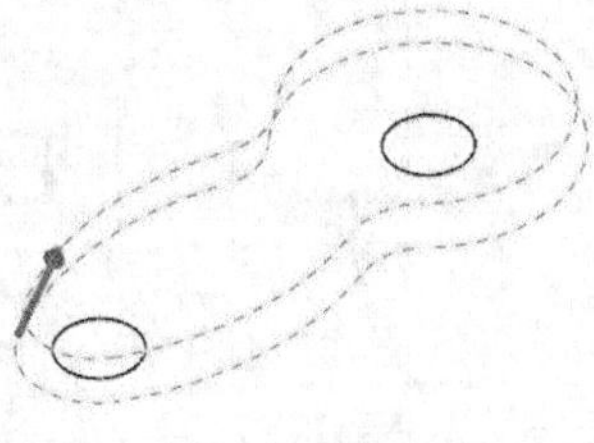

图 11-16　拾取串连

（2）设置电极丝参数

单击“钼丝/电源”选项卡，设置“钼丝直径”为 0.3，“放电间隙”为 0.25，其他参数采用默认设置。

（3）设置加工参数

① 单击“切削参数”选项卡，参数设置如图 11-17 所示。

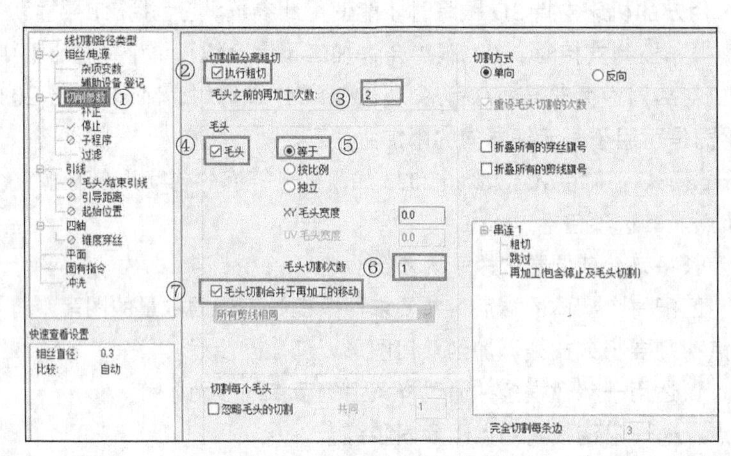

图 11-17　“切削参数”选项卡

② 单击“补正”选项卡，参数采用默认设置。

③ 单击“停止”选项卡，参数采用默认设置。

④ 单击“引导距离”选项卡，勾选“引导距离”复选框，设置引进距离为 10，其他参数采用默认设置。

⑤ 单击“四轴”选项卡，参数设置如图 11-18 所示。

⑥ 单击“锥度穿丝”选项卡，参数设置如图 11-19 所示。

⑦ 单击“确定”按钮，系统根据所设置的参数生成四轴切割刀路，如图 11-20 所示。

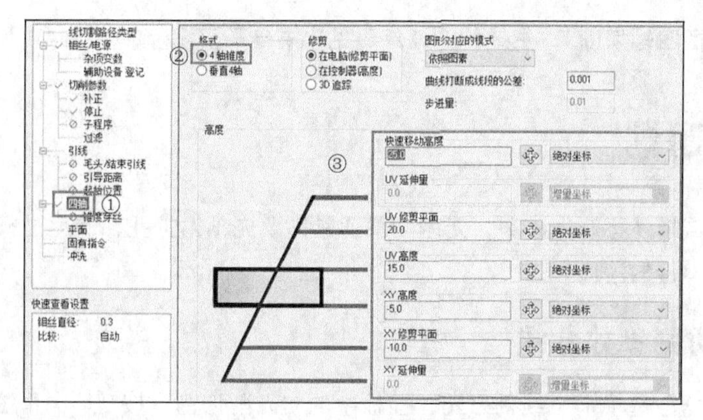

图 11-18 “四轴”选项卡

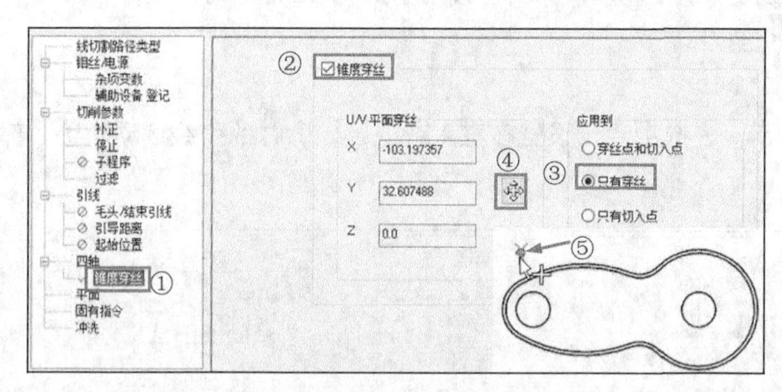

图 11-19 “粗切平行铣削参数”选项卡

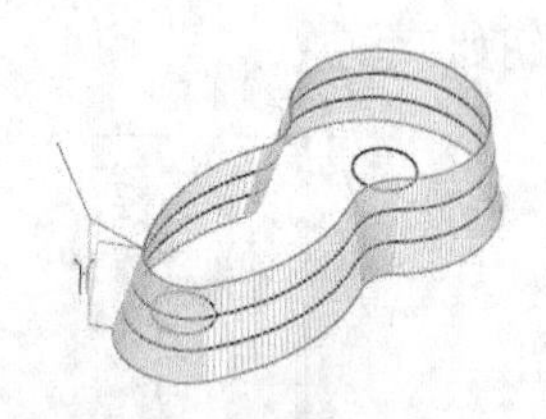

图 11-20 四轴切割刀具路径

4. 模拟仿真加工

为了验证四轴切割加工参数设置的正确性，可以通过模拟四轴切割加工过程来观察工件在切削过程中的下刀方式和路径的正确性。

（1）设置毛坯

在刀路操作管理器中单击“毛坯设置”按钮 毛坯设置，系统弹出“机床群组属性”对话框，在“毛坯设置”选项卡的“形状”选项组中选择“立方体”，单击“所有图素”按钮 所有图素，单击“确定”按钮，生成的毛坯如图 11-21 所示。

（2）仿真加工

单击刀路操作管理器中的“选择全部操作”按钮，选中所有操作。单击刀路操作管理器中的“验证已选择的操作”按钮，系统弹出的“验证”对话框，单击“播放”按钮，系统进行模拟，仿真加工结果如图 11-22 所示。

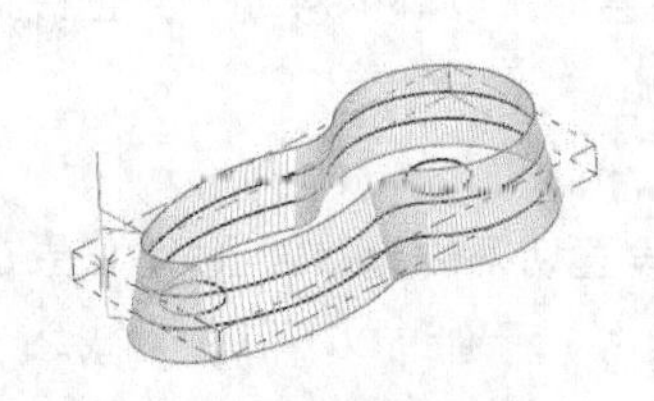

图 11-21 生成的毛坯

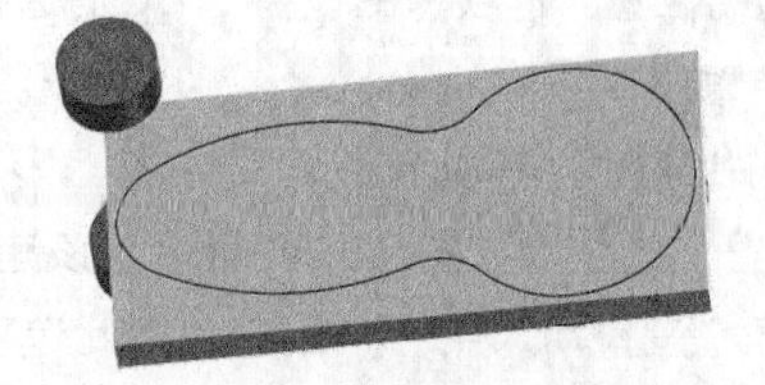

图 11-22 仿真加工结果

（3）NC 代码

模拟检查无误后，在刀路操作管理器中单击“执行选择的操作进行后处理”按钮 G1，输入文件名称“实操——手柄四轴切割”，生成的 NC 代码见本书电子资源。

11.4 无削切割

无削切割时区域槽外不产生碎屑，无削切割通常需要先预钻扩孔，然后进行 Z 字形或螺旋形切割，直到移除所有串连的图形。

11.4.1 无削切割参数介绍

单击“线割刀路”选项卡“线割刀路”面板中的“无削切割”按钮，系统弹出“线框串连”对话框，拾取加工串连。单击“确定”按钮，弹出“线切割刀路-四轴”对话框。

下面我们对部分选项卡进行介绍。

1. “引线”选项卡

“引线”选项卡如图 11-23 所示。该选项用于设置在进入或退出轮廓时的引线运动轨迹，部分参数介绍如下。

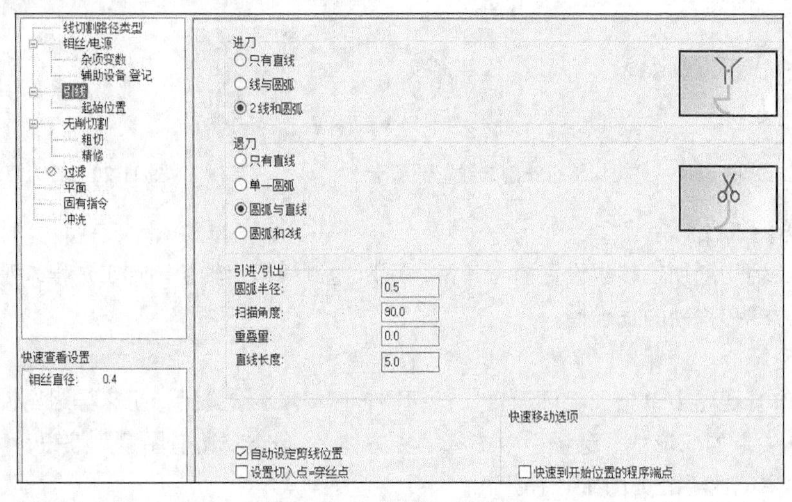

图 11-23 “引线”选项卡

（1）自动设定剪线位置：若选择该复选框，则确定轮廓的最有效退出点。

（2）设置切入点=穿丝点：若选择该复选框，则允许将作业起点移动到操作中第一个轮廓的切入点。

（3）快速到开始位置的程序端点：若选择该复选框，则添加从布线路径末端到起始位置的快速移动（在“起始位置”选项卡上设置）。取消选择时，则不会添加额外的移动，并且线路径在最后一个切割点处结束。

2. “起始位置”选项卡

“起始位置”选项卡如图 11-24 所示。该选项卡用于设置切割的起始位置。（如果在“引线”选项卡中选择了“设置切入点=穿丝点”，则此选项卡将被禁用）请通过以下三种方式之一指定新的起始位置，部分参数介绍如下。

（1）X/Y/Z：直接在 X、Y 和 Z 字段中输入坐标位置。

（2）选择按钮：单击该按钮，返回绘图区拾取起始点。

（3）从机床：默认起始位置来自机床定义或线路径默认文件。

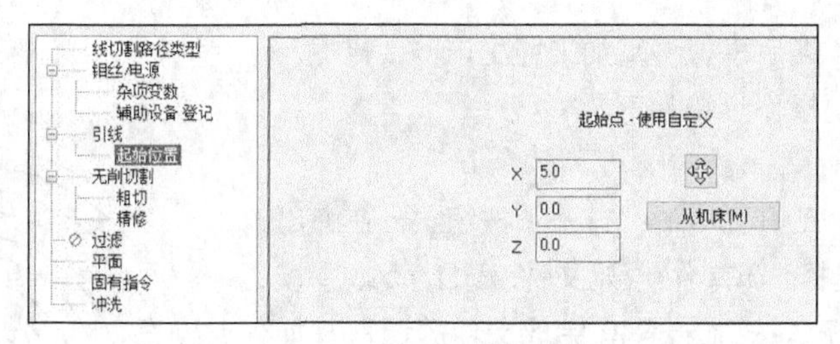

图 11-24 “起始位置”选项卡

3. “无削切削”选项卡

“无削切削”选项卡如图 11-25 所示。该选项卡用于设置无削路径，部分参数介绍如下。

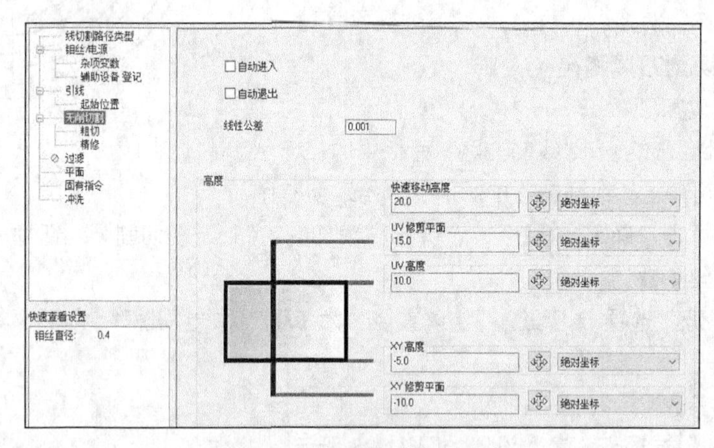

图 11-25 “无削切削”选项卡

（1）自动进入：若选择该复选框，则自动在穿丝点开始无削路径。如果取消选择，则无削路径从选择的起始位置开始。

（2）自动退出：若选择该复选框，则在切割位置退出无削路径。如果取消选择，则在系统计算的位置处退出。

4. “精修”选项卡

“精修”选项卡如图 11-26 所示。该选项卡可设置精加工切削参数，部分参数介绍如下。

（1）路径间隔：用于设置精加工切削量。

（2）为所有粗割输出精修路径：当单次操作中存在多次切削时，可以首先进行粗加工。完成所有粗加工后，会在每个粗加工路径上进行精加工。

（3）起始路径接近图素：若选择该复选框，则从粗加工路径末端最近实体的端点开始精加工。若不选该复选框，则最终精加工从最初选择的链中的第一个图素开始。

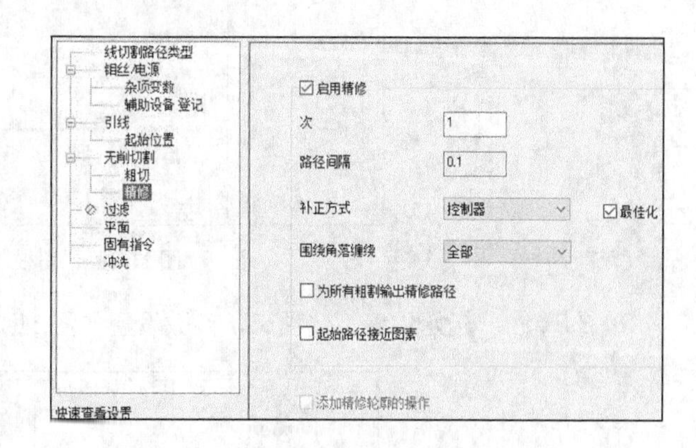

图 11-26 “精修”选项卡

11.4.2 实操——蚊香模具无削切割

本例我们在前面粗车的基础上进行外圆精加工，首先启动“精车”命令；然后拾取加工串连，设置刀具和加工参数，最后模拟仿真加工并生产 NC 代码。

蚊香模具无削切割操作步骤如下。

1. 打开文件

单击“快速访问”工具栏中的“打开”按钮，在弹出的“打开”对话框中选择“源文件/原始文件/第 11 章/蚊香模具”文件，单击“打开”按钮，完成文件的调取，如图 11-27 所示。

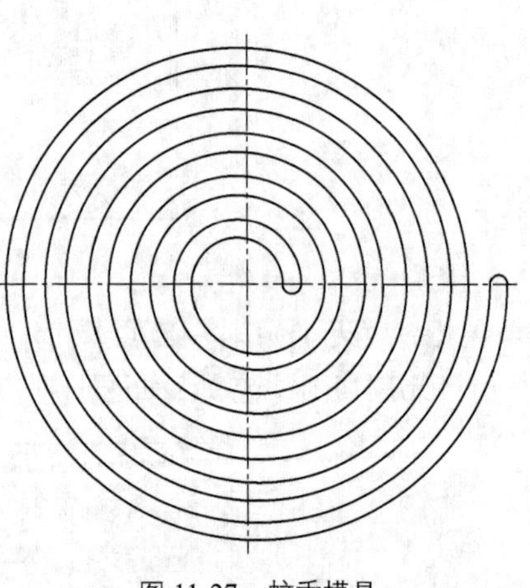

图 11-27　蚊香模具

2. 设置机床类型

单击“机床”选项卡“机床类型”面板中的“线切割”按钮，选择“默认”选项。

3. 创建无削切割刀具路径

（1）拾取加工边界

单击“线割刀路”选项卡“线割刀路”面板中的“无削切割”按钮，系统弹出“线框串连”对话框，拾取所有图素作为加工串连。单击“确定”按钮，弹出“线切割刀路-无削切割”对话框。

（2）设置电极丝参数

单击“钼丝/电源”选项卡，设置“钼丝直径”为 0.4，“放电间隙”为 0.3，其他参数采用默认设置。

（3）设置加工参数

① 单击“引线”选项卡，参数设置如图 11-28 所示。

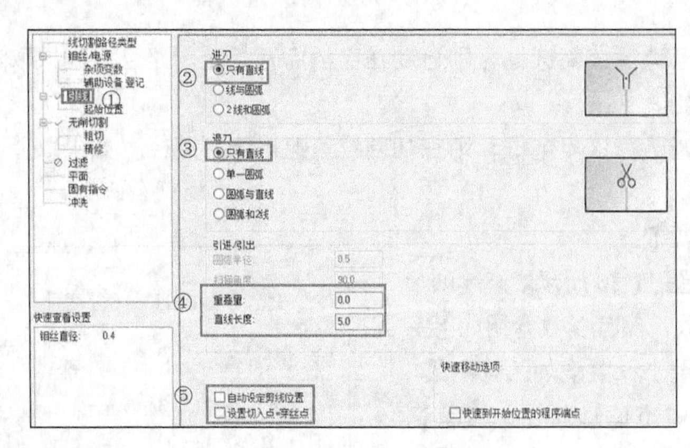

图 11-28　“引线”选项卡

② 单击“起始位置”选项卡，参数设置如图 11-29 所示。

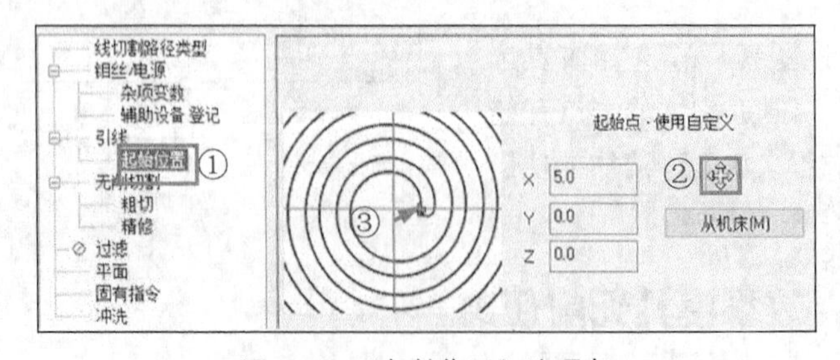

图 11-29　“起始位置”选项卡

③ 单击“粗切”选项卡，选择“切削方式”为“等距环切”，设置“切削间隙”为 0.2，其他参数采用默认设置。

④ 单击“精修”选项卡，勾选“启用精修”复选框，设置“路径间隔”为 0.1，其他参数采用默认设置。

⑤ 单击“确定”按钮，系统根据设置的参数生成四轴切割刀路，如图 11-30 所示。

4．模拟仿真加工

为了验证无削切割加工参数设置的正确性，可以通过模拟无削切割加工过程来观察工件在切削过程中的下刀方式和路径的正确性。

（1）设置毛坯

在刀路操作管理器中单击“毛坯设置”按钮 毛坯设置，系统弹出“机床群组属性”对话框，设置毛坯“形状”为“圆柱体”，轴向为“*Z*”轴，单击“边界框”按钮，在绘图区中框选所有图素，修改毛坯尺寸为“76,5”，勾选“显示”复选框。单击“确定”按钮，生成的毛坯如图 11-31 所示。

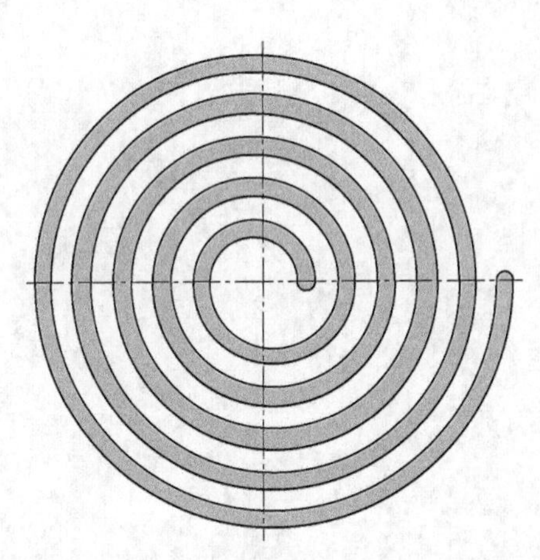

图 11-30　无削切割刀具路径

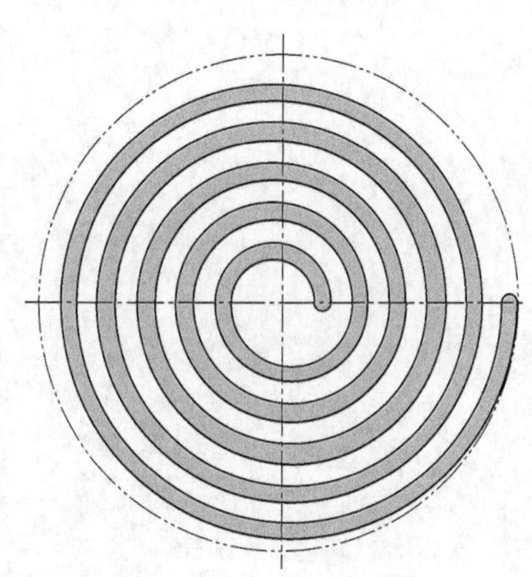

图 11-31　生成的毛坯

（2）仿真加工

单击刀路操作管理器中的“选择全部操作”按钮，选中所有操作。单击刀路操作管理器中的“验证已选择的操作”按钮，系统弹出的“验证”对话框，单击“播放”按钮，系统进行模拟，仿真加工结果如图 11-32 所示。

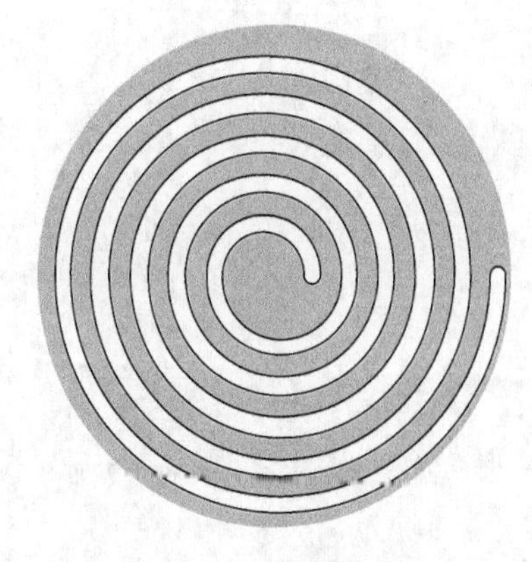

图 11-32　仿真加工结果

（3）NC 代码

模拟检查无误后，在刀路操作管理器中单击“执行选择的操作进行后处理”按钮G1，输入文件名称“实操——蚊香模具无削切割”，生成的 NC 代码见本书电子资源。